城市史与人文遗产研究丛书

滨水城市空间形态与历史文化演进国际学术研讨会论集

马学强　[日] 塚田 孝　唐惠荣　主编

商务印书馆
The Commercial Press

图书在版编目（CIP）数据

滨水城市空间形态与历史文化演进国际学术研讨会论集：汉文、日文 / 马学强，（日）塚田孝，唐惠荣主编．—北京：商务印书馆，2023
（城市史与人文遗产研究丛书）
ISBN 978－7－100－23006－3

Ⅰ．①滨…　Ⅱ．①马…　②塚…　③唐…　Ⅲ．①城市—理水（园林）—城市空间—空间形态—国际学术会议—文集—汉、日　Ⅳ．①TU986.4－53

中国国家版本馆 CIP 数据核字（2023）第 175889 号

滨水城市空间形态与历史文化演进
国际学术研讨会论集

马学强　[日] 塚田 孝　唐惠荣　主编

商务印书馆出版
（北京王府井大街36号　邮政编码 100710）
商务印书馆发行
上海新华印刷有限公司印刷
ISBN 978－7－100－23006－3

2023年9月第1版　　开本 787×1092　1/16
2023年9月第1次印刷　　印张 31　插页 8　字数 615 千

定价：158.00元

《滨水城市空间形态与历史文化演进国际学术研讨会论集》

编委会

本论集的出版获得上海社会科学院创新工程项目资助

图 1　研讨会现场

图 2　研讨会现场

图 3　研讨会现场

上双漫步
留下你的上海水文足迹
组织操作
技术支撑
提取民国时期的上海历史水系网络，与当下的上海
地图进行空间配准
内容支撑
由上海音像资料馆提供支持，即针对活动设定的地
标位置，配备这一站点的珍贵历史影像和珍贵历史
图片。
SHANGHAI
BIENNALE

图 4　研讨会现场

图 5　研讨会现场

被"填筑"的上海滩：
黄浦江疏浚与上海港区的形成
牟振宇
上海社会科学院历史研究所
2022.11.27
参会者
聊天
共享屏幕
录制
回应
应用

图 6　研讨会现场

图 7　研讨会现场

图 8　日本大阪公立大学名誉教授塚田孝做报告（线上）

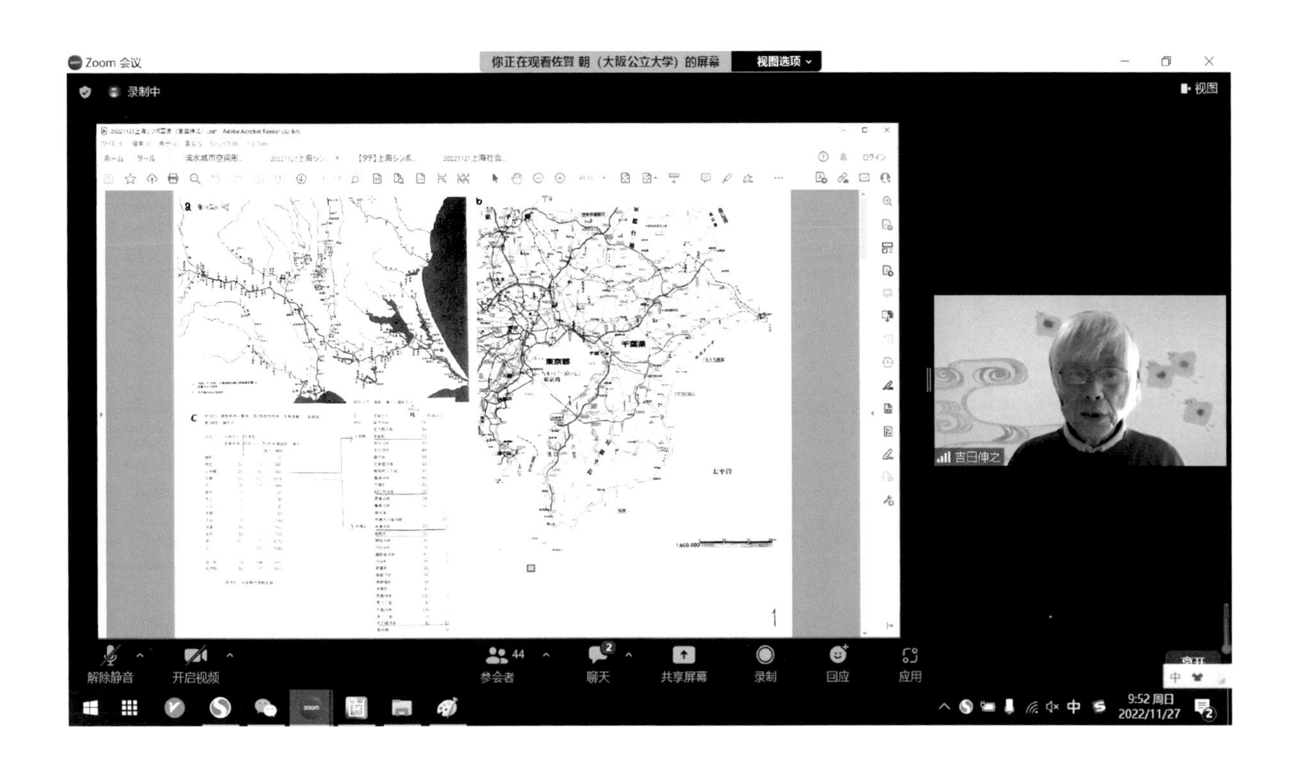

图 9　日本东京大学名誉教授吉田伸之做报告（线上）

图 10 日本法政大学特任教授阵内秀信做报告（线上）

图 11　日本大阪公立大学佐贺朝教授做报告（线上）

图 12　日本大阪公立大学彭浩教授做报告（线上）

目　录

滨水地带与城市发展

跨学科研究

日本学者论滨水城市

大运河沿岸城镇研究

上海“一江一河”专题研究

附 录

滨水地带与城市发展

中古以来上海城内水系详考

——兼论江南水乡背景下的城市微观肌理及基层行政组织之生成*

钟　翀**

引　言

自2020年以来，上海老城厢的改建进入具体实施阶段，目前拆迁工作已告一段落，对这座现今上海主城区范围内历史最为悠久、拥有730年建县史的江南古县城的再开发，正在加紧实施之中。不过，笔者在与规划方交流中，了解到有关这座古县城历史形态与传统景观的个性化研究成果仍相当匮乏，而从当前城市史地研究与古建、城规、园林等诸实践学科的学际交流来看，其落差也往往表现在前者能否提出可供规划设计参考的较高分辨率的空间定位、关于具体地物或场境的较为详确的复原文案，以及基于上述考证的历史景观的深刻鉴别与特定认知等一些焦点问题之上。

关于上海老城厢平面格局的长期变迁，笔者此前研究略备，然前文限于纸幅，主要利用图文史料梳理该城的街道及街道系统、建成区地块集聚形态这两个主因素的长期演化历程，进而推论其长期形态变迁大致可分为北宋至元代建县初的早期的河埠型“镇市”、元中期至明嘉靖筑城前的环河型水乡“县市”、明嘉靖筑城至民国初拆城的“县城”或称“老城厢”、近代化之后至现代的嵌入型“城中城”这四个阶段。[1]不过，前文偏重于路网、建成区等城市陆域空间的解析，尚少涉入对水乡城镇来说同样重要的水道系统的详细研讨，而如上所述的规划实践，必然对该城的研究提出更为明确的需求，因此，笔者考虑针对上海水域变迁的复原研究，可否通过传统的图文史料解读与历史形态学分析的深度整合而获得进一步的详确论证？其精确复原的分辨率可达到何种程度？另外，在上述作业过程中，如何准确

---

* 本文为国家社科基金重大项目（19ZDA192）阶段性研究成果，原刊于《上海师范大学学报（哲学社会科学版）》2023年第1期，略有修改。

** 钟翀，上海师范大学人文学院古籍整理研究所所长、教授。

1 钟翀：《上海老城厢平面格局的中尺度长期变迁探析》，《中国历史地理论丛》2015年第3辑。

认识、评判水文相关图文史料的性质、有效性及其利用极限？

基于这样的考虑，本文尝试从上述角度对上海城市的水系变迁进行分析；此外，虽然高分辨率的史料非常缺乏，本文也尝试对16世纪筑城之后该城的微观肌理变迁，如街区的内部填充、城市空间塑造与景观升级等问题做一些基础性思考。需要事先说明的是，上文提及自中古以来上海经历了“镇市”、“县市”、“县城”或称“老城厢”等阶段，为行文之便，下面在分析时多以现代通行的“城市”“城镇”表述，如涉征引原文或为强调其所对应的发展阶段之时，则按上述“县市”等词予以表达。

一、历史上的上海城市空间范围

本文所讨论明清时期的上海旧县城，乃至中古以来繁荣于此地的宋元“上海镇市”，其市域范围在既往研究中并非十分清晰，因此首先需予以厘清。

上海县城自明嘉靖三十二年（1553）筑城直至民国初1914年拆城的360年里，城墙作为城厢内外的分界线明确而又稳定，不过，作为自宋元以来发展起来的一个有机型江南市镇，要论其城镇空间范围，则以明中叶所筑城墙作为依据并不合理，而更应着眼于该市镇中实际的人居空间——建成区（或称街区），并以此来作为定义该城城市空间实际范围的核心内涵。

图1　1875年上海县城复原图[1]

晚清光绪初年（1875）的上海县城，其建成区显然溢出了城墙（图1），东城墙之外直到黄浦江滨都已为街区所覆盖，而从最早详细描绘上海建成区的1861年版法文地图来看（图1之分图），其时的街区也已越过了东城墙，但城内西部仍存在较多非建成区，即该城建成区的格局呈现“东密西疏”分布特点。

关于这一格局的形成，在清道光年间出版

1　据1875年刊《上海县城厢租界全图》（孙逊、钟翀主编：《上海城市地图集成》上册，上海：上海书画出版社，2017年，第71—72页）绘制，分图为1861年法文版 *Plan de la Ville de Shanghai avec les concessions étrangères*（李孝聪、钟翀主编：《外国所绘近代中国城市地图总目提要》上册，上海：中西书局，2021年，第182页）之局部图。

的《沪城岁事衢歌》中就已提及“城东南隅人烟稠密，几于无隙地，其西北半菜圃耳”[1]。但在此之前则缺乏相应的直接史料，不过，自明嘉靖筑城之后，从万历十六年（1588）编纂《上海县志》(下文以“年号+志”简称历代上海县志）以来，地方志中有关东城墙之外的街巷记载不绝于书，间接佐证该城建成区不限于城墙之内的格局由来已久。而到了晚明，利玛窦也曾提到“上海城墙周长有两意里多，但城外的居民几乎和城里一样多”[2]。若以1861年法文地图（图1之分图）观之，直至近代前期，城东滨浦地带的街区面积大抵与城内相近，而晚明以来几条有限的史料记录均显示上海县城的人口规模已与近代相当。[3] 城居人户的长期稳定，间接反映这座城市的建成区至迟在晚明已然成熟，亦可印证利玛窦所云并非虚言，即自晚明以来上海的建成区就长期安定分布于东半城与东城外的滨浦地带。那么，若要从明嘉靖筑城上溯明前期无郭时代的上海“县市”乃至更早的宋元“镇市”，又是怎么样的范围呢？

从历史沿革来看，上海的初期聚落形成史尚不明确，但至迟在北宋天圣年间（1023—1032）应已设务，成为秀州（今上海、嘉兴一带）下属的17个设务市镇之一，后到南宋末可能已经建镇，元初更是一度设立市舶司，直至至元二十八年（1291）建县，其建置长期为经济型有机市镇的发展路径所推动。根据元大德六年（1302）上海县教谕唐时措的叙述，其时上海“襟海带江，舟车辏集，故昔有市舶，有榷场，有酒库，有军隘，官署儒塾，佛宫仙馆，氓廛贾肆，鳞次而栉比，实华亭东北一巨镇也”[4]，反映宋元之际该地确已发育成为长三角滨海地带的一座繁华市镇。而本县人陆楫（1515—1552）所云“吾邑……谚号为小苏州，游贾之仰给于邑中者无虑数十万人”[5]，也显示明中叶筑城之前该城的人口已有相当规模。

而从城镇的平面布局来看，《嘉靖志》所收《上海县市图》是现存最早详细描绘筑城前“县市”的古地图（图2），笔者曾利用同书的文字记载，比定出了图中的绝大多数地物，进

1 （清）张春华：《沪城岁事衢歌》，《上海掌故丛书》第一集，北京：中华书局，民国二十五年（1936）本，第320页。

2 ［意］利玛窦：《耶稣会与天主教进入中国史》，文铮译，北京：商务印书馆，2014年，第465页。

3 利玛窦《耶稣会与天主教进入中国史》中也提到当时上海城人口“总数达三四万户”，按一户五口计之约20万人；与此相应的记载还有：清初姚廷遴所撰《历年记》提及顺治十一年（1654）清军意欲在上海屠城，本地官员崔海防劝阻时曾有该城“廿万生灵皆朝廷赤子，何忍屠戮”之语，（清）姚廷遴：《历年记》，《清代日记汇抄》，上海：上海人民出版社，1982年，第72页；近代之初的另一位欧洲访问者福琼记载上海县城人口有23万，参见Robert Fortune, *Three Year's Wandering among the Northern Provinces of China*, London: John Murray, 1847, p. 104；1910年的地方政府户口调查显示城厢内外（不含租界）合计39872户、214576口，（清）杨逸纂：《上海市自治志》乙编《上海城自治公所大事记》，1915年。

4 弘治《上海志》卷五。

5 （明）陆楫：《蒹葭堂杂著摘抄》，《丛书集成初编》，上海：商务印书馆，民国二十五年（1936）本，第3—4页。

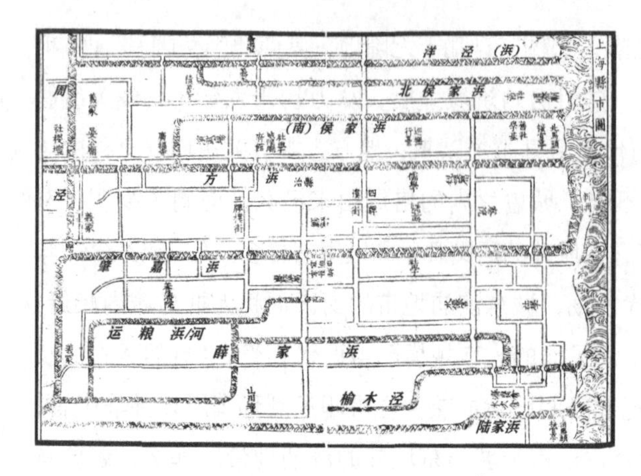

图 2　1524 年《上海县市图》[1]

而推论建成区“东密西疏”格局早在 1524 年成书的《嘉靖志》之中已有所反映。此外，还有两条同期的相关文字记载：《嘉靖志》卷二提及“若薛家浜、肇嘉浜，若方浜，若南北侯家浜，若洋泾，此为浦西之水也……自薛家浜至洋泾皆为县市”，而 1534 年成书的嘉靖《南畿志》卷十六也提到“因海市为县，无城郭，惟有二门：南马头、北马头；所聚周（径）四里，环县以水为险”。结合这些图文史料，可知筑城之前“县市”阶段的“环县之水”分别是北起洋泾（浜）、南抵薛家浜、东濒黄浦、西接周泾这四条河道（图 1、2），这一“四水环绕”的区域应是明中叶筑城之前，甚或更早时期以来对于上海市镇空间的传统认知[2]，下文的讨论将主要集中在这一四水环绕的历史市域范围。

二、关于传统文献中上海城市水系史料的认知

上节简介上海城镇之陆域范围，而关于该城的水系变迁，此前主要有褚绍唐对方浜、肇嘉浜、薛家浜（乔家浜）、侯家浜、洋泾浜、周泾这城内六大干线水路的介绍[3]；祝鹏则在干流之外，钩沉出了郁婆泾、榆木泾、中心河、西仓桥浜等十条支浜水路，其中提出诸如明嘉靖筑城时利用了榆木泾作为南城濠、东西石皮弄填筑于中心河之上、运粮河过塌水桥向南延伸汇入薛家浜等不少细密准确的灼见。[4] 不过既往研究多为概述性，尚未对城市水网做过系统复原，另外，在资料上利用的是晚近史料，触及早期水系分析之时一般也仅涉及诸如《嘉庆志》所载《古上海镇市舶司图》等清中期绘制的“历史地图”。对于上海这样曾经的江南城镇到近代又一跃成为全国最大城市，城市水文史料方面应该存在不少有价值的记录，因此

1　选自嘉靖三年（1524）刊《上海县志》卷首，图中的河道名（斜体简体字）系笔者加注。

2　相关考证详见钟翀：《上海老城厢平面格局的中尺度长期变迁探析》，《中国历史地理论丛》2015 年第 3 辑。

3　褚绍唐：《上海历史地理》，上海：华东师范大学出版社，1996 年，第 83—85 页。

4　祝鹏：《上海市沿革地理》，上海：学林出版社，1989 年，第 55—64 页。

还需对相关的图文史料开展必要的资料批判。

目前留存的水系相关图文史料主要有明弘治《上海志》(1504年刊本，现存最早的上海县志）以来的方志，明代以来本地传存的文集、日记、笔记等传统文献史料；以及包括地图、报刊与档案等在内的近代史料这两大类。从记录的特性和河道记载的质量来看，两类资料之间存在显著差别——前者年代较早但缺乏对支浜和小水路的记载或描绘；反之，后者则有不少高分辨率的小水路记录，但年代较晚，存在着可否上溯的疑问。下面先对传统文献史料的水系记载做一分析。

如以传统的文字资料为例,《弘治志》卷二专辟“水类”门，但记载涉及上海县市之内的河流只有肇嘉浜、方浜、薛家浜、周泾四条，这并不意味着当时县市里只有这四条河道。事实上，同书卷首的《上海县地理图》就绘出了位于方浜之北的侯家浜，而同书卷五《津梁》也记载了“侯家浜桥”；又同书卷二《坊巷》提及“泳飞坊在县北门杨泾”、卷五《津梁》提到“杨泾渡在县东北三里”，通过相对位置比定以及与后来方志记载的对勘，均可证实其所记“杨泾”，即后世文献记载的“洋泾浜”。由此非特可证《弘治志》成书之际城内六大干流俱已存在，亦可洞察对于水乡城镇里的中小河浜而言，往往存在文献越早、记载越简而易于疏漏这一方志书写的普遍规律。

同理推之，正德《松江府志》、嘉靖《上海县志》专述河流之处也仅记六大干流而不及诸多支浜,《万历志》(1588年刊)以后才出现半段泾、穿心河、郁婆泾、榆木泾这四条支浜的记载[1]，这也不意味着万历之前的正德、嘉靖时期城内不存在半段泾等支浜(如《嘉靖志》卷三《桥》中散见的“南仓桥，水从山川坛前通榆木泾”等记录均可证其在嘉靖时期的存在)。清嘉庆以后诸志所记城内水道更为详细，其中的大部分支浜，极有可能也是此前既已存在但为较早文献所失载者，此点下文还将详论。

再以舆图资料观之，最早的上海舆图出现在明代方志中。不过，即使是创作上最富个性的1524年《上海县市图》(图2)，也仅绘出城内的六大干流、运粮浜以及筑城后被利用作为南北城濠的榆木泾北支和北侯家浜，此后的修志配图代代因袭成为极少变化的“标准图式”甚至不断退化的“极简图式”，因而缺乏复原研究的有效性。直到晚清《同治志》的地图，虽已是传统版刻县城之最详舆图，但也只粗略表现了城内的四条干流和半段泾、穿心河等少数城内支浜及城西的部分残存河道。

1　万历《上海县志》卷二《河渠》。

总而言之，以明清方志为主体的传统图文记载一般都止步于城内干流及少数支浜的描述，当时的编纂者对河流的记载并非一概照录，而是采取了选录干流而不记支浜，更不及濒临湮废河道这样的分级甄选原则，而后出之志又往往存在着抄录前志而不加调查的书记故习。因此，对于一座江南的水乡城镇来说，仅凭传统文献尚不足以了解其城内细密水网系统之历史全貌，若要开展较高分辨率的复原研究，还需在近代资料的利用与分析思路上另辟新径。

三、城市历史水系复原分析的新思路

从历史形态学的立场观察，太湖流域的传统水乡聚落与城镇，是建立在由大大小小众多河道编织而成的密集水网为基底的地文背景之上的。著名的《吴郡图经续记》所记宋代苏州"城中众流贯州，吐吸震泽，小浜别派，旁夹路衢，盖不如是，无以泄积潦安居民也，故虽名泽国而城中未尝有垫溺荡析之患"[1]，不仅揭示了水乡城镇自古以来与水共生共荣的发展特点，而且也透露出水乡城镇之中既有"贯州之众流"那样的干线河道，也存在着许多"小浜别派"类的支浜，此种多样化、河道分级的开放型水网系统，正是历史上传统江南城镇水环境之本底。因此，借助高分辨率的近代图文资料，或传统景观留存较好的近现代局地典型样本，合理运用共时比较的分析手法，或可为上海城内水系长期变迁的历时性考察与微观肌理分析等难题的解决提供方法论支持。

观察基于日军所绘大比例尺地形图制作的20世纪30年代上海城市及其周边水系图（图3-1），即可看到在上海平原这样水网稠密的传统水乡，接近城区河道锐减，复杂而完整的水系也被切断，而在旧县城及租界等中心建成区范围内，地面河道不断退化最终竟至于完全消失；从近代城市化之初的上海英租界局地观之（图3-2），就在这块紧邻旧县城北郊的区域，直至近代之初仍然维持着水路纵横的自然样态。根据此种近代图文资料与同质性局地样本所呈现的上海周边的水文状况，可以推想上海远近郊区的此类河网水乡基底，同样也是其城内水系在发育早期的原初面貌。虽然不可否认近代以来的"填浜筑路"加速了城内河道的淤填，不过考虑到扩张型水乡城镇的发展必然会不断挤占、侵蚀原有水路，那么上海城内河网结构主干化乃至消亡也是必然的指向和漫长的过程。因此推断，以时代回溯上海的城内水

---

1 （宋）朱长文：《吴郡图经续记》卷上《城邑》，南京：江苏古籍出版社，1999年，第6页。

图 3-1　20 世纪 30 年代上海附近主要水系图 [1]

图 3-2　*Map of Shanghae, April 1849, Foreign Residences*（局部）[2]

系，则应该也是时代越早越接近该地水网稠密的自然基底，或者简单说，就是城内河道变迁的总体趋势应为由宽到窄、由多到少直至最后消失的演变历程。

循此思路检阅近代早期的大比例尺实测地图，搜索其中有关小水路存在的痕迹，发现在《上海县城及英法租界图》之中，对于接近法租界的城内北部水系有着特别详细的展现，该图不仅描绘了侯家浜以及同时代的实测图中偶有表现的和尚浜等支浜，而且还绘出了一条从肇嘉浜直通方浜的未注名河浜、一条沿校场路直通新北门的无名浜（图 4）。这两条河浜从未见于其他文献，前者据祝鹏推考或为早期的"第二中心河"[3]；而后者笔者推测其时已退化为沿校场路的狭窄排水沟，类似的仍具排水功能的小水路应该不在少数。虽然不排除后期开挖的可能性，但基于上述城内河网演化规律的认知，以及城北一带经向水路自然排布应有的密度，笔者以为这些文献失载的小水路更有可能是处于城内河道演化终末期的早期河浜。关于这一点，还可以找到更多的案例。如《同治志》卷三《近城诸水》，"运粮河"条注云：

> 运粮河旧通塌水桥，今湮。案：城内运粮河不止此。
>
> 郁婆浜通绣鞋桥者，北首民房下有大沟，东折至水仙宫石墙根，名运粮河。
>
> 又，县治西有大沟，抱县署曲折北出方浜者，亦名此。道光十年，里人陈湘、王济

1　图 3-1 重绘自［日］秋山元秀：《上海縣の成立—江南歴史地誌の一齣として—》（［日］梅原郁编：《中国近世の都市と文化》，京都：日本京都大学人文科学研究所，1984 年，书末附图之局部），图中地名为笔者标注。

2　图 3-2 选自孙逊、钟翀主编：《上海城市地图集成》上册，第 31—32 页。

3　祝鹏：《上海市沿革地理》，上海：学林出版社，1989 年，第 62—63 页。

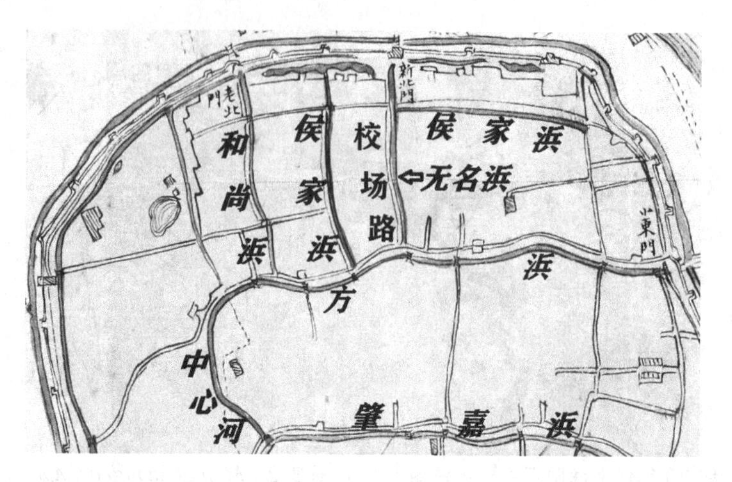

图 4　上海县城及英法租界图（佚名 1856—1858 年绘，局部）[1]

南等禀请捐挑，立石沟口记之。

又，旧学宫西北陆家宅左有大沟，通方浜、旧学天光云影池，潮水所入也，沟深丈许，广容两人并行，皆石为之，相传陆氏筑其水道，疑亦运粮河。

盖此运粮在未立县时，筑城后旧迹断续不可识，而每值霪潦，街衢积水，全赖数大沟为宣泄，未可任民侵占填淤不通。

此处提到"旧通塌水桥"的"运粮河"之外，还有三条在晚清传闻为"运粮河"的"大沟"，历代方志都没有直接记载，仅在当地家谱等零星记录中有所反映[2]，不过仍可通过下面的考证推定为更早时期之城内河道（图 5）。

如郁婆泾东折至水仙宫之"运粮河"，按郁婆泾在历代舆图之中仅《嘉庆志》之《县城图》里有所表现，为薛家浜北引化龙桥的一小段"断头浜"，不过《嘉庆志》也提到"郁婆浜北折一支，过绣鞋桥而北，止日涉园池湖"。日涉园为明万历年间由本地人陈所蕴所筑，约在明末售与陆氏[3]，该园从空间上看自郁婆泾引水入园最为便利。清乾隆年间，园主陆庆循提到"今日涉园前后并无通渠，或陈氏经始之际，其在北运粮小河尚未尽淤，自塌水桥

1　选自孙逊、钟翀主编：《上海城市地图集成》上册，第 69—70 页。图中的粗黑简体字地名系笔者标注。

2　试举一例，如《西城张氏宗谱》（上海图书馆藏，民国十七年［1928］修活字本）卷四载："西楼公讳庆……卒于弘治十六年……墓邑西运粮河南原，后岛夷乱，有司度地筑城，城经墓道，公孙泮力请于台使者，得移其界稍折而西。"

3　杨嘉祐：《〈日涉园图〉与明代上海日涉园》，《上海博物馆集刊》第四期，上海：上海古籍出版社，1987 年，第 390 页。

来曲折得达火神庙后，故曰曲水浔”[1]。按此说法，结合正德《松江府志》卷十有关城中肇嘉浜南“松江道院桥”的记录，可确证在日涉园北的松江道院（清雍正后改建为火神庙[2]）附近必有河道流经，因此推定大约在明中期此处仍存有一条自郁婆泾北行沟通肇嘉浜的“运粮河”。

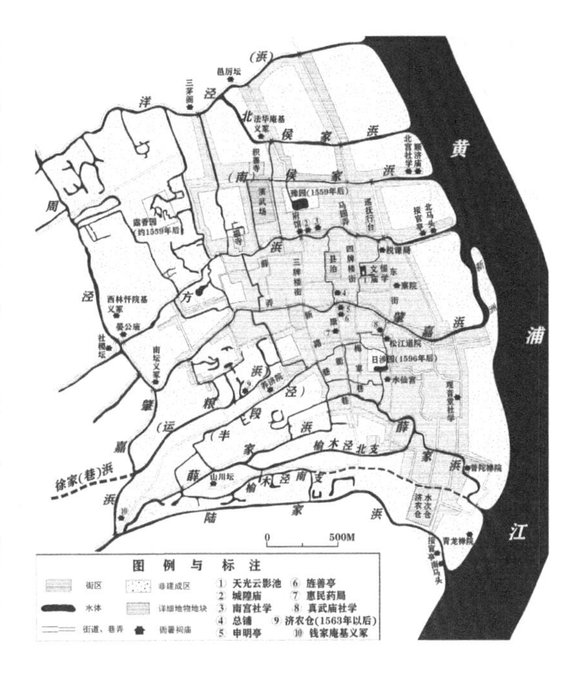

图 5　明嘉靖三年（1524）上海县市水系复原图

又如，上文提及旧学宫有“大沟”通天光云影池，该池在元延祐年间建于旧学宫之中，明洪武六年（1373）曾刻《学宫图碑》，今碑不存，其图幸存于《嘉庆志》，从此图上可见旧学宫西边的天光云影池，并有一条水路绕学宫墙垣向北流去[3]，在清嘉庆时，尚可见学宫之北的康家弄中“有桥，系元时所建，今河为平陆，俱筑民居”[4]，考虑即为此水路北通方浜之桥。而据清乾隆时的学宫修缮记载，“（乾隆）丁亥夏，水则古井归于殿前，新渠绕于殿后，天光云影池浚而深之，宫墙壁水引而西之，修其沟道，通池贯门，自肇嘉浜北出方浜，下深上盖，呼吸疏通”[5]，可知这条元代以来既已存在的水路沟通了方浜和肇嘉浜两大干流，在清乾隆年间铺装了江南所称的“石皮”而成为石板街路之地下水道。

上述有关城内南、北两个局地早期水路的钩稽与检证，都指示了在元代甚至更早时期，城内建成区之中存在较多的“小浜别派”，其自然基底也更接近于近代城郊的传统江南水乡地带。基于这样的认知，笔者在此前绘制的《明嘉靖三年上海县市复原图》[6]基础上，进一步查找1888年刊《上海城厢内外租界全图》、1910年版《实测上海城厢租界图》等对支浜与小

1 （清）陆庆循：《日涉园录》卷一“得家报家园小山已成”，上海博物馆藏清稿抄本。

2 有关始建南宋的“松江道院”即清代火神庙之所在的考证，详见钟翀、张瀚文：《明至民国时期上海城厢的官观》，《江南社会文化历史评论》第十八期，北京：商务印书馆，2021年。

3 嘉庆《上海县志》卷一《志疆域》。

4 嘉庆《上海县志》卷六《桥梁》。

5 嘉庆《上海县志》卷六《学校・县学》。

6 钟翀：《上海老城厢平面格局的中尺度长期变迁探析》，《中国历史地理论丛》2015年第3辑。

河道有详细表现的近代大比例尺地图[1]，并整合前揭祝鹏《上海市沿革地理》有关中心河、运粮河的考证，绘制了《明嘉靖三年（1524）上海县市水系复原图》（图5）。

从明嘉靖的水系图（图5）看，当时在县市西部的非建成区之中存在着大量的河道，这些河道向东自然延伸的趋势，被东部建成区的道路所打断，或退化为细小水路，对比加速近代化的晚清同光时期的城内水系表现（图1），可观察到这些细小水路均已消失或成为地下管网，恰印证了在城内水系的长期变化之中，存在着城东河网逐渐萎缩、填埋，直至为街区中的路网所替代的演变历程。

四、明中叶筑城前后的城内水系与城市微观肌理

明嘉靖三十二年（1553）秋，为防倭寇攻掠县市，上海县吏民用了两个月时间日夜抢筑起一道周长5800余米的城墙，此次筑城很大程度改变了该县市原先的水网形态，如新开挖的城濠利用了北侯家浜、榆木泾北支等重要河道，新筑的城墙也打断了原先县市内的路网与河网（图5）。不过，在城市几何形状的改动之上，更大变化还在于由此带来城市内涵的跃迁，海贼的长期袭扰迫使原先分散在乡间的地主、知识精英携带着巨量财富迅速集聚到了相对安全且物流发达的围郭城市里来。在整个江南地区，就在这一时期大量兴筑的诸多府县城市之中，短时间内突然涌现出众多田产与居地分离的所谓“城居地主”[2]与退休官吏。正如《云间第宅志》所云，在与上海相邻的松江府城：

> 嘉、隆以前，城中民居寥寥，自倭变后，士大夫始多城居者，予家世居城南三百余载，少时见东南隅皆水田，崇祯之末，庐舍栉比，殆无隙壤矣。[3]

而上海的城市景观也在这一时期发生了深刻变化，“十三世纪以来空间粗放、‘野蛮生长’的上海县城，在明中晚期，经历了知识精英阶层推动的一轮卓有成效的空间塑造与升

1　孙逊、钟翀主编：《上海城市地图集成》上册，第79—80、123—124页。

2　关于明清江南地区“城居地主”的发展概况，可参见向扬：《浅论明末江南地主形态变化：从地主城居化趋势开始》，《读书文摘》2019年第14期。另据《苏南土地改革文献》（中共苏南区委员会农村工作委员会编，1952年，第497页）在中华人民共和国成立初期的调查，上海全县的地主，居城镇者占45.3%，居乡间者占31.2%，另有居地不明者占23.5%。

3　（明）王沄：《云间第宅志》，《丛书集成初编》。

级”[1]。到了晚明，传教士利玛窦看到的上海城是如此这般景象：

与其说它是乡村，不如说是一座遍地是花园的城市，因为这里到处是楼阁、别墅和住宅区。……有很多学生和有功名的读书人，随之而来也便有很多告老还乡的官员，他们的宅院都很漂亮，但道路都很狭窄。这里的气候也非常宜人，因此人的寿命要明显高于别的地方，能活到八九十岁，甚至还有百岁老人。[2]

从上述晚明时期的城市形态与人口规模来看，经历这一次升级迭代的上海城，已接近了近代化之前老城厢的面貌，而对于此前的上海“县市”，其微观的水环境与城市肌理又是怎样的一番景象？历史文献之中没有留下片言只语。不过，以豫园、日涉园、露香园这上海城内三大园林为代表的园林营建记载，为推考这座城市在明中叶前的早期具象景观提供了难得资料，现将其中关键信息罗列如下。

按《豫园记》所述：

余舍之西偏，旧有蔬圃数畦。嘉靖己未……稍稍聚石凿池，构亭艺竹，垂二十年……万历丁丑，解蜀藩绶归，一意充拓，地加辟者十五，池加凿者十七……而园渐称胜区矣。[3]

《日涉园记》提及：

居第在城东南隅，有废圃一区，度可二十亩而羡，相与商略，葺治为园。……竹素堂之周遭清流环绕，南面一巨浸，纵可三十寻，横亦如之。……岁万历癸丑冬至、甲寅之春，复大加葺治，增所未有，饰所未工，役既竣，以为可以无加矣。[4]

《露香园记》提到：

1 朱宇晖：《书楼梦隐——海上名宅的基因图谱》，《建筑学报》2019年第11期。

2 ［意］利玛窦：《耶稣会与天主教进入中国史》，第465—466页。

3 （明）潘允端：《豫园记》，嘉庆《上海县志》卷七《第宅园林》。

4 （明）陈所蕴：《竹素堂集》卷十八《日涉园记》，上海图书馆藏，万历刻本。

> 道州守顾公筑万竹山居于城北隅，弟尚宝先生因长君之筑，辟其东之旷地而大之，穿池得旧石，石有“露香池”字……识者谓赵文敏迹，遂名曰露香园，园盘纡坛曼而亭馆嵱嵷，胜擅一邑。……（阜春山馆）之前大水可十亩，即露香池……亭下白石齿齿，水流昼夜，滂濞若啮，群鸦上下去来若驯，先生忘机处也。[1]

以上三园均建于嘉靖筑城后不久，其园内水景都是利用该处旧有水路网络或就近挖渠引水而成，如豫园的水源来自侯家浜，直至近代的大比例尺地图上仍可看到其北通侯家浜的水路，日涉园则如上述自郁婆泾引水向北沟通肇嘉浜。据清人笔记记载，“上海县城内化龙桥为乔氏世居，厅事前有小池，一夕潮忽至，直通堂上，高一二尺许，潮退，荇藻浮萍淋漓满壁，莫不惊异。……后三十年，陆氏竹素堂上小池亦通潮，陆耳山先生锡熊为工部侍郎，著四库全书提要，海内闻名”[2]。这里提到的竹素堂是日涉园的中心建筑，可见直到清前期，日涉园水体仍通过郁婆泾、薛家浜而与黄浦江相连感潮。至于露香园，其中的露香池竟有宽广十亩的水域，且水流昼夜不息，推测也与方浜北引支浜相连。类似的利用或改造既有毛细水网或引水开掘池湖的冶园手法在此后城中的渡鹤楼（即清代也是园的前身）、吾园、梓园等园林的营建中也十分普遍[3]，显示近代化之前城内除了文献记载的侯家浜、方浜、肇嘉浜、薛家浜四大干流，以及中心河、半段泾、郁婆泾等近十条支浜之外，应该还存在着众多被称为“大沟”的小水路，以及便于排水或城内田地灌溉或冶园造景的毛细水渠。这一时期城内传统的多功能发达分级水系相对稳定，使得城市水循环仍维持着活力与生机。

从园林的选址来看，露香园这样面积较大的园林置地于城西北之“旷地”自不待言，该处直至晚清仍是城中人户疏落之地（图1、5），可以想象虽然交通不便，但当时仍较好地保存了田园河网基底，且地价低廉，适宜作为“城市山林”的冶园用地。而豫园构筑于城中最为繁华的方浜北岸、侯家浜之南，这一带早在筑城之前已“皆为县市”，筑城后的万历年间，“方浜因筑城断塞，其两崖多为居民所侵，今存一衣带矣，（侯家浜）因筑城断塞，两崖亦多占，几于平壤”。[4]可见沿河地带均已成密集街区。清乾隆年间更是“方浜左右民居

1 （明）朱察卿：《朱邦宪集》卷六，《四库全书存目丛书》集部第145册，影印万历六年（1578）朱家法刻增修本，济南：齐鲁书社，1996年。

2 （清）钱泳：《履园丛话》，“丛话十四·潮来”条，北京：中华书局，1979年，第368页。

3 周向频、孙巍：《晚明“上海三园”造园特征探析》，《同济大学学报（社会科学版）》2019年第3期。

4 万历《上海县志》卷二《河渠志·诸水》。

稠密倍于他处，日用之水皆取汲于此，而且舟楫来往极当疏通”[1]，显示方浜沿河为县城主街（mainstreet）之所在。不过，在明嘉靖之世，豫园就建在了方浜中段的北河沿背街之处，其时此处还是“旧有蔬圃数畦”的田地。同样的，日涉园也营造在可以看成这座市镇聚落起源之地的城南东街、县南大街之间，在这么一个早期建成的市镇老街区之中，却仍“有废圃一区，度可二十亩而羡”。这两座园林在城市空间上的共同特点，透露出即使到了明代中叶，县城里的早期建成区和繁华街区之中仍然还有不少的田地或其他非建成用地。对比苏州城内的园林如沧浪亭、怡园、网师园等，上海城的日涉园等也有与之相似的“口小腹大”特点，即这些园林都是临街入口狭小而其宽敞的主体部分均建在了街区的中部，也就是说，它们尽可能地避免占用已成繁华市廛的临街地块。

因此推测，直至明中叶筑城前后，即使在上海县城的主建成区，应该也是类似于今江南传统市镇如周庄、南浔、乌镇等地所见——即便是一座发育成熟的城镇，在其街区网格之中仍有不少未被建筑所覆盖的田地（图6）。从聚落形态发生的角度来看，在水乡的强湿地带，筑堤以围田挡水，而在圩堤微高处构建住宅，由此逐渐形成列状水路村落，进而触手般延展并不断交织加密而形成的十字状、网状或鱼骨状街区。[2]不过此类街区的中央低地却往往会保留较多的田地，从地形上看此种街区继承了江南圩田开发初期四周高、中间低的所谓“仰盂圩”的原型。如以周庄北部的三个街区为例，均表现出了四周民宅围合、中部低洼处则保存着农田甚至池塘这一特征。关于这一点，也可以从民国时期上海老城厢地籍图中的地块分化差异上得以印证——在方浜等原先的城内干流两侧，沿街排列的地块呈现出密集且极端分化的状态，表明这些沿河沿街地块很可能是该处早期建成类型。这一带位于豫园园主潘允端宅第的南边，本是城中最为繁华之

图6　上海老城厢方浜地带典型街区地籍图[3]

1　乾隆《上海县志》卷二《水利·诸水》。

2　相关论证详见钟翀：《江南地区聚落——城镇历史形态演化的发生学考察》，《上海城市管理》2019年第4期。

3　图6选自葛福田、鲍士英等编制：《上海市行号路图录》下册，上海：福利营业股份有限公司，1948年再版，第二十五图（局部）。

地，但此处的多数街区都是四边紧密排列的高分化小地块，而街区中央则为未充分发育分割的大地块这样的平面格局（图 6），强烈显示该地早期发育的历史循“仰盂圩”型聚落发展径路，其住宅从四周围合直至渐次填充街区中空部非建成地的进程。

余论：从基层行政组织的空间分布看城内水系之“前史”

上文借助图文史料的精读与江南城镇的形态发生分析，获取了明中叶筑城前后的较高分辨率的复原方案，不过，若要由此上溯更早时期上海“镇市”的水系，则对于这一研究来说将进入无史可征的“前史”阶段。对于这样的资料困境与方法困难，笔者考虑中古以来该地保、图、圩等基层组织的空间分布，或可为宋元时期城内水系的探究提供框架性的线索与分析素材。

近代上海城郊法租界等处的研究表明，本地基层行政组织的“保”及其下位单位“图”的划分主要以河浜为依据[1]，而该基层行政系统自宋元直至民国中期曾经长期稳定。[2] 因此笔者推测，上海城内的基层行政组织，在以河浜为其边界的长期稳固的空间分布格局之中，应该也蕴含着与这座城镇发育早期水系状况相关的极有价值的信息。为此，本文最后将以《明嘉靖三年（1524）上海县市水系复原图》为底图，叠加涉及该城的二十五保之四至十三图、十六图，来尝试分析、探寻明中期以前乃至宋元“镇市”阶段该地水系的前史（图 7）。

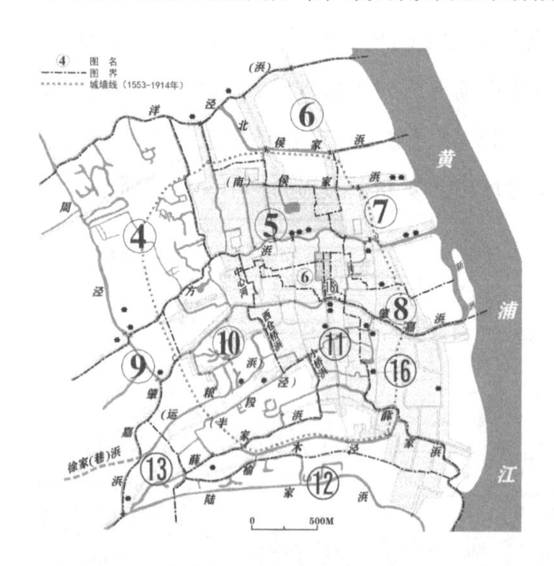

图 7　上海城内二十五保各“图”分布图[3]

1　参见牟振宇：《从芦荻渔歌到东方巴黎：近代上海法租界城市化空间过程研究》，上海：上海书店出版社，2012 年，第 115—125 页。

2　相关可证记录较多，试举两例。如南宋《绍熙云间志》卷上《乡里》记载本县的保与此后直至明清的保图系统，大致可形成对应，华亭县高昌乡（即元代建县后的上海县市及其周边）的保，其数量已与明清时期相同；又以细部记录而言，《嘉靖志》卷七《义塚》记载了明嘉靖初年知县郑书洛在二十五保十三图、六图、四图分别创建的钱家庵、法华庵、西林忏院三处义塚（本文图 5 所示），这三处义塚坐落的保、图编号，均与民国时期绘制的《上海市区域南市图》(《上海市自治志》卷首，民国十四年［1915］本）相同。

3　据《明嘉靖三年（1524）上海县市水系复原图》(本文图 5）绘制，各图的界线据民国十四年（1915）本《上海市自治志》卷首所载《上海市区域南市图》等资料绘制。

从图7所展现的涉城诸图的分布来看，其最为显著的特征是所有涉城图界的划分均突破了明嘉靖所筑城墙的限制，也就是说，涉城的九个图没有一个在划界之时用到了城墙这条筑城后最为重要的城域界线。其中例如第九图，仅有极小的地块“挤进”筑城后的西门之内，这样的划界若出现在晨昏启闭的高大城墙阻隔之后，则无论是农耕作业还是地产交易，必然带来极大不便，因此可以确认此类基层区划之创设，远在1553年嘉靖筑城之前既已成型、固化。此外值得留意的是，包含县城在内的本县二十五保所属的图号数字编排，是从该保北界的吴淞江（即今苏州河一带）向南，然后自西而东的顺序机械地赋予编号的，全然没有照顾到后来作为县城的特殊性，而与之对照的是南宋《绍熙云间志》以来的华亭县保图编号显示了这一套编排顺序是以华亭县城为中心由近及远展开的。因此可以说上海县的保、图形成，应可上溯至宋元本县建置之前的华亭县所属时期，这一推断也与上文提及南宋《绍熙云间志》以来该地基层行政系统的持续稳定是一致的。

在此基础上，再来仔细观察涉城诸图的分布格局，可以看到如下一些意味深长的现象。

首先，在前文考证的明前期黄浦江、洋泾浜、薛家浜和周泾这“四水环绕”的市域范围之内，除了西界不以周泾为界，东边的六、七、八、十六诸图均以黄浦江为其东限，北部的四、五、六图都以洋泾浜为其北界，而南限则在十六图的薛家浜、十一图的榆木泾南支（或可看成薛家浜的支浜）。并且，东部的五至八图和十一、十六图所包含的区域，与西部的四、九、十图所包含的区域，大致与明中叶以来上海县城“东密西疏”的建成区分布格局相吻合。考虑到作为基层行政中保的划设渊源于宋代之华亭县，因此这样的分布格局暗示着该地作为一座具有稳定街区的江南市镇，其历史或可上溯更早期的宋元时代。

进一步观察涉城诸图的界线，即可发现大部分均以河浜分界，这种现象在非建成区更为显著，可以说河道是本地保、图划界的主因素，只有在不得已之时才会采用其他的划界依据。如第十图，北界为方浜，东、南两界均随薛家浜支浜（小桥浜、西仓桥浜、中心河）的曲折流路而划定，只有西边有两处狭窄的缺口因其附近没有纵向河道，不得已采取了陆上划设直线来解决闭合问题。从这一划界规律来推测东部密集街区的图界划设，虽然在《明嘉靖三年（1524）上海县市水系复原图》上，绝大多数的图均以街巷为界，但如果考虑到此类基层组织创设之久远，以及上文既已推论的该城早期应存在密集水网基底，则可以推察其在划界之初可能也较多地采用了当时尚存的河道，如十六图的西南界，就跟上文复原的“运粮河”较为接近，这样的情况在宋元乃至更早的市镇起源阶段应该比较普遍，正反映了上海这座有机型江南市镇源于水乡聚落的悠久历史。

滨水城市空间形态演变与内涵挖掘

——以上海黄浦江、苏州河滨水地带为案例

马学强*

河流、湖泊和海洋等水体，与城市形成、演变、兴盛均有着重要的关系。滨水空间，可以说是那些城市发展的起点与重点地带，如纽约、伦敦、巴黎、东京、上海、大阪等，均是依水而生、因水而兴的世界级滨水大城市。滨水区的发展，见证了一座城市的生长历史，它的发展演变关乎一座城市、一个区域乃至一个国家综合实力的兴衰。滨水地带是滨水城市的核心区域，滨水地带的空间形态、功能变化、文化发展对于一座城市的性质和定位、未来发展战略有着重大影响。

本文以上海城市变迁中位于黄浦江、苏州河畔的两个街区（徐汇滨江、苏州河北站）的发展为案例，着重解析这些滨水区域（地带）的形成路径与演变肌理，突显不同阶段其所呈现的空间形态，以及功能变化、结构差异等，从中挖掘所蕴含的独特文化内涵。

一、我们为什么要研究城市滨水地带

首先，城市史研究深化的需要：注重城市内部研究。随着城市史研究的不断深入，学界近年来更加关注城市的内部构造与细部研究，其中也涉及一些理论的探讨。就城市空间而言，首先需要讨论的是它的形态与结构。城市形态，有广义与狭义之分，广义的城市形态，主要由物质形态和非物质形态两部分组成；狭义的城市形态，是指城市实体所表现出来的具体的空间物质形态，主要包括城市的空间结构和城市的外部形态两个层面的内容。[1] 但就城市的内部结构而言，城市是由大大小小的具有不同功能的街区或社区所构成的。作为一座城

* 马学强，上海社会科学院历史研究所研究员。

1 陈泳：《城市空间：形态、类型与意义——苏州古城结构形态演化研究》，南京：东南大学出版社，2006 年，第 2 页。

市组成细胞的街区与社区，对城市史的深入探讨具有重要的研究价值。街区作为城市的组成部分，一些城市史研究一直也把“街道史”“造街史”“社区史”等列为重点来探讨，因为这是探讨城市构造的基础。最近几年，我们成立课题组，以上海城市演变为脉络，陆续撰写了多部街区变迁史。[1]围绕这些街区的形态特点、内部结构，系统论述不同街区的形成路径，揭示其内在的功能特点，从中彰显其特有的文化内涵。

其次，城市史研究拓展的需要：注重数字化。当今社会，随着数字化时代的到来，大数据（数字）对一些综合性的学科研究产生较大影响。城市史作为一门交叉学科更是如此。大数据是一种全新的研究方法，对已有的研究会产生很大影响，并催生出崭新的思维方式。数据科学正在成为所有现代科学的基础性学科。在人文社科领域，随着传统文献资源、图像资源数字化，一切文献、图照、影像等都可能成为可计算的数据。在“计算思维模式”下，未来有关城市史的研究范式将发生重大转变：不仅凭头脑思考问题，更要借助全新工具挖掘数据。城市史研究中要求的多学科交流、多部门合作，体现出综合性的特点，由此使得跨学科研究成为一大趋势。

最后，城市史研究也要关注当代城市发展中一些理念、方法乃至模式的演变。最近数十年来，围绕城市的研究，无论是规划部门还是管理领域都发生重大变化，如城市规划学者相继提出“紧凑城市”“城市蔓延”“精明增长”“可持续性”“形式准则”“公交导向”“复杂系统”“智慧城市”等不同的理论、方法或模式，并在实践中不断丰富、完善。在城市设计、规划与管理中，滨水城市及城市的滨水区域，又都是大家关注的重点。城市发展的这些理念、方法，很多是依循滨水区域展开的，城市的变革、未来城市的打造，也从那里启动。

所以，我们近年来重点聚焦两个议题：其一，“滨水地带”研究：历史空间形态及其演变；其二，城市更新中人文遗产的研究、保护与利用。在我们陆续承担的几个项目中，涉及滨水城市或城市的滨水区域，如“京杭大运河的总体史与微观史研究”“黄浦江·上海西

1　由马学强主编，陆续出版一些论著，形成“城市更新与人文遗产·上海系列”，包括：《阅读思南公馆》，上海：上海人民出版社，2012年；《追寻中的融入：上海复兴中路一个街区的变迁》，上海：上海人民出版社，2014年；《近代上海城市的特殊记忆：法租界会审公廨与警务处旧址》，上海：上海人民出版社，2015年；《上海的城南旧事》，上海：上海社会科学院出版社，2015年；《上海城市之心：南京东路街区百年变迁》，上海：上海社会科学院出版社，2017年；《从工部局大楼到上海市人民政府大厦：一幢大楼与一座城市的变迁》，上海：上海社会科学院出版社，2019年；《打浦桥：上海一个街区的成长》，上海：上海社会科学院出版社，2019年；《码头与源头：苏州河畔的北站街区》，上海：上海社会科学院出版社，2022年；《正道沧桑：上海龙华革命烈士纪念地专题研究》，上海：上海人民出版社，2022年。

岸”“苏州河·北站街区”等，这些课题为我们提供了不同时期、不同发展背景下的不同“滨水空间演变”案例。

二、上海的“一江一河”：两个滨水地带案例的分析与比较

最近，我们相继完成《上海西岸：徐汇滨江图志》（北京：中华书局，2021年）与《码头与源头：苏州河畔的北站街区》（上海：上海社会科学院出版社，2022年）多部书稿，通过一些“细部”研究，对所涉及的滨水地带演变有了较为全面、深入的了解。在上海“一江一河”的区域发展案例中，我们解读了在不同发展阶段（或者文明状态）下，农耕时代、工业化时代、后工业化时代的“滨水地带”所呈现出的不同景观、形态，在功能、结构上更存在着巨大差异。

在有关滨水范围的讨论中，首先，我们遇到了几个概念问题，这需要予以梳理。就行政区划沿革与管理而言，在传统中国社会，滨水区域就涉及乡、保、图等，很大程度上与地方的治理体系有关。近代以后，随着上海的通商开埠，黄浦江、苏州河沿岸的一些区域，就关联到租界的开辟，同时也开启了近代化、城市化的历程。处于华洋之间，这些区域在管理上也发生重大变化。就龙华滨江来说，虽仍为华界，承袭的是传统乡、保、图管理模式，但随着一些近代企业的设立、滨江龙华机场的出现，在区域管理上也有一些变化。1949年10月中华人民共和国成立，无论是龙华滨江地带还是苏州河畔的北站街区，行政范围都经历了调整，先后有区、街道（镇）等的设立。从乡村到城市，在市政管理上，就有了街区、社区，出现了另一种管理的模式与体系，在范围上也有所不同。城市还有自己的规划体系，在土地的编制上，又有了单元、片区的划分。凡此种种，都涉及滨水区域的范围。值得关注的是，日本学者提出了“地带”的概念，他们认为：“地带”，是处于“地域”和“领域”中间的一个概念。它比人们生活世界的村或者町所代表的“地域”要大，范围要广；同时又比国家或者都道府县所支配的行政框架“领域”要小。地带，是具有整合性的社会·空间的中间框架。在池享、樱井良树、阵内秀信、西木浩一、吉田伸之等合著的《东京的历史》中，其中有多卷涉及地带研究。[1]“地带”概念的提出，对于我们研究滨水区域有一定的借鉴意义。

---

1 近读《東京の歴史》（［日］池享、樱井良树、阵内秀信、西木浩一、吉田伸之编：《东京的历史》，东京：吉川弘文馆，2018、2021年陆续出版），其中“地带编”有7卷，涉及千代田区、港区、新宿区、文京区、东京都中央区、台东区、墨田区、江东区、品川区、大田区、足立区、多摩区等，对东京城市内部构造，分地带予以考察，其研究方法与路径值得借鉴。

（一）两个案例

1. 从“龙华滨浦”到“上海西岸”

从江南的乡村原野到城市的滨水区域，龙华滨浦经历了多次演变，其样态较为完整，具有典型意义。我们可以从中梳理出一条脉络：从农耕时代的滨浦，到工业化的开启；从水陆空兼备的交通运输、物流仓储基地的建立，到随着城市更新，成为国际著名的城市滨水地带。龙华滨江一带的名称在变，空间范围也不断扩展。我们在《上海西岸：徐汇滨江图志》一书中系统解析了龙华如何从典型的江南水乡，逐渐演变为上海西南的门户、大都市的著名水岸。我们讨论的内容主要包括：农耕时代的龙华滨浦；滨江工业的变迁；水陆空兼备的交通运输、物流仓储基地；徐汇滨江的华丽蝶变；上海西岸：城市新地标；等等。

作为黄浦江的滨水地带，这一区域所具有的样本价值在于：经历了从农耕时代到工业化时代，又到后工业时代，经历了几次转型，反映出城市化、工业化所具有的普遍性特质，从形态到格局，从功能到结构，其演化脉络清晰，呈现出多样性、完整性的特点，有着深厚的文化底蕴。随着时代的演进，工业化时期的工厂、仓库、码头、物流以及各种设施星罗棋布地占据了岸线，很长时期被掩盖、被遮没，一些建筑遗产、历史空间也不被重视。西岸的空间变迁象征着上海的城市空间结构和产业结构的转型，这个转型于21世纪初从中心城区向黄浦江的上下游延伸，重构滨水区功能，激发滨江活力，优化城市空间，构筑滨水生态系统，塑造宜居的公共开放空间。西岸抢占先机，周密布局，以文化引领转型，文化产业、文化机构相继入驻。同时建设国际性创新型金融集聚区和西岸金融城，构筑科创空间，集聚人工智能产业，对黄浦江的滨江发展具有启示和示范意义。

2. 苏州河畔的北站街区研究

我们在“码头与源头：苏州河畔的北站街区”课题研究中，将北站街区置于“苏州河与近代上海城市发展”的宏大历史进程中，系统梳理这一区域的形成、演变过程，充分挖掘其蕴含的丰富历史人文资源；通过将历史与现实时空勾连，突显苏州河沿岸街区的特色，并揭示其在中心城区所具有的独特地位。

自1843年上海开埠以来，吴淞江作为上海与江南连通的重要通道，其地缘优势与商贸地位逐渐显现。上海浚浦局编写的 *The Port of Shanghai*（译为《上海港口大全》）有关于苏州河的不少记载，其中提及：“吴淞江（即苏州河）在公共租界之中区，最为重要。低潮时，直至苏州之河面，统阔一百英尺，统深四五英尺；在苏州与运河相会，而通杭州，镇江。”[1]从上海出发，苏州河可直通苏州、杭州、镇江等，继而与整个长三角内河网络相连。水路、商道互联互通，在区域内外的商贸发展中起着重要作用。作为苏州河核心区域的那一段河流，位于“公共租界之中区”，随着苏州河沿岸的开发，从最初的码头林立，到后来成为仓储中心、工厂重地。“苏州河（即吴淞江）下游七英里两岸备极繁盛。面粉丝纱等厂栈鳞次栉比，惟货物上落，则须借助驳船耳。”[2]从中可知，当时长江三角洲所产的大量货物是经苏州河而来，沿岸“七英里两岸备极繁盛”，丝绸、茶叶、米粮等集散于此，出现了专用码头，并设立了大量厂区与栈房。

另一个重要背景，随着沪宁、沪杭甬等铁路的开通，苏州河的码头连同苏州河航道，与铁路上海北站形成有效的水陆互动格局，更有力推动了这一区域的城市化进程。公共租界的西进、北扩，闸北华界工商业的兴起，繁忙的苏州河，造就出北岸一片繁华的新街区。我们研究的重点内容包括：苏州河对于上海乃至江南的重要性；这一滨水地带何以成为“码头”，水陆交通的枢纽与上海工商业发展的重镇；又何以成为“源头”，大量移民的集聚，呈现的多元性；城市更新中的苏州河沿岸与北站街区的功能重塑。

北站街区（早年称新闸）一直居于苏州河的核心区域，与黄浦江边的徐汇滨水区域（龙华为主要区域）一样，都经历了从农耕时代到工业化、城市化的演变，但路径不同，在上海城市发展中所扮演的角色、所起的作用也不同，具有不同的样本价值：苏州河畔的北站区域是近代上海的大码头，也是文化演进中的一大源头。其滨水地带，逐渐成为上海乃至整个长三角地区重要的交通运输与物流仓储中心、工业基地、金融重镇，如今伴随着城市更新，又成为国际知名的城市滨水地带。在上海“一江一河”的大格局中，北站街区位居上海城市发展战略的重要地带，沿岸区域是苏河湾功能区的重要组成部分，这一地带的空间格局，从景观到形态，从功能到结构，都将面临重新调整、重新规划。

（二）案例的比较

首先，看几张地图，从中考察龙华（西岸）与北站（苏河湾）不同时期的行政区划演

---

1 《上海港口大全》，上海：上海浚浦局刊印，民国二十三年（1934）本，第52页。*The Port of Shanghai*（《上海港口大全》）是上海浚浦局对上海港口各方面情况的考察报告，初版于1920年3月，编撰的目的是为各国专家组织考察上海港务、拟订上海港务发展计划提供参考，故而其搜罗统计材料、历举数字图表，以标明上海港之商务性质及范围。其数据资料来源，部分为浚浦局自行考察所得，其他或由海关税务司、船舶司等各局提供，或采自海关档案、徐家汇天文台气象气候记录、租界工部局年报等。1920年3月初版后，几年间连续修订增补再版，1921、1924、1926、1928、1930、1932、1934年依次出版至第八版。

2 《上海港口大全》，第94页。

变、形态格局变化。

然后，我们分别来看龙华（徐汇滨江）、新闸（北站）街区的情况。

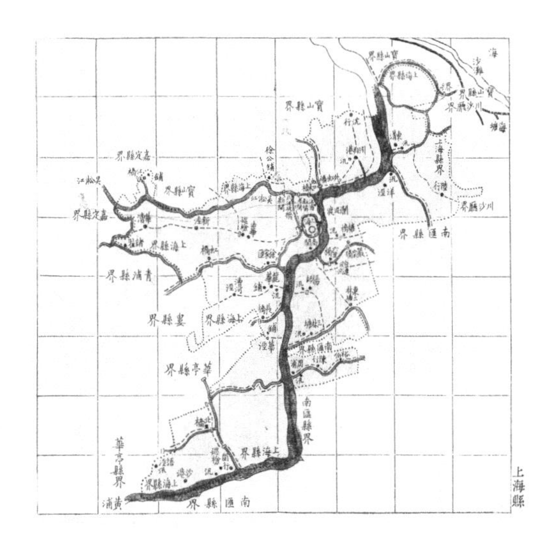

图 1　清光绪二十一年（1895）《江苏全省舆图》中的《上海县图》，黄浦江边的龙华与苏州河畔的新闸一带

清代所修的几部方志，保存了这一带的乡保图、河流图、镇市分布图。图 2 为清嘉庆《上海县志》中的《乡保区图（啚）》，可以反映上海县城西南一带的乡、保、区、图。从嘉庆到同治年间，这一带乡、保、区、图的分布基本保持不变。从辖区来说，主要属高昌乡二十六保，兼跨二十五保、二十七保等。二十六保所辖保、区、图情况如下：

> 十并十三图（龙华镇）、十四图（漕河泾东镇）、十五图（漕河泾中镇、西镇北至小闸）、二十二图（漕河泾西南乡）、二十三图（西牌楼）、二十四图（余家宅）、二十五图（梅家衖市、朱家巷东市）、二十六图（许家塘）、十一并二十七图（张家塘、黄婆庙）、二十八、九图（宁国寺左右）、二十一、三十一图（华泾镇）。[1]

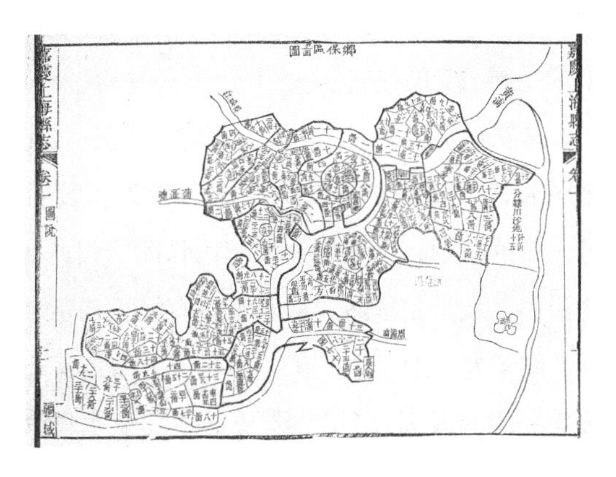

图 2　清嘉庆《上海县志》中的《乡保区图（啚）》

二十六保有二区十一图。从界址来看：南至长人乡十八保界，东至黄浦江，西至华亭县界，北至高昌乡二十八保界。东面与二十五保、二十七保交界。如百步桥东北一带，属二十七保一图。这就是龙华这片滨江地带的早期空间格局。

近代以降，在急促时局的催动之下，该地区因岸线绵长、港深湾阔、腹地纵深等得天独厚的优势，吸引了众多厂房、货栈、仓库、码头选址于此，曾集聚包括龙华机场、上海铁路

1 （清）唐锡瑞辑：《二十六保志》卷一《乡保》。

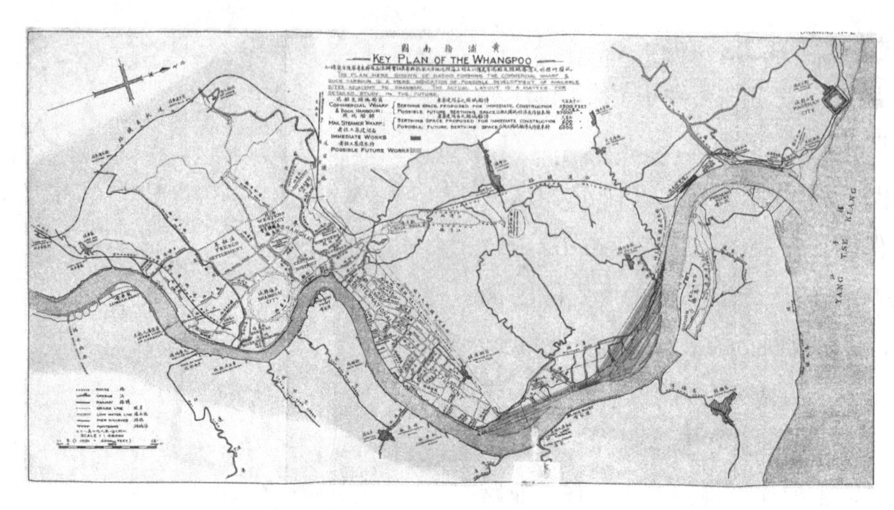

图 3 《黄浦指南图》局部图，涉及黄浦江沿岸日晖港、龙华港一带

南浦站、北票煤炭码头、华商上海水泥厂、上海合成剂厂、兴昌机器造船厂等众多工业设施和一些民族企业，是当时上海主要的交通运输、物流仓储和工业生产基地，成为孕育 20 世纪中国民族工业的摇篮之一。

从农耕文明到工业时代，黄浦江这一段岸线的景观出现了很大变化。图 3 为 1921 年外文地图 *KEY PLAN OF THE WHANGPOO*（《黄浦指南图》）[1]，其中一段反映黄浦江日晖港、龙华港一带的状况，已经标注沪杭甬铁路、日晖港、铁路码头、龙华车站，从高昌庙通往龙华镇的道路，就是龙华路。从龙华镇有河流与黄浦江相通，即龙华港，对岸为龙华嘴。

图 4 为民国三十五年（1946）上海市第七区第一段绘制的《上海市第七区公所保甲整编段第一段分段划分图》，涉及日晖港至龙华滨江的空间形态，依次为日晖港、日晖港车站内部、英商龙华码头、龙华港口、龙华飞机场等。

龙华一带先后出现村、铺、乡、镇，后来又有龙华区、龙华街道之设。其范围屡有变化，面积或大或小，小的仅指龙华寺及周边地带，大时曾设龙华区，范围很广。值得一提的是，在 20 世纪 50 年代上海区划调整中，值得关注的是常熟区并入徐汇区。1955 年 12 月，徐汇、常熟两区合并，合并后的新区，定名为徐汇区。如此徐汇区的地界也扩展至黄浦江边。进入 21 世纪，尤其 2010 年上海世博会的召开以及随着“后世博时代”的到来，从日晖

---

1 *KEY PLAN OF THE WHANGPOO*（《黄浦指南图》）, Whangpoo Conservancy Board, Report By The Committee Of Consulting Engineers, Shanghai Harbour Investigation 1921, The Shanghai Mercury, Ltd., Printers, 1921.

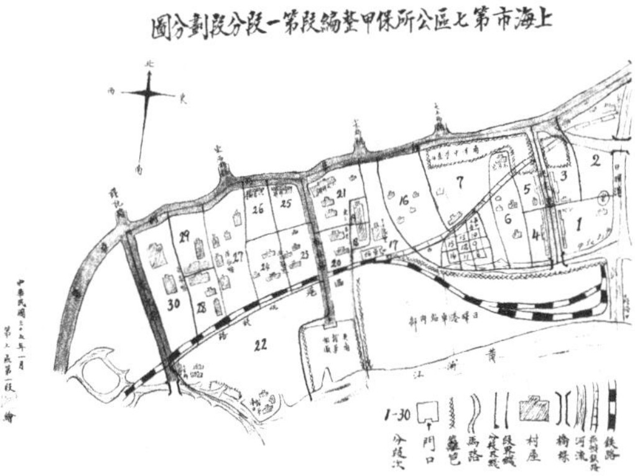

图4 民国三十五年（1946）上海市第七区第一段绘制的《上海市第七区公所保甲整编段第一段分段划分图》，涉及黄浦江沿岸

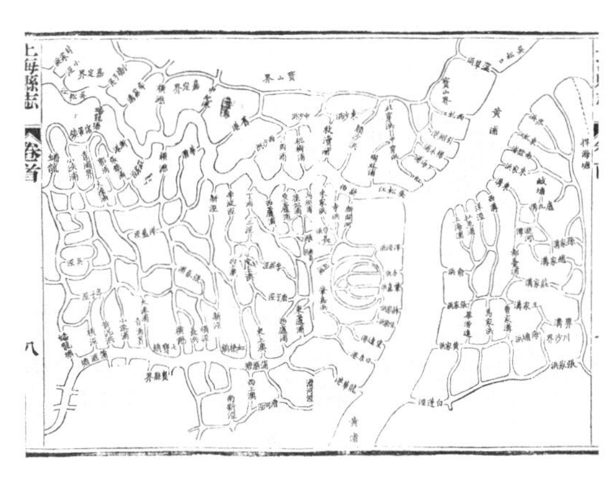

图5 清同治《上海县志》卷首，《上海县北境水道图》，吴淞江北岸河道，并标注新闸等

港到龙华滨江，一直延伸到徐浦大桥，徐汇滨江岸线乃至整个周边的形态格局更是发生了翻天覆地的变化。

再看苏州河边的新闸一带。

图2的清嘉庆《上海县志》中的《乡保区图（啚）》，也可以反映上海县城北、吴淞江一带的乡、保、区、图。图5为清同治《上海县志》的《上海县北境水道图》，这一带的乡保图分布更加清晰，吴淞江沿岸一带已标注老闸、新闸。从嘉庆到同治年间，这一带乡、保、区、图的分布基本保持不变，从辖区来说，主要属高昌乡二十五保一图、二十七保十一图等，“二十五保领图十六：一图，老闸北。二图，老闸南。三图，军工厂。四图，晏公庙头。……”[1]二十七保领图十四，有“十图新闸，十一图梅园头，南十二图宁喜庙，北十二图薛家库，十三图姚家浜”[2]。新闸、梅园头、宁喜庙，在地籍上属于上海县二十七保十图、十一图、南十二图。新闸跨吴淞江，新闸以东，即为老闸。

自1843年上海开埠以来，上海城市快速成长。随着华界闸北的兴起与公共租界的拓展，在多重因素的促成下，苏州河两岸也迎来了它的发展期。地处江海通津、水陆要冲，拥有得天独厚的地理优势，在快速的工业化、城市化进程推进下，这里的景观大变。这一带的开发与英美租界扩张也有着直接关系。1848年的英租界地界，西以周泾浜（今西藏路）为界，北以苏州河为界。1863年，美租界与英租界合并，称英美公共租界。从1895年开始，英美公

1 嘉庆《上海县志》卷一《乡保》。

2 详见同治《上海县志》卷一《建置·乡保》。

图 6 《新闸图》，选自《上海县续志》

共租界谋求扩充。1899 年，实现扩张计划，并正式改称国际公共租界。[1]1915 年，英国领事团与中国政府商定公共租界的北部地区，拟扩展至虹口公园（今鲁迅公园）一带，闸北铁路沿线以南、苏州河以北的地带。随着租界的扩张，自南而北，由东向西，这一带事实上已被纳入公共租界的新版图。图 7 为《租界略图》，清晰标注公共租界的中区、东区、西区与北区，有各自的分区线，还有沪宁铁路。

苏州河北岸北站一带的城市化进程，20 世纪 30 年代被日本的两次侵略所打断。日本军国主义先后发动了 1932 年“一·二八事变”与 1937 年“八一三事变”，两次战事将炮火投向北站及其周边街区，狂轰滥炸，区域发展遭受重创。1945 年，此处设置北站区。1956 年撤销建制，辖地划归闸北区。1962 年 11 月，从虹口区划出武进路以北、罗浮路以西地区，加上天目路、宝山路街道办事处划出部分地区，环绕北火车站设立北站街道办事处。[2] 此后，北站街道又经历了多次撤并组合，但一直隶属闸北区。2015 年 11 月，经国务院批复同意，上海市委、市政府实施闸北、静安两区行政区划调整，“撤二建一”，成立新的静安区，北站街道归属静安区。

其次，是龙华与北站滨水区域开发进程描述，涉及各自的发展状况以及不同阶段的结构、功能所出现的变化。

关于这方面的内容，我们在两部书稿中均有详细的论述。此次会议，我制作了一份 PPT，播放了近年来研究团队所收集的这两个街区各个时期的历史图照约 60 张（部分来自历史影像）。对这些图照的解读，可以清晰反映这两处滨水地带不同时期的景观形态、空间格局方面的差异。因受篇幅所限，此次编辑文集，无法选录这些图照。

最后，看两大区域的发展特点（优势）与定位。

上海西岸（徐汇滨江）的坐标：当下与未来。西岸已经以其空间形态和文化岸线预示

---

1 详见徐公肃、丘瑾璋：《上海公共租界制度》，上海：上海人民出版社，1980 年，第 74、75 页，并参见 1899 年《工部局报告》。

2 《关于做好调整北站地区的区划和单独建立北站街道行政机构的通知》，1962 年，上海市静安区档案馆，049-01-0001。

着徐汇滨江的未来发展，象征着新时代的上海西外滩，将核心竞争力锁定在“文化”上，并上升到宏观战略层面。以文化发展作为先导，文化聚集区的定位隐喻着徐汇滨江西岸文化走廊对标巴黎塞纳河左岸深厚的文化积淀，西岸文化走廊的复兴，宣告了徐汇滨江的新生，迈向全球城市的卓越水岸，成为新世纪城市滨水空间的典范。近年来举办的大型文化活动使西岸已经展示上海面向未来发展的图景，成为上海迈向卓越的全球城市的新地标。2007 年启动西岸公共开放空间的国际方案征集，引入法国蔚蓝海岸的空间意象。继 2010 年西岸公共开放空间建设首期工程完成以来，2011 年开始打造西岸文化走廊，引进东方梦工厂，举办西岸 2013 建筑与当代艺术双年展，2015 年第一届上海城市空间艺术季就是在 2013 年西岸建筑与当代艺术双年展的基础上扩展成为上海市的文化盛会。这里举办了首届上海西岸音乐节、首届西岸艺术与设计博览会。2014 年龙美术馆和余德耀美术馆相继建成开放，全国首座立体城市——西岸传媒港开始建设，2017 年建成 8.4 公里的景观大道和 80 公顷公共开放空间。继 2017 年全球（上海）人工智能创新峰会后，西岸又举办了世界人工智能大会，2019 年“西岸美术馆与蓬皮杜中心五年展陈合作项目”在这里揭幕，蓬皮杜艺术中心入驻西岸。如今，西岸已建成集聚 20 多家文化载体的美术馆大道，成为上海首展、首演、首秀的亚洲最大规模艺术区。

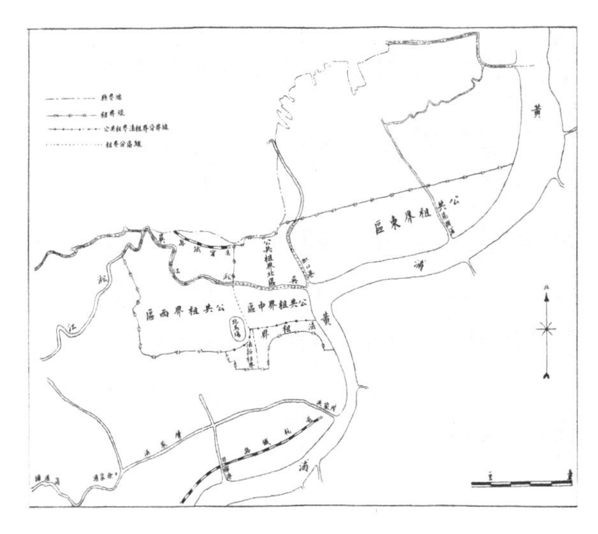

图 7 《租界略图》，选自民国《上海县续志》

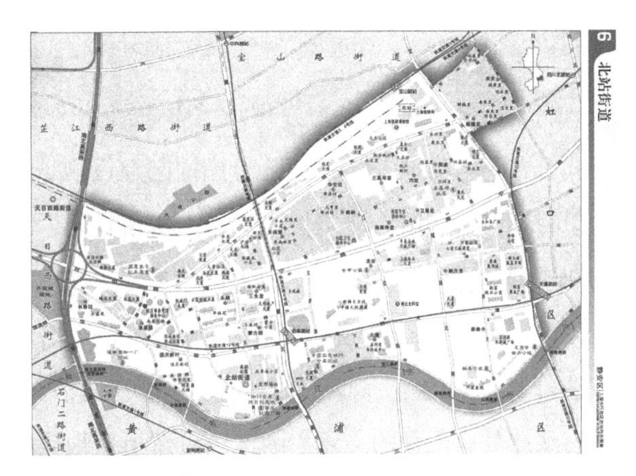

图 8 （静安区）北站街道区域图，
2018 年，北站街道提供

作为上海市中心近十年来快速发展的重量级滨水开发区，西岸借助于新兴产业的蓬勃发展，不断书写空间功能重塑的城市传奇。如今的西岸，北起日晖港，南至关港，西至宛平南路—龙华港—龙吴路，土地总面积9.4平方公里，岸线长度11.4公里，规划建筑总量约950万平方米，其中新建约650万平方米，为中心城区沿黄浦江可以大规模成片开发的区域，也是“上海2035”总体规划确定的承载创新、创意、文化等全球城市核心功能的高品质中央活动区核心承载段、上海“十三五”文化改革发展规划“双廊一轴”战略的重要实施区、上海中心城区内最具文化活力的滨水新区。[1] 徐汇西岸的目标是打造世界级滨水开放空间、全球有影响力的大规模艺术区、国际创新创意产业群。

北站街区在苏州河畔的优势。2015年11月，闸北、静安两区行政区划实施调整，“撤二建一”，北站成为新静安区的一个街道。结合苏河湾开发以及“一江一河”的上海城市发展战略，北站街区具有更大的发展空间，明显具有两个“优势”：（1）北站街区的区位优势日益突显。北站地处苏河湾的核心区域，在2300米苏州河岸线区域内有8座桥与黄浦区相连。（2）发展空间巨大，具有“后发”优势。北站街区地处“一轴三带”发展战略的苏州河两岸人文休闲创业集聚带，拥有文化创意、商务商贸、休闲旅游、生态宜居四大功能，提升中心城区形象。

北站街区，已然成为苏州河“中央活动区范围”重要区段。2020年8月，《上海发布》正式公布《上海“一江一河”沿岸地区建设规划（2018—2035）》。[2] 按照建设世界级滨水区的总目标，苏州河沿岸定位为“特大城市宜居生活的典型示范区”。北站街区沿苏州河沿岸，均在规划范围内。整个苏州河上海市域段，长度50公里，中心城段进深约1—3公里。北站街区处于苏州河沿岸地带，作为地处苏州河“中央活动区范围”的重要区段，将重点围绕：打造舒适宜人的生活型活动轴线；建设富有活力的滨河功能带；建设高品质的蓝绿生态廊道；塑造具有内涵的文化生活水岸；营造人性化精细化的滨河景观；打造世界级滨水区，即高品质的宜居、宜业核心区域。在上海的城市规划中，将苏河湾功能区打造成为世界级滨水中央活动区、世界级“城市会客厅”。

在上海城市发展中的“一江一河”战略中，徐汇滨江（西岸）、北站街区（苏河湾核心区域）均为黄浦江、苏州河的重要组成部分。

---

1 马学强等：《上海西岸：徐汇滨江图志》，北京：中华书局，2021年，第193页。

2 上海市规划资源局公布《上海“一江一河”沿岸地区建设规划（2018—2035）》。“一江一河”建设规划范围为：黄浦江自闵浦二桥至吴淞口，长度61公里，总面积约201平方公里；苏州河上海市域段，长度50公里，总面积约139平方公里。按照建设世界级滨水区的总目标，黄浦江沿岸定位为国际大都市发展能级的集中展示区，苏州河沿岸定位为特大城市宜居生活的典型示范区。

三、进一步的探讨

城市空间布局是过去的积淀、现在的建构共同作用的产物。无论是黄浦江的徐汇滨江（西岸）或是苏州河畔的北站滨水（苏河湾）的空间布局，都渊源于它们的历史演变，是历史与现在合力的结果。这些滨水地带，都拥有众多的文化遗产，也都是上海这座城市记忆中的重要组成部分。在绵长的黄浦江、蜿蜒的苏州河边，沿岸各个区域特色不一、内涵不同，要反映这些特色，其实质就是要挖掘这些滨水区域内部所蕴含的独特人文内容与历史感，并彰显这种历史感所承载的不同品质。

这里，在研究思路与方法上，我们要加强几个方面的探讨：

第一，关注推动滨水空间演变背后的力量，探寻谁在主导滨水街区的形成，具体是由哪些因素促成？这些力量共同作用，相互交织，影响与推动着这些滨水地带的空间格局，并加快了这一区域的城市化、工业化进程。

第二，注重图像资源的利用，即“图像入史”问题。图像，是人类把握并描绘有形世界的一种重要方式与形式。不同时代的图像，表现、内涵不同，要仔细解读。伴随传媒技术的迅猛发展，图像进入城市史研究（滨水城市也是如此）已具有可能性与可行性，近年来，引起了诸多学科的讨论。“图像资源”不断扩大。传统时代的图像，包括舆图，即各个时期的地图；各种绘图；壁画、碑刻等。近代以后，科技发展，图像资源扩大，如近代以后的照片、大量的历史影像。我们研究团队经过数十年积累，已拥有各类图片十多万张、历史音像资料数十种。其中，很多是反映城市建设、城市生活内容的图照。最近，我们研究团队与上海交通大学设计学院、上海音像资料馆合作的博士后工作站中，就有关于城市历史音像学的研究。

第三，如何对待历史空间：城市更新中的人文遗产研究、保护与利用。起初是出于对街区人文遗产保护的现实需要，人们逐渐意识到遗产保护与城市更新是城市保持自身记忆、拓展自身特色、增强多样性的重要手段。后来延伸拓展：在一定历史时期形成的街区，其空间布局渊源于自生自发的发展，是历史、现实合力的结果，所以要特别注意它形成的功能、特点，传统街巷的内在肌理，以及深层的社会文化生活。因此，在保护滨水地带历史建筑的同时，还要保护其周围的环境（历史风貌），尤其是对于城市街区、地段、景点及独特的人文环境，包括居民的社会生活形态、管理方式，要注意保护其整体的环境。就历史街区而言，其空间布局是过去的积淀、现在的建构共同作用的产物，具有动态性、复杂性、

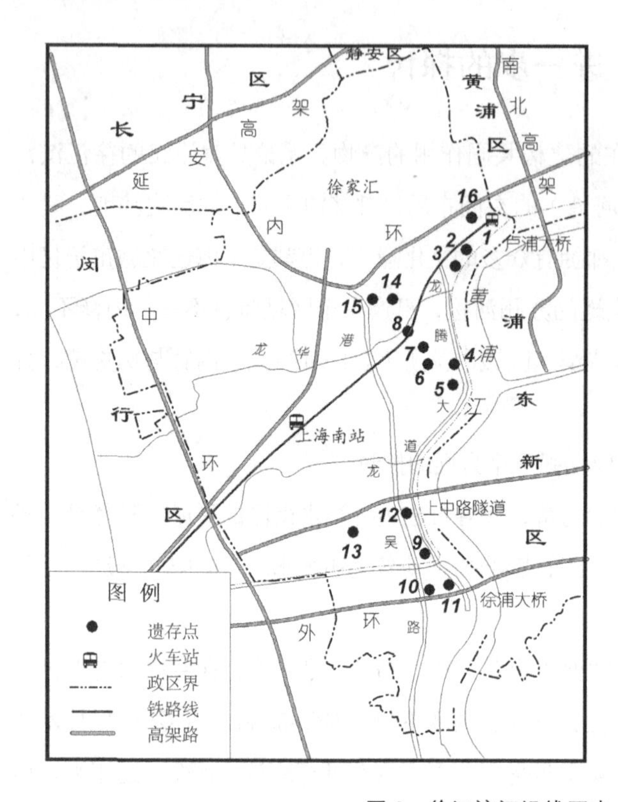

标注说明：

1. 上海铁路南浦站
2. 上海港务局煤炭装卸公司北票码头
3. 中山南二路 729 号民居
4. 上海水泥厂
5. 上海飞机制造厂
6. 龙华机场
7. 龙华机场候机楼
8. 海事局瞭望塔
9. 上海白猫（集团）有限公司
10. 上海第六粮食仓库
11. 上海良友海狮油脂实业有限公司
12. 上海市离心力机械研究所
13. 上海长桥水厂
14. 龙华寺（塔）
15. 龙华烈士陵园
16. 南洋中学图书馆（老校友厅）

图 9　徐汇滨江沿线历史文化地图

多样性和时空连续性的特征，这是一个有机体，而这个有机体需要新陈代谢。在城市的发展中，街区的历史空间应该得到充分的尊重，一座富有内涵的城市，历史空间应占据相当重要的地位。

滨水地带的文化遗产可以反映滨水城市的历史，并具有其独特的价值，与其他文化遗产一样，包含很多方面，有广义、狭义之分。狭义的文化遗产，即联合国教科文组织定义的“世界文化遗产”，指有形的文化遗产。广义的文化遗产，则应包括物质文化遗产与非物质文化遗产两大类。后者亦称口头或无形遗产，指各种以非物质形态存在的、与群众生活密切相关的、世代相承的传统文化表现形式。在滨水地带的文化遗产中，最引人注目的就是那些老建筑与历史风貌。

在徐汇滨江与北站街区研究中，我们都十分重视滨水地带的人文遗产保护问题，绘制了相关文化地图。

北站区域内还留存着大量历史建筑、历史遗迹，被列为各级文物保护单位（或文物保护点），详见下表：

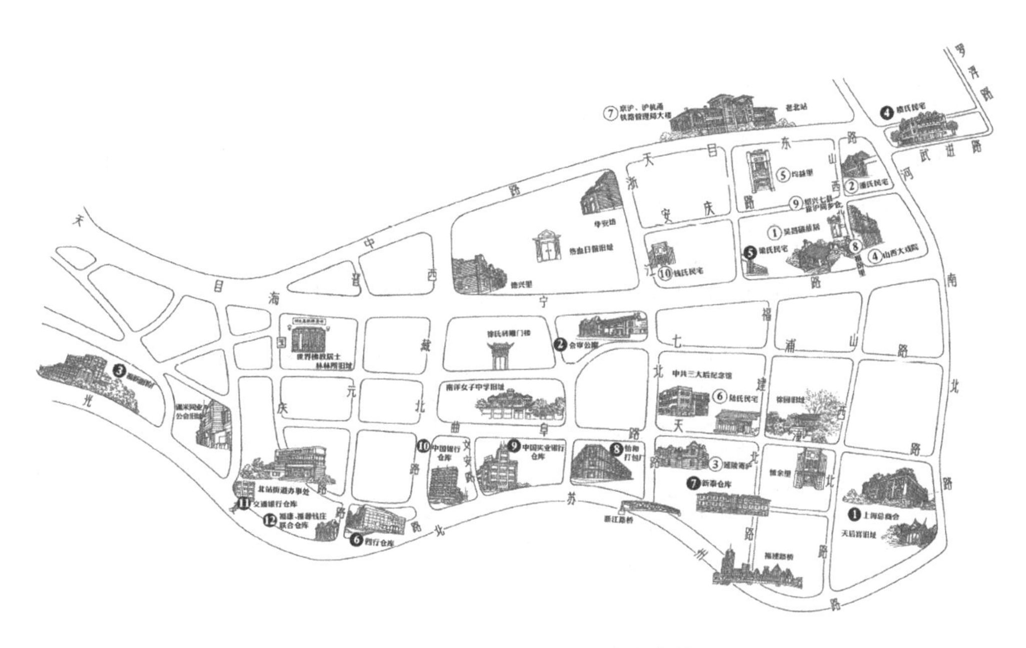

图 10　苏州河畔北站街区历史文化地图

表 1　北站区域内各类文物保护单位（文物点）一览表

建筑名称	公布日期	地址	保护等级	类别
四行仓库抗战旧址	2019.10.07	光复路 1 号—21 号	全国重点文物保护单位	重要历史事件纪念地或纪念设施
公共租界会审公廨旧址	2014.04.04	浙江北路 191 号	市级文物保护单位	重要历史事件和重要机构旧址
同盟会中部总会秘密接洽机关遗址	2014.04.04	浙江北路 61 号	市级文物保护单位	重要历史事件和重要机构旧址
上海总商会旧址	2014.04.04	北苏州路 470 号	市级文物保护单位	重要历史事件和重要机构旧址
吴昌硕故居	1985.08.20	山西北路 457 弄 12 号	市级文物保护单位	名人故居、旧居
浙江路桥	2014.04.04	浙江中路与浙江北路连接处	市级文物保护单位	交通道路设施
上海北火车站遗址	2000.08.10	天目东路 200 号	区级文物保护单位	重要历史事件纪念地或纪念设施
梁氏民宅	2000.08.10	山西北路 457 弄 61 号	区级文物保护单位	典型风格建筑或构筑物
上海中国银行办事所及堆栈旧址	2014.03.19	北苏州路 1040 号	区级文物保护单位	典型风格建筑或构筑物

（续表一）

建筑名称	公布日期	地址	保护等级	类别
大东书局旧址	2005.09.08	福建北路 300、301 号	区级文物保护单位	工业建筑及附属物
福新面粉一厂及堆栈旧址	2014.03.19	光复路 423 号—433 号、长安路 101 号	区级文物保护单位	工业建筑及附属物
天妃宫	2000.08.10	河南北路 3 号	区级文物保护单位	坛庙祠堂
上海中国实业银行仓库旧址	2014.03.19	北苏州路1028号、文安路 30 号	区级文物保护单位	金融商贸建筑
新泰路 57 号仓库	2014.03.19	新泰路 57 号	区级文物保护单位	金融商贸建筑
上海总商会中国商品陈列所旧址	2006.06.09	北苏州路 470 号	区级文物保护单位	其他近现代重要史迹及代表性建筑
绍兴里绍兴七县旅沪同乡会旧址	2017.06.28	山西北路 527 弄 6 号	区文物保护点	重要历史事件和重要机构旧址
京沪、沪杭甬铁路管理局大楼旧址	2017.06.28	天目东路 80 号	区文物保护点	典型风格建筑或构筑物
武进路 560 号楼	2017.06.28	武进路 560 号	区文物保护点	典型风格建筑或构筑物
康乐里潘氏住宅	2017.06.28	山西北路 551 弄 4 号	区文物保护点	典型风格建筑或构筑物
均益里	2017.06.28	天目东路 85 弄、安庆路 366 弄	区文物保护点	典型风格建筑或构筑物
福荫里 12 号宅	2017.06.28	山西北路 469 弄 12 号	区文物保护点	典型风格建筑或构筑物
慎余里	2017.06.28	天潼路 847 弄	区文物保护点	典型风格建筑或构筑物
山西大戏院旧址	2017.06.28	山西北路 470 号	区文物保护点	文化教育建筑及附属物
飞虹小学遗址	2017.06.28	塘沽路 894 号	区文物保护点	文化教育建筑及附属物
上海新华信托储蓄银行仓库遗址	2017.06.28	甘肃路 79 号	区文物保护点	金融商贸建筑
钱氏民宅	2017.06.28	海宁路 780 弄 22 号—24 号	区文物保护点	宅第民居
陆氏民宅	2017.06.28	天潼路 800 弄 164 支弄 7 号	区文物保护点	传统民居
钱江新村	2017.06.28	康乐路 186 弄 234 弄处	区文物保护点	其他近现代重要史迹及代表性建筑
大埔旅沪同乡会旧址	2017.06.28	康乐路 203 弄 3 号—5 号	区文物保护点	其他近现代重要史迹及代表性建筑

（续表二）

建筑名称	公布日期	地址	保护等级	类别
安庆路绍兴七县旅沪同乡会旧址	2017.06.28	安庆路 330 号	区文物保护点	其他近现代重要史迹及代表性建筑
西虹口捕房旧址	2017.06.28	海宁路 830 号	区文物保护点	其他近现代重要史迹及代表性建筑
泰县旅沪同乡会旧址	2017.06.28	安庆路 351 弄 4 号	区文物保护点	其他近现代重要史迹及代表性建筑
中国道德总会遗址	2017.06.28	七浦路 632 号	区文物保护点	其他近现代重要史迹及代表性建筑
诚化普善堂旧址	2017.06.28	浙江北路 129 弄 10 号	区文物保护点	其他近现代重要史迹及代表性建筑
北站区公所遗址	2017.06.28	老闸街 40 号	区文物保护点	其他近现代重要史迹及代表性建筑

资料来源：静安区北站街道提供，2020 年底。

据统计，北站区域内现有全国重点文物保护单位（1 处）、市级文物保护单位（5 处）、区级文物保护单位（9 处）、区文物保护点（20 处），总计 35 处。北站区域内至今保存着一些建于 20 世纪二三十年代的建筑，还有成片的历史风貌保护区，其中既有欧式金融老仓库，也有中西合璧的石库门建筑，同时保留着红色记忆的遗迹。

从历史到现实，从文化形态到生活方式，这些滨水地带不仅仅是从“工业锈带”到“生活秀带”的转变，而且要有更多、更丰富的内容，如构筑滨水的文化生态系统，塑造宜居的公共开放空间，以新业态、新模式赋能产业发展，这也是新时代赋予“上海西岸”“苏河湾”的新内涵。

滨水城市，城市滨水，这里有着独有的空间基因、文化基因，值得我们深入探究。

现代环境与水乡风土观

——一种历史反思

陆少波　阮　昕*

水环境是当今建筑学、风景园林学中重要的研究和设计领域，也是水生态文明社会的基础之一。[1]但是，在一个如此强调环境概念的世界中，现实的水环境却常常并未变得更好。在中国城市建设急剧扩张的背景下，滨水空间风貌和自然生态的问题仍旧需要改善；而更为重要的文化精神环境的丧失，更是城市水环境的同质化现象的内在根源。这是否在某种程度上说明了人们对于环境观的理解存在误区，而重新回溯水环境的观念起源与演变，是找出误区原因的一种有效方法。

一、环境观的发展与误区

城市的起源大多与水有着密切的关系，而水环境则是现代的观念。其中的“环境”一词虽然也出现在古汉语中，但并不常见，其含义偏向“周围的地方”。[2]现代水环境的“环境”多指“所处的情况和条件”[3]，其思想的基础是主客分离的二元环境观。这种抽象环境的含义是对应英语 environment 的翻译，最早出现在 1905 年的日语词典《普通术语辞汇》[4]。在这本词典中，环境不仅对应了 environment，还对应了德语单词 Umgebung，这恰好是环境出现于英文的语境。

---

* 陆少波，上海交通大学设计学院博士研究生；阮昕，上海交通大学设计学院院长、光启讲席教授。本文系国家自然科学基金项目（52078290）阶段成果。

1 詹卫华、汪升华、李玮、赵洪峰：《水生态文明建设“五位一体”及路径探讨》，《中国水利》2013 年第 9 期，第 4—6 页。

2 欧阳修等人编纂的《新唐书》中的“时江南环境为盗区”的“环境”就是该义。

3 商务印书馆辞书研究中心：《新华词典（第四版）》，北京：商务印书馆，2013 年。

4 ［日］德谷丰之助、松尾勇四郎：《普通術語辭彙》，东京：东京敬文社，1905 年。

在18世纪末，德国诗人和学者歌德（Johann Wolfgang von Goethe）使用Umgebung讨论英国诗歌文学的创作环境，歌德的崇拜者英国学者卡莱尔（Thomas Carlyle）把Umgebung翻译为英语时，选择了environ基础上增加后缀ment对应Umgebung，以此表达抽象的环境之义。[1] 自此，意指主体之外的客体的environment成为常用术语，日本学者最初翻译成汉字词语时曾经使用的环象、外界等词都是基于主客分离意义上的考量。[2]

环境观念与自然科学的研究密不可分。自1840年英国数学家惠威尔（W. Whewell）创造了新词科学家（scientist）后，达尔文的名著《物种起源》(*The Origin of Species*）对环境做了专门论述，认为环境是影响生物进化的重要因素。随着优胜劣汰的进化思想被引入社会学领域，社会达尔文主义开始广泛传播，环境观念成为超越生物学领域的普世概念。随后发展而出的改善自然环境的生态学，以及在心理学影响下产生的环境心理学，都是基于主客二元分离的环境思想。

环境成为建筑学科的核心观念之一，绿色可持续的环境理念也已经成为当下的共识。水环境研究的一个重要目标是控制现代技术造成的各类水生态的污染，改善水的物质环境，各类水环境标准（如《地表水环境质量标准》）和检测技术都是如此。虽然这确实能够提升水环境的质量和减少污染，但环境观的主客分离框架仍旧造成了水环境领域的一系列误区，主要表现为技术环境与心理环境的脱离。

（一）技术环境的误区

随着现代技术的飞速发展，下水道等人工控制水环境的系统使得在水可以从城市环境的日常生活中消失，且不影响城市的正常运转。建筑师对于技术的乐观使得他们相信可以完全控制水环境（图1）。

美国建筑师富勒（B. Fuller）提出过更为激进的环境观，他在著作《地球飞船操作手册》（*Operating Manual for Spaceship Earth*）[3] 中设想了一种不受自然环境限制的人工环境。他甚至还提出了穹顶覆盖整个纽约，创造出可调节的纯人工环境的未来巨构畅想，让水环境变得完全人工可控。这种以技术环境思想为基础的巨构主义在世界范围产生了重要的影响，例如

1 Ralph Jessop, "Coinage of the Term Environment a Word without Authority and Carlyle's Displacement of the Mechanical Metaphor", *Literature Compass*, 2012, Vol. 9 (11), pp. 708–720.

2 ［日］早田宰:《日本における用語「環境」の導入過程》,《早稲田社会科学総合研究》2003年第3期，第65—71页。

3 B. Fuller, *Operating Manual for Spaceship Earth*, Carbondale: Southern Illinois University Press, 1969.

图 1　泰晤士河的大堤与地下管网，1876 年[1]

丹下健三设想的新东京规划位于东京湾，以大型高架基础设施直接覆盖海域形成人工土地，以提供 300 万城市人口集中居住与工作的巨构空间。但是，除了日本大阪世博会那样由国家强力支持的大规模建设，此类巨构设想大多未最终实现。而且，这种主动式环境调控方法会带来一系列的问题，巨型尺度的空间会造成极大的能源消耗，且极易对地方的生态系统造成难以估量的破坏。

（二）心理环境的误区

现代环境观还是一种人如何认知周围各种事物的方法，与物质对立的心理研究也被纳入环境研究的框架。环境心理学（environmental psychology）通过知觉（perception）、行为（behaviour）、密度（density）等关键词分析研究人工—自然环境与心理之间的相互影响，这种综合的研究方法突破了原有环境研究的单一视野。拉普卜特（Amos Rapoport）[2]、芦原义信[3]、凯文・林奇（Kevin Lynch）[4]通过环境的文化意义、格式塔心理学、认知地图（Cognitive Map）等方法讨论了建筑与城市的环境感知方法。

但是，现有的环境心理学研究却被引向了过于定量化的分析研究，各种环境定量评估指标，如 BREEAM、CASBEE 等评估体系对环境影响做出了详尽的评定标准[5]，但这些评估体系大多忽略了设计创作过程中的"技艺"特征。[6]另外，建筑学与风景园林学的学科分离，使得水环境与建筑环境互相脱离。虽然大量滨水空间的研究和设计会借用建筑与城市设计的研

1　［英］特里・法雷尔：《伦敦城市构型形成与发展》，杨至德等译，武汉：华中科技大学出版社，2010 年，第 48 页。

2　Amos Rapoport, *The Meaning of the Built Environment: A Nonverbal Communication Approach*, New York: SAGE Publications, 1982.

3　［日］芦原义信：《街道的美学》，尹培桐译，天津：百花文艺出版社，2006 年。

4　Kevin Lynch, *The Image of the City*, Cambridge, Mass.: The MIT Press, 1960.

5　英国、美国、澳大利亚、日本等国都提出了不同的环境定量评估指标。此处举例的 BREEAM 是英国的建筑研究所环境评估法（Building Research Establishment Environmental Assessment Methods）的简称，CASBEE 是日本的建筑综合环境性能评价体系（Comprehensive Assessment System for Building Environmental Efficiency）的简称。详见［美］彼得・S. 布兰登、帕特里齐亚・隆巴尔迪：《建成环境可持续性评价——理论方法与实例》，薛小龙、［澳］杨静译，北京：中国建筑工业出版社，2017 年。

6　阮昕：《浮生・建筑》，北京：商务印书馆，2020 年。

究方法，例如引入认知地图的方法用于研究和指导设计，但大量案例是直接把林奇归纳的结论（路径—地标—边界—区域—节点）作为重要的定量分析工具，忽视了其核心的文化价值观与观察方法，割裂了水环境与建筑环境之间的整体性。

无论是技术环境还是心理环境的研究，都是基于主客二元分离思想的现代环境观念。在如今生态危机仍旧严峻的情况下，需要通过“碳达峰”和“碳中和”等方式，探索更为多样和人性的水环境设计策略。

二、西方的水环境观反思

水环境的本源和意义仍旧值得再思考。从 20 世纪中叶开始，一些西方学者，开始反思二元论的环境观，并寻找一种整体性的环境观。巴什拉（Gaston Bachelard）的《水与梦：论物质的想象》（*L'eau et les rêves: Essai sur l'imagination de la matière*）[1] 从哲学和心理学的视角对水与诗意的关系进行了深刻的分析。而段义孚（Yi-Fu Tuan）和里克沃特（Joseph Rykwert）对古希腊的 topos（τοπος）和 chora（χωρος）的追溯和思辨极具启发意义。这种前现代的观念以仪式和神话为基础，对于土地和水有着深厚的情感，把人与世界作为一个整体意义来考量。

（一）topos（τοπος）

在西方的现代学者对前现代环境观的回溯中，对 topos 的讨论是最为频繁的。在现代英语中，topos 是 topography、topophilia 等词的词源，经常被翻译为场所、场地等词，相关的研究已经成为反思环境观的重要线索。

较为典型的研究有莱瑟巴罗（David Leatherbarrow）对 topos 的再解读。他在 2004 年出版的《地形学故事》（*Topographical Stories*）[2] 中，重新关注人类生活与场地的密切关联。由 topos 演变而成的地形（topography）都指向了一种神话与仪式的场所，如英国诗人蒲柏（Alexander Pope）1719 年在泰晤士河畔修建的特威克纳姆园，其中的建筑和花园营造都指向了水与神话、诗意的整体感知（图 2）。

对 topos 更早的建筑研究可以追溯到舒尔茨（Christian Norberg-Schulz）引用的地灵

1 Gaston Bachelard, *L'eau et les rêves: Essai sur l'imagination de la matière*, Paris: José corti, 1942.

2 David Leatherbarrow, *Topographical Stories*, Philadelphia: University of Pennsylvania Press, 2004.

图 2　位于泰晤士河畔的蒲柏别墅 [1]

（genius loci）概念。[2] 地灵是古罗马的土地守护神，该词由拉丁语“地方”（*loci*）和“神灵”（*genius*）复合而成，而“*loci*”是古罗马人对希腊语“场所”（*topos*）的翻译。舒尔茨把地灵直接对应现象学的场所精神（spirit of place），以此讨论场所具有的文化诗意。

段义孚在 1974 年的著作《恋地情结》（*Topophilia*）概括了不同地域文明对环境的依恋之情。[3] 他赋予了 topophilia 特殊的意义，该词由场所（topos）和爱（philia）复合而成。段义孚从普遍的环境（environment）与知觉（perception）的关系入手，以大海、山岳、荒野等地貌环境为对象，论述了恋地情结（topophilia）与文化价值之间复杂的关联。

这些研究从建筑学、景观学、现象学和人文地理学的视角，对环境的观念进行了反思。现代的 topos 的含义与场所（place）的含义类似，但如果从希腊语 topos 本身的含义来看，topos 是中性的概念。topos 可以指代任何一个地方，甚至包括一本书、一篇文章。在亚里士多德的《修辞学》（*Art of Rhetoric*）中，topos 意指辩题的框架与修辞，与现代的场所含义并不完全一致。

（二）古希腊的 chora（χωρος）

对 topos 更为精微的探讨来自 2008 年由阮昕和里克沃特命题发起的研讨会“土地恩怨”（Topophilia and Topophobia）[4]，该研讨会延续了段义孚的理论思考，以 topos 为根源并置了人对土地的爱（philia）与恨（phobia）。里克沃特撰文探讨了 topos 与 chora 在古希腊的意义差别，并追溯到希腊文化中描述土地情感的概念 chora。

在里克沃特看来，chora 具有多层含义：它是圆形剧场的中心舞台（choros）的近音词，

1　［美］戴维·莱瑟巴罗：《地形学故事：景观与建筑研究》，刘东洋、陈洁萍译，北京：中国建筑工业出版社，2018 年，第 173 页。

2　Christian Norberg-Schulz, *Genius Loci: Towards a Phenomenology of Architecture*, New York: Rizzoli, 1980.

3　Yi-fu Tuan, *Topophilia: A Study of Environmental Perception, Attitudes, and Values*, Englewood Cliffs: Prentice Hall, 1974.

4　Xing Ruan（阮昕）and Paul Hogben, *Topophilia and Topophobia: Reflections on Twentieth-Century Human Habitat*, New York: Routledge, 2008.

是剧场观众和演员沟通的中介，而这成为合唱（chorus）的词源；它又与空洞和洞穴有关，甚至和混沌（chaos）也有关联；同时它又代表了古希腊城市的边界区域，是受到神灵保护的特殊区域。

里克沃特以索福克勒斯、柏拉图等人的著作为例，分析了 chora 的具体含义：

在索福克勒斯创作的俄狄浦斯悲剧中，chora 意指最常见的边界区域的含义。被流放的俄狄浦斯与女儿安提戈涅在雅典的边界区域（chora）休息，此地密布橄榄树，丛林深处有许多夜莺在呖呖歌唱，此时当地人提醒他们这是复仇女神守护的神圣空间，并比喻为雅典土地上的铜门槛与支撑。另外当地人还告知了闯入圣地时需要向女神举行谢罪的仪式：从土地的泉水中取来祭品，用橄榄枝和羊毛带放置在朝东的方向，并把壶中水和蜜混合的祭品倒向泥土。[1] 水，在此是仪式中联系神灵与土地的重要媒介。

而在《蒂迈欧篇》(*Timaeus*）中，柏拉图赋予了 chora 原初空间的意义，他提出了理解现实的三种空间，对原初空间（chora）的意义做了更为形而上的思辨。现实包括三个部分：第一，“不变的本质形式，是思维的对象”；第二，“与形式相同的名字并与形式相似，但可以被感知，时刻都在变化”；第三，“原初空间”，“它是永恒的，为一切事物的发生提供了场所，经由理性来理解。我们实际上像在梦中看着它，并说一切存在的事物比如处于某地并占据着某个空间，而那在天地之中无位置的什么也不是”，柏拉图认为“原初空间”是自然场所与宇宙空间之间的连接符。[2] 该书是西方科学传统的起源，同时书中强调了人可以和谐地度量时空的宇宙秩序，是对西方道德生活的赞美。

里克沃特的学生戈麦兹（Alberto Perez-Gomez）则追溯了爱恋（philia）的源头——爱神厄洛斯（Eros）[3]，并分析了爱神与 chora 的关联，从爱欲的角度对西方建筑思想进行了考察。同为里克沃特学生的莫斯塔法维（Mohsen Mostafavi）提出了生态都市主义（Ecological Urbanism)，以此反思当代城市环境观念的诸多问题。

chora 与 topos 对西方现代环境观的思辨产生了深远的影响，那如何引入汉语的语境中呢？这些思考都有其特定的语境与问题意识，直接地平移必然会造成误解。同时对于概念的翻译本身也多有歧义，比如 genius loci 常被翻译为场所精神[4]，但这又过于抽象，不似日语

1 ［古希腊］索福克勒斯：《索福克勒斯悲剧五种》，罗念生译，上海：上海人民出版社，2015 年，第 261—275 页。

2 ［古希腊］柏拉图：《蒂迈欧篇》，谢文郁译，上海：上海人民出版社，2005 年，第 44—45 页。

3 Alberto Pérez-Gómez, *Built upon Love: Architectural Longing after Ethics and Aesthetics*, Cambridge, Mass.: The MIT Press, 2006.

4 ［挪］舒尔茨：《场所精神：迈向建筑现象学》，施植明译，武汉：华中科技大学出版社，2010 年。

翻译的汉字词语“地灵”恰当。换言之，与其反复讨论是否可以准确翻译西方的环境反思观念，不如思考在汉语语境中是否有和 chora 相似的观念。

三、东方的风土

在东方的泛汉字文化圈中[1]，可与西方的 topos 和 chora 做类比的观念应该是风土。如今，风土在中国的使用主要在民俗学的研究范畴中，大多意指地方的风土人情，在建筑学领域中也有从风土建筑的角度进行的研究。[2]而现代意义上的风土思想，最早出现在日本。风土的思想深刻影响了日本的现代哲学和相关文化，与里克沃特等人对环境观的反思有相似之处。

（一）日本的风土

风土最早出现在中国春秋时期的《国语·周语上》中，在奈良时代（8 世纪）传播到日本。当时的日本天皇组织撰写了《古风土记》，记录了日本各地的物产和习俗。[3]

从明治时期的现代转型开始，“风土”一词在日本文化中变得愈发重要，大量记录日本和世界各地风俗的《风土记》出版。[4]而和辻哲郎的风土哲学研究一方面延续了传统风土记的体例，另一方面则整合吸收了西方的人文地理学和哲学的新思潮，他在 1935 年出版的《风土》[5]是反思环境观的重要著作。

在现代日语中，风土与环境含义多有重叠之处，环境是更为普世的学科概念，而风土常用于人文地理学。日本学者翻译引入的人文地理学著作《风土心理学》(*Die Geopsychischen Erscheinungen*)[6]、小田内通敏（1875—1954）的《日本风土的研究基准》[7]都是在强调自然地理与文化的关系，用于替代地理学中的环境概念。

在哲学领域，对现代科学的主客分离二元论的反思在日本也开始出现，不少日本哲学家

---

1 以中国、日本、韩国、越南等国为代表的东亚文化圈，这些国家都有使用汉字的悠久历史。在当代，日语中仍旧有大量的汉字词汇。

2 常青:《略论传统聚落的风土保护与再生》,《建筑师》2005 年第 3 期，第 87—90 页。

3 从日本现存的几部《风土记》中，可以发现佛教、儒家、地方神道的综合影响，详见［日］志田谆一:《风土記の世界》，东京：教育社，1979 年。

4 ［日］沢村幸夫:《上海風土記》，东京：上海日报社，1931 年。

5 ［日］和辻哲郎:《風土：人間学的考察》，东京：岩波书店，1935 年。

6 ［德］Willy Hellpach:《風土心理学》，渡边彻摘译，东京：大日本文明协会事务所，1915 年。

7 ［日］小田内通敏:《日本・風土と生活形態：航空写真による人文地理学的研究》，东京：铁塔书院，1931 年。

前往德国学习海德格尔等人的哲学思想。和辻哲郎也在20世纪20年代受到海德格尔的《存在与时间》等著作的影响，并提出以空间的角度思考人的存在问题，以此批判主客分离的二元环境论。在和辻哲郎的《风土》原文中，风土与段义孚的topophilia类似，是人对土地的整体感知方式。由此，风土的意义从狭义的民俗和地理学领域扩展到人之存在的哲学领域。历史风土和精神风土成为日本文化中的重要概念。

在日本和西方思想互相交流的过程中，风土发展出了更为丰富的含义。和辻哲郎的《风土》最初被翻译为英文版时的书名是 *A Climate—A Philosophical Study*[1]，而再版时，书名被改为 *Climate and Culture—A Philosophical Study*[2]，风土的含义从气候转向了文化[3]。

在历史遗产保护领域中，太田博太郎等建筑史学家提出了历史风土（historic landscape）的保护概念[4]，注重对于历史景观的整体保护和修复。在建筑和规划设计领域中，芒福德（Lewis Mumford）的新地域主义思想（new regionalism）被翻译为新风土主义。[5]在鲁道夫斯基（Bernard Rudofsky）的《没有建筑师的建筑》[6]被翻译到日本后，风土也成为日本的乡土（vernacular）民居建筑研究的关键词之一。

随着日本建筑思潮的发展，风土与地域主义、历史景观、乡土都产生了关联，甚至有建筑师直接把风土等同于传统（tradition）。[7]这虽然证明了风土在思想层面的重要性，但又过于泛化了风土的含义。尤其从中文的语境来看，风土在中国文化原本的含义是何，以及是否能够回应里克沃特等人在古希腊语chora中论及的仪式与意义的价值，仍旧是不够清晰。因此，我们仍需返回风土在中国的源头，探究其原本的含义。

（二）中国的风土

在中国的古代文献中，风土最早出现于《国语·周语上》，是风气和土气的合成词。风气和土气的核心是“气”的思想，源于古代自然神崇拜与仪式的“气”，与易学的阴阳五行

---

1 Watsuji Tetsuro, *A Climate—A Philosophical Study*, translated by Geoffrey Bownas, Tokyo: Government Printing Bureau, 1961.

2 Watsuji Tetsuro, *Climate and Culture—A Philosophical Study*, translated by Geoffrey Bownas, Westport, CT: Greenwood Press, 1988.

3 以日文文献最完整的日本国会图书馆的检索系统为例，我们可以看到环境与风土在日语中的重要性。从明治维新1896年到2020年为止，现代建筑最常用的词语空间出现的频率比风土稍高。以空间为书名的书籍有9620本，以环境为书名的书籍有52505本，以风土为书名的书籍有7253本，以历史风土为书名的书籍有715本，以精神风土为书名的书籍有264本。

4 ［日］太田博太郎：《歴史的風土の保存》，东京：彰国社，1981年。

5 ［日］澀谷泰彦：《新風土主義について》，《日本建築學會　関東支部研究報告》1951年第5期，第104—107页。

6 ［美］Bernard Rudofsky：《建築家なしの建築》，渡边武信译，东京：鹿岛出版会，1976年。

7 ［日］篠原一男：《日本の風土のなかから》，《新建築》1958年第9期，第29—33页。

有着密切的关系[1]，是整体性环境观的代表。自然的元素风、土、水与“气”组成风气、土气、水气，再组成“风土”“风水”和“水土”[2]，并各自演变成特定的含义。在漫长的古代历史中，风土主要有三种具体的含义：官方祭典、地方习俗和文学意义。

1. 风土与官方祭典

风土第一次出现在古籍时，意指国家的官方祭典。在《国语·周语上》中，风土是周宣王与卿士对话中的关键词之一。周宣王不打算举行即位的籍田典礼，卿士则上谏讲解农耕仪式与国家兴衰的关系，并讲解如何通过风气与土气判断是否合适进行籍田典礼。仪式中的关键环节是盲人乐官瞽通过风气来判断适合仪式的土气是否出现：

> 古者，太史顺时脉土，阳瘅愤盈，土气震发，农祥晨正……
>
> 先时五日，瞽告有协风至，王即斋宫，百官御事，各即其斋三日。王乃淳濯飨醴，及期，郁人荐鬯，牲人荐醴，王祼鬯，飨醴乃行，百吏、庶民毕从……
>
> 是日也，瞽帅音官以（省）风土。廪于籍东南，钟而藏之，而时布之于农。稷则遍诫百姓，纪农协功，曰：“阴阳分布，震雷出滞。”[3]

在预示春耕的协风到来后，帝王把香酒洒向土地，香酒本身是由郁金香和黑黍制作而成的[4]，又是一种具有象征意义的水体。这种从土地孕育而出，再次返回土地的仪式象征了土地的重要性。

在这则典故中，协风是初春的东风，这是古人通过仪式与自然建立关联的认知途径。在甲骨文中，风通“鳳”[5]，即神鸟之义。另外，在仪式中，连接风气与土气的关键是瞽。作为盲人乐官，瞽是非常特殊的一位人物，瞽感知自然环境的变化并非通过视觉，而是以非视觉的听觉和触觉来感知协风的到来。协风，作为春天的东风，并非一个抽象的自然现象，而是与春季柔和的温度与触感、泥土的芳香关联在一起的。风不仅是客观自然之物，还象征了自然之神，人们通过仪式和神话与宇宙建立起密切的关联。

---

1 葛兆光：《中国思想史》第一卷，上海：复旦大学出版社，2013年，第72页。

2 ［日］小野泽精一、福永光司、山井涌：《气的思想》，李庆译，上海：上海人民出版社，2014年，第133页。

3 陈桐生译注：《国语》，北京：中华书局，2013年，第16—22页。

4 郁金香原产于中国西北地区与中亚，并在长江流域等地分布有不同的原生品种。16世纪时，郁金香由传教士带入欧洲，开始在荷兰和比利时等国流行。

5 徐中舒：《甲骨文字典》，成都：四川辞书出版社，2006年，第428页。

另外，文中的风气、土气与阴阳思想有着密切的关联，风气与天相关，土气与地相关。就如《说文解字》解说“地”的含义：“元气初分，轻清易（阳）为天，重浊侌（阴）为地。”[1] 风气对应天之阳气，土气对应地之阴气，风土也是中国古代阴阳思想的一种体现。

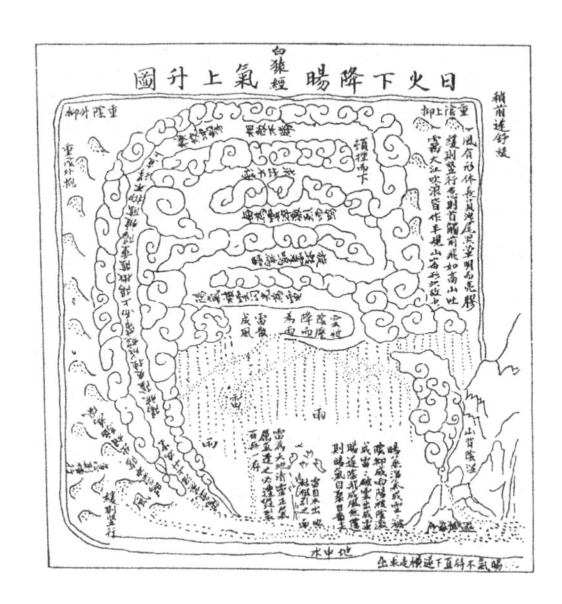

图 3　日火下降旸气上升图[4]

风土的思想不仅出现在农耕的仪式中，还出现在《周礼》记载的司徒和春官主持的仪式中。春官以“以血祭祭社稷、五祀、五岳，以沉祭山林、川泽，以辜祭四方、百物”[2]，司徒以“土宜之法，辨十有二土之名物，以相民宅，而知其利害”[3]。之后，这些仪式演变为风水相地之术。相地、祭祀河流和山林的仪式和农耕仪式都具有相似之处，风土是古代官方祭典中人与自然交流的重要媒介（图 3）。

2.《风土记》与地方习俗

在古代，除了官方祭典之义，风土更多意指地方习俗，有一类记录地方习俗的文体直接以风土记为书名，西晋周处的《阳羡风土记》是最早的风土记著作，《真腊风土记》《西南夷风土记》等书则记录了中国周边国家的生活习俗。

风土记体例的著作体现了古人对于地方丰富的环境认知。各种农业为中心的生态环境系统，桑基鱼塘、圩田稻作系统都是典型代表，有着大量与水相关的地方习俗记录。就如诗歌所言：

> 清莎覆城竹为屋，无井家家饮潮水。
> 长干午日沽春酒，高高酒旗悬江口。

1（汉）许慎：《说文解字》，北京：中华书局，2013 年，第 287 页。

2 徐正英、常佩雨译注：《周礼》，北京：中华书局，2014 年，第 401 页。

3 王其亨：《风水理论研究》，天津：天津大学出版社，2005 年，第 17、24、31 页。

4 同上，第 7 页。

倡楼两岸悬水栅，夜唱竹枝留北客。

江南风土欢乐多，悠悠处处尽经过。[1]

在地方习俗中，不仅是大尺度的地貌与市镇，住宅中的微小生活也与风土有关。以周处的《阳羡风土记》为例，其中有一则描述家与宇宙关联的记录。人们会在七夕节纪念牛郎织女：

七夕，夷则应履曲，七齐河鼓礼，元吉。注云：七月俗重是日，其夜洒扫于庭，露施几筵，设果脯时果，散香粉于筵上，荧厘为稻祈，请于河鼓、织女。言此二星神当会。守夜者咸怀私愿，或云，见天汉中有奕奕正白气如地，河之波漾而辉辉有光耀五色，以此为征应。见者便拜，而愿乞富乞寿，无子乞子，惟得乞一，不得兼求，三年乃得言之。[2]

这一习俗在江南地区一直传承至今，在不同的地方志中都有不同形式的记录，如以杯中之水占卜水，“七日前夕，以杯水盛鸳鸯水，掬和露中庭，天明日出晒之，徐俟水膜生面，各拈小针投之使浮，因视水底针影之所似，以验智鲁，谓之巧”。另有诗云：“夜听金盆捣凤仙，纤纤指甲染红鲜。投针巧验鸳鸯水，绣阁秋风又一年。”[3] 水中的幻影呈现出天空的景象，通过七夕时住宅中庭的祭祀仪式，家连接着宇宙的浩瀚星空。

除了庭院，居家生活也与风土密切相关。以传统住宅的灶台为例，祭祀灶神的习俗是农耕社会的重要组成部分，在江南地区的风土文献中，一年之中有数个节日与灶神祭祀有关，其中最有代表性的习俗是照田财的仪式：农民用稻草扎成火把，中间放一些灶台的锅底灰，由孩童带着跑向田中，边奔跑边唱“点钱财，我里来”[4]。甚至还有地方通过稻草的火焰颜色来占卜水旱气候。通过住宅的各种仪式，农耕劳作与水、农田、住屋形成了完整的生态循环系统。就如苏州诗人范成大的诗歌：“侬家今夜火最明，的知新岁田蚕好。夜阑风焰复西东，此占最吉馀难同。不惟桑贱谷芃芃，苎麻无节菜无虫。”

七夕乞巧、照田财等仪式只是地方的民间习俗，但是从土地获得农作物、最终回归土地的劳动循环与《国语》中的记录是相似的。地方乡民通过祭祀的习俗表达了祈求丰收的朴素

1　王建革：《水乡生态与江南社会（9—20 世纪）》，北京：北京大学出版社，2013 年，第 147 页。

2　（隋）杜台卿：《玉烛宝典》，（清）黎庶昌辑：《古逸丛书》，江苏：广陵书社，2013 年，第 476 页。

3　王稼句点校：《吴门风土丛刊》，苏州：古吴轩出版社，2019 年，第 200—206 页。

4　虞山镇志编纂委员会编：《虞山镇志》，北京：中央文献出版社，2000 年，第 854 页。

信仰，这是对于土地的爱恋与敬仰之情。在地方风土的世界中，日常生活的感知、生产劳动与生态环境是一个有机的整体。

3. 风气与文学意义

除了地方习俗的含义，风土在随后的古代文献中并不多见，风水、风气出现的频率更高。而风气本身除了象征自然之气，还成为文学意义方面的重要概念。《诗经 · 国风》的“风”已经具有文学之意，《国风》的“风”并非单纯的自然之风，而是意指地方诸侯的文化风气。《毛诗序》言：“《风》，风也，教也。风以动之，教以化之。”而刘勰在《文心雕龙》中把《诗经》的风延伸至风骨之义：

> 《诗》总六义，“风”冠其首，斯乃化感之本源，志气之符契也。是以怊怅述情，必始乎风；沉吟铺辞，莫先于骨。
>
> 故魏文称：“文以气为主，气之清浊有体，不可力强而致。”故其论孔融，则云“体气高妙”；论徐幹，则云“时有齐气”；论刘桢，则云“有逸气”。[1]

一方面，风气之义从殷周时期的占卜祭典之术转变为文论的品性标准，是中国文化的重要组成部分。另一方面，风气仍旧与地方的风土有着密切的关联，以水为主题的地方名胜是最为典型的例子。

在古代，常有文人以地方名胜为题创作诗文，文人的名篇佳句让其增色，使默默无闻的地方风土广为人知。如苏轼、白居易对杭州西湖的吟咏使得西湖广为人知，而他们治理西湖时修建的苏堤和白堤又成为后世文人瞻仰的对象。甚至可以说，名胜因为诗歌题写而成为名胜[2]，缺少了文人题写的地方风土很难在文化记忆之中存有一席之地。名人的诗歌题写又使名胜成为后人游览的目的地，诗歌题写的行为反复发生，与前人创造的意境对话，使得名胜的文学意义变得更富层次。

随着文人的名胜题写之风的盛行，八景成为其中的一个重要母题，以彰显地方的风土特色。八景源于魏晋南北朝文人的寄情山水，之后王维的《辋川集》、柳宗元的《永州八记》等“以地域、城市的名胜景点与古迹”为题的连章组诗成为潮流[3]，而以八景为母题的山水画

---

1 （南朝梁）刘勰：《文心雕龙》，北京：中华书局，2012 年，第 339 页。

2 商伟：《题写名胜：从黄鹤楼到凤凰台》，北京：生活 · 读书 · 新知三联书店，2020 年。

3 ［日］内山精也：《宋代八景现象考》，王水照、朱刚编：《新宋学》，上海：上海辞书出版社，2003 年，第 389—409 页。

使得名胜题写转向更广阔的艺术范畴。钱锺书指出了名胜诗画之间的同源与差异，诗与画共同成为地方风土的重要组成部分。[1]

风土不仅存在于城市尺度的街道与地貌中，也存在于微小尺度的私家园林中，文人吟咏的园内造景也成为地方文化的象征。[2]私家园林风景经过文学意义的转化后，也变成了共有的人文象征的一部分。例如苏州的私家园林文化，其意义已经远超私人享乐的人造景观，其中的沧浪亭是最负盛名的代表。虽然苏舜钦最初营造沧浪亭时的建筑和景观早已不复存在，但是后世反复地重修和吟咏使得沧浪亭的文学意义变得更为重要。[3]与沧浪亭相连的河道被命名为沧浪河，一直延续至今，城市的河道联系着园林代表的文学意义与日常的城市街道生活。由此，风土的意义超越了物质存在，成为文学层面上的一种象征意义。

四、上海的水乡风土

风土的三层含义，不仅体现在杭州、苏州这些历史悠久的城市，也体现在近代发展成型的国际化都市上海。虽然上海在古代没有像同为江南县城的太仓、常熟等地形成影响全国的娄东诗派、虞山画派，但上海的基底仍旧是江南的水乡风土。近代开埠后，上海开始形成具有广泛文化影响力的名胜地。以湖心亭为代表的豫园和城隍庙区域，与沧浪亭一样历经多次重修，从清末开始成为众多海派画家交流与经营的场所，逐渐变为海派文化的发源地之一。开中西交流之风气的徐光启家族聚居地“徐家汇”，在开埠后成为中国近代宗教和科学的中心之一，是“东海西海，其心同理”的东西方思想交流的代表。而徐家汇本身是肇嘉浜、蒲汇塘的河道交汇之地，“汇”的地名，同时又暗含着上海水乡风土的重要线索。

（一）上海古代的水乡风土

在江南地区，“汇”往往是重要的河道与支流汇合的地方，其河道形态大多十分曲折。宋代时，上海有所谓四十二湾五汇，其中最典型的是吴淞江的各个重要支流交汇之地，如白

1 钱锺书:《七缀集》，北京：生活·读书·新知三联书店，2002 年，第 1—32 页。

2 许亦农:《苏州园林与文化记忆》，童明、葛明、董豫赣编:《园林与建筑》，北京：中国水利水电出版社，2009 年，第 221—234 页。

3 Jing Xie, “Transcending the Limitations of Physical Form: A Case Study of Cang Lang Pavilion”, *The Journal of Architecture*, Vol. 18, No. 2, 2013, pp. 297–324.

鹤汇、顾浦汇、安亭汇、盘龙汇、河沙汇。[1] 当地河道水流速度慢，且含有大量的泥沙，使得这些汇极易淤积，历史上重要的“黄浦夺淞”也是由吴淞江淤积严重造成的。这类地貌所处的东部沿长江入海口较高，海拔约 2—5 米，而西部沿太湖范围的地势较低，海拔约 1—2 米。当地人把东部地势高的地区称为高乡，把西部地势低的地区称为低乡。高乡与低乡造成太湖东岸区域外高内低的独特地貌风土，这种地貌是由长江出海口南部泥沙不断淤积形成的。在数千年前，太湖地区仍旧是潟湖，之后上下两端沙嘴逐渐合成古海岸线，最终形成一条一条高约 2 米、宽约 4 公里的沙堤“冈身”。冈身成型后，长江南岸线逐渐东移，才形成了如今的上海。[2]

如今的上海地区，以冈身为界，同时包括了高乡和低乡两大部分。但如果以近代上海开埠建设的主要范围来看，当时的上海租界、老城厢、周边的主要市镇（徐家汇、龙华等地）和“大上海计划”建设的江湾地区的范围都属于高乡区域。换言之，上海的近代城市建设史是一部江南独有的高乡地区建设史。

在古代，因江南地区的农业以稻作为主，高乡的地势不易蓄水，种植水稻的成本远高于低乡，其繁荣程度一直逊于低乡。直到元明时期，旱地易于种植的棉花在高乡广泛推广后，高乡地区才逐渐出现大量市镇。费孝通的《江村经济》总结的江南水乡的风土模式经常被各种学术研究引用（图 4），但严格来讲，这描述的是低乡农田的模式，高乡农田的模式与之有着微妙的差异。因高乡地势较高，不易蓄水，以断头河浜作为乡村风土的基本单元，形成不了费孝通总结的圩田单元的围合河道（图 5）。同时，相比低乡维护圩岸和排涝的农田管理方式，高乡的农田耕作管理的核心是如何获取农业灌溉的水源，以及如何修建水坝蓄水。[3]

高乡的风土模式形成了独特的河道形态。根据 20 世纪 60 年代的航拍地图，可以发现高乡和低乡在平面形态上的明显差别（图 6），两者最大的区别是水系的密度和尺度。低乡的水系呈网格状，河道普遍宽 30—40 米，且宽度不均匀，部分近百米宽的河道尺度接近小湖泊。在高乡，湖泊稀少，河道宽度普遍窄于低乡河道，主河道的宽度在 20 米左右，部分支流只有 5 米左右宽度。支流小河浜大多是断头状，无法形成河道的环状网络，水系整体是分岔状的。高乡水域范围远少于低乡，且有不少旱路，就如当地诗人的记录：“新浏河接老浏河，一片平沙水不波。谁信江南似江北，小车轧轧路旁多。”[4]

1　缪启愉编著：《太湖塘浦圩田史研究》，北京：农业出版社，1985 年，第 92 页。

2　张修桂：《中国历史地貌与古地图研究》，北京：社会科学文献出版社，2006 年，第 255—291 页。

3　谢湜：《高乡与低乡：11—16 世纪江南区域历史地理研究》，北京：生活·读书·新知三联书店，2015 年。

4　赵明等编：《江苏竹枝词集》，南京：江苏教育出版社，2001 年，第 777—778 页。

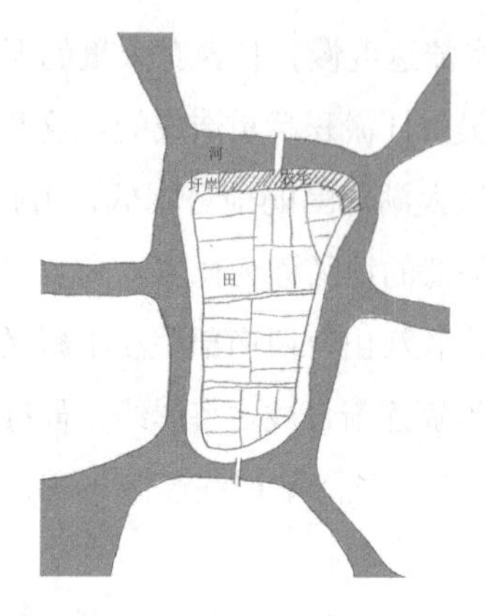

图4　低乡农田的风土模式[1]

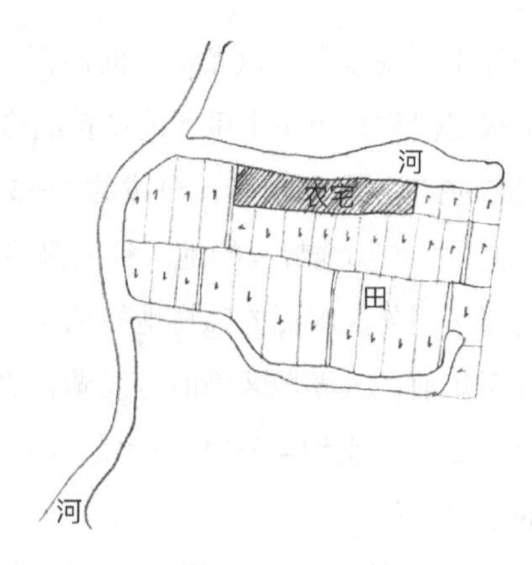

图5　高乡农田的风土模式（作者绘制）

高乡水系　0　400m

图6　低乡水系与高乡水系河道形态的对比[2]

（二）上海近代的高乡风土

在近代上海，高乡的农业仍旧有一定的延续性，相比茶叶、丝绸这些受到列强殖民影响变得弱势的产品，上海地区的棉花是近代少数仍旧有一定增长的农产品。[3]除此之外，高乡风土对于上海近代城市建设还有更为深远的影响——街道形态对高乡河道形态的延续性。

在上海中心区域，大量的河道被填埋，城市风景发生了剧烈的变化。在当时，填浜筑路是满足租界为主的城市街区不断扩张的重要手段。高乡较窄的河道有利于以较低的成本填

1　作者绘制，整理绘制来源：费孝通：《江村经济》，南京：江苏人民出版社，1986年，第113页。

2　作者绘制，整理绘制来源：http://jiangsu.tianditu.gov.cn/map/mapjs/mulitdate/index（江苏天地图），1966年。

3　戴鞍钢：《近代上海与江南：传统经济、文化的变迁》，上海：上海书店出版社，2018年。

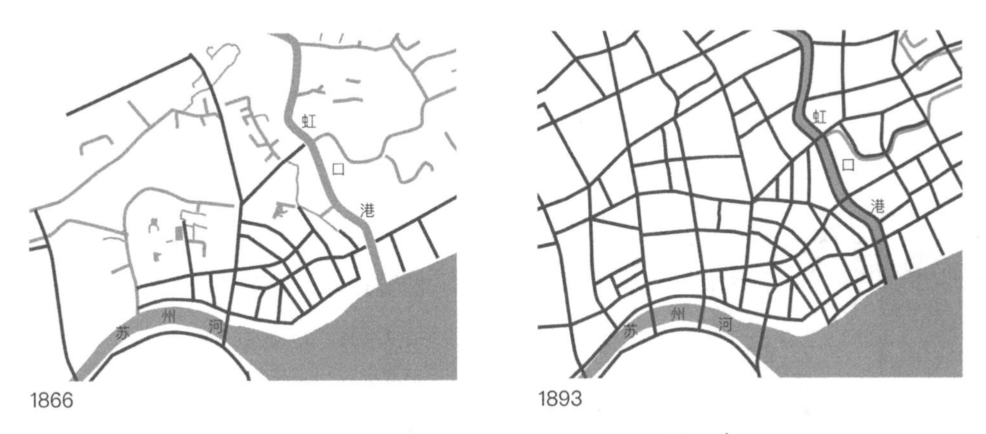

图 7　苏州河和虹口港区域的街道与河道变迁[1]

埋，曲折的河道形态又形成了上海城市中随处可见的不规则道路。而公共租界、法租界和华界的不同区域和年代的特点，使得近代上海的街道呈现出丰富多样的具体差异。以苏州河和虹口港的公共租界区域为例，其中的四川北路、海宁路、乍浦路、塘沽路、峨眉路、西安路、周家嘴路都是通过填浜筑路形成的。这些河浜的间距是 50—100 米左右，被填埋改为道路后，其尺度适宜步行。而类似欧洲中世纪城市的曲折街道本身就是延续了高乡原有河道的曲折形态（图 7）。

虽然上海的填浜筑路使得大量河道消失，但被填埋的河道以城市的核心区域的支流为主，苏州河和各个塘浦上仍旧有着繁忙的船运交通。上海作为近代经济中心的一个重要作用是以黄浦江和长江的水运连接起世界和中国的广大腹地，水运仍旧无法被陆运完全取代。传统的高乡风土生活方式，在上海并未彻底消失，当时的经济发展使得龙舟赛、天后宫祭祀等传统水乡庆典反而变得更为繁盛。如徐家汇附近的龙华寺，紧邻蜿蜒曲折的高乡河道龙华港，其庙会本是重要的地方节庆活动。在民国时期，龙华庙会发展成为上海的代表节庆，香客和游人络绎不绝，甚至沪杭铁路在庙会期间需要专门增开往返龙华的专列。传统的登高望远和赏花游船活动一直是龙华庙会的重要组成部分，当时仍旧有大量类似“登塔遥瞻极浦东，往来舟逐一帆风”[2] 的诗文记录。

作为上海开埠后的宗教中心的徐家汇，更是延续了传统水乡风土的典型区域。明代徐光启家族选址在此安葬纪念徐光启的一个原因，是该地便利的水路交通。徐家汇本身是通往黄浦

1　作者绘制，整理绘制来源：孙逊、钟翀主编：《上海城市地图集成》，上海：上海书画出版社，2017 年。

2　曹永安：《龙华志曹永安抄本》，《上海乡镇旧志八种》，上海：上海社会科学院出版社，2005 年，第 74 页。

图 8　1869 年徐家汇圣母院与肇嘉浜风景[1]

江的肇嘉浜、蒲汇塘，以及连通苏州河的李漎泾的交汇之处。在开埠早期的建设中，徐家汇的宗教建筑大多沿河布置，形成了一种上海水乡特色的宗教风景，为生活在其中的宗教人士提供了独特的田园风光，就如当时的《圣教杂志》所赞美的："徐家汇里独徘徊，风景清幽远俗埃……慈佑桥头看夜月，土山湾上步秋风。"[2]（图 8）

随着高达 56 米的徐家汇天主堂在 1910 年建成，以及放射线形式的道路贝当路（今衡山路）的建设，徐家汇成为法租界电车路线的西侧终点站，而徐家汇天主堂成为这一地区的真正地标。如果从物质层面看，徐家汇天主堂一带似乎已经完全变成了异国风光的西方宗教中心。但是，由于上海人口的爆炸式增长，大量人口聚集在租界与华界的交界地，徐家汇周边的肇嘉浜是当地最大的水上棚户区之一，水路仍旧是周边百姓前往上海的重要交通途径。徐家汇的天主堂，更像是替代了传统村镇中的佛塔地标，成为区域的视觉中心，但街区与河道的关系仍未发生不可逆的本质变化。

徐家汇的兴起不光有西方宗教的因素。上海开埠后，代表中西会通的徐光启成为各界人士争相纪念的对象，由河浜环绕的徐光启墓成为当时的纪念胜地。江南天主教会在 1903 年主持修缮徐光启墓，并举行了徐光启入教三百周年的活动。在 1933 年的徐光启逝世三百周年纪念活动中，蒋介石、蔡元培、叶恭绰、唐文治、张元济等政要和文化人士专门撰文纪念徐光启。当时的纪念活动已经减少了之前的西方宗教气息，更多强调了徐光启代表的学贯东西、体用并举的价值，如唐文治所撰："徐文定公精通科学，开中国风气之先……近人竞言救国，抑知救国必须科学人才，以道德仁义为之根底，庶几体用兼备，有以发奋自强者。"[3]在各界人士对于徐光启墓的文学想象中，徐光启墓不仅是独立的一个名胜古迹，还与周边的土山湾等高乡河道地形是一个整体。在地方志中，原本并无记载的土山湾被描述为徐光启墓

1　上海市徐汇区档案馆编：《百年影像历史回眸——中西交融的徐家汇》，上海：上海锦绣文章出版社，2009 年，第 31 页。

2　瞿肇基：《徐汇晚步》，《圣教杂志》1921 年第 10 期。

3　上海书画出版社编：《徐光启逝世三百周年纪念册》，上海：上海书画出版社，2017 年，第 22 页。

的风水岸山，并被归为古迹[1]，共同构筑出纪念徐光启的想象世界。

随着徐家汇周边的各种大学和文化机构如雨后春笋般出现，徐家汇从原有的水路交通汇聚之地转变为文化和教育的中心，成为近代中国文化的发源地之一。南洋公学、震旦大学、徐汇公学、土山湾译书馆、徐家汇藏书楼、徐家汇博物馆、徐家汇观象台相继在徐家汇成立，汇聚了一大批学贯东西的学者。

图 9　徐汇公学操场与徐家汇天主堂[3]

以上海交通大学的前身南洋公学为例，南洋公学以培养科学人才为目标，同时注重国学等传统文化的教育，其校园建设也具有水乡特色。南洋公学的校园由高乡的河浜环绕，大学的主校门就位于联系法华镇和徐家汇的高乡河道李漎泾之上，校园内如画的草坪公园也位于河边。除了日常的校园生活，沿河的公园还是新式大学文化的纪念地，1925 年，五卅纪念柱立于此，以此纪念五卅运动中的爱国学生先烈。在上海地方人士芳社创作的《徐汇八景》中，南洋公学教学楼的钟楼成为其中一景“钟楼望月”：“无边景色来天末，百步球场在眼前。时倚高空望明月，中青蟾影最婵娟。”[2] 诗歌中虽然记录了现代的大学球场，但是通过登高望远的感知，把传统的月夜想象与现代的大学校园联系在一起，超越了欧式风格的大学建筑的物质限制，形成了一种与水乡风土相关的文学想象（图 9）。

除了“钟楼望月”,《徐汇八景》的其他七景为“李祠弔古，松社寻幽，宜园赏花，市楼论茗，铃塔闻钟，虹桥逭暑，曲径游春”。在《徐汇八景》中，既有天主堂、南洋公学的钟楼等新式的建筑，也有传统形制的宜园、李鸿章祠等名胜。徐家汇的街市茶楼、曲径河湾，把独立的建筑名胜与周边的高乡风土联系在一起，形成整体性的文学想象世界，超越了“汇”原本所指的高乡河流交汇之地的物质性含义。由此可见，现代生活与传统的高乡风土并不是非此即彼的选择。

1 （清）王钟原撰，胡人凤补撰：《法华乡志》，上海：上海社会科学院出版社，2006 年，第 275 页。

2 芳社：《徐汇八景》，孙莺编：《海派之源·近代巡礼》，上海：上海科学技术文献出版社，2020 年，第 17—18 页。

3 上海市徐汇区档案馆编：《百年影像历史回眸——中西交融的徐家汇》，第 85 页。

结　语

本文通过对现代环境观和中国的水乡风土的观念考察，重新梳理了一种整体性的环境观。中国的风土观以气的思想为核心，仪式和意义在其中扮演着重要的角色，这不仅影响了日本的文化，还与西方古代的场所、气候、地域、乡土、文化等英文词汇有着丰富的亲缘性。直接以中文拼音“*fengtu*”对应“风土”，不失为强调其源自中国古代文化思想的特殊性。相比于水环境，水乡风土更具有中国传统文化在现代的延续性价值，这是一种内在的共善性[1]。

就如路易·康（Louis I. Kahn）所言：“可度量（measurable）仅仅是服务于不可度量（unmeasurable）的。人类所做的一切，必须在本质上是不可度量的。”[2] 对于环境的认知也是如此，重新建立一种风土视角的环境观迫在眉睫，这是从根本上解决当下环境同质与恶化问题的方法，而非仅仅是历史与精神的量化。

1　共善性对应英文 the common good 和 virtue，是古今中外共同持有的利益理念，“现代性”也是以共善性为核心的，本质上并不排斥文化地域的特殊性。详见阮昕：《平凡的“现代性”——杨廷宝建筑品析》，《建筑学报》2021 年第 10 期，第 47—53 页。

2　Louis I. Kahn, *Complete Works*, Basel: Birkhäuser, 1987, p. 6.

基于景观生态学视角的工业遗产保护与城市更新的整合：以杭州城北地区为例

韦　飙*

一、概　述

（一）杭州概况

杭州位于中国东部地区，是浙江省的省会城市，也是一座风景旅游城市，靠近全国的经济中心城市——上海，市区的面积为8289平方公里，人口约1070万，是长江三角洲的中心城市之一。这座城市具有2000多年的历史，曾经作为吴越国和南宋的都城，是政府公布的第一批国家历史文化名城之一，拥有三项世界遗产：西湖文化景观、大运河和良渚古城遗址。

（二）杭州城北地区概况

杭州城北地区是杭州主城区的重要组成部分。这里有着千年历史的大运河文化，还有半山国家森林公园，可谓山水资源齐备，文化资源丰富。大运河是世界文化遗产，城北地区的大运河为京杭大运河的重要区段，古为漕运、运输系统，带动当时周边经济发展，目前仍具备航运功能。城北地区东部为半山。半山是杭州百余座群山中文化积淀最为丰厚的山脉之一，是国家森林公园，也是杭州北部生态带的重要组成部分，海拔为283.9米，留下了许多帝王将相的遗踪，还有战国时期的墓葬群、民族英雄抗击外敌的故事等。

这里也是浙江和杭州近现代工业的重要发源地，曾经是杭州钢铁厂、杭州炼油厂、管家漾码头等工业和物流设施的所在地。这里拥有石祥路、上塘路、秋石路等城市快速路，以大运河、杭钢河、电厂河、热水河等构成纵横交错的水网骨架，总面积28平方公里。

* 韦飙，浙江大学城市学院教授。

（三）杭州城北地区的工业遗产

城北地区内的杭州钢铁厂、杭州炼油厂建成于20世纪中叶，是杭州重型工业的典型企业（图1），代表了杭州这座城市的工业化进程；管家漾码头和三里洋码头等位于京杭大运河上，是这一地区最重要的物流港口，为这里的工业企业提供原材料和产品的运输。2015年之后，随着杭州城市功能的转型，服务业越来越发达，去工业化现象在这里发生了，这些工厂和码头逐渐停止运营，整个区域进入城市更新的阶段。

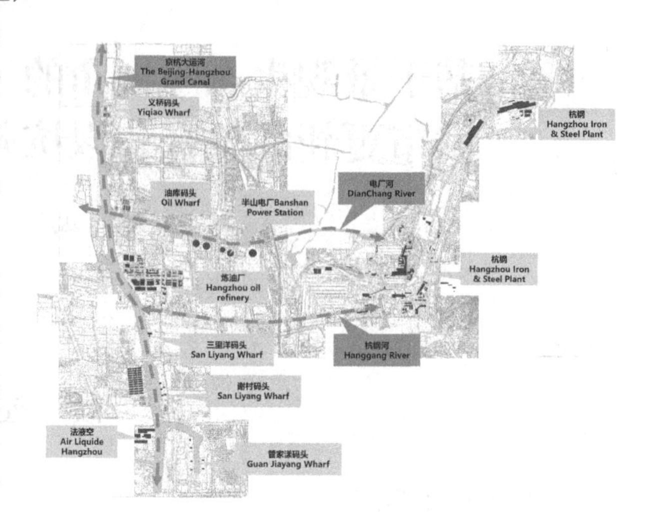

图1　杭州城北地区主要的工业企业分布状况

作为基础产业的钢铁企业、炼油企业和水运码头，对于一座城市的工业发展和城市化起到非常大的促进作用，具有特别的历史价值；它们的规模都曾经很庞大，有许多的员工，企业曾经的发展关系到很多人的人生成长过程，因此具有很高的社会价值；为了加快发展，这些企业曾经采用过的生产工艺流程，在当时条件下是比较先进的，因此具有一定的科学和技术价值；杭州钢铁厂的高炉和焦炉（图2）、杭州炼油厂的裂解塔（图3）和管道网络，以及码头的起重机等，都具有独特而优美的造型，是工业文明的重要象征，因而具有较强的艺术价值。正因为这些昔日的工业和运输业场所具有成为工业遗产的潜在价值，所以在它们面临城市更新的时候，政府管理部门和规划设计院都认为应该进行必要的局部性的保留，而不是将它们全部拆除，于是，先后编制了《杭州钢铁厂工业遗产保护规划》和《杭州城北地区工

图2　停产前的杭州钢铁厂

图3　裂解塔

业遗产保护规划》等规划管理文件，使得这些区域内的部分工业设施和建筑物被列入工业遗产的保护名单，将它们保护起来了。

二、景观生态学视点下的工业遗产保护

（一）景观生态学的基本概念

景观生态学运用交叉学科或跨学科的研究方法，以整个景观为对象，通过物种流、物质流、能量流、信息流在异质空间中的传输和交换，通过非生物、生物之间的相互作用或转化，运用生态系统原理、系统方法、格局—过程—尺度相互关系原理、复杂性科学理论和方法、空间分析方法、景观模型等，研究景观的格局、过程和动态变化，以达到景观可持续发展的最终目的（Zhang, 2014）。

在景观生态学的研究中，所有景观都可以被看成一个由异质的景观组分（斑块、廊道、基质）所组成的镶嵌体。福尔曼（R. Forman, 2008）提出的斑块—廊道—基质模式是用来描述景观格局的一个基本公式，是对景观结构镶嵌性的一种理论表述。该理论的提出使得对景观结构、功能和动态的表述更加具体和形象，而且有利于考虑景观结构和功能之间的相互关系，从而比较它们在空间和时间上的变化。一般而言，“斑块”泛指与周围环境在外貌或性质上不同，并具有一定内部均质性的空间单元；“廊道”指景观中与相邻两边环境不同的线性或带状结构；而“基质”指景观中分布最广、连续性最大的背景结构。

（二）工业遗产保护的“孤岛化”现象

近年来，工业遗产的价值在不断地被认知，因此很多城市都对它们进行了保护和再利用，总体来看取得了一定的效果，但相比于其他的历史文化遗产斑块，工业遗产斑块往往具有历史年限较短暂、内涵阐释与普通大众的认知具有一定的差距等原因，使得这些斑块的价值难以被准确评估，在城市发展过程中被不断地破坏和蚕食，也即景观生态学中的所谓“干扰”。而在这种干扰之下，工业遗产斑块会发生改变，它们要么与相邻地块的功能缺乏一致性，要么在建筑体量和高度上与附近建筑存在很大区别，还有的环境品质和周围街区相比相差较大，一些工业遗产由原来的一个大斑块变成几个小斑块，还有一些工业遗产只剩下几栋彼此不连续的建筑或设施，出现了工业遗产与周围的空间效果相互割裂的现象，这种现象被称为工业遗产的“孤岛化”现象。如杭州的一处工业遗产（图 4），在 2006—

图 4　杭州城北地区被高层住宅包围的一处工业遗产“洼地”

2017 年的十多年间，发生了很大的变化，成为一处孤零零的洼地，最后不得不面临拆除重建的命运。

如果将这些保留下来的工业遗产看作文化景观斑块的话，其自身的规模都比较小。而规模较小的景观斑块往往具有不稳定性，当外部干扰的强度较小时，工业遗产斑块内部的稳定性会被改变，如部分使用性质会被改变用途，遗产的形象会被改变；而当干扰的力度足够大的时候，可能会发生灾变（分离或崩溃），如被工业遗产附近的开发项目吞并而彻底消失。这也说明在工业遗产出现“孤岛化”现象时，其被灭失的风险就大为增加。

（三）文化景观网络的构建

景观生态学的研究注重景观的整体性、不同景观组分之间的连接度、景观的多样性保护及景观的可持续性。而工业遗产的保护和利用也涉及诸多的景观和技术方面的因素，复杂性很高，跨越了建筑学、城市规划、景观设计、工业工程、环境保护和考古学等多个学科领域。因此，将景观生态学引入工业遗产保护与利用等研究领域，不仅可以为实践工作拓宽思路，同时也为理论研究提供了新的基础。

研究景观生态学中斑块、廊道、基质三要素的特征，并将其引入工业遗产的保护实践中来，可以实现构建城市的文化景观网络。“景观生态学强调空间格局、生态过程与尺度之间的相互作用，同时也将人类活动与生态系统结构和功能相整合”（Wu, 2007），因此，通过概念的移植将景观生态学中相关成熟的理论运用到工业遗产保护格局的构建中来。借助于景观生态学中的斑块—廊道理论，利用城市线性廊道联系分离的斑块形成结构合理的文化景观网络，理清斑块之间的空间关系、廊道的分布走向、斑块与廊道的连接形式。

当保留的工业遗产体量较小，不足以形成一个稳定的斑块时，工业遗产斑块可以与周边功能相近的空间进行融合，如艺术和文化类项目。这样的斑块的占地面积就会较大，可能是一个或几个街区的规模，就可以组成性质较为稳定的文化景观斑块，从而把各类文化资源视作一个完整的系统。这样可以优化工业遗产保护格局，缓解城市历史文化街区的“孤岛化”现象，谋求城市文化景观网络的高效稳定运转。

利用文化景观格局能够很好地解决城市中工业遗产“孤岛化”现象。文化景观网络由集中展现城市人文景观的艺术与文化设施、历史建筑和工业遗产等斑块，以及反映文化资源连接度的廊道构成。同时，在斑块位置相互分离的情况下可以利用廊道的连通来增强斑块间的交流，实现斑块间物质、能量、信息的流动与交换。

这种形成整体文化景观斑块的方式，可以提高工业遗产存在的稳定性，有利于工业遗产的保护和活化利用，同时也能提高引进的艺术与文化项目的地域和历史特色。

三、杭州城北地区工业遗产保护的探索

（一）中国城市化进程与工业遗产保护的特点

西方国家进行去工业化的时候，城市化已经基本上完成了，所以城市更新时对空间的数量需求并不高，这样就可以整体性地对工业遗产进行保留，从而追求更高的空间品质。例如德国的弗尔克林根钢铁厂、日本的富冈制丝厂等工业遗产都是完整保留的重要案例。

中国的工业化历程与西方不同，大规模的工业化开始于20世纪80年代，几乎与城市化发展的加速期同步，但去工业化的阶段却来得很快，中国东部沿海城市在2010年前后都出现了去工业化的现象。这个时候，城市化还在快速发展之中，对城市空间的需求非常大，老工业区的城市更新首先用来满足城市化对空间数量的要求，很多有保留价值的老工厂就被完全拆除了。后来随着工业遗产保护意识的加强，人们开始注重老厂区更新时对具有遗产价值的厂房和设施的保留，但是面对被城市化进程所抬高的土地价格，保护工业遗产的成本就非常高。基于这种情况，中国工业遗产的保护往往只能保留最具代表性的部分，而留出足够的空间用于满足城市化发展的需要。那么，这样保留下来的工业遗产就在一定程度上具有“碎片化”或“孤岛化”的特性。

杭州的经济发展水平较高，在“2021年中国百强城市排行榜”中排列为第五名，但在同时，从2010年到2020年的十年之间，杭州的人口增加了300余万，增幅达到37%，人口增加和城市化所产生的空间需求非常大。在巨大的空间需求的情况下，杭州在城市更新的过程中仍然非常重视工业遗产的保护工作，应用包括景观生态学在内的研究方法有利于处理好保护与开发之间的平衡关系。

（二）城北地区文化景观格局的构建

1. 融入更大范围的文化景观斑块之中

在杭州的城北区域中，作为工业遗产保留的内容主要包括杭州钢铁厂的三座炼铁高炉、焦炉、检修厂房、储罐和烟囱等；杭州炼油厂的裂解塔、各种管道等；管家漾码头的泊位和起重机等设备。这些保留的建筑或设施，均具有工业遗产的历史、科技、社会和艺术价值，比如高炉的高耸、独特的造型，焦炉的碳化室简洁优美的韵律感。然而，这些保留下来的工业遗产，其用地规模相比于整个城市更新的区域，是非常小的。以杭州钢铁厂为例，保留工业遗产的面积约为2.9公顷，仅占原厂区总面积的1.5%，并且呈现离散状的布局。这样小的占地规模，如果单纯以这些工业遗产作为点状的保护对象的话，很容易成为整体更新区域中的“孤岛化”景观，与周边的功能和景观缺少有机的融合。

因此，在整个区域的城市设计中，将保留的工业遗产与周边地块引入的艺术、文化和体育进行融合，形成规模相对较大的文化景观斑块。在杭州钢铁厂的高炉和焦炉之间设立的公共艺术广场，其中包括了各种保留的工业遗产装置；在杭州炼油厂区块，与各种保留的炼油装置相结合设置的未来艺术中心、艺术家工作室、画廊和精品艺术酒店等。这样的规划方式，将原来分散布局、体量较小的工业遗产与新导入的文化艺术功能相结合，不仅在体量上形成了规模较大的文化景观斑块，而且由于内部功能的多样性，使得这些斑块的稳定性较高，能够处于可持续发展的状态。

总体而言，根据城市设计的规划定位，政府在这个区域共策划了艺术和文化类的项目32个，它们都与保留的各类工业遗产进行了很好的融合，并且形成了四个大型的文化景观斑块，分别为两个艺术核心斑块、文化生活斑块和中央活力斑块（图5）。

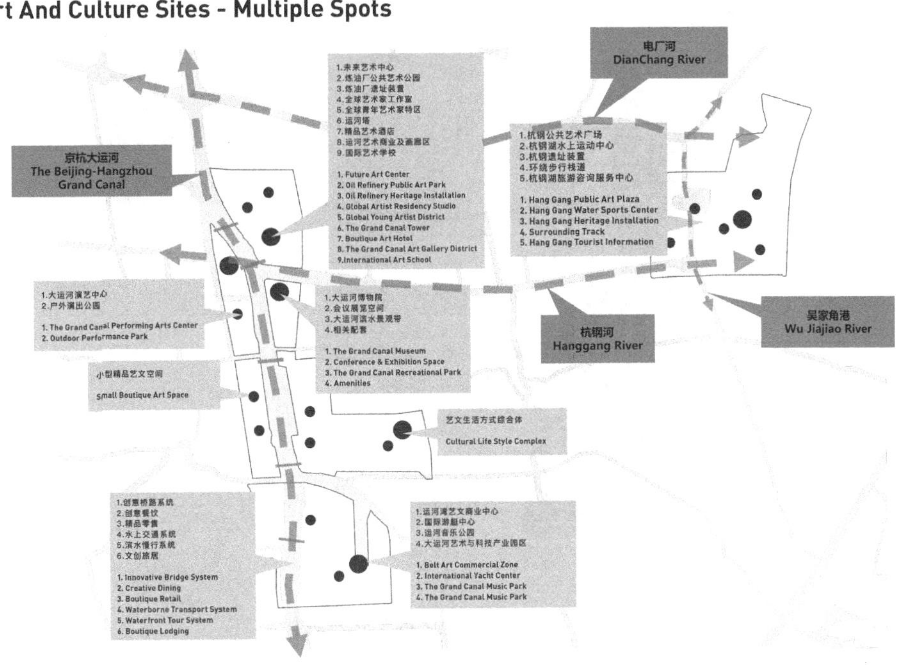

图 5　杭州城北地区艺术文化项目与工业遗产的融合

2. 构建网络型的文化景观廊道

借助景观生态学的理论，对于整个城北区域而言，只是保留区内的斑块是远远不够的，还要将这些文化景观斑块紧密地串联起来，这就需要构建高质量的廊道体系。事实上，区域内原来已有多条河流，具有一定的生态功能。但是对于文化景观斑块的联系而言，还需要对这些廊道进行系统的规划。

增加廊道的连接度。区域内有两条东西向的河流，即电厂河和杭钢河，但它们是相互分离的。根据历史资料的查证，在区域的东部曾经是有一条南北向的河流的，那条河因为五十多年前建设钢铁厂而被填埋，现在的设计方案把这条河重新恢复了，这样就把两条东西向的河流连通起来了，形成了贯通的环状的廊道结构。

加大廊道的宽度。为了满足廊道的功能，提高“宽度效应”，注入一些新的文化和体育功能。如对杭钢河的东段加以扩宽，引入赛艇俱乐部，开展相应的水上运动，同时在南北两岸增设看台和漫步道。

丰富廊道的小环境。这些河流原来都是为工厂服务，承担着货运职能，缺少人性化的设

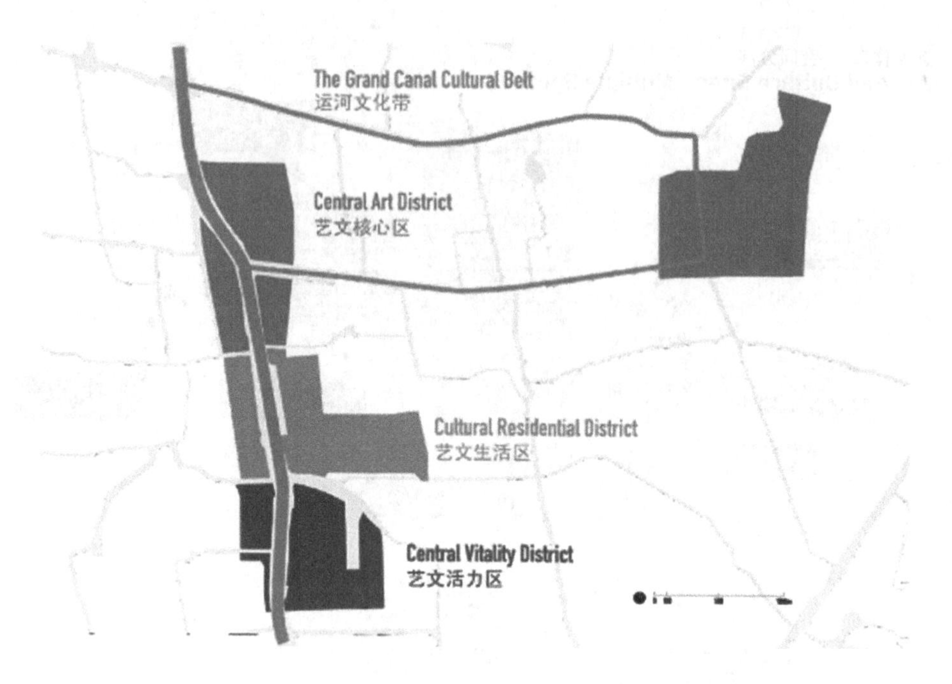

图 6　杭州城北地区的文化景观格局

施，在城市更新规划的滨水沿岸区域内，增设适合活动休闲的座椅、亭子等设施，并保留了能够体现工业文明特征的起重机、货运码头和老的铁路桥梁等元素。

3. 形成稳定性较高的文化景观格局

在城市更新的区域，大片的基质都是有现代城市空间，离散型的工业遗产与周边的艺术、文化等功能结合构成较大规模的文化景观斑块后，可以促进斑块内自身物质能量的循环和再生，提高对外界环境的抗干扰能力。再通过建立各个斑块之间的廊道系统，可以增强各个文化景观斑块之间物质、信息和能量的交流。而如果能够通过廊道与更高层次的斑块或廊道建立联系的话，可以推进周边区域其他历史文化景观的协同发展，从而形成更加复杂的文化景观空间网络，带动更大尺度的历史文化遗产的整合发展。

杭州城北地区的工业遗产通过与相近的艺术与文化功能进行有机整合，扩大了自生斑块的规模，具有了更大的稳定性；而通过打通东部南北向的河流，使得廊道的连接度有了较大的提高；更进一步来看，杭钢河、电厂河、吴家角河与京杭大运河连接起来，借助大运河这一高能级的廊道，提高了整个文化景观格局的多元性和复杂性（图 6），可以实现历史文化资源的保护与可持续利用，使得其中的工业遗产元素能够得到很好的保护和活化利用。

总　结

以工业遗产形成的文化景观斑块往往规模有限，尤其当它们位于城市更新的区域内时，比较容易受到开发项目的蚕食，难以较好地得到保护和利用。如果能够将工业遗产与城市更新过程中的艺术和文化项目进行一定的整合，使它们能够形成有机的整体，从而成为所在区域的文化景观斑块，那么这样的斑块就具有更大的稳定性，而不会被轻易地干扰。在此基础上，利用既有的一些河流加以拓宽或者疏通，形成系统性较强的廊道网络，这样既可以提高斑块之间的连接度，还可以与世界文化遗产——中国大运河沿线的艺术和文化斑块很好地联系在一起，构建区域性的文化景观格局。

诚然，在工业遗产与城市更新过程相整合的过程，要注意各项工业遗产特征的保留和保护，对于可能损坏工业遗产的各项价值的各种改造行为要十分谨慎。在选择城市更新项目的类型，策划遗产活化利用的目标和性质，以及设计、施工和运营管理过程中都要经过全面的比较和论证，以便既提升文化景观斑块的规模和稳定性，又使得工业遗产的历史、社会、科技和艺术价值都能得到较好的保护，并使之得以可持续发展。

参考文献

[1] 杭州市规划设计研究院：《杭州钢铁厂工业遗产保护规划》，2016 年。

[2] 杭州市规划设计研究院：《杭州城北地区工业遗产保护规划》，2019 年。

[3] 杭州市运河集团：《杭州北部城市设计》，2018 年。

[4] Richard T. T. Forman, *Urban Regions: Ecology and Planning beyond the City*, Cambridge: Cambridge University Press, 2018.

[5] 张娜：《景观生态学》，北京：科学出版社，2014 年。

[6] 邬建国：《景观生态学——格局、过程、尺度与等级》第二版，北京：高等教育出版社，2007 年。

近代上海外滩滨江草地空间变迁详考

李颖春　孟心宇*

近代上海英租界外滩是《上海城市总体规划（2017—2035）》中"一江一河"城市滨水空间的发源地，也是中国最早的现代城市公共空间之一。19 世纪末 20 世纪初，上海英租界外滩宏伟的建筑天际线、宽阔的滨江步道，以及面向黄浦江的开阔视野，使其成为近代中国物质文明的象征。其中，滨江草地是近代上海外滩最具特色的空间要素，曾经从黄浦江和苏州河交汇处的公共花园一路向南，绵延近一公里，直至英法租界交界的洋泾浜河口，在黄浦江边营造出与法租界和美租界截然不同的英式"如画风格"（图 1）。

图 1　1913 年的原英租界外滩（近代印刷品）

滨江草地的做法起源于 18 世纪末英格兰滨海度假小镇布莱顿（Brighton）国王路（King's Road）。[1] 通过国内、国际案例比较可以发现，19 世纪末 20 世纪初，由于制造业及航运业的迅猛发展，全球主要通商口岸城市的滨水空间多改建为工厂、码头和仓储。[2] 而在上海的英租界，却形成了效

---

* 李颖春，同济大学建筑与城市规划学院副教授；孟心宇，同济大学建筑与城市规划学院硕士研究生。

1 根据科斯塔夫（Spiro Kostof）的考证，对城市滨水界面的重视和刻意塑造，原为中东、北非等穆斯林地区的文化传统，18 世纪以后才逐渐成为一种从西方波及全球的城市设计趋势。科斯塔夫认为，现代意义上的城市滨水空间有三种原型：第一种为"滨水纪念空间"（monumental waterfront），在法国巴黎卢浮宫东立面的改造中，首次将建筑"正立面"朝向塞纳河，成为现代城市滨水"立面"和"天际线"的鼻祖；第二种是"滨水休憩空间"（waterfront resort），起源于 18 世纪 90 年代英格兰海边度假小镇布莱顿的国王路建设，其空间特征即为宽阔的滨江大道及草地；第三种是"滨水产业空间"（working waterfront），19 世纪中叶以后遍及全球的殖民地通商口岸城市。参见 Spiro Kostof, *The City Assembled: The Elements of Urban Form through History*, London: Thames and Hudson, 1992, pp. 39–43。

2 关于现代城市滨水空间的类型，参见 Spiro Kostof, *The City Assembled: The Elements of Urban Form through History*; 关于英属殖民地城市的滨水空间特征，参见 Robert Home, *Of Planting and Planning: The Making of British Colonial Cities*, London: E & FN Spon, 1997；关于东亚通商口岸城市滨水空间特征，参见 Jeremy Taylor, "The Bund: Littoral Space of Empire in the Treaty Ports of East Asia", *Social History*, Vol. 27, No. 2 (2002), pp. 125–142。

仿英国度假小镇的滨水空间。滨江草地不仅塑造了英租界外滩的风格特性，也标志着英租界的城市滨水空间突破了单一的“滨水产业空间”（working waterfront），而融入了“滨水产休憩空间”（waterfront resort）的功能。这一功能设定不仅造就了中国最早的现代城市滨水公共空间，也显现出超越时代的前瞻性，直到21世纪初仍然引领着上海城市建设的整体方向。近代上海外滩滨江草地的起源、变迁，以及背后的社会驱动力，是本文探讨的主要内容。

一、问题与方法

上海外滩滨江草地具体的起止时间、其间经历的空间变化，以及背后的原因，目前尚未见详细的考证。一种普遍的观点认为，近代上海外滩的城市空间是半殖民地半封建社会制度下“西方冲击”和“华洋竞争”的产物。上海工部局成立以后，通过聘请西方专职工程师、引入西方市政建设经验、建立西式城市管理制度等，使得外滩滨水空间的规划、建设和维护成为可能；而晚清地方官员对沿江土地商业开发的极力阻止，也促成了外滩公共空间的形成。[1] 1941年太平洋战争爆发以后，日军接管上海外国租界，并对带有西方殖民色彩的城市空间进行改造，则被认为是外滩滨江草地消失的直接原因。

但通过对上海工部局市政档案的逐年梳理，却发现外滩滨江草地的起止时间与上述认知并不完全契合。首先，在英租界外滩铺设草地的文字记载，最早见于1879年的工部局年报，距离1854年上海工部局的成立已经整整25年，可见外滩滨江草地的形成并非一蹴而就。其次，1930年的工部局年报就已经出现了“外滩草地改建”的动议，当时正值上海近代城市发展的黄金年代，可见外滩滨江草地消失的原因可能更为复杂。

本文尝试借鉴科斯塔夫提出的“城市进程”（urban process）分析框架，对近代上海外滩滨江草地的空间变迁展开两个层面的追问：一是物质空间的变迁（physical change through history），包括这一城市要素从产生到消失的全部经过，以及其间发生的关键性变化；二是物质空间变化的社会驱动力，也即每一次关键性变化背后具体的人物、力量和机制（people/

1　费正清（John K. Fairbank）解释中国现代化历程的“冲击—回应”理论模型，以及在后殖民思潮影响下对这一模型的反驳，深刻塑造了近代上海城市研究的认识论。在此基础上对上海外滩城市空间的讨论，参见Leo Ou-fan Lee, *Shanghai Modern: The Flowering of a New Urban Culture in China, 1930–1945*, Cambridge, Mass.: Harvard University Press, 1999；钱宗灏等：《百年回望——上海外滩建筑与景观的历史变迁》，上海：上海科学技术出版社，2005年；张鹏：《都市形态的历史根基——上海公共租界市政发展与都市变迁研究》，上海：同济大学出版社，2008年；孙倩：《上海近代城市公共管理制度与空间建设》，南京：东南大学出版社，2009年；等等。

forces/institutions）的作用。[1] 科斯塔夫“城市进程”的两个层面，重在反思具体的人为因素对城市形态施加的影响，为当下的城市更新提供历史经验。

本文主要采用三种不同类型的历史资料对上海外滩滨江草地的城市进程进行追溯。第一种是上海工部局市政管理档案，包括公开出版的历年上海工部局年报工务处报告，以及上海市档案馆馆藏的工部局工务委员会例会记录，这些文件有助于了解上海外滩滨江草地建设、维护及改建过程中具体的讨论和决策过程。第二种是近代历史地图，从中可观察到滨江草地在不同年份的空间布局变化。第三种是近代历史照片，呈现了具体时间点（段）滨江草地的空间形态及使用状况。第一种史料主要考察上海外滩滨江草地空间变化的社会驱动力，第二、第三种史料用于推测其空间变化过程。两者相互参照，以期还原整个城市进程。目前掌握的史料中尚存有部分盲点和矛盾点，有待日后进一步修正。

二、从“滩地”到草地：19 世纪 50—70 年代

黄浦江作为一条潮汐河道，其水陆边界是一个动态概念：涨潮时水位变高，江面变宽，此时的水陆边界为“高水位线”；落潮时水位变低，江面变窄，此时的水陆边界为“低水位线”。在中英双方签订的关于在上海开辟英人居留地的《土地章程》中，黄浦江高低水位之间土地的正式法律称谓为“beach grounds”，对应的中文翻译为“滩地”。[2]

值得注意的是，历次修订的《土地章程》从未将黄浦江边的滩地明确纳入英租界范围。但通过叠合不同时期的历史地图，结合文献资料考证，可基本判定，近代上海外滩滨江草地正是在原英租界黄浦江滩地的位置改造而成的（图 2）。事实上，早在 1856 年，成立不久的上海工部局便有计划在 1845 年《土地章程》划定的 30 英尺沿江道路以外，加建一条 80 英尺宽的公共散步道（public promenade）。[3]1860 年，工部局再次提议将黄浦滩改造成一处适宜的散步场所（a proper promenade），内侧留作车辆使用，外侧改造成一处带花园的散步

---

1 Spiro Kostof, *The City Shaped: Urban Patterns and Meanings through History*, Boston: Little, Brown and Co., 1991, pp. 11–14.

2 “滩地”是上海《土地章程》特有的概念。据曾担任英国驻沪领事翻译，并在 19 世纪 60 年代初期担任英国驻沪领事的麦华佗（Walter Henry Medhurst）回忆，“beach grounds”是他应首任英国驻沪领事巴富尔（George Balfour）的要求创造的英文词汇，用以对应中国官员口中的“出浦”。在 1854 年修订的《土地章程》第五条中，“beach grounds”成为正式的法律概念。W. H. Medhurst to Secretary, S. M. C. March 17, 1885, Secretary’s Office, S. M. C.，引自 Riparian rights, 1845–1930: General，上海市档案馆，U1-1-1250，第 31—33 页。

3 Peter Hibbard, *The Bund Shanghai: China Faces West*, Hong Kong: Odyssey, 2007, p. 37.

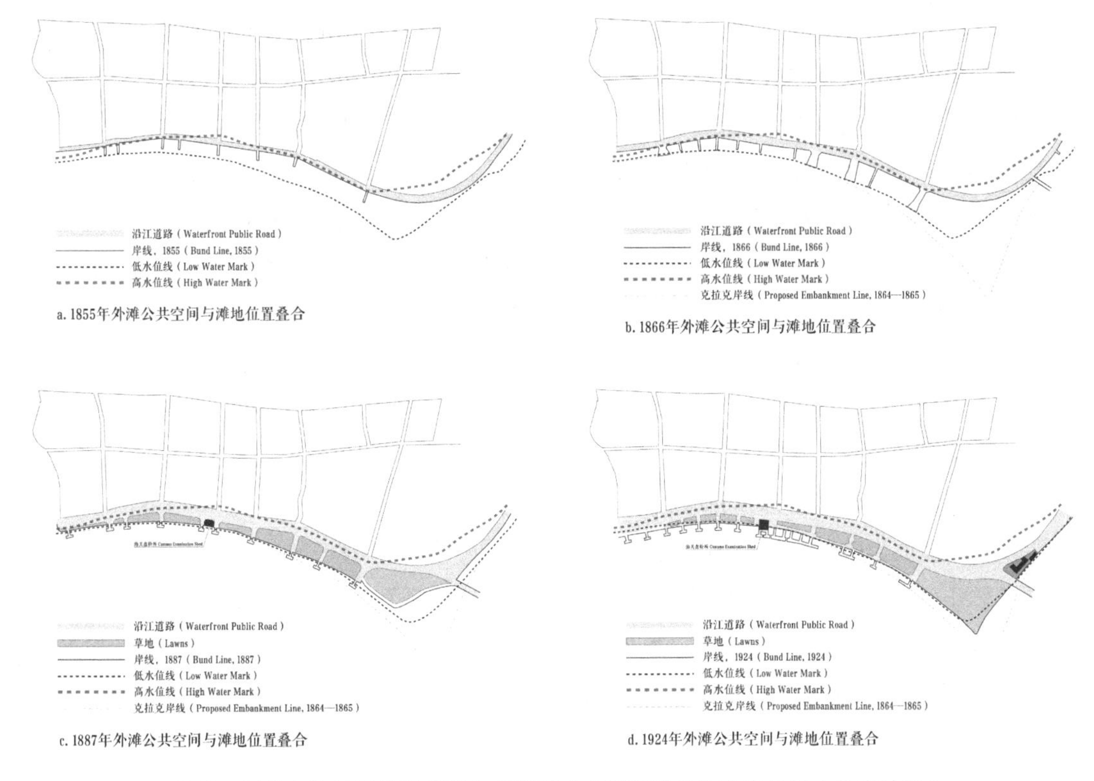

a. 1855年外滩公共空间与滩地位置叠合

b. 1866年外滩公共空间与滩地位置叠合

c. 1887年外滩公共空间与滩地位置叠合

d. 1924年外滩公共空间与滩地位置叠合

图 2　近代上海外滩滨江草地与原英租界黄浦江滩地的对应关系（作者绘制）

场所。[1] 但上述计划都未成功实施。从 19 世纪 50—70 年代的历史地图和照片中可见，这一时期英租界黄浦江边仅有一条兼具码头功能的普通道路（附表 1）。

直到 1879 年的工务处报告，才首次出现在外滩铺设草地的文字记载："5 月 1 日，所有长期污损外滩的建筑和堆栈都被拆除。整个前滩被填高到老外滩的水平，并铺上了草地，总计花费白银 5000 两。"[2] 此时，距离 1854 年上海工部局的成立已经整整 25 年。

史料表明，在此期间围绕英租界黄浦江滩地的权属和功能问题展开了三个层面的社会博弈。[3] 第一，是以上海道台为代表的清政府与西侨社会之间，围绕黄浦江滩地的主权问题展开的"华洋之争"。上海道台始终坚持清廷对滩地拥有主权，并依据清朝对通航河道两岸土地的管理办法，反对滩地的私有化和商业开发。

1　Shanghai Municipal Council, Municipal Council Report for the Year Ending 31st March, 1866, Shanghai: Printed by F. & C. Walsh, 1866, p. 12.

2　Shanghai Municipal Council, Municipal Report, Shanghai: Far-East Printing & Publishing Co., 1879, p. 68.

3　对上海外滩公共空间形成过程的详细考证，参见李颖春、孟心宇：《法律文书视角下再探上海外滩公共空间的起源》，《建筑史学刊》2022 年第 4 期，第 76—85 页。

第二，是西侨社会内部的“沿江租地人”（bund-lot holders）和一般租地人就滩地的产权和功能问题展开的“洋洋之争”。沿江租地人在近代英租界市政管理档案中专指开埠以后拥有通航河道两岸土地永久使用权的承租人。1844—1873年，英租界黄浦滩共确立了18宗沿江地契，其中15宗地块的产权边界都未具体说明是到黄浦江的哪一条水位线导致部分沿江租地人主张对滩地的“绝对产权”，并多次企图将黄浦江滩地建设为永久港口。沿江租地人的数量虽然不多，但通常拥有雄厚的资金实力和宽广的社会关系，能够对工部局的决策产生影响，并在租地人大会等决策进程中与人口占多数的一般租地人抗衡。

第三，是上海道台与英国驻沪领事之间的“华洋合作”。开埠以后最初的数任英国驻沪领事，在滩地功能问题上的立场与上海道台基本一致，曾明确主张英租界滩地应“辟为公用”，反对沿江租地人及其操控下工部局对滩地的私有化。

1863年以后，时值全球航运业的转型升级，以及太平天国运动之后上海租界的平稳发展阶段，滩地成为航运业和房地产业的双重争夺对象，致使上述三重博弈达到巅峰。最终，1871年领事法庭对“丰裕洋行土地特许权”的裁决，明确了黄浦江滩地的公有属性。又经8年，工部局在英租界外滩实行了一系列艰难的确权和拆违行动，才于1879年5月开始铺设滨江草地，确立了英租界外滩的公共休憩功能。

三、塑形与完善：19世纪80年代—20世纪初

1879年的工务处报告，仅提及“整个前滩被填高到老外滩的水平，并铺上了草地”，而没有描述草地的具体位置和形态。通过一张拍摄于19世纪80年代初的英租界外滩照片，可以判断当时的滨江草地至少已延伸到海关验货场（Customs Examination Shed）以南的汉口路和福州路之间（图3）。

1886—1888年间，上海工部局对英租界外滩进行了一次全面的空间提升。有资料显示，1886年5月，公共花园至海关验货场（今北京东路至汉口路）的滨江草地在整修之后于正式对公众开放；1888年7月，海关验货场以南的草地也完成了整修。[1]

1889年出版的《中国东海岸吴淞江上海港图》，实测于1887年，是已知最早的清晰描画外滩滨江草地的历史地图（附表2）。图中可见，草地从北京路口一延伸至洋泾浜河口，贯穿整个英租界外滩，共计十块。从拍摄于1880年代中后期的历史照片《中国上海外滩景观》中，

1 Peter Hibbard, *The Bund Shanghai: China Faces West*, p. 38.

则可发现此时的外滩已经重新铺设了水泥路面，修筑了人行道和街沿石，添设了煤气路灯，并在草地周围设置了铸铁围栏。

19世纪80年代中后期成型的滨江草地，一直稳定地维持至20世纪初。从测绘于1906—1907年的《中国东海岸吴淞江上海港图》中可见，英租界外滩滨江草地的起止位置、面积和数量，与1887年的测图基本一致（附表2）。

图3　19世纪80年代初的上海汉口路外滩[1]

四、蚕食与消失：20世纪10—30年代

20世纪以后，上海进入城市经济高速发展时期。1899年，原英美租界大幅扩张并更名为“公共租界”，纳入了杨树浦至周家嘴的大片黄浦江滨水空间。1905年，由清政府、外国领事团、上海总商会、各航运公司、公共租界工部局及法租界公董局代表共同组建上海浚浦局（Whangpoo Conservancy Board），终结了19世纪后半叶以来围绕滩地的多重博弈，形成了改善通航河道及其两岸滨水空间的集中决策机制。

城市经济的高速发展和浚浦局的成立，理应在资金和制度两方面保障了外滩滨江草地的空间品质。但多方资料表明，从20世纪初至30年代初，原英租界外滩滨江草地的数量却从十块迅速减少至三块。本节通过上海工部局市政档案中记录的三次黄浦江滨水空间改建计划，尝试对这一空间衰退的过程及原因展开分析。

（一）梅恩的黄浦江滨水空间改造计划（1907—1909）

1906年，时任浚浦局总工程师、著名荷兰水利专家奈格（Johannis de Rijke）划定了黄浦江浚浦线（Conservancy normal line），后来继任的瑞典工程师海德生（H. von Heidenstam）又进行了修改。这条岸线使黄浦江沿岸的陆域面积增加了19028亩，超过了当时法租界面积之和。[2]时任上海工部局大工程师梅恩（Charlie Mayne）认为，浚浦线开辟的新填大片土地，将为上海

1　钱宗灏等：《百年回望——上海外滩建筑与景观的历史变迁》，第100页，原件藏上海历史博物馆。

2　上海市地方志编纂委员会编：《上海市志·黄浦江分志（1978—2010）》，上海：上海古籍出版社，2021年，第301页。

滨水区域的整体规划和功能提升创造机会。[1]

在1908年的工务处报告中，梅恩提议沿着新划定的浚浦线，将原英租界外滩的滨江大道继续向东北方向延伸。首先修筑杨树浦至周家嘴路段，长约6.2英里，宽75英尺，未来再将这条道路一直延伸至吴淞口（图4）。[3]梅恩认为，工部局可在周家嘴以外征用大片新填土地，建设一处公共娱乐设施。[4]

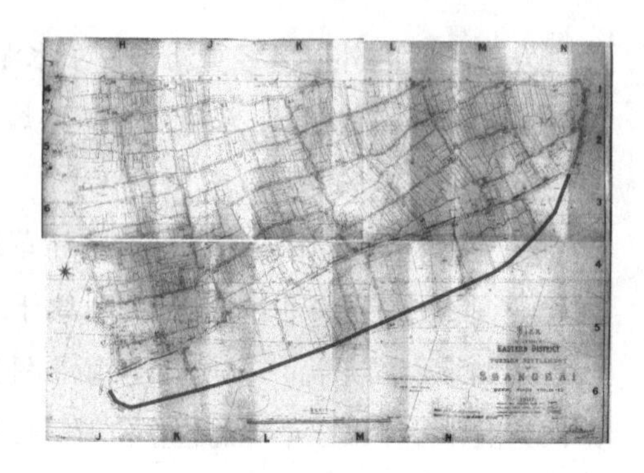

图4 1907年上海工部局提议的公共租界东区滨江大道计划[2]

但是，这个提案遭到了浚浦局局长卡尔森（W. Carlson）的反对，他认为：

> 上海的繁荣几乎完全依赖于海运贸易，航运业的需求应得到工部局的优先考虑。因此，考虑到不久的将来，长江口至周家嘴之间的黄浦江段可能需要兴建码头，且目前已有一条道路（杨树浦路）与江面平行，距离江边仅约1100英尺，提议修建的滨江道路不符合上海作为港口城市的最佳利益。[5]

1909年初，梅恩致信卡尔森，表达了不同意见。他指出，滨江大道不仅为公众提供了极大的交通便利，而且"当建筑物与水岸之间产生退界，堤岸或码头挡墙进行统一设计之后，将极大地改善城市的外观"[6]。他以香港的填海工程为例重申，"虽然航运业非常重要，但不应忽视公众的观点……那些对整个上海的福祉感兴趣的人应该要认识到这一点"[7]。此外，还有记录表明，浚浦局总工程师奈格不愿就此事发表公开意见，尽管根据梅恩的说法，奈格对修建滨江大道没有任何异议。最终，上海工部局不得不屈从于浚浦局对航运利益的优先考虑，放弃了修建杨树浦滨江大道和周家嘴公园的计划。该计划的失败，使得原英租界外滩的滨江草地成为整个20世纪上海唯一一处滨水公共休憩场所。

---

1 Shanghai Municipal Council, Municipal Report, 1907, Shanghai: Printed by Kelly & Walsh, Ltd., p. 130.

2 上海市档案馆，U1-14-5769。

3 Letter from Secretary of the Shanghai Municipal Council to W. Carlsen, Harbour master, dated December 12, 1908, "Proposed Road between the Yangtszepoo Creek and the Point"，上海市档案馆，U1-14-5769。

4 Shanghai Municipal Council, Municipal Report, 1907, p. 130.

5 Letter from Wm, Carlson, Harbour Master to W. E. Leveson, Secretary of the Shanghai Municipal Council, dated December 14, 1908，上海市档案馆，U1-14-5769。

6 上海市档案馆，U1-14-5769。

7 同上。

与此同时，梅恩也在考虑对原英租界外滩的滨水空间进行改建。[1] 他希望在现有的黄浦江岸线和规划中的浚浦线之间吹填土地，新增一条车行道，增加公共步道和花园的面积，并通过将浮码头改建为垂直码头，以改善外滩滨江的景观。在咨询了中国方面的海关道、浚浦局总工程师和其他几位专家后，梅恩于 1909 年 5 月 25 日提交了外滩填滩工程的两个备选方案。

但在后续的讨论中，浚浦局局长卡尔森和总工程师奈格一致反对梅恩的外滩改建计划。他们认为，梅恩的垂直码头方案虽然借鉴了欧洲在类似条件下的做法，但会给登陆的乘客带来不便，而且会造成巨大的资金投入。[2] 工部局的董事们似乎也认为外滩的根本功能是装卸货物，而非美观。[3] 最终，工部局董事会议决定在工程开始或提交给租地人大会之前，召集一个由船务代理人和其他有关人士组成的特别委员会听取意见。最终，该委员会认为："拆除浮码头是不明智的，沿外滩增加一条车行道的建议几乎毫无用处。"[4] 梅恩试图利用浚浦线创造的新填土地获得更多城市交通和公共休憩空间的努力，全部以失败告终。

（二）戈弗雷的外滩吹填拓宽计划（1919—1921）

仅仅几年之后，经济和技术的迅速发展给上海城市空间带来的压力，就超出了浚浦局水利专家、工部局董事，以及船务代理人的预计。在 1917 年出版的《上海英租界分图》中可以发现，位于原英租界外滩最南段的广东路至爱德华七世大道（原洋泾浜）之间的滨江草地，已经因为车行道的拓宽而消失（图 5）。

此时，国际旅游业、航运业、市内交通、停车、公共休憩等城市功能需求同时爆发，但高昂的地价使得在市中心其他地方开辟市政用地不再可能，迫使上海工部局只能在原英租界外滩的滨水空间中寻求解决方案。1919 年，梅恩的继任者戈弗雷（C. Godfrey）提出了一个新的外滩改建方案。[5] 方案通过吹填土地将北京路和爱德华七世大道之间的滨水区域拓宽至 120 英尺，其间可容纳一条新建的 30 英尺宽车行道、一条 15 英尺宽人行道和 247 个机动车停车位（图 6）。[6]

---

1 Shanghai Municipal Council, Municipal Report, 1908, Shanghai: Printed by Kelly & Walsh, Ltd., p. 126.

2 Letter from Johs. De Rijke, Engineer-in-Chief of the Huangpu Conservancy Board, to C. Mayne, Engineer & Surveyor of the Shanghai Municipal Council, dated September 25, 1908, Municipal Report, 1908, p. 126.

3 Letter from Secretary of the Shanghai Municipal Council, to Godfrey, Acting Engineer & Surveyor, dated July 15, 1909. Shanghai Municipal Council, Municipal Report, 1908, p. 126.

4 "Bund Reclamation Scheme, 1908–1909"，上海市档案馆，U1-14-5002。

5 Shanghai Municipal Council, Report for the Year 1919, Shanghai: Printed by Kelly & Walsh, Ltd. 1920, 3B–4B.

6 C. Harpur, "Bund Foreshore and Motor Car Ranks", 1919，上海市档案馆，U-14-562。

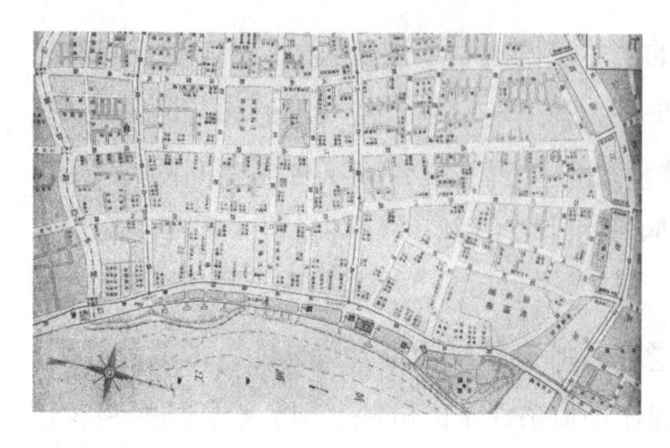

图 5 《上海英租界分图》(局部)，1917 年[1]

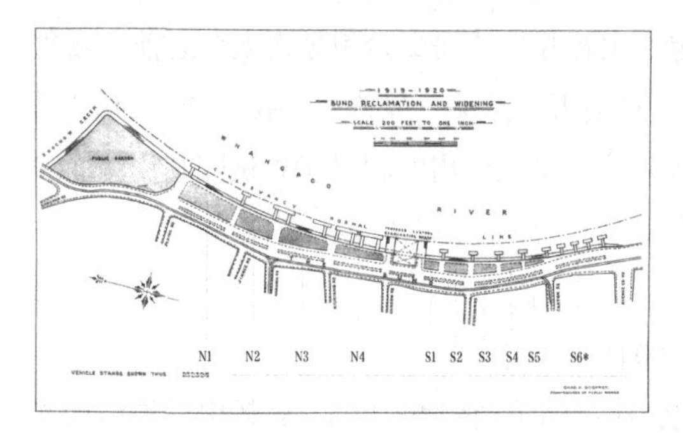

图 6 《戈弗雷外滩吹填拓宽计划》，1919—1920 年，图中草地编号为作者添加[2]

与 1917 年《上海英租界分图》相比，这个方案未能恢复广东路—爱德华七世大道之间的草地，使得规划中的草地数量从 20 世纪初的十块减少至九块。以汉口路海关验货场为界，向北为四块较大的草地（图 6 中以 N 标记），向南为五块较小的草地（图 6 中以 S 标记）。

戈弗雷的外滩吹填拓宽计划在得到警察总长的支持后，于 1919 年 3 月获得批准。相比 1909 年梅恩耗资数十万两白银，涉及昂贵水下工程的方案，戈弗雷的外滩吹填拓宽计划成本仅为六万两白银，以低廉的造价创造了一个码头、绿地、干道、步道和停车五大功能结合的综合城市公共空间。戈弗雷相信，他的设计“将得到希望改善租界交通状况的全体公众的认可”。但事实上，这项计划却在上海的西侨社会中引起前所未有的激烈反对，人们甚至为此成立了上海市民联盟（Shanghai Civic League）进行联署抗议，导致项目从 1921 年 6 月下旬起暂停了若干星期。最终，方案在 1921 年 7 月 6 日的纳税人会议上获得通过，尽管 1800 名有资格投票的纳税人中只有 100 人出席。[3]

从拍摄于 20 世纪 20 年代初的两张照片来看，戈弗雷外滩吹填拓宽计划中的九块滨江草地全部按图施工完成（图 7、8）。但是，这种权宜的城市空间改造，似乎无法适应长远的经济发展，以致草地在完工不久之后即遭到蚕食。在上海工部局测绘于 1924 年的《上海外国

1 张伟等编著：《老上海地图》，上海：上海画报出版社，2001 年，第 41 页。

2 Shanghai Municipal Council, Report for the Year 1919, 1920.

3 戈弗雷外滩吹填拓宽计划的反对者于 1920 年 10 月 26 日成立了上海市民联盟，声称代表全体外国居民，对工部局出于交通目的牺牲公共花园的美丽树木表示强烈抗议。该联盟收集了 200 多个反对拓宽道路的签名，有两位上海本地知名建筑师——美商克利洋行合伙人 R. A. Curry 和英商通和洋行合伙人 Arthur Dallas 参与了联署。与此同时，工部局也收到一份支持该计划的请愿书，名单上包括公和洋行的 M. H. Logan 和汇丰银行大班 G. H. Stitt。参见 Peter Hibbard, *The Bund Shanghai: China Faces West*, p. 44。

图 7 《1921 年施工中的外滩滨江大道》，图中可见海关验货场以南的 S1—S3 草地已经完工[1]

图 8 《1923—1925 年的外滩》，图中可见海关验货场以北的 N1—N4 草地全部按图完工[2]

图 9　1923—1926 年外滩滨江（近代印刷品）

图 10　1927 年上海外滩航拍[3]

租界中区与北区地图》中，可以明显看到海关验货场北侧的 N4 草地宽度已经明显小于竣工宽度（附表 3）。历史照片则显示，1923—1926 年，S4 草地已经被一座临时堆栈占据（图 9），N4 草地在 1927 年前已经基本被堆栈占据（附表 3），S1 草地可能已经消失（图 10）。

（三）哈普的外滩滨江草地改建计划（1930—1932）

20 世纪 20 年代末，外滩滨江草地的过度拥挤和不当使用成了英文媒体负面报道的焦点。有报道说：

1　Shanghai Municipal Council, Annual Report of the Shanghai Municipal Council, Shanghai: Printed by F. & C. Walsh, 1921.

2　加拿大太平洋铁路公司拍摄，图片由布里斯托尔大学图书馆比莉-洛夫历史收藏和特藏部提供，www.hpcbristol.net。

3　Edward Dension and Guang Yu Ren, *Building Shanghai: The Story of China's Gateway*, Chichester: John Wiley, 2006.

> 由于缺乏有效的围墙或栅栏，滨江地区在整个夏季都人潮汹涌。草地上每晚都挤满了当地人，他们把草坪当作睡觉的地方。对于（公共租界）中区的居民来说，上述情况简直是一场灾难，因为他们无法在健康的环境中、在宠物的陪伴下享受清晨和傍晚的散步。此外，对游客来说，目前的状况必然会给公共租界带来负面印象。[1]

为了改变这一情况，继任的工部局大工程师哈普（C. Harpur）开始着手对草地进行改造。1930 年 2 月 20 日，工务处提交了两份方案草图，建议将草地改造成花坛，并用树篱或栅栏进行隔离，以防止人们进入。修建隔离墙的建议因财务考虑而被否决，因此工务处提出了如下两种替代方案：

> 方案A：在实际边界内1英尺6英寸处种植一行5英尺高的卫矛（Euonymus），在实际边界内3英尺处种植第二行类似的灌木。在两排灌木之间，每隔10英尺竖立离地面4英尺高的福州杆（Foochow poles），上面连接八根带刺的铁丝网。
>
> 方案B：在实际边界上建造一个铁丝网围栏，并种植一条5英尺高、相距1英尺6英寸的卫矛（图 11）。

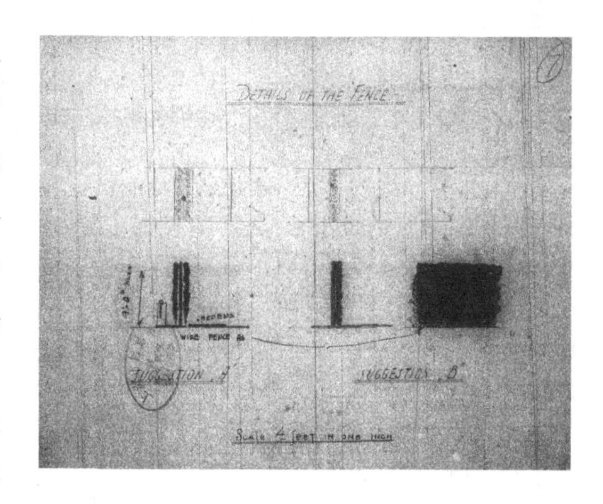

图 11　外滩草地改建计划，方案 A、B，1930 年[2]

程序和经费是这项工程的两个主要考虑因素。[3] 花园委员会的负责人赞成方案 A，认为该方案将对外滩草地的美观产生最小的影响，并降低成本（图 12）。

但是，正当工务处设计灌木树篱时，工部局中出现了另外一种声音。1930 年 3 月 13 日，

1　Letter from the Superintendent of Parks to C. Harpur, Commissioner of Public Works, dated February 20, 1930，上海市档案馆，U-14-562。

2　Suggested Development of the Bund Foreshore，上海市档案馆，U-14-562。

3　1930—1932 年间外滩滨江草地改建计划的讨论，可明显感受到工部局的财政危机。对工部局财政问题的详细梳理，参见李东鹏：《从加税之争看近代上海公共租界工部局财政制度的演变》，牟振宇主编：《上海史研究论丛》第一辑，上海：上海社会科学院出版社，2018 年，第 141—161 页。

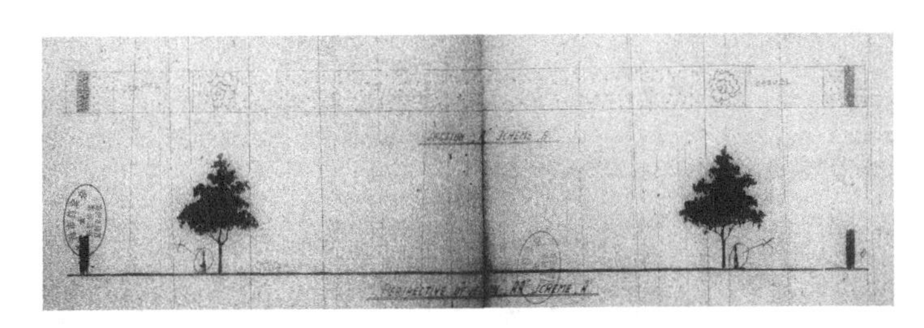

图 12　外滩草地改建计划，方案 A 剖面图，1930 年 [1]

警察总长致信哈普，建议“将北京路和九江路之间的草地改建成机动车停车场” [2]。在 4 月 29 日的工务委员会会议上，哈普明确表示反对。他认为，外滩的公共空间应该留给公众使用，而不是某些有车的人。尽管他预计其他人会同意停车场方案，但他坚持认为“这种设施不应由公共资金提供。而且将这一地区用作停车场只能暂时解决问题，而外滩临江段的特色应该予以保留” [3]。

经过一番讨论，工务委员会认为，工部局应该批准停车场方案。哈普随后被要求提交一份停车场改建费用的报告。1930 年 12 月 5 日的工务处报告显示，本年度早些时候工部局批准的草地改花坛计划已经被推迟。

1932 年的“一・二八事变”期间，外滩遭到轰炸，对滨江草地造成损毁。是否重建，以及如何重建滨江草地，随即成为各方关注的焦点。1932 年 3 月，工部局交通委员会再次建议将草地改为停车场，并就停车位收取适当费用。[4] 1932 年 4 月 22 日，住在外滩华懋饭店的记者格兰特・琼斯（P. Grant Jones）则要求工部局把草地改造成带有小路和灌木的公共花园的延伸。[5] 1932 年 5 月的《中国文摘》（*The China Digest*）发起了一场辩论，并向工部局花园委员会的克尔（W. J. Kerr）递交一份请愿书，希望“把外滩的草地改造成花园，并进行适当的维护，为这座城市打造一处合适的门面” [6]。

与两年前相比，哈普的观点发生了变化。他仍然坚持滨江草地不应被改成停车场，但经过战争之后，他对草地的价值有了新的认知。1930 年的时候，他与格兰特・琼斯和《中国文

1　Suggested Development of the Bund Foreshore，上海市档案馆，U-14-562。

2　Letter from Commissioner of Police to Commissioner of Public Works, dated March 13, 1930，上海市档案馆，U-14-562。

3　Minute of Works Committee Meeting, held on April 29, 1930，上海市档案馆，U-14-562。

4　Letter from J. R. Jones, Secretary of the Shanghai Municipal Council, to G. H. Wright, dated March 10, 1933，上海市档案馆，U-14-562。

5　Letter from P. Grant Jones to the Secretary of the Shanghai Municipal Council, dated April 22, 1932，上海市档案馆，U-14-562。

6　Letter from Carroll Lunt, Editor of The China Digest, to Mr. W. J. Kerr, Public Works Department, dated May 28, 1932，上海市档案馆，U-14-562。

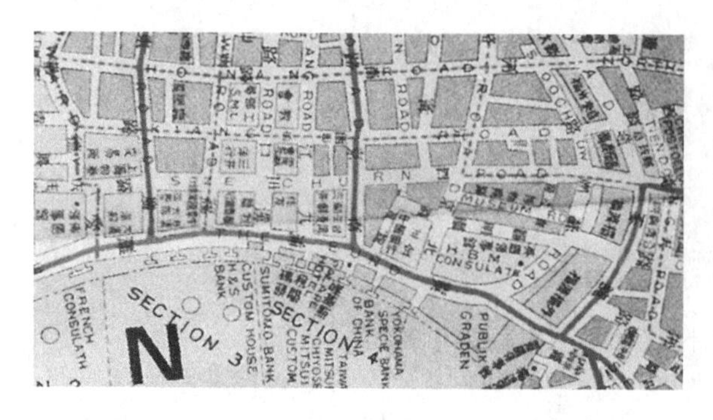

图 13 《上海新地图》(局部)，1926 年 6 月[1]

图 14　20 世纪 30 年代上海外滩全景（钱宗灏提供，原图藏上海历史博物馆）

摘》的立场一致，认为草地应该被纳入公共花园的管理以有效控制人流，但战争使他认为，“草地在紧急情况下有如此大的（避难）作用，在当前局势不明朗的情况下，不应该有大的变化”[2]。

按照 1932 年工务处报告的说法，外滩滨江草地最终按照哈普的意见进行了复原。但是比照其他历史资料可以发现，早在 1926 年 6 月出版的《上海新地图》中，海关验货场以南的五块草地就已经消失（图 13）。1932 年以后，所有的历史照片中再未出现过海关验货场以南的滨江草地（图 14、附表 4）。1936 年 7 月，工部局对外滩草地使用情况进行了调研，仅记录了北京路—九江路之间三块草地的使用人数，并认为存在严重的不当使用。[3] 由此可见，在“一·二八事变”以后，工部局至多恢复了海关验货场以北的草地。即便如此，将仅剩的草地改建成停车场的动议，在工部局内部也从未停止，但一直未获通过。直到 1941 年日军接管租界之后，该计划才得以实施。

结　论

本文借助上海工部局市政管理档案，结合历史地图和历史照片中的图像资料，还原了近代上海外滩滨江草地的城市进程。研究表明，滨江草地的物质空间变迁大致经历了三个阶

1　孙逊、钟翀主编：《上海城市地图集成》中册，上海：上海书画出版社，2017 年，第 7—17 页。

2　Letters from C. Harpur to J. R. Jones, dated May 9, 1932, and to the Secretary, dated June 2, 1932，上海市档案馆，U-14-562。

3　统计显示，1936 年 7 月，每日上午 9 点至下午 1 点，有 4500 人在草地上睡觉，约占所有草地使用人数的 70%。参见 Peter Hibbard, *The Bund Shanghai: China Faces West*, p. 45。

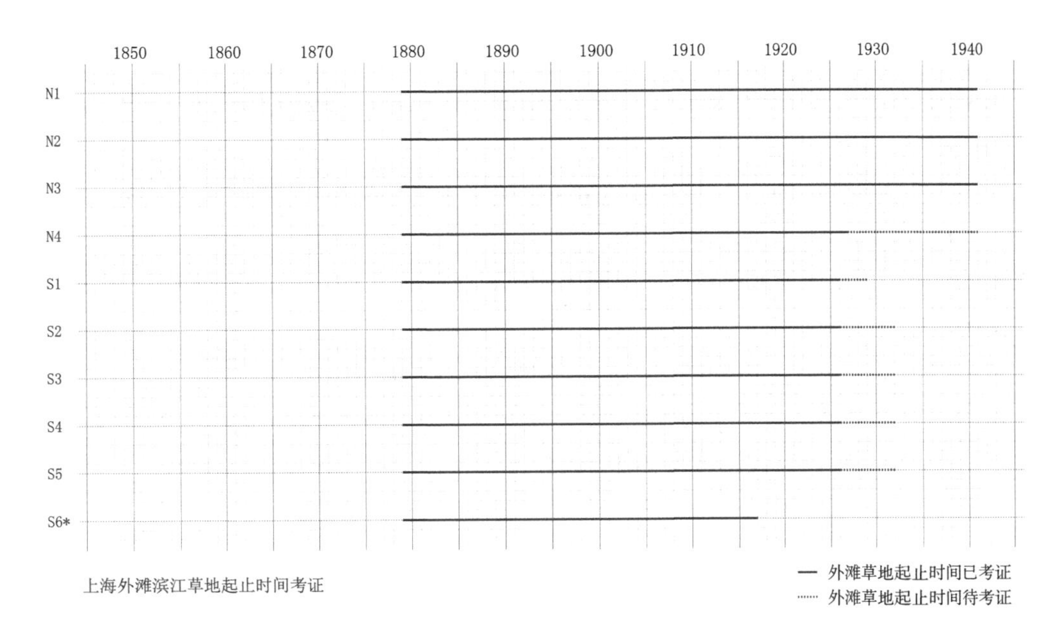

图 15　上海外滩滨江草地空间变迁考证（作者绘制）

段。第一阶段为动议协商期（19 世纪 50—70 年代），初步形成了贯通英租界外滩的滨江草地格局；第二阶段为成熟稳定期（19 世纪 80 年代—20 世纪初），滨江草地的数量和品质保持稳定，成为上海最受欢迎的城市公共空间和近代城市文明的象征；第三阶段为蚕食消亡期（20 世纪 10—30 年代），外滩滨江草地的数量逐渐从 20 世纪初期的九块，减少 20 世纪 30 年代初的三块，幸存的草地也存在严重的过度和不当使用（图 15）。

进一步观察上述空间变迁背后的社会驱动力，则可以发现，在开埠初期滩地的权属和功能都存在争议的情况下，经过华洋竞争、洋洋竞争和华洋合作的三重社会博弈，得以突破短期经济利益的考量而确立英租界外滩作为公共休憩空间的城市功能。而在 1906 年浚浦局成立以后，梅恩的两个颇有远见的滨水空间改造计划却遭到否决，为后来滨江草地的消失埋下伏笔。20 世纪 20—30 年代，各方围绕外滩滨江草地形态、功能、价值，甚至去留问题的争论，则进一步反映出城市高速发展的背后，工部局面临的严峻财政问题和治理危机。

滨江草地作为一种具有多重社会文化效益的城市公共空间，萌发于租界初创阶段较为广泛的社会参与，却在城市管理制度高度完善、经济高速发展时期陷入无法挽回的衰退。这一历史现象有助于反思城市决策过程中的技术至上主义，重新看到多元、具体的社会协商和利益平衡对城市长久生命力的重要意义。

参考文献

［1］ Edward Dension, Guang Yu Ren, *Building Shanghai: The Story of China's Gateway*, Chichester: John Wiley, 2006.

［2］ Jeremy Taylor, "The Bund: Littoral Space of Empire in the Treaty Ports of East Asia", *Social History*, Vol. 27, No. 2 (2002), pp. 125–142.

［3］ Leo Ou-fan Lee, *Shanghai Modern: The Flowering of a New Urban Culture in China, 1930–1945*, Cambridge, Mass.: Harvard University Press, 1999.

［4］ Peter Hibbard, *The Bund Shanghai: China Faces West*, Hong Kong: Odyssey, 2007.

［5］ Robert Home, *Of Planting and Planning: The Making of British Colonial Cities*, London: E & FN Spon, 1997.

［6］ Shanghai Municipal Council, Municipal Council Report for the Year Ending 31st March, 1866. Shanghai: Printed by F. & C. Walsh, 1866.

［7］ Shanghai Municipal Council, Municipal Report, Shanghai: Far-East Printing & Publishing Co., 1879.

［8］ Shanghai Municipal Council, Municipal Report, Shanghai: Printed by F. & C. Walsh, 1907.

［9］ Shanghai Municipal Council, Municipal Report, Shanghai: Printed by F. & C. Walsh, 1908.

［10］ Shanghai Municipal Council, Report for the Year 1919, Shanghai: Printed by Kelly & Walsh, Ltd., 1920.

［11］ Shanghai Municipal Council, Annual Report of the Shanghai Municipal Council, Shanghai: Printed by F. & C. Walsh, 1921.

［12］ Spiro Kostof, *The City Assembled: The Elements of Urban Form through History*, London: Thames and Hudson, 1992.

［13］ Spiro Kostof, *The City Shaped: Urban Patterns and Meanings through History*, Boston: Little, Brown and Co., 1991.

［14］ 张鹏：《都市形态的历史根基——上海公共租界市政发展与都市变迁研究》，上海：同济大学出版社，2008年。

［15］ 李东鹏：《从加税之争看近代上海公共租界工部局财政制度的演变》，牟振宇主编：《上海史研究论丛》第一辑，上海：上海社会科学院出版社，2018年，第141—161页。

［16］ 李颖春、孟心宇：《法律文书视角下再探上海外滩公共空间的起源》，《建筑史学刊》2022年第4期，第76—85页。

［17］ 钱宗灏等：《百年回望——上海外滩建筑与景观的历史变迁》，上海：上海科学技术出版社，2005年。

［18］ 上海市地方志编纂委员会编：《上海市志・黄浦江分志（1978—2010）》，上海：上海古籍出版社，2021年。

［19］ 孙倩：《上海近代城市公共管理制度与空间建设》，南京：东南大学出版社，2009年。

［20］ 孙逊、钟翀主编：《上海城市地图集成》中册，上海：上海书画出版社，2017年。

［21］ 张伟等编著：《老上海地图》，上海：上海画报出版社，2001年。

附表

表 1　上海外滩滨江草地城市进程的三重历史证据，19 世纪 50—70 年代

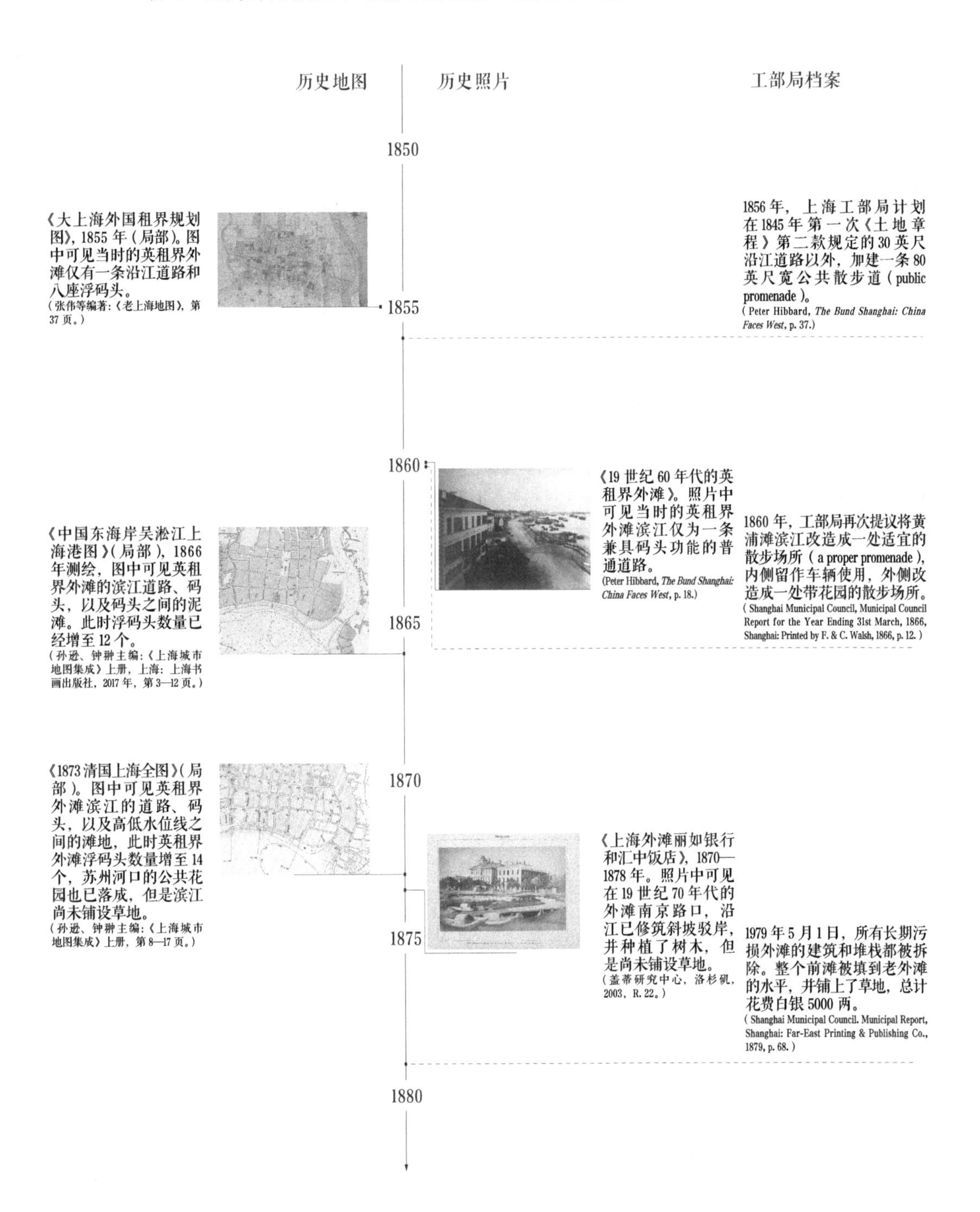

	历史地图	历史照片	工部局档案
1850 1855	《大上海外国租界规划图》，1855 年（局部）。图中可见当时的英租界外滩仅有一条沿江道路和八座浮码头。 （张伟等编著：《老上海地图》，第 37 页。）		1856 年，上海工部局计划在 1845 年第一次《土地章程》第二款规定的 30 英尺沿江道路以外，加建一条 80 英尺宽公共散步道（public promenade）。 （Peter Hibbard, *The Bund Shanghai: China Faces West*, p. 37.）
1860 1865	《中国东海岸吴淞江上海港图》（局部），1866 年测绘，图中可见英租界外滩的滨江道路、码头，以及码头之间的泥滩。此时浮码头数量已经增至 12 个。 （孙逊、钟翀主编：《上海城市地图集成》上册，上海：上海书画出版社，2017 年，第 3—12 页。）	《19 世纪 60 年代的英租界外滩》。照片中可见当时的英租界外滩滨江仅为一条兼具码头功能的普通道路。 （Peter Hibbard, *The Bund Shanghai: China Faces West*, p. 18.）	1860 年，工部局再次提议将黄浦滩滨江改造成一处适宜的散步场所（a proper promenade），内侧留作车辆使用，外侧改造成一处带花园的散步场所。 （Shanghai Municipal Council, Municipal Council Report for the Year Ending 31st March, 1866, Shanghai: Printed by F. & C. Walsh, 1866, p. 12.）
1870 1875 1880	《1873 清国上海全图》（局部）。图中可见英租界外滩滨江的道路、码头，以及高低水位线之间的滩地，此时英租界外滩浮码头数量增至 14 个，苏州河口的公共花园也已落成，但是滨江尚未铺设草地。 （孙逊、钟翀主编：《上海城市地图集成》上册，第 8—17 页。）	《上海外滩丽如银行和汇中饭店》，1870—1878 年。照片中可见在 19 世纪 70 年代的外滩南京路口，沿江已修筑斜坡驳岸，并种植了树木，但是尚未铺设草地。 （盖蒂研究中心，洛杉矶，2003，R. 22。）	1979 年 5 月 1 日，所有长期污损外滩的建筑和堆栈都被拆除。整个前滩被填到老外滩的水平，并铺上了草地，总计花费白银 5000 两。 （Shanghai Municipal Council. Municipal Report, Shanghai: Far-East Printing & Publishing Co., 1879, p. 68.）

表 2　上海外滩滨江草地城市进程的三重历史证据，19 世纪 80 年代—20 世纪初

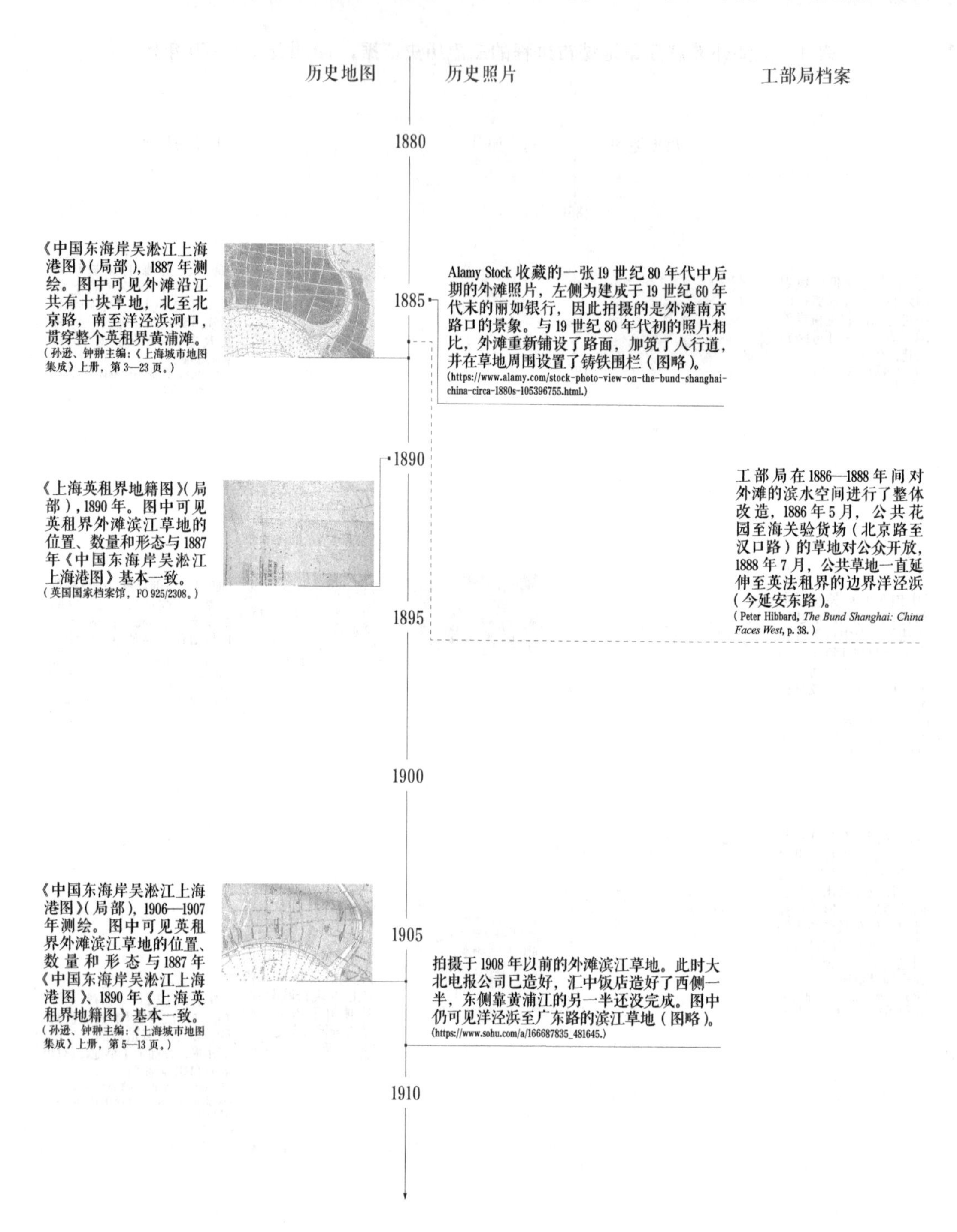

历史地图 | 历史照片 | 工部局档案

1880

1885

《中国东海岸吴淞江上海港图》(局部)，1887 年测绘。图中可见外滩沿江共有十块草地，北至北京路，南至洋泾浜河口，贯穿整个英租界黄浦滩。（孙逊、钟翀主编：《上海城市地图集成》上册，第 3—23 页。）

Alamy Stock 收藏的一张 19 世纪 80 年代中后期的外滩照片，左侧为建成于 19 世纪 60 年代末的丽如银行，因此拍摄的是外滩南京路口的景象。与 19 世纪 80 年代初的照片相比，外滩重新铺设了路面，加筑了人行道，并在草地周围设置了铸铁围栏（图略）。(https://www.alamy.com/stock-photo-view-on-the-bund-shanghai-china-circa-1880s-105396755.html.)

1890

《上海英租界地籍图》(局部)，1890 年。图中可见英租界外滩滨江草地的位置、数量和形态与 1887 年《中国东海岸吴淞江上海港图》基本一致。（英国国家档案馆，FO 925/2308。）

工部局在 1886—1888 年间对外滩的滨水空间进行了整体改造，1886 年 5 月，公共花园至海关验货场（北京路至汉口路）的草地对公众开放，1888 年 7 月，公共草地一直延伸至英法租界的边界洋泾浜（今延安东路）。（Peter Hibbard, *The Bund Shanghai: China Faces West*, p. 38.）

1895

1900

1905

《中国东海岸吴淞江上海港图》(局部)，1906—1907 年测绘。图中可见英租界外滩滨江草地的位置、数量和形态与 1887 年《中国东海岸吴淞江上海港图》、1890 年《上海英租界地籍图》基本一致。（孙逊、钟翀主编：《上海城市地图集成》上册，第 5—13 页。）

拍摄于 1908 年以前的外滩滨江草地。此时大北电报公司已造好，汇中饭店造好了西侧一半，东侧靠黄浦江的另一半还没完成。图中仍可见洋泾浜至广东路的滨江草地（图略）。(https://www.sohu.com/a/166687835_481645.)

1910

表3　上海外滩滨江草地空间变迁的三重历史证据，20世纪10—20年代

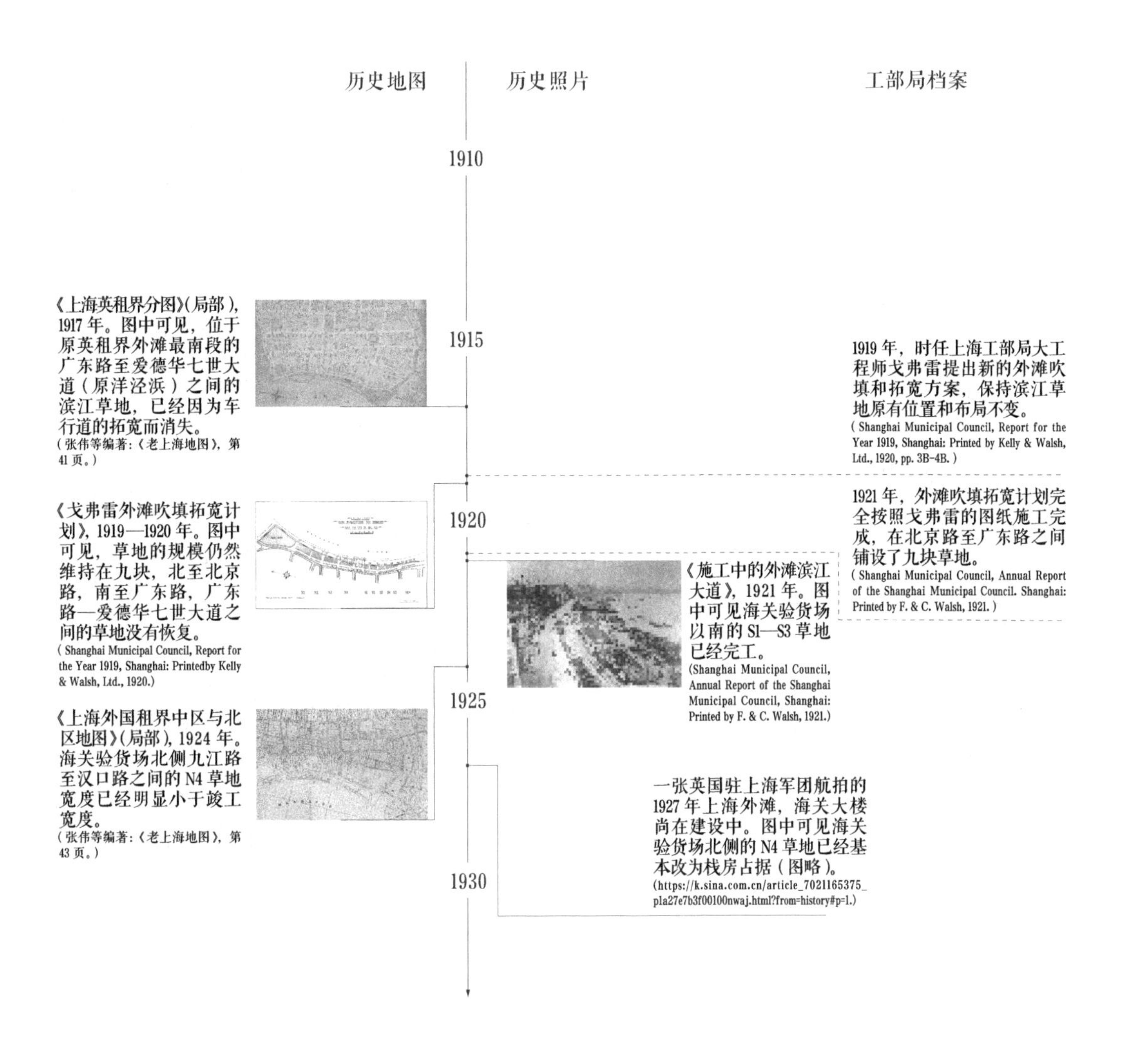

历史地图 | 历史照片 | 工部局档案

1910

1915

《上海英租界分图》(局部)，1917年。图中可见，位于原英租界外滩最南段的广东路至爱德华七世大道（原洋泾浜）之间的滨江草地，已经因为车行道的拓宽而消失。
（张伟等编著：《老上海地图》，第41页。）

1919年，时任上海工部局大工程师戈弗雷提出新的外滩吹填和拓宽方案，保持滨江草地原有位置和布局不变。
（Shanghai Municipal Council, Report for the Year 1919, Shanghai: Printed by Kelly & Walsh, Ltd., 1920, pp. 3B-4B.）

1920

《戈弗雷外滩吹填拓宽计划》，1919—1920年。图中可见，草地的规模仍然维持在九块，北至北京路，南至广东路，广东路—爱德华七世大道之间的草地没有恢复。
（Shanghai Municipal Council, Report for the Year 1919, Shanghai: Printedby Kelly & Walsh, Ltd., 1920.）

1921年，外滩吹填拓宽计划完全按照戈弗雷的图纸施工完成，在北京路至广东路之间铺设了九块草地。
（Shanghai Municipal Council, Annual Report of the Shanghai Municipal Council. Shanghai: Printed by F. & C. Walsh, 1921.）

《施工中的外滩滨江大道》，1921年。图中可见海关验货场以南的S1—S3草地已经完工。
(Shanghai Municipal Council, Annual Report of the Shanghai Municipal Council, Shanghai: Printed by F. & C. Walsh, 1921.)

1925

《上海外国租界中区与北区地图》(局部)，1924年。海关验货场北侧九江路至汉口路之间的N4草地宽度已经明显小于竣工宽度。
（张伟等编著：《老上海地图》，第43页。）

一张英国驻上海军团航拍的1927年上海外滩，海关大楼尚在建设中。图中可见海关验货场北侧的N4草地已经基本改为栈房占据（图略）。
(https://k.sina.com.cn/article_7021165375_p1a27e7b3f00100nwaj.html?from=history#p=1.)

1930

表 4　上海外滩滨江草地空间变迁的三重历史证据，20 世纪 30 年代

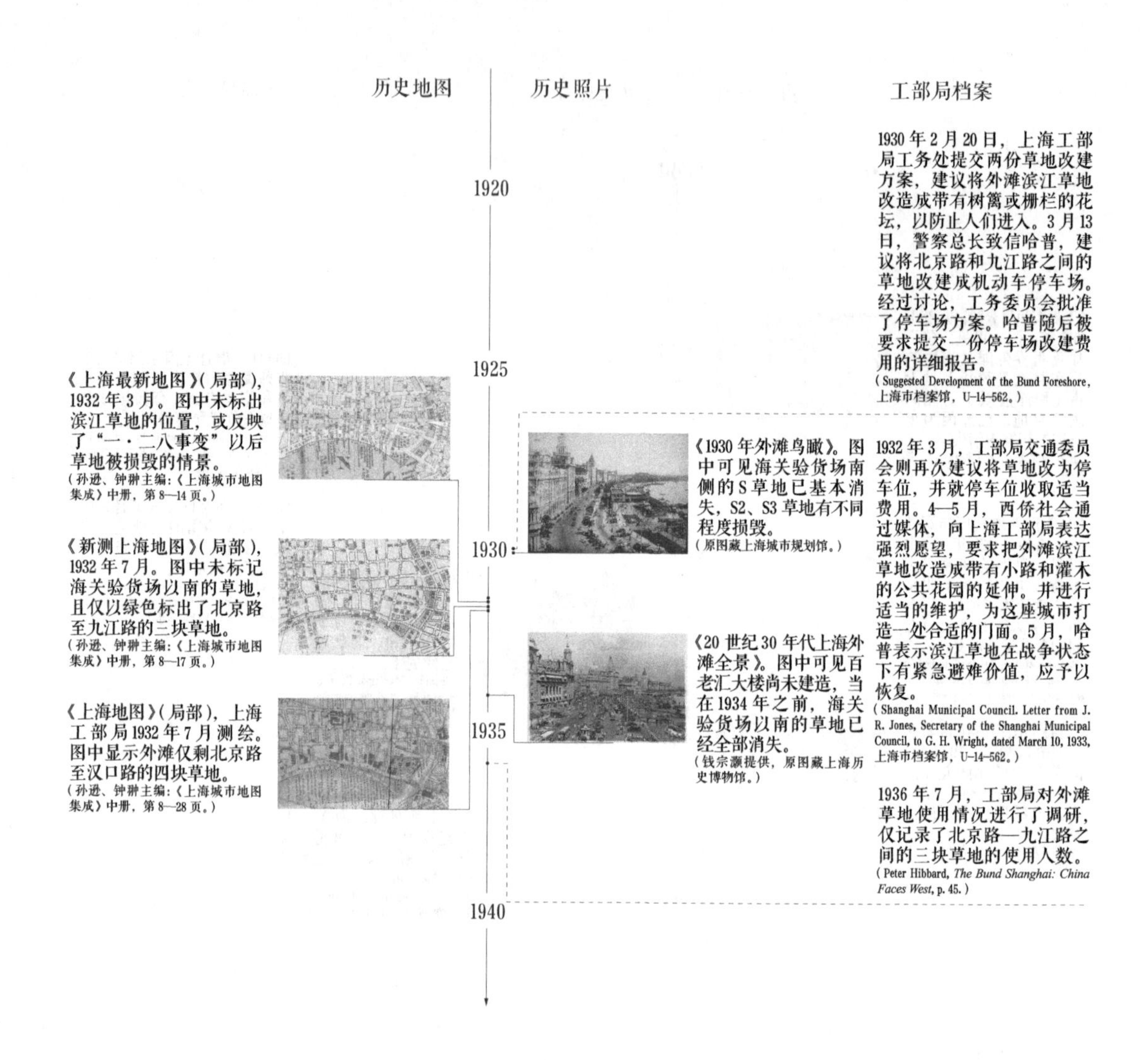

历史地图

历史照片

工部局档案

1920

1925

1930

1935

1940

1930 年 2 月 20 日，上海工部局工务处提交两份草地改建方案，建议将外滩滨江草地改造成带有树篱或栅栏的花坛，以防止人们进入。3 月 13 日，警察总长致信哈普，建议将北京路和九江路之间的草地改建成机动车停车场。经过讨论，工务委员会批准了停车场方案。哈普随后被要求提交一份停车场改建费用的详细报告。
（Suggested Development of the Bund Foreshore，上海市档案馆，U-14-562。）

《上海最新地图》（局部），1932 年 3 月。图中未标出滨江草地的位置，或反映了“一·二八事变”以后草地被损毁的情景。
（孙逊、钟翀主编：《上海城市地图集成》中册，第 8—14 页。）

《新测上海地图》（局部），1932 年 7 月。图中未标记海关验货场以南的草地，且仅以绿色标出了北京路至九江路的三块草地。
（孙逊、钟翀主编：《上海城市地图集成》中册，第 8—17 页。）

《上海地图》（局部），上海工部局 1932 年 7 月测绘。图中显示外滩仅剩北京路至汉口路的四块草地。
（孙逊、钟翀主编：《上海城市地图集成》中册，第 8—28 页。）

《1930 年外滩鸟瞰》。图中可见海关验货场南侧的 S 草地已基本消失，S2、S3 草地有不同程度损毁。
（原图藏上海城市规划馆。）

《20 世纪 30 年代上海外滩全景》。图中可见百老汇大楼尚未建造，当在 1934 年之前，海关验货场以南的草地已经全部消失。
（钱宗灏提供，原图藏上海历史博物馆。）

1932 年 3 月，工部局交通委员会则再次建议将草地改为停车位，并就停车位收取适当费用。4—5 月，西侨社会通过媒体，向上海工部局表达强烈愿望，要求把外滩滨江草地改造成带有小路和灌木的公共花园的延伸。并进行适当的维护，为这座城市打造一处合适的门面。5 月，哈普表示滨江草地在战争状态下有紧急避难价值，应予以恢复。
（Shanghai Municipal Council. Letter from J. R. Jones, Secretary of the Shanghai Municipal Council, to G. H. Wright, dated March 10, 1933，上海市档案馆，U-14-562。）

1936 年 7 月，工部局对外滩草地使用情况进行了调研，仅记录了北京路—九江路之间的三块草地的使用人数。
（Peter Hibbard, *The Bund Shanghai: China Faces West*, p. 45.）

跨学科研究

澳门内港水浸现象与沿岸历史变化的关联初探

陈丽莲 *

澳门，在历史上它还有多个名称，包括濠江、濠镜、镜海、镜湖、海镜、海觉、莲洋等等。因为是海滨城市，所以名字尽管林林总总，但无一不带着水的含义。澳门半岛的西侧，有一条内河分隔了对岸的珠海湾仔，故被称为“湾仔水道”。水道的澳门沿岸仅有 3 公里，上有“火船头街”“河边新街”“通商新街”等等，光从街道名称也就可以想象，这里是澳门当年新兴的商贸、客货运输和交通中心。这片澳门人称为“内港”的海傍区域，现有居民 4 万至 5 万人 [1]，属于传统工商业的老城区，区内有不少老店，还有不少具有历史文化价值和地方特色的建筑物。原是水域的内港区，在不同历史阶段中逐步发展而成。从 19 世纪下半叶的填海造地开始，到 20 世纪二三十年代的港口改造，其间断断续续进行过的各种工程，改变了内港海岸线的形状和沿岸的街道。但由于地势低洼，水患问题到今天还一直困扰着区内的居民和商户。因此，治理内港的水患，是一代又一代澳门人的心愿，也成为一个集环境管理、水利工程和城市发展等专业的跨学科课题。

一、从历史地图看澳门的内港变迁

中国人自古已世居澳门，至 16 世纪中叶才开始有葡萄牙人登陆并长居。此后葡萄牙人在此大兴土木，在侵占中国土地的同时也留下丰富的历史古迹和特有的文化遗产。19 世纪中叶以后，随着经济发展和城市布局，澳葡政府开始在澳门半岛，随后至氹仔、路环两离岛，进行填海和陆地改造工程，令城市的形状、面积和海岸线发生了很大的变化。这其中包括了澳门半岛西部的内港海傍区。

* 陈丽莲，澳门博物馆研究员。

1 闪淳昌、张学权、袁宏永等：《〈澳门“天鸽”台风灾害评估总结及优化澳门应急管理体制建议〉报告》，2018 年 3 月，第 132 页。

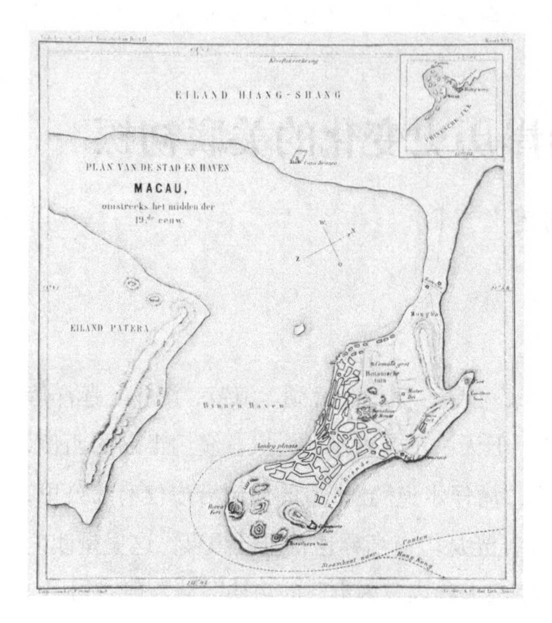

图 1　澳门城市和港口规划图（大约在 19 世纪中叶，C. F. Stemler 绘制，澳门博物馆藏品）

欲了解此间的变化过程，可通过梳理历史文献，特别是比对不同时期的地图。今天已与澳门半岛相连，成为澳门圣若瑟大学校园的青洲山，在 1673 年出版的《香山县志》里的《濠镜澳图》中，还是水中的一个小岛。到了 1750 年的《香山县志》中，青洲仍然是小岛，但上面已绘出了房屋，澳门半岛的建筑物也增加了数量。然而这两幅前后有 77 年跨度的澳门地图，形状仍然相近。[1]

由于与西方世界的联结，加上澳门贸易航线的建立，澳门很早就出现在西方知识界绘制的各种地图中，这些以当时的科学技术绘制而成的地图，具有更多更准确的地理资料，因此也更有参考价值。例如，任职东印度公司公使的荷兰牧师 François Valentyn（1666—1727），在 1725 年绘制了《澳门市地图》（*Platte Grond Vande Stadt Macao*）。该地图显示，大炮台即今天的澳门博物馆所在地，以北主要为农田，以南则为民居。同时，图中有地点注释，内港水域绘有船只，航道上也标出了水深。

到了 1828 年，《香山县志》上的《濠镜澳全图》比过去的版本更详细地描绘了澳门的街道、教堂、庙宇和主要建筑物。我们因此可知，今天的莲峰庙以南，经过新桥、沙栏仔、卢石塘，再到下环街、新村尾、妈阁炮台，是当年的河边沿岸。[2] 荷兰人 C. F. Stemler 在 19 世纪中叶的《澳门城市和港口规划图》（*Plan van de Stad en Haven Macau*，图 1）中，绘出了从内港到广州和香港的航线。上述的地图显示，从 1673 年到 19 世纪中叶的澳门，在地形上没有特别的变化。

（一）19 世纪的填海工程和港口建设

随着海上贸易的发展，19 世纪的澳门工商业也日益兴旺。内港一带因此逐渐扩展，住在船上的渔民靠泊在岸边营生，陆上的华人也逐渐聚居并形成了传统的小区。1828 年的《濠镜

1　戴龙基、杨讯凌编：《全球地图中的澳门：香山卷》，澳门：澳门科技大学，2020 年，第 6—11 页。

2　同上，第 20—21 页。

澳全图》显示，下环已设有“马头”。对于内港当时的发展情况，Maria Calado 等学者有这样的描述：

在圣安多尼前地、沙梨头、沙岗和新桥以北，沿海有一些与捕鱼业有关的居民点。这里有重要的船厂和木材仓库，人口很多，住在支在木桩的茅草窝棚和木屋里，令人想起湖边房屋，分布杂乱，毫无规则。村落里的卫生极差，疟疾横行。这种状况沿新桥水道经沙梨头，一直蔓延到沙岗的农田。

1850 年，在三巴仔街和下环街之间进行填海工程。当时，海岸位于现在的下环街一带，岸上零散分布着一些屋宇，居住着中国的手工业者和与海上活动有关的商人。该区在填海工程结束之后成为城市的一部分，平行的道路与海形成直角，成为华人发展商业和手工业活动的地方。华人将其活动集中在市场地区及内港沿岸。在商业活动中，位于内港的大量商行引人注目。[1]

由此可见，当年内港的杂乱环境和恶劣的卫生状况，是澳葡政府不得不给予整治的原因。挤迫的生活空间，零散、狭小的营商环境，都通过填海造地和小区整治后有所好转。至于填海的开始年份，中西学者有不同的说法。上述 Maria Calado 等认为是 1850 年，但澳门教育和历史学家王文达（1909—1981）却认为是在 1868 年前后：

大约在一八六八年前后，乃开始计划填筑北湾海滩，将环形之内港，筑成直线之堤岸，由北湾西南端之妈阁起，直至北湾北端之沙栏仔止。其间参差不齐之埗头海坦，皆被填塞，筑成现在近海之一带新街道。由芦石塘以下西面之繁盛区域，俱属当年填筑者，如河边新街、火船头街、蓬莱新街、清平直街、福隆新街、十月初五街、呭（嗌）街、海边新街，及新填地等附近街道，皆是近百年来，沧海成田，聚屋成市者也。[2]

尽管填海造地缓解了澳门土地缺乏的困境，但来自西江的大量泥沙在珠江口的水域沉积，令位于珠江口西岸的澳门周边浅滩广布，水深偏浅，限制了往来船只的航行。因此，随着经济和社会发展的需要，澳葡政府在填海的基础上，也开始进行港口的改造。

---

1 Maria Calado, Maria Clara Mendes, Michel Toussaint 等：《澳门从开埠至 20 世纪 70 年代社会经济和城建方面的发展》，杨平译，澳门文化司署：《文化杂志》1998 年第 36—37 版，第 9—68 页。

2 王文达：《澳门掌故》，澳门：澳门教育出版社，2003 年，第 289 页。

1883年，尽管澳门当时已经成为“自由港”[1]多年，但无论是水深条件还是港口设施都远远不及香港，面对航运业和中转贸易的日益衰颓，港务局局长（capitão do pôrto）Demétrio Cinati特此发出了警示。同时，为解决新桥区的环境卫生问题，澳葡政府也成立了一个专门委员会。在进行了相关的研究之后，工程师Adolfo Ferreira de Loureiro对澳门的港口改造和城市建设，包括码头建造、水道疏浚、道路开辟等，提出了一个综合的工程方案。他认为，疏浚问题不做妥善的解决，将会是一个艰难而无止境的工作。因此在提案中他建议改良“Rada”和西江水域的航道，在槟榔石和氹仔之间修筑堤坝[2]，以期通过改变航道的水流冲力，达到让淤泥减慢沉积，令河床利用海潮涨退产生自洁功能的目的。[3]

对于Adolfo Loureiro的原计划，Maria Calado等作者在他们的论文中，有更多的资料披露。引用如下：

> 该计划将进港处北面的航道作为进入内港的主航道，不再使用南面的航道。由于西江带来大量淤泥，先期计划中包括一道堤坝的草图，将堤坝与氹仔岛相连，用于分流西江的水流。该计划还建议一并解决外港及通过一条航道将两个港口相连接的问题，那条航道1891年才开通。虽然没有产生实时和全部的效果，但是，将内港的治理与在进港处东面建设外港，在离岛建设其他较小的港口，以及在未来的填海区建立小区联系在一起的想法仍引起人们的关注。[4]

按Maria Calado等作者所述，Adolfo Loureiro在19世纪80年代已提出过修筑堤坝以分流经过澳门的西江水，并通过一组工程方案对内港和澳门航道进行治理的设想。

然而，这是一组庞大的工程，需要投入的资源和费用不是当时的殖民政府可以负担和支付的。因此1887年2月16日的《澳门地扪宪报》(*Boletim da Provincia de Macau e Timor*)刊登了一份对港口工程原方案提出修改的报告。报告解释了鉴于财政的困绌，无法完成工程师Loureiro所设计的全部项目，然鉴于淤泥积聚将会日趋严重，因此经过仔细分析，衡量了

1 1845年葡萄牙宣布澳门的内港、锚地和氹仔为自由港，向其他国家开放贸易。1849年3月5日，澳督亚马留妄自宣布澳门已成为自由港，遭到中方海关官员的驳斥，从而引发了派兵封闭粤海关澳门关部行台的历史事件。

2 Rada，有称“进港处”或“锚地”，在澳门半岛与氹仔之间的水域以东，向南海的进、出港处。槟榔石，原位于澳门与氹仔之间的海面，现已不存。

3 *Anuário de Macau*, 1921, pp. 40–42.

4 Maria Calado, Maria Clara Mendes, Michel Toussaint等：《澳门从开埠至20世纪70年代社会经济和城建方面的发展》，第9—68页。

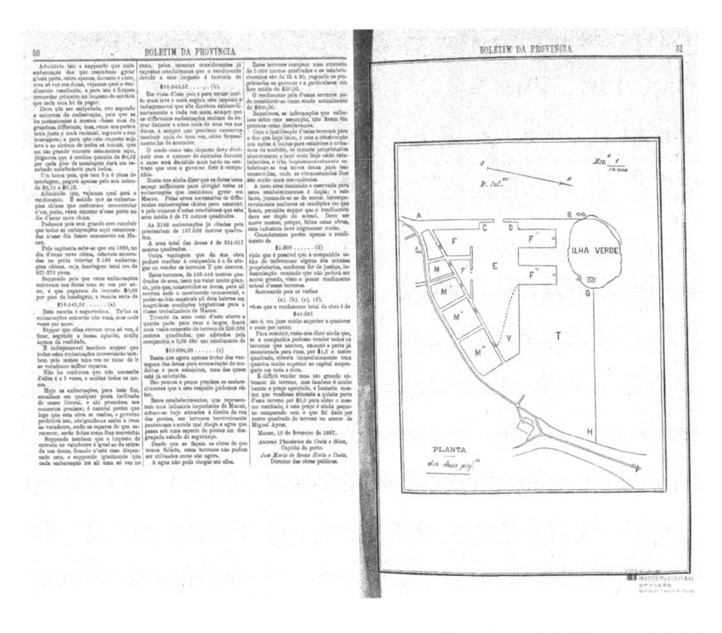

图2　1887年宪报上的Loureiro“简略方案”和码头设计图历史图片

问题的影响和后果，建议把原方案简化成一个方便可行、经济实用的方案，以达到省事快捷的效果。

我们姑且把这个方案称为Loureiro“简略方案”。简略方案附有一则《平面设计图》(图2)。工程计划三年竣工，主要内容有二：一是建造沙梨头至青洲（图示A点至B点）间的石磡，长度686米；其中留一段开口，开口处宽50米。二是建造青洲至关闸马路（图示G点至H点）的挡水石磡，长887米。

Loureiro的“简略方案”预期有三个功能：

（1）设置供船只避风用的“泊位”4个，如图示的F、F′、F″、F‴区域；在各泊位前设有一“水塘”，供船只往来作通道用，如图示的E区域；建造一个供拖运船只上岸修理用的“斜坡”，如图示的V区域。

（2）设置“存木塘”数个，如图示M、M′、M″、M‴区域。“存木塘”是用以存放修船所需的木料的空间。

（3）填筑约448448平方米土地，供起建房屋所用，如图示的T区域。[1]

1 《港口工程委员会报告》，《澳门地扪宪报》1887年2月16日第6号附报，第47—55页。

可是，也如1883年的原方案一样，这个1887年的Loureiro“简略方案”，并没有得到实施。但在1891、1909、1912、1918等各年的地图中[1]，青洲从一个独立的小岛，增加了一条窄小的堤道与澳门陆地相连。此外，根据历史资料的记载，这段时间一些小工程包括疏浚等也曾经进行过，其中有些虽然今天已痕迹不存，但在当时仍是产生了一定的效果。[2]

（二）20世纪的填海和港口建设

到了20世纪初，填海造地和港口治理再次成为当时澳葡政府关注的焦点，展开的工作也为其后的城市发展铺垫了基础。1913年，工程师Castel Branco完成了《澳门港口改善项目》（*Projecto de melhoramentos do pôrto de Macau*）的工程方案。然而他的观点与Adolfo Loureiro的观点相异。Branco认为Loureiro的方案会带来反效果，因为从妈阁到槟榔石的防波堤“不仅在位置和方向上相反，而且在后果上也相反，因为它不会阻挡西江的河水，反而更容易把它们引到内港”[3]。一份没注年份，但与此计划同名的总规划图 *Obras do Porto de Macau, Plano Geral de Melhoramentos do Port*（图3）显示了一个十分大型的工程计划，不但包括从黑沙环到妈阁，即澳门半岛西面的内河河岸，还涉及东南沿岸的填海、港口和码头的建设。

值得注意的是，为减轻西江带来的淤泥对澳门内港和航道的影响，Adolfo Loureiro与Castel Branco都先后提出过不同的改造方案。他们当年迥异的观点，所涉的是海事工程和建筑工程的专业范畴，这留待相关领域的专家和学者们做专题的研究。

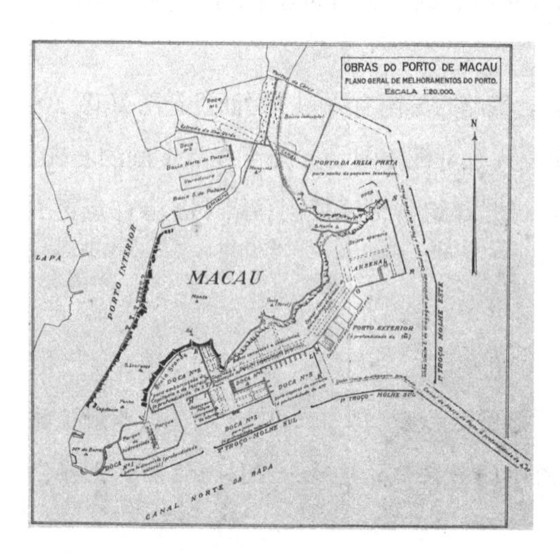

图3　澳门港口工程　港口改善总体规划（澳门博物馆藏品）

到了1915年，时任澳督Carlos da Maia（任期1914—1916年）在港口项目获得批准后，展开了前期的准备。接着，工程师出身的澳督Artur Tamagnini Barbosa（任期1918—1919年）继续跟进，并于1918年成立了“澳门改良委员会”（Missão de Melhoramentos de Macau），开启了澳门历史上第二次大型的城市建设阶段。然而，不单是包括堆填材料和填土技术等工程上的问

1　戴龙基、杨讯凌编：《全球地图中的澳门：香山卷》，第158—167页。

2　*Anuário de Macau*, 1921, p. 41.

3　Ibid.

题影响了进展，更是因为当时正处于澳门划界问题引起中葡两国政府的争议[1]之际，为了避免填海规划再次挑动起界线争议的敏感神经，委员会对 Castel Branco 的方案进行了修改。可是，这项计划还是因为政治原因和预算问题一波三折，直到 1919 年 4 月工程才得以由“工务局”（Direcção das Obras Públicas）展开。工程开始五个月后，“港口工程处”（Direcção das Obras dos Portos）设立，可是工程中仍然不断地出现这样和那样的困难，参与的部门离离合合，工程开开停停。[2]直到 1920 年 6 月，最终由港口工程处处长、海军上将罅些喇（Almirante Hugo de Lacerda，有译为“喇赊喇”）接管主理。

这个阶段的工程内容，可以从一幅 1920 年《澳门港口工程——澳门港口改善任务工作计划总纲》（*Obras dos Portos de Macau–Esboço das linhas geraes do plano de obras da Missao de Melhoramentos dos Portos de Macau*）的图则（图 4）上稍做了解。图中除了可见在青洲、外港和氹仔区域的填海工程外，疏浚工程也是一个重要的部分。疏浚路线由青洲往南，靠河道的东侧即澳门沿岸，贯通内港后，再穿过十字门，在氹仔以北横过然后向东南方伸延。这项工程，疏浚了澳门半岛西面的和南面的全程水道。同时图中还显示，在澳门与氹仔之间的水域、槟榔石以南处，修筑一避风港。

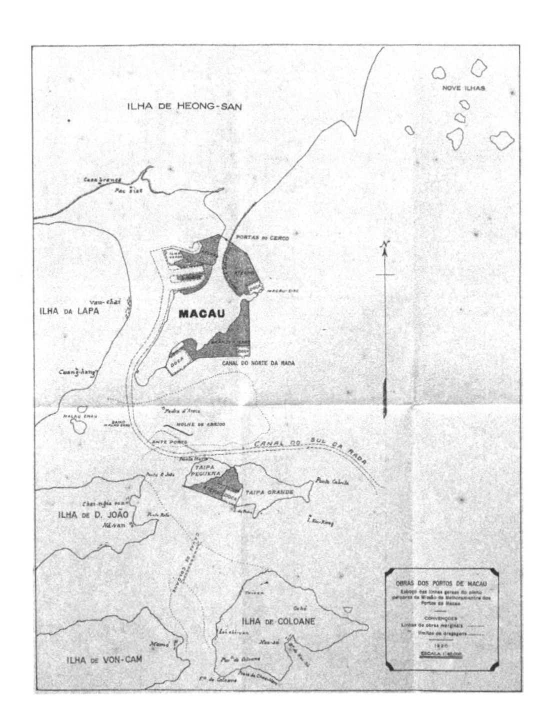

图 4　澳门港口工程——澳门港口改善任务工作计划总纲（澳门博物馆藏品）

1920 年在青洲、沙梨头的建设工程，留下了大量的历史照片（图 5、6、7）。

罅些喇的执行力终于让规划得以推进并实施，因此今天与“沙梨头海边街”连接的“罅些喇提督大马路”，便是来源于他的名字。1922 年的《澳门年鉴》（*Anuário de Macau*, 1922）有一幅当年 3 月绘制的《澳门人工港工程总图》（*Plano Geral das Obras do Porto Artificial de Macau*），图中以文字说明“半岛北部的工程，有些已经完成，有些在进行中”（图 8、9）。对比图 3 与图 8，两图的整体

1　《收梁澜勋致军政府外交部呈》，杨翠华、庄树华、林世青等：《澳门专档（四）》，台北：“中研院”近代史研究所，1996 年，第 328—342 页。

2　*Anuário de Macau*, 1921, p. 42.

OBRAS DO PORTO (enseada do Patane—Canto N.E. da bacia N. da enseada do Patane)
Julho de 1920

Vê-se o começo da rampa para empedrar e a draga Priestman trabalhando na dragagem de fundação do enrocamento terminal da referida rampa.

Ao fundo o canal aberto do lado Este da enseada,—(ainda não tinha começado a construção do istmo da ligação do travez com a margem Este),—a meio uma jangada para lançamento de pedra e um batelão de descarga de lôdo.

图 5　港口工程（沙梨头湾的北洼地东北角）1920 年 7 月历史图片

OBRAS DO PORTO (enseada do Patane)
Agosto de 1920

Canal do lado de Este.

Até ao fundo o empedrado marginal e sua ligação com o empedrado que segue normalmente para o travez.

图 6　港口工程（沙梨头湾的南洼地）1920 年 7 月历史图片

OBRAS DO PORTO (enseada do Patane, bacia Sul)
Julho de 1920

Vê-se à esquerda o canal que se está abrindo defronte dos estaleisos; à direita o travez E.W. que se vê segundo a sua largura.

Entre o canal dos estaleiros e o travez percebe-se já a parte dragada para o estabelecimento do varadouro junto ao travez.

À esquerda vê-se tambem uma ponte para embarque de pedra.

À frente terrenos conquistados por aterro com produtos de dragagens.

图 7　港口工程（沙梨头湾）1920 年 8 月历史图片

计划相近，青洲的填海工程范围几乎一样，只是后者的规划更加详细。因此推断两图都是基于Branco的工程方案，而且对于图2所示的1887年在宪报上刊出的Loureiro规划的“简略方案”，已做了重大的修改和扩展。

对于这个时期的具体工作，Maria Calado等做出了这样的描述：

> 1913年征用了沙梨头、连胜马路和罗利老马路及镜湖马路延伸部分的房产和木屋。1915年开始修筑亚美打利比庐大马路（即新马路），进行圣味基、望厦和龙田村等小区的填海工程。议事亭前地和罗结地巷的多间屋宇被征用后，1918年新马路与南湾连通。一年后，又拓宽了田畔街、妈阁沿岸马路和沙栏仔街。1924年，在内港沿岸街的木桥至妈阁前地之间进行了拓宽工程。[1]

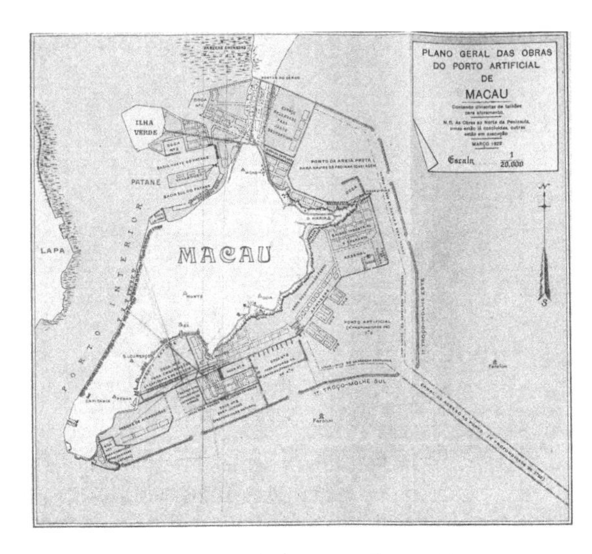

图8　1922年澳门人工港工程总图

MACAU RENASCENTE

OBRAS DO PORTO—Terrenos conquistados ao mar ao norte da estrada da Ilha Verde com o produto de dragagens

图9　海港工程——青洲以北的填海土地

在填海造地、拓展道路之后，澳门的海港建设成为澳葡政府1924年的施政重点。这一年的《澳门年鉴》有两页四幅地图：一页是《港口当前和未来工程需要考虑的主要阶段》(*Fases Principais a Considerar nas Actuais e futuras Obras do Port*)，上有1919年与1924年在填海造地前后的对比图（图10第一、第二张）。另一页是为1926年以及1926年之后的发展而做出的规划（图10第三、第四张）。四幅图便总结了之前五年间完成的工作，还为未来两年以及更远的港口建设，都做出了规划。

1　Maria Calado, Maria Clara Mendes, Michel Toussaint等：《澳门从开埠至20世纪70年代社会经济和城建方面的发展》，第9—68页。

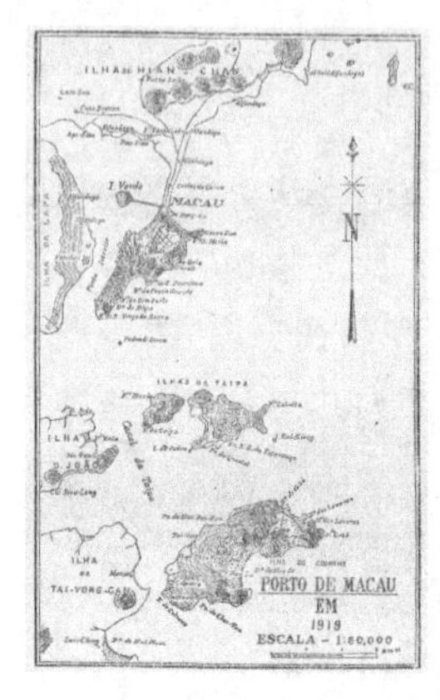

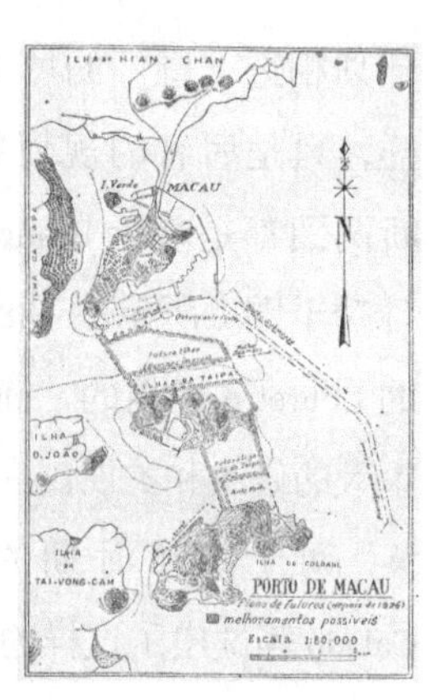

图 10　从左至右：港口当前和未来工程需要考虑的主要阶段；1919 年与 1924 年填海前后的对比；澳门港口 1926 年规划；澳门港口未来规划（1926 年后）

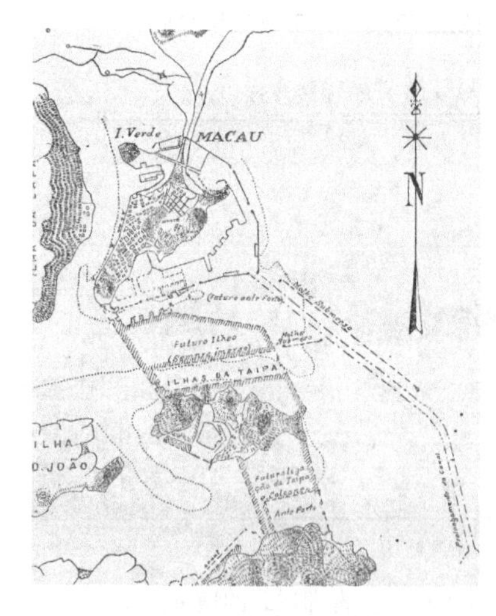

图 11　澳门港口未来规划（1926 年后）（部分）

其中，图 11 的《澳门港口未来计划（1926 年后）》（*Porto de Macau–Plano de futuros [depois de 1926]*）[1]，引起笔者的注意。因为澳门博物馆也藏有一幅相似的但是彩色的《澳门草图》（*Sketch of Macau*，图 12），只是彩图没署日期，图上的名称和图例是英文而不是葡萄牙文。这两图上的工程规划相近，特别之处是在澳门半岛与氹仔之间，有一填海区域，并在澳门半岛的西南角与氹仔离岛的东北角之间，建造一条横跨两岸的大坝。大坝若是建成，澳氹之间的水道会被一分为二，南、北两水道由于变得狭窄，将会影响水流的速度。但这个规划也是始终没有启动过。

图 11 的《澳门港口未来计划（1926 年后）》究竟是基于 Adolfo Loureiro 还是 Castel Branco 的设计，待考。因为图中规划的大坝，与 Adolfo Loureiro 在 1887 年的设计相吻合。但在年份上，这也可能是经过 1913 年 Castel Branco 的修改。

与图 11 相似但也相异的规划，笔者还发现了四份（图 13 至图 16）。根据澳门档案馆的资料，它们的年份分别为 1920、1921、1924、1924 年。对于东面外海人工港口的码头设计，图 13 没有显示，而后三份规划图都有相近的方案。重点是在四幅规划图中，不论是澳氹之

1　Escola de Artes e Oficios Macau, *Anuário de Macau*, 1924, pp. 16–17.

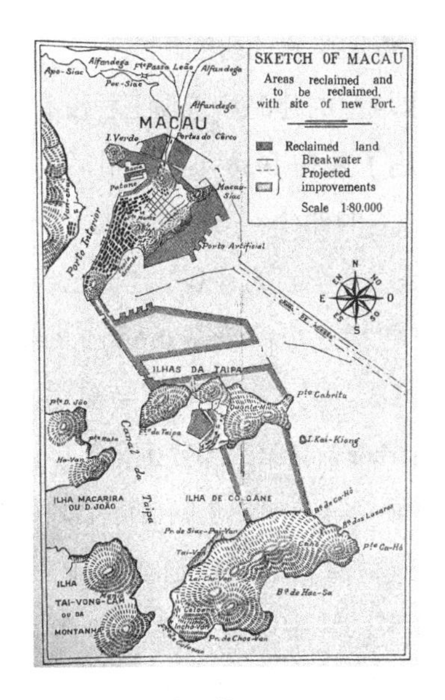

图 12　澳门草图，20 世纪 20 年代（澳门博物馆藏品）

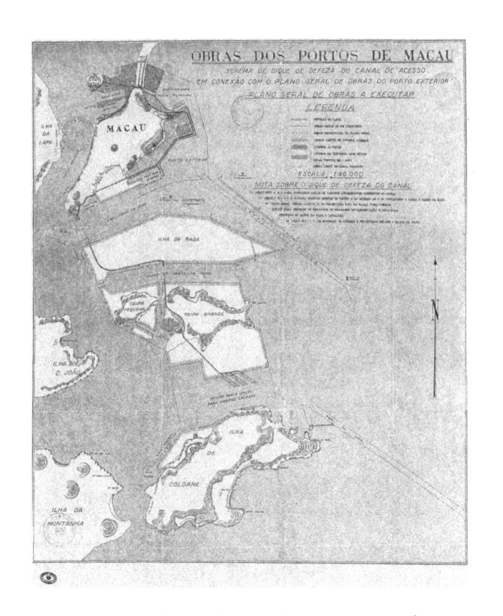

图 13　澳门港口工程，1920 年[1]

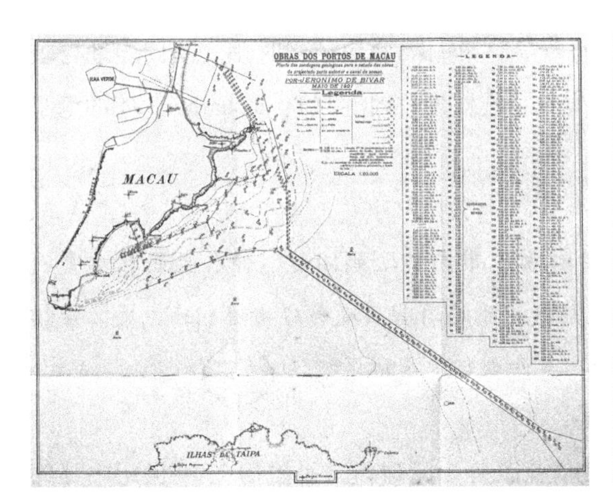

图 14　澳门港口工程，1921 年[2]

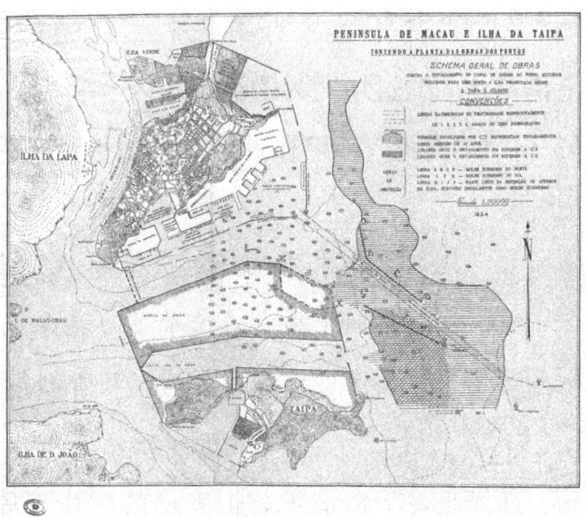

图 15　澳门半岛及氹仔岛海港工程计划内容工程总规划，1924 年（澳门档案馆提供）

间水域的人工岛形状、修筑堤坝的设计，还是在氹仔的填海方案，都有着显著的不同。三个方案的设计者和设计背景，还待进一步的考证。至于各方案的技术依据、专业上的预期效

1　关于外港总体工作计划、拟执行的工程总规划，澳门档案馆提供。

2　计划显示进港处潮起潮落方向、人工港口的轮廓，以及为未来进行保护性疏浚用的岛屿，澳门博物馆藏品。

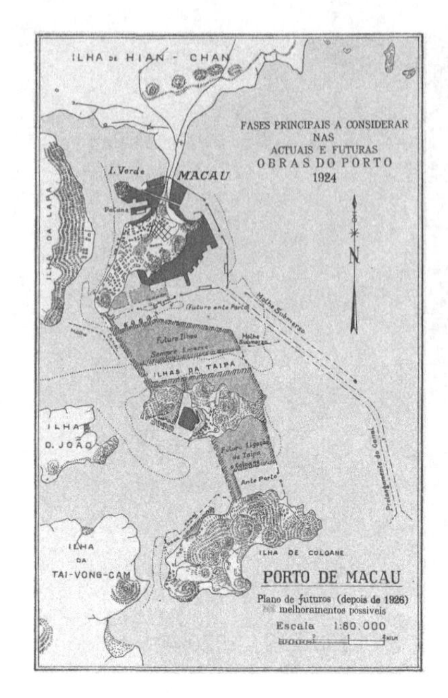

图 16　港口工程当前和未来要考虑的主要阶段，1924 年（澳门档案馆提供）

果，期待相关领域的专家学者的研究。

尽管澳氹之间水域上的建岛和筑坝工程没有进行，但港口工程还是实施了并在 1930 年进入最后的阶段。这些工程分为三个独立的部分。第一部分的“工业港”（industrial harbor）是一个全新的计划，当时已经完成，占地近 85 公顷。它包括三个深度从 0.7 到 3.7 米的海湾，并由几条水道组成。其中一条水道与被称为“商业港”（commercial harbor）的第二部分工程连接，扩展的占地面积约 80 公顷。第二部分全取自海上，可供大型海船通行，靠泊航道深度为 5.8 米。港口内的保护工程延伸超过 3440 米，其中防波堤长 2960 米。该部分的疏浚作业量达到 520 万立方米。由此获得的沙泥作堆填造地用。在地基中使用的石材量达到 80 万立方米，相当于 160 万吨。在地基的最底层，使用近 50 万立方米的沙子。第三部分包括当时用于澳门腹地与香港港口之间的过境贸易的港口，以及沿岸 2 公里长、被称为“内港”（inside harbor）的渔港小码头。[1] “内港”一名由此而起，后被定义为：

> 此名系指本市西部之天然港口，此港口由本市南端之妈阁起，伸展至西北端青洲止。东起妈阁上街，以迄爹美刁施拿地大马路。北端均有石堤与各街道相连，堤又接续为筷子基南湾、筷子基北湾，及青洲等处，其西则与中国地区相连。[2]

如果说，填海造地、把内港海岸线拉直并借此改善小区建设，是澳门在 19 世纪中叶的发展标志。那么澳葡政府在 20 世纪初的施政重点，就是致力于重新推进拖沓多年的港口改善工程。因此，尽管 1926 年的庞大的建岛筑坝规划无法全部实施，但其时进行的填海造地和海港改良工程，对后来澳门的城市发展和建设，还是产生了重大而且深远的影响。

1　Agencia geral das Colonias, *Exposicão colonial portuguesa Antuerpia 1930*, Bruxelles: Anciens Etablissements, 1930, p. 14.

2　Joaquim Alves carneiro, *Cadastro das Vias Públicas e Outros lugares da Cidade de Macau*, Macau: Leal Senado da Câmara Municipal de Macau, 1957, p. 266.

二、20 世纪的填海造地和港口工程对澳门的影响

19 世纪的澳门城市改造，一是在填海造地的同时也把内港的海岸线拉直，二是改善了区域的居住和卫生环境。进入 20 世纪初，澳葡政府在青洲一带进行大面积填海，以及尝试规划一系列的港口工程。尽管这些工程规划反复多变，也没能完整地实施，但由此带来的土地面积增加、人口变化、城市交通和基础设施的改善，为澳门从一个地处边陲、历史上的渔港小城，后来发展成为东南亚著名的旅游城市打下了基础。

（一）土地面积的增加

澳门最初的土地面积，据古万年和戴敏丽的研究，在 1000 年为 10.45 平方公里，其中半岛为 3.05 平方公里。[1] 笔者根据手上的历史文献整理，1910—1920 年间澳门总面积近 11 平方公里，其中澳门半岛约为 3.38 平方公里，分布如表 1：

表 1　1920 年澳门半岛各教区面积统计表

单位：平方米

澳门半岛区域	面积
大堂区　Sé	837440
风顺堂区　S. Lourenço（圣老愣佐堂）※	649400
花王堂区　Santo António（圣安东尼）※	429850
望德堂区　S. Lázaro	53300
市集　Bairro do Bazar ※	201750
望厦　Mong-Há	872690
沙梨头　Patane ※	335480
内港及港口区　Porto interior e Rada ※	——
澳门市区合共	3379910

说明：标 ※ 处表示沿岸或填海区域，或区内部分土地由填海而得。

资料来源：*Anuário de Macau*, 1921, p. 104.

1　古万年、戴敏丽：《澳门及其人口演变五百年（一五零零至二零零零年）》，澳门：澳门统计暨普查司，1998 年，第 75 页。

表 2　1910—1956 年澳门半岛的土地面积

单位：平方公里

年份	澳门半岛面积	资料来源
1910	3.38	*Anuário de Macau*, 1950, p. 133
1920	3.38	*Anuário de Macau*, 1950, p. 133
1927	5.42	*Anuário de Macau*, 1950, p. 133
1939	5.42	*Anuário de Macau*, 1950, p. 133
1956	5.42	*Cadastro das Vias Pùblicas e Ourtros Lugares da Cidade de Macau*, 1957, p. 3

Aterros da Areia Preta vendo-se o Hipodromo
Areia Preta Reclamations, showing the Race Course in the background
澳門黑沙環新塡地及賽馬塲

图 17　澳门黑沙环新填地及赛马场，1932 年

Norte da peninsula—Terrenos conquistados ao mar
Northern side of the peninsula -- Reclaimed land.
澳門北部塡海地

图 18　澳门北部填海地，1934 年

澳门市区一般是根据各教堂所在的区域做划分，即“堂区”。如表 1 中的各堂区便是因“大堂”(即主教座堂)、“风顺堂”、“花王堂”、“望德堂”的教堂名称而来，而“市集”“望厦”“沙梨头”则是华人聚居的小区。

20 世纪 20 年代，澳门填海造地进入了一个新的高峰。青洲、沙梨头一带的填海工程便是在此时进行，成果是澳门的北区增加了大片的新土地，上面甚至还兴建了赛马场（图 17、20）。半岛的土地面积在 1927 年前后，从 3.38 平方公里增加到 5.42 平方公里，增长近 1.6 倍。此数字从 1927 年维持到 20 世纪 50 年代，其中有年份记录的面积如表 2：

比较 1922 年与 1952 年地图中的内港沿岸（图 19），便可发现由填海工程所引起的变化。

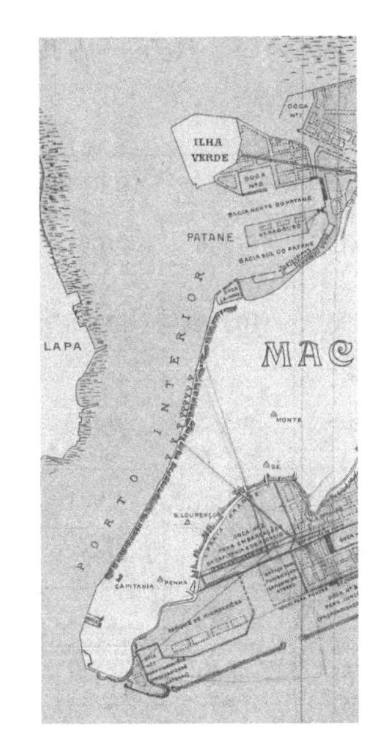

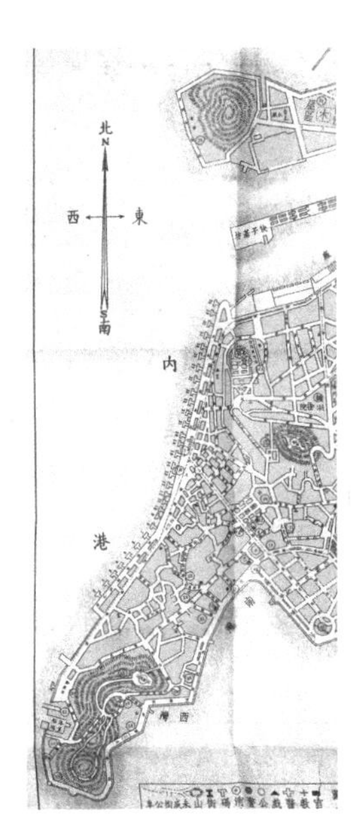

图 19　1922 年（左）与 1952 年（右）地图中内港沿岸的比较

（二）人口的变化

1841 年澳门人口为 24788 人，其中中国人和葡萄牙人分别为 2 万人和 4788 人。[1] 由于此历史数据没有具体的区域说明，因此笔者理解为包括了澳门半岛，以及氹仔、路环两个离岛的人口数字。

清光绪四年（1878）12 月 13 日，澳门进行了一次人口普查，提供了具体可信的数据。在澳门、氹仔和路环居住的，包括所有国籍的人口为 68086 人，其中陆上人口为 57143 人，占 83.93%；水上人口为 10943 人，占 16.07%。其中在氹仔和路环的村落，以及海岛各码头的居民中有 45 名葡萄牙人和 8082 名华人。[2]

1910—1920 年间，澳门陆上人口只是从 49379 人增加到 59689 人，增长了 20.88%，水上人口则增幅不大。

但到了 1927 年，陆上人口从 59689 人增加到 98202 人，七年间增长了 64.52%，与 1910 年比，更是大增了 98.87%。水上人口也从 17283 人增加到 50254 人，比 1920 年增长了 190.77%。因此，当年的填海造地以及市区改造政策，不但增加了澳门的居住面积，改善了

1　Imprensa Nacional, *Anuário de Macau*, 1922, p. 36.

2　吴志良、汤开建、金国平主编：《澳门编年史》第四卷，广州：广东人民出版社，2009 年，第 1881 页。

表 3　按堂区 / 区域统计的澳门半岛人口（1878—1939）

单位：人

堂区 / 区域	1878 年	1896 年	1910 年	1920 年	1927 年	1939 年
大堂区　Sé	8700	10448	7268	11091		
风顺堂区　S. Lourenço（圣老愣佐堂）※	12078	10270	10510	12306		
花王堂区　Santo António（圣安东尼）※	3587	5408	6335	9347		
望德堂区　S. Lázaro	3464	2185	2106	2901		
市集　Bairro do Bazar ※	14343	14512	13740	14726		
望厦　Mong-Há	2328	2616	2751	2774		
沙梨头　Patane ※	6524	5658	6669	6544		
陆地人口合计	51024	51097	49379	59689	98202	212225
澳门港口 / 内港及港口区 Pôrto de Macau/Porto interior e Rada ※	8935	14636	17120	17283	50254	19728
资料来源	①	①	②	②	②	③

说明：标 ※ 处表示沿岸或填海区域，或区内部分土地由填海而得。

资料来源：① 古万年、戴敏丽：《澳门及其人口演变五百年（一五零零至二零零零年）》，1998 年，第 109 页。
② Inspecção dos Servicos Económicos, *Directorio de Macau*, 1932, p. 416; *Anuário de Macau*, 1950, p. 133.
③ *Anuário de Macau*, 1950, p. 133.

居住环境，更吸引了来自香山等区域的岸上移民。同时，澳门港口的改良也吸引了邻近的渔民、水上居民，以及造船业者。

到了 1939 年，陆上居民比 1927 年大增 116.11%，但水上人口则减少了 60.74%。这是因为抗日战争期间葡萄牙是中立国，所以澳门得以免于战火，此时大量的难民由香港和中国内地涌入。而水上居民的减少，是因为战事改变了经济和交通环境，加上水域不归葡萄牙管辖，因此很多水上居民为避免危险而迁上陆地。

（三）城市交通和基础设施的改进

经过 19 世纪中叶开始的填海造地，到 20 世纪初期的港口改造，澳门内港原来弯弯曲曲的海岸线变得相对流畅和整齐。这不单增加了土地资源，为澳门扩充了发展的空间，更由此方便了在内港区域进行的码头修建、道路拓展等一系列的城市建设，令这一区域的面貌发生

Vista geral dos estaleiros chineses — Panoramic view of Junk-Building Dockyards along the foreshore
澳門沙梨頭中華船廠

图 20　澳门沙梨头中华船厂

了很大的变化。除了渔业和传统工商业继续蓬勃发展之外，新兴的工业也逐步被引入，内港沿岸便成为工商业的聚集之处。

在 1919 年的港口工程计划中，内港有小码头 5 个，其中 1 个在妈阁附近，4 个在沙梨头一带（图 10）。渔业和水上运输业的兴旺，吸引了更多造船厂的兴建，1922 年的计划显示，在司打口至火船头街一段建造有 9 个小码头（图 8）。

除了增加内港小型码头的数量，大型的客货港口码头也在兴建。到了 1932 年，除了氹仔和路环，澳门半岛内的码头已有位于外港的新口岸码头，位于内港的港澳轮船码头、省澳轮船码头、澳门石岐江门轮船码头。[1]

随着道路和港口设施的改善，客货运输业的发展，加上修建了罅些喇提督大马路，沙梨头一带便成为众多实业的聚集处，其中造船修船厂更是应运而生。图 20 是当时沙梨头的中华船厂群落。在 1932 年《澳门年鉴》中，有以下的文字：

> 内河北部之船厂均坐落沙梨头南澳一带，共有十七间，有开设已逾四十年者，共享精干工人数百名，所造之船均是纯粹中国式，其大小不一。各船厂原设对海湾仔者，自喇赊喇提督将沙梨头各重要工程筑妥，船坞、堤边俱用石砌成之后，因该地保护较

1　Inspecção dos Servicos Económicos, *Directorio de Macau*, 1932, p. 180.

图 21　澳门河内河边商场

好，故对海之船厂亦迁来此间。从前危险之葵篷经改用窝泽面篷，今则完全石屋，其面前均向喇赊喇提督大马路，屋面格式一律，甚为整齐。云此路之名目，即因纪念前任港口工程督办喇赊喇提督者也。[1]

这一带的工厂，包括设有“泻船架”（吊卸船体的起重装置）的广利隆铸铁厂，吸引了澳门和邻近的小轮船前来维修，还有中山冰厂、大中华电筒厂、自来水厂，以及后来的亚洲汽水厂等等，一批澳门当时的新兴工业陆续出现。内河岸边一带也因此形成了繁华的工商业区域（图 21）。

至于下环街和妈阁庙的附近，传统的工商业继续发展，包括据说是澳门最古老的烟草业。其中百年老厂“朱昌记”的厂房就设于下环街至妈阁街船政厅对面。还有多家罐头厂、烟厂、油厂、袜厂、酒厂及（神）香厂等等，这一区域因此被称为“实业中心”。

到了 1953 年,《澳门市全图》上的内港区密布小码头。妈阁庙处仍保持 1 个，可由此往北，沿着新开的比厘喇马忌士街（R. do Lourenco Pereira Marques）、火船头街（R. das Lorchas）、巴素打尔古街（R. do Visc. Paco de Arcos）、爹美刁施拿地大马路（Av. de Demetrio Cinatti）就共有 17 个，其中 1 个在建设中。[2] 同一地图，在 1958 年的版本上，内河沿岸的小码头已扩建到 31 个。码头编号从 5 号到 34 号由南往北排列，但其中 1 个无编号。其中令人费解的是，所列的号码中既有重复的，也有跳过的，个中原因待进一步了解。

在这数十个码头当中，第 14 号曾为轮船招商局澳门分局的码头。轮船招商局在清末已开设往返广州至澳门的航线，澳门先贤、时任招商局帮办的郑观应为此曾在 1894 年与太古洋行和香港英商联合注册的“省港澳轮船公司”展开过一场“商战”，成功地守护了中国在澳门的航运主权，维护了民族利益。

1　Inspecção dos Servicos Económicos, *Directorio de Macau*, 1932, pp. 396–398.

2　《澳门市全图》,《澳门工商年鉴 1952—1953》,《大众报》, 1952 年。

三、澳门内港沿岸的水浸情况

澳门半岛地形等高线的分布，东西向呈中间高两面低的地形地势，其中西侧的内港区地势明显较低，地面高程（ground elevation）多为 1.3—2.0 米。

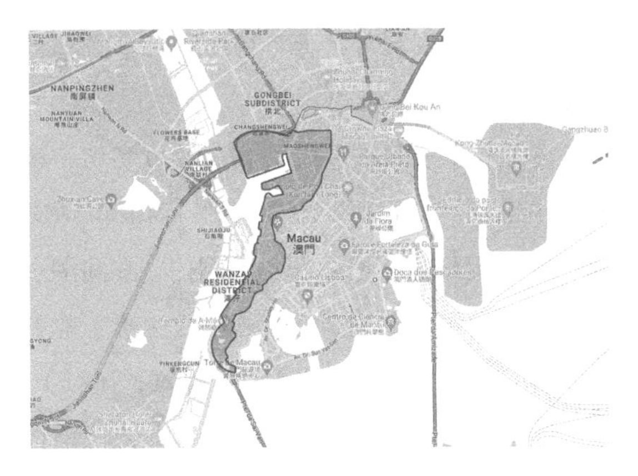

图 22 “天鸽”台风中澳门的水浸区域[1]

内港面向的河道，分隔了对岸的珠海湾仔，故称“湾仔水道”，澳门人也称之为“内河”，所以澳门的港口码头处被称为“内港”。水道长约 4 公里，河宽大部分在 500—800 米之间，最窄处仅约 330 米。上游的前山河河水经它下泄，它又是侧流的马骝洲水道的径道，同时又受南海潮流上溯的影响。洪潮交汇，令湾仔水道的水文情势十分复杂。

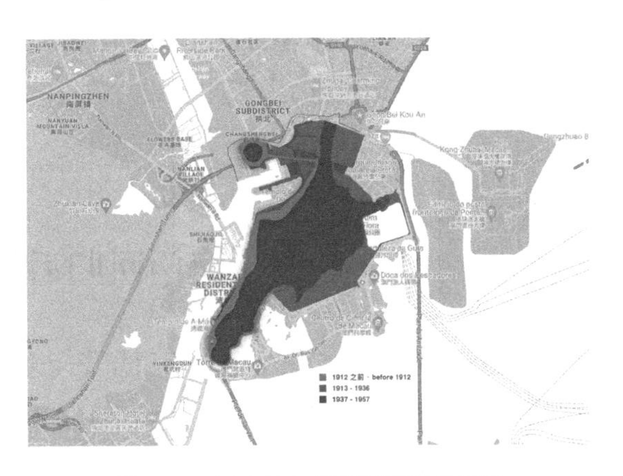

图 23 1966 年之前澳门填海分区图

如上文所述，青洲和内港区由填海而得，比较图 22 和图 23，澳门的水浸区域与内港填海区域相吻合。其中，从水上街市至妈阁之间长约 3 公里的路段，码头、商户林立，成为澳门的渔业、货运、客运和传统行业的繁华商业中心。也因此，水灾产生的影响甚大，同时也令居民和商铺遭受严重的损失。

尽管工程师 Adolfo Loureiro 在 1883 年进行港口改造研究时，已考虑到河道疏浚等问题，更提出加建挡潮堤坝的设计方案。然而，由于种种原因，该方案始终未有落实。由于内港本就地势低洼，且随着城市的发展，水患愈趋严重。这些年来基本上每遇暴雨、天文大潮、风暴潮，内港一带就会发生水淹和海水倒灌，给当地的商户营运和居民生活带来了严重的困扰。他们总是不得不紧张地做防洪防浸的准备，迁移货物以防水浸，储备食品以防无法出门购买，地面、地下停车场的车辆更要赶紧另觅地方停泊，否则就得冒着财物损失，甚至人命伤亡的危险。

1 国家减灾委专家委员会：《澳门“天鸽”台风灾害评估总结及优化澳门应急管理体制建议》，2018 年 3 月。

2017 年 8 月 23 日，超级强台风“天鸽”正面吹袭澳门，风暴潮叠加天文大潮，导致澳门的 3.4 平方公里、占半岛总面积 36.6% 的地方水浸。其中内港水深 2 米以上，码头及附近商户的货物大都浸坏。停车场地库成为重灾区，水浸深度最高有 3—3.5 米。许多巴士、小汽车、摩托车受浸而损坏。[1]

这场惨重的风灾造成了 10 死 200 多伤，其中 7 名市民是由于内港水浸而遇难。这包括了十月初五街“雄记行”粮食店的一对成年兄妹，遇难于地下仓库中；2 名“典雅湾”的业主，为防水浸而维修大厦停车场的闸门，其间潮水突然涌至却走避不及，被冲进停车场内遇溺；还有 2 名男子，分别在筷子基“快达楼”地下停车场的负二层、“恒德大厦”地下停车场的负三层中，被涌进的潮水没顶而遇难；还有 1 名在“冯家巷”的一家地铺中被发现。[2]

灾情的严重，震惊了澳门社会。特区政府除了指示廉政公署调查当中涉及的行政失职，并于同年 10 月 19 日完成《关于气象局台风预报程序及内部管理的调查报告》[3] 之外，也委托了国家减灾中心等三家单位，于 2018 年 3 月完成了《澳门“天鸽”台风灾害评估总结及优化澳门应急管理体制建议》报告。

四、澳门回归后的内港整治规划

内港海傍区是澳门繁华的商贸和客货运输区域，加上区内有著名景点妈阁庙、康公庙、福德祠、同善堂等历史建筑物。自 1999 年澳门回归后，鉴于内港水浸所带来的危害和困扰，特区政府已着手进行区内的整治规划。

2001 年进行了黑沙环 / 佑汉区道路网及排水系统的重整工程，同时把妈阁至新马路一段规划为专题观光区，把司打口至旧皇宫娱乐场一段规划为旅游购物区。到了 2002 年，这一段已形成了包括酒店、娱乐场、特色广场、海傍径、休憩区和停车场等设施的专题观光区。

2011 年，特区政府成立了“内港区域水患整治研究跨部门工作小组”，2012—2015 年开展了内港临时防洪工程，在码头及堤岸加装防水旱闸、挡水墙。[4]

1　国家减灾委专家委员会：《澳门“天鸽”台风灾害评估总结及优化澳门应急管理体制建议》，2018 年 3 月，第 134 页。

2　同上，第 10—11 页。

3　澳门廉政公署：《关于气象局台风预报程序及内部管理的调查报告》，2017 年 10 月 15 日。

4　海事及水务局：《内港临时防洪工程》，2022 年 5 月 23 日。

然而，内港的洪涝问题始终未能有效解决。2017 年“天鸽”风灾，引起了政府和民间对解决内港水患的空前重视。

（一）专业学术界的建议

鉴于“天鸽”台风引起的严重灾难，澳门特区政府委托国家减灾中心等三家单位联合编制了《澳门“天鸽”台风灾害评估总结及优化澳门应急管理体制建议》报告。报告在第四章第三节中，提出了“内港海傍区防洪（潮）排涝体系”的工程框架。框架主要由“内港挡潮闸”“内港堤岸整治”和“市政排涝工程”三部分组成：

1. “内港挡潮闸”：在湾仔水道出口段修建，功能是解决由风暴潮引起的水浸问题。

2. “内港堤岸整治”：改善内港海傍区沿线至西湾湖 7.6 公里的堤岸，改造现有排水管涵拍门及地下管网廊道，目的是解决天文大潮倒灌引起的水浸问题。

3. “市政排涝工程”：在内港海傍区南、北两端新建泵站，升级改造陆域排水管网，是为了解决由强降雨引起的水浸问题。

上述的三项工程中，第一项的挡潮闸工程最关键同时也最复杂。它的建设可能影响珠海、中山两市的防洪排涝机制，还涉及航运、生态环境、台风风暴潮期间水上救援，以及建设管理体制等诸多问题。

（二）特区政府的施政方针和工作进度

2017 年 8 月的“天鸽”台风造成惨重损失之后，澳门特区政府在同年 11 月颁布的施政报告中透露，为长远解决内港水患问题，在 2016 年已完成了《澳门内港挡潮闸工程可行性研究》以及《澳门内港海傍区防洪（潮）排涝总体规划方案研究》，从水文及地质、建设规模、环境影响评估、工程投资估算等多方面内容，评估建造挡潮闸的可行性及合理性，以便为工程提供重要的依据。此外，挡潮闸的修建，涉及区域的合作，特区政府将持续与内地相关部门沟通，协调选址及工程构思等。[1]

两份研究报告在 2017 年 3 月上报了中央政府，特区政府也持续与内地的相关部门沟通，透过区域合作推进这一专题项目。根据 2018—2022 年的《中华人民共和国澳门特别行政区政府施政报告》，兹将项目的工作进度整理如下。

1 《运输工务领域 2017 年财政年度施政方针》，中华人民共和国澳门特别行政区政府：《2017 年财政年度施政报告》，2016 年。

2018年，特区政府根据中央相关部委的意见补充和修订了《澳门内港海傍区防洪（潮）排涝总体规划方案研究》报告并再次上呈，同时展开了《澳门内港挡潮闸工程可行性研究报告—工程勘察及专题研究》。由于挡潮闸工程的复杂性，透过区域合作与所涉及的不同地方政府、不同领域的内地相关部门沟通，推进项目的落实。同时，在内港原有的整治基础上，特区政府开展《澳门内港防洪潮排涝优化及应急方案研究》。

2019年，内港挡潮闸工程计划按国家法律规定完成了两阶段的环评公示，把按批复意见修改的挡潮闸工程可行性研究报告，第三次上呈中央审批；同时推进初步设计及工程勘察。

在国家减灾中心等三家单位联合编制的《澳门“天鸽”台风灾害评估总结及优化澳门应急管理体制建议》的基础上，特区政府在2019年10月完成了《澳门特别行政区防灾减灾十年规划（2019—2028年）》。在文内专栏2的“规划重点项目”中，把“防洪排涝设施建设”列为第一个项目。主要内容有：

> 努力推进建设内港挡潮闸工程，结合内港海傍区排涝工程和堤岸临时工程建设，整治沿岸廊道、管线、拍门等，实现2028年内港海傍区防洪（潮）标准200年一遇，治涝标准20年一遇24小时降雨24小时排除的治理目标；
>
> 建设澳门半岛青洲—筷子基沿岸堤防工程，使其防洪（潮）标准和治涝标准与内港海傍区相协调；
>
> 结合澳门经济社会发展需求和城市总体规划要求，新建或达标加固路环岛西侧、澳门半岛南侧、路氹岛等堤防工程；
>
> 对城市易涝区现有排水管网实施升级改造，使其逐步达标；
>
> 完善防洪非工程措施，编制洪水风险图，制定防灾减灾预案和应急抢险措施。

2020年及2021年，推进包括外港、筷子基至青洲、司打口，以及路环西侧的一系列防洪排涝计划。其中，筷子基至青洲沿岸防洪工程已完成；司打口排涝工程，原设计因配合预留污水处理等设施需要修改，修改的工作将完成；路环西侧防洪项目可行性研究工作已向内地相关部委征询意见。内港挡潮闸工程数字仿真验证总结报告已完成，工程可行性研究报告也已征询内地部门意见。

2022年，根据内港挡潮闸工程数字仿真验证和可行性研究结果，推进工程初步设计工作。推进司打口、路环西侧（即两湖方案）的一系列防洪排涝计划。其中，内港南雨水泵站和下水道工程已分阶段开展，路环西侧防洪项目已开展编制工程初步设计工作。将分阶段开展A区堤堰优化工程的招标工作。

其中内港北雨水泵站箱涵渠建造工程、筷子基至青洲沿岸防洪工程已竣工并投入运作。

如《澳门“天鸽”台风灾害评估总结及优化澳门应急管理体制建议》所述，挡潮闸建造是一项十分复杂的工程，澳门特区政府为此在 2016 年开始进行可行性研究和数字仿真验证。2023 年 2 月 7 日，运输工务司司长罗立文向立法会介绍“挡潮闸仿真结果和防灾减灾的工程进度”时表示：一方面，建造挡潮闸需耗费数十亿澳门元，而每年使用次数估算为 2.1 次，每次关闭的操作时间约需 1.5 小时，而且建造后维修保养昂贵；另一方面，正在进行的内港南雨水泵站及下水道工程，建成后有助于进一步纾解内港水浸。基于以上理由，因此他建议现阶段暂不启动内港挡潮闸工程，待完成内港南等短中期防洪工程后，观察其效果再决定。[1]

（三）目前民间的应对方法

在《澳门特别行政区防灾减灾十年规划（2019—2028 年）》上提出的工程，有些已完成，有些还在进行中或者仍在计划中。有些建成的工程有一定的效果，有些进行中的还需要等待和观察。整体来说，内港整治的进度与达到实际的效果和满足公众的期待，还有一定的差距。

因此，每当台风、暴雨、天文大潮的前夕，气象部门便发出预报；传媒及新闻机构及时发布消息；消防部门、防灾机构和救援机构发出警讯和呼吁，同时准备救助设备和物资并随时待命，开放避难中心以安顿有需要的民众。

在受水浸影响的区域，街道上装设了水位标志（图 24），以蓝、黄、橙、红、黑五种颜色分别表示不同的高度警示（表 4）。区域内的商户和居民，则需要密切留意气象预告，及时转移财物以防水浸，必要时撤离人员以策安全。此外，近年一些商户和店铺还流行安装防水闸（图 25），所装的防水闸高度不一，大概是按所在区域的需要而定。

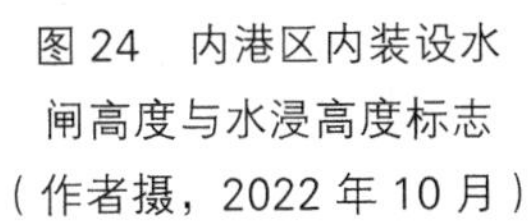

图 24　内港区内装设水闸高度与水浸高度标志（作者摄，2022 年 10 月）

图 25　商户安装水闸（作者摄，2022 年 10 月）

1 《内港挡潮闸暂搁》，《澳门日报》2023 年 2 月 8 日，第 A01 版。

表 4　水浸警告级别标志

警告级别	显示颜色	预测水位高度
第一级警告	蓝色	预测水位将高于路面 0.5 米以下
第二级警告	黄色	预测水位将高于路面 0.5—1.0 米
第三级警告	橙色	预测水位将高于路面 1.0—1.5 米
第四级警告	红色	预测水位将高于路面 1.5—2.5 米
第五级警告	黑色	预测水位将高于路面 2.5 米以上

结　论

澳门内港区，在不同历史阶段中从填海造地开始并逐步发展而成。因地势低洼，加上湾仔水道洪潮交汇，水文情势十分复杂，水患问题到今天还一直困扰着区内的居民和商户。通过上文对历史地图、文献的梳理和分析，对于澳门内港有以下的结论：

（一）关于填海和港口建设

1. 内港区由填海而成，最早有记录的填海工程大约在 19 世纪 50—60 年代。

2. 1883 年，工程师 Adolfo Ferreira de Loureiro 主理了第一次具有规模的填海和港口建设规划，同时他还提出了河道疏浚和修建堤坝的方案。然而此方案由于财政原因未能实施。

3. 1913 年，工程师 Castel Branco 完成了《澳门港口改善项目》的工程方案。此方案与 1883 年 Adolfo Ferreira de Loureiro 的方案观点相异。最后由于财政问题，以及中葡两国正处于澳门划界之争的政治原因，计划不得不做出修改。

4. 一再拖延的港口改善计划，直到 1920 年 6 月由当时的港口工程处处长、海军上将鏬些喇接管，并做出有效的推动。

5. 对于拟在澳门与氹仔之间的水域填海造岛，并加建大坝以挡水流的规划，曾在 1920、1924、1926 年有过三个不同的方案，只是都没有实施。

（二）填海和港口建设的效益

1. 增加土地面积。19 世纪中期的填海，主要是把内港原来弯曲的海岸线拉直，但所增加的土地面积有限。20 世纪 20 年代是澳门填海造地的一个高峰，青洲、沙梨头一带的填海工程在此时进行，成果是澳门半岛的土地面积在 1920—1927 年之间，从 3.38 平方公里增加到

5.42平方公里，增长了60.36%。

2. 增加人口容量。1920—1927年，陆上人口从59689人增加到98202人，增长了64.52%；水上人口也从1920年的17283人增加到1927年的50254人，增长了190.77%。

3. 土地资源的扩充和人口的增长，推动了城市发展和扩大了经济规模。

4. 港口、码头的建设和道路的开辟，不仅让烟草、罐头、榨油、酿酒以及神香等传统工业得以继续蓬勃地发展，还吸引了修造渔船、制冰、手电筒生产等新兴工业的投资设立，电话、电报业也随着社会的需要而出现。

（三）内港的水浸问题

内港水浸问题一直备受关注，虽多方设法但一直未能有效地解决。澳门回归后，特别是在2017年台风“天鸽”造成破坏之后，澳门特区政府给予内港水浸问题前所未有的重视，解决内港水浸问题成为近年来施政方针中的重要项目。特区政府在《澳门特别行政区防灾减灾十年规划（2019—2028年）》中，针对内港治理的“防洪排涝设施建设”，曾提出建设以下的硬件工程：

> 1. 建设内港挡潮闸工程，整治沿岸廊道、管线、拍门等，实现2028年内港海傍区防洪（潮）标准200年一遇，治涝标准20年一遇24小时降雨24小时排除的治理目标。其中挡潮闸工程由于特区政府以建造成本、使用机会、技术操作等因素考量后，于2023年2月公布的决定而暂时搁置。
>
> 2. 建设澳门半岛青洲—筷子基沿岸堤防工程。
>
> 3. 新建或达标加固路环岛西侧、澳门半岛南侧、路氹岛等堤防工程。
>
> 4. 升级改造易涝区现有排水管网。

综上所述，内港的治理，是作为滨水城市的澳门所面对的挑战之一。其中各项关于防洪排涝的治理方案，目前正处于不同程度的进展中。

本文不以城市规划的角度去讨论澳门内港在历史上不同的填海方案和专业设计，笔者也无法评判这些港口治理规划在工程技术上的高低长短，只是对澳门内港一个世纪以来的发展脉络做出梳理，了解其从滩涂到城区的发展过程，以及与当前的水浸问题的关联。

昔日的填海造地，对澳门的空间形态、历史文化、居民的生活方式和生活质量，有着重要的影响，而且影响至今。澳门内港的水浸问题，是一个集水利工程、环境管理、城市规划等跨学科的课题，特区政府以及相关领域的专业工作者，正在多方设法，制订和完成有效的整治方案，以解决内港居民与商户的困境。

山海之间：香山铁城的历史演进与空间建构

胡　波*

凡是研究中国近代史或辛亥革命史的人，大都知道广东省香山县是伟人孙中山先生的故乡，也是先施、永安、新新、大新四大百货公司创办人的出生地。但绝大多数的研究者并不知道“香山为邑，海中一岛耳，其地最狭，其民最贫”[1]和“邑民禀山海之气，土薄水驶。其气清其质柔，其音其声羽其调，十里而殊”[2]的自然地理环境和人文社会生态，也不会关注香山县址的选择对城市和经济社会的发展所起的作用和影响，更不会深入细致地研究自然地理环境与香山人的性格气质和思想观念形成之间的关系。

庆幸的是，近年来有中山本土和市外省外的专家学者开启了中山城市发展史研究的探索之旅。如华南理工大学罗艳的《中山城市场景研究》、蒋超的《近代中山城市形态发展演变研究》和暨南大学张亚红的《明清香山县城镇地理初步研究》三篇硕士学位论文，就分别对中山城市的历史演进、城镇体系的发展等进行了初步探讨。尤其是张华博士在《近代中山城市发展研究》一书中，从纵向和横向两个方面，对中山城市发展的自然环境与历史人文背景、古代香山城市发展的情况和特点、晚清香山城市的演进、民国时期中山城市的变迁以及近代中山城市形态特征及城市历史地位等问题进行了比较全面、深入的历史研究和理论诠释，为人们了解中山城市的前世今生提供了宝贵的线索和思想的启迪。[3]胡波在《中山简史》《中山史话》《和美之城：中山》《铁城·石岐》等书中，亦曾对中山城市的自然生态环境做过简单的评述，但并未对香山铁城的空间布局和城市形态，以及功能作用等进行专门的讨论。[4]

---

* 胡波，广东省政府文史研究馆馆员，中山火炬职业技术学院特聘教授。

1 （元）孛兰肹等撰，赵万里核辑：《元一统志》卷九《广州路》，北京：中华书局，1966 年，第 675 页。

2 （清）暴煜主修，（清）李卓揆辑：乾隆《香山县志》卷三《风俗》，孙中山故居纪念馆、广东省立中山图书馆编：《中山文献》第 1 册，广州：广东人民出版社，2017 年，第 335—336 页。

3 张华：《近代中山城市发展研究》，北京：中国建筑工业出版社，2018 年。

4 胡波：《中山简史》，广州：广东人民出版社，2021 年；《中山史话》，北京：社会科学文献出版社，2015 年；《和美之城：中山》，北京：中国青年出版社，2015 年；《铁城·石岐》，郑州：河南人民出版社，2009 年。

本文试图以宋代香山立县后所建筑的县城为主体，从选址造城的理念、县城空间布局、外部环境、功能作用与经济社会发展等方面，进一步说明选址石岐建城的合理性、空间布局的科学性和城市功能作用的放大性，并在总结经验基础上，为未来中山城市建设和发展提供有益的参考和借鉴。

一、选址时的风波和纷争后的抉择

据北宋《太平寰宇记》载，古时这里为海中岛屿，因“地多神仙花卉，故曰香山”。其位于珠江三角洲中部偏南的西、北江下游出海处，扼珠江水系出口之咽喉，地理位置十分重要。唐代为戍边的军镇，北宋元丰五年（1082）改镇为寨，亦出于地处海防和形势发展之需要。其时的香山寨所，位于五桂山支脉的凤凰山麓，即后来的香山场，现今为珠海市的山场村。

南宋绍兴二十二年（1152），朝廷批准废寨立县，并划南海、番禺、东莞、新会四县部分海岛归香山，称香山县，隶属广州府。初设立的香山县，实际上是由一群大大小小的海岛组成的，岛与岛之间没有陆地相连，人口近万户，可耕地不多，经济落后，一直被朝廷列为下等县。立县之初，设十个乡：从东莞县划入的香山镇，改置为仁厚乡（今石岐、交渠、环城、深湾一带）、德庆乡（今沙溪、大涌一带）、永乐乡（今张家边、库充一带）、长乐乡（今神涌、珊洲、南塘一带）、永宁乡（今南萌、翠亨一带）、丰乐乡（今三乡、神湾一带）、长安乡（今珠海山场、前山、唐家、下栅一带）；从南海县划入的地方，改置为宁安乡（今小榄、海洲一带）；从番禺县和东莞县西部划入的地方，改置为古海乡（今黄圃、小黄圃、潭州、黄阁一带）；从新会县划入的地方，改置为潮居乡（今珠海市斗门区的斗门、乾雾、白蕉和三灶一带）。除了这十个行政乡外，在香山县的南部海域，还有南海诸岛，包括今天的大小万山、大小横琴、高栏岛一带的岛屿和海域。[1]

在这样一个由海岛组成的香山县内，选择县治就需要认真考量。古代都城、县治等重要的治所的选址，像家家户户盖房子一样，十分讲究风水的利用和环境的改造。古人普遍认为，理想的城邑吉地，一般必具备以下条件：一要有村落，二要有农业，三要有水陆交通，四要有平坦广阔的陆地，五要有山川津逵的险障。如何在众多岛屿中选择合适的地方建造治所，当时

1　胡波：《中山简史》，第111页。

图 1　明嘉靖香山县境全图

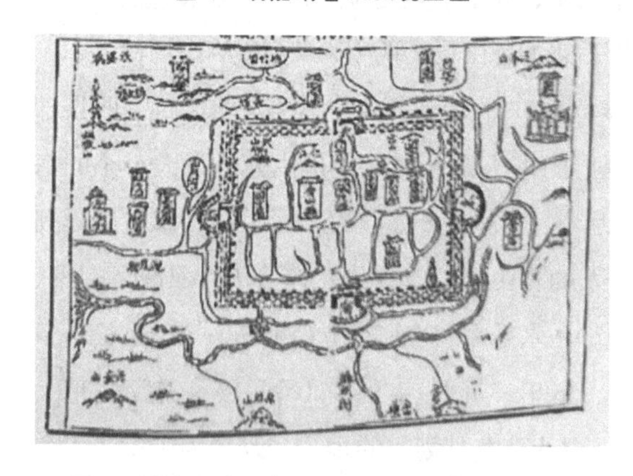

图 2　清康熙十二年（1673）香山铁城城郭图

香山各乡之间曾产生过激烈的争论。有的主张在五桂山西南面的平岚平原，那里有发达的农业、盐业和集市贸易，农户千余家，水陆交通便利，是筑城建设县治、发号施令的好地方。有的认为应选在南端的凤凰山周围的长安乡，这里渔业、盐业、工商业都比较发达，更有银矿和造船工场，人口也有千余户。有的认为应在五桂山东西两侧新成陆地的高沙田区选址建造，这样有利于沙田开发和土地利用，有利于农业、渔业、盐业和工商业的发展。但是争来议去，最后还是选择了五桂山北面仁厚乡的石岐地区（图 1、2）。

据说，在选址时，曾发生过“炼铁和泥”和“称土”的故事。清光绪《香山县志》中有“陈天觉云，建城必须贵地，地贵土重者，须兑秤两地之土，重者方可建城”的记载。相传陈天觉使人“私练铁砂和泥后兑，量重于雍陌，其事始定”，仁厚乡的石岐地区因此成为香山县治所在。后来，人们“因布铁砂于地以筑城”，而风趣地称这座在伶仃洋畔兴起的城池为“铁城”。虽然身为代理县令的陈天觉力排众议，取三乡雍陌和仁厚乡石岐两地的泥土，用称土的办法，确定仁厚乡的石岐为建造县城之地，难免有用权使性之讥，但建城之后的发展却着实证明选址石岐造城是十分正确而又有远见卓识的抉择。[1]

首先，充分利用了其时香山县的地理条件和石岐的自然环境。香山县境南高北低，水道纵横，北部与南海县之间的海域逐渐成陆，仁厚乡实际上已成为与州府联系的枢纽。县址位于四海之中的石岐，离大陆较近。石岐津渡东连古海湾，北通南海、广州，西接新会、江门，南可抵金斗湾和濠镜澳，尤其是可以接驳旱路驿站，通过县北的浅滩成陆地带与岛屿相连，形成一

1　张华：《近代中山城市发展研究》，第 49 页。

条新的旱路直达南海和广州。在航海事业并不发达的宋代，其远可出近海进行鱼虾的捕捞和海盐的生产以及银矿的开采，近可进入内河和外海与大陆进行运输和贸易上的往来，更方便与外界的联系和交流。

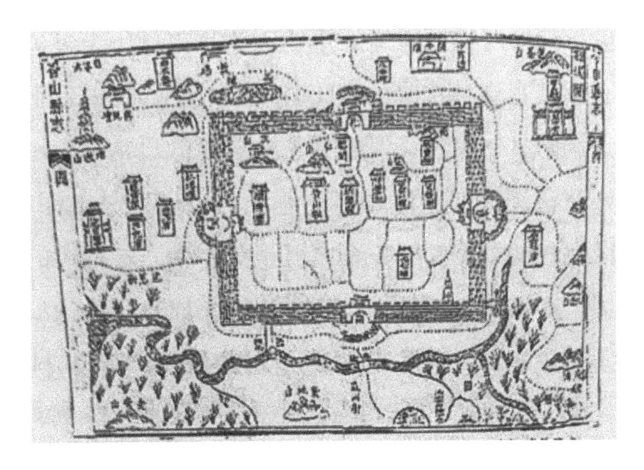

图 3　清乾隆十五年（1750）香山铁城城郭图

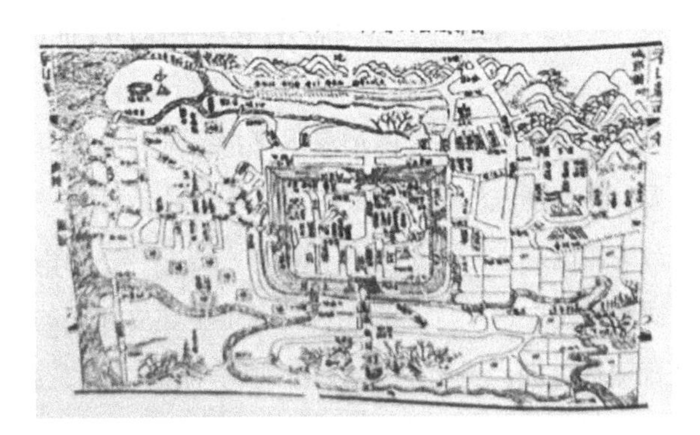

图 4　清道光七年（1827）香山铁城城郭图

其次，县城所在的地理形势有利于军事防御和确保民生安全。仁厚乡的石岐地区，其背山面水，“县城东南山陵，西北水泽，设治于岐北，而四周皆海，居然一小蓬岛也。大尖、湖州笔峙于前以为望，岛岩、香炉屏障于左以为镇，龙脉拥入县治，隐而不露，登高而观，襟带山海，真岭表之奇境也。西有象角海口，北有县港海口，潮则弥漫巨浸，汐则浅隘难渡，虽近外海而无番舶之意。此实溟海咽喉，自然天险，广郡之要津也”[1]。这种北有石岐海为屏障，南有南台山为依托的地理形势和地形地貌，利于防守，便于控制，显然是建城的不二选择。

再次，县治选址石岐有利于经济和社会发展。古代中国的县城或城市，不仅是政治和军事的中心，而且还是经济和文化的中心。县治石岐附近地区的商业，在唐代和北宋时期就比其他乡村繁荣，而且石岐水陆交通十分方便，是香山地区重要的商贸集散地，经济社会已有所发展，在客观上具备了建立政治中心的经济基础。据嘉靖《香山县志》记载，北宋至南宋，朝廷曾在石岐设置巡检司一员，掌管巡查奸盗之事。[2] 当时仁厚乡的陈氏三杰，即陈天伦、陈天觉、陈天叙声望颇高。其中之一的陈天觉时任寨官，代行新设的香山县县令之职，选择石岐地区建立县城，也有一定的政治基础和人脉优势（图 3、4）。

最后，是否有充足的水源和良好的水质，以及地质是否稳定和土质是否坚实，也是历代

1　（明）即迁修，（明）黄佐纂：嘉靖《香山县志》，转引自胡波：《中山简史》，广州：广东人民出版社，2021 年，第 177 页。

2　同上《香山县志》卷五《官师志第五・寨司》。

城址选择时需要考虑的重要因素。古代伍子胥“相土尝水”，就是考察城址周围的地质地貌，了解其水土情况是否宜于建城。[1] 香山县城选址石岐地区，其山环水绕的地理环境，既省去了沟防之劳役，又保证了城内居民的日常生活用水，可谓一举两得。陈天觉采用“秤土”的办法，选择“土重”之地建城，也许只是象征性地掺入一些铁砂，期望城池“固若金汤”，以保护城内居民的安全，但也与香山石岐地区的土质厚重、地质稳定、泥土含矿物质丰富有关。现代考古工作者也证实石岐平原位于香山岛古陆地带，地质稳定，泥土里的石质和矿物质比较丰富，所以“土重”在当时也是颇有其科学道理的。

二、城市设计的原则与空间布局的特点

香山本为孤岛，四周海水环抱，地势中间高四周低。石岐地区的自然地理从大的形势上看，其位于五桂山北麓断裂带。石岐山、西山、月山居其中，莲峰、迎阳、马山、员峰、葫芦等山冈环立四郊。西面石岐河，西北部、西南部和东南部历史上一直都是低地沙洲。县城铁城就是在这一片丘陵地带的高地上建立起来的。其临近河流，东望伶仃洋，地势高昂，既有望远之便，又有利于防卫；既有用水之便，又可免于洪水灾害。其城北有烟墩、莲峰两山，南有九曲河，地势大致是北高南低，“负阴抱阳”，十分有利于城池的排水。铁城建于五桂山之北偏西而靠近大陆一侧，临近岐江，实为海湾，在地形上应当是天然良港，能很好地避开风浪，尤其是南面的五桂山更起到抵御台风侵袭的作用。历代史志记载这里曾多次成功地抵御了台风和洪涝的侵袭。[2]

其实，选择城址固然要注意水陆交通便利、易于防守、利于经济发展以及宜于居住和生活等因素，还要因地制宜、科学设计、合理布局，使其功能作用得以充分发挥。古人在选址建城时就善于充分利用地理环境条件，并把山水格局和城池内的地形格局与风水学说相结合，使自然山水成为建筑的天然背景，从区域形势到城区格局都充分体现出中国传统“山—水—城”浑然一体的营造理念，因此成就了一方风水宝地，兴旺了一座山海相连、水陆贯通的香山铁城。

在县城建造时，县令陈天觉请来了专门从事营造工程的仁厚乡釜涌村的梁溪甫担任总设计师。梁溪甫青年时期曾随任京官的父亲梁仲卿历览中原各大都市的大型建筑工程，对古代

1　吴庆洲：《中国军事建筑艺术》上，武汉：湖北教育出版社，2006 年，第 49 页。

2　中山市政府地方志编辑委员会编：《中山市志》，广州：广东人民出版社，1996 年，其中有关自然灾害方面的统计。

城池建设的理念、结构、布局、空间等都比较了解，尤其对岭南地区的城市建设和家居建筑等的风格和特点烂熟于胸。他的四个儿子从小也耳濡目染，喜爱建筑设计，并承继父业。在陈天觉的重托下，梁溪甫父子义不容辞地挑起了筑城设计和建筑施工的重担。

经过反复勘察和认真研究，梁溪甫最终确定了建城的总体规划，城址选定石岐以东、莲峰山以西、釜涌河以北、岐头涌以南的平原地段。这一地段周围有长洲、釜涌、沙涌、莲塘等村落和石岐街市，居民比较集中，而且背山面水，前有照（水），后有靠（山），石岐山和莲峰山位于铁城左右两侧，形成左青龙、右白虎、前朱雀、后玄武的风水格局。石岐因石岐山而得名，早期先民就在这里聚居，石岐山是城区主要的山体，可谓龙脉，控制着石岐海的视线。而莲峰山在石岐东北部，北连几个小山头，形似莲花，故名曰莲峰山。城外北部有插笏山，与莲峰山之间有二三十丈峡谷，宛如一槛天门，故称一天门。城外南部半里许，东有东林山，与西北半里许的西林山相对，形成“双星伴月”之势。

城区内则是七星峰与月山组成的“七星伴月”的风水格局。《香山县志》记载：“（七星峰）在县城内，俱不甚高，一曰仁山，县治建焉。其东为寿山，前有无量寺；西为武山，上有西山寺，城跨其上；东南曰丰山，昔仅培塿，后渐平，为文昌宫旧址；四山外尚有盈山、福山、凤山，已平于筑城时。以其罗列如星环拱县治为七星峰。”建城时将寿山、盈山、福山、凤山等四座山地用于建造民房，而丰山为丰山书院所在地，仁山则被辟为广场，故“七星伴月”中只有月山尚存。

由此可见，南宋香山设县时，县城的选址和建筑，都遵循着中国传统城池建筑的理念、规制，在结构、功能等方面，均与宋时各地城池建设大同小异，只不过香山县城是建立在四面临水、枕山拥海的风水龙脉和“七星伴月”的风水形势的石岐地区。而且筑城时还充分利用石岐周边的地理优势，因地制宜，合理利用山、水、林、地等资源，从大尺度的山水形势到小尺度的山水格局，均把握了城池风水的基本要求，从而使石岐在明清时期成为香山县的行政中心和商业福地。[1]

从 1152 年动工到 1154 年建成香山县治所在地——铁城，虽然历时三年，费工耗时，但在当时技术条件和人力财力物力十分有限的情况下，能够因地制宜地筑墙建城，并且初具规模，已经很不容易。城垣设计为方形，周长为四五十丈，每边为一百一十二丈左右。垣墙高一丈七尺，上原一丈，下原一丈八尺。城里面积为 300 亩左右，相当于 0.15 平方公里。这一面积一直延续至明代初期。县城的正南门阜民门、正东门启秀门、正西门登瀛门、正北门拱辰门，

1　张华：《近代中山城市发展研究》，第 52—55 页。

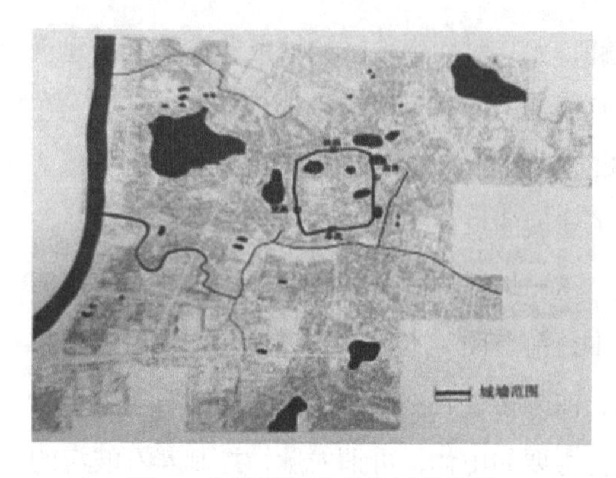

图 5　宋元时期香山铁城城墙图

其垣墙的材料为土垣，以三合土夯实城墙。内墙为灰、砂、碎石，外墙兼砌石或蚝壳之类以加固。县衙为一县之府衙、一城之中心，故其地址定在方城中心的仁山之南处（图 5）。建成后的铁城，其内外的布局也颇有自己的特色：

首先，县城内部的布局以县衙为中心，衙前街为一条东西向的大街，名为永宁街，横贯启秀门和登瀛门，左侧为拱辰街，右侧为武山街，对面为治安街和水关街，背后为仁厚里、寿山里、康灿里等。整个县城内有十多条街道，居民多属官宦、豪绅、地主之家，当时称作城里人或铁城人。

其次，在县城之外，四个城门唯西门外有街道和较密集的居民。从西门口至石岐津渡码头，有一条能过驿马的行车通道，横过石岐山之南，称作石岐大街。在石岐山正南路段两旁，当时开设了十八间商铺店栈，成为“石岐十八间”。在十八间周围，聚集了一批居民宅舍，多属商贾、渔民、疍民之家，以及南来北往的临时旅客。石岐大街之西端，即石岐津渡码头。这里既是横水渡、长行渡码头，也是一处军哨之地，称作石岐闸，有小队军兵驻守。码头四周，停泊着众多船艇，也有不少建在岸边的棚屋，都是疍民、渔民居住之所。整条石岐大街连同十八间和石岐闸的居民，当时称作石岐大街市人或石岐埠人，以区别于城里人或铁城人。

最后，县城的门外，也是东学与西商的布局。西面的登瀛门外的石岐大街直通石岐津渡的横水渡，有小船穿梭于石岐海东西两岸，西接长洲、溪角和以西的各乡村。北上南海、广州的旱路驿道，也以津渡西岸码头为起点。石岐津渡的长行渡，北通高沙、大榄沙、南海、广州，南抵金斗湾、濠镜澳浅湾及濠潭，铁城石岐实际上成了水陆交通的枢纽。1156 年在县令陈天觉的倡议和带动下，全县殷实人家纷纷捐资，兴建学宫于县城东门启秀门外，庆关、莲峰之阳，为莘莘学子求学之所。

建成后的香山县城，虽然规模不大，却已有恢宏之气；空间布局虽然略显逼仄，结构功能却比较完备。古代，城与市经常是对立统一、相得益彰的。城，指城墙围起来的地方，主要是为了防卫、抵御外敌入侵，即所谓“城者，所以自守也”。市，则是货物交易的场所。香山建城，一开始就形成了内城外市的格局，在客观上也加速了石岐县城政治经济和文化教育的融合发展。县城面积不大，与同时代其他地方的县城相比，风格、气势、功能和作用似乎也没有太大的差别。但相对于内陆地区的县城而言，香山县城更具特色，它“襟山带海”，

“四周皆海”，俨然是小蓬岛，虽有城墙护卫，实际上仍在海水的包围之中。因此，津渡就成为县城与外界联系的重要通道。

在古代，城市与河道、水路与文明等均有着密切的联系。魏特夫曾在《东方专制主义》一书中，认为中国是一个“治水社会”，并因此得出结论说中国是一个由“治水社会”构成的东方专制主义的国家。尽管魏特夫的观察和分析有一定的片面性，但却揭示了一个规律，即中国的城市大都建造在有河有水的地方，水在文明和城市的发展中具有核心作用。尤其那些适宜航行的水陆两路交汇点、重要河流的交汇地或“适宜建立港口的地方”，往往是城市的中心，也是文明发展的中心。斯蒂芬·所罗门曾说：“无论哪个时代，谁控制了世界主要海上航道或大河流域，谁就控制了帝国权利的咽喉。早期的城邦都是沿河或海岸线建立，然后跨越相邻的海洋，最终向西扩展，把世界上的所有大洋和水路连接成为一个密集的、通行更快的网络，而这个网络，已经发展成现在时断时续的一体化全球经济和世界文明。”[1] 香山铁城就是在山海之间建造和发展起来的一座内连陆地、外通海域的滨水城市。

三、香山铁城的历史演变和城市形态的个性特征

香山县城——铁城修筑后，虽然明清两代均有修葺，但直到晚清时期，最初的格局基本上没有太大的变化，只是在城内和城外的街道、功能、规模等方面略有增加或拓展，整个城市形态仍然遵循着古代城市建设的理念和规制。

有明一代，香山县城的发展主要是充实明初城市的内涵，即注重新拓展街区的内涵式发展。随着人口的增多和商品经济的发展以及市场的繁荣，城外街区迅速扩展，到明代中后期城墙越来越束缚城市商贸的发展。明代后期城外街区的扩展，使城市的用地突破了城垣的局限。据明嘉靖《香山县志》记载，嘉靖年间，香山县城的发展已明显突破城墙的限制，在县城的南门、东门、北门和西门外，都出现了街巷。[2]

明代后期，县城内的街巷共有 15 条，而城外街巷有 19 条。其中南门外街道数目为 3 条，巷的数目为 9 条，是四门外城街道数目之首，说明南门外商业发达、居民稠密。东门外街 2 条、巷 1 条，北门外街 1 条、巷 2 条，说明东门外商业发达、人口稀少，北门外居民多而商

1 ［美］斯蒂芬·所罗门：《水：财富、权力和文明的史诗》，叶齐茂、倪晓晖译，北京：商务印书馆，2018 年，第 16—17 页。

2 张华：《近代中山城市发展研究》，第 73—74 页。

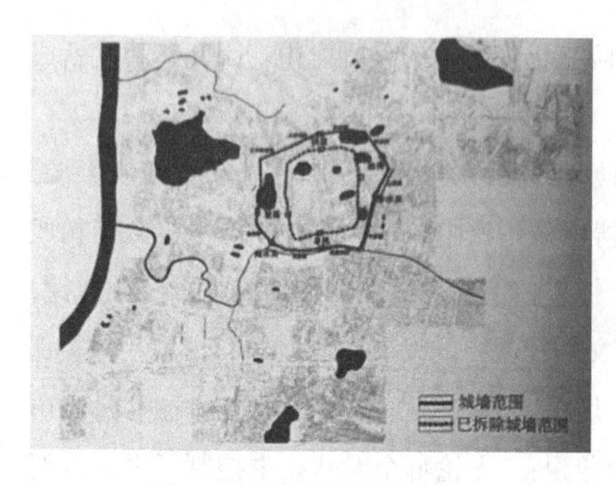

图 6　明清时期城墙范围图

业欠发达。西门外一直是商业发达之地，也是通往县城的必经之路（图 6）。

到了清代，香山县城的四个城门因外城的扩展和内城的增建而两两不相对称。城内街道基本上呈十字贯通城门，十字大街即是主干路。四条主干道呈正东、正西、正南、正北方向展开，直指四方城门，其余道路依次排列，以政治和祭祀场所为中心，形成一个完整的泾渭分明的交通网，使全城布局更加整齐、集中、紧凑。整体而言，城市形态呈东西街稍长、南北街稍短的特点。有清一代，城内街道数量和规模基本上没有较大的变化，城外街道的数量和规模却有质的改变。[1] 不过，城外街区比过去发展更快，街区数量远远多于城内，由过去的 38 条街巷增加到 52 条。内城铁城范围狭小，面积约 0.2 平方公里；四方城门以外的城关地带，面积达 1.3 平方公里。其中西门外为商业区及交通要道，从石岐大街市到石岐津渡沿片街区，共有 15 条街道；北门外是农贸集市区，称沙岗墟，有 13 条街道；东南两门外为普通居民区，有 24 条街道。同属县城范围，一墙之隔，情况悬殊，城外比城内发展快，街道和居民比较多，贸易、交通、集市的重点都在城外。显然，铁城外街道的增加，反映了城市空间范围扩展的过程，县城的外部形态也因城外商业的发展而改变，主要表现为县城向西朝岐江方向发展的趋势日益明显，并逐渐形成颇具规模的道路网与街区，部分城市功能已突破城墙向城郭渗透。[2]

晚清，香山铁城城外街区发展更快，在清中期 52 条街道的基础上新增 64 条街道，总计达 116 条街道。东门外街道数量由 10 条增加到 15 条，北门外街道数量由 13 条增加到 21 条，南门外街道由 14 条增加到 35 条，西门外街道由 15 条增加到 45 条。由此可见，县城以东西向为轴，呈南北方向扩充发展的趋势。清末光绪年间，铁城西门外主干大道有武峰里、怀德里、岐阳里、迎恩里、观澜街，以及横街三元坊、兴宁里、西厂、仁里、彩熊里、步恩里、康衢、凤鸣里、青云里等。此时主干道店铺林立，横街小巷也是屋宇密集，比起宋元明清的十八间，无论是数量还是规模都有了明显的增加，石岐俨然为全县地方产品输出及洋货输入的转口站和集散地。当时县城有 5 个码头，即香灯码头、康公庙码头、长洲码头、隆都

1　张亚红：《明清香山县城镇地理初步研究》，暨南大学 2010 年硕士学位论文，第 113 页。
2　张华：《近代中山城市发展研究》，第 76—77 页。

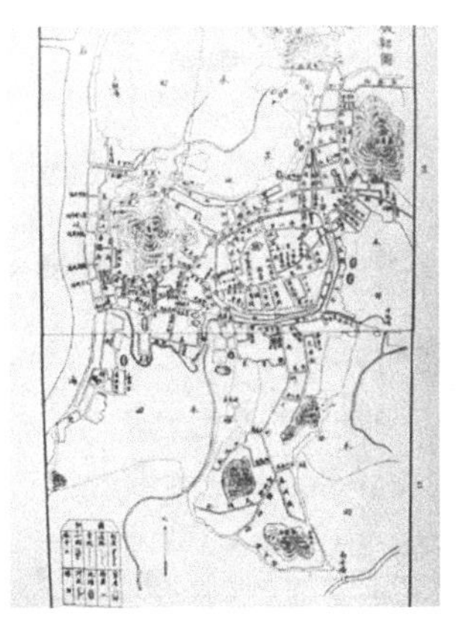

图 7　宣统三年（1911）香山铁城城郭图

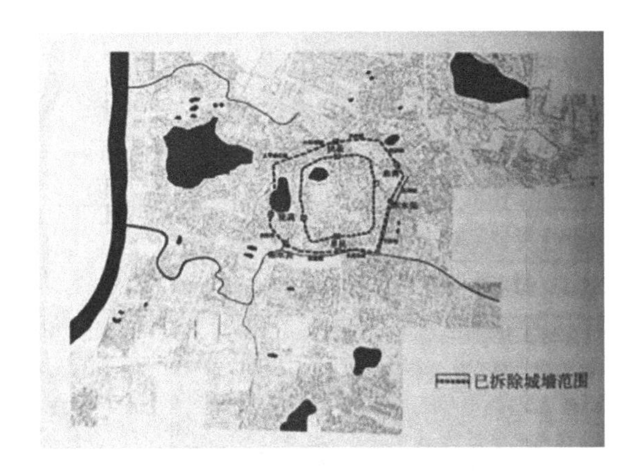

图 8　民国时期铁城城墙范围图

码头、天字码头，这些码头集中在县城西部石岐河东岸，主要作船舶停泊及货物装卸之用，承担着主要的对外连接。在县城南部九曲河岸也有一定数量的码头，但规模小，主要对内连接。这个时期，以十八间、大庙下为主，形成了县城西部商业空间，其功能也主要体现在金融、旅店、大型餐饮、百货等领域。城门外街道数量的快速增加，反映了城市空间范围快速扩张的过程，而这个过程又和城门外墟市的发展有着紧密的关系。因此有研究者认为："香山县城正是在晚清香山地区的经济发展和商业化的进程中不断扩大城外区域的面积而有机生长，城外商业的快速发展显示为城外街道相互融合，在城外逐渐形成环绕的格局，并不断向西南沿石岐河沿岸扩大的重要特征。"[1]

民国初年，随着新式工业的兴起，大批乡村地主、华侨、富商、官员及其家庭聚集石岐，破产农民也纷纷到县城谋生，人口骤增，铁城内外交通已不适应工商业发展的要求。1921 年 11 月吴铁城当选香山民选县长后，首倡"拆铁城（石岐）城墙，筑马路，以利工商"，得到了商会的积极响应。至 1925 年四门城楼先后拆除，城西大道（今孙文西路）建成，从西山脚直达岐江天字码头。1932 年，孙文西路、孙文中路、孙文东路、凤鸣路、太平路、民生路、民族路、长堤路、拱辰路先后建成，成为贯通东西、纵掠南北的城区主干交通道路。从此数百年来分别形成了铁城、石岐街市、沙岗墟、东门、南门五大地段，新城区与旧城区连成一片，商店、旅馆、饭店集中在岐江东路和孙文西路的交通枢纽上，形成厂字形的经济集中地带，整个城区因此通称为县城石岐，别称铁城（图 7、8）。

1　张华：《近代中山城市发展研究》，第 122 页。

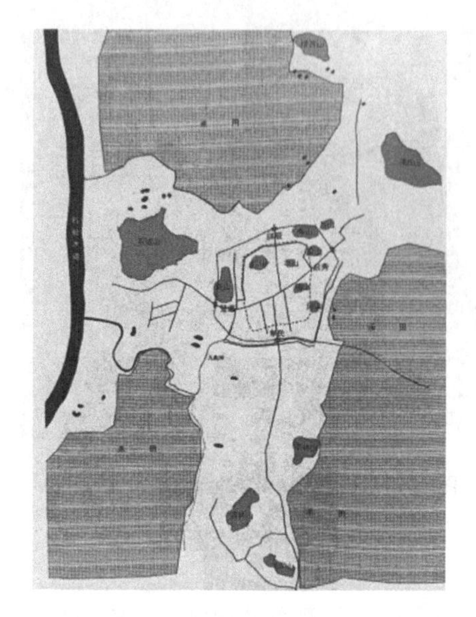

图 9　香山山水格局图

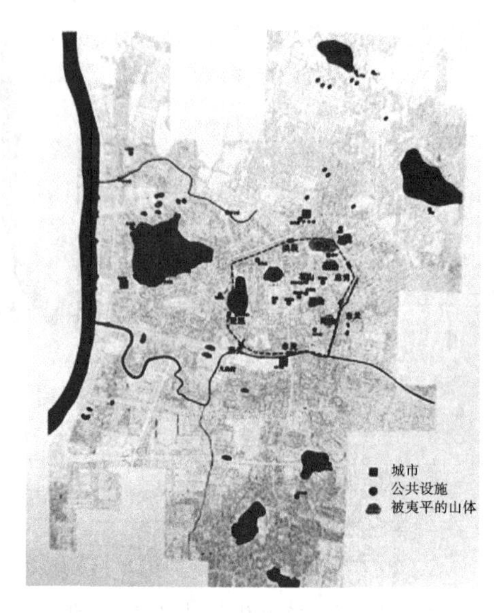

图 10　古代香山重要的公共设施分布图

从南宋香山设县建城到明清时期内城和外城的扩展，再到民国时期香山拆城墙、修马路，香山县城由“城”与“市”的分隔，到城内与城外的互通，再到城市一体化，基本上奠定了近代中山城区的整体格局和城市风貌，并构成了现代中山城市形态的雏形（图 9）。首先，形成了由封闭到开放的城市空间和街巷肌理。在城市空间上，随着城墙的消失和孙文西路、孙文中路、孙文东路、民生路、民族路、长堤路、拱辰路、太平路、凤鸣路等 9 条马路的开通，以原来的铁城为核心和主体，突破了传统的城墙限制，城内与城外连成一体，南北和东西轴线的十字形骨架格局日益清晰，支路分布也呈现出多样的网格和自由网形式。随着城乡交通方式的发展，县城南北轴线的延伸和岐江的枢纽，构成了城乡间主要的联系通道。县城交通网络的不断扩张，形成了开放的城市空间和街巷肌理。其次，形成了由传统走向现代的城市整体格局（图 10）。从空间布局上看，近代中山城市以自然山体为依托，通过传统城市中轴线与岐江相连，形成了以自然山水环境为主体的城市骨架，城市道路骨架也基本上延续了古城格局，继承了古城的自然风水特色、传统礼制精神和“象法天地”的规划匠意。城市公园也是在原有风景名胜和寺庙园林的基础上建造而成的，既丰富了城市的山水环境的空间形态，也为民众提供了审美意义的休闲空间。尤其是具有岭南特色和南洋风情的骑楼街市，形塑了骑楼商业空间和新式商业形态。最后，形成了多元建筑文化的城市风貌。受西洋建筑文化的影响，香山城市建筑突破了原来以木构架体系为主的传统建筑模式，建筑类型和建筑风格日趋多样化，城市形态的外在表现形式也更富地域特色。骑楼街市的出现，将西式的商业空间与传统的前铺后居或上居下铺的店铺形式和乡土式的生活习惯有机地结合起来。在骑楼建筑的外部装饰处理上，工匠们将传统建筑模式放任自由地结合西方的技术和繁杂绚丽的西洋风格，体现了多元建筑文化的复合。尤其是在城市园林建筑上，出现了现代意义的园林式公园、纪念性园林以及广场绿地。总之，丰富多彩的建筑类型和建筑风格，新型的商业空间和公共服务空间，以及山、水、海、沙、田等自然环境要素，共同发展成了近代中山多元文化的城市风貌。[1]

四、香山铁城的历史演变及其城市特点

与其他历史悠久的古城相比，香山铁城实在过于年轻，但它历经870多年的风风雨雨，不仅没有失去原有的风骨，反而在不断的形塑中平添了不少神韵。有的研究者认为，香山铁城演变的特点，不仅有着较为严密的封建城市的建设基础和典型的城市商业外溢的过程以及城市中心的转移与新旧城区的融合，而且还有着比较彻底的城市现代化改造的运动等方面的特点[2]，并明确指出近代中山城市形态的演化，“是一个突变与整合、开放与填充的历史过程，既有外部轮廓的扩展，又有内部水平结构的调整和垂直结构的优化，复杂多样，呈现出新的特征”[3]。

其实，香山铁城从南宋设县选址建造到明代进一步修筑和扩充，再到民国时的拆城墙、筑马路，一直遵循着因地制宜、合理布局，融山、水、林、园为一体，不求其广大、但求其和美的原则，并在守正和创新中不断地充实和完善城市的内涵和外延，逐渐形成了富有岭南特色和南洋风情的精致灵秀的历史文化名城。

总之，香山铁城的历史演进，平稳而有节奏，且始终与政治局势的变化和经济社会的发展紧密地连在一起，或者说香山铁城的历史演进就是香山经济社会发展的晴雨表。相比中国其他的古老城市，香山铁城的历史并不悠久，但它却历经沧海桑田的巨变，饱受风风雨雨的冲击，见证了时代和历史的变迁，并在传统与现代、中国和西方文化的交流与融合中，巧妙地将香山古城改造成现代化的新城，人文化育而又科学理性地推动着香山铁城城市形态的转变和完善。

1　张华：《近代中山城市发展研究》，第175—178页。
2　同上，第178—179页。
3　同上，第174页。

历史影像与城市更新研究

——以 2021 上海双年展“记忆之流・水文漫步”活动为例

沈小榆　王颖萱 *

每个城市具有独特的历史、景观和文化形式，所有的这些独特又反过来塑造个人和集体的记忆、意义和想象力。[1] 围绕“水体”这一主题，上海双年展在当代艺术博物馆主展场通过 60 多件国内外艺术家作品来探讨生态环境、全球化、后人类等议题。除了传统的静态展品之外，这次展览还有一块动态部分，特别策划了以“水”为线索遍布全城的一系列活动，为市民提供参与艺术实践的机会。其中，上海音像资料馆参与发起、共同完成了“记忆之流・水文漫步”项目。关于此次“记忆之流・水文漫步”活动的策划组织、相关思考，是本文讨论的主要内容，同时文中也会介绍项目中使用的代表性的影像档案。

一、上海双年展“记忆之流・水文漫步”活动介绍

（一）活动背景

2021 年第 13 届上海双年展的主题是“水体”。展览期间，除在当代艺术博物馆进行的传统形态的主题展陈外，第 13 届上海双年展“特别策划了以‘水’为线索遍布全城的一系列活动，邀请市民一同串联并想象上海这座水乡城邑的过去、现在与未来”[2]。

这一系列活动属于上海双年展自 2012 年起开设的“城市项目”，“每届与展馆、影院、文化中心等公共空间联动，以展览展映、田野调查、工作坊等多样化的形式，发动本地行动者采掘地方文脉”，宗旨在于“作为上海的城市名片与文化品牌，上海双年展致力于让当代

---

* 沈小榆，上海音像资料馆副馆长、主任编辑；王颖萱，上海音像资料馆馆员。

1 ［美］黛博拉・史蒂文森：《文化城市：全球视野的探究与未来》，董亚平、何立民译，上海：上海财经大学出版社，2018 年，第 16 页。

2 《创造历史！第十三届上海双年展“水体”今起迎来实体展》，《文汇报》2021 年 4 月 16 日。

艺术与蓬勃发展的城市语境发生积极的对话”。[1] 本届上海双年展的“城市项目”，“在不同的城市角落展开，从在地性的角度出发，探索这座城市与水的关系”[2]。

上海音像资料馆参与了“城市项目”的“上双漫步”，即“记忆之流·水文漫步”活动的策划和组织（图1）。活动主要形式是参与者通过“上双漫步”微信小程序报名参加漫步活动，在沿着城市水系行走的过程中，“借助小程序将漫步者的实时行动轨迹覆盖于老上海水路图之上，勾连个体与城市情感联结”[3]。在《新京报》的报道中，这个活动被称为“上海双年展最强音”。

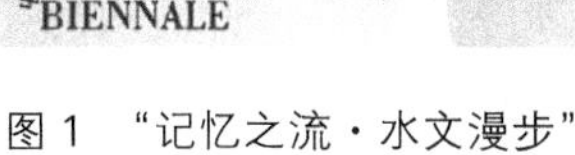

图1 “记忆之流·水文漫步”活动宣传图

（二）创意来源

需要说明的是，该项目并不是原创。项目创意来自艺术家克莱尔·布里顿（Clare Britton）、阿斯特里达·奈伊玛尼斯（Astrida Neimanis）与朗达·迪克逊-格罗弗劳婶婶（Aunty Rhonda Dixon-Grovenor）同届的参展项目“悉尼行走”。上海双年展据此策划推出“水文漫步者-Hydroamer”，意图用行走重新发现上海。同时“上双漫步”与“悉尼行走”形成呼应，以此开展上海—悉尼的双城互动。

（三）组织操作

“记忆之流·水文漫步”项目的组织操作，是由上海当代艺术博物馆、上海音像资料馆、同济大学艺术与传媒学院、城室科技等机构共同打造完成的。

其中，一个要素是技术支撑：在项目过程中依托地理信息系统（GIS）手段提取了民国时期的上海历史水系网络，并与当下的上海地图进行空间配准（Georeferencing），完成了历史时间轴上的空间叠加，呈现出几十年间上海水系的变迁。这套系统能够把20世纪30年代的上海水路图叠加于当下实时的上海地图之上，切换间，曾经密布的上海水系演变史一目了然。

1 《逐渐消失的城市水路里，藏着上海百年变迁的“水形物语”》，《新民晚报》2021年4月15日。

2 《上海双年展“水体”城市项目：从莘庄水系到孙科别墅》，《澎湃新闻》2021年5月29日。

3 《启幕五个月后，第13届上海双年展实体展览“姗姗来迟”，你会去打卡吗？》，《上观新闻》2021年4月16日。

另一个要素是内容支撑：这是由我们上海音像资料馆提供支持的，即针对活动设定的地标位置，配备这一站点的珍贵历史影像和珍贵历史图片。对于参与的受众而言，文字性知识的感染力必然会弱于图片和影像，这块内容是上海音像资料馆的馆藏特色，在此发挥出它的魅力。

（四）项目呈现

活动入口是“上双漫步”微信小程序。参与者通过扫描二维码，或者微信搜索“上双漫步”打开小程序，进入活动界面。组织者提供了两种参与方式：

方式一：自助漫步，行走打卡。打开“上双漫步”微信小程序，自行安排路线或按推荐路线行走。沿路打卡、集徽章。

方式二：组队漫步，听讲打卡。由文史学者古冈老师带队行走，参与者跟随“上双漫步”小分队组队行走，听学者讲述上海历史文脉。使用“上双漫步”微信小程序完成沿途打卡、集徽章。

在组队漫步方式中，活动方组织了三场活动，包括三条漫步路线，以及最后的特别活动“归流入海”。“归流入海”是“悉尼行走”的主题，通过结尾的点题，“上双漫步”与“悉尼行走”形成呼应。

“上双漫步”微信小程序还有两个特色：一是“记录轨迹”功能，小程序能够根据定位将漫步者的实时行走路线留在实现展示的20世纪的水路图上，形成行动轨迹。参与者可以对画面进行截图，形成分享。二是“打卡解锁”功能，当漫步者进入每个打卡点一公里范围内时，小程序会根据定位，将该站点的历史资料自动解锁。漫步者可以观看上海音像资料馆提供的珍贵历史影像与站点历史图片。使用者阅读完历史资料后，小程序自动投放打卡成功的徽章，形成即时的反馈和虚拟奖励。到活动最终环节，完成全部20个站点的打卡，集齐徽章后，可以换取“上双”限量纪念币，获得实物奖励。

二、构成、解读“记忆之流·水文漫步”活动的三个角度

作为策展人，对于这个活动的艺术构想，我们考量了以下几个角度。

（一）跨时空的回眸

根据构建项目的要素来看，在一般现实层面，这个活动给参与者传达的最直观的感受是实现跨时空的记忆回溯，以及确认当下的一种跳脱感。参与者步行到同一个城市的某个地

标，通过微信小程序等工具，观看此处的历史活动影像和历史图片，直观地进行今昔对照，便会体验到时空跨越之感。在媒体报道中，对这方面的表述也是最多的。比如：

"我们可以在手机微信中，打开'上双漫步'小程序，追随在线地图的标记，来到百年前的镜头停留之地，进而顺着前人的视线，看见上海水畔的过往"，"抵达城市河流现场时，记忆之门随之打开。手机屏幕似乎可以连接起河的这边与那边、城市的现实和梦境，那些正在生长的和已被遗忘的、尚未过去的和即将到来的，便在眼前闪现。正是所谓逝者如斯夫"。[1] 这些都是从空间（"这边与那边"）和时间（"正在生长的和已被遗忘的、尚未过去的和即将到来的"）定位的角度，来表述在活动中所关注所联想所感知的内容。

而这个维度的呈现，主要是依靠将历史影像与现实进行对照来达成。提供历史影像的工作就是由上海音像资料馆来完成的。上海音像资料馆通过遍布全球的采集网络，涉猎美国、俄罗斯、日本等海外多国的档案机构，也包括民间收藏采集渠道获得的历史影像，连同上海广播电视台自建台以来的节目生产，经过数十年不间断耕耘和积累，汇集了较为丰富的上海珍贵历史影像档案。根据不同主题，上海音像资料馆对历史影像进行了分类归纳，形成了"珍贵上海历史影像库""江南历史影像库"等专题库，可供专题历史研究与音视频节目生产利用。其中，以"苏州河"为题的影像内容是大量的。根据打卡点的设置，我们在项目中配合特定地理位置，提供了 20 段相关历史资料。

在这些历史画面中，"可以看到苏州河上，有大批卖菜的船顺流而下，招展着各地商会的旗子，船上有摇橹的女人和光屁股的男孩；这里也曾举办热闹的龙舟赛；外白渡桥上的铁门骤然开启，黑压压的人群如洪水一样涌出"。"关于上海史，文字叙述并不缺乏，但我们脑中却无法勾连真切生动的场景。通过这些现场的画面，我们才真切意识到，那时的江水，与人的衣食住行，与战乱和饥荒，总有密不可分的联系。"[2]

这些历史影像记录了上海历史上各个时期的那些依水而生、傍河而居的人与这条河相伴相生的生活场景。在这些记录中，能够看到最真实的历史原貌，看到河道的变化、河流上船只的变化、河边建筑的变化，看到不同时期人的变化，也看到社会的变化。

影像的力量埋藏于人类遗产的最深处，它既是回归人类最原始体验的方式，同时又是人类沟通方式进化的体现。[3] 而从历史影像中出来，现场亲眼见证现实的河流及周边的环境，

---

1 《记忆之流丨欢迎成为一名水文漫步者》，《澎湃新闻》2021 年 4 月 21 日。

2 同上。

3 ［美］斯蒂芬·阿普康：《影像叙事的力量：在多屏世界重塑"视觉素养"的启蒙书》，马瑞雪译，杭州：浙江人民出版社，2017 年，第 35 页。

看到我们当前城市中的河道和水岸环境整洁充满生机，与早期的黑白历史影像之间河道混乱的情况形成了反差，这之间相隔的不仅仅是不可逾越的所谓“逝者如斯”的时间，也看到了一百多年来人、社会与苏州河关系的变化。

与“悉尼行走”不同的是，“上双漫步”利用了历史影像档案。“上双漫步”的早期策划在影像环节设置上试图复制“悉尼行走”，计划通过采访河流周边的人们，以口述史的形态回忆河流的早期形态。而得益于上海音像资料馆的馆藏，此活动能充分利用原生态的历史影像，更真实地还原历史原貌，形成了“上双漫步”自身的特色。

（二）跨界别的感通

城市“带给人们一种充满美感的环境。随着我们对周围环境的认知不断增强，对休闲享受的追求也越来越高，愉悦感已经成为生活中一份宝贵的财富”[1]。从第13届上海双年展的母题——“水体”来看，“水体”的延展可能是多元的，也是很多义的。它是自然的，也是社会的；是属于群体的，也是属于个体的。

“‘水体’对城市而言，意味着广义上的公共基础设施，即流动、交融和共情的载体。项目，意图在这座城市之中，借由曾经的水道、仍在流动的水，以及人潮的来去聚散，体认人与人、人与城市的连接，探求自身与所处环境的诸种可能。”[2]

“悉尼行走”的策划人——阿斯特里达·奈伊玛尼斯与克莱尔·布里顿在双年展“归流入海”的主题演讲中，讲道：“作为水体，我们彼此间存在着无时无刻的流动——渗透、滴流、溢出。我们的身体不断经历着溶解与剥离，并在这一过程中生成他者。河流的源头往往承载着共同的想象。”[3]

这种多重意义的交织，在“上双漫步”项目中，也有触及和实现。项目的重要参与者，同济大学艺术与传媒学院副教授、硕士生导师，城乡传播研究中心Media City Lab发起人李凌燕在采访中说：“以水为媒，计划参与者在城市空间现场的切身行进与技术链接下的历史影像间形成特定的意象关联，以此使城市获得时空延展，触摸到未曾谋面的城市历史脉络与人文肌理。同时与城市空间在体验、阅读、观看与打卡交流中的多重相遇，亦是对既有空间意义的当下思想嵌入与现场身体书写，意味着新链接与新思想的产生，也是对城市感知物的重新分配。”[4]

---

1 ［美］亨利·丘吉尔：《城市即人民》，吴家琦译，武汉：华中科技大学出版社，2017年，第146页。
2 《记忆之流｜欢迎成为一名水文漫步者》，《澎湃新闻》2021年4月21日。
3 《【PSA｜现场】上双“湿运行”第二天，倾听水流在人类社会的回响》，搜狐网2020年11月11日。
4 《记忆之流｜欢迎成为一名水文漫步者》，《澎湃新闻》2021年4月21日。

以上多义性的实质，给参与者提供了一种跨界别的感通。这个项目中，包含着：个人的行动，包括行走、观察、理解；社会性的定义，包括组织者的引导、通过讲解和交流形成的共识；主体性的经验，包括气味、温度、时空感觉；客体的对峙，包括现场的环境、历史影像的呈现……在现实时空上产生了一个更为宽广的多维的场域，也给项目意义的阐述提供了更大的包容度。

“上双漫步”的意义可以是人文的，是关系社会进步的，也可以是自然的；是关系环境保护的，也可以是关系生命体验的——当体会到河流和时间是同质的——所谓“逝者如斯”，河水川流不息但周边栖居的人们却变动不定，参与者或许会和济慈一样发出“把名字写在水上”的叹息……总之，好的艺术作品是丰富的，很难对其简单定义，从这个角度而言，“上双漫步”是一件好作品。

值得一提的是，在当今的时代，新技术的出现给艺术丰富性提供了支撑。正如“上双漫步”微信小程序的开发者、城室科技的张鼎所说，“原本熟悉的路线或地点，在小程序背后，打开了另一面世界，而时空错位的体验永远非常奇妙”，“借助互联网技术，我们可以在同一个地点看到以前的水体，这是相同地点不同时间的叠加；而同一个时刻，大家一起在城市中漫步，分享各地打卡经历，又是相同时间、不同地点的体验。水、城市空间、历史文脉，当这些内容交织在一起，就会产生出一些奇妙的化学反应”。[1] 要感谢新技术的出现，让这些化学反应给艺术作品增加了更多魅力！

（三）跨文化的眺望

“上双漫步”项目的创意来源是同一个展中的参展项目“悉尼行走”。上海双年展参展艺术家克莱尔·布里顿、朗达·迪克逊–格罗弗劳婶婶与阿斯特里达·奈伊玛尼斯发起了合作项目“川流终为海”（即“归流入海”），邀请一队步行者跟随潮汐的节奏，沿着悉尼的库克斯河漫步 16 公里，直至河流汇入博特尼海湾和太平洋。与之互文，上海双年展的城市项目开设“上双漫步”行动。[2]

请注意文中“与之互文”一词。“互文”是指“互相交错，互相渗透，互相补充来表达一个完整意思”。那么“上双漫步”虽然发起晚，但它不是“悉尼行走”的子项目，而是姊

1 《记忆之流丨欢迎成为一名水文漫步者》，《澎湃新闻》2021 年 4 月 21 日。

2 《第 13 届上海双年展“水体”城市项目公布》，艺术档案网。

妹篇或者兄弟篇，前者是对后者的一个回应。

阿斯特里达·奈伊玛尼斯与克莱尔·布里顿在第13届上海双年展系列讲座中，进行了题为“归流入海”的主题演讲。从演讲中我们可以了解作为学者、女性主义作家和教育者的阿斯特里达·奈伊玛尼斯与艺术家身份的克莱尔·布里顿对于“悉尼行走”项目所发出的宗旨以及她们的艺术思考。

“两位参与者，以第一人称的视角悉心追踪一条悉尼当地的河流，从一个高尔夫球场不起眼的排水渠汇入太平洋的始末。在物种灭绝加剧、多样性衰退的当下，讲座提出了疑问：终点之后是什么？”[1]“归流入海”的“终点”追问，与我们所了解的宗教、哲学领域的“终极关怀”思考相近，有限性是不是连接着无限性，终结之后是不是新生？尤其是“物种灭绝加剧、多样性衰退”的考量下，这里的“终点”追问不是形而上的，而是有现实意义的。

“上双漫步”的设计基本遵循了“悉尼行走”的法则，追踪一条河流，即母亲河——苏州河，从具象的地标——外白渡桥开始，最终汇入大海——长兴岛入海口。比“悉尼行走”更丰富的是，在外白渡桥—苏州河沿线的“上海的母亲河”主路线（路线一、二）之外，增设了十六铺码头“城市供水史”的知识性活动。最后一站长兴岛“前方，就是海”活动回归主题，使“上双漫步”与“悉尼行走”形成呼应。

表1 “上双漫步”活动路线

路线	打卡点
路线一（儿童场） 上海的母亲河：外白渡桥—苏州河沿线	外白渡桥
	南苏州路
	四川北路
	北苏州路
	大名路
路线二 上海的母亲河：外白渡桥—苏州河沿线—外滩	外白渡桥
	南苏州路
	四川北路
	北苏州路
	大名路

1 《【PSA丨现场】上双“湿运行”第二天，倾听水流在人类社会的回响》，搜狐网2020年11月11日。

（续表）

路线	打卡点
路线三 城市供水史：十六铺码头	十六铺码头
	中华路方浜中路口
	江海南关
	商船会馆
	南市自来水厂
	PSA
特别活动 归流入海：SUP！前方，就是海	长兴岛郊野公园

值得一提的是，2022悉尼双年展的主题是“溪流、竞争与可持续发展”：“本届双年展围绕一系列湿地概念展开并以‘*rīvus*’这一具备溪流与竞争双重含义的拉丁词为名……引导观众扩展出水源与人类社区相互关联的诸多思想，包括文化流动、精神溪流等。策展方通过各种媒介，各种形式的展品，向观众呈现了河流的文化沉淀以及人与自然的可持续共存方法。”[1]那么2022悉尼双年展与2021上海双年展，对“溪流”和“水体”不约而同的注目，又可以被视为另一次更高阶的“互文”，或者双城间的跨文化眺望。

三、“记忆之流·水文漫步”活动的历史影像材料展示

此次上海双年展“水文漫步”活动采取了三条不同的路线，将城市的水网逐渐汇聚到黄浦江，并最终进入长江口杭州湾。所有这些路线勾勒出了在人类的作用下，自然水如何从河口流入城市的心脏。我们从上海音像资料馆的丰富馆藏资源中选取相关的历史影像，将历史影像结合到漫步打卡中，更好地将影像与这座城市的脉搏相连。在20处地标的历史影像中，我们挑选了以下几处举例说明。

（一）起点：外白渡桥

在活动起点“外白渡桥”，我们选取了20世纪30年代的外白渡桥历史影像和今天的影像形成对比（图2、3）。

1　人民网，悉尼2022年4月13日电。

（二）四川北路

在打卡点“四川北路”，我们选取了20世纪30年代的上海邮政总局大楼的历史影像（图4、5）。

（三）十六铺码头

在打卡点“十六铺码头”，参与者点开微信小程序就可以看到20世纪80年代中期十六铺客运站及外滩码头的活动影像（图6）。

图2　外白渡桥历史影像（上海音像资料馆提供）

图3　“上双漫步”活动（“上双漫步”活动官方图片）

图4　历史影像中的上海邮政总局大楼（上海音像资料馆提供）

图5　在上海邮政总局大楼打卡（“上双漫步”活动官方图片）

（四）南市自来水厂

在打卡点“南市自来水厂”，参与者点开微信小程序则可以看到20世纪90年代南市自来水厂活动影像（图7）。

（五）终点：长兴岛

作为此次“水文漫步”活动的终点，长兴岛郊野公园举办了特别的桨板冲浪活动。我们提供了1989年长兴岛的新闻镜头和长兴岛郊野公园开业前一年的航拍镜头。长兴岛作为上海水系入杭州湾的最后一站，紧扣本次漫步“归流入海”的主题（图8、9、10）。

图6　20世纪80年代中期十六铺客运站
（上海音像资料馆提供）

图7　20世纪90年代南市自来水厂
（上海音像资料馆提供）

图8　1989年长兴岛的新闻镜头
（上海音像资料馆提供）

图9　长兴岛郊野公园开业前一年航拍
（上海音像资料馆提供）

图 10　桨板冲浪活动（“上双漫步”活动官方图片）

余　论

社会的传播活动有两种：认知性的传播活动和审美性的传播活动。[1] 认知性的传播活动主要是给人们提供认知价值，接受者可以获得包括政治、经济、文化等方面的内容以及关于自然和人类社会的各方面知识。审美性的传播活动主要是为传播对象提供审美信息，使传播对象从中得到一些审美快感，获得心灵的净化。2021 上海双年展“记忆之流 · 水文漫步”活动，将历史影像与滨水城市的水文化进行结合，通过体验滨水文化，加深了参与者对城市文脉的传承认知，是一个关于历史影像与城市更新的优秀案例。

1　张红军：《纪录影像文化论》，北京：新华出版社，2002 年，第 17 页。

从浦江花苑遗址管窥黄浦江流域市镇的发展

陈　凌*

一、偶然发现的码头遗址

浦江花苑遗址位于上海市闵行区南部，南临黄浦江（图 1、2）。

1998 年 4 月，上海博物馆考古人员对在浦江花苑基建过程中发现的这个遗址进行了抢救性发掘和清理。由于发现时该遗址已经遭到严重破坏，因此发掘的范围并不大，主要集中于浦江花苑 3 号和 4 号房基，就在黄浦江边上，或者说就在黄浦江与北横泾的夹角上。虽然发掘面积并不大，只是在那里开掘了一条 10 × 3 米的探沟，但不仅发现有遗物，还发现有遗迹，可以对这个遗址的情况有一个比较明确的认识（图 3）。

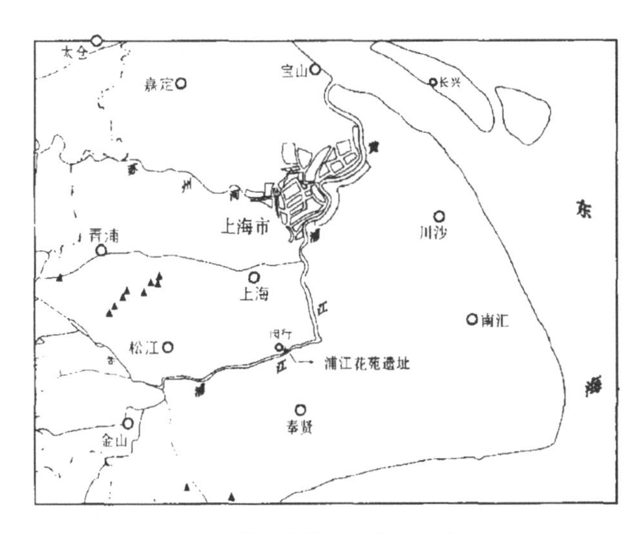

图 1　浦江花苑遗址位置示意图

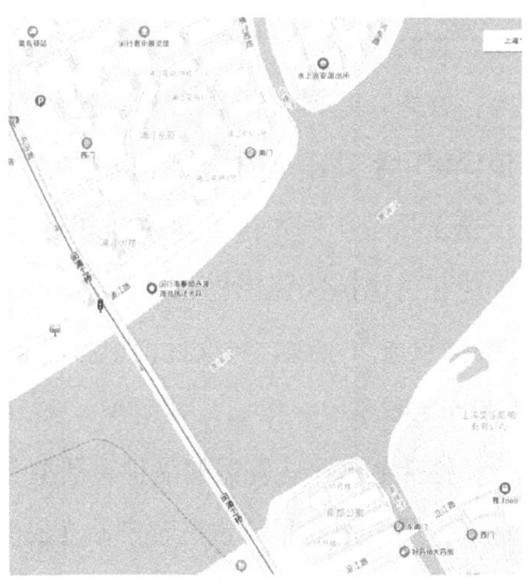

图 2　浦江花苑遗址地图

* 陈凌，上海博物馆研究馆员。

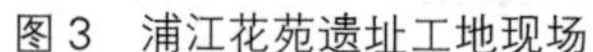

图3　浦江花苑遗址工地现场

图4　浦江花苑遗址发现的成排木桩

发现的遗迹主要是成排的木桩（图4），从北至南共6排，分布范围为南北宽15—20米、东西长约150米，并还有延伸。木桩排距0.5—1米不等，桩与桩的行距在0.5米左右，木桩直径在6—25厘米之间，长1.2—2米。从木桩顶端往下约0.6米的土层内发现了大量瓷片。结合地层堆积和遗迹分布情况分析，该遗迹可能是沿河分布的建筑遗迹。

发现的遗物主要是瓷器残件和碎片，多达数万片。口、足特征比较明显且可以修复成器物的有两三百件。瓷器品种包括青花瓷、青瓷和白瓷，以青花瓷为大宗，占总数的90%以上，青瓷次之，白瓷较少。瓷器器型以碗为最多，占全部瓷器的90%以上，其次为盘、杯等，香炉、笔架只有1—2件。这些瓷器中，大部分的年代为明代，如青花寿字纹盘同景德镇枫树山墓葬出土的弘治年间寿字纹盏基本相同；青花鱼藻纹盘与景德镇官庄墓葬出土的正德至嘉靖年间水藻堆鱼纹盏相近；青花飞马纹碗、缠枝番莲杂宝纹碗、并蒂菊花纹碗，都能在景德镇陶瓷馆里找到与之相似的正德至嘉靖年间的同类作品；青花葡萄纹广口碗有“吴文自造”字款，吴文此前已被考证为嘉靖年间人；还有的碗的底部有“大明年造”字款（图5至图8）。

综合上述这些瓷器的品种、器型、年代等情况，可知这些瓷器的产地绝大部分为景德镇地区，属典型的景德镇民窑产品（民窑青花、白瓷、仿龙泉青瓷）。绝大部分器型规整，胎土较细，釉色纯正有光泽，青花清新淡雅，纹饰先以线条勾勒出轮廓外形，并施以敷色渲染等方法，是民窑青花中烧制技艺较高的瓷器。此外还有少量的福建地区产品（民窑青花、白瓷）。

除了质量较好，这批瓷器数量还很大，是当时上海地区已发现的瓷器中数量最多的一

图 5　青花莲子碗外壁

图 6　青花莲子碗内壁

图 7　青花并蒂菊花纹碗

图 8　青花“大明年造”字款碗底

批。更为关键的是，这些瓷器绝大部分是未经使用过的新瓷器。所以，研究者根据瓷器产地、年代和使用情况推断，浦江花苑遗址的建筑遗迹应该是一处明代中期的码头遗迹。江西景德镇地区和福建地区所生产的瓷器，通过海运来到这个码头，卸船时，完整器分运到上海及周边地区，损坏的就地丢弃，成为今天的瓷器堆积遗址。[1]

此外，在浦江花苑遗址附近，还发掘了几十座明清时期的墓葬，但墓葬规模和陪葬品皆乏善可陈。[2]

1　上海博物馆考古研究部：《上海浦江花苑遗址清理简报》，《文物》2003 年第 2 期。

2　上海市文物管理委员会何继英主编：《上海明墓》，北京：文物出版社，2010 年。

二、水到渠成的因港兴市

浦江花苑遗址所在地就是闵行市镇，旧称“老街”，是清末民国时期比较繁荣的集镇，甚至有上海县首镇的美誉。[1]现在在浦江花苑北邻的星河景苑小区内还有闵行老街展览馆（图 9、10、11）。

闵行市镇南依黄浦江，东临北横泾，水运交通十分发达。根据发现的遗物和遗迹分析，该集镇的形成上限最晚在明代中期。[2]它的兴起应该与黄浦江的发展和演变有很大的关系。

从地方志材料看，闵行市镇在弘治《上海志》中作“敏行市”，仅记其在十六保。[3]正德《松江府志》中开始出现了“闵行市”：“闵行市，在十六保，横沥东，近岁己庚二水，横沥沙竹二冈田亩有秋，灾乡多从贸易，郡中始知名。”[4]己庚二水，指的应该是正德己巳（正德四年，1509）和正德庚午（正德五年，1510）连续两年的水灾，这场大水灾在陆深的《重修松江府学记》中也有记载，可以佐证。[5]这里虽然也遭到水灾，但因航运贸易兴起，在整个府郡中开始有了名位。即便如此，闵行市在正德年间也只是刚刚兴起，所以在上海县的市镇排名中，与吴会镇、乌泥泾镇、下沙镇、新场镇、周浦镇、盘龙镇、青龙镇、唐行镇、赵屯镇、三林塘镇、八团镇等大镇不能相提并论，和崧宅市、泰来桥市、杜村市、白鹤江市、杨林市、诸翟巷市、鹤坡市、东沟市、北蔡市、高家行市等比起来也还是几乎位居最末（图 12、13）。

横沥，又名横泾，“一水而贯乎浦之南北”[6]。现在，黄浦江以南段称南横泾，以北段称北

图 9　浦江花苑遗址现状

图 10　浦江花苑遗址旁的北横泾

图 11　黄浦江对面的南横泾

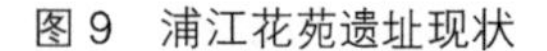

1　彭晓亮：《何处是江南：民国时期上海的古镇郊游》，《澎湃新闻》2020 年 11 月 17 日。

2　考古发掘报告认为“形成上限最晚在明代早期”。

3　弘治《上海志》卷二《山川志》。

4　正德《松江府志》卷九《镇市》。

5　“正德己巳，江南大水，而松特甚。越明年，庚午水再至，浸公私庐舍凡旬有五日而退，退而学官坏特甚。”（明）陆深：《俨山集》卷五十五《重修松江府学记》，《四库全书》影印本第 1268 册，第 344 页。

6　嘉靖《上海县志》卷一《山水》。

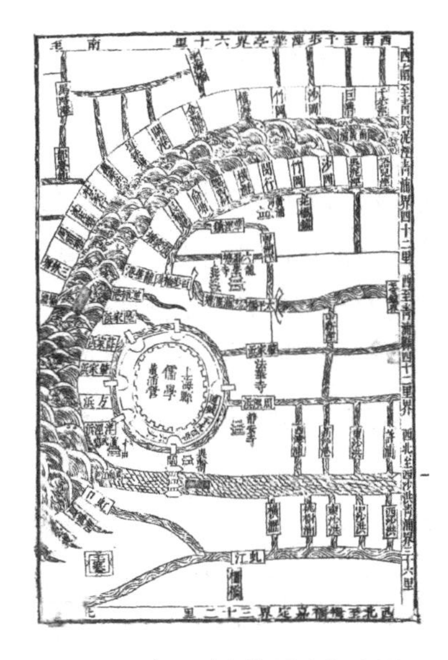

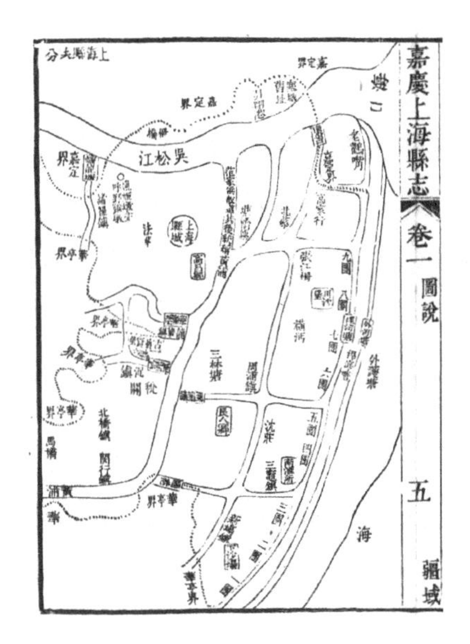

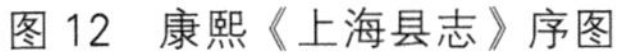

图 12　康熙《上海县志》序图　　　　图 13　嘉庆《上海县志》图说

横泾。同治《上海县志》:“横沥，一名横泾，自南黄浦绝流而北，出闵行镇东北，下绝俞塘，出北桥东，绝六磊塘，出颛桥西北，入华亭界，又北出蒲汇塘、七宝镇东北，绝吴淞江，入嘉定界，踰太仓，历常熟，直至江阴以北。”虽然沙冈、竹冈和横沥三水，在旧志中都号称“从浦南捍海塘而北，直出吴淞江”，然而事实上，只有横沥“又北出二百余里，此上海南北经流延亘最长之水”。[1] 现存有光绪十七年（1891）开浚横沥河碑记两方，其中李邦黻撰《开浚横沥河记》提到：“横沥在邑西南，绵亘一百五六十里，壤接华亭。”[2] 正是这个黄浦江和横沥交汇口的地理位置，不仅有利于航运贸易，在军事上也很重要，“《筹海图编》《江南经略》皆以此处为渡浦入府通衢，府城捍卫称要地。洪武十六年设黄浦巡检司于此”[3]。闵行在《明史·张经传》中作“闵港”，是嘉靖年间，与金山卫、乍浦并称的屯兵之所。[4]

结合考古资料和文献记载分析，闵行市镇的兴起主要在嘉靖年间，这也与之前学者提出的上海地区城镇第一个“勃兴”时期相吻合，并且是在水陆交通发达的地方兴起的为商品交换需要而发展起来的。[5]

1　同治《上海县志》卷三《水道》。

2　郭永明:《开浚横沥河碑记两方》,《闵行文史》1994 年第 1 辑，第 108 页。

3　嘉庆《松江府志》卷二《镇市》。

4 《明史·张经传》，北京：中华书局，1974 年，第 5407 页。

5　吴仁安:《明清江南望族与社会经济文化》，上海：上海人民出版社，2001 年，第 126、133 页。

三、不可或缺的人文积淀

闵行市镇的发展，固然与它所处的特殊地理位置有关，但更重要的原因还在于永乐元年（1403）夏原吉采用本地人叶宗行的建议而进行的浚江通海的努力，造成了“黄浦夺淞”的局面，“吾邑视奉金南为腹地，不知濒海诸邑外护铁板沙，船过搁浅，不能停泊，故捍海塘以外虽为贼匪出没之所，其实不能近岸”，而“黄浦夺淞”之后，所谓吴淞口，其实是黄浦口，“上海由吴淞口可以直达城下”。[1]过上海县城后，还可继续往南，经横沥而北上府城。于是，黄浦江沿岸的各条支水都成了连通的网络，特别是像横沥这样比较大、比较长的，更是在这个交通网络中日益重要。

已有学者研究认为，“黄浦夺淞”造成的地理格局的变化，也影响了明清时期上海地区人文发展的地理分布。“元末上海发生的大规模士人迁移及繁荣的艺术创作活动，除浦东真镜庵、洞玄丹房，静安静安寺，闵行安国寺等寺院为主外，主要是围绕上海西南内地暨以太湖流域、吴门地区近壤——松江、青浦、嘉定、金山四地为主的文人园居展开。明初以降，始呈现东北外移延展之趋势，诸如黄浦潘氏五石山房、顾名儒露香园，徐汇上海顾氏玉泓馆、陈所蕴日涉园，闵行董宜阳‘黄浦之上’的曲水园及浦东陆家嘴陆深俨山书院等文人名居林园，纷纷落成。”[2]

此处特别值得关注的是董宜阳及其曲水园。董宜阳（1511—1572），字子元，别号紫冈。《明史・文苑三》中，虽仅记“董宜阳，字子元”[3]，但名列何良俊、徐献忠、张之象之间，可见其确有文名，与何良俊、徐献忠、张之象并称“云间四贤”。按《董氏族谱》所记，其先为汴人，建炎南渡华亭，所居之地在至元年间归为上海，所以在董宜阳时已自称上海人。其世代所居之地，就在距离浦江花苑遗址西面不远的沙冈、竹冈、紫冈一带。“董氏，上海之望族也。盖其先世已自雄长里中，至御史公而益大。”[4]御史公，即董宜阳的祖父董纶，天顺七年（1463）进士。董宜阳的父亲董恬，字世良，弘治九年（1496）进士，官至大理寺少卿。中国书画史上赫赫有名的董其昌也出自这个家族，属于董宜阳的从子辈。清初以《三冈志略》而闻名的董含，也出自这个董氏，所谓三冈，就是沙冈、竹冈、紫冈。董宜阳曾入国子监，虽在举业上未能有所成就，但辞赋之名颇著，与本地文人唱和交游，“子元名宜阳，博雅有操

1 清嘉庆《上海县志》卷二《水利志》。

2 凌利中：《海上千年书画与文人画史的关系初探》，上海博物馆：《万年长春：上海历代书画艺术特集》，上海：上海书画出版社，2021年，第27页。

3 《明史・文苑三》，第7365页。

4 （明）何良俊：《何翰林集》卷二十三《董隐君墓表》，《四库全书存目丛书》集部第142册，第182页。

图 14　明代苏州文嘉所绘《曲水园图》

行，海内名人多与之游”[1]，在陆深、朱察卿、何良俊、徐忠献等人的文集中都有记载。

上海博物馆藏有明代苏州文嘉所绘《曲水园图》（图 14），文嘉自题：“董君子元有别业在黄浦之上，松竹秀郁，殊为胜绝，名之曰‘曲水园’。嘉靖乙未（嘉靖十四年［1535］）九月过吴，请予图之，因为写此。茂苑文嘉。”上海现有曲水园位于青浦，始建于清乾隆年间，是青浦县城隍庙的庙园，因依傍着大盈浦而在嘉庆年间以“曲水流觞”的典故而易得曲水园之名，显然与文嘉所绘的“在黄浦之上”的曲水园毫不相关。

图 15　宜阳古藤

在今日的沙冈上有一座古藤园，是 20 世纪 90 年代建造的，但古藤园中有一株树龄近五百年的古紫藤，据传是董宜阳手植，故称“宜阳古藤”（图 15）。这株古紫藤不论是否为董宜阳手植，这个位置与董宜阳的曲水园应该都相去不远（图 16）。徐献忠曾记：“倭夷寇掠海上，诸转徙入城者，故丘咸荒莽不堪，返服董君子元沙冈旧业，桑梓尚无恙，因扫除而居焉，做旧林赋。”[2]

图 16　古藤园旁的沙港

浦江花苑遗址虽然发掘面积不大，但不可否认的是，这个遗址的存在和发掘，为我们理解黄浦江流域市镇的发展提供了极为重要的材料。

1 （明）徐献忠：《长谷集》卷八《紫冈草堂记》，《四库全书存目丛书》集部第 86 册，第 292 页。

2 （明）徐献忠：《长谷集》卷一《旧林赋》，第 166 页。

广州水文化历史的影像记忆

翁海勤*

电影这一技术自诞生之初就具有了记录人类活动和历史的重要功能。早期纪实性的活动影像，涵盖了历史影像和纪录片，是用电影胶片记录人类历史文化的重要载体。目前留存的早期影像[1]中，有着丰富的记录城市生活的内容，对于现代城市历史的立体式书写和文化遗产的保护和传承有着重要价值。

广州这座位于中国南方的城市，因其地理位置和自然条件，自古以来河流密布、水网纵横，因此在她绵延至今的文化基底中，和水有着不解之缘。关于广州的早期活动历史影像中，也蕴藏着对广州水文化元素的珍贵记录。

本文基于对广州历史影像资料的梳理和研究考证，通过影像解读的方法勾连广州水文化的历史记忆，希望为城市历史书写、文化遗产保护和城市更新提供佐证和启发。

一、上海音像资料馆搜集的广州历史影像概况

笔者所在的上海音像资料馆开展海外珍贵历史影像采集工作已有三十多年，最初以上海珍贵历史影像为主要搜集研究对象，随着海外采集渠道的不断拓展和影像研究的深入，也同步搜集到数量相当丰富的中国其他城市和地区的珍贵历史影像。本文对广州历史影像的梳理研究以目前已搜集到的内容为基础而进行，未来随着更多影像内容被挖掘，还将做更多拓展。目前已开展的研究工作包括对广州早期历史影像内容的整体性研究、对单部/条影片中画面的内容考证研究、针对影像中有关水文化元素的专题性研究。

* 翁海勤，上海音像资料馆版权采集部主任、馆员。

1 本文中的"影像"，除无特别说明，均指以电影摄影机拍摄的活动画面。

（一）影像拍摄数量、拍摄年代分布、影片类型、拍摄者等概述

本文所梳理的广州珍贵历史影像均为与广州直接相关的影像记录，主要涉及六十一部／条影片内容。这些珍贵历史影像拍摄年代跨度从19世纪末到20世纪70年代末，其中以20世纪三四十年代记录的影像数量为最多，占总数约三分之二（表1）。

目前已搜集到的广州早期影像，数量最多的类型是纪录片和新闻影片，还有部分纪实短片、影像拍摄素材及少量私家电影、旅行片和教会影片（表2）。这些影片的拍摄者以专业机构为主，其中包括早期电影公司、新闻机构、军方宣传部门等，还有一部分来源于个人电影爱好者的私人记录或者教会的影像记录。

表1　广州珍贵历史影像年代分布

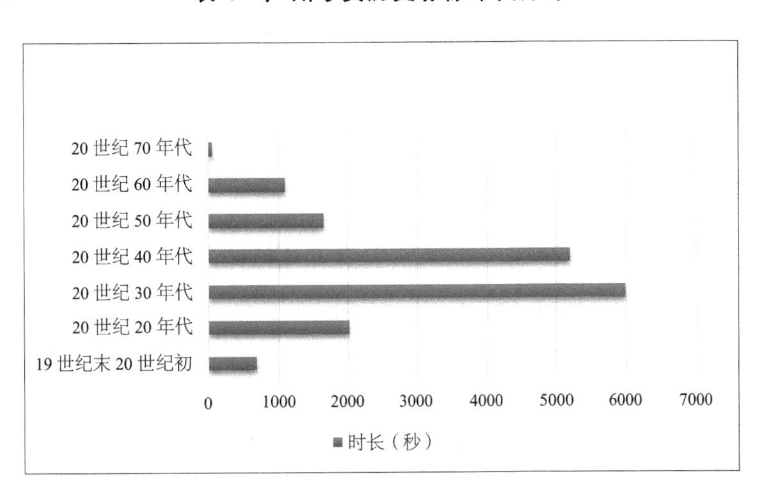

表2　已搜集的广州珍贵历史影片类型

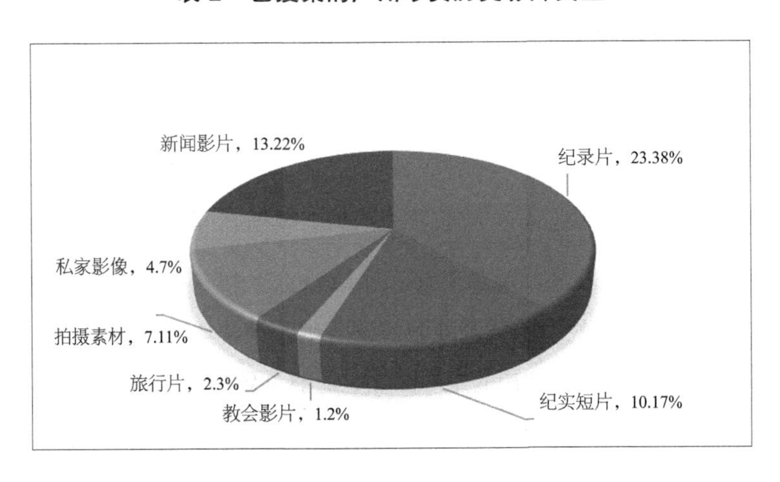

（二）不同时期具有代表性的广州历史影像

1. 广州最早的活动影像：《抵达广州码头》等（1898 年爱迪生公司）

1897 年夏天，美国爱迪生公司的詹姆斯·怀特（James White）和摄影师弗雷德里克·布兰琴登（Frederick Blechynden）带着该公司的专利——活动电影摄影机，开启了为期十个月的环球拍摄之旅。第二年春天，他们历经一个多月颇为曲折的旅途抵达中国，在香港、澳门、广州、上海拍摄了十几条短片。这其中有四条就是在广州拍摄的，包括《广州河景》（*Canton River Scene*）、《广州，下汽船登陆的中国旅客》（*Canton Steamboat Landing Chinese Passengers*）、《抵达广州码头》（*Landing Wharf at Canton*）和《去广州的游客》（*Tourists Starting for Canton*）。这些短片中的画面因年代久远而模糊不堪，只能依稀辨认出水面上船只往来频繁、江边码头、停靠在岸边的蒸汽客轮和经过镜头的各色旅客，以及一些坐着轿子穿过一座桥的游客，但这些画面仍是目前所能看到的最早关于广州的电影记录。从摄影师镜头瞄准的对象，就可见当年广州作为水城给人留下的深刻印象。

2. 最早关于中国的长纪录片：《经过中国》（1912—1915 年本杰明·布洛斯基）

美国导演本杰明·布洛斯基（Benjamin Brodsky）于 1912—1915 年间，从香港出发，沿着海岸线一路向北到广州、杭州、上海、苏州、南京、天津及北京游历。他用电影胶片记录下当时中国各地的城市风光、市井风情、人民生活百态和文化习俗，并配以字幕表达他对中国和中国人的观感，制作成一部影片《经过中国》（*A Trip through China*），这是关于中国最完整也最长的早期动态影像记录。

该片 1917 年由美国至尊影业公司（Supreme Feature Films Company）发行，全长 108 分钟，其中拍摄到广州的部分约有 8 分 40 秒，记录了珠江、老城门、陈家祠、先施公司、沙面建筑、河道、伐木产业、水上运输和交通、船民、琶洲塔等影像，是对当时广州城较为全面的影像记录。

3. 广州最早的航拍镜头：《广州航拍》（1921 年法国高蒙电影公司）

广州最早的航拍镜头由法国高蒙电影公司在 1921 年拍摄，记录了外国飞行员驾驶双翼水上飞机飞越广州市区上空的镜头。画面只有不到 1 分钟，其中能看到从空中俯瞰的沙面岛、珠江上密布着的船只、珠江北岸的主要区域，还能见到当时广州的地标建筑石室圣心大教堂等。

4. 最早记录广州工人运动的纪录片:《伟大的飞行与中国的国内战争》(1925年史涅伊吉洛夫)

1925年苏联导演史涅伊吉洛夫第一次用纪录片的形式向全世界真实报道了关于中国人民的革命斗争。这部《伟大的飞行与中国的国内战争》的最后一部分详细记录了五卅运动和省港大罢工期间的广州，时长将近17分钟。当时的广州正处在军阀东征、陈炯明叛乱之后，局势复杂。苏联导演和摄影师在动荡不安的广州随机应变，尽最大努力记录下当时的社会面貌。他们拍到了珠江和西堤建筑、生活气息浓厚的街道、水上的疍民生活、被封锁的沙面租界、参加游行队伍的工人和学生、罢工委员会的领导人、会审罪犯的场景、农民自卫队、黄埔军校的卫队、国民革命军东征等。

5. 西方个人电影爱好者眼中的广州:《一次广州行》(1936年爱德温·G. 菲利浦斯)

这部旅行片为英国一位业余电影爱好者爱德温·G. 菲利浦斯(Edwin G. Phillips)所拍摄，片长约12分30秒，较完整地记录了全面抗战爆发前广州的城市景象，可以说是一部广州城市旅游指南。爱德温1935—1938年间在香港、广州拍摄了多部16毫米影片。广州行期间，他乘船抵达广州，在船上拍摄了珠江上的运输船、花尾渡、疍民船只等，也拍到了沿岸的酒楼、货仓和海珠桥。下了船，他又逛了西关十八街，也就是现在的上下九一带，画面中出现了三凤粉庄、中山戏院等地标，另外还拍到街头葬礼、白云山墓区、中山纪念堂、黄花岗烈士公园、六榕寺和花塔等。

6. 目前所见关于广州最早的彩色纪录片:《解放了的南方》(1950年中苏联合摄影队)

《解放了的南方》是由中苏联合摄影队摄制的全彩色纪录片《锦绣河山》中的一集，拍摄了中华人民共和国成立初期的南方，其中广州部分约9分钟，这是目前所见广州最早的彩色影像。影片中拍摄到了珠江长堤全景、被炸坏的海珠桥、广州街道上标志性的骑楼建筑、黄花岗七十二烈士墓、中山纪念堂、中山纪念碑、学校等。画面中可以看到，珠江上仍居住着大量船民，沙面一带保留着原租界建筑。影片最后还拍摄了广州人民庆祝中华人民共和国成立的活动。

(三)上海音像资料馆已搜集的广州珍贵历史影像的总体特点

从数量上看，目前所搜集的广州珍贵历史影像总量近5个小时，仅次于上海和北京。从内容上看，这些影像涉及的内容丰富，记录了珠江、人民生活、街道商铺、标志性建筑、历史事件和人物等方方面面。从拍摄者看，目前所看到的大多数早期珍贵历史影像由外国人拍摄。

二、历史影像对于广州水文化的记录

（一）广州水系的历史沿革简述

广州位于广东省中南部，珠江三角洲北缘。由于这里地处南方丰水区，其境内河流水系发达，大小河流（涌）众多，水域面积广阔，北江、西江、东江在此汇合到珠江入海。广州水资源的主要特点是本地水资源较少，过境水资源相对丰富。全市水域面积 7.44 万公顷，占全市土地面积的 10.05%。[1]

广州的生态资源特征可以概括为：以山体、水系为骨干，形成北部山林—中部城镇—南部水网、农田和海洋的生态基底，兼备各类景观。一句“六脉皆通海，青山半入城”，勾勒出老广州山水生态城市的基本格局。

历史上的广州旧城，水道繁密，四通八达，堪称水城。明清时期开凿六脉渠，使“渠通于濠，濠通于海”，形成完备的城市水网体系，交通通达便利，水道及其沿岸商业发展迅速。清代《羊城竹枝词》描写广州城：“水绕重城俨画图，风流应不让姑苏。”而自 20 世纪起，随着城市建设的发展和自然环境的改变，广州渐渐失去了许多岭南水乡的风采。

从清末和现代广州老城区水系分布两图对比中可以看出，广州老城区的水系经历了巨大变化，在自然和人为因素影响下，原先成体系的水网、河涌许多已经消失，且水系宽度也大不如前。除了河涌的变化，珠江岸线也在不断向南推移，宽度不断缩窄。

（二）广州水文化简述

水是生命之源，也是孕育人类文明和文化的重要元素。根据水文化专家李宗新的定义，水文化是以水和水事活动为载体形成的文化形态，是水在与人和社会生活各方面的联系中形成和发展的文化形态。[2]

广州这座城市的水文化随着其水资源和城市建设的变迁在不同时代也呈现出不同的样貌。

---

1 广州市人民政府，https://www.gz.gov.cn/zlgz/gzgk/zrdl/。

2 李宗新：《再谈什么是水文化（上）》，http://slfjq.mwr.gov.cn/whkp/202007/t20200721_1418552.html。

明清以前，广州水网纵横的格局使水运在广州的运输贸易中占据主要地位，同时也促进了滨水活动和水文化的产生和繁荣发展；而随着广州水系格局的变化，水系河道的消失或萎缩、经济发展和城市人民生活状态的改变，使得很多旧时的水上生活和文化活动已经逐渐消失。

然而经过几千年的沉淀和积累，水文化对于广州这座城市独特精神文化内涵的塑造有着深远的影响，已经成为根植于城市性格的重要元素，这从其留存至今的各种滨水饮食、滨水风俗、娱乐活动、传统信仰以及粤语中大量与水相关的词句中可见一斑。

广州水文化的承载形态非常丰富，涉及与水相关的人的生活环境和生产活动等物质文化形态，也涉及人的文化教育、宗教信仰、风俗娱乐等精神文化形态。

主要包括以下内容：

滨水景观：建筑、桥梁、碑塔、河道等；

各类劳动生产活动：依水而进行的农耕、养殖、手工业等；

日常生活：水上人家、美食文化、茶肆酒楼等；

商业贸易：商铺商行、水上贸易等；

交通运输：水上运输、各类船只、码头等；

文化教育：学校、历史纪念景观等；

风俗娱乐：端午龙舟赛、花船、观光船、水上祭祀等；

宗教信仰：宗祠、寺庙……

这些丰富的水文化元素，绝大多数都能在现存的历史影片中找到相应的记录，让后人得以细细观察和咀嚼这些在岁月中流淌的关于广州的鲜活记忆。

（三）历史影像中的水文化元素

由于电影技术最早产生于西方，距今还不到一百三十年的历史，而目前我们所能看到的电影胶片记录的广州历史影像，其时间跨度从 1898 年延续到 20 世纪 70 年代末，仅有八十年左右，因此本文所介绍的历史影像中的广州水文化记忆也只能聚焦于这一时间段。

笔者把这些影像中关于广州水文化的元素主要分为滨水景观和滨水活动两大方面。滨水景观包括江河水景、滨水建筑、码头、桥梁、特定区域等静态景象；滨水活动则包含依托水资源进行的劳动生产、日常生活、交通运输、商业贸易、风俗娱乐等人的活动景象。下文将结合这些内容选取历史影像截图进行解读。

图 1 是笔者根据目前所见广州历史影像的关键词描述所绘制的词频图，从中可以看出广州水文化元素的丰富内容。

图 1　广州历史影像词频图

图 2　1898 年爱迪生公司摄影队乘坐轮船抵达广州时拍到的码头和船只

图 3　1915 年的珠江沿岸（纪录片《经过中国》）

1. 滨水景观

（1）珠江

笔者注意到，珠江是几乎所有电影记录者拍摄广州都绕不过去的镜头，因此关于珠江的画面是广州影像中最为丰富的。现存最早的 1898 年广州影像就拍到了珠江边的轮船码头和船只（图 2）。历年影像中拍摄珠江的角度也非常丰富，有的在珠江南北两岸拍摄江上或对岸景色，有的随着船行拍摄江面或沿江风光，有的登上高楼拍摄，也有的坐在车上拍摄，还有更少见的航拍影像。影像的年代越往后，珠江边的建筑物越丰富，天际线也越来越高（图 3 至图 7）。

图 4　1915 年的珠江沿岸（纪录片《经过中国》）

图 5　1921 年珠江航摄镜头
（法国高蒙电影公司新闻）

图 6　1933 年建成通车的广州第一座跨江大桥——海珠桥（旅行片《一次广州行》）

图 7　1961 年彩色胶片中的珠江沿岸建筑
（纪录片《中国的儿童》）

（2）长堤

广州长堤主要指旧城珠江北岸的堤岸，始建于清末，时任两广总督张之洞为“弭水患、兴商务”而奏请清廷兴建长堤。长堤总长 4.5 公里，西起沙面，东至大沙头，按照方位大致分为西堤、南堤、东堤三段。现在人们熟知的长堤通常泛指西堤一段，即西起人民桥，东至海珠桥，包括沿江西路、长堤大马路沿线，长约 1.6 公里。

长堤建筑群，尤其是西堤这一段，是各时期广州影像中最引人注目的内容，因为这可以说是判断影像拍摄地点最为明显的标志性画面。长堤从初建到完全建成，以及其沿线一

图 8　1922 年珠江西堤，大新公司刚刚落成，东面的嘉南堂尚无踪影（影像素材）

图 9　1927 年左右珠江西堤，从左至右可见大新公司、嘉南堂西楼和南楼（新华大酒店）(影像素材）

图 10　1933 年左右珠江西堤，从左至右可见粤海关大楼、塔影楼、邮政大厦、大新公司、嘉南堂等建筑（影像素材）

图 11　1949—1950 年彩色胶片中的珠江长堤，中间的高楼即爱群大厦（纪录片《解放了的南方》）

批重要建筑逐步落成的时间段，恰好与早期活动影像发展时间段同步，因此早期的历史影像资料可以说是见证了长堤从初生到定型的全过程。长堤建筑由西至东，包括粤海关大楼（1916）[1]、塔影楼（1919）、邮政大厦（1916）、大新公司（今南方大厦，1922）、嘉南堂（1926）、孙逸仙博士纪念医院（1835）、广州电影院（1936）、爱群大厦（1937）、东亚酒店（1914）、先施公司（1912）、永安堂（1937）、五仙门发电厂（1900）等著名建筑和地点，几

1　括号内数字为建筑落成年份，后同。

图 12　1915 年左右落成不久的先施公司
（纪录片《经过中国》）

图 13　1937 年刚落成的爱群大厦
（纪录片《现代中国一瞥》）

图 14　1941 年位于长堤的孙逸仙博士纪念医学院
（纪录片《新生的广东》）

图 15　1957 年重建后的南方大厦
（纪录片《走进红色中国》）

乎都有早期活动影像留存（图 8 至图 15）。

（3）沙面

位于广州珠江靠西段、曾被划为租界的沙面人工岛也是历史影像中出现的常客。从最早的《经过中国》到最早的航拍，不同时期都有影像记录。其中影像最为丰富的是沙面岛北部的沙基涌和沙基大街（即六二三大街），其次是连接沙面岛和广州旧城区的两座桥——东桥（“法兰西桥”）和西桥（“英格兰桥”），此外还有一些岛上的外国建筑（图 16 至图 20）。

图 16　1915 年左右位于沙面的维多利亚酒店（纪录片《经过中国》）

图 17　1922 年沙基涌
（旅行片《从中国的水上城市到萨摩亚》）

图 18　1922 年沙面西桥
（旅行片《从中国的水上城市到萨摩亚》）

图 19　1936 年沙面运河街
（纪录片《今日中国》）

图 20　1941 年航摄镜头中的沙面岛和东桥
（纪录片《新生的广东》）

（4）导航建筑物——塔

珠江口岛屿众多，水道密布，有虎门、蕉门、洪奇门等水道出海，使广州成为中国远洋航运的优良海港和珠江流域的进出口岸。早在海上丝绸之路繁荣的时期，塔就成为广州重要的导航建筑物和景观标志物。唐代的怀圣寺光塔曾是广州内港标志。明万历年间先后建成的莲花塔、琶洲塔、赤岗塔，作为明清来往广州船舶的航标灯塔，被称为广州的“三支桅杆”，在明清时期具有重要意义。这些塔也在早期活动影像中有所记录（图 21、22）。

图 21　20 世纪 20 年代琶洲塔（影像素材）

图 22　1941 年怀圣寺光塔（纪录片《新生的广东》）

2. 滨水活动——疍民的水上生活

据人类学家考察论证，疍家人不算作一个独立民族，而是我国沿海地区水上居民的一个统称，属于汉族，主要分布于福建、广东、广西和海南等地。疍民生活是体现近代广州滨水活动最为重要的内容。疍民作为在水上生活的主要人群，从生到死都和水无法分离。

据 20 世纪 40 年代岭南大学陈序经教授在《疍民的研究》一书中估计，珠江流域及广东沿海疍民不少于 100 万人。据广州公安局调查，1937 年全市疍民约 11.2 万人，占当时广州人口 10% 左右。中华人民共和国成立后很多疍民上岸谋生，1987 年 4 月 19 日《广州日报》报道，广州地区疍民有 3182 户，共 1.5 万人。[1] 如今广州已无疍民存在。

历史影像中的疍民相关影像涉及他们的居住环境和生活状态、水上生产、文化娱乐等丰富的活动（图 23 至图 26）。

1　许桂灵：《广州水文化景观及其意义》，《热带地理》2009 年第 2 期，第 182—187 页。

图 23　1925 年珠江西堤码头（右侧建筑为塔影楼）、岸边的疍民聚落（纪录片《伟大的飞行与中国的国内战争》）

图 24　1925 年依水而建的疍棚和水上的住家船（纪录片《伟大的飞行与中国的国内战争》）

图 25　1949—1950 年间珠江长堤沿岸仍然分布着大批疍民聚落，疍民在船上的衣食住行依旧（纪录片《解放了的南方》）

图 26　20 世纪 50 年代末广州疍民彩色影像，儿童去水上学校上课（纪录片《中国的儿童》）

3. 水上运输

广州优越的地理位置使其成为有着千年历史的贸易港城。广州也是古代海上丝绸之路的起点之一。在历史影像中有着非常丰富的关于广州水上运输活动的画面，尤其以各种类型的船只和码头为多。

1932 年广州公安局对栖居在珠江河上的艇户做了统计，十多万的水上居民，分别居于三十多种不同的船艇中，其中包括各类货艇和运人小艇。运客渡河的主要有四柱大厅、沙

图 27　1925 年江边码头和小型渡船
（纪录片《伟大的飞行与中国的国内战争》）

图 28　20 世纪 20 年代末芳村白鹤洞电船埗头
（纪录片《广州与珠江》）

图 29　1932 年西堤附近花尾渡
（纪录片《中国和美国》）

图 30　1922 年香蕉艇
（纪录片《中国水上城市》）

艇、横水渡、孖舲艇等，运物的有货艇、柴艇、西瓜艇、装泥艇、运煤艇、米船等，运肥料的有运粪艇、运尿艇、垃圾艇等。[1] 虽然笔者无法辨认出影像中所有船只的功能用途，但也被它们的各异形态以及在江河水面上密集出现的景象所震撼，相信这些画面可以为专业航运史研究学者提供参考（图 27 至图 30）。

1　许桂灵：《广州水文化景观及其意义》，《热带地理》2009 年第 2 期，第 182—187 页。

图 31　1934 年船上米行（影片素材）

图 32　1941 年位于内河口岸的外贸重地——著名的十三行马路及其街市（纪录片《新生的广东》）

图 33　1961 年船艇水上酒楼（纪录片《中国的儿童》）

图 34　1936 年珠江花船（旅行片《一次广州行》）

图 35　1939 年珠江龙舟赛（新闻影片）

4. 商贸饮食

历史影像也记录了早年广州的水上贸易和因水路便捷而繁盛的商业区。此外，林林总总的茶肆酒楼、海味商店等，也体现出水文化对于广州饮食文化的影响（图 31、32、33）。

5. 滨水民俗娱乐活动及场所

广州早年的水上民俗娱乐活动及场所包括水上观光、滨水戏院、花船（水上风月场所）、龙舟竞渡、水神祭祀等等（图 34、35）。

三、历史影像在广州城市水文化遗产保护和城市更新中的价值

（一）史料价值

历史影像客观记录了广州水文化的丰富内涵，对于研究广州水文化具有独特的史料价值。活动影像比静态照片更能立体全面地展示历史原貌，影像中的事物连带周围环境更多细节的呈现，使其作为历史佐证的重要作用不容忽视。历史影像本身也是一种文化遗产，有待进一步挖掘研究和保护利用。

本文所研究的广州历史影像还只是现存影像的一部分。关于这些早期的影像，我们还可以提出很多问题，如20世纪60年代以前的西堤建筑群中，嘉南堂以东的两栋建筑是什么？它们对繁荣西堤曾发挥过什么样的作用？沙面西桥所通往的六二三大街自20世纪20年代之后发生过怎样的变迁？沙基惨案纪念碑在不同时期的历史影像中出现在不同的方位，甚至还曾改变形态，这其中有什么样的原委？反观这些历史影像，它们的拍摄者和拍摄过程又有着什么样的故事和背景？……这些问题都有待未来研究的深入而一一解答。

这一方面需要通过搜集工作，丰富广州历史影像的数量；另一方面需要通过对影像内容更深入地挖掘，解读其中的画面细节（包括建筑、船只、店铺、人物等等），勾连起城市历史发展脉络和城市面貌的变迁，尤其是讲述那些已经或正在消失的水文化形态，以使广州的水文化能在人们心中保留和传承。

（二）宣传价值

历史影像本身可以被运用于广州水文化遗产的立体式宣传展示，通过人文纪录片、主题展览等各种手段的开发利用，给人们守护和传承历史文化记忆带来启发。

难得一见的珍贵历史影像在纪录片中的呈现，对于增强历史叙述的真实性和时代感不言而喻。除了被运用于传统的文史纪录片和展览，历史影像中的各种水文化元素可以被拆解成片段，利用新媒体技术和传播手段加以包装，将图片、活动影像和文字结合展现，互为补充，以互动性更强的方式传达给普通市民，为他们提供沉浸式的体验，从而加深其对于城市历史文化记忆的印象和情感，提升公众对城市水文化遗产保护和传承的参与感和认同感。

例如，广州的水文化博物馆、城市规划展览馆等承担着向公众传播水文化知识与城市文化的历史使命，此类文化机构可以在展陈设计和策划公共活动时加强对珍贵历史影像的多元化运用。又如，珠江夜游是广州一项知名的旅游项目，笔者也曾体验过。如果设计一些配套的文旅 App，针对不同的游船线路和不同的客户需求，在游客游船过程中加入对所经过景点

的实时介绍，利用 AR 技术嵌入历史影像和相关图文资料，让游客可以随着船行线路穿梭在历史与现实之间，甚至加入实时互动评论的社交功能，或许可以让这一游览过程更具文化性和趣味性，同时也达到传播水文化的目的。

（三）现实价值

在结合文献、图片和影像资料的研究基础上，充分了解广州水城的人文脉络和资源、历史建筑和特色街区等，有利于更科学地统筹规划，对于在城市更新过程中塑造独具广州特色的现代城市水文化景观具有现实意义。

一段历史影像也许并没有恰好记录下某个历史事件的进行或具体的人物，但其作为对那个年代那个区域真实状态的反映，也可以为人们了解历史提供更多参考和借鉴，历史影像所记录的氛围是相同的。

历史影像资料记录了一个城市或文化遗产在不同时间段内的面貌和变迁，可以帮助我们了解历史上的城市规划、建筑风格、社会文化等方面的情况，进而重建历史，探究历史演变。

历史影像资料对于城市历史信息的保存，可以为城市更新和文化遗产保护提供重要的参考依据。例如，在重建历史建筑时，可以通过历史影像资料来还原建筑的原貌，避免因修复过度或变形而破坏历史文化遗产的真实性和完整性。同时，历史影像资料还可以为城市更新和文化遗产保护提供规划和设计方面的灵感。通过对历史影像的研究，可以更好地理解历史建筑的空间方位、造型结构、风格装饰等方面的细节，从而为修复和保护提供更具创造性的解决方案。

本文对广州早期历史影像中关于水文化元素的梳理和分析还非常粗浅，随着今后对广州早期历史影像资料搜集内容的拓展和研究的深入，相信影像记忆在水文化遗产保护和城市更新中的作用和意义将日益显现。

参考文献

［1］ 宫华慧子：《广州市滨水动态人文景观演进研究》，华南理工大学 2017 年硕士学位论文。

［2］ 许桂灵：《广州水文化景观及其意义》，《热带地理》2009 年第 2 期，第 182—187 页。

［3］ 许自力：《濠泮风流——广州旧城水系景观的历史演变》，《中国园林》2014 年第 4 期，第 51—55 页。

［4］ 吴水田、司徒尚纪：《岭南疍民舟居和建筑文化景观研究》，《热带地理》2011 年第 5 期，第 514—519 页。

［5］ 李宗新：《再谈什么是水文化（上）》，http://slfjq.mwr.gov.cn/whkp/202007/t20200721_1418552.html。

［6］ 吴简池：《广州长堤空间史研究（1888—1938）》，华南理工大学 2018 年硕士学位论文。

苏州河两岸住屋影像与城市居住空间形塑（1972—1992）*

李东鹏 **

引　言

上海开埠以后城市快速发展，城市空间沿着苏州河向内部推进，形成了码头货栈、工业生产和居住生活等几大功能区。其中，坐落在苏州河两岸的里弄住宅等形成以住屋为主体的居住空间，伴随着上海城市发展而不断建设，深深嵌入苏州河两岸的上海城市空间风貌塑造中。20 世纪 70 年代以来，国内外的导演、摄影师将镜头聚焦于居住在其中的居民的日常生活，包括居住人群、居住环境、生活状态等，一是通过影像塑造出上海的城市居住空间，正如列斐伏尔认为的“空间生产”；二是通过影像塑造出“住屋景观”的概念，并通过影像将导演暗含的意识形态，包括上海的“住房问题”等，传递给社会，深深地影响着广大社会民众的心理。本文通过分析 20 世纪 70—90 年代的住屋影像，讨论其拍摄内容、影像传播与上海城市空间、市民心态与上海住房问题推进之间的关系。

一、早期上海住屋影像概况

上海开埠以来，“苏州河自西迤逦而东，至外白渡桥而入于黄浦江，横贯本市最繁盛地区，各种船舶，麇集其间”[1]。此外，随着上海城市的发展，城市空间向内部演进，沿苏州河而上形成了几个功能空间：码头货栈、工业生产、居住生活三大功能区。正因为苏州河的地位如此重

---

* 本文部分发表在《美好生活研究》第二辑，上海：东华大学出版社，2023 年。

** 李东鹏，历史学博士，上海音像资料馆副研究馆员。

1 《业务辑要：整理苏州河航运》，《公用月刊》1946 年第 7 期。

要，是上海的代表之一，所以近代众多中外纪实摄影师，无不拍摄苏州河的景观。电影诞生后，“电影也立即被用以勾勒国家形象和建构各国不同的风俗景观”[1]。丰富的纪实影像可以为历史文本提供更鲜活的“影像注脚”。而坐落在苏州河两岸的住屋，是这些影像的一个重要领域。

“上海居，大不易”，自上海开埠以来，城市不断发展，人口不断增加，但住房问题一直是困扰生活在上海的人民的大事、难事。作为旅沪人士必需品的《大上海指南》，讲道：“衣食住，住本居其次次位，然以目前上海实情而言，则适为其反，初到上海人士，莫不以‘住’为生活之严重一环，往往为‘住’一问题，弄得焦头烂额依然毫无办法。即久居上海者——除少数富有者例外，亦无不引以为苦，街头所见西装革履摩登男女，若能跟踪随往察其寓所，则在半扶梯搭阁处，或在屋脊欹斜之处所搭阁楼间，殊费意外事。”[2] 著名作家茅盾在写他到上海去找房子住的时候：

> 这一家石库门的两扇乌油大门着实漂亮，铜环也是擦得晶亮耀目，因而我就料想这一家大约是当真人少房子多，即所谓有“余屋”了。但是大门已开，我就怔住了：原来“天井”里堆满了破旧用具，已经颇无“余”地。进到客堂，那就更加体面了；旧式的桌椅像“八卦阵”似的摆列着。要是近视眼，一定得迷路。因为是“很早”的早上9点钟，课堂里两张方桌构成的给“车夫”睡的临时床铺还没拆卸。[3]

近代以来，不少国内外的电影导演在不同时期将视线投向上海的住屋变迁，如20世纪早期的国外导演摄制的纪录电影《伟大的飞行与中国的国内战争》《上海纪事》《上海一瞥》等，也有大量的私人拍摄的生活影像及新闻电影工作者拍摄的新闻影像等，对上海的花园住宅、普通住宅及棚户区进行了多角度的记录。

1925年，苏联导演史涅伊吉洛夫制作了有关中国主题的纪录片《伟大的飞行与中国的国内战争》，苏联《真理报》曾高度评价“不是通常所理解的新闻片”，而是达到了“社会生活史诗的宏大规模”。[4] 史涅伊吉洛夫来到上海的时候，正值五卅运动高潮，其前往上海总工会所在的石库门里弄进行了拍摄，记录下当时的石库门风貌。1925年五卅惨案发生的当晚，中

1 ［英］彼得·克拉克主编：《牛津世界城市史研究指南》，陈恒、屈伯文等译，上海：上海三联书店，2019年，第450页。

2 王昌年：《大上海指南》，上海：光明书局，1947年，第101页。

3 茅盾：《上海》，余之、程新国主编：《旧上海风情录》上集，上海：文汇出版社，1998年，第20页。

4 苏联科学院艺术史研究所编：《苏联电影史纲》，北京：中国电影出版社，1959年，第100页。

图 1　1925 年上海一个棚户区的样貌

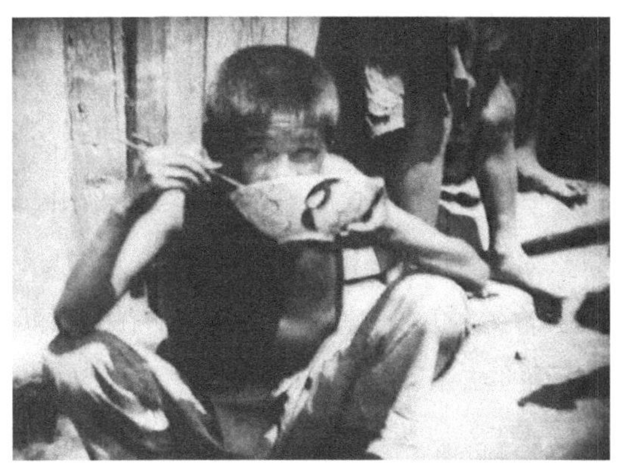

图 2　1925 年上海一个棚户区内正吃饭的男孩

图 3　1927 年肇嘉浜两旁的棚户草屋

图 4　1927 破船往岸边一靠，就成了住房

共中央召开紧急会议，决定进一步扩大反帝运动，发动罢工、罢市。5 月 31 日晚，上海总工会筹备会在闸北虬江路 46 号广东会馆礼堂召开各工会联席会议，决定正式成立上海总工会，并决定将上海总工会机关会址设在闸北宝山路宝山里 2 号。6 月 1 日早上，上海总工会在宝山里 2 号挂牌公开办公。此外，史涅伊吉洛夫还将镜头对准了生活居住在棚户区的底层劳动人民群体（图 1、2）。史涅伊吉洛夫讲道："我们来到上海是想拍摄真正的中国，按原样表现这个国家的真情实况。"[1]

1927 年，雅科夫 · 布里奥赫（Yakov Blyokh）摄制新闻纪录片《上海纪事》（*Shanghai Document*）记录了 1927 年后上海人民的斗争和生活情况，如上海工人第三次武装起义胜利

1 ［苏联］史涅伊吉洛夫：《两次旅行中国》，郁有铭、刘星译，北京：中国电影出版社，1959 年，第 16 页。

后工人纠察队的雄姿、群众游行示威，帝国主义者曾驻兵租界、构筑工事，蒋介石叛变革命的罪行等。其中一组镜头是一群儿童在肇嘉浜岸边的破陋船屋玩耍（图3、4）。这是近代上海部分底层劳动者、工人群体居住与生活的真实画面。

但早期上海住房的影像，更多地来自时人拍摄的电影，其取景等大都来自真实的住屋背景，如《乌鸦与麻雀》《马路天使》《还乡日记》等。著名导演蔡楚生曾拍摄电影《王老五》，其中的女主角——蓝苹，就是生活在肇嘉浜上船家的女儿。1937年3月14日《申报》曾报道蔡楚生去肇嘉浜访问、取材：

> 沿着上海打浦桥一带，污水河的岸边，随处都有竹篷小船在沙滩上搁着。这种破陋狭小的船里，每一只就住着一户人家。他们在被蔑视与侮辱之间。……蔡楚生在动手编制《王老五》以前，曾经请人介绍了，到这种船里去访问调查过无数次，在污秽破烂的小船里钻进钻出。这剧本之值得注意，不可言喻。[1]

电影《马路天使》对20世纪30年代上海的石库门生活进行了比较丰富的拍摄，如有学者曾表述：它建立了20世纪30年代上海石库门的影像文献馆。此片的移动镜头在摄影史上非常著名，但就历史而言，这一运镜方式的意义不仅在于交代了人物的视线和故事发生的环境，也让异代人亲临了30年代石库门建筑的空间关系：居住者如何隔窗相望；移动着的连续镜头使观众跟随角色自楼下而楼上，楼梯的逼仄和转身时目光所及的景致，还原了当时居住环境的真实质感。[2]

上海市人民政府成立后，面对严重的住房问题，特别是解决数量庞大的居住于棚户区的底层劳动群众的住房问题，不仅是反映了上海城市治理性质是否转变，也是城市治理理念的问题。据1950年统计，上海市区有土地12.9万亩（8600公顷），市区共有房屋4679万平方米。其中，居住房屋2359.4万平方米，占房屋总数的50.4%；非居住房屋2319.6万平方米，占房屋总数的49.6%。[3] 另据统计，1949年上海市区的花园洋房和公寓有325.1万平方米，占住宅面积的13.8%，其中八层以上的公寓有42幢，建筑面积41万平方米。[4]

1951年，陈毅在上海市第二届人民代表大会第二次会议上指出："城市建设为生产服务，

---

1 《蔡楚生访问船户》，《申报》1937年3月14日，第23版。

2 王小鲁：《电影意志》，成都：四川人民出版社，2019年，第4页。

3 陆文达主编：《上海房地产志》，上海：上海社会科学院出版社，1999年，第4页。

4 《上海通志》编纂委员会编：《上海通志》第5册，上海：上海社会科学院出版社，2005年，第3559页。

为劳动人民服务，并且首先为工人服务。”

为迫切改善全市工人群众的居住环境，推进全市工人住宅的建设工程，上海市人民政府专门成立上海市工人住宅建筑委员会，由副市长潘汉年主持，统一筹划全市建筑工房的各项工作，有步骤地解决职工住宅困难的问题。[1]市工务局局长赵祖康兼任普陀区市政工程建设推进执行委员会主任委员。

1951年9月，曹杨新村工程开始动工。次年4月，新村全部竣工；5月验收完毕（图5）。第一期工程占地13.3万平方米左右，新村共有砖木结构、立帖式二层楼房48幢、167个单元，可分配给1002户人家居住。二层房屋总高度为6米，房屋前后间距13米，约为房高的2.17倍，保证了冬季室内有充足的阳光。每户分一大间和一大一小间两种，大间每间净面积为13.38—13.86平方米，小间为5.2—8.25平方米。每层有两套卫生设备，但无洗浴设施（另建有集体公共浴室）。每6户布置一个院子，为洗衣洗菜之用，灶台3户合用，洗衣6户合用。[2]

1952年6月25日，114位劳动模范和先进生产者代表乘着十几辆卡车正式入住。1952年制作的新闻电影《曹杨新村》记录下工人们入住刚建成的曹杨新村工人住宅这一历史事件（图6）。

入住曹杨新村是一件非常光荣的事，工人原先居住的里弄挂着“一人住新邨，全弄都光荣”的条幅。

工人新村的建造是20世纪50年代上海城市建设最重要的空间实践。1973年，76个新

图5　曹杨新村一景

图6　原居住里弄欢送劳动模范和先进生产者代表入住曹杨新村

1　曹立强、周敏浩、张秀莉主编：《上海普陀城区史》，上海：上海辞书出版社，2019年，第188页。

2　《上海市工人住宅历年建造概况》，1954年，第31页，上海市档案馆，B8-2-16。

村占上海全部居住面积的四分之一。围绕着城市四周的田地里，耸立起一幢幢色彩单调、形式整齐划一的楼房。这些建筑物还达到了设计目标：以最低廉的价格，分配给尽可能多的家庭居住。

二、外国导演对上海住房的影像记录与表达

小说家金宇澄在《繁花》中讲道：

> 沪生去梅瑞家，新式里弄比较安静，上海称“钢窗蜡地”，梅家如果是上海老式石库门前厢房，弹簧地板，一步三摇，板壁上方，有漏空隔栅……[1]

小说中讲到的新式里弄、老式里弄，是上海主要的住屋形式，也是20世纪几代生活、居住在上海的人民的住房记忆。石库门是近代江南城市的重要建筑与住宅类型，是近代上海的主要住房建筑形式。9000多条里弄，中西建筑形式和中西生活方式相互交融，是近代上海最具有特色的建筑风格。马学强认为“以街坊和总弄、支弄集合为特征，布局紧凑合理，建筑风貌独特，形成了具有典型性的城市肌理，构成这些城市形态与历史景观的重要内容”[2]，承担着近现代上海城市“容器”的重要功能，在上海发展历程中具有特殊的价值与意义。

进入20世纪70年代，我国对外关系和国际交往打开了新局面。这时，有不少来自欧美和日本的纪录片工作者来到上海摄制影像，比如安东尼奥尼的《中国》、伊文思的《愚公移山》、德拉宁的《新中国的上海》、牛山纯一的《上海的新风》，从不同视角记录下苏州河区域上海住屋的形象。

（一）安东尼奥尼《中国》

1972年5月13日至6月16日，在周恩来的邀请下，意大利电视台摄影队以科隆博为领队，著名的导演安东尼奥尼来华拍摄《中国》，其中摄制组来到江南一带的苏州、南京和上

1　金宇澄：《繁花》，上海：上海文艺出版社，2013年，第4页。

2　马学强主编：《上海石库门珍贵文献选辑》，北京：商务印书馆，2018年，第2页。

海采风民情，对上海有较多镜头着墨。安东尼奥尼拍摄的主要是人，各种各样的人。他到了上海著名的蕃瓜弄，对新改造的蕃瓜弄的住房没有过多描写，反而是对“滚地龙”的历史保留场景进行了过多的停留，旁白讲道：“在上海这个工人居住的地区，一个不寻常的历史遗物得到保留，作为殖民时期悲惨生活的纪念馆。25 年前，百万人民就生活在这用泥和草糊成的滚地龙中。”此片先后在国内、国外引起了许多风波，法国学者罗兰·巴特在蕃瓜弄参观时，一位居民就对他说：“安东尼奥尼是个两面派：他不拍六层楼，只拍摄那些留作参观的小屋。”[1] 安东尼奥尼很想对上海进行更有深度的表达，但其在上海拍摄的时间太短，镜头的不够丰富与复杂思想的表达意图产生了矛盾，使得影片引起了风波。但从技术角度看，安东尼奥尼作为一个世界级的大导演，采用实景和自然光，直接拍摄真实的生活，他的自然化、生活化倾向，对当时极其闭塞的中国纪录片导演是一次很大的冲击和震撼。

（二）伊文思《愚公移山》

1972 年 12 月 22 日，世界著名纪录片导演伊文思乘坐班机于 16 时 20 分抵上海，至 1973 年 4 月 16 日 11 时乘坐 14 次火车赴南京，在上海共计 116 天。[2] 伊文思在上海拍摄《愚公移山》所需素材，并将其汇编成三部纪录片：《上海第三医药商店》《上海电机厂》《上海城市印象》。由于伊文思对前期在北京和新疆的拍摄不满意，因此在来上海之前对摄制组进行改组，并获得官方高层的一定程度地自由拍摄的许可。他在上海拍摄的素材是改组后的第一次拍摄，时间长达 4 个月，拍摄了 20 世纪 70 年代初期上海城市的工业生产、社会生活、城市经济等许多领域的珍贵镜头，成为记录社会记忆的珍贵资料。其中关于石库门里弄、北站街道的拍摄，非常有价值。[3] 在《上海第三医药商店》中，伊文思前往女职工包涵的家里采访，对其家庭生活进行了拍摄记录，其重点在于突出女性在家庭生活中的地位。《上海城市印象》则通过拍摄与城市社会生活密切相关的物价、时尚、交通、邮政、百货、食品等方面，试图对上海这座城市进行定位。在结尾处，伊文思用字幕总结：“上海的责任已经扩大，不仅仅是处理自身的事务，国家更致力于发展像上海这样的城市。上海是中国的工业中心，二百万工人是漫长经济改革的一部分。”这是伊文思得出的上海在中国社会主义事业中的地位的整体印象。

---

1 ［法］罗兰·巴特：《中国行日记》，怀宇译，北京：中国人民大学出版社，2012 年，第 47 页。

2 《伊文思在沪活动日程表》，上海市档案馆，B177-4-302-8。

3 据《伊文思在沪活动日程表》统计而得。

（三）德拉宁《新中国的上海》

1973 年，美国 CBS 电视台资深制作人德拉宁（Irv Drasnin）携摄影队来到上海拍摄了名为《新中国的上海》的新闻纪录片，其中拍摄了位于国际饭店后的大片石库门弄堂，有学者认为这是一部以解说词统领的阐释风格纪录片。[1]

德拉宁选取了一吴姓的三代同居于一户石库门住宅的内容作为对象，拍摄了其日常生活。

（四）牛山纯一《上海的新风》

1978 年，以中日邦交正常化作为创作的契机，日本导演牛山纯一对准上海的普通里弄，以平民化的视角，记录寻常市民的日常生活，制作了纪录片《上海的新风》，真实地反映了上海市民乐观、积极、向上的人生态度和人生追求。《中日和平友好条约》的签订，打破了不允许外国人采访中国市民的惯例，特准许牛山纯一在上海自由地与市民交谈、采访，时间为 8 天。

牛山纯一出生于日本茨城县。1953 年，他毕业于早稻田大学第一文学部历史系，同年进入日本电视网公司担任记者，历任该公司报道局社会部部长、制作局次长等职。1979 年，他任职日本映像文化中心、日本映像资料馆常务理事，后被提升为社长。牛山纯一是日本电视开创时期的元老，是一位资深电视记者和制片人，代表作品有《老人和鹰》《水与风》《南越海军陆战大队战记》和《上海 1978 年》等。[2]

牛山纯一带着五人摄制组开进了上海一条不起眼的里弄——张家宅，他用镜头拍下了居民日常生活，从菜场、早点、物价，到居委会、托儿所、里弄食堂，乃至居民的结婚喜宴。在摄制过程中，牛山纯一得知上海第二十二棉纺织厂工人杨菊敏和静安区服饰鞋帽公司职工张丽娟要在张家宅办婚事后，将摄像机架到只有 15 平方米的新房里跟拍了一天。这样的逼仄，在当时已经算是令新婚夫妇相当满意的宽敞空间。

牛山纯一认为，纪录片是一个现实的存在，不可以只是记录，重要的是以什么样的视角抓住视像，并以什么手法去表现。[3] 记录的意义在体验、考察社会的过程中就产生了。

不同于国内的电影工作者将镜头对准新建的工人新村等新住宅，国外的导演更倾向于记录拍摄普遍存在于城市中的里弄住宅等，一方面是国内外导演的政治关注不同，国内的导演认为人民群众改造城市，是更值得表达的；另一方面与当时世界流行的“真实电影”的纪录电影风格有关，与国内深受苏联影响的“形象化政论”纪录电影风格塑造密切相关。

1　余娟：《阐释风格的红色中国形象建构——纪录片〈新中国的上海〉的考证及美学概述》，《电影新作》2017 年第 6 期。

2　果青：《缅怀牛山纯一先生》，《当代电话》1988 年第 9 期。

3　石屹：《电视纪录片艺术、手法与中外关照》，上海：复旦大学出版社，2000 年，第 248—249 页。

三、改革开放后聚焦城市问题的住屋影像

城市影像在摄制过程中，通过导演或拍摄者的主观表达，事实上是在构建影像中的城市空间。每个人都置身于一座城市中，使用到城市有机运转的各个功能部分，但不可能每个人都到达城市的每一个角落，观看城市的每一幢建筑，走过城市的每一条马路。因此，影像所建构的城市空间，是身处城市的每个人产生共情的媒介，其为城市塑形，让每个人与城市产生联系，将城市的形象植入每个人的脑海中，影响着每一个正处在城市中或即将来到城市中的人的内心情感。

聚焦到上海的住屋问题，城市内的生活方式、居住模式和住宅形式，与城市的韧性相关。[1] 近代以来，上海的居住模式从最初的大家庭聚居于合院，发展为黄金时期的小家庭独住，而城市则提供其他生活所需场所，如剧场、赌场、饭店等。但最终迅速到来的过度拥挤对上海的城市韧性产生了极大挑战，其中一个重要表现就是上海市区的严重的住房问题，在进入20世纪80年代后，这一问题受到越来越多的国内纪录电影工作者、电视节目工作者的关注。

（一）1984年《上海市城市总体规划》

改革开放以来，上海城市面临社会经济快速发展与城市基础设施建设严重滞后的矛盾，不能满足人民群众更好生活的需求。为解决上海城市发展中的各种问题与矛盾，1979年上海市规划局着手制订城市总体规划纲要，随后又进一步组织编制总体规划方案。在向上级提交《上海市城市规划总体方案》的同时，为了让大家更直观、形象、整体地了解方案，上海科学教育电影制片厂[2]受上海市城市规划建筑管理局委托，摄制了科教片《上海市城市总体规划》。该片是我国第一部有关城市规划主题的大型纪录片，也是一部用影像对20世纪80年代上海城市进行考现的影片，在我国电影史、城市史上具有重要地位。

《上海市城市总体规划》共两集，每集约50分钟。第一集《概况》，主要讲述了20世纪七八十年代上海城市总体规划概况。第二集《规划方案》，主要介绍了上海城镇的各项规划，介绍了上海城镇建设、上海郊区农副业生产基地、漕河泾工业区、嘉定卫星城、安亭汽车城、吴泾煤化学工业区、松江轻工业卫星城、上海港集装箱码头、上海真如火车站、上海的旧房改造、龙华革命烈士陵园、四平路改造规划、上海电信大楼建设规划等等。

1　阮昕、Killiana Liu：《城市的韧性来自哪里？——从居住模式与密度谈起》，《建筑实践》2021年第1期。

2　上海科学教育电影制片厂，成立于1953年2月2日，原是中华人民共和国成立后首家专业科技片厂——中央电影局科学教育电影制片厂。1955年3月，该厂更名为上海科学教育电影制片厂（文中简称“上科影厂”）。

该片从两个角度表现了当时苏州河南岸的石库门住宅里弄的功能，其中一个角度是坐落在一条旧式里弄的上海被单十三厂，该厂有600多名职工，厂房是由三排住房改建而成的，片中形容这种住宅工厂：

> 厂内几乎没有空地，屋搭屋，楼接楼，厂房简陋，设备陈旧，已严重影响生产的发展。楼板渗水，要弄脏被单，只能用塑料布遮挡。用地不足，厂里已想尽办法，借天借地借通道，这些产品远销国内外许多地区，可是人们哪能想到他们是在这样的环境下生产出来的。[1]

缝纫机零件六厂是另一种住宅工厂的代表，它占用了一整个花园住宅：

> 原来的卧室和客厅变成了车间，里面挤满了车床和工作台，油污无法排除，夏天房内温度可达四十度以上。厂内没有正规长仓库，走道堆满了产品，狭窄的通道也被作为生产用地。这家仪器厂也是占用花园住宅，并在原来的绿化地内见缝插针建造厂房，圆形的楼厅被机油污染，十分可惜。[2]

由于工业用地紧张，市区还有相当数量的办公大楼被工厂占用，原有大楼的装饰受到损坏，大楼结构也受到影响。这种类型的工厂对上海优秀的历史文化建筑是一种巨大破坏，也是对上海城市风貌的一种损害。类似这样的工厂，在上海是举不胜举的。

该片突出了上海的住房问题，一幢房子被隔成很多间，几户人家住在一套房子里，有所谓“七十二家房客”的说法。房屋的拥挤状况、居民的生活状况，仅凭照片等，很难让观众了解到全貌，影像在这一方面发挥了巨大的作用，片子选取了几幢房屋的实际状况进行举例：

> 这是一幢十户人家的楼房，小客堂里放了十只炉子，真是又挤又热。住房更是拥挤不堪。你看，这是楼梯夹层中的房间，二层阁，楼上还有三层阁，楼中搭楼，屋中搭阁，一家挨着一家。上海人常称这样的楼房是“七十二家房客”。这又是一幢楼，住着二十四户人家，狭窄的天井是他们唯一洗东西、晒衣服的地方。厨房已改为住房，狭窄

1 科教片《上海市城市总体规划》第一集《概况》配音稿。

2 同上。

的走道便是他们的厨房，又挤又不方便。楼里的住房和走道还是用纤维板相隔的，多不安全啊。这间十九平方米的房间住了七口人，每人都有工作，生活水平也不低。然而使他们烦恼的是住房太困难，他们不得不用阁楼来解决睡觉问题。一个孩子结婚用去了住房的一部分，其他的孩子结婚用房还没有解决。[1]

截至1984年，上海市区平均每人现有居住面积3平方米以下，年龄大且结婚无房等困难户共59万户，其中特别严重困难户近10万户，不少危险房屋亟待改造。市区还有300多万平方米的棚户、简屋，改造任务非常艰巨。南市区是上海的老城厢，这里的房屋质量低于原先租界内的住宅，有大量的棚户区，这类住宅的居住情况更差：

南市区西凌家宅就是其中一片，这类棚户区大都密度很高，通道狭窄，消防车、救护车难以通行。基础设施特别差，下水道不全，雨后经常积水。用水还要到给水站，很不方便，碰到假日节日，还要排队等候。[2]

第二集是通过《上海市城市总体规划》解决城市住房问题，一是对市区的旧房进行改造和改善，片子拍摄了南市区蓬莱路303弄进行的旧里弄改善尝试，可以看到旧房经过改造，人民的生活条件有了改善，面貌焕然一新。二是大力建造新住宅区，片子拍摄了曲阳新村，这是一个能容纳9万人的新村，并配备了较齐全的商业、文化、体育、卫生等公共服务设施和方便的公共交通线路。规划提出将在中心城边缘开辟若干大型居住区，到2000年，全市将新建8400余万平方米住宅，使平均每人居住面积中心城达到8平方米，卫星城达到9—10平方米。[3]

（二）《德兴坊》

20世纪80年代中后期至90年代末，中国纪实性电视纪录片的创作理念发生了颠覆性的变化。创作者讲究的是关注普通百姓生活、再现原生态生活过程、强调现场同期声等等。但这个时期的变化仅限于电视，中国的纪录电影还没有发生什么反应。[4]上海电视台制作的电

1 科教片《上海市城市总体规划》第一集《概况》配音稿。

2 同上。

3 同上，第二集《规划方案》配音稿。

4 高峰：《中国纪录电影——览一诗话：审美选择》，北京：人民文学出版社，2016年，第24页。

视纪录片《上海“石库门”》《德兴坊》《家在上海》《大动迁》《步高里》等，对这一时期上海城市的住屋问题进行了比较有深度的拍摄和报道。

在各具风采的纪实作品中，拍摄于1992年、播出于1993年的《德兴坊》(编导江宁，摄影赵书敬、李晓)所选择的生活层面算得上极为平凡和普通了。《德兴坊》的故事在一条老式石库门弄堂里铺开，德兴坊修建于1929年，根据1947年《大上海指南》记载，德兴坊位置在甘肃路141弄。[1] 该片的创作者没有把镜头对准社会名人、社会热点，也没有翻山越岭去寻找“陌生”，而是着着实实扎进了自己身边的人们“熟视目睹”的现实生活，把镜头对向了一条有着半个世纪历史的老式石库门弄堂——德兴坊。

当时上海标准人均居住面积为7平方米，而德兴坊的人均住房面积只有4.5平方米，德兴坊又是40%上海市区人口居住状态的缩影。[2]

纪录片客观真实地记录了其中三户人家的苦与乐，也通过影像透出上海市民的生存状态。作品讲的是都市住房紧张引出的故事，却折射出传统文化下中国人特有的生活哲学，“在充满现代意识的大都市，表现出的如此忍让和耐心，我们也不能仅仅用母子亲情来解释……我们不能不说是深深受着民族文化积淀和社会心理模式影响”[3]。70多岁的王明媛老人从8年前儿子结婚起，就睡上了这个晒台。现在全家老少三代四口人，只有一间12.3平方米的“三层阁”。一间搭在晒台上的小棚子白天是厨房，晚上是老人的卧室。从小就生长在这条里弄的王凤珍老人一家，一间14.4平方米的房间，共住老少五口人。晚上，老人要铺张折叠床睡觉。并且，为了小辈人的方便，老人说，她每晚要在外面“玩”到10点多才回家。接下来，摄影机又让我们目睹了一场两户人家为放置东西的地点发生争执的居民纠纷，这虽然是小小的插曲，但从中可以体味到在这块寸土如金的巷子里生活的人民那种敏感的心态。

四、住屋影像与城市居住空间的形塑

视觉景观是一种隐性的意识形态。[4] 居伊·德波认为：过去，我们还是通过操作具体的物质实在来改变世界，或者说当时我们的触觉尚能稳居特别的地位，而现今起决定性作用的已

1 王昌年：《大上海指南》，第382页。

2 李力：《〈德兴坊〉审美谈》，《现代传播》1993年第2期。

3 钟大年：《纪录片创作论纲》，北京：中国传媒大学出版社，2016年，第142页。

4 [法]居伊·德波：《景观社会》，张新木译，南京：南京大学出版社，2017年，第27页。

经是视觉了——必须让人看到。[1] 也就是“视觉成为社会现实主导形式的影像社会”，理论上也称“视觉或者图像的转向”。[2] 因此，正因为影像、视觉的地位和作用越来越重要，本文特选取 20 世纪 70—90 年代拍摄于苏州河两岸的住屋影像进行研究，得出如下结论。

其一，上海住屋影像是上海城市史研究的重要构成。

住屋历史影像可以沟通起住屋与城市、历史和现实之间的内在关联。第一，住屋影像记录下过去不同人群的生活居住场景，反映生活状态，具有重要的记忆价值，作为一种非物质文化遗产，值得被挖掘、保护。第二，住屋影像作为一种历史影像资料，可以为城市史研究提供更直观、形象的“影像史料”，丰富发展上海城市史研究的新论域。第三，住屋影像记录了城市的住房发展，其研究对于城市问题的发展、解决及城市更新具有现实性意义，对明确城市形象、反映城市现代性有重要价值。这些住屋影像可以反映中华人民共和国成立以来上海住房的演变，从中可以观看到时代变迁的轨迹。

其二，住屋影像与城市居住空间的建构。

每一种空间，都以独特的方式服务于交换和用途，它们中每一种均是被生产出来的，从而服务于某个目的。[3] 苏州河两岸的居住空间，其塑造过程一方面是基于对现实的不断改造，从而制造现实空间，或者空间表象。另一方面，制作电影、纪录片等可以建构一种属于影像的居住空间，这种影像的空间基于表象的居住空间，“空间表象因此必然对空间的生产发挥巨大的作用和独特的影响”[4]。这种影像居住空间通过视觉手段传播，让观看者形成一种上海“住屋景观”的意识，这种意识能深深地烙印在他们心里。20 世纪 70 年代德拉宁、伊文思、牛山纯一等导演用镜头记录下普通市民的居住生活记忆，也在纪录片中建构起属于这个时代的上海住房整体印象。

其三，住屋影像与城市问题的解决。

阮昕认为，上海作为一座城市，除了 20 世纪初的一个短暂时期外，至今还没有找到自己城市风貌真正的定位，可以与其居民生活方式、住宅形式和城市结构达到高度默契。但同时他认为上海作为一座相对年轻的城市，特别是在城市风貌问题上，未来将大有发展，但如何改进需进行综合性思考。最重要的一点是，建筑是艺术的一种——城市韧性与可持续性并

1 ［法］居伊·德波：《景观社会》，第 19 页。
2 ［斯洛文］阿莱斯·艾尔雅维茨：《图像时代》，胡菊兰、张云鹏译，长春：吉林人民出版社，2003 年，第 5—6 页。
3 ［法］亨利·列斐伏尔：《空间的生产》，刘怀玉等译，北京：商务印书馆，2022 年，第 593 页。
4 同上，第 64 页。

非技术性问题，而是文化和伦理的问题。[1]改革开放之初，我国的城市人均居住面积从1949年的4.5平方米下降到1978年的3.6平方米。一方面，城市居民住房的严重短缺成为一个严重的民生问题；另一方面，国家和国企、事业单位统包城市住宅建设资金，背负着巨大的财政压力，成为社会经济发展的一个大难题。

面对住房问题的突出及随后发生的拆迁改造，进入20世纪八九十年代，国内导演的拍摄手法、拍摄表达等与过去相比发生了巨大的转变，《上海市城市总体规划》《德兴坊》《大动迁》等，敢于直面上海的住房问题，通过影像的表达，让广大社会了解上海的住房问题、上海市民的居住困难及其产生的一系列伦理问题等，这些无疑推动了上海的住屋改造。而苏州河两岸作为上海城市的核心区域，在进入20世纪90年代以后，其住屋空间发生了非常大的变化。

---

1 阮昕、Lilliana Liu:《城市的韧性来自哪里？——从居住模式与密度谈起》,《建筑实践》2021年第1期。

日本学者论滨水城市

概观：近世大坂的堀川与都市社会

塚田 孝*

【内容摘要】近世的大坂是一座形成于上町台地及绵延于其西侧广大沙洲上的都市。因此，堀川（运河、人工河）的开凿与修建便不可或缺。“水与都市”的密切关系名副其实。报告者在“水与都市”这一方向的实证性研究中，目前只论述过道顿堀的开凿与都市形成，并于2015年7月在由上海社会科学院主办的国际研讨会“国际视野中的都市人文遗产研究与保护”上发表过其内容。

近年来在身份性周缘与社会集团的分析视点下，大坂的都市社会史研究取得了飞跃的进展。这其中就包含了与流通和运输密切相关的商人行会组织的研究。这些研究详细地分析了商人集团的分布与堀川的关系以及围绕堀川的船运形成的秩序与对抗的关系等。

本报告将会在考虑以往道顿堀及其周边的相关研究中获得的研究视点的同时，吸取近年来的研究成果，对“大坂与水”的关系进行大致的描述。首先，介绍深入陆地的大阪湾的部分陆地化的过程。在了解了该地理条件之后，整理16世纪末到17世纪初期堀川的开凿与修建的过程。其次，梳理17世纪末以来出现的新地开发的过程。再次，介绍堀川周边以盐鱼商和木材商（问屋和仲买）为中心所展开的商人的分布以及营业情况。最后，在确认利用市内堀川进行船运的上荷船和茶船的船员们形成的以码头（浜）为单位的秩序结构后，介绍同样以码头（浜）为单位集结起来的搬运工的情况，并同时对处于两者之间具有对抗关系的运输手段（人力车）进行介绍。

通过以上的分析，本报告再次确认了在根据社会实际形态对“水与都市”进行具体把握上，身份性周缘与社会集团的分析视点是十分有效的。

（中文翻译：吴伟华）

* 塚田 孝（塚田 孝），大阪公立大学名誉教授。

概観：近世大坂[*]の堀川と都市社会

塚田 孝

はじめに

近世都市大坂は、上町台地とその西側に広がる砂州の上に形成された都市であり、そのために堀川の開削・整備が不可欠であった。まさに〈水と都市〉が深く関わっていたことは言うまでもない。しかし、わたし自身は、〈水と都市〉いう視点からの実証的な研究は、道頓堀の開削と都市形成について論じたにすぎない。しかもその内容は、2015年7月の上海社会科学院主催国際シンポジウム「国際的視野のなかでの都市文化遺産研究と保護」において報告している。[1]

一方、近年、身分的周縁と社会集団の視点からの大坂の都市社会史研究は目覚ましい進展を遂げており、そこには流通や運輸に関わる仲間集団の研究も含まれている。それらの流通や運輸の研究では、商人集団の分布と堀川の関係や堀川の舟運をめぐる秩序と対抗関係などが詳細に明らかにされている。

そこで本稿では、道頓堀とその周辺の研究で得られた視点を念頭に置きつつ、近年の研究に学んで、〈大坂と水〉について概観することを目的とする。その意味で、本稿は、それらの先行研究の紹介とまとめであることを、あらかじめ断っておきたい。

本稿の構成は以下の通りである。最初に、対象となる大坂周辺地域について、数千年前には大阪湾が大きく入り込んでいたのが、徐々に陸地化が進む様相を確認する。こうした地理的な条件を踏まえて、16世紀末から17世紀初頭について、堀川の開削・整備がどの

---

* 明治以前、現在の大阪の地名は「大坂」と書くのが一般的であった。本論集の各原稿では、都市を指す場合、1868年の大阪府の成立を境に、それ以前は「大坂」、以降は「大阪」と表記し、都市でない場合は、現在の地名（たとえば、「大阪湾」）の表記を採用する。

1 この報告内容については、塚田孝「近世大坂の開発と社会＝空間構造—道頓堀周辺を対象に—」（塚田2017年）を参照。なお、その内容は、塚田孝「近世大坂の開発と社会＝空間構造—道頓堀周辺を対象に—」（塚田2016年）として発表している。

ように進むのかを整理し、その後、17 世紀末から進む新地開発の展開を跡付ける。続いて、堀川沿いに展開する塩魚問屋と材木屋（問屋と仲買）などを中心に、業者の分布や取引の様相を紹介する。最後に、市中の堀川を利用する舟運の担い手である上荷船・茶船の船乗りが形成する浜を単位とする秩序を見たうえで、同じく浜を単位として結集する仲仕の様相を確認する。そして、両者の対抗の接点に位置する輸送手段（べか車）についても触れる。

一、大坂の地理と都市形成

（一）大阪の歴史環境

図 1 は、17 世紀末ころの大坂周辺を描いた絵図である。これを見れば、日本中央部の大坂市街地（大坂城の西側の碁盤目状の部分）、特に西半分に多くの堀川があることが一目瞭然である。こうした都市大坂のあり方は、大坂の地理環境とそのもとでの都市形成と不可分のものである。

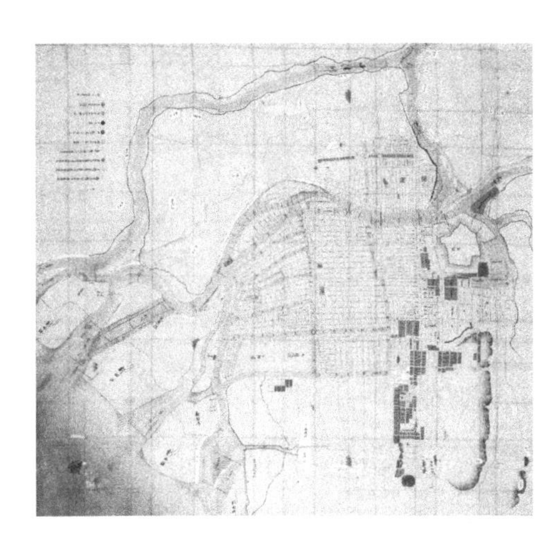

図 1　17 世纪の大坂絵図（大阪歴史博物館 2010 年図 27 より引用）

数千年前には大阪湾は、現在よりずっと内側まで入り込み、河内地域は河内湾に沈んでいたが、そこに南から北に上町台地が半島状につき出していた（図 2)。[1] それが大和川と淀川の堆積作用によって河内湾が狭まるとともに、海流によって上町台地の西側に砂州が形成されて、徐々に陸地化が進み、海との出入り口が閉じていく（図 2–②・③)。こうして、河内湾から河内潟へ、そして千数百年前の古墳時代には、海とはまったく切り離された河内湖となったのである。これには数千年前の温暖化による海面上昇のピーク時から 1 ～ 3 メートル低下したことも大きな影響を与えている。

古代（5 ～ 9 世紀ころ）には、上町台地の西側に西船場辺りまで砂州の形成が進み、後に東横堀になる辺りにラグーンが入り込んでいるのがわかる（図 3)。大川（淀川）の河口

1　縄文時代から中世以前の大坂については、岸本直文氏（大阪公立大学・考古学）から種々教示を得た。また、岸本氏が最新の研究を簡潔にまとめた「考古・古代①　都市大阪の位置と前史」(岸本 2018 年）を参照した。

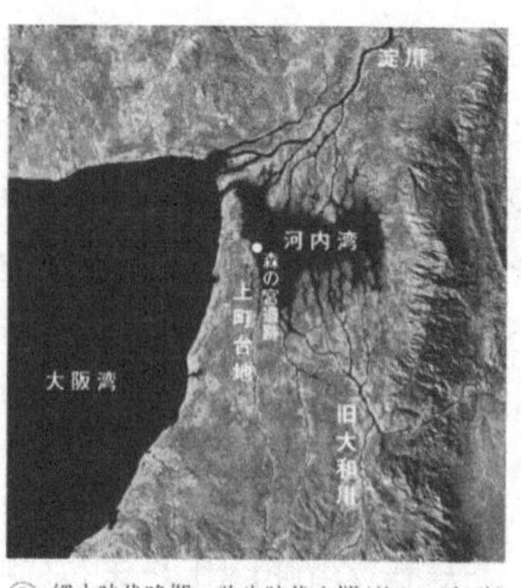

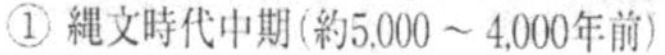

① 縄文時代中期（約5,000～4,000年前）　② 縄文時代晩期～弥生時代中期（約2,000年前）　③ 古墳時代中期～後期（約1,500年前）

図２　湾から湖、陸地化（大阪歴史博物館 2010 年図５より引用）

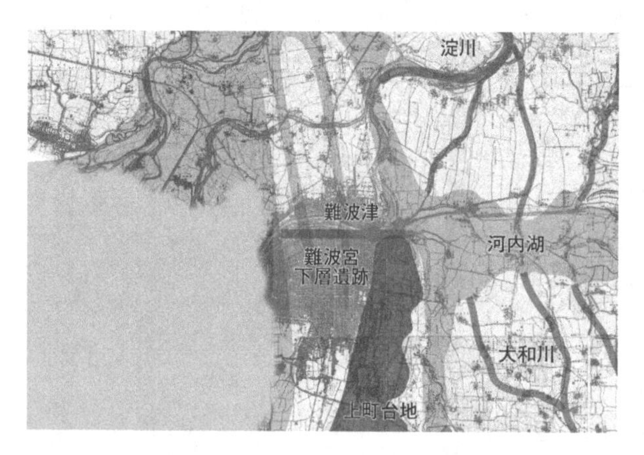

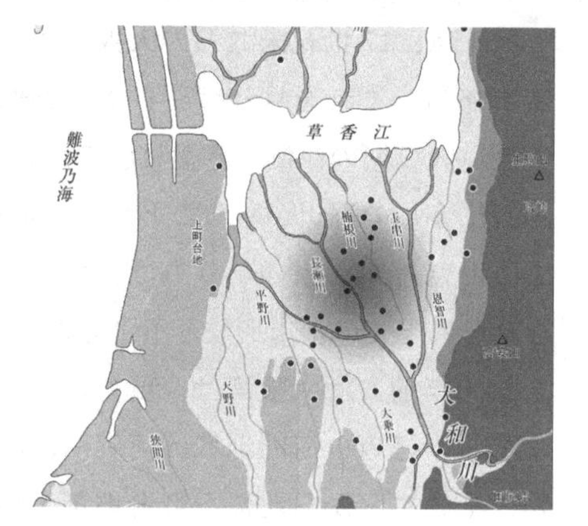

図３　古代の想定図（岸本 JMOOC どデオより引用）（岸本 JMOOC どデオより引用）

部に堀江が通され、上町台地の突端部に難波津（湊）が営まれた。

中世後期（室町期）には、上町台地の西側に何層にも砂州が形成され、陸地化が進んでいくが、こうした地理的な環境を前提に豊臣期の都市建設が行われるのである。

（二）豊臣秀吉による城下町建設から近世大坂へ

織田信長の跡の実権を握った豊臣秀吉は、天正十一年（1583）に大坂城とその城下町建設に着手する。[1] 豊臣期の大坂の様相を表現したのが、図４である。上町台地の北東部に大坂

1　豊臣期の都市建設については、伊藤毅『近世大坂成立史論』（伊藤 1987 年）、内田九州男「豊臣秀吉の大坂建設」（内田 1989 年）、大澤研一『戦国・織豊期大坂の都市史的研究』（大澤 2019 年 a）、同「豊臣期の大坂城下町」（大澤 2019 年 b）を参照。

城が築かれるが、これは浄土真宗・本願寺の寺内町の跡に築かれたものである。大坂城の周囲の町域を含む形で惣構が築かれているが、北側は大川（淀川）、東側は猫間川、西側は東横堀であり、南側には空堀が掘られている。

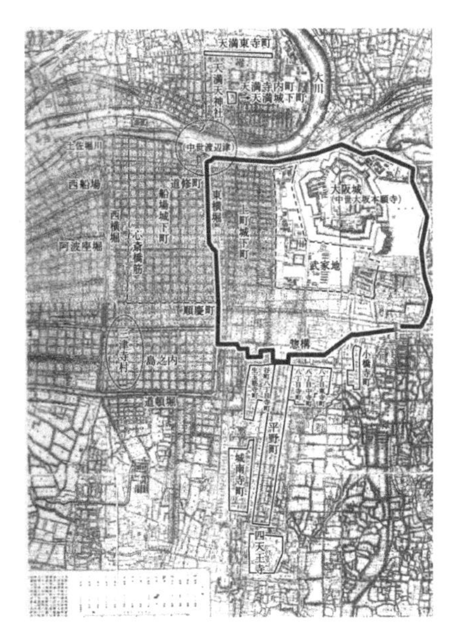

図4　豊臣期の大坂
（大澤 2019 年 b より引用）

秀吉は当初、大坂城から北側の天満地域、南側へは四天王寺、そして堺を結ぶ線状の都市プランを持っており、平野郷から都市民を移住させ、平野町を建設したが、最晩年（慶長三年〔1598〕の三の丸建設を契機として）には、船場地域に都市建設を進め、面状の都市プランに転換したとされている。秀吉死去の後も、慶長五年（1600）に西横堀・阿波堀が掘られ、元和元年（1615）の豊臣家滅亡の直前、豊臣期最後の頃（1612）に道頓堀の開削が着手された。しかし、船場の西側は都市化は進んでいない。島之内の辺りは三津寺村であり、道頓堀周辺は難波村の耕地が広がっていた。すなわち、道頓堀開削着手当時、その周辺は都市化の外部、村域だったのであり、道頓堀開削は南部の新開を図ろうとしたものであり、同時に大坂の南限を限ろうとするものだったと言えるのではなかろうか。

近世大坂には西船場に多数の堀が掘られていたことは、「はじめに」でも触れたが、17世紀末の新地開発が開始される時期に描かれた絵図に、その当時の都市化の様相が見てとれる（図 1）。

先の豊臣期の大坂から近世大坂へ、どのような展開をたどるのか、を附表 1 にまとめた（以下、図 5 も参照）。豊臣期に続く徳川期 I の 1630 年頃までに次々と西船場の堀が掘られる。ここで一段落するが、その後、17 世紀末ごろから、大和川・淀川の治水との関係で新地開発が行われるようになる。

豊臣期について、文禄三年（1594）に惣構えの一部をなす東横堀が通され、続いて慶長五年（1600）に西横堀・阿波堀が造られたことは、先に見た通りである。慶長十九年（1614）～元和元年（1615）の大坂の陣で豊臣家は滅亡し、大坂城とその城下町は大きな痛手を負う。それに続く徳川期 I の時期には、その再建だけでなく、西船場や島之内の方向に都市域が拡大していく。

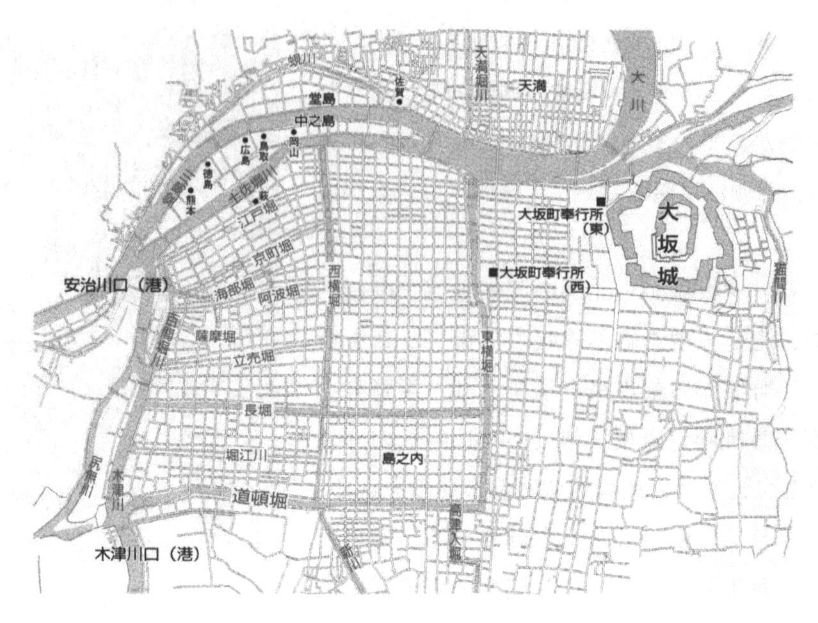

図5　堀川の開削（大阪歴史博物館 2010 年図 8 に加筆）

豊臣期の最末期に開削が始まった道頓堀の完成は、豊臣家の滅亡直後の元和元年（1615）のことであった。徳川期Ⅰには、続けて江戸堀、京町堀、長堀、海部堀、立売堀、薩摩堀という具合に、西船場の堀が次々と掘られていく。

これらの堀の開発は、後述する道頓堀に典型的に見られるように、有力町人による請負によって達成されたものである。寛永元年（1624）に掘られた海部堀は、靱3町の塩魚問屋たちによるものだった。これは後述の塩魚問屋たちの拠点となっていく場所であった。長堀・立売堀も後述の材木市が立つ場所であった。これらの堀の開削によって、西船場の土地造成と舟運の機能が確保され、都市化が促進されたのである。但し、こうした動きは、いったん1630年くらいまでで一段落したのである。

この後、17世紀末から新地開発が行われていく。[1] この時期を徳川期Ⅱとする。貞享元年（1684）から4年にかけて、河村瑞賢による淀川・大和川の治水工事が実施されたが、その一環として、元禄元年（1688）に堂島新地が開発されるとともに、九条島を掘り通して、新川（のちの安治川）が開削される。この安治川の両岸は安治川新地として開発された。元禄十一年（1698）には河村瑞賢による2度目の治水工事が行われたが、これと連動

1　大坂の新地開発については、塚田孝『近世の都市社会史—大坂を中心に—』(塚田 1996年）第Ⅳ章「新地開発と茶屋」を参照。

して、堀江川を掘って堀江新地が開発された。

その後、そうした治水工事では大和川の洪水対策が不十分と判断され、宝永元年（1704）に河内平野を北流する大和川を西に向けて堺の北側で海に流れ込む形に付け替える工事が行われた。その少し後の宝永五年（1708）に堂島新地の北西側に曽根崎新地が開発される。ここまでは淀川・大和川の広域の治水対策と関連して、幕府主導で行われた新地開発であった。

18 世紀半ばから、開発請負人の出願で新地開発が行われるようになる。享保十八年（1733）に開発が認められた西高津新地は、延享二年（1745）に西高津新地 1 ～ 9 丁目として町立てが行われる。開発請負人金田屋正助が明和元年（1764）に出願した難波新地は、難波新地 1 ～ 3 丁目として町立てされた。

幕府主導の場合も、開発請負人の出願による場合も、新地開発に際しては、「所賑い」（地域振興）を名目とした茶屋株・煮売株や芝居小屋などが認められるのが一般的であった。これによって新地が遊興空間と結びついた一面を持っていくことになる。

なお、道頓堀の南側には、元伏見坂町が元禄十五年（1702）に替地を与えられて成立し、享保九年（1724）には元堺町・元京橋町・元相生町も替地として成立する。その後も幕末まで、大坂に隣接する難波村などの村領に新建家などが開発され、都市的な様相が周辺に広がっていったが、ここでは新地開発の進展する 17 世紀末から 18 世紀半ば過ぎまでを徳川期 II の時期としておきたい。

（三）道頓堀の開発

堀川の開削と都市開発の一例として、道頓堀の事例を見ておきたい。[1] 道頓堀を開発した一人安井九兵衛家の寛文十年（1670）や延宝五年（1677）の由緒書では、次のようなことが言われている。

① 慶長十七年（1612）に成安道頓・安井治兵衛・同九兵衛・平野藤次郎の 4 人が出願して、着手されたこと。

② 安井治兵衛の病死、大坂の陣による成安道頓の敗死により、残る二人で元和元年

1　道頓堀の開発については、塚田孝「近世大坂の開発と社会＝空間構造—道頓堀周辺を対象に—」（塚田 2016 年）、同「道頓堀周辺の地域社会構造」（塚田 2019 年）を参照。

（1615）に堀川を完成させ、同年9月に（大坂城主となった）松平忠明の家老・奉行衆から両岸の町立てをするように指示を受けたこと。

③ 道頓堀東（東横堀から西横堀までの間）の両岸および道頓堀西（西横堀から木津川までの間）の北岸は残らず町屋となったが、南岸は明屋敷のままで安井九兵衛・平野次郎兵衛が所持していること。

④ 松平忠明の時代には明屋敷に年貢は課されなかったが、江戸幕府の直轄化（元和五年〔1619〕）以後は、初めは町奉行に、その後は代官に年貢を上納しており、その年貢額は、明屋敷が御用地化したり、町屋化したため、変動（減少）していること。

⑤ 開発の由緒から、安井九兵衛が道頓堀の「組合八町」の下年寄を申し付け、安井・平野が各町の水帳に奥判したり、「道頓堀大絵図」を仕立てて提出するなど特別の権限を持っていたこと。

これによると、道頓堀は慶長十七年（1612）に成安道頓ら4人が開削に着手し、豊臣氏が滅んだ直後の元和元年（1615）に完成した。それを仕上げたのは、4人のうちその時点で残っていた安井九兵衛と平野藤次郎の二人であり、その彼らに両岸の町立てを行うよう指示されたのである。他の堀も同様に、彼らのような有力町人に依拠して実施されたのである。但し、道頓堀の場合は、特徴的なのは、安井家・平野家が後のちまで開発に関与し、川八町（組合八町）には特別の権限を持ち続けたことである。

図6は、⑤点目に言及されている明暦元年（1655）に提出した「道頓堀大絵図」の写しである。これによれば、道頓堀の東半の両岸、および西半の北岸は町立てが進んでいるが、西半の南岸は町立てが行われておらず、野畑のままに残されている。その後、ここは材木置き場に利用されることもあった。この部分の町立ては、17世紀末に堀江新地の開発と連動して幸町1～5丁目が開発されるのを待たねばならなかった。この時期の都市化が見られた部分の町立ての様相を図示したのが、図7である。[1]

道頓堀は農村部に新たに開発しようとしたこともあり、東側においても町立ての実現は容易ではなかった。そのため、安井九兵衛は「処繁昌のため」芝居の取立てを願い認められた。これによって、道頓堀南岸の立慶町・吉左衛門町は芝居小屋が営まれる芝居町となった。また、道頓堀周辺の町々は茶屋営業が認められる地域となったが、この茶屋は元禄七年

1　町立ての様相については、八木滋「近世前期大坂道頓堀の開発過程と芝居地」（八木 2015 年）を参照。

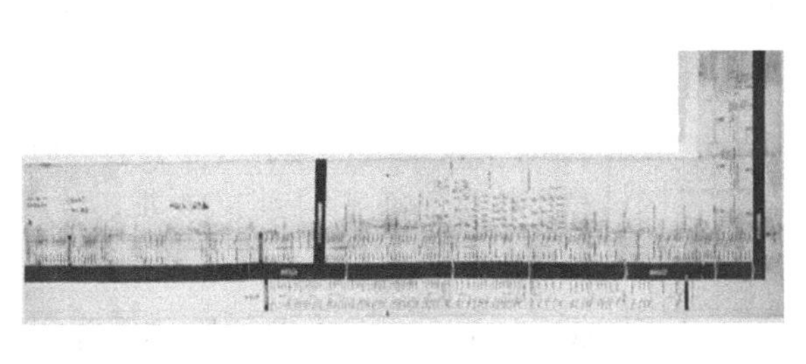

图 6　明暦元年の道頓堀大繪図
（塚田・八木 2015 年口繪より引用）

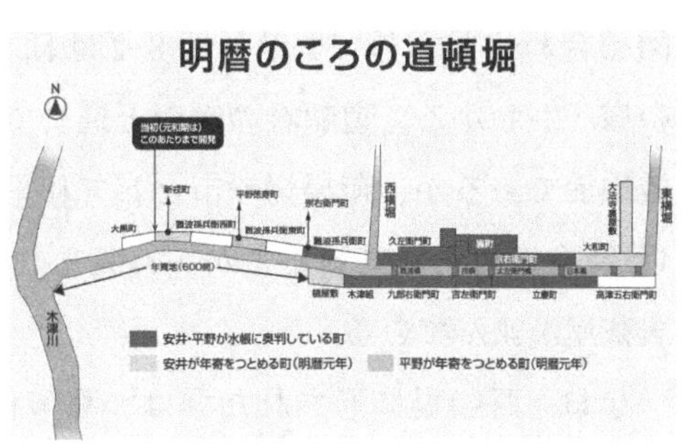

図 7　明暦頃の町あり方
（八木 2015 年より引用）

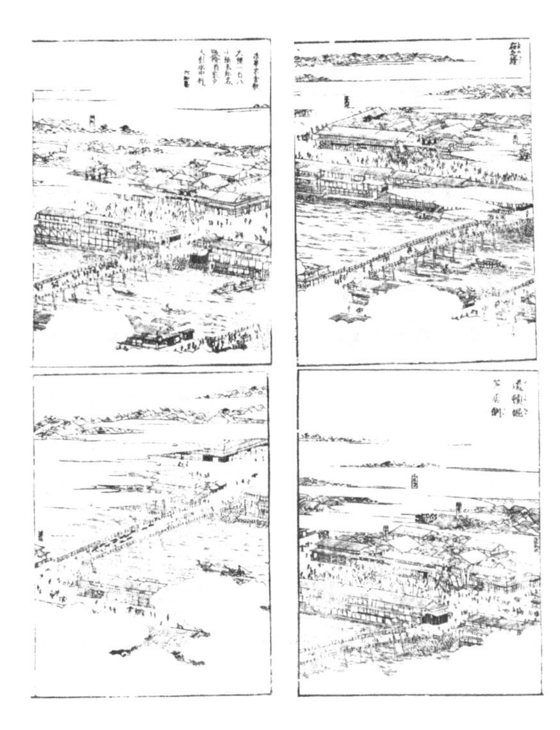

図 8–1　道頓堀芝居側の図（「摂津名所図会」巻 4、
日本国立国会図書館デジタルコレクションより）

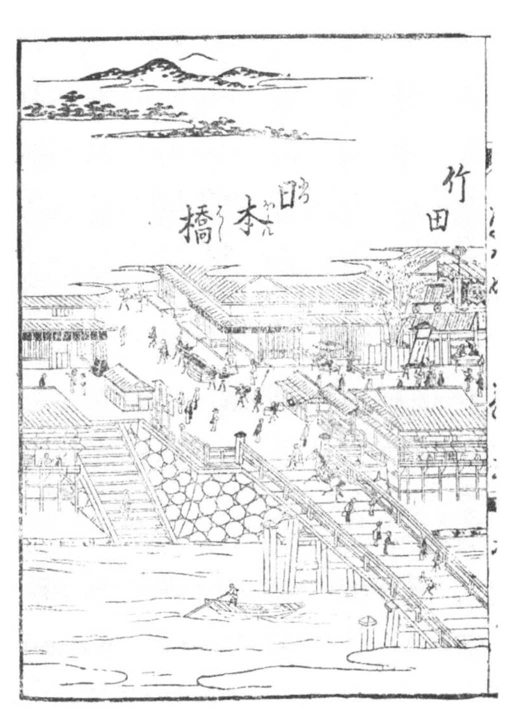

図 8–2　道頓堀日本橋の図（『浪速叢書』
第 16 巻、『浪花のながめ』より引用）

(1694) には茶立女を置くことを認められ、事実上の遊女商売を黙認されることとなった。これらは、先に触れた新地開発が行われる際に、茶屋株や芝居小屋が免許されるのと共通しており、道頓堀の開発は新地開発の先駆けという意味を持っていたことが窺えるのである。

図 8–1 は、戎橋と太左衛門橋、および相合橋と日本橋の北側上方から芝居地を眺めた 2

図を合わせたものであり、図 8–2 は日本橋の北側から見た図であるが、これから堀と浜の様子がわかる。道頓堀の水面と道までの斜面は浜と呼ばれる空間である。この浜地は公儀地面であるが、荷揚場や市として利用されたり、道沿いの家持に利用が認められ、納屋（蔵＝倉庫）を建てることが広く見られた。この図に見られる道頓堀芝居地の浜地には芝居茶屋が並んでいる。

なお、西船場に通された堀は、都市化にとって舟運・流通の役割が大きいと思われるが、長堀と立売堀の間に新町遊廓が置かれたのは、道頓堀周辺に茶屋営業が認められたのと同様の意味を持つかもしれない。

二、堀川と流通

近年、身分的周縁と社会集団の視点からの流通や運輸の担い手についての研究が飛躍的に発展してきた。その細部を紹介する余裕はないので、堀川との関係に絞って少しだけ紹介してみたい。

（一）靭の塩魚問屋

塩魚問屋については、原直史氏の研究が重要である。以下、その総括的な意味を持つ論考「市場と身分的周縁―大坂靭を中心に―」によって、その要点を紹介しよう。[1] 塩魚問屋仲間の由緒書（附表 2）では、古くから天満鳴尾町に居住していた魚問屋たちは豊臣期（元和以前）に船場の本靭町・本天満町に移転し、さらに元和八年（1622）に（のちの西船場となる）津村の葭島の開発を出願して、新靭町・新天満町・海部堀川町を開き（図 9）、2 年後の寛永元年（1624）に永代堀（海部堀）を掘り、幕府から「永代諸魚干鰯市場揚場」を認可されたと言う。塩魚の問屋と仲買はともに新靭町・新天満町・海部堀川町の 3 町を居所とすること、干鰯問屋は詳細不明だが塩魚問屋が兼ねる場合が見られる一方、干鰯屋（干鰯仲買）はその周辺の 7 町（油掛町・信濃町・海部町・京町堀 3 ～ 5 丁目・敷屋町）に居所を持つこととされている。塩魚や干鰯を扱う営業者の集住は、海部堀の開発と連動していることがわかる。

1　以下については、原直史「市場と身分的周縁―大坂靭を中心に―」（原 2013 年）による。

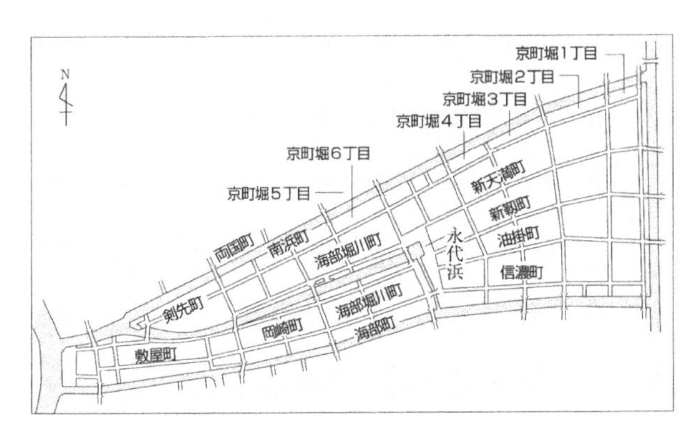

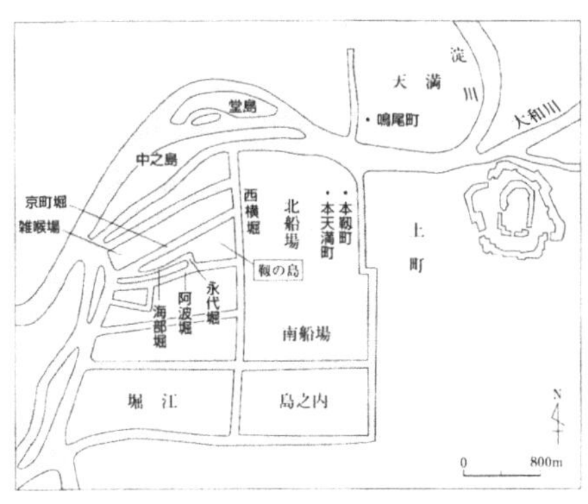

図 9　大坂の干鰯・塩魚市場と靭の島（原 2022 年図 1–a・b より引用）

18 世紀後半の老中田沼意次政権期になると、様々な営業に関して株立てが促進されていくが、その動向を背景に、塩魚問屋についても、仲間外からの株立て出願が行われた。明和九年（1772）の奈良屋善兵衛〔天満信康町〕によるもの、同年の源右衛門〔武州内藤新宿〕によるもの、安永三年（1774）の大和屋善右衛門〔家根屋町〕によるものなど、外部からの株立て出願が相次いだが、3 町の塩魚問屋は、これらに対抗して、安永三年（1774）に自分たちで株立てを出願し、「塩魚干魚鰹節問屋」株 141 が認められることになった（附表 3）。

株立ての出願者たちは、営業秩序の確立（営業取締り）と営業繁昌を名目とするのが一般的だが（実際は私的利害の追求〔特に外部からの場合〕）、それに対抗すべく、三町の塩魚問屋たちは、次のように出願理由を説明している。

> 近来船付之浜々ニ船方諸買物商人、又ハ雑喉類商、上荷船・茶船宿、其外諸商売之者共、船頭等之所縁ニ随ひ売荷物取捌候ニ付、私共他借銀を以仕入いたし置候荷物分散仕候故、自然と問屋共困窮仕、年々仕入銀も相扣候ニ付、浦々漁業仕候者共も次第ニ商売減少いたし、前々とハ大坂着荷物無数、渡世手狭ニ相成必至と難渋仕候、此儀全商方取〆り無之猥ニ御座候故、私共幷漁方之者双方とも難渋ニ及候儀ニ御座候。

つまり、市中あちこちの船着きの浜で諸品を扱う商人や魚商人、あるいは船宿が、船頭との伝手を活かして、売荷物（魚）を売り捌いてしまい、問屋に荷物が集まらず困窮している、そのため仕入銀を漁業者に渡すことができなくなり、大坂への集荷が減るという悪循環

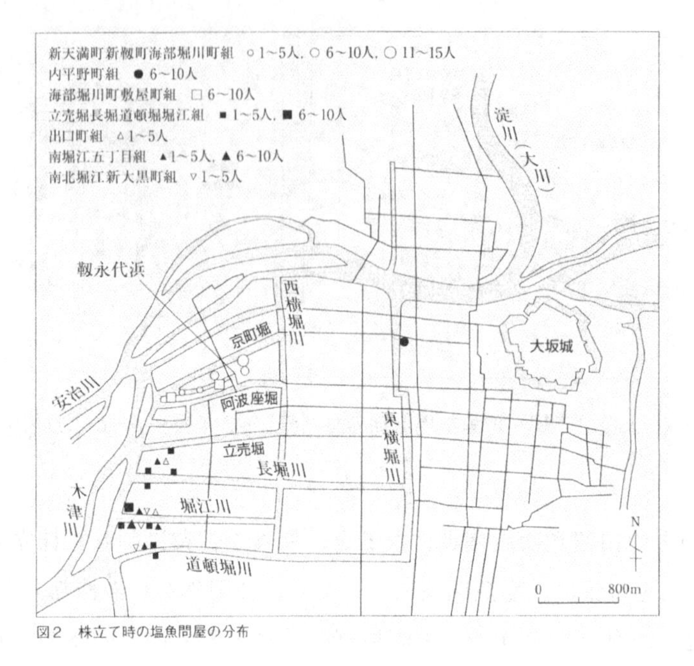

图10　株立て時の塩魚問屋の分布（原2022年図2より引用）

に陥り、みんなが困っているということを理由に挙げて、株立てを願っているのである。

この時、靭の3町だけでなく、独自の営業を展開させていた他地域の商人もこの株仲間に包摂された（図10・附表3）。そのうち内平野町組の8人は、東横堀の思案橋浜での塩魚市を核とした集団で、彼らは問屋・仲買の兼業を特徴としていた。出口町組の5人は、17世紀からの鰹座（鰹節の市場）につながる集団であり、靭とは独自に市取引を行っていた。この2組は、靭3町とは独自に市立を行っていた者たちであった。

それ以外の海部堀川町敷屋町組の14人は、靭3町の問屋から荷を買い取る仲買のうち近年問屋を兼業するようになった者たちであった。この者たちは、船宿・仲買などから不断に問屋化していく動向の一例とも言える。

さらに船宿の中から、近年魚荷を引き受けるようになった者たち3組が含まれた。立売堀長堀道頓堀堀江組（26人組）・南堀江五丁目組（14人組）・南北堀江新大黒町組（8人組）であるが、彼らは堀江を中心に、立売堀から道頓堀までの木津川沿いに展開しているものの、地域的なまとまりというわけではなく、株立ての経緯の中での立場の違いによる組分けであった。26人組は、当初から三町問屋に把握されていた者たちである。14人組は、経過の中で問屋であると名乗り出て、早くに三町問屋に同調した者たちである。8人組は、同じく問屋と名乗り出たが、あくまで三町問屋に対抗しようとした者たちであった。

船宿などから問屋に近い営業を行うようになったこれらの者たちは、先の株立て理由のなかで問題視されていたような存在であるが、彼らを3町問屋のヘゲモニーの下に序列化して編成したという意味を持っている。また、堀江の一帯（しかも西側）が船宿が集中し、その問屋化の動向も著しい地域だったことも窺える。なお、後で加入する者を見込んで、三町持ち株30が認められていたことも注目される。

17世紀末から18世紀にかけて、北国産の多様な産物を扱う問屋は北国問屋と呼ばれていたが、それらには社会的なまとまりは存在していなかった。しかし、塩魚問屋の株仲間が公認されると、北国とりわけ松前産の海産物を扱う北国問屋はそこに加わらなければ営業できなくなった。そのため、彼らは三町持ち株を分与されて、塩魚問屋仲間に加入・編成されることになった。彼らは、北国品類問屋と呼ばれるようになる。19世紀に入り、蝦夷地から鯡魚肥が大量に流入するようになると、松前産魚肥の引受けに特化した北国品類問屋は東組松前問屋に姿を変える。従来、東組松前問屋は靭干鰯屋の中から分かれたものと説明されていたが、北国品類問屋の分布（図11）と東組松前問屋の分布（図12）を比べると、両者の連続性が明らかであり、靭から出たものでないことは明白である。とはいえ、こうした北国品類問屋－東組松前問屋の分布も堀川沿いであることは注目される。

東組松前問屋は、当初魚肥の流通においては靭の干鰯屋に依拠せざるを得ないため、松

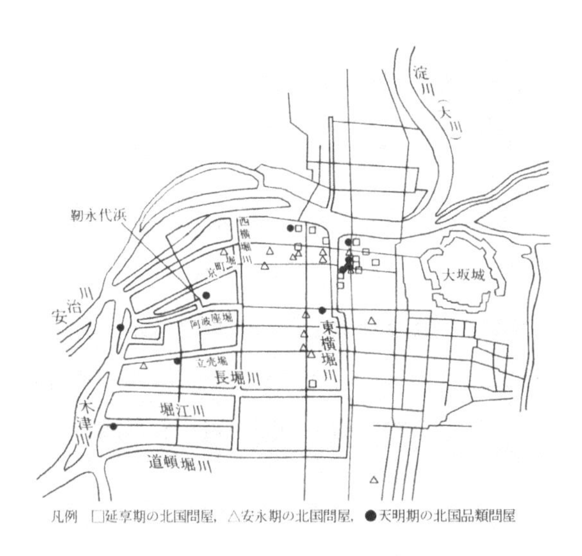

図11　北国問屋の分布
（原2007年図3より引用）

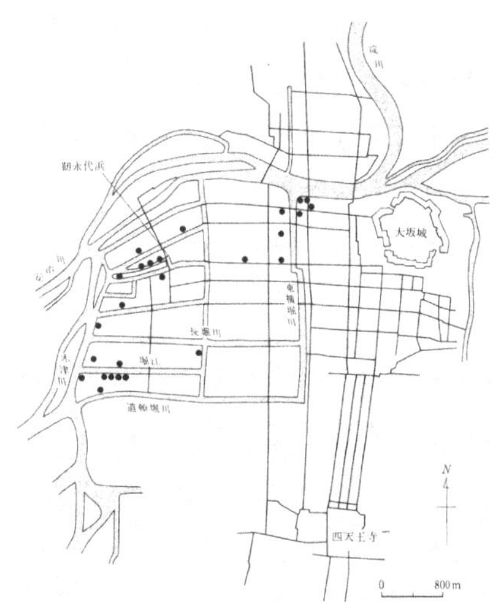

図12　東組松前問屋の分布
（原2000年図より引用）

前産魚肥を扱う干鰯屋の松前最寄組に従属しつつ、取引に参入せざるをえなかった。その関係が大きく転換されるのが、幕府による安政五年（1858）の箱館産物会所の設置によってである。この時、東組松前問屋の一員であった伊丹屋四郎兵衛が箱館産物会所の用達となり、他の松前問屋は会所付き仲買として会所の下に編成されたのである。これによって、靭干鰯屋は会所から会所付き仲買（元の松前問屋）を介して、松前産の干鰯・鯡を買わざるを得ない立場に置かれることとなり、両者の序列は逆転したのである。

（二）材木屋

材木商人の株仲間は安永五年（1776）に公認されたが、それ以前から仲間としての結合を持っていた。岡本浩氏は、「材木屋―十八世紀中葉の大坂を素材に―」において、株仲間公認以前の材木問屋・材木屋（仲買）の存在形態について、詳細に明らかにしている。[1] 以下では、若干の私見を交えて、この内容を紹介する。

大坂では、承応三年（1654）に竹木商全般の取締りを担う者として十人材木屋が選任された。元文四年（1739）12月に大坂市中に諸種の竹木商の者たちが商売を止めたり、始めたり、あるいは引っ越したりした場合には、十人材木会所へ届け出るように触れられている。その対象として、以下の職種が挙げられている。

家材木屋組・舟材木屋組・板屋組・杉材木屋組・中買材木屋組・桧材木屋組・家根材木屋組、

土佐問屋・尾張問屋・日向問屋・北国問屋、

竹中買・竹問屋、

船板中買・梶木中買・帆柱中買・木挽板屋・同家根木問屋・井戸かわ中買・組外中買。

以上であるが、これらの者たちには、これまで「公役并御仕置者入用之竹木、材木会所掛り物等」を課してきたが、それに支障が出てきているというのである。冒頭の家材木屋組など7つが組と表現されていることから、これらの竹木商が仲間（組）を形成していたことは明らかである。

1　以下については、岡本浩「材木屋―十八世紀中葉の大坂を素材に―」（岡本 2000 年）による。

この七組が材木屋（仲買）であり、土佐問屋から北国問屋までが材木問屋である。材木問屋は、材木の産地＝取引先（荷主）方面に起源を持ち、材木屋（仲買）は取扱い品目ごとに集団化したのであろう。北国問屋は前項で見たように北国産の諸種の産物を引き受ける存在であったが、土佐問屋なども同様であった。材木問屋としては、彼らは住吉講・戎講などの講を組織していた。

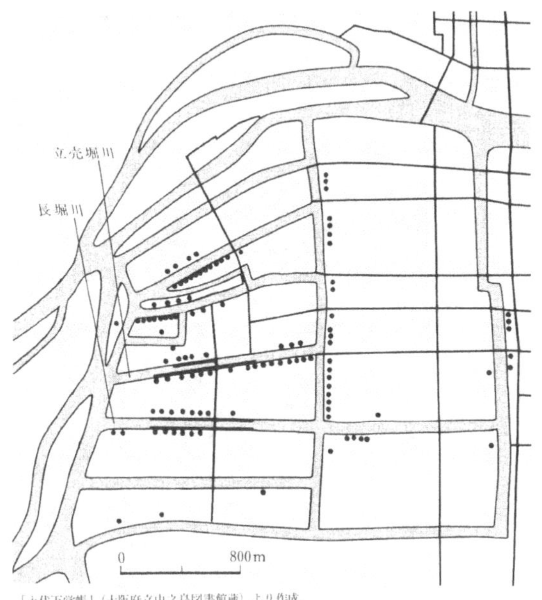

図 13　享保期にずける材木屋の居所
（岡本 2000 年図 1 より引用）

そのうち住吉講は土佐問屋・日向問屋を母胎に組織された。その住吉講の「永代万覚帳」の中に含まれる「材木屋請負人覚」は、住吉講問屋と取引を行うために材木屋（仲買）が身元保証人（請負人）を立てて提出した一札の記録で、享保元年（1716）～十七年（1732）の 115 人分が含まれている。これからわかる材木屋（仲買）の分布を示したのが、図 13 である。この図によれば、西船場の長堀・立売堀、阿波座堀・京町堀沿い、西横堀沿いに集中して居住していることがわかる。図のうち、長堀と立売堀の両側の太線のところが、材木問屋による材木市が立てられる場所であった。また、材木屋（仲買）の展開する堀沿いを「仲買浜」という言葉もあったとのことである。なお、材木市の様子は、『摂津名所図会』の長堀材木浜の図（図 14）に窺うことができる。

材木屋（仲買）は全体で 250 ～ 300 軒ほどと推定され、それが前記の 7 組を形成していたが、中買材木屋組が長堀組、桧材木屋組が伏見堀組、家根材木屋組が阿波座組という別称があったことから窺えるように、7 組は材木の種類によるまとまりと地域的なまとまりが絡まる形で分かれていたようである。さらに、「組合名前帳」の記載を見ると、各組内に「判組」という内部の組分けがあり、船材木屋組（船手組）の中に「剣先（町）組」「敷屋町組」があり、家材木屋組（長材木屋組）の中に「平右衛門町」「東堀南方」があったことがわかる。七組内部にもさらに地縁的なまとまりがあったのである。

図 14　長堀材木浜（「摂津名所図会」巻 4、日本国立国会図書館デジタルコレクションより）

材木商と堀川の関係を窺ううえで、宝暦三年（1753）～十年（1760）の茶船仲間と材木仲買の争論は興味深い。争点は、材木を船で運ぶか、筏で運ぶかであるが、筏の様子は、先の長堀材木浜の図に見て取れる。この争論は、最終的には、一肩（4.2 メートル）以下の材木は舟積しなければいけない、それ以上は筏に組んで運んで良いということに決着した。この争論を仲裁しようとした材木問屋と仲買の対立が惹起された。市場から仲買の浜着きまでの船賃をどちらが払うか、というもので、仲買は問屋が払うべきと主張したが、町奉行所では、仲買の言い分は我侭であるとして却下されたとのことである。

近世の材木市の実際はよくわからないが、岡本氏は明治期の実態を紹介し、近世のそれを想定する手掛かりとしている。問屋と七組仲買の売買形態は、市売買・入札売買・付け売買（相対売買）の 3 種で、このうち市売買・入札売買（合わせて市札売買という）が材木市での取引き方法であった。長堀・立売堀の 2 ヶ所で、一年を 6 期に分け、間に 20 日の休みを置いた。市立期間は、隔日で市が立ち、「市日ヲ終ルトキハ、直チニ仲仕ヲ督シテ各浜ヲ整理シ、又空浜ヲ借受ケ次市日ニ対スル新陳列ニ着手ス」という。市売買は早朝から午前中までで、仲買は一つの問屋浜でセリが終わるか、終わらないうちに、次の問屋浜に移動し、セリが行われたという。近代の材木市の様子は写真（図 15）が残されているが、近世の『摂津名所図会』の図とも共通し、堀川沿いの様相を彷彿することができる。

（三）青物問屋

図 15　近代以降の材木市のようす
（岡本 2000 年図 2 より引用）

図 16　天滿市之側（青物市）（「摂津名所図会」巻 4、日本国立国会図書館デジタルコレクションより）

青物市場も天満の浜地で展開していた。八木滋氏は、論文「青物商人」において、天満青物市場の問屋・仲買、新たな商品としての薩摩芋がもたらした影響、難波村を例とした都市周辺部に展開した青物取引の実態、立売の実態とその意味など、多様な問題群を関連させて総合的な分析を行った。[1] ここでは、そのうち堀川に関わる部分に限って、紹介しておきたい。

大坂天満の青物市場は、天神橋北詰の天満 10 丁目から龍田町までの大川沿い北岸の浜側に位置していた。青物市場がこの地に移転してきたのは、承応二年（1653）7 月のことであったが、1931 年に大阪中央卸売市場ができるまで、大坂における青物流通の中心地であった。その様相は、『摂津名所図会』の「天満青物市場図」（図 16）に窺えるが、浜沿いの町地に問屋が軒を連ね、浜地には浜納屋が建てられるとともに、浜は荷揚げ場として利用された。塩魚問屋や材木屋と同じく、18 世紀の後半の明和八年（1771）8 月に問屋株 40、仲買株 130 が公認され、株仲間となったが、それ以前から仲間組織を形成していたことは言うまでもない。問屋は市場浜通りに面して店を開いたが、家持の場合も、借屋の場合もあった。仲買は市場の周辺の町に居住していた。

安永七年（1778）10 月に安治川の船宿・町々仲買が、諸国から積み登ってくる薩摩芋の問屋株・仲買株の赦免を大坂町奉行所へ出願した。薩摩芋は 60 年ほど前から入ってきた商品で、彼らは従来からこれを引き受け、売り捌いてきたが、天満青物市場から薩摩芋は青物だと申し立て、差止めを申し入れてきたために出願に及んだのである。天満青

1　以下については、八木滋「青物商人」（八木 2007 年）による。

物市場の問屋・仲買からは、船宿がすべて売り捌いてしまって、市場に薩摩芋が入荷しないと、それを「望み」に商売している者たちが渡世に差し支えると反論している。12月に至って、船宿に着いた薩摩芋のうち7割は天満青物問屋が売り捌き、残り3割は船宿が売り捌いてよいということで決着した。

これにより、薩摩芋を扱う安治川沿いの船宿は「薩摩芋三歩買受人」、市中の買取り商人は「薩摩芋三歩仲買」と位置づけられた。このうち、三歩仲買の居所を示したのが図17であるが、安治川・木津川、道頓堀・堀江など堀川沿いに広く分布し、天満青物市場周辺の仲買仲間とは性格が異なっていた。もっとも仲買仲間のうちにも、青物市場に薩摩芋が入荷しないならば、安治川口の船宿に買い付けに行くという行動を取る者があらわれ、利害関係は複雑であった。

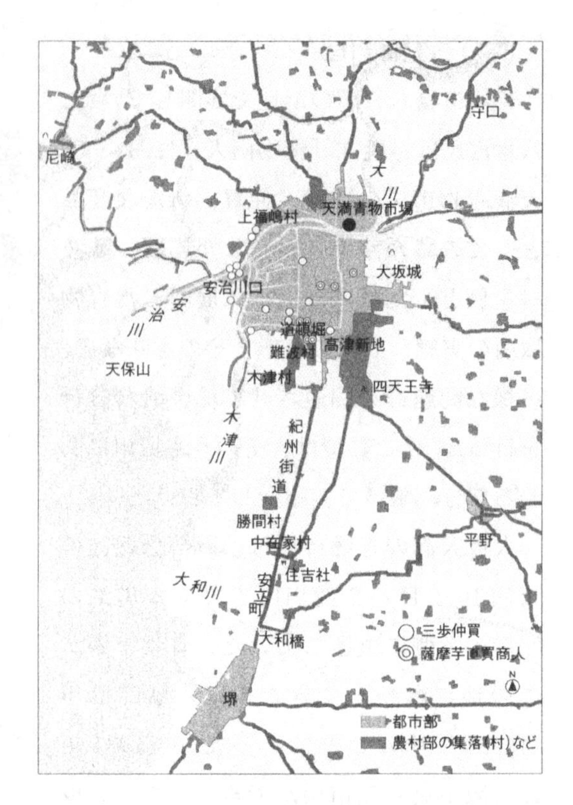

図17　19世紀の青物市場と薩摩芋商人
（八木2000年図より引用）

安治川口の船宿に入荷する薩摩芋は小豆島など瀬戸内海方面で収穫されたものであったが、南の堺周辺や河内・和泉地域も薩摩芋の産地であった。そこから集荷された薩摩芋は、堺の薩摩芋問屋が集荷・売捌きを担った。また勝間村や安立町にも集荷商人が展開していた。そこへ大坂商人が直買いに出向くことが見られ、それも天満青物市場は問題視した。直買したとして摘発された商人が大坂南部の道頓堀周辺に多いのは、陸路（紀州街道）で運ばれたためであろう（図17）。

なお、安治川口の船宿や市中の仲買同様の商人の問題は薩摩芋という新しい商品の入津によってクローズアップされたが、青物全体にも常に付随する問題であった。たとえば天明三年（1783）4月の町触で、在方から天満市場に送るべき青物を船宿や商人が直買いしているとして、その差止めが命じられている。さらに言えば、塩魚の場合にも同様のことが見られたように、他の商品にも見られる普遍的な問題であった。

（四）唐薬問屋

もう一つ、浜地の利用という点で唐薬問屋について、渡辺祥子氏の研究によって触れておきたい。[1]長崎で本商人が落札した薬種などの輸入品を引き受けて売り捌く唐薬問屋は、享保十七年（1732）に株仲間として公認された。その数は約200軒であったが、日野屋七郎兵衛家はそのうちの一人であった。

大坂に送られた輸入薬種はまず、唐薬問屋から道修町1～3丁目に集住する薬種中買仲間に対して売出し（薬種中買からは買出し）という手続きが必要であったが、その売出しの後、唐薬問屋は薬種仲買への売り捌きだけでなく、江戸の薬種問屋などへ櫃単位での大量の販売も行っていた。そのため、大量の商品を保管する必要から蔵を持つことが不可欠だった。なお、薬種中買商は買い付けた櫃単位の薬種を小分けして大坂や各地の薬種屋へ販売する業態であった。

唐薬問屋の日野屋七郎兵衛家は、東横堀川沿いの内平野町に家屋敷〔間口5間に奥行き16間〕を構え、その浜側に土蔵を建てていた（図18）。浜沿いの道に面した家屋敷を所持

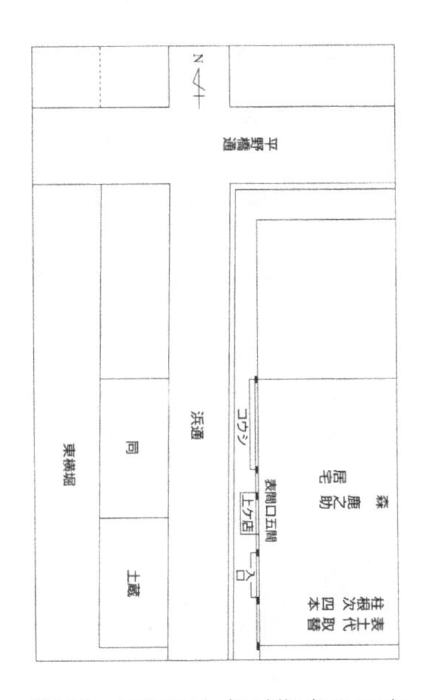

図18　日野屋七郎兵衛家の居宅繪圖（渡辺2022年図1より引用）

図19　唐薬問屋の居住町（渡辺2022年図2より引用）

1　以下については、渡辺祥子「唐薬問屋」（渡辺2022年）による。同『近世大坂薬種の取引構造と社会集団』（渡辺2006年）第8・9章も参照。

する家持は、道を挟んだ浜地をセットで利用することが認められていたのである（宝暦七年〔1757〕からは浜地冥加銀を上納するようになり、その利用は安定度を増した）。『武田二百年史』に紹介されている文化元年（1804）の「唐薬問屋人数帳」による唐薬問屋の居住地は、図 19 に示した平野町に 45 人、淡路町に 42 人、内平野町に 23 人、内淡路町に 23 人、道修町に 18 人、豊後町に 16 人、瓦町に 12 人、本靭町に 12 人、その他 32 人であった。これらの町について、何丁目かは記載しておらず、不明であるが、舟運の便が良い東横堀沿いに浜地に蔵を持つ者が他にも多数いたものと思われる。

なお、唐薬問屋の業態は一様ではなく、仲間内に業態に応じた三社講・商内講・荷受講といった講が組織されていた。三社講は、薬種中買に売出しを行う者で組織され、全体の半数以下と推定されている。商内講は表物商い（先物取引）を行う者で組織され、天保期には 60 人程度であった。荷受講は、荷受に関わると思われるが詳細不明とのことである。日野屋七郎兵衛家は三社講と商内講に加入していたのであり、これらの業態のうち、大量の荷物を引受・保管する必要があった者は大きな蔵が不可欠であった。

以上、近年の研究を紹介してきたが、堀川沿いに居住する商人たちの立地、それは商品流通にとって堀川〔舟運の便〕が不可欠だったこと、市と浜の関係などがイメージできたのではないかと考える。

三、堀川と運輸

次に堀川と舟運や運輸のあり方について、近年の研究に依拠して、具体的に見ていくことにしたい。

（一）上荷船（20 石）・茶船（10 石）—市中堀川の川船

大坂の堀川での舟運を担ったのは、上荷船・茶船の集団である。この上荷船・茶船について、井戸田史子氏が近年の諸論文で包括的に解明している。以下、井戸田氏の成果の一端を紹介する。[1]

1　以下、すべて井戸田史子「浜こ杭場の構造—堀江地域を中心として—」（井戸田 2017 年 a）、同「近世大坂市中と大坂湾における舟運の構造—上荷船・茶船の実態を通して—」（井戸田 2017 年 b）による。

図 20　安治川橋（「摂津名所図会」巻 4、日本国立国会図書館デジタルコレクションより）

市中の堀川には大きな廻船は入れないため、大坂に向けて廻船で運ばれてきた諸荷物は、安治川口・木津川口で上荷船・茶船に積み替えられ、堀川を使って市中に運び込まれ、また市中の荷主の荷物は、上荷船・茶船で廻船まで運ばれ、積み込まれた（図 20）。

これを中心的に担った上荷船・茶船は、赦免された経緯によって次の 3 グループに分かれていた。

第 1 は、元和五年（1619）に極印（許可の印）を打たれた七村上荷船 920 艘、中舟上荷船 672 艘、茶船 1031 艘である。

第 2 は、延宝元年（1673）に三郷の惣年寄たちのために新造された新船上荷船 300 艘、新船茶船 200 艘である。

第 3 は、元禄十一年（1698）の堀江新地の開発に際して、助成として 10 年期限で認められた堀江上荷船 500 艘である。

なお、堀江上荷船の 10 年期限は繰り返し延長され、幕末まで継続した。また、上荷船は 20 石規模、茶船は 10 石規模であったが、堀江上荷船のうち 100 艘は 30 石規模とされた。

惣年寄の共同所有であった第 2・第 3 の上荷船・茶船は、本源的に船主（船持）と船乗りは分離していたが、第 1 の場合も、船持から上荷船・茶船を借りた船乗りが運行することが広く見られた。そのため、船持の仲間とは独自に船乗りの仲間が組織されたが、そこには船持＝船乗りも加わっていた。井戸田氏は、船持の仲間と船乗りの仲間のあり方を

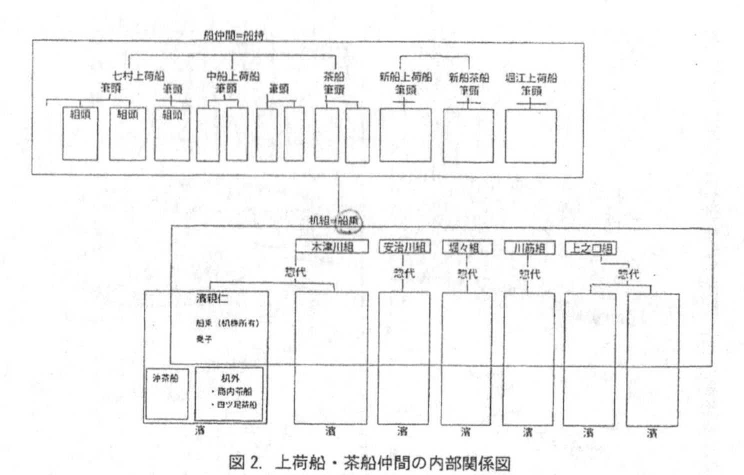

図21　上荷船・茶船仲間の内部關係図（井戸田2017年b図2より引用）

（両者の関係を含めて）図21のように表現されている。

船乗りの集団は市中全体で5組に分かれ、それぞれの内部に浜を単位として20～30艘づつの組合が作られていた。これに関して、宝暦十年（1760）6月18日に、次のような町触が触れられた。

> 一、大坂町中并ニ町続在々令所持候上荷舟茶舟、往古ゟ川内働場ニ定有之ニ付、舟乗共銘々申合ニ而働場ヲ相定、杁（カヤ）場ト唱、弐三丁ツヽ、働場之多少ニより、船数弐十艘三十艘ツヽ組合、七十年以来一杁場（ニ）相定置候処、右船積働場積取之儀ニ付及争論ニ、（中略）杁場相改候上、惣絵図申付、当時杁場ト唱候舟働場凡百廿三ロニ相成、（中略）全仲間之申合ニ而、曽而奉行所之不及頓着（儀）、殊更荷主船乗り双方共、勝手而已之儀ハ不埒之至り候得共、七拾年来之仕来ニ而、当時之定も無之、右之通ニ候得ハ、働場之儀（先）是迄之通ニ差置、右及争論ニ候口々堺難分所ハ、筆頭組頭取計申付、此以後ハ舟乗共荷主之指図を請、積荷物滞り無之取斗可申候、（後略）

この時、杁場での荷物の積み取りをめぐる争論があり、町奉行所で吟味となり、その結果を受けた内容が三郷に触れられたのである。これによれば、70年程前から堀川には船乗

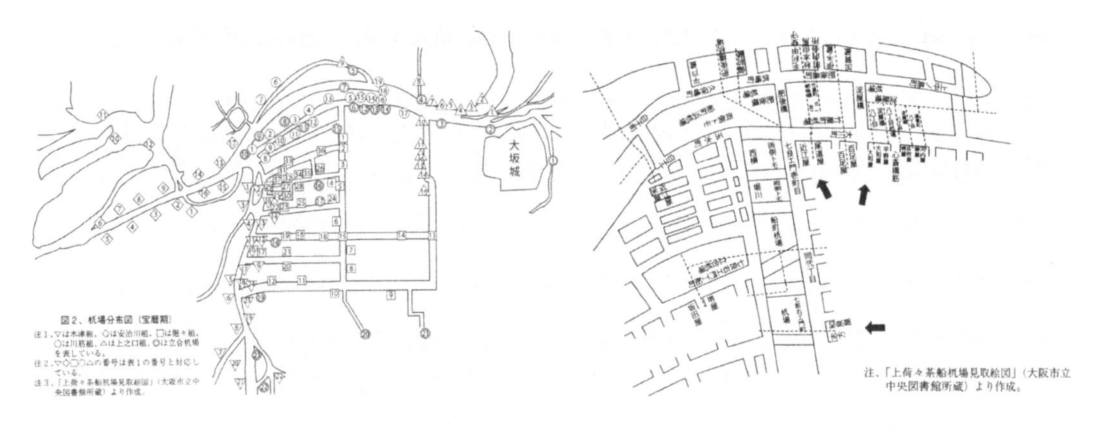

図 22　杭場分布図（宝暦期）
（井戸田 2017 年 a 図 2 より引用）

図 23　中之島周辺図
（井戸田 2017 年 a 図 5 より引用）

りの申合せで働き場が決められており、これを「杭場（かせば）」と呼び、2 ～ 3 町づつの働き場の規模に応じて 20 ～ 30 艘が組み合ってきたとのことである。この争論の吟味において、町奉行所の指示で惣絵図が作成され、杭場 123 ヶ所が確認されている。町奉行所は、これまでは仲間の申合せであったが、70 年余りの仕来りなので、これまでの通りとすると現状を追認したのである。その上で、杭場の境界が不分明の箇所は、船持の筆頭・組頭が介在して取り計らうこと、船乗りたちは荷主の指示によって荷物の積み働きを行うことが命じられている。まさに杭場は、船乗りたちによって相互に、時には争論なども伴いつつ、徐々に形成されていった働き場の秩序だったのである。

この時作成された惣絵図と思われる「上荷々茶船杭場見取絵図」が残されている。それを基に作成したのが、図 22 であり、そのうち中之島周辺を拡大したのが、図 23 である。また、安永九年（1780）の船乗りの 5 組の構成がわかる史料から、一覧にしたのが、附表 4 である。両者を合わせて、上荷船・茶船の船乗りの 5 組のあり方を見ておこう。

5 組はほぼ地域ごとに組織されていたが、それはそれぞれの生業の特徴とも不可分であった。それをまとめると、以下の通りである。

木津川組（24 浜）▽　･･･ 木津川口の廻船の荷物積み替えを主とする木津川沿いの杭場

安治川組（17 浜）◇　･･･ 安治川口の廻船の荷物積み替えを主とする安治川沿いの杭場

堀々組　（37 浜）□　･･･ 材木屋の端荷物や諸荷物の積み出しを主とする堀川沿いの杭場

川筋組　（19 浜）○　･･･ 蔵屋敷米の積み出しを主とする中之島周辺の杭場

上之口組（15 浜）△　･･･ 淀川筋を下る船からの荷物積み替えを主とする天満橋周辺の杭場

5 組の杭場の総数 112 であるが、惣絵図（「上荷々茶船杭場見取絵図」）には立合の杭場が 23 ヶ所記されており、宝暦十年（1760）6 月の町触で上げられていた 123 ヶ所より 10 ヶ所ほど多いが、詳細は不詳である。全体で上荷船 2056 艘、茶船 1096 艘で合計 3152 艘であるが、前記 3 種の赦免された船数 3623 艘より少ないが、87 パーセントほどに当り、実働しているほとんどの船数が杭場の秩序に包括されていると言えよう。

組ごとに、浜（杭場）の数やそこに属する上荷船と茶船の数なども違いが大きいが、木津川口・安治川口で廻船の荷物の積み替えを主とする木津川組・安治川組と中之島周辺の蔵屋敷の米の積み出しを主とする川筋組は、規模の大きい上荷船の割合が圧倒的に高いのに対し、市中の諸荷物の積み出しが中心の堀々組と川船の荷物の積み替えを主とする川筋組は規模の小さい茶船の割合が高いという特徴を持っている。特に堀々組は上荷船 48 艘に対し、茶船は 10 倍以上の 486 艘であり、著しい特徴を持っている。

また、中之島周辺を拡大した図 23 を見ると、杭場の境界は町境とは限らず、浜沿いの家屋敷が区切りになっている場合もあることがわかり、杭場の特質の一つと言えよう。

文政九年（1826）2 月段階の堀々組に属する北堀江五丁目浜の杭場のメンバーがわかる「乗判帳」が残されており、それを一覧にしたのが附表 5–1・2 である。これによると、上荷方（16 人＋杭外 2 人）・茶船方（13 人＋杭外 5 人）という人数であるが、茶船方とされている方も、実際の船は上荷船が大半であることがわかる。先の安永九年（1780）段階では、堀々組全体では上荷船の 10 倍近い茶船が所属しているはずであるが、北堀江五丁目浜では上荷船がほとんどである。この 50 年弱の間に大きな変化があったのか、北堀江五丁目浜の何等かの特殊事情なのか不明である。

附表 5–1・2 によれば、船持ち自身が乗る直乗りと別人の借乗りがあったことがわかり、杭株はあくまで船乗りの権利であり、船乗りの組合であったことが明らかである。その船乗りには、薩州諸荷物引受売捌商売（問屋）・薪炭商売・麺類商売なども見られ、問屋や諸商人が船乗りを兼ねることもあったのである。また、船乗りの下で乗り子数人が雇用されることもあったとのことである。なお、杁外れの船は、杁場に船をつなぐことは認められていたが、積送り（積立）の順番には加われず、浮荷の積働き、廻船への煮売酒肴・酢醤油など販売（商茶舟）、あるいは釣船や参詣乗合船などとして営業していたものであった。

仲間の罰則規定に、荷物の積み残しや半端な量の荷物を「立番」の許可なく積む者は「杁積帳」から50日間除外するなどと見えるが、そこからは、杁場での荷物の積込みの順番などは「杁積帳」によって管理され、荷積みは「立番」の指図によって行われていたことがわかる。

（二）仲仕

次に、浜での荷揚げや積込み、陸上輸送などに従事した仲仕について見よう。近世大坂の中仕については、森下徹氏の研究が重要である。以下、森下氏の論文「仲仕」の内容を見ていこう。[1]

近世大坂には、諸藩の蔵屋敷の米の出し入れを担う蔵仲仕、堂島の米仲買の下で蔵出しを担う米出仲仕、浜を拠点に働く浜仲仕の三類型の仲仕がそれぞれの形で仲間を形成していた。

明治期に入って、大阪府でも種々の「商業組合」結成が図られたが、その一環として、仲仕の組合を作る動きが見られ、明治七年（1874）3月に大阪四大区「仲仕稼業組合規則」が作られた。そこには惣代人として180人が名前を連ねているが、その居所は図24に示されている。東大組は浜惣代と町惣代が書き分けられており、また「区々浜々衆議を遂げ」とあるので、浜を拠点とする組だけでなく、内町（「区々」）にも分布が広がっていたことが窺える。浜仲仕は浜を拠点に水揚げ・蔵出しに従事した者たちであるが、次に見るべか車の普及によって陸運に従った者も含まれるようになった結果で、仲仕の人員は南大組863人、北大組978人で、4大組全体で4000人余と推定されている。市中の堀沿いに展開した惣代人の分布は、近世の浜仲仕の広がりと各浜での仲仕の結合の存在が示唆されている。

同時期に作られた西大組68組の名前帳が残されており、1200名余の仲仕が記載されている。これによると、各組数人から100人と幅があるが、10～20人の組が4割弱を占め、ほぼ近世以来の浜仲士の浜単位の仲間の規模を示している。

近世大坂において、仲仕は株仲間として公認されることはなかったが、仲仕たちは浜単

1　以下については、森下徹「仲仕」（森下2022年）による。

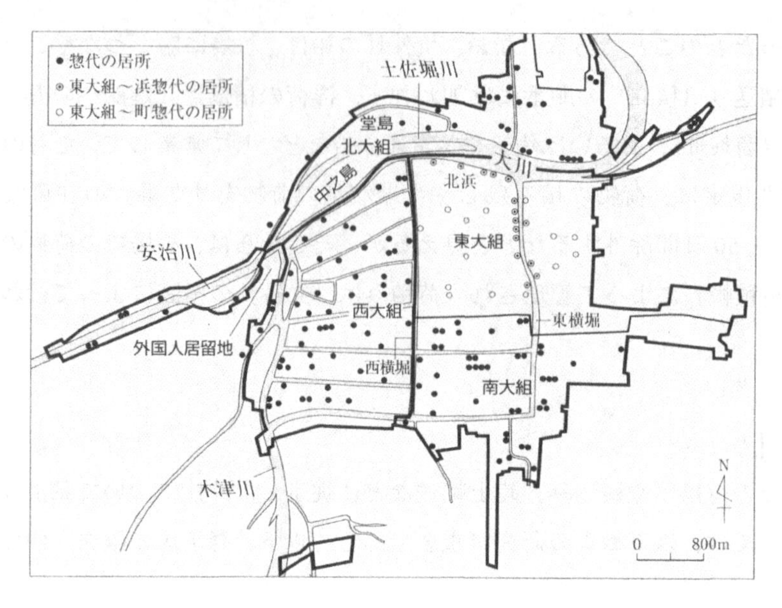

図 24 「仲仕稼業組合」惣代の居所（森下 2022 年図 1・2 より引用）

位で規約を作り、その浜での荷揚げの独占を図ろうとしていた。淡路町浜仲間については、正徳二年（1712）の「組合名寄帳」が残され、そこでは水揚げの順番や名代の代銀が規定されている。つまり、18 世紀初頭の段階で、彼らの地位（＝名代）は共同で保全されていたのである。同じく「京橋組大仲ヶ（間）」は、正徳期から仲間帳面をメンバー分の 16 冊を作り、幕末まで各自所持し続けてきた。幕末に 20 冊に増やしたというが、これを「蕪」（＝株）と称していたのである。これは、幕府による株仲間ではないが、社会的に様々な地位が株化される近世社会の身分社会としてのあり方を示す一例である。[1]

こうした浜単位で自生的に形成された仲間結合に基づく浜荷物の独占は、相互の紛争につながったり、荷主との間でトラブルが生ずることもあった。たとえば、文化二年（1805）には、大川町浜西手働仲仕と淀屋橋南詰水揚仲仕の間で、大川町西半（元北浜四丁目部分）の水揚げ・蔵出しの権限について争論が起こっているが、この時は西手働仲仕の主張が認められた。また、享和元年（1801）3 月の町触では、浜仲仕は「荷主と相対ヲ以て」水揚げ・搬送する働き方の者だとして、荷主の手人による水揚げ・持ち運びを妨害してはならないと触れている。この背景には、堀川近辺の者が宿替え（引越）荷物などを

1　さまざまな地位・役職が株化される動向については、塚田孝「下層民の世界」（塚田 1997 年、第 2 章）を参照。なお、近世身分社会の捉え方については、塚田孝『近世身分社会の捉え方』（塚田 2010 年）を参照。

上荷船・茶船に自らの手人によって積込み・運搬させた際に、浜仲士が妨害したこと（具体的には「居取銭」の徴収）に対して、こうした行為が荷主の船利用を減少させていると、杭場の船乗りたちが訴え出たことがあった。浜を単位とする仲仕と船乗りの間にも利害対立が生じかねなかったのである。

なお、蔵仲仕と米出仲仕は、ともに刺し米の利権が集団形成の基盤であった。蔵仲仕は、諸藩の蔵屋敷との出入関係を基に集団化したが、上仲仕の仕事は管理労働を含み、下仲仕は作業に特化した存在であった。堂島の米仲買配下の米出仲仕も指し米の利権を分け合う形で重層的な集団化を遂げたが、これらは幕藩制社会を前提とする諸藩蔵屋敷の存在がなければ存立しえないものであり、明治以降には継承されなかった。

（三）べか車

運輸の担い手をめぐる様々な利害の対立は、人力の荷車であるべか車の普及で浮かび上がってくる。その様相を羽田真也氏の研究によって見ていきたい。[1]

安永三年（1774）9月以降、べか車による橋越え運送（堀川に掛かる橋を越えた荷物の運送）の禁止が度々触れられるようになる。そこでは往来人の妨げになることと橋が破損することが理由とされている。寛政三年（1791）12月にべか車による橋越え運送の禁止が再触をれたが、それは役船を勤め、運上などを上納する上荷船・茶船の荷物が減少し難渋しているとの出願を受けたものであった。また、この時はべか車の大型化や夜間の通行の禁止も命じられた。続いて、寛政十一年（1799）4月に、再々度の町触が出されるが、この時は船方に加えて、伝馬役を担う馬方の迷惑も理由に挙げられている。

これらの町触の文面を見ると、「勿論人力ヲ以運送ヲ考候而は、余計之重目之品ヲ壱度（ニ）致運送、荷主勝手宜敷、弁利之品ニ候へ共」（寛政十一年〔1799〕）などと言われており、べか車の利便性を否定することはできず、矛盾は避けられなかったと言えよう。

べか車をめぐる対立や出訴は19世紀にも繰り返された。

文化二年（1805）には、材木屋・竹屋がわずかの船積みに及ばないほどの品の橋越え運送を出願した。この時は、上荷船・茶船の船乗りの5組のうち堀々組の反対で不許可となった。

文化八年（1811）には、船乗りの4組（堀々組以外）から小廻銭を取って橋越えを容認することを船持仲間の船方筆頭に願い出たが、この時も堀々組の反対で却下された。

1　以下については、羽田真也「近世大坂におけるべか車の展開と上荷茶船」（羽田2007年）による。

文化十四年（1817）～文政元年（1818）年には、堀々組の者たちが、橋のたもとで橋越えの運送を行う者たちを摘発する行為に出た。そこで摘発されたのは、材木屋・油屋・薪屋などの商人と仲仕であった。

文政十年（1827）にも、堀々組の者たちによる同様の摘発が行われた。この時も、摘発されたのは材木屋・炭屋・薪屋・油屋・竹屋などの商人たちであった。

これらの事例から、べか車を利用した運輸のあり方は、i〔荷主（諸商人）＝車主〕が下人や雇用した仲仕（店仲仕）に引かせる場合と、ii〔(浜）仲仕＝車主〕が荷主から運送を請け負う場合があったことが窺える。

以上のべか車をめぐる対立・紛争や出願において、つねに強硬な態度を見せたのは、上荷船・茶船の船乗り仲間5組のうち堀々組であった。これはべか車による橋越え運送と真っ向から利害が対立するのが、市中の堀川の周辺で諸荷物の運送を担う堀々組だったからである。

また、べか車による橋越え運送を行おうとした商人は、材木・竹・炭・薪・油などの重くかさばる商品を扱う者たちだったことも注目される。先に、材木屋が筏で運ぶか、茶船で運ぶかの対立があったことに触れたが、荷主・諸商人と船主・船乗り、さらに仲仕との間に錯綜する利害関係があったのである。船主・船乗りや仲仕の中に、荷主の商人が兼帯している者が見られたのであり、事情はさら複雑であったと言えよう。

おわりに

ここまで、近世都市大坂について、〈水と都市〉という点から、近年の研究に全面的に依拠して概観してきた。近世大坂の都市形成は、大阪湾岸の歴史環境の下で、堀川の開削と深く結びついて行われたことは言うまでもない。そして、その堀川は都市の経済（流通と運輸）の基盤を成していた。本稿では、道頓堀について指摘するにとどまったが、新地の開発と結びついた遊興地の性格も重要であった。

2節・3節の紹介を通して、塩魚・材木・青物・輸入薬種などの商品ごとに特徴を持ちつつ堀川沿いに展開する問屋・仲買の分布、各種問屋と競合する船宿のあり方、舟運（上荷船・茶船）と陸運（べか車）の利害対立、舟運か、筏かをめぐる船乗りと材木屋の対立なども含め、そこには荷主の意向や陸運の担い手となる仲仕の立場などが複雑に絡み合った様相を見ることができた。また、薩摩芋や鯡魚肥などの新たな商品の展開や、べか車のような新たな運輸手段の導入が、それまでの社会関係を変貌させる要因となったことも注目される。流通と運輸を統一的に把握していくことが重要であろう。

なお、本稿の流通・運輸に関する部分は原直史・岡本浩・八木滋・渡辺祥子・井戸田史子・森下徹・羽田真也各氏の研究に全面的に依拠し、紹介したものであり、ぜひ注に引いた論文を参照いただきたい。

ともあれ、今回の整理で改めて、身分的周縁と社会集団の視点からの研究蓄積を実感すると同時に、その有効性を再確認した次第である。

参考文献

[1] 伊藤毅『近世大坂成立史論』生活史研究所、1987年。

[2] 井戸田史子「近世大坂における上荷船・茶船仲間—道頓堀堀詰の「積場所」を中心に—」『都市史学会2016大阪大会「社会的結合と都市空間」報告レジュメ集』(報告要旨は『都市史研究』4〔山川出版社、2017年〕に掲載)。

[3] 井戸田史子「近世大坂における上荷船・茶船の浜こ杁場の構造—堀江地域を中心として」『大阪の歴史』85、2017年a。

[4] 井戸田史子「近世大坂市中と大坂湾における舟運の構造—上荷船・茶船の実態を通して—」『ヒストリア』265、2017年b。

[5] 内田九州男「豊臣秀吉の大坂建設」佐久間貴士編『よみがえる中世2　本願寺から天下一へ　大坂』平凡社、1989年。

[6] 大阪歴史博物館『特別展新淀川100年：水都大阪と淀川』大阪歴史博物館、2010年。

[7] 大澤研一『戦国・織豊期大坂の都市史的研究』思文閣、2019年a。

[8] 大澤研一「豊臣期の大坂城下町」塚田孝編『シリーズ三都　大坂巻』東京大学出版会、2019年b。

[9] 岡本浩「材木屋—十八世紀中葉の大坂を素材に—」吉田伸之編『シリーズ身分的周縁4　商いの場と社会』吉川弘文館、2000年。

[10] 岸本直文「考古・古代①　都市大阪の位置と前史」JMOOCビデオ「都市史研究の最前線—大阪を中心に—」第1回、2018年。

[11] 杉本厚典編『大阪上町台地の総合的研究：東アジア史における都市の誕生・成長・再生の一類型』（科研報告書）大阪歴史博物館、2014年。

[12] 塚田孝『近世の都市社会史—大坂を中心に—』青木書店、1996年。

[13] 塚田孝『近世身分制と周縁社会』東京大学出版会、1997年。

[14] 塚田孝『近世身分社会の捉え方—山川出版社高校日本史教科書を通して—』部落問題研究所、2010年。

[15] 塚田孝「近世大坂の開発と社会＝空間構造—道頓堀周辺を対象に—」『市大日本史』19、2016年。

[16] 塚田孝「近世大坂の開発と社会＝空間構造―道頓堀周辺を対象に―」馬学強・楊海生主編『国際視野中の都市人文遺産研究と保護論集』商務印書館、2017 年。

[17] 塚田孝「道頓堀周辺の地域社会構造」塚田孝編『シリーズ三都　大坂巻』東京大学出版会、2019 年。

[18] 塚田孝「道頓堀周辺の社会＝空間構造―周辺村方史料から巨大都市を照射する―」塚田孝・佐賀朝・渡辺健哉・上野雅由樹編『周縁的社会集団と近代』清文堂、2023 年。

[19] 塚田孝・八木滋編『道頓堀の社会＝空間構造と芝居』〈重点研究報告書〉大阪公立大学大学院文学研究科都市文化研究センター、2015 年。

[20] 羽田真也「近世大坂におけるべか車の展開と上荷茶船」塚田孝編『近世大坂の法と社会』清文堂、2007 年。

[21] 羽田真也「べか車の車主と車力」塚田孝編『シリーズ三都　大坂巻』東京大学出版会、2019 年。

[22] 原直史「松前問屋」吉田伸之編『シリーズ身分的周縁 4　商いの場と社会』吉川弘文館、2000 年。

[23] 原直史「箱館産物会所と大坂魚肥市場」塚田孝・吉田伸之編『近世大坂の都市空間と社会構造』山川出版社、2001 年。

[24] 原直史「商いがむすぶ人びと―重層する仲間と市場―」原直史編『身分的周縁と近世社会 3　商いがむすぶ人びと』吉川弘文館、2007 年。

[25] 原直史「市場と身分的周縁―大坂靭を中心に―」『部落問題研究』205、2013 年、。

[26] 原直史「市場と身分的周縁―大坂靭・塩魚問屋に即して―」塚田孝編『新体系日本史 8　社会集団史』山川出版社、2022 年（原 2013 年を改編して収録したもの）。

[27] 森下徹「萩藩蔵屋敷と大坂市中」塚田孝・吉田伸之編『近世大坂の都市空間と社会構造』山川出版社、2001 年、のち森下徹著『近世都市の労働社会』吉川弘文館、2014 年所収。

[28] 森下徹「蔵屋敷と仲仕仲間」『ヒストリア』183、2003 年、のち「蔵仲仕と米出し仲仕」と改題し、前掲森下徹著『近世都市の労働社会』所収。

[29] 森下徹「近世大坂の仲仕と仲間」塚田孝編『大阪における都市の発展と構造』山川出版社、2004 年、のち「大坂の浜仲仕と仲間」と解題し、前掲森下徹著『近世都市の労働社会』所収。

[30] 森下徹「仲仕」塚田孝編『新体系日本史 8　社会集団史』山川出版社、2022 年。

[31] 八木滋「大坂・堺における薩摩芋の流通」『大阪市立博物館研究紀要』31、1999 年。

[32] 八木滋「近世天満青物市場の構造と展開」塚田孝編『大阪における都市の発展と構造』山川出版社、2004 年。

[33] 八木滋「青物商人」原直史編『身分的周縁と近世社会 3　商いがむすぶ人びと』吉川弘文館、2007 年。

[34] 八木滋「近世前期大坂道頓堀の開発過程と芝居地」前掲塚田孝・八木滋編『道頓堀の社会＝空間構造と芝居』2015 年。

[35] 渡辺祥子『近世大坂薬種の取引構造と社会集団』清文堂、2006 年。

[36] 渡辺祥子「唐薬問屋」塚田孝編『新体系日本史 8　社会集団史』山川出版社、2022 年。

附表

表 1　大坂の都市空間の形成と堀川

豊臣期				
天正11(1583)	大坂城と城下町の建築着手			
	東横堀川	文禄3(1594)	大坂城惣構えの一環	
慶長3(1598)	三の丸建設			
	天満堀川	慶長3(1598)		1972　埋立
	西横堀川	慶長5(1600)　･･･1617～19の新説あり		1964～71埋立
	阿波堀川	慶長5(1600)	（阿波屋太郎助）	1957　埋立
徳川期Ⅰ				
元和1(1615)	大坂の陣で大きな痛手			
	道頓堀川	慶長17(1612)着手～1615	安井九兵衛・平野藤次郎ら	
	江戸堀川	元和3(1617)		1955　埋立
	京町堀川	元和6(1620)または1617	伏見京町の町人	1957　埋立
	長堀川	元和5(1619)～1622･･･旧説は1625	岡田心斎ら	1963・73埋立
	海部堀川	寛永1(1624)	靱3町(海部屋)	1951　埋立
	立売堀川	元和6(1620)～1626	宍喰屋次郎右衛門	1956　埋立
	薩摩堀川	寛永5(1628)～1630	薩摩屋仁兵衛	1951　埋立
徳川期Ⅱ				
貞享1～4 (1684～7)	第1回河村瑞賢の治水			
	堂島新地	元禄1(1688)･･･新川(のち安治川と改称)		
元禄11(1698)	第2回河村瑞賢の治水			
	堀江新地	元禄11(1698)･･･堀江川		1960　埋立
宝永1(1704)	大和川付替え			
	曽根崎新地	宝永5(1708)		
享保17(1732)	難波御蔵　　⇒1733難波新川			
	西高津新地	享保18(1733)･･･1745（1～9丁目成立）	福嶋屋市郎右衛門・備前屋善兵衛	
	難波新地	明和1(1764)	金田屋正助	
		堀江川などの新築地		

表 2　三町由緒書類の内容の變遷

内　容	A	B	C	D	E
往古天満鳴尾町辺に居住		○	○	○	○
元和以前船場本靱町・本天満町に居住	○	○	○	○	○
靱の名称の由来(豊臣秀吉の命名)					○
元和８年津村葭島開発出願，三町開発移転	○	○	○	○	○
寛永元年海部堀川開削，永代浜開設，市場揚場御免	○	○	○	○	○
３町で浜支配，延宝元年までの三町入組屋敷			○	○	○
干鰯仲買の靱の島居住，永代浜干鰯市					○
現在に残る開発時以来の名跡					○
延享元・宝暦７両度の永代浜建家出入			○	○	○
浜地子銀対策として宝暦７年貸蔵建設					○
他所にも塩魚商人あるなかで市売りは３町かぎり			○		○
海部堀川町問屋は元来浜問屋でほか２町と異なる					○
海部堀川町との争論の経緯					○
雑喉場生魚問屋は元来靱よりの出店				○	○
生魚は両町が船場にあった頃備後町１丁目で市売り					○
雑喉場生魚問屋との争論の経緯					○

典拠：
A明和９(1772)年３月17日「乍恐口上」(『塩魚干魚鰹節商旧記』所収「塩魚干鰯鰹節問屋株願人有之願書并問屋中より返答書其外一件控帳」)。
B安永２(1773)年９月７日「乍恐御訴訟」(同所収「塩魚問屋株願一件扣」)。
C安永３(1774)年６月26日「三町塩魚問屋由緒書之控」(同所収「(塩魚干魚鰹節問屋株願一件書類)」)。
D天明元(1781)年10月２日「靱三町永代浜来歴書」(同所収「丑年願書控」)。
E寛政４(1792)年カ「三町御開発塩魚干鰯問屋由緒書并ニ雑喉場之由来」(『大阪市史』第五巻)。

(原 2013 年表 1 より引用)

表 3　安永三年（1774）株立時の塩魚干魚鰹節問屋

名称（別名）	居所と人数	計
新天満町新靭町海部堀川町組 (株元三町問屋，三町組)	新天満町　9 新靭町　13 海部堀川町　10 敷屋町　3 岡崎町　1	36
内平野町組	内平野町　8	8
海部堀川町敷屋町組 (海部堀川町敷屋町十四軒組，十三軒組)	海部堀川町　8 敷屋町　6	14
立売堀長堀道頓堀堀江組 (廿六人組)	立売堀西ノ町　1 長堀白髪町　1 長堀清兵衛町　1 長堀高橋町　2 北堀江五丁目　10 南堀江五丁目　3 南堀江四丁目　1 新難波西ノ町　3 幸町四丁目　2 不明　2*	26
出口町組	出口町　3 北堀江四丁目　2	5
南堀江五丁目組 (南北堀江五丁目組，十四人組)	南堀江五丁目　8 南堀江四丁目　1 北堀江五丁目　3 新戎町　1 長堀新平野町　1	14
南北堀江新大黒町組 (南北堀江八人組)	南堀江五丁目　4 北堀江五丁目　3 新大黒町　1	8
	総計　111 他に三町持株　30	

＊典拠史料の筆写もれと思われる．
典拠：『塩魚干魚鰹節商旧記』

(原 2013 年表 2 より引用)

表 4　五組の杁場名一覧（安永九年）

注、安永 9 年「上荷船茶船濱分并堀江上荷船休株船床銀割方覚」(「佐古慶三教授収集文書」K28－2、大阪商業大学商業史博物館所蔵）より作成。

組名	木津川廿四濱
船数	上荷船　９１９艘
	茶　船　１９６艘
マーク	▽
番号	杁場名
1	戎嶋町濱
2	江之子嶋町濱
3	裏九條村濱
4	木津川町濱
5	寺嶋町濱
6	天満屋舗濱
7	三軒家町濱
8	勘助嶋濱
9	南堀江五丁目濱
10	北堀江五丁目濱
11	西濱町濱
12	高橋町濱
13	上博労町濱
14	西仁橋濱
15	薩摩堀中筋町上荷方
16	百間町濱
17	下博労町濱
18	四郎兵衛町濱
19	西側町濱
20	今木新田濱
21	難波嶋濱
22	木津村・津守村濱
23	幸町五丁目濱
24	新大黒町濱

組名	安治川拾七濱
船数	上荷船　７８２艘
	茶　船　１１２艘
マーク	◇
番号	杁場名
1	上九條村濱
2	安治川南壱丁目濱
3	同　　南弐丁目濱
4	同　　南三丁目濱
5	同　　南四丁目濱
6	六軒家築地濱
7	安治川北三丁目濱
8	同　　北弐丁目濱
9	同　　北壱丁目濱
10	南傳法村濱
11	北傳法村濱
12	野田村新家濱
13	安治川上弐丁目濱
14	同　　上壱丁目濱
15	冨嶋壱丁目濱
16	同　　弐丁目濱
17	下副嶋村濱

組名	堀々三拾七濱
船数	上荷船　　４８艘
	茶　船　４８６艘
マーク	□
番号	杁場名
1	七郎右衛門町濱
2	京町堀壱丁目濱
3	本町瓦町濱
4	奈良屋町濱
5	権右衛門町濱
6	藤右衛門町濱
7	北炭屋町濱
8	南炭屋町濱
9	九郎右衛門町濱
10	湊町濱
11	徳寿町濱
12	新戎町濱
13	安堂寺橋濱
14	橋本町濱
15	長堀拾丁目濱
16	宇和嶋町濱
17	北堀江五丁目濱
18	冨田屋町濱
19	白髪町濱
20	南堀江茶船方
21	北堀江茶船方
22	立売堀四丁目濱
23	同　　半町下濱
24	阿波橋上濱
25	同　　下濱
26	永代堀濱
27	岡崎町濱
28	阿波町濱
29	門前町濱
30	薩摩堀中筋町濱茶船方
31	鰹先町濱
32	海部堀川町濱
33	両国町濱
34	海部堀下之橋濱
35	同　　上之橋濱
36	京町堀弐丁目濱
37	敷屋町濱

組名	川筋拾九濱
船数	上荷船　２６３艘
	茶　船　　７２艘
マーク	○
番号	杁場名
1	淀橋町濱
2	豊前座濱
3	常安橋濱
4	西信町濱
5	肥後橋濱
6	上副嶋村濱
7	中副嶋村濱
8	江戸堀五丁目濱
9	土佐堀弐丁目濱
10	薩摩座濱
11	土佐堀壱丁目濱
12	白子町濱
13	船町濱
14	淀屋橋濱
15	中竹屋町濱
16	梅檀木橋濱
17	過書町八丁目濱
18	上中之嶋濱
19	天満三軒屋濱

組名	上之口拾五濱
船数	上荷船　　４４艘
	茶　船　２３０艘
マーク	△
番号	杁場名
1	備前嶋町濱
2	天満壱丁目濱
3	同　弐丁目濱
4	同　四丁目濱
5	同　六丁目濱
6	同　九丁目濱
7	菅原町濱
8	堀川町濱
9	堂嶋濱
10	今橋壱丁目濱
11	平野橋濱
12	思案橋濱
13	備後町濱
14	本町濱
15	農人橋濱

合計		
	上荷船	２０５６艘
	茶船	１０９６艘
	総船数	３１５２艘
	杁場数	１１２

（井戸田 2017 年 a 表 1 より引用）

表 5–1　北堀江五丁目浜のメンバー（文政九年２月）

番号	組・番	船の種類	直乗	借乗	直乗・借乗の職業	付記
1	七村壱番組十	上荷船		北堀江五丁目吹田屋嘉助貸家淡路屋源右衛門	薪炭商売	文化元年、茶船船主（A）
2	仲船壱番組十二	上荷船	北堀江五丁目近江屋卯八貸家伊豫屋佐兵衛			
3	七村四番組十九	上荷船	北堀江五丁目近江屋卯八貸家伊豫屋佐兵衛			
4	七村壱番組十九	上荷船		北堀江五丁目湊屋忠兵衛貸家塩飽屋源兵衛	薩州諸荷物引受売捌商売	
5		上荷船				北堀江五丁目湊屋忠兵衛貸家塩飽屋源兵衛（但し、当時休み）
6		上荷船				北堀江五丁目湊屋忠兵衛貸家塩飽屋源兵衛（但し、当時休み）
7	七村八番組四十三	上荷船		北堀江五丁目金屋幸助貸家鞆屋多兵衛		
8	仲船拾四番組三十	上荷船	北堀江五丁目金屋幸助貸家土佐屋八郎兵衛		麺類商売	乗子使用
9	七村壱番組二十三	上荷船	北堀江五丁目金屋幸助貸家土佐屋卯八			
10	七村壱番組四	上荷船		北堀江五丁目和泉屋九兵衛貸家塩飽屋甚右衛門		浜親仁。乗子使用
11		上荷船				北堀江五丁目和泉屋九兵衛貸家塩飽屋甚右衛門（但し、当時休み）
12	仲船三番組二	上荷船	北堀江五丁目金屋幸助貸家海部屋伊兵衛			
13	仲船十四番組四十七	上荷船		北堀江五丁目金屋幸助貸家海部屋伊兵衛		
14	仲船六番組十	上荷船		北堀江五丁目金屋幸助貸家土佐屋長兵衛		
15	七村十七番組三十	上荷船	北堀江五丁目金屋幸助貸家土佐屋長兵衛			
16	仲船七番組十四	上荷船		北堀江五丁目和泉屋九兵衛貸家塩飽屋善吉		
枠外						
1	七村六番組二十三	上荷船	北堀江五丁目木屋佐兵衛貸家土佐屋佐兵衛			
2	七村六番組二十四	上荷船		北堀江五丁目木屋佐兵衛貸家土佐屋佐兵衛		

注1、「過積一件船会所ゟ口達写」（大阪市立中央図書館所蔵）より作成。
注2、「直乗・借乗の職業」欄は、塚田孝「木村蒹葭堂と北堀江五丁目」（同氏編『大阪における都市の発展と構造』山川出版社、二〇〇四年、一三一ページの表3より抜粋）。
注3、付記欄の（A）は文化元年「北堀江五丁目茶船方堀々組」（一二五九「船舶ニ関スル雑件」大阪市史編纂所所蔵）より、乗子使用は天保四年「覚［過積不相成候請書］」（同上）より作成。

（井戸田 2017 年 a 表 2 より引用）

表 5–2　北堀江五丁目浜のメンバー（文政九年２月）

番号	組・番	船の種類	直乗	借乗	直乗・借乗の職業	付記
1	仲船九番組八	上荷船		北堀江四丁目土佐屋久兵衛貸家海部屋利兵衛		浜親仁
2	五番組三十八	茶船	北堀江四丁目土佐屋久兵衛貸家海部屋利兵衛			
3	十四番組四十七	茶船		北堀江五丁目吹田屋嘉助貸家淡路屋弥兵衛		乗子使用
4	七村十四番組二	上荷船	北堀江五丁目吹田屋嘉助貸家海部屋貫兵衛		上荷舟茶舟乗働商売（A）	寛政10年～代々浜親仁を務める家
5	七村七番組三十五	上荷船	北堀江五丁目吹田屋嘉助貸家海部屋貫兵衛		同右	
6	七村四番組五	上荷船		北堀江五丁目木屋佐兵衛貸家淡路屋源七		
7	仲船四番組四十四	上荷船		北堀江五丁目近江屋卯八貸家淡路屋傳兵衛		浜組合物代老分
8	仲船一番組十二	上荷船	北堀江五丁目近江屋卯八貸家伊豫屋佐兵衛			
9	仲船十二番組四十三	上荷船	北堀江五丁目木屋佐兵衛貸家住吉屋清兵衛			
10	七村六番組十四	上荷船	北堀江五丁目金屋幸助貸家井筒屋卯兵衛			乗子使用
11	七村六番組十五	上荷船	北堀江五丁目金屋幸助貸家井筒屋卯兵衛			同右
12	仲船十番組三十五	上荷船	宮川町升屋弥兵衛貸家新田屋清八			
13	七村十三番組四	上荷船		北堀江五丁目和泉屋九兵衛貸家塩飽屋甚右衛門		（上荷船方）浜親仁・乗子使用
枠外						
1	七番組十一	茶船	北堀江五丁目湊屋忠兵衛貸家紀伊国屋長兵衛		諸国御宿所・新船借付（B）	
2	新船	茶船		（二本松町大和屋利八貸家萬屋平兵衛）		
3	新船	茶船		（北堀江四丁目土佐屋久兵衛貸家脇浜屋善四郎）		
4	新船	茶船		（北堀江壱丁目播磨屋金二郎貸家播磨屋善兵衛）	水汲渡世・水船持主（C）	
5	新船	茶船		（北久太郎町壱丁目平野屋善兵衛）	水汲渡世・水船持主（C）	

注1、文政九年「北堀江三丁目ゟ五丁目迄濱茶船方」（一二五九「船舶ニ関スル雑件」、大阪市史編纂所所蔵）より作成。
注2、「直乗・借乗の職業」欄の（A）は、塚田孝「木村蒹葭堂と北堀江五丁目」（同氏編『大阪における都市の発展と構造』山川出版社、二〇〇四年、一三一ページの表3より抜粋）。同（B）は文政二年「商人買物独案内」（大阪府立中之島図書館所蔵）を、同（C）は文政元年「乍憚口上」（大阪市史編纂所所蔵）より作成。
注3、付記欄の乗子使用は、天保四年「覚［過積不相成候請書］」（一二五九「船舶ニ関スル雑件」、大阪市史編纂所所蔵）より作成。

（井戸田 2017 年 a 表 3 より引用）

江户的滨水地带与船运的构造性特征

吉田 伸之*

【内容摘要】16世纪末，德川家康入主关东，依托战国时代（15世纪末至16世纪初）已有的城郭，并连接滨海小镇，迅速建起了一座大规模的“城下町”（以领主的城堡为中心的城市）——江户。伴随“幕藩体制”（日本江户时代历史研究的专业用语，指德川幕府与各地藩国共存的政治体制）的形成，全国各地的大名（各藩的领主）的直系家属被要求居住在江户，大名本人也要定期来江户觐见将军并驻留（一般而言，大名一年时间居住在自己的领地，一年时间居住在江户）。如此，江户成为以强大军事力量为基础的武士政权的中枢所在地，在17世纪前半期就已经成为日本最大的“城下町”。

江户处于武藏、相模、房总三地环绕下的港湾最深处，西邻隅田川河口地区。故而，江户从建城之初就在军事方面和经济方面，与河、海紧密联系在一起。江户城外有螺旋状展开的护城河相绕，城市中心又有中小型的河川、水道纵横交叉。诚如阵内秀信所言，江户俨然成为一座“水都”。

本报告将聚焦于最有水都特点的滨水地带，特别从船运的条件和形态的角度来浅谈一下江户在空间及社会结构方面的特征。报告者本人曾撰写过一些有关江户滨水地带的论文，这次主要根据其中一篇论文（吉田2005年a）的研究成果，并在补充一些新内容的基础上，简单描述一下江户滨水地带的历史面貌。

本报告将首先对江户及内湾（现在的东京湾）的状况做一概观，然后聚焦于被称为“内川”的江户港，谈一谈“廻船问屋”（沿海航运船只的船行）及其附属的“濑取宿”（被称为“濑取船”的小型舢板船的船行）的状况，继而探讨其作为海运交通枢纽的功能，随后将视野转向奥川筋（江户东北部为中心的利根川水系所覆盖的区域）。这里不仅有承担“高濑舟”（一种内河水运船只）水运的“积问屋”（货物运输的船行），还可以看到其下属的两个“艀下”（一种舢板船）团体。由于它们的存在，“江户河岸”也就具备了内河航运枢纽的功能。

* 吉田 伸之（吉田 伸之），东京大学名誉教授。

最后，我们再来关注一下从周边地区运送木材进入江户的木筏和“筏宿”（经营木筏水运的商家），以及被称为“前期港湾”的“浅草御仓”的特征。本报告将通过对空间和各种船运团体的考察，来探讨江户滨水地带船运业的历史特征。

（中文翻译：彭浩）

江戸の水辺と舟運構造

吉田 伸之

はじめに

16 世紀の末、徳川家康の関東入部に伴い、その拠点とされた江戸では、急速に都市建設が進められ、幕藩体制の成立とともに、全国の諸大名が将軍家の下に参勤することを強制され、強大な軍事力を基礎とする武家政権の所在地として、17 世紀前半までに日本近世最大の城下町に成長した。江戸は、武蔵・相模と房総に抱かれた内湾（東京湾）の奥、隅田川河口域の海面に東面して営まれ、軍事・経済の両面で、海や川々との結びつきが強く、また江戸城を螺旋状に囲む堀割（御堀）を中心に、市中各所で中小河川の流路や埋立地の水路などが縦横に入り組む都市である。陣内秀信氏が提起するように（陣内 2020 年）、まさに「水都」として形成された。

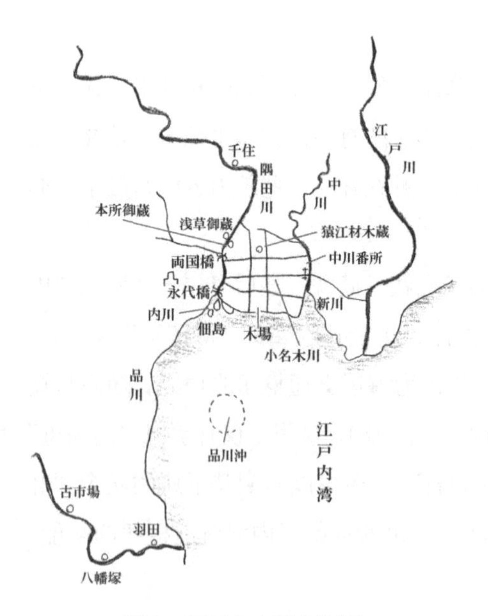

図1　江戸の水辺と河川

この報告では、こうした水都としての特質を持つ江戸の海川の水辺に注目し、その空間や社会の特徴について、舟運に注目して概括的に検討する。報告者はこれまで、こうした「江戸の水辺」に関わる論考をいくつか記してきたが（〔文献一覧〕参照)、ここでは（吉田 2005 年 a）をベースとし、その後の拙論で多少内容を補いながら、近世中期以降における「江戸の水辺」の様相を、舟運の面から大まかに素描したい。なお、本稿で言及する空間やポイントは図 1 を参照されたい。

まず前提として、表 1 で 1890 年ごろの東京府の船舶数を概観しておく。これは、陸軍が徴発対象となしうる物件を全国規模で調査した「明治徴発物件一覧表」によるもので、ここでは東京府に所属する船舶の概況を示す。表 1 には、西洋型を除き、「日本型　五〇石以上、五〇石未満・及び艀・漁舟・海川小廻舟」を示した。これら「日本型」の大半は近世由来と推定される。東京府全域の河岸について各区ごとに数値が示されている。艀下（はしけ）以下の小型船総計は東京府全体で 5596 艘となっており、その多さが注目されよう。

表 1　1890 年東京府の日本型船舶

区名	河岸数＊	日本型	
		50石以上	50石未満＊＊
麹町	7		15
神田	34	3	145
日本橋	29	66	665
京橋	34	127	1078
芝	28	6	588
麻布	3		25
牛込	2		38
小石川	2		37
本郷	1		10
下谷	9		139
浅草	26	1	310
本所	33	1	771
深川	101	71	1775
合計		275	5596
品川町	14	144	5267
松戸町	86	27	3913

明治23「徴発物件一覧表」第2徴発物件表（牛馬車輌）船舶表による
西洋型、水田耕作用船は除く。
＊河岸には「東京湾」とあるものを含む。
＊＊艀・漁舟・海川小廻舟を含む。

以下、こうした多数の小型船を伴う江戸の舟運がどのような構造的特質を有したかを、江戸内湾（東京湾）を経て全国から海路江戸に出入りする諸国廻船と、これとは別に、特に江戸から内奥部北側・東側域における諸河川・湖沼を利用する内陸舟運との二つの局面を軸として、見てゆくことにする。

一、諸国廻船と江戸湊

（一）江戸湊と品川沖

まず諸国廻船と江戸湊について見ておきたい。図 2 は、『江戸名所図会』に掲載される「佃島」と題された絵図で、長谷川雪旦が 1820 年頃の江戸湊のようすを描いたものである。正面は石川島と佃島、画面左上端には、隅田川河口に架かる永代端が見える。左に見える橋は、高橋と稲荷橋である。手前の海岸部には、左から湊稲荷社・本湊町・船松町などで、海沿いに材木や薪炭が集積されている。また小船が着く小桟橋や、繋留のための杭が数多く見える。さらに画面右上端は、大型の廻船が碇泊する品川沖を遠くに臨む。佃島と手前の海岸部の間では、大型船が帆をたたみ錨を降ろし、周囲を中小の船が多数行き交う。ここを内川（うちかわ）と呼んで、これが江戸湊に相当する。大型の諸国廻船が碇泊し荷の積み卸しをする場所は、品川沖と内川＝江戸湊であり、湾内の水深や澪筋との関連もあって、大型の廻船は永代橋から隅田川へは進入できない。以下、内川＝江戸湊を中心にその様相を見ておこう（図 3 を参照）。

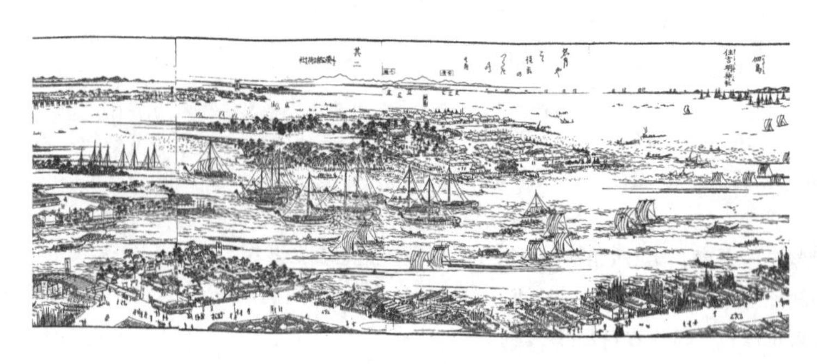

図 2　長谷川雪旦「佃島」

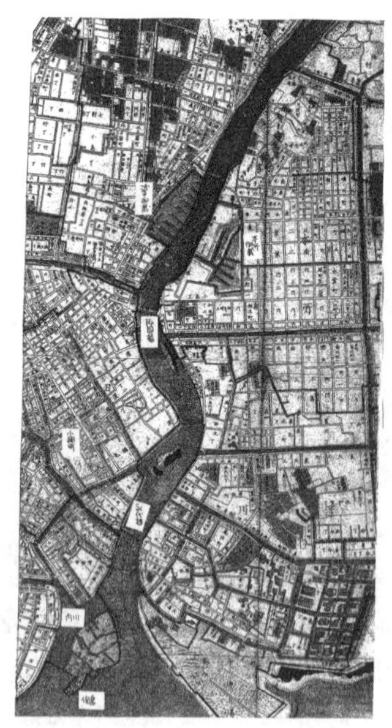

図 3　隅田川と河口部

（二）諸国廻船

上方や東海地方を中心に、全国から海路で江戸に向かう大型の諸国廻船は、享保五年（1720）以降、江戸内湾入り口にあたる浦賀番所での改めを経て内湾に入り北上し、品川沖か江戸湊に停泊した。そして、江戸湊沿いに密集する瀬取宿の差配で派遣される小舟（瀬取船）により、荷下ろし（積み替え）と帰り荷の積載が行われた。これらの瀬取船が、全国から集散する荷を、江戸奥深くまで小河川や堀沿いに多数散在する河岸や問屋などに搬送した。こうした、諸国廻船における江戸湊のターミナル機能の全体は、江戸湊の周辺に分厚く分布する廻船問屋によって統括されたのである。

表 2 は、「諸問屋名前帳」（旧幕府引継書）により、廻船問屋の居所の分布を示すものである。これは天保年間末期のものであるが、57 軒の廻船問屋が 1 ～ 10 番組（3 番は欠番）の仲間に編成されている。これらの廻船問屋は、まず諸国廻船の船頭や水主ら乗組員に宿泊場所を提供する船宿としての機能を持ち、また、乗組員の身元を担保して、浦賀番所の通船手形を発行し、さらに帰荷を調える業務を担った。こうして廻船問屋は、特定の諸国廻船を「問船（といぶね）」として、これとの恒常的な関係を占有するという「関係所有」をその経営の根幹とした。これは、特定の国や場所（湊）とに所属する廻船との関係を排他的に独占するものであった。

表 3 は、年未詳であるが、江戸南新堀町一丁目の廻船問屋 2 番組・柴屋仁右衛門と、尾州廻船（内海船）住徳丸（住田屋吉太郎）との関係を示すものである（内田佐七氏所蔵史料〈日本福祉大学知多半島総合研究所の写真版による〉〔斎藤 1994 年〕参照）。この時住徳丸は、九州の大名杵築藩米 400 俵を江戸に運んでいるが、廻船問屋の柴屋は、運賃の支払いを世話し、また

表 2 「諸問屋名前帳」にみる廻船問屋の分布

町 ＼ 番組	1	2	4	5	6	7	8	9	10	計
南八丁堀①		1				1	1			3
南八丁堀②		2			1			2		5
本湊町			1	1	1				5	8
船松町					1					1
明石町	1									1
南飯田町	1									1
本八丁堀⑤			1							1
日比谷町			2							2
亀島町						1				1
冨島町①							1			1
東湊町①		1		1				1		3
霊岸島川口町			1							1
霊岸島銀町①			1	2		1				4
霊岸島銀町②					1					1
霊岸島四日市町							1	2		3
霊岸島塩町				1						1
大川端町							1	1		2
北新堀町	1	1	1				2			5
箱崎町①	1									1
本材木町③		1								1
本小田原町①					1					1
品川町裏河岸						2				2
元四日市町						1				1
深川伊勢崎町		1								1
深川熊井町				1	1		1			3
深川佐賀町									1	1
南本所大徳院門前	1	1								2
合　計	5	8	7	6	6	6	7	6	6	57

3 番組は享保 9 年に欠番となる。町名の○付数字は丁目を示す。

米を蔵屋敷へと送り届けるための荷役業務を担う瀬取船や、河岸での陸揚げや陸送を担う車力や小揚などの人足までを差配したことが伺える。

表3 廻船問屋・柴田仁右衛門から住徳丸・住田屋吉太郎への勘定費

a. 杵築藩 米400俵運賃	金8両	江戸払
b. 弁米1石3斗 (1両に5斗9升がえ)	金2両2朱	銭528文
車力賃	1両3歩	324文
小揚定式	2歩	
蔵入人足仕度代	1歩	
納料	2朱	
b. の合計	4両3歩2朱	12文
a.−b.	3両1朱	408文

内田佐七氏所蔵史料B−15−44による。

＊金1両＝4歩、1歩＝4朱。文は銭。金1両は銭6貫500文前後となる。

(三) 瀬取宿

次ぎに、江戸湊や品川沖での荷役を担う瀬取船(茶船)を見ると、これを世話する瀬取宿には東湊町組・鉄砲洲組・北新堀組・大川端組・深川組の五組が存在したことが分かる。その全体像は未検討であるが、先にみた廻船問屋柴屋との取り引き関係にあるのは、鉄砲洲組の内、尾三勢瀬取宿の7軒であることが判明する。これら瀬取宿の差配により、「貸方」・「貸方茶船持」などと呼ばれる茶船持のものが、船乗に茶船を賃貸し、瀬取の業務を遂行することになる。

表4 遠州屋長四朗から住田屋権三郎への受取りから(年欠)

品川大茶船	8艘	下り	代銀236 匁		
〃 〃	1	下り	29.5		
			4.5		八幡所行カ
〃 〃	2	積込30石	71.6		
川 小茶船	1		9.5		壱ツ目行
〃 〃	1		11.2		堀留・小網町・日本橋行
とまり茶船敷銀			金2朱		
雇2人				銭1200文	
品川大茶船	9	下り	265.5		
〃 〃	5	積込35石	162.2		
川 小茶船	1		7.5		鍛冶橋行
川 中船	1		17		本所二ツ目・三ツ目行
藍玉		354本		11060	
品川大茶船	8	登り	212		
外ニ干(ママ)加場廻し				4400	
品川大茶船	6	下り	177		
〃 〃	3	積込10石	92.7		
〃 〃	1	登り	26.5		
外ニ小菅場廻し				600	

内田佐七氏所蔵史料A−155−43、A−156−20・21による。

表4は、年未詳であるが、鉄砲洲船松町の瀬取宿・遠州屋長四郎から住徳丸船主住田屋宛ての受取についてその記載内容をまとめたものである。ここで「品川」とあるのが品川沖での瀬取で、いずれも大茶船が、また「川」とある内川（江戸湊）では、中・小の茶船が、それぞれ荷役作業に従事したことが分かる。そしてこれらの茶船が江戸市中の諸河岸へと荷を搬送することになる。

こうした点で、遠国からの材木搬送の場合ではどうであったかを少し見てみよう。文政七年（1824）7月の浦触（『湊十分所史料』636—637頁）によると、請負人である秩父郡新大瀧村瀧次と深川木場町天満屋六郎平（代藤八）が、「信州伊那郡村々百姓山」から伐りだした材木（樅・栂・老松など）97本は、天竜川をおそらく筏で下され、この年4月28日に、天竜川河口の遠州掛塚湊から廻船（長蔵船）で沖船頭春蔵・乗水主4人が乗り組み江戸向けに出帆したが、伊豆神津島沖で難船したことが分かる。これらの材木は幕府が買い上げ、江戸深川猿江御蔵に送られる予定であった。しかしこれら遠国の材木の場合、江戸で瀬取船がどう介在したかの詳細は不詳である。あるいは遠国の材木類については、他の品目とは異なる積み替えの様相が見られた可能性もある。

二、奥川筋の舟運と江戸河岸

（一）奥川筋船積問屋

次ぎに、奥川筋と総称される関東北部・東部の内陸水面における舟運と江戸河岸との関係を概観する（川名1982年、丹治1984年、吉田2009年）。江戸の北部から東部にかけては、江戸川から利根川水系を軸とする内陸水面における舟運が高度に発達した。基幹となるルートは、江戸中心部—小名木川—中川番所—江戸川—関宿番所—上利根川・鬼怒川・小貝川—下利根川—銚子・霞ヶ浦・北浦・那珂湊などである。網の目状に発達したこのルートで舟運を担った拠点が、水系沿いに数多く営まれた河岸かしである。河岸は小規模な港湾都市であり、地域の物資流通のセンターをなし、ここには河岸問屋を中心に、これに従属し舟運を担う高瀬舟の船持や船頭・水主、さらには荷役を担う「日用」層などが集住した。これらを基礎として、江戸と下総・常陸・上野・下野、さらには信濃や陸奥との間を内陸水面によって結び、物資の大動脈が形成された。

表5は、文化・文政期における江戸の奥川筋船積問屋の分布を示す。この時期は35軒であり、小網町・小舟町・堀江町に大半が集中していた。この積問屋は、まず奥川筋の諸河岸から高瀬舟で送られてくる荷物を受託し、これを艀下に委ねて市中各所へと搬送することを業態とした。これらの荷は「十二品」、すなわち米・味噌・炭・薪・酒・醤油・水油・魚油・塩・木綿・法令真綿・銭が主とされた。また、積問屋として高瀬舟の帰り荷を調えた。この江戸からの帰り荷は、綿・木綿・塩・糠・干鰯・荒物・乾物干魚・小間物などを中心とし、上方など諸国から江戸へ集散する荷物を、さらに奥川筋へと供給した。それぞれの荷は、高瀬船船頭が取引先（「請前（うけまえ）」）で調達したが、その実態は未解明である。

表5　奥川筋船積問屋の分布

	文化2	文化9	文政7
小網町1丁目	2	2	2
小網町2丁目	10	10	9
小網町3丁目	11	6	9
小網町(丁目不詳)		1	
小舟町1丁目	4	5	5
小舟町2丁目		1	3
伊勢町	1		1
堀江町1丁目	1	1	1
堀江町2丁目	1	1	
堀江町3丁目	1	1	
堀江町4丁目	1	1	1
箱崎町2丁目	3	1	4
行徳川岸		3	
永久橋		1	
塩川岸		1	
計	35	35	35

文化2・9年は『続海事史料叢書』3巻、文政7年は『江戸買物独案内』による。

（二）艀下宿（はしけやど）

奥川筋船積問屋による差配の下で、奥川筋からの荷を市中各所へと艀下で運送する業務を担うのが艀下宿であり、これには二つの集団が存在する。

一つは附船仲間である。これは奥川筋船積問屋の分布域と重複し、ほぼ小網町界隈に集中し、18世紀末で178軒を数えた。その業態は、奥川筋から高瀬舟で運ばれてきた荷を、中川番所周辺などで艀下船に積み替え、指定された江戸市中の送付先や河岸へと運送するものである。特に、商人米の受託を独占した。

もう一つは両国橋御役舟艀下宿仲間と呼ばれる集団である。これは文政期に71軒（深川海辺大工町の艀下宿14、役舟の者22、その他の艀下宿〔1814年加入〕24、行燈〔あんどん。両国橋より下流で煮売や水菓子を船に売る商人〕11）が属した。かれらも奥川筋からの高瀬舟により運ばれた荷を、江戸市中の河岸へと運送することを業態とし、両国橋両側に拠点（役船之者共稼場）を置いた（吉田2005年b）。その分布は深川を中心とするが、神田川や本所竪川通にも分布した。

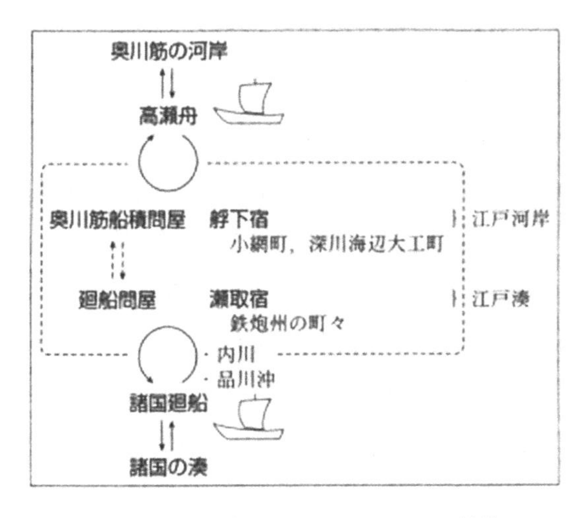

図4　流域都市・江戸のターミナル機能

これら二つの艀下宿仲間の業態はほぼ同一である。かれらが活動の拠点とする小網町界隈、両国橋一帯、深川海辺大工町など、船積問屋・艀下宿が集中する部分を「江戸河岸」と仮に呼んでおく。江戸河岸は、奥川筋の内陸水面の舟運の荷を受託し、また江戸からの荷を積載するという港湾機能を有したことになる。また艀下宿の下で実際に艀下の業務を担う多数の船乗らについてはその実態が未解明である。

図4は、以上みた廻船問屋と奥川筋船積問屋を中核とし、海上・内水面の二つの局面からなる江戸の舟運ターミナルとしての構造を図化したものである。海上を経て江戸に来る諸国廻船と江戸湊、また奥川筋を経て江戸に出入りする諸河岸からの高瀬舟と江戸河岸との、それぞれの関係構造から、舟運ターミナルが機能した、ということである。

三、その他の舟運と筏運送

以上見たような江戸湊・江戸河岸を基軸とする舟運の構造には、必ずしも包摂されないいくつかの舟運ルートが存在した。この点を三つの事例から窺っておきたい。

(一）江戸内湾の舟運

まず注目されるのは、江戸内湾の各湊と江戸との間を往復する海上の舟運ルートが、諸国廻船のそれとは別に存在した点である。

例えば、佐倉炭の輸送を見てみよう（吉田2007年)。佐倉炭は、紀州産の高級炭に準ず、江戸近国で生産される良質な炭としてブランド化したもので、佐倉藩の国産品とされた。その江戸への送出ルートを見ると、下総千葉町の寒川炭薪仲間から、近隣の五大力船を用いて、江戸の炭薪仲買あて送付した事例が知られる。この場合、得意先の江戸の炭薪仲買に直揚げされる場合と、艀下宿を介して、炭薪問屋（千葉屋・下総屋など）に送られ、そこから江戸市中の炭薪仲買へと提供される場合とが確認できる。

また、上総佐貫藩（1.5万石）阿部家による炭搬送の事例がある（『湊十分所史料』682—685頁）。これは文政六年10月に、佐貫藩が領内から炭を買い上げ、江戸屋敷へと送らせた例である。佐貫藩十分一役所役人の菱田忠八・忠右衛門から江戸の佐貫藩勘定頭衆あて書状によると、この時、湊村の仲買と見られる与兵衛・忠次郎が買上げ、藩に納めた「上炭」30俵が江戸屋敷に送られたが、その相当部分が「目軽悪俵」「乱俵」の不良品とされ、差戻しされた。この炭は、湊村の五大力船（善右衛門船）を用いて江戸に運ばれ、艀下に積み替えられ、数寄屋河岸に荷揚げ、ここから車（大八車）で外桜田の阿部家上屋敷台所に運ばれた。この書状には、江戸で誰が受託荷の差配にあたったのが誰かは記されていない。一方、延享四年の例では、湊村の船が着船する江戸の「船問屋」として、大嶋屋八郎兵衛など四軒が見える（同史料959頁参照）。これらは八町堀や霊岸島の槙問屋でもある。これから江戸の薪炭問屋が、江戸内湾の諸湊から来る五大力船にとって、「船問屋」として認識されていたのではと推定される。

こうした江戸内湾を行き交う五大力船は、幕府の川船奉行により「川船」として把握された。つまり、海船でありながら諸国廻船とは異質な存在であり、一方で、奥川筋の川船とは異なる位相にあったということである。またこの例で、江戸での艀下が奥川筋船積問屋に従属する二つの艀下宿と同じ集団に属すかどうか、検討すべき課題である。

（二）江戸近郊の材木と筏宿（吉田2006年）

江戸の材木問屋には、文化年間以降、板材木熊野問屋・川辺一番組古問屋・深川木場材木問屋の三つの有力な問屋仲間が存在し、その連合体が「材木三問屋」と称された。19世紀以降、板材木熊野問屋48人、川辺一番組古問屋77人、深川木場材木問屋12人ほどの規模で、この他、川辺問屋18組524人、炭薪仲買15組1200人、材木仲買23組約600人などが材木に関わる問屋・仲買の全体であった。

材木三問屋が文化十四年に作成した申し合わせ（〔島田1976年〕48号文書）によると、近郊の産地である山方から江戸への材木は、千住川口・六郷川口・新川口の三つの「川口」を主要な流入路とし、そこで営む筏宿が、江戸材木問屋を無視して、「出買」の者—江戸市中からの仲買や「素人」—に直接販売することを規制すべく取り決めている。「千住川口」は荒川＝隅田川左岸の千住宿界隈、また「新川口」とは、江戸川から人工の流路である新川を経て、中川を越え小名木川に入る地点、すなわち中川番所周辺を指すと見られる。

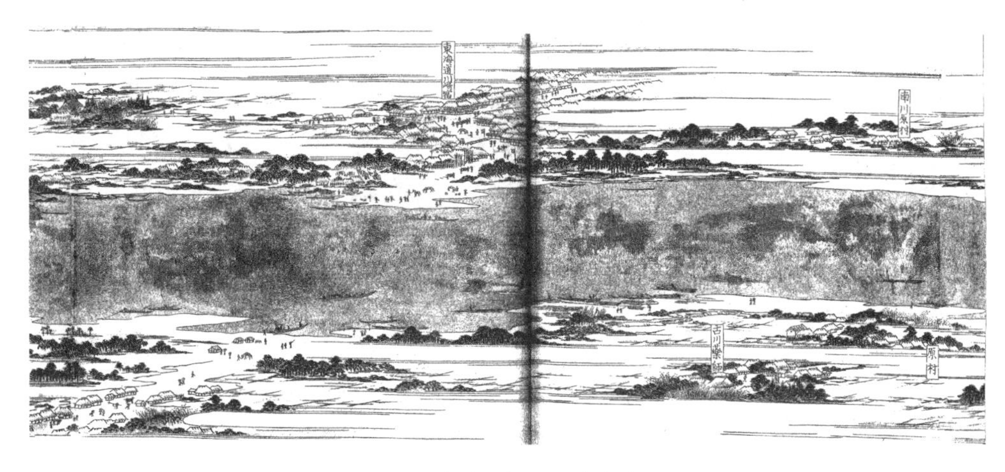

図5　多摩川河口のようす

「六郷川口」については、六郷川（多摩川）河口部と上流域からの筏搬送との関わりを示す史料群が見られる。『大田区史』資料編・諸家文書4に収録され、八幡塚筏屋鈴木家文書、羽田伊東家文書などである。多摩川上流域は、江戸近隣の有力な林業地帯であり、三田領42村、小宮領36村の筏師（山方荷主）から大量の材木が筏に組まれて多摩川を下った。ここでは、江戸の材木問屋から仕入れ金の前貸を得た筏師が、伐木を請け負った山林を伐採し、搬出した材木を山方における川沿いの土場に集積し、そこで筏に組立て、多摩川河口、すなわち六郷川口へと運んだ。六郷とは、武蔵国荏原郡六郷領のことで、現在の東京都大田区南半にほぼ相当し、ここでは多摩川左岸の羽田猟師町・八幡塚村の両所を意味する。ここには、筏宿と呼ばれる者が羽田に1軒、八幡塚に3軒存在した。筏宿は、多摩川上流から到着した筏を江戸向けに整えたが、これには「直し方」という専門職が携わった。そして、材木は羽田から船に積み替られえ、あるいは海上を船で引く筏（六郷乗子引筏）に整え直されて、江戸の木場などへと運ばれた。この中で、多摩川河口における筏の受託から江戸向けの「直し」、筏の乗子の宿泊、そして筏運送を統括することが筏宿の業務となる。

図5は、長谷川雪堤が描く「調布玉川絵図」の多摩川河口域近くの情景である（今尾2001年）。画面左へ江戸内湾に続く。左下が八幡塚村で、ここで東海道は六郷渡を越えて、対岸の川崎宿へと延びる。画面中央に筏が集い、川端に多数の材木が積まれる。ここが「直し」の場とみられ、八幡塚村の筏宿がこれを管轄する。

こうして多摩川上流域から大量の材木が江戸の木場に運ばれ、そこで材木問屋の手を経て江戸市中の材木仲買（材木屋）へと供給されて行く。多摩川河口から材木荷物が江戸の

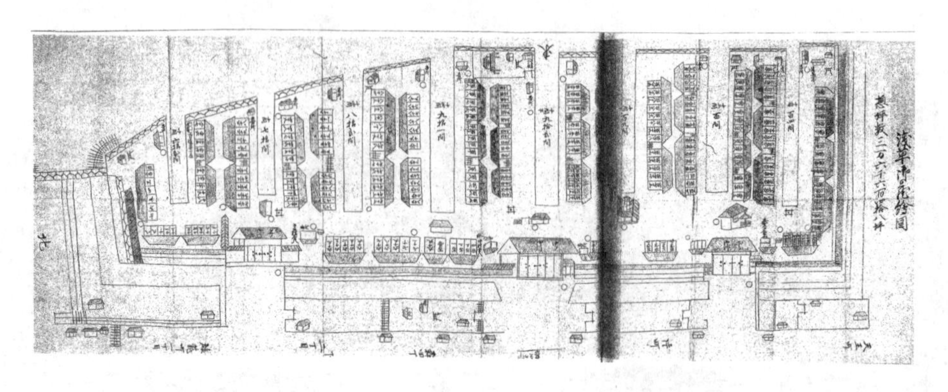

図6　淺草御蔵繪図（宝暦十年）

木場へと運ばれるルートやこれに関わる諸集団の様相はまだ十分解明されていない。しかし、多摩川水系を経て、海上を江戸に向かう材木は、少なくとも先に見た江戸内湾の舟運とは異なる位相で運送されたことが明かである。

（三）年貢米と浅草御蔵

さて、(2) でふれた六郷領には多くの幕領村々が存在した。そこで六郷の幕領からの年貢米運送について、『大田区史資料編　平川家文書』を素材に見ておこう（吉田 2016 年）。例えば、享保十一年（1726）11 月の例では、幕領である矢口・下丸子・鵜木の三村からの年貢米（御城米）がどのように江戸へと運ばれたかが分かる。これによると、三村から、多摩川沿いの河岸がある古市場村（大田区矢口三丁目付近）へと馬で運び、そこで俵数が改められる。この後、三村が共同で羽田村弥五右衛門船に俵を積載する。この船は大型の茶船（≒五大力船）であり、多摩川では古市場河岸までしか遡行できなかった。こうして年貢米は浅草御蔵や本所御蔵へと運ばれ、「納人」のチェックを経て「御蔵戸前（おくらとまえ）」へと納入された。

宝暦四年（1755）12 月の例でみると、この時、六郷領からの年貢米 335 俵が回漕され、浅草御蔵の戸前 131 番に納入されている。浅草御蔵では、この時「水揚手伝人足」4 人が働き、これには納人（下丸子村四郎右衛門）が立ち会い、経費の算用帳に宿（札差伊勢屋甚兵衛）も加判している（『平川家文書』4 巻 1301—1302 頁）。

ここで浅草御蔵について、その概要をみておきたい（図 6 参照）。浅草御蔵は、近世最大の幕府米蔵であり、享保期に造られた隅田川対岸の本所御蔵（御竹蔵跡）とともに全国からの厖大な幕領年貢米を貯蔵し、幕府や旗本・御家人の存立を支える重要なインフラであった。浅草御蔵は、元和六年（1620）に隅田川河口近くの右岸に造られ、近世後期では、隅田川沿い長さ344間・御蔵前通側長さ306間、東西幅58間（北側）・131間（南側）という規模で、四万坪近くの敷地を有した。そして、隅田川、土手・下水、鳥越川（南）で周囲を囲繞された閉じた空間を構成したのである。隅田川からは1～8番の入堀が御蔵敷地内に入り込んだ。堀それぞれの長さは62～109間、幅は10～14間ほどで、ここは江戸最大の物揚場でもあった。これら入堀には、五大力船・高瀬船など大型の茶船が直接入り、着岸して荷の積載をすることが可能であった。こうした点で浅草御蔵は、「前期的港湾」としての機能を具備していたといえる。しかしそこは幕府年貢米に特化した「港湾」なのであり、多様な品目を自由に荷揚げできる場ではない。

ここには、図6で見られるように、8つの入堀を夾むように、併せて49棟の土蔵があり、土蔵1棟はそれぞれ五つほどのブロックに区切られ（戸前）、併せて258戸前にも及び、その一つづつに番号が付された。先にみた131番の戸前とは、図5-bでは北から五つめの入堀に北面する中央近くに相当する。またこれらの土蔵は、後に67棟354戸前に増設されている。

浅草御蔵や本所御蔵に収蔵される幕府米の内、旗本・御家人への蔵米運用を担ったのが109名の札差である。かれらは、片町組・天王町組・森田町組という三つの組に編成され、いずれも浅草蔵前界隈に居住した。そして旗本・御家人など幕臣への扶持米・切米など蔵米の受け取りや売り払いを代行し、また蔵米を担保に幕臣層への金融を行った。また、札差によって従属的に編成される多様な諸集団が存在した。

こうした集団としては、まず浅草御蔵で「船積の儀」を担う船持が重要である。浅草船持三組、深川船持三組からなり、一旦御蔵戸前に納入された米を、改めて蔵から搬出する際、小船での輸送を担う。かれらは御蔵内に限らず、隣接する天王町橋や「代地」（浅草橋から柳橋の神田川左岸の里俗名）でも荷揚げ・積載を担った。さらに、車持・馬持・背負など、多くの陸運を担う業者たちが、札差三組に準じて仲間を構成した。そして、実際の運搬労働は、さらにその下部に分厚く存在する「日用」層によって支えられたのである。

以上から、浅草御蔵は一面で高度な港湾機能を備えていたといえるが、この機能を支えたのは、札差を頂点とし、その下で従属的に展開し、多様な運送を担う諸集団であった点が特徴的である。こうして、六郷領の事例で見たように、江戸近郊の幕領年貢米は多摩川などの河岸から大型の茶船によって直接浅草御蔵へと運送された。これらの茶船は、御蔵の入堀に入り接岸して米を水揚げし、指定された米蔵の戸前へと搬入することになる。一方、諸国廻船で運ばれてくる幕領年貢米（御城米）は、品川沖や江戸湊で廻船から瀬取船へと積み替えられ、そこから浅草御蔵へと運送されたが、これとの対比で見ると、近郊幕領からの年貢米の場合、ここでは瀬取船や艀下が介在していないことになる。

おわりに

まとめとして、江戸の水辺と舟運構造の特質をまとめておきたい。

① 江戸の水辺の舟運は、海面と、内陸部の河川・湖沼との、大きく二つの局面に区分される。

② 海面における舟運は、諸国廻船と江戸内湾内の五大力船の二つに大きく区分される。前者は、品川沖・江戸湊において、諸国から荷を満載して到着する廻船と瀬取船との間で荷物の積み卸しが行われる。諸国から到着した荷物は、江戸湊沿いの瀬取宿から派遣される瀬取船により市中の諸河岸へと搬送される。また帰り荷の積載も併せて全体として統括するのが、廻船問屋とその仲間の役割である。

③ 内陸水面における舟運は、特に奥川筋が主要なものである。江戸の北部・東部に展開する利根川水系の河川や湖沼を用い、水系に散在する諸河岸＝小港湾都市を拠点とし、遠くは信濃・越後・奥羽などとの間を含め、河岸問屋の差配下、高瀬船によって大量の荷が運送された。これらは江戸の出入口（川口）付近で、艀下宿が差配する艀下船との間で積み卸しされた。こうした荷物の積み卸しやそれを担う艀下船を統合したのが、奥川筋船積問屋とその仲間である。

④ 江戸の「港湾」機能は、諸国廻船を迎える永代橋以南、大川端・佃島の間に相当する「内川」とも称される江戸湊と、内陸水面や内湾の舟運のターミナルである「江戸河岸」とを、主要な二つの局面として構造化された。ここで「港湾」機能とは、河岸と揚場、あるいは一部の波止場を基盤とするものであるが、そこには廻船や五大力船のような大型船が着岸できる施設をほぼ欠いた。江戸において、こうして瀬取船や艀下船などの小型船に荷物を積み替え、市中諸河岸や問屋へと回漕することが基本となった。

⑤ しかし、江戸の水辺を彩った舟運の構造は、こうした江戸湊・江戸河岸のみで完結するものではなかった。本稿ではこの点を次の局面で垣間見た。

a 江戸内湾域内での舟運を担う五大力船≒大型茶船は、内陸水面における川船に準ずる扱いを受けており、江戸に到達すると、奥川筋と同様に艀下との間で積み卸しを行い、また一部は浅草御蔵などへと荷を直送した。

b また多摩川水系において、江戸との舟運は下流域の限られた河岸から茶船で担われ、奥川筋とは異なる位相で小規模ながら独自の舟運ルートが形成された。本論でみたように幕領年貢米に限れば、その輸送に艀下などの介在は確認できない。

c これとは別に、多摩川や荒川・隅田川水系において、山間部林業地帯の材木類が筏で江戸へと運ばれ、またその上荷として薪炭なども同時に輸送された。これらは下流域・河口域に存在する筏宿によって差配され、そこで整えられた材木類は、江戸の幕府材木蔵や木場の材木問屋などへと搬送され、これらも叙上の舟運構造とは別の位相をなした。

⑥ こうした江戸湊・江戸河岸やそれ以外の局面において、「港湾」機能や舟運を支えたのは、それぞれの周辺部に蝟集し運送に関わった多様な諸集団であった。特にこれら舟運の基礎を担う「日用」層は、水辺社会における民衆的要素としてきわめて重要である。こうして江戸市中の水系や水辺の社会は、独特な特質を帯びることになる。

以上本論では、江戸湊や江戸河岸を中心に、江戸の水辺と舟運構造の特徴を見たが、その外の局面としてここで取り上げた浅草御蔵や材木流通の他にも、検討すべきポイントがいくつか存在する。なかでも大名の蔵屋敷、河岸沿いの諸問屋における揚場機能の検討が重要である。さらに、深川猟師町、佃島、本芝・芝金杉町などの猟師集団や漁船、浚渫・塵芥運送と埋立を担う土船、市中の下掃除を媒介する下肥船、また幕府軍船や幕末期「海軍」などの問題も浮上する。また、ここでみた江戸の水辺は、近代以降にどう変容するか、蒸気船の登場、港湾と施設などのインフラ問題など、近代初頭の展開についても検討すべきことを指摘しておきたい。

参考文献

[1] 今尾恵介『多摩川絵図　今昔―源流から河口まで』けやき出版、2001年『大田区史』中巻、大田区、1992年。

[2] 川名登『河岸に生きる人びと―利根川水運の社会史』平凡社、1982年。

[3] 斎藤善之『内海船と幕藩制市場の解体』柏書房、1994年。

[4] 島田錦蔵『江戸東京材木問屋組合正史』日刊木材新聞社、1976年。

[5] 陣内秀信『水都東京—地形と歴史で読みとく下町・山の手・郊外』筑摩書房、2020年。

[6] 丹治健蔵『関東河川水運史の研究』法政大学出版局、1984年。

[7] 西川武臣『江戸内湾の湊と流通』岩田書院、1993年。

[8] 菱田忠義・吉田ゆり子編『湊十分所史料』東京外国語大学出版会、2020年。

[9] 吉田伸之「流域都市・江戸」伊藤毅・吉田編『水辺と都市』山川出版社、2005年a。

[10] 吉田伸之「両国橋と広小路」長島弘明・伊藤毅・吉田編『江戸の広場』東京大学出版会、2005年b。

[11] 吉田伸之「伝統都市と全体史」『57回福島県高等学校地理歴史・公民（社会科）研究会総会・研究大会集録』2006年。

[12] 吉田伸之「佐倉炭荷主と江戸問屋」近藤和彦・伊藤毅編『江戸とロンドン』山川出版社、2007年。

[13] 吉田伸之「木更津河岸」『千葉県の歴史』通史編・近世2、2008年。

[14] 吉田伸之「御堀端と揚場」高澤紀恵・アラン=ティレ・吉田編『パリと江戸』山川出版社、2009年。

[15] 吉田伸之「下総と江戸を結ぶ—利根川・江戸川水系の舟運と薪」『鎌ケ谷市史研究』28、2015年a。

[16] 吉田伸之「江戸と薪—巨大城下町の燃料エネルギー問題」『市大日本史』18、2105年b。

[17] 吉田伸之「『御城米』と江戸の湊」『都市史研究』3、2016年。

[18] 吉田伸之「芝浦・高輪海岸の地帯構造と鉄道一件」『都市史研究』9、2022年。

水都东京的空间结构

——以隅田川与日本桥川为探讨的中心

阵内 秀信*

【内容摘要】东京都的中心地区是在德川幕府时代雄伟的“城下町”（以领主的城堡为中心的城市）——江户的基础上发展扩大而成的。在中世（日本史的时代划分，11世纪后期至16世纪后期）武藏野高地通向海湾方向的一端，太田道灌曾修筑过城池。德川时代的江户城在其基础上进行了大规模扩建，并在城外挖掘了“内濠”和“外濠”两道护城河。在其东面的洼地，又通过填埋、开凿等工程逐渐形成了渔网状贯穿的河道，这里也成为江户市民的主要生活区。

从各地载货到江户的大型船只往往停泊在佃岛前的海面，然后卸货至一些小船上，这些货物与通过内河航运从东北地区及江户周边地区运来的货物一起，经市内的河道转送到岸边的仓库区。“日本桥川”可谓江户的水运动脉，很多大型店铺就聚集于该河道中心的日本桥地区，这里随之发展成江户的商业和金融中心。

流经东京都内的还有一条被当地人称为母亲河的“隅田川”。在江户时代初期，其本来处于城市郊外。在明历（年号，1655—1658）大火之后，河东地区也出现了街区，但仍然只是没有脱去田园氛围的城市外围区域。

“日本桥川”与“隅田川”可谓探讨江户、东京的空间构造时不可不提又性格迥异的两条河流。本报告将揭示出两条河各自的特色，以及各自滨水地带在开发和利用时的差异。

首先，报告中会提出一个问题：“日本桥川”构成了城市的经济中心轴，而“隅田川”却偏处城市外围，但为何是后者被当地人亲昵地称为母亲河呢？对于这个问题，我们应该关注一下“隅田川”，特别是浅草周围以及上流地区。这里有以浅草寺为代表的名寺古刹，其起源大都可追述到古代或中世。对于当地人来说，这些寺院及周边区域是寄托他们精神信仰

* 阵内 秀信（陣内 秀信），日本法政大学特任教授。

的地方。而且这里除了名胜古迹，还有庙会，继而出现了各种娱乐场所和表演活动，自然深受当地居民青睐，对江户、东京的城市气质和社会文化氛围产生了深远影响。

而“日本桥川”的河岸，作为江户物流基地，仓库林立形成了独特的滨水景观。本报告将主要针对这样几个要点进行探讨：位于日本桥一端的“鱼河岸”和江户桥一端的“广小路”的空间构造；近代以后，“日本桥川”如何作为主干运河继续支撑着城市的水运物流；河岸两侧出现的代表“文明开化”（明治维新日本近代化的口号之一）的花形建筑及昭和（年号，1926—1989）初期近代建筑的特征。

最后，本报告还将对近年来东京滨水地带历史文化“价值再发现”的活动做一简单介绍。

（中文翻译：彭浩）

水都東京の空間構造

——隅田川と日本橋川を中心として

陣内 秀信

はじめに

2010年開業に開業した東京スカイツリーからの眺めは興味深い。画家・鍬形蕙斎が19世紀初頭に描いた江戸の鳥瞰図、「江戸一目図屏風」（津山郷土博物館蔵）と見事に重なるのである（図1)。そのことが、墨田区押上の地を新たな高層のテレビ塔の建設地に選ぶ際に有力な理由となった。手前に隅田川が右（北）から左（南）に流れ、分岐して東に北十間川、西に神田川、日本橋川が入り込む。多くの掘割が網目状に巡り、画面の中央には日本橋の象徴的な姿がある。まさに「水の都市」江戸の豊かなイメージを謳い上げる景観画のように見える。

この鍬形蕙斎による江戸で最初の鳥瞰図で設定された、隅田川の左岸（東）の高い位置から西南西の方向を眺めるという画面の構図、視点の取り方は、近代に入っても長らく他の画家たちに受け継がれ、江戸東京の都市風景のイメージを強く印象づけた。

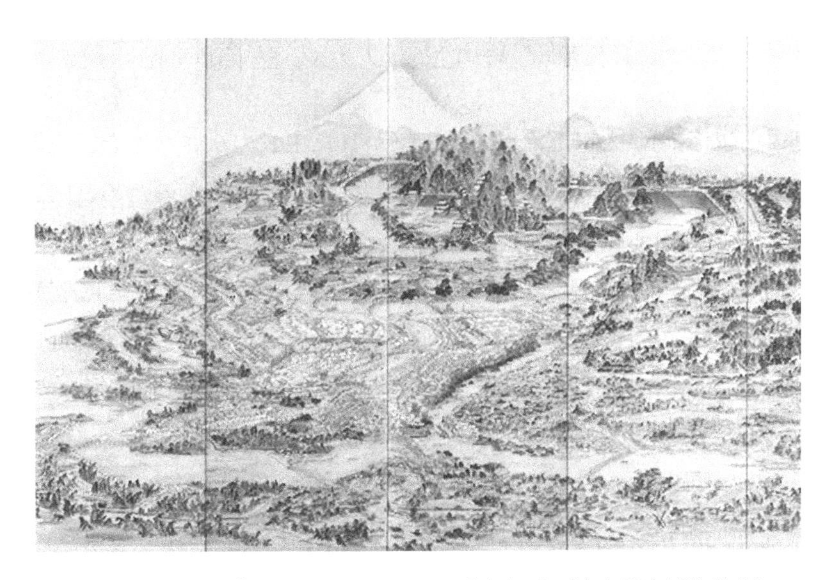

図1　鍬形蕙斎「江戸一目図屏風」19世紀初め（津山郷土博物館蔵）

この鳥瞰図には日本らしい都市像を見て取れる。大地の起伏、川や堀の水面、森や庭園、寺社の緑等、自然の要素が基盤として描かれ、その上に町並み、土蔵群、宗教建築、城の櫓などが控え目に描かれているのである。自然と一体化した都市のイメージが表現され、しかも、江戸の象徴、富士山が画面の中央真ん中に置かれ、画面を引き締めている。

水の都市に注目すると、水の空間の広がりは、従来言われてきた「下町」の低地に限られない。奥に城を囲む内濠と外濠の水面が、高台の「山の手」に向かって描き込まれる。凸凹地形を誇る東京の立地条件のユニークさを感じ取れる。

実際の江戸の都市には、その先、西側に続く緑に包れた山の手の斜面（崖線）には、湧水を生かした大名屋敷の池を囲む回遊式庭園がいくつもつくられ、また、湧水池を水源とする神田川ほか数多くの中小河川が江戸東京の田園と都市を形成してきた。東京の「水の都市」をそこまで含めて考えると、また新たな都市像を描く可能性が生まれてくる。

ただし本稿では、オーソドックスな水都論の立場に立ち、江戸東京の中心エリアを対象としてその空間構造と景観の特徴、そして水の空間が担った多様な機能、意味について論じていきたい。[1]

1　本稿は、拙著『水都東京ー地形と歴史で読みとく下町・山の手・郊外』(筑摩新書、2020年)の1章「隅田川ー水都の象徴」と第2章「日本橋川ー文明開化・モダン東京の檜舞台」をベースに再構成したものである。

一、水都の中心エリアの空間骨格

武蔵野台地の東の突端に太田道灌によって築かれた中世の小さな城を、徳川家康が大規模につくり替え、江戸の壮大な城下町建設が行われた。城は防御のため、内濠・外濠で二重に囲まれた。東に広がる低地には、日比谷入江が入り込み、その東に江戸前島が南に半島状に伸びるという原風景が見られた（図2）。その入江を埋めて大名屋敷が並ぶエリアとし、江戸前島及びその東に生まれた埋立地にかけて、人工的に整備された日本橋川を軸に、掘割が巡る水の都市としての下町を形成した。[1]

水都の物流システムを見ると、全国から来る大型帆船が佃島の沖合に停泊し、小船に積み替えられ、江戸市中の掘割沿いの河岸に並ぶ蔵に運ばれた（図3）。内部河川を経由して江戸に来る東北や地廻り経済圏からの荷もやはり、掘割沿いの河岸で荷揚げされた。

江戸にとって、物流の大動脈は日本橋川であった。この都市では、橋の名前が地名になるという特徴がある。その代表、日本橋エリアは、京都、近江、松阪など、関西出身の大店が集まる商業と金融の中心であった。舟運によって全国から集まった商品、物資が江戸という巨大消費地の都市生活を豊かに支えたのである。

水の都市は江戸時代で終わったのではない。明治期にも舟運の重要性はむしろ強まり、日本橋川と神田川が掘割で繋がり、日本橋川・神田川・隅田川のループを船で巡れるようになった。我々現代人も、その恩恵に預かり、船での都心の周遊を楽しめる。

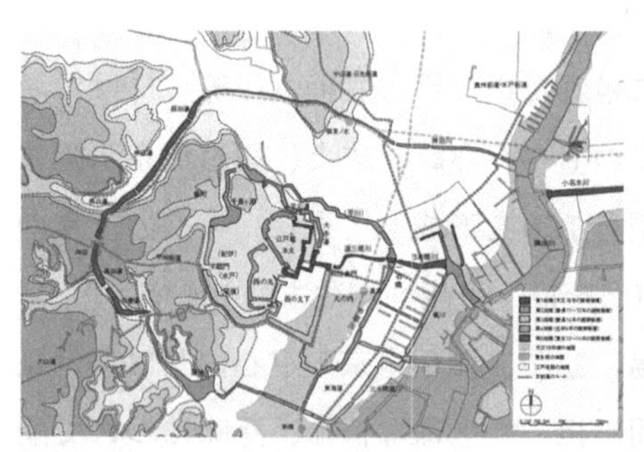

図2　寛永期までの江戸城内濠・外濠の整備、埋立ての進展（作成：岡本哲志氏）

図3　広重「東都名所永代橋全図」天保元年（1830）頃（都立中央図書館蔵）

1　鈴木理生『江戸の川・東京の川』（日本放送出版協会、1978年）によって初めてその形成過程が示された。

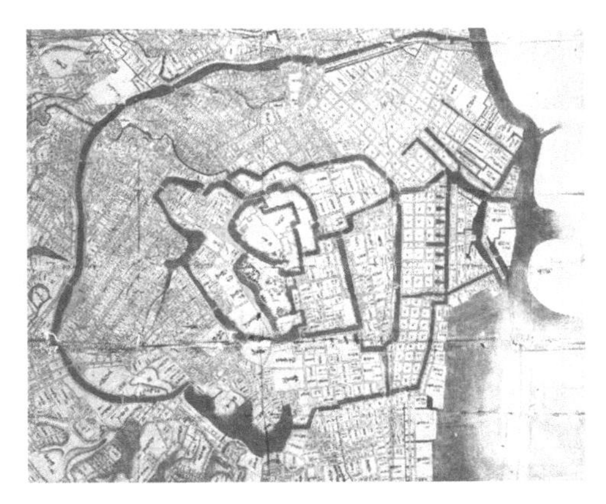

図４ 「寛永江戸全図」寛永二十年（1643）頃
（臼杵市教育委員会所蔵）

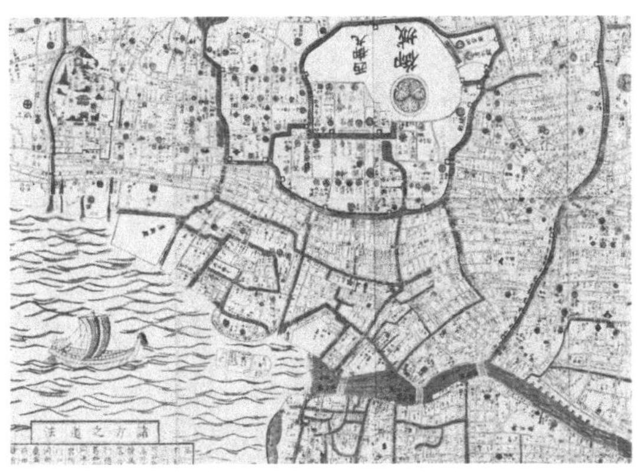

図５ 「江戸大絵図」弘化二年（1845）
（日本国立国会図書館デジタルコレクション）

二、「母なる川」隅田川の位置と役割

この日本橋川は、江戸期、そして近代初期の水都としての江戸東京の経済中心で、舟運の大動脈だったが、この都市で「母なる川」として人々に常に親しまれてきたのは、もう一つの重要な川である隅田川だった。

江戸初期の地図を見ると、実は隅田川は市街地の外側に接して流れる存在だったに過ぎない（図 4）。明暦大火後、川向うの東側にも市街地が発展したが、隅田川は相変わらず自然の要素を多く残す周縁的性格をもったのどかな風景を見せていた（図 5）。こうして地理的には中心から外れる存在だったのに、江戸から明治を通じて何故、隅田川は人々の間で人気があり、文学でも絵画でも音楽でも象徴的な存在であり続け、それが都市文化の主役として現れるような状況になっていったのか。その理由を考えてみたい。

隅田川沿いの特徴として、寺社、名所、行楽地、盛り場など社会的・文化的な機能、役割を持つ場所が数多く立地した点が挙げられる。権力の象徴の城から遠く、自然豊かで開放感のあるこうした場所は、民衆の心を惹きつける条件を備えていたと言えよう。

さらに、隅田川の中上流域は、江戸の中心市街地より古い歴史を持つという点が重要である。古代、中世には浅草近くまで海が入り込み、河口に港、集落も存在した。古代の東海道も少し北を通っていた。[1]

1　鈴木理生『江戸と江戸城―家康入城まで』（新人物往来社、1975 年）、谷口栄『東京下町の開発と景観』（古代編・中世編、雄山閣、2018 年）等を参照。

古い歴史を誇るこのエリアには実は、都市江戸の誕生以前に遡り、伝承や信仰に結び付く重要な意味をもつ場所がいくつも分布している。こうした古代・中世の伝承・物語が神話化され、江戸の市民にも受け継がれ、都市にとっての文化的アイデンティティを形づくる重要な要素になったと考えられる。

隅田川最大の象徴「浅草寺」は、縁起によれば7世紀前半、隅田川で漁をしていた兄弟の網に観音像がかかり、川から現れたその像を祀ったのが始まりとされる。また、浅草寺の少し北東にこんもり聳える「待乳山」は、595年に龍が出現して、この地が信仰とつながる聖地となったという。隅田川のさらに上流にある「木母寺」は、謡曲『隅田川』に出てくる梅若丸の霊を供養する祭「梅若忌」を受け継ぎ、平安中期に遡る重要な聖地である。鶴岡廬水の「隅田川両岸一覧」(天明元年〔1781〕) を見ると、それらの存在が重要スポットとして描かれているのがわかる (図6)。

隅田川は本来、仏様が水中出現した川であることから、聖空間としての性格をもち、そのため元禄五年 (1692)、幕府が高札を立てて、南は諏訪町から北は聖天町までの間で、魚を獲ったり鳥を殺してはいけないという殺傷禁断の川になった、と竹内誠は指摘する。[1] 隅田川に聖なる力を人々が感じていたからこそ、大山 (現在の神奈川県にある信仰の対象となる山) 詣に出かける前に、両国橋の袂で、無事と悪病の退治を願い、川に入り水を浴びて心身を清浄にする水垢離を行う習慣があった。

隅田川をはじめとして日本の都市での川の役割は実に多様で、飲料水、農業、漁業、舟

図6　鶴岡廬水「隅田川両岸一覧」
に描かれた待乳山

図7　水辺の演劇・遊興空間 (中橋地区)
「江戸名所図屏風」部分 (出光美術館蔵)

1　竹内誠「聖空間としての隅田川」東京都江戸東京博物館都市歴史研究室編『隅田川流域を考える—歴史と文化』東京都江戸東京博物館、2017年、11—22頁。

運、流通・商業活動、工業、そして特に重要なものとしての信仰、儀礼、祭礼、そしてレクリエーション、演劇など、色々な用途で使われてきた（図7）。

三、隅田川—近世から近代へ

古代、中世からの重要な場所に寄り添うように、都市江戸の発展に伴って、浅草の背後に新吉原の遊郭、さらには猿若の芝居町等が登場し、人々を惹きつける魔力を持つスポットが隅田川の奥に存在する形となったのが注目される（図8）。それを廣末保は「辺界の悪所」と呼んだ。[1] 船でのアプローチがその魅力をさらに高めた。

物流機能としても隅田川は重要だったが、主には蔵前の御米蔵（西）と両国の御竹蔵（東）という幕府のもとでの経済活動の場であり、町人の河岸は限られていた。川を下り、江戸の中心に近づくと、柳橋の船宿と両国広小路、対岸の回向院周辺など、盛り場的な賑わいのある界隈が存在した。

元禄の大火後に、火除地として両国広小路の空地が生まれた。下総と武蔵の両国を結

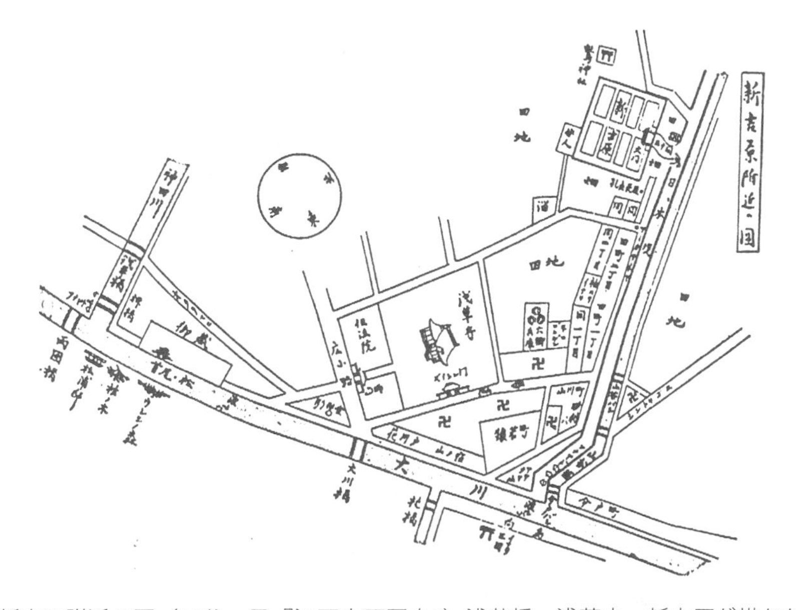

図8　新吉原附近の図（三谷一馬『江戸吉原図衆』）浅草橋・浅草寺・新吉原が描かれている

1　広末保『辺界の悪所』平凡社、1973年。

図9　両国西広小路　春朗「江都両国橋夕涼花火之図」

び、水運の大動脈、隅田川に架かる両国橋は、水陸交通の結節点にあたり、しかも隅田川に面した開放的で風光明媚な地の利をもつこの界隈は、18世紀中頃には、江戸市民を惹きつける最大の盛り場に発展した。日本橋をはじめとする下町の中心部が、大店が並び河岸には問屋の蔵が連なる経済空間として発展すると、遊興的性格をもつ空間は徐々に都市の周縁へと押し出され、そこに華やかな盛り場が形成されたのである。そして神田川を越えた北の奥に浅草寺、両国橋を渡った隅田川の東には折々の開帳で賑わう回向院という民衆に人気のある宗教施設がそれぞれ控えていたことも、盛り場となる格好の条件であった。

この広小路の様子はしばしば浮世絵や名所図会に描かれており、その賑わいの様子がわかる（図9)。神田川河口を中心に河岸沿いに料亭や船宿がひしめく一方、橋の袂の広場を見ると、水際に茶屋がずらっと並び、その内側には見世物、浄瑠璃、芝居、講釈の類の小屋がぎっしり置かれて、一種の迷宮空間のような様相さえ呈している。恒久的でモニュメンタルなイメージを持つ西欧の広場とは全く異質な仮設の小屋などの仕掛けとエネルギッシュな人々の動きとが一体となった、独特の賑わいに満ちた界隈としての広場がここに生まれていたのである。[1]

神田川の河口、浅草橋、柳橋周辺には、浅草、吉原、向島方面へ船で出かけるための船宿が集まっていた。17世紀末～18世紀初頭に描かれた「浅草吉原図巻」（作者不詳）には、その船で行く浅草橋から駒形堂、浅草寺、待乳山、日本堤、吉原までの道中の景観が思い入れを込めて描写されている（図10)。

この絵巻に描かれた隅田川沿いの景観の構造は、江戸時代を通じて、それほど大きくは変わらなかった。だが、近代に入り、明治中期から殖産興業政策のもとで工業化が始まると、隅田川の役割に大きな変化が生まれた。『新撰東京名所図会』にある山本松谷が明治30年頃に描いた「中洲附近之景」は示唆的で、中洲にはまだ芝居小屋の真砂座があって江

1　拙著『東京の空間人類学』筑摩書房、1985年、130—135頁。

図 10 「浅草吉原図巻」部分（奈良県立美術館蔵）山谷堀・待乳山・浅草寺・駒形堂のあたり

図 11　明治三十年頃の中洲
（『新撰東京名所図会』）

図 12　清洲橋（昭和三年竣工）
（『街 明治大正昭和』）

戸情緒を残しているが、隅田川の向こう側には浅野セメントの工場ができており、水上を行く船の多くは荷を運ぶもので、遊びの船はほとんど見られない（図 11）。こうして、江戸を受け継ぐ要素が浜町の料亭街などにまだ存続したものの、とりわけ隅田川の左岸（東側）は近代の工業開発地へと性格を徐々に変化させた。

隅田川の景観を大きく変貌させたのは、大正十一年（1922）に東京を襲った関東大震災であった。その復興の時期、隅田川沿いには、西洋技術を完全に習得した日本の技術者の手で、永代橋、清洲橋を代表とする一連の鉄骨による近代橋梁（図 12）、モダンデザインによる隅田公園、浜町公園という水辺のプロムナードが颯爽と登場した。建築に目を向けても、東武鉄道の終着駅として浅草に建設された松屋百貨店は、隅田川に顔を向けて聳える白亜の殿堂といった趣を誇った（図 13）。この時代、都市美への関心が高く、意欲的な造形、デザインの土木構造物や建築が、モダン文化の象徴として隅田川の水辺の随所に登場した。江戸情緒が大きく失われた反面、水都東京に新たな魅力が生み出されたと言える。

図 13　浅草松屋（昭和六年竣工）（『街 明治大正昭和』）

図 14　柳橋料亭街（『柳橋新聞』昭和三十三年 10 月 15 日）

だが、柳橋の隅田川沿いには、1960 年代に入る頃まで 23 軒もの料亭が存続し、不夜城の様相を呈していたのが注目される。どの料亭も川に面して専用の船着場をもち、船を呼んで直接納涼に出ることができた（図 14）。高度成長期の 1960 年代、水は汚れ、コンクリートの高い防潮堤がつくられて水と町との関係が遮断されただけに、この水辺の料亭街は水都東京の最後の輝きだったと言える。

四、日本橋川—近世から近代へ

隅田川との比較を念頭に置きつつ、再び日本橋川に目を向けよう。この川は、近世の初めに人工的につくられたもので、町人達が担う物流の大動脈として経済的に重要な水路だ

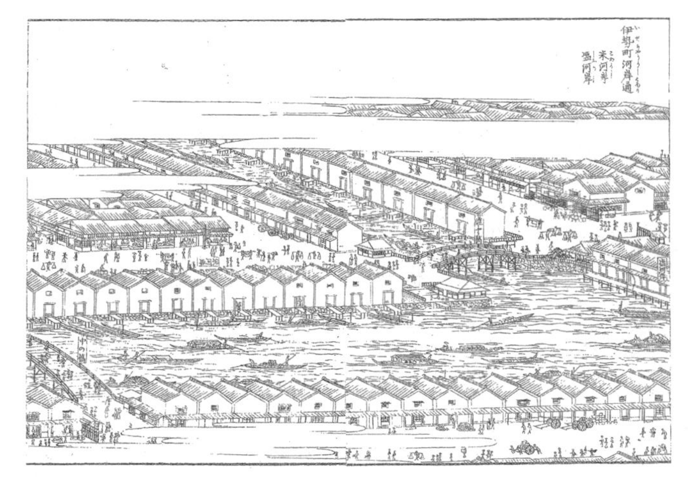

図 15　伊勢町の河岸（『江戸名所図会』）

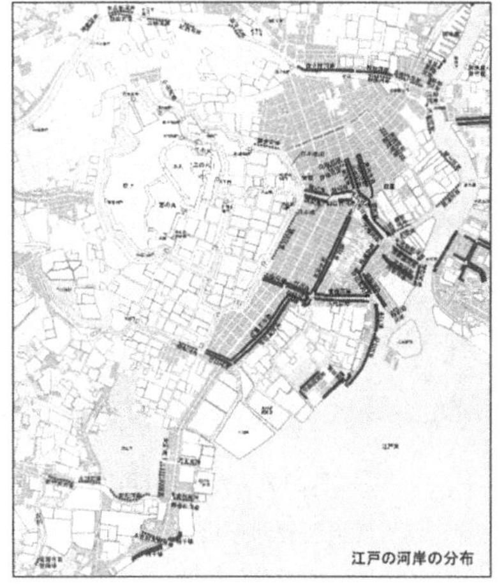

図 16　江戸の河岸分布図（鈴木理生『江戸の川・東京の川』に基づき岡本哲志氏が作図）

ったが、もっぱら実用的な価値に止まり、隅田川のような精神性や物語性をもつものではなかった。このように隅田川と日本橋川という歴史も役割も違う重要な河川を二つ併せ持つという点が、水都江戸東京の興味深い特徴である。

日本橋川の両岸の大半は、土蔵が連なる日本独特の河岸の水景を見せていた。火災都市江戸にあって、商品を守ため、河岸には耐火性の高い土蔵が並び、その内側に道を挟んで、店と住まいを兼ねる町家が建つという特徴ある空間配置が生まれた（図 15）。川に沿う土蔵には、それぞれに木製の簡単な船着場が設けられ、荷揚げできるようになっていた。日本橋川のみならず網目状に巡る掘割のほとんどがこうした構成をとり、江戸の下町の広い範囲に港の機能が入り込んで、活気を生んでいた。鈴木理生が『江戸の川・東京の川』（1978）において、江戸の河岸の分布を提示したが（図 16）、その在り方は、明治 40 年代にもほぼ継承されていたことが知られる。[1]

河岸に蔵が連なる日本橋川沿いにあって、2 つの場所が特別な用途、意味をもった。一つは日本橋魚河岸である。家康によって関西の摂津から連れてこられた漁師が佃島に住んで漁を始めたことが、日本橋の袂での魚市場の誕生に大きな力となった。はじめは、道に面した戸板の上に魚や貝を並べて売っていたが、次第に常設の店に転じていった。東京都

1　展覧会図録『水のまちの記憶—東京都中央区の堀割をたどる—』東京都中央区立郷土天文館第 9 回特別展、2010 年。

図 17　大正中期の魚河岸
（東京都中央区立郷土天文館蔵）

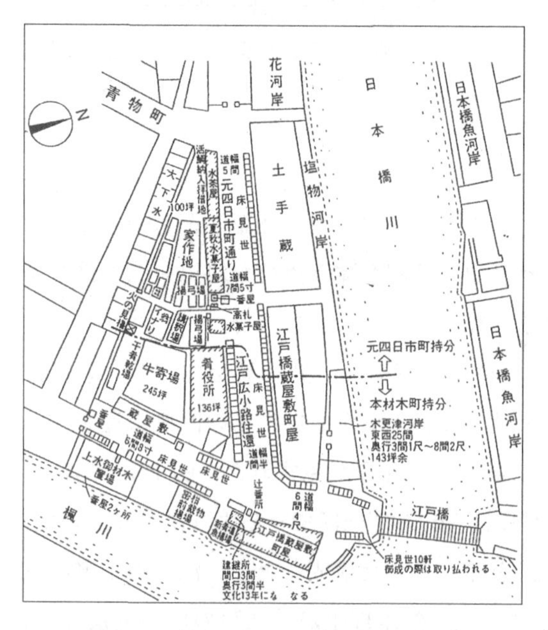

図 18　幕末の江戸橋広小路復元図
（波多野純氏による）

中央区民有形文化財古文書「魚市場納屋板舟絵図面」が残されていて、市場空間の構成システム、営業状況の全体像がわかる。[1]底の浅い平田船で運ばれ、個々に張り出した木造の桟橋から搬入された魚は、表通りに面した板庇の下の舟板の上にのせて売られた様子が知られる。背後の街区内にも路地が巡り人々が居住するエリアが広がっていたが、徐々にそこでも魚の売買が行われた。この魚河岸は大正期まで、船を使いフルに機能した。早い段階から移転の議論はあったが、結局、関東大震災後に築地に移転するまで、日本橋川を通じて魚をどんどん運び、荷を揚げていた（図 17）。

もう一つは、日本橋のすぐ下流に架かる江戸橋の袂に、明暦大火後に火除地として誕生した江戸橋広小路である。水際には、木更津から運ばれてくる米や旅客の船着場である木更津河岸をはじめ、大きな河岸、物揚場が設けられ、一方、広小路の周りには、市を構成する商業施設や 108 軒もの床見世がびっしり並んでいた。また、人の集まるのを見込んで髪結床、水茶屋が並んだ。さらに、広小路のほぼ真ん中あたりから路地で入った奥まった所に、数軒の揚弓場があったことも注目される。美しい女を矢取女として置いて営業し、実際には私娼窟の役割を果たしたと言われる。こうして、日本橋川の広い水面に接し、しかも往来の多い橋の袂にあたるこの広小路には、市としての賑わいが必然的に生まれ、次第に市民の娯楽センターの性格をもった（図 18）。

1　増山一成「絵図面からみた日本橋魚市場の様相」『地図中心』No. 418、2007 年 10 月。

文明開化とともに、西欧の都市機能が導入されるなか、この江戸橋の南詰、広小路の最も重要な一角に、明治七年、郵便・通信を司る駅逓寮が（明治十年から駅逓局）が設置された。江戸時代に、魚会所の納屋のあった場所に誕生したこの建築は、都市の街路に直接面し、街区を形づくる東京における最初の西洋風都市型建築だったと言える。明治十七年の参謀本部測量局地図に駅逓局の位置が明確に示されている（図19）。江戸橋広小路の重要性が明治に入っても受け継がれたことが読み取れる。

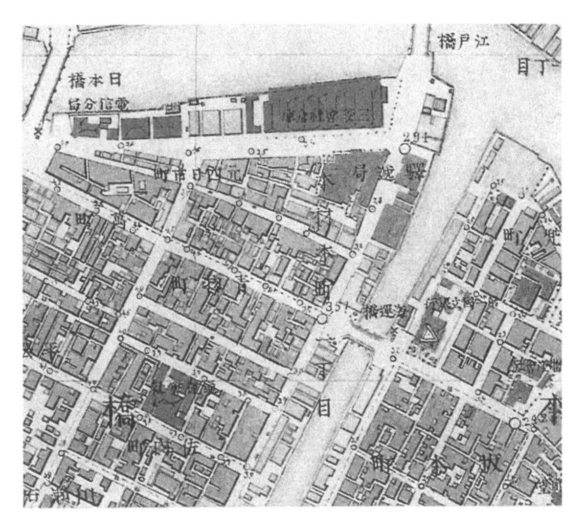

図 19　参謀本部測量局「五千分一東京図」（明治十七年）の江戸橋周辺

五、明治の日本橋川を飾った建築群

日本橋川は、近代にも東京のメインカナルとしての役割をもち続けた。もっぱら物流という経済の実用的な機能を担った江戸時代より、新たな役割をもつ象徴的な場所の性格も加わったと言えよう。東京全体で、文明開化の花形建築の多くが水辺に登場するなかで、特に、日本橋川沿いには話題性に富む建築作品がいくつも生まれた。

日本橋川が隅田川に注ぐ地点の、永代橋の西袂に、ジョサイア・コンドル設計の旧北海道開拓使出張所（開拓使物産売捌所）が登場した（図20）。明治十三年（1880）竣工のこの建物は、2階には水辺にふさわしくヴェネツィアのゴシック様式を用い、1階にはアラブ・イスラーム様式を採用した。初期のコンドルの作品はこのように、極東の日本に相応しい近代の建築を設計するのに、西洋のものを直接導入するのを避け、ちょうど西洋と日本の中間にあり、オリエンタルな文化を代表するイスラームの様式を意図的に選んだ。また、そのオリエントの影響を受けながら成立したヴェネツィアの建築様式を、東西の架け橋に相応しいものとして採用したのである。コンドルはまた、東京を代表するこの気持ちの良い水辺に、まさにヴェネツィア建築のイメージを直接表現しようとしたに違いない。この設計の段階で、辰野金吾ら、コンドルの教え子たちも手伝い、図面を引いて貴重な経

図 20　開拓使物産売捌所
（『よみがえる明治の東京—東京十五区写真集』）

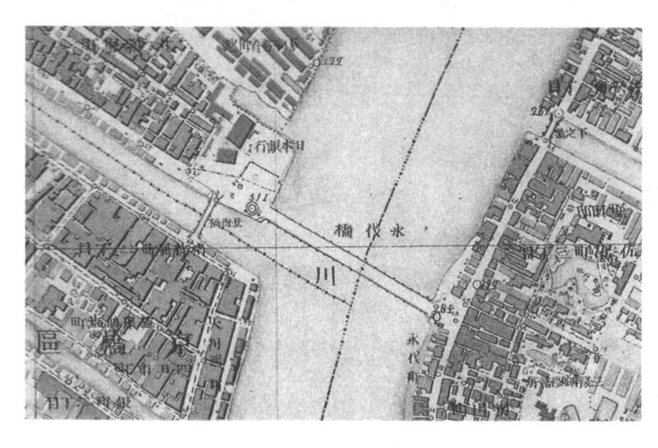

図 21　参謀本部測量局「五千分一東京図」
（明治十七年）の永代橋周辺に描かれた日本銀行
（小さい建物がコンドル設計）

験を積んだ。[1] この北海道開拓使東京出張所は明治十四年（1881）に廃止され、翌明治十五年（1882）、日本銀行条例の発布とともに開業した日本銀行の初代の建物となった。参謀本部の明治十七年の地図の記載でも、永代橋の袂の敷地にそう示されている（図 21）。日本銀行は、この永代橋本店が日本橋川の隅田川に注ぐ河口に立地し、後に現在につながる日本銀行本店が登場するのも日本橋川を上った常磐橋に近い水辺であり（図 22）、この江戸以来の水運を使った物流の空間軸が、明治の近代国家にとってますます大きな役割を担う場所になったことを物語る。

明治における最大の変化は、ちょうどその中間地点における日本初のビジネス街の形成であった。[2] この周辺の大名屋敷などの土地を財閥企業等が受け取り「兜町」と名づけ、渋沢栄一を中心に明治四年（1871）に第一日本国立銀行本店が、明治十一年（1878）には東京証券取引所の前身である東京株式取引所が設立され、商業（金融）の街へと急速に発展していった。

その兜町の日本橋川に面する場所に、渋沢栄一の自邸が辰野金吾の設計により、ヴェネツィア様式で颯爽と登場したのである。ここは、川が大きく弧を描く景観上も重要な位置にあたり、そのパノラミックな水景の魅力が、明治前期の浮世絵師、井上探景の描いた

1　藤森照信『国家のデザイン（日本の建築、明治大正昭和 3）』三省堂、1979 年。
2　藤森照信は丸の内に先んじて兜町にビジネス街が成立したことを論じた。『明治の東京計画』岩波書店、1982 年。

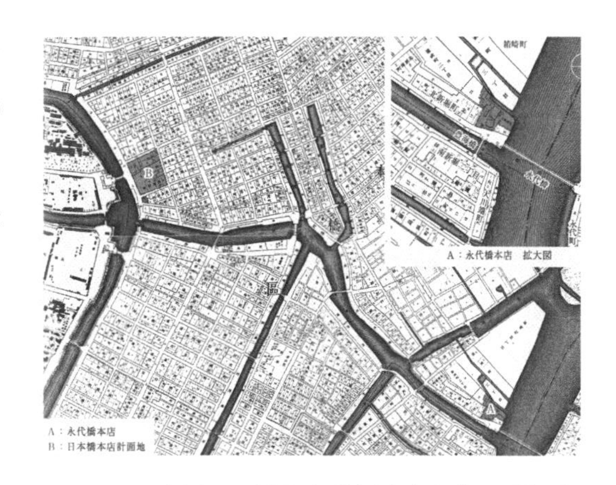

図 22　日本橋川に沿う永代橋本店と後に登場する常磐橋近くの新本店の位置内務省地理院東京実測全図にプロット（『日本銀行本店営業所本館免震化工事プロジェクト記録』）

「江戸橋ヨリ鎧橋遠景」によく表現されている（図 23）。この画面、右側に聳える和洋折衷の独自の形態で異彩を放つ建物こそ、日本橋川から楓川を少し入った海運橋の袂に聳える先述の第一日本国立銀行本店であり、文明開化の東京の最も人気を集めたランドマークの一つだった。やはり橋の袂の水辺に登場したことに意味がある。

渋沢栄一邸は、東京をヴェネツィアのような国際交易都市にしようと夢見た渋沢が、イギリス留学の最後にイタリアを巡りヴェネツィアにも滞在して帰国したばかりの辰野金吾に依頼して実現した建築であり、関東大震災で焼失するまで、水都東京のイメージを大いにアピールする役割を果たした。

メインカナル、日本橋川にヴェネツィア風の渋沢邸が聳えていた明治後期、日本の若き知識人の間に、「水の都」東京とヴェネツィアを二重写しで思い描く精神的な風土が形成されていた。ゲーテの『イタリア紀行』のなかのヴェネツィアの描写を読みながら、小網町の河岸、兜町の橋に、まだ見ぬヴェネツィアを当時の若き日本人は想像したのである。渋沢邸は、ヴェネツィアの大運河を飾るカ・ドーロ（「金の家」という名の貴族の館）に見立てられた。[1]

次に、同じく辰野金吾の設計で日本橋川の水辺に実現した明治を代表する建築、日本銀行本店を見たい。元々金座があったことで、この場所が選ばれた。その日本橋川の向かい側にある常盤橋門は、江戸の幹線道路である本町通りから江戸城に入る際の重要な御門に当たる場所で、そこに架かる木造橋は明治十年（1877）、石造の美しいアーチ橋（常磐橋）に架け替えられていた。日本銀行本店は、こうして江戸以来の重要性をもち、明治初めに文明開化の息吹を取り入れた特徴ある水辺に登場した。

明治二十九年に完成したこの建物の落成祝いのセレモニーの様子が絵画に描かれている。これによれば、建物の正面が川側の西面にあることは一目瞭然である。その中央部分

1　平川祐弘『藝術にあらわれたヴェネツィア』内田老鶴圃、1962 年。

図 23　井上探景「江戸橋ヨリ鎧橋遠景」明治期（東京都中央区郷土資料館蔵）

図 24　日本橋川に正面を向ける日本銀行本店（日本銀行貨幣博物館蔵）

に川に向かって凱旋門が設置され、左右の両端にも凱旋門がそれぞれ向きを 90 度振って置かれている。祝賀の舞台は明らかに水の側にある。

今日、川の上に架かる高速道路が邪魔をし、視界が開けないこともあって、一般に日銀の正面は、この絵では建物の右側短辺にあたり、前庭・軸線・ドームの構成が印象的な南側の面だと考えがちだが、実はこの南面の入口は、印刷された紙幣を運びこむ実用的な動線に当たっている。貴賓室、正面玄関は、設計図面から見ても川沿いに置かれたことがわかる。川側から撮影された写真を見ると、まるでセーヌ川沿いのルーヴル宮殿のような見事な建築造形を水面に向けていることに驚かされる（図 24)。

この銀行建築には、瀬戸内海の北木島などから船で運ばれた良質の花崗岩が大量に用いられた。正面を飾る一本物の花崗岩を何本も運び込み、その荷揚げをするため、河岸の整備がまず必要とされた。逆に言えば、掘割に面していたから、辰野金吾もこれほど大量の石を用いた建築を構想できたのだろう。

明治に舟運が重視されていたことを物語る場所がある。江戸から明治に水都の構造が受け継がれた頃、実は、今の日本橋川の上流は船が通れなかった。それには神田川が関係している。江戸の初期に町を水害から守るため、上流から流れ混んでいた平川を東側へ付け替えて、隅田川へ流れ込む今の神田川とした。こうして川筋の一部が埋められ、堀留となっていた。明治十七年（1884）に始まる市区改正計画に基づいて、明治30年代に掘削工事が行われ、神田川と日本橋川を繋いで船の周遊が可能になった。そこに明治政府の舟運重視の考え方を見て取れよう。[1]

しかも、新宿—八王子間に開設されていた甲武鉄道を都心に向けて延長するにあたり、開削される日本橋川に面して終着駅としての飯田橋駅を建設することが、やはり市区改正計画に盛り込まれた。その水際には、物揚げ場としての河岸がとられたのである。後に、甲武鉄道が都心の万世橋駅まで延長され、この飯田橋駅は貨物線用となるが、河岸の存在は舟運と鉄道の連結にとってうってつけだった。

このエリアでの舟運の強化政策は、小石川の旧水戸藩邸の跡に建設された東京砲兵工廠の役割とも繋がっていた。明治四年（1871）から昭和十年（1935）までこの地で操業したが、神田川に面したその荷揚げ場に船が多く集まっている様子が古写真で見てとれる。その生産活動にとって、舟運がいかに重要だったかがわかる。

六、大正から昭和にかけての水辺の都市景観

日本橋川の中央に位置する江戸以来の商業中心、日本橋エリアでも、都市の近代化に伴い、その景観には大きな変化が生まれた。まず日本橋の橋そのものが、明治四十三年（1910）妻木頼黄の意匠設計によって、石造の永久橋として架け替えらえた。その姿は流麗なアーチを描き、見事に彫刻されたガス灯を添えて、水の都東京の中心に際立った美しさを誇った。[2]

1　近代に重視された舟運に関しては、高道昌志『外濠の近代—水都東京の再評価』（法政大学出版局、2018年）参照。

2　長谷川堯『都市回廊—あるいは建築の中世主義』（相模書房、1975年）は、この時期の日本橋のまわりの水の空間を「水上のシャン・ゼリゼ」と命名して、その果たした役割を描いた。

図 25　大正前期の日本橋より北側の景観
（『街 明治大正昭和』）

図 26　大正前期の日本橋より南側の景観
（『街 明治大正昭和』）

橋の北側に目を向けると、街路沿いの商家の多くは依然、和風で耐火性をもつ土蔵造りであったが、日本橋の袂には、赤煉瓦の外観と小ドームが目を引く辰野金吾設計の帝国製麻のビル（大正元年〔1912〕）が、また少し離れて、大店の三井呉服店から明治三十七年（1904）に三越呉服店となったそのデパート建築が大正三年（1914）に白亜の高層建築として登場し、時代の変化を牽引していた（図25）。それと同居して、洋風に姿を変えた倉庫群が連なる魚河岸の水辺には、数多くの船がぎっしり集まっていた。

特に反対の南側は目を奪う。橋の周りを囲んで、村井銀行、西川布団店、国分商会といった明治末から大正初期に作られた様式美を誇る優れた建築が見事に並んで、西欧都市にも負けない堂々たる橋の袂の広場の様相を呈した（図 26）。

橋の袂の空地に色々な仮設的装置が並び、そこに集まる人間の様々なアクティビティが創り出す界隈としての江戸以来の広場のあり方から、堅固な建物の壁面で明確に切り取られる西欧的な実態のある都市空間としての広場への転換が、ここで初めて本格的に見られたと言えよう。こうした広場が橋の袂に大正から昭和初期にかけて幾つも生まれたというところに、水都東京らしい特徴がある。

震災復興の時期、再生された東京の輝く都市空間を記録した写真帖がいくつも出版された。それを見ていて印象的なのは、掘割、川沿いに登場したモダンな建築の姿である。なかでも日本橋川沿いには、昭和初期、ヴェネツィアと同じように数多くの木の杭を硬い地層まで打ち付け、その上につくられた近代建築が水際に建ち並んだのである（図 27）。文明開化の時期には、水辺に登場する象徴的建築は、どれも個の存在を華やかに主張するもので、集まって町並みを形成する志向性はなかった。アーバンデザインや都市空間のコン

図27　日本橋川沿いの近代建築群（『株式会社東京株式取引所寫真帖』平和不動産蔵）橋の袂の東京証券取引所、水に面した日証館（右中程）と江戸橋倉庫ビル（右上）

図28　日証館の外観（『株式会社東京株式取引所寫真帖』平和不動産蔵）、自前の防潮堤上端の装飾的バラスターがアーチ群の下に見える

テクストへの理解は乏しかった。それゆえ、江戸の文脈の上に点として登場し、際立った名所、ランドマークとなりえたのである。

それに対し、昭和初期のモダン建築では、西欧都市への理解度も高まり、水辺に登場したいくつもの建築が、相互にその文脈を考えて立地し、互いに関係を持って集合し、水の空間軸、あるいは水辺の町並みを形づくった。

青年芸術家たちのヴェネツィアへの思いを掻き立てていた渋沢邸が関東大震災で失われた後、それに替わって登場したのが日証館で、興味深い水辺の建築作品である（昭和三年〔1928〕竣工）。渋沢邸が水辺から少し引き下がって建っていたのに対し、この建築はヴェネツィアの大運河の建築とよく似た、水から直接立ち上がる形式を見せている。

ただこの建築は、やや特殊な作り方をとった。日本橋川の水側で、建物の外壁の外に彩光のためのドライエリアをとって地下の部屋を設け、その川側に自前の防潮堤を立ち上げている。建築と土木が一体となった構造物なのである。その下に数多くの松杭が打ち込まれているのが、残された図面から見てとれる。防潮堤は川沿いの景観を意識し、西洋建築で古典的な様式としてよく用いられるバラスター（手摺子）を上端に置いて水際を飾った（図28）。その跡が、後に水際に建設された高い防潮堤防の内側にひっそりと残っている。[1]

楓川を挟んで隣に昭和五年（1930）に登場した江戸橋倉庫ビル（通称三菱倉庫）は、さ

1　阿部彰編『日証館　基壇状構造物に関する調査報告書』まちふねみらい塾、2017年。

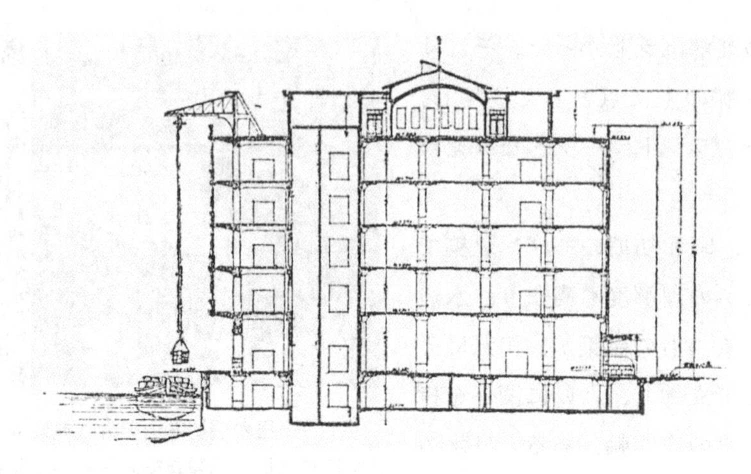

図 29　江戸橋倉庫ビル断面図（『江戸橋倉庫概要』昭和六年、東京都中央区立京橋図書館蔵）

らにヴェネツィアの商館建築と似たつくりになっている。水の側に顔を向け、接岸した艀から荷をホイストクレーンで搬入できる構成をとっている（図 29）。竣工を記念して撮影された動画に、ズタ袋をクレーンが吊り上げている情景が記録されている。当時の設計資料には、地中深く松の杭が打たれていることが記されている。木杭を打ちつけた基礎の上に建物がつくられ、そのまま水から立ち上がるという意味で、まさに、ヴェネツィアの商館とよく似た水際建築だと言えよう。水都東京における最も輝く時代はこの頃だったと考えられる。

むすび

以上見てきたように、水都の性格は江戸のみか、文明開化以後の東京にもそのまま受け継がれ、少なくとも太平洋戦争の前までは、都市における川や掘割は重要な役割をもち続けた。江戸が培った水辺の情緒や猥雑なエネルギーは失われ、信仰や遊びとも結びつく水の多彩な価値は忘れられたとはいえ、西欧から取り入れた建築や土木の造形デザインが水辺で大いに開花し、震災後の昭和初期には、江戸とはまた違った美しい景観を誇る新たな水都の性格を東京は獲得することができた。

1960 年代の高度成長期に、工業化社会の進展とともに、東京の水は汚れ、人々の水離れが進んだ。昭和三十九年（1964）の東京オリンピックの直前に、川や掘割の上に高速道路

図30　日証館（左）と江戸橋倉庫ビル（右、下部を部分保存し高層ビルを建設）の前の水辺を覆う高速道路（Google Earth）

図31　東京都の首都高速都心環状線の地下化事業完成予想図（作成：三井不動産）

が建設され（図30）、小さな川は暗渠化された。隅田川や日本橋川には高い防潮堤がつくられ、人々の暮らしと水が切り離されたのがこの時期である。

しかし、70年代に入る頃から、水辺の復活への動きも始まった。その最初の舞台が、やはり隅田川だったのも象徴的である。途絶えていた花火、早慶レガッタが復活した。70年代後半には、柳橋で料亭の女将と船宿が連携して屋形船を復活させ、やがて東京中に広がることになった。歩行者専用橋の桜橋が昭和六十年（1985）、台東区と墨田区の姉妹提携事業として実現したのも、母なる川、隅田川の復活を物語るものだった。近年、隅田川沿いの蔵前、浅草、北千住といった下町の遺伝子を持つ地域が、若い人たちのクリエイティヴな発想と活動で、再生への動きを見せているのが注目される。[1]

水都東京のもう一つの主役、日本橋川は、東京オリンピックの直前に上に高速道路が架り、その中心、日本橋の象徴性が大きく損なわれた。しかし、江戸東京のそして日本の象徴と言える日本橋の周りの水辺空間を何とかしたいという動きは、1980年代から徐々に強まり、名橋「日本橋」橋洗いのイベント、ディベロッパーを中心に地元の老舗やデパートなどが連携して再開発が進むなかで、水辺の再生が常に語られるようになった。東京都中央区が出資し、平成二十三年（2011）に日本橋の袂に船付き場が実現して、様々なイベント、文化活動や観光で多くの船が発着するようになった。通勤での利用を想定した船の運行の社会実験も行われた。定期便化も含め、舟運がさらに活発になることが期待される。

1　清水麻帆『「まち裏」文化めぐり　東京下町編』彩流社、2022年。

また、日本橋の上を通る高速道路の撤去について長らく議論されてきたが、日本橋の少し上流から下流にかけて高速道路を地下化することが正式に決定され、工事が始まろうとしている。まだ相当な時間がかかるが、青空が戻ることになる。その際の水辺の空間のあり方を構想するにも、歴史的な研究に基づく議論が今、ますます必要となっている。

参考文献

［1］ 阿部彰編『日証館　基壇状構造物に関する調査報告書』まちふねみらい塾、2017年。

［2］ 伊藤毅・吉田伸之編『水辺と都市（別冊　都市史研究）』山川出版社、2005年。

［3］ 江戸東京博物館編『隅田川―江戸が愛した風景』図録、2010年。

［4］ 岡野友彦『家康は何故江戸を選んだか』教育出版、1999年。

［5］ 貝塚爽平『東京の自然史』紀伊国屋書店、1964年。

［6］ 北原糸子『江戸城外堀物語』筑摩新書、1999年。

［7］ 鈴木理生『江戸と江戸城―家康入城まで』新人物往来社、1975年。

［8］ 鈴木理生『江戸の川・東京の川』日本放送出版協会、1978年。

［9］ 清水麻帆『「まち裏」文化めぐり　東京下町編』彩流社、2022年。

［10］ 谷口栄『東京下町の開発と景観』古代編・中世編、雄山閣、2018年。

［11］ 高道昌志『外濠の近代―水都東京の再評価』法政大学出版局、2018年。

［12］ 竹内誠「聖空間としての隅田川」東京都江戸東京博物館都市歴史研究室編『隅田川流域を考える―歴史と文化』東京都江戸東京博物館、2017年。

［13］ 陣内秀信『東京の空間人類学』筑摩書房、1985年。

［14］ 陣内秀信『水都東京―地形と歴史で読みとく下町・山の手・郊外』筑摩書房、2020年。

［15］ 長谷川堯『都市回廊―あるいは建築の中世主義』相模書房、1975年。

［16］ 広末保『辺界の悪所』平凡社、1973年。

［17］ 平川祐弘『藝術にあらわれたヴェネツィア』内田老鶴圃、1962年。

［18］ 藤森照信『国家のデザイン（日本の建築、明治大正昭和3）』三省堂、1979年。

［19］ 藤森照信『明治の東京計画』岩波書店、1982年。

［20］ 増山一成「絵図面からみた日本橋魚市場の様相」『地図中心』No. 418、2007年10月。

［21］ 吉田伸之『都市―江戸に生きる』岩波新書、2015年。

江户时代长崎的唐船、兰船贸易与“荷漕船”

彭　浩*

在日本江户时代（大致在1600—1867年间），长崎可谓日本最重要的对外贸易口岸，主要的通商贸易对象是中国商人和荷兰商人。当时，因中国商人自称“唐商”，所以他们的商船称为“唐船”；而荷兰商人的货船则称为“红毛船”或“阿兰陀船”（简称“兰船”）。与此时世界上很多其他贸易港相同，吃水较深的大型货船无法直接停靠埠头，需要一些小型船只将大货船的货物卸下分散运送；交易完成后，当商船准备返航时，也由这些小船负责将出口货物分批运至大船旁装载。这些装卸货物的小船在当时的长崎称为“荷漕船”。本报告将聚焦于这些“荷漕船”及乘船劳动者的调动和编排方式。

在江户时代绘制的许多唐船贸易和兰船贸易的图卷流传至今，在这些图卷中除了大型的外洋商船外，还可以发现其周围装卸货物的小舢板船，即所谓“荷漕船”（荷兰人称其“sampan”，这与他们对广州贸易“舢板船”的称呼相同）的身影。[1]虽然“荷漕船”几乎是此类图像资料中不可或缺的要素，但是记载“荷漕船”的文字史料却极为罕见。加之，历来对于长崎贸易的研究偏重于政策和规模的侧面，“荷漕船”则是长期以来近乎无人问津的角色。

20世纪80年代以来，随着整个日本史学界社会史和城市史研究的飞跃性发展，对外关系史和贸易史的专家也更多地关注通商贸易对港口城市的影响，特别是商人和商船之外的确保贸易正常运行的社会要素。[2]在此背景之下，进出商馆的“游女”（妓女）、向外商提供生活用品的小商贩，以及港口货物搬运工等对外贸易口岸中常见的社会群体逐渐进入研究者的

* 彭浩，大阪公立大学经济系教授。

1 最为知名的有长崎当地画师石崎融思所作《唐馆图兰馆图绘卷》（享和元年，即1801年）。还有一些收录于大庭修《长崎唐馆图集成——近世日中交涉史料集六》（关西大学出版部，2003年）等资料集中。

2 比如中村质对于“地下配分金”（贸易利润分配给长崎居民的部分）的考察（中村质《近世长崎贸易史的研究》吉川弘文馆，1988年）；荒野泰典对于“无宿”（城市居民中无户籍登录者）与“荷拔”（走私贸易）问题的考察，荒野泰典《近世中期的长崎贸易体制与拔荷》（《近世日本和东亚》东京大学出版会，1988年）。

视野。[1] 这种研究动向也带动了笔者对此类社会群体的关心，推动了有关“荷漕船”的资料发现。

本文所使用的最重要的史料是俗称“犯科账”的长崎奉行所（长崎最高行政官的官署）的犯罪审判结论的记录（原资料有一百四十五卷册，现收藏于长崎历史文化博物馆，1958—1961 年整理为十一册印刷出版）。[2] 这是一部在日本近世史学界广为人知的历史资料，而目前主要应用在法制史的研究方面。[3] 但仔细研读，不难发现《犯科账》中也包含了许多对城市社会史研究极有价值的记录。另外，与“荷漕船”有关的记述也散见于荷兰商馆馆长的日记及书信等资料中，日荷关系史的专家横山伊德在研读这些资料后给我们提供了可供参考的重要线索。[4]

本报告将主要针对《犯科账》中的“荷漕船”相关记录，结合其他长崎贸易，特别是荷兰商馆方面的记录进行综合分析，力图最大限度地还原“荷漕船”的调动编排方式及乘船劳动者的雇佣配置情况，并继而探讨贸易港长崎在城市运营和社会构造方面的特点。[5]

一、港口城市长崎的发展与“船宿”业

16 世纪后期，也即日本史上战国时代的末期，“南蛮贸易”（主要指与葡萄牙船、西班牙船的贸易）兴起，九州西北部的领主大村纯忠（1532—1587）也在其领地中相继开辟了横濑浦和福田等几处港口，迎接外商，特别是葡萄牙商人往来贸易。长崎乃其中之一，且是后起

1　近年来较具代表性的研究主要有：若松正志《近世中期贸易城市长崎的特质》（《日本史研究》第 415 号，1997 年）、横山伊德《出岛下层劳动力研究序说》（《年报城市史研究》第 12 号，2004 年）、横山伊德《出岛下层劳动力研究序说——围绕大使用人“マツ”》（横山伊德编《荷兰商馆馆长看到的日本：蒂进往返书翰集》吉川弘文馆，2005 年）、松井洋子《长崎和丸山游女——直辖贸易城市的游郭社会》（佐贺朝、吉田伸之编《游郭社会系列 1：三都与地方城市》吉川弘文馆，2013 年）、彭浩《唐船贸易的统制与卖入人》（藤田觉编《幕藩制国家的政治构造》吉川弘文馆，2016 年）、彭浩《近世长崎贸易服务制度的考察——以唐船货物的搬运与保管为中心》（《经济学杂志》第 120 卷第 2 号，2020 年）。

2　森永种夫编《〈犯科账〉：长崎奉行所判决记录》（《犯科账》刊行会，1958—1961 年）共 11 册。

3　除史料刊本《犯科账》的编撰者森永种夫自身所著《犯科账》（岩波书店，1962 年）外，还有安高启明《近世长崎司法制度研究》（思文阁，2010 年）较为重要。

4　参见横山伊德《出岛下层劳动力研究序说》（《年报城市史研究》第 12 号，2004 年）、《出岛下层劳动力研究序说——围绕大使用人“マツ”》（横山伊德编《荷兰商馆馆长看到的日本：蒂进往返书翰集》）。

5　本文主要对日文前稿《近世长崎贸易服务制度的考察——以唐船货物的搬运与保管为中心》（前注 1）后半部分做重新整理后，又增加了一些新的史料引用和分析而成。另外，关于本文第一节和第二节的整理也可参见笔者前著《近世日清通商关系史》（东京大学出版会，2016 年）终章的叙述。

之秀。长崎原本不过一处渔村，港湾呈鹤头状，船只入港必经一相对狭窄的航道，在航道两边及近处小岛上设立哨所，便可以及时侦察到海上动静；而在陆地方面，周围环山，较之他港，易于防备，可谓一大优势。不难想见，这在战乱频仍的时代尤为至要。随着来访葡萄牙商船及唐船的逐渐增多，周围地区的商贾也聚拢而来，长崎逐渐转型为贸易港口城市。[1]

小镇初具规模之时，分六个街区：平户町、大村町、岛原町、横濑浦町、外浦町和文知町。而这里的“町”[2]相当于街区，是构成日本城市的基本单位，居民大概有数百人，负责人称为“乙名”，来访的中国人称其为“街官”。[3]

天正八年（1580），已经皈依天主教的大村纯忠将长崎这一港口小镇进献给耶稣会。此时在东亚地区积极开展传教活动的耶稣会，得到葡萄牙王室的大力支持。葡萄牙的商业及殖民势力的扩大与耶稣会的传教活动互为表里。在进献长崎的文书中，大村纯忠虽表明自身将放弃收取地租及各项行政管理权与司法审判权，却唯独保留下征收商业税的权力。[4]其攫取贸易之利以扩充财力之心，可谓昭然若揭。而此时，葡萄牙也已经从明朝那里获得了在广东澳门的居住权。澳门与长崎之间的定期商业航线开通，以中国丝绸来交换日本白银，获利甚丰。从连接中日两国市场的角度来考虑，葡萄牙商人也扮演了东亚海域中间商的角色。[5]

葡萄牙和耶稣会当然对长崎贸易极为重视，为加强防御，修筑城墙、挖掘河道，武装小镇以成要塞。城内除教堂外，还设立了医院、学校等机构。[6]但久居此地之葡萄牙人毕竟占少数，缺乏精通日语者，加之对日本国内商业环境生疏，舶载来的货物也要依靠镇上的日本商人来代理销售。而此时长崎的中间商多称为“船宿”。在其他沿海贸易港，也多有“船宿”，与中国的牙行功能较为相似。有的经营船只租赁，代雇水手；有的为客商提供休息场所；有的代理销售。而长崎的“船宿”至少提供后两种服务，为此向商贾收取的服务费（涵盖住宿及交易中介）称为“口钱”。[7]

1　关于长崎早期的城市建设，可参见安野真幸《港市论：平户、长崎、横濑浦》（日本编辑学校出版部，1992年），以及《长崎市史》编撰委员会编《新长崎市史　第二卷：近世篇》（长崎市，2012年）。

2　“町”既有城市街区之义，也有城市、城镇之义，如“港町”指港口城市，“城下町”指政治中心城市。

3　对于这种街官的称呼，日本各地有所不同。与长崎的“乙名”职位相同者，在江户称为“町名主”，在大坂称为“町年寄”。

4　相关的长崎进献文书，可参见范礼安《日本巡察记》（平凡社，1973年）第322页。

5　相关情况可参见高濑弘一郎《澳门长崎间贸易的交易总额、生丝交易额、生丝价格》（《社会经济史学》第48卷第1号，1982年）。

6　参见山崎信二《长崎基督教史》（雄山阁，2015年）。

7　关于葡萄牙船贸易“船宿”的资料较为罕见，永积洋子《平户荷兰商馆日记》（讲谈社，2000年）中有些简单记述。关于唐船贸易的“船宿”，安野真幸《关于锁国后长崎唐人贸易制度》（《法政史学》第19号，1967年）的整理较为详细。

天正十六年（1588），丰臣秀吉征服九州，占领长崎，置其为直辖地。庆长八年（1603）德川幕府成立后，也继承了对长崎的直接统治。幕府派遣“长崎奉行”（官职名）掌管长崎行政，监控海外贸易。在这一时期，德川政权对西方天主教的传播越加警觉，逐渐强化了禁教政策。宽永年间（1624—1645），在长崎港的洋面上建起了一人工小岛，取名“出岛”（意为伸出海面的岛，面积为15395平方米），强制往来贸易之葡萄牙人居住其中。之后，两者关系愈加紧张，很快幕府断绝了与葡萄牙的一切外交及贸易往来。作为新教国家荷兰和英国的商人在17世纪初也来到日本，荷兰东印度公司和英国东印度公司均在距离长崎并不太远的平户岛（今属长崎县）设立商馆。平户与长崎不同，非幕府直辖地，而是由当地领主松浦氏统治。松浦氏藩属于幕府，但对领地的统治仍享有较大自主权。幕府在驱逐了葡萄牙势力后，积极参与对日贸易的西方国家仅剩荷兰。为直接掌控荷兰商人的贸易，宽永十八年（1641）幕府要求荷兰东印度公司将其商馆（常称为“兰馆”）从平户迁至长崎的出岛。[1]此后，直至19世纪中期，荷兰成为唯一与幕府维持商贸往来的西方国家。至于英国，由于此时在东亚海域与荷兰的竞争中处于劣势，逐渐淡出了与日本的贸易。

而这一时期，唐船贸易也开始受限于长崎一地。此时在日本称为“唐船”的当然主要是中国商人（在日本的相关资料中主要称为“唐人”）经营的商船，其多数来自中国东南沿海。明朝后期虽放宽海禁，但出于对“倭患”的警惕，仍然禁止中国商人赴日贸易。但是日本此时大量出产白银，其市场又对中国丝绸有极大需求，因此“以丝易银”利益丰厚。葡萄牙人、荷兰人均以此为贸易大宗，中国商人自然不会坐失商机。所以对日海禁有名无实，中国商船密航日本者络绎不绝。此外，值得注意的是，唐商中也并非均来自中国大陆，也有不少定居南洋者。他们经常会得到当地商人、权贵的投资，或王室的支持，装载南洋特产如香料、象牙、苏木等通商日本。[2]船只虽有大小不同，船底形状也有平尖之别[3]，但在日本均被称为“唐船”，以与来自西方的“南蛮船”“红毛船”相区别。

自宽永年间之后，与隔离于出岛一隅的荷兰商人相比，唐商的活动较为自由。可以自主选择当地的“船宿”为中介进行贸易，各“船宿”为招徕唐商，也往往免收各种服务费，转

1 关于荷兰商馆的历史概要，可参照山胁悌二郎《长崎荷兰商馆：世界之中的锁国日本》（日本中央公论社，1980年）。

2 参见中村质《近世日本、中国、东南亚间的三角贸易与穆斯林》（中村质《近世对外交涉史论》吉川弘文馆，2000年）。关于明清鼎革之际，来航长崎所载“南货”的情况，可参见彭浩《关于顺治九年“南京船”的长崎渡航的考察》（《东京大学史料编纂所研究纪要》第15号，2015年）。

3 船只类型简单分类为两种，即适合远洋航行的“鸟船”和近海航行的“沙船”。前者多为来自福建、广东及东南亚各地的商旅所使用，后者则多来自浙江和江苏地区。大庭修《漂着船物语——江户时代的日中交流》（岩波书店，2001年）中有较为简明扼要的解释。

而从购货之国内客商那里收取“口钱”以盈利。但唐商的贸易也非绝对自由，与荷兰商人一样，其所载运而来的生丝被要求出售给所谓“丝割符仲间”的商人团体。这种方式称为“丝割符制”，始于幕府成立之初，最初只用于收购葡萄牙船运载的中国生丝，参与此团体的客商最初也只有三处，除长崎本地外，还有京都和堺。[1]

二、“宿町制”的形成与变迁

17世纪中期，正值中国明清鼎革之际，为躲避战乱，不少东南沿海的商人来长崎侨居，有些购置地产自行经营“船宿”。他们学会日语，熟悉当地商业习惯，同为中国人又比较易于获取新来唐商的信赖，生意自然日渐兴隆。但对长崎当地的日本人而言，这种由侨居唐人开办的个别“船宿”寡占中介交易的状况自然难以容忍。故而，小镇的居民中要求利益均沾的呼声愈来愈高，在此种氛围之下，宽文六年（1666）长崎奉行开始推出了一项新的制度——“宿町制”。[2]

所谓“宿町制”，简而言之，即诸街町轮流承包各唐船服务项目的制度。此时的长崎已形成八十个街町的规模，除荷兰商馆所在的出岛町，以及丸山、寄合两处“游郭”（妓院集中的地方，俗称“花街”）町外，其他七十七个街町轮流承担以往“船宿”的职能。由于一个街町人力物力有限，所以由两个街町负责为一艘唐船服务，为主者即“宿町”，为辅者称“附町”。唐船的首席商人，称为“船主”（在日本也常称为“船头”）者，在作为町长的“乙名”家中居住，其他商人及船员分别被安排到各户居民家中居住。提供住宿者兼顾中间商角色，为唐商联系国内买家，也协助唐商置买返程货物。

这种“宿町制”虽然照顾到居民的利益均沾，但许多街町在接待外商方面经验不足，或人力有限，不堪重任。而另一方面，以往的“船宿”商也不甘心就此淡出，况且唐商也仍希望与熟识的中间商合作。结果，一些个体中间商与个别街町协商，由他们来包揽或分担一些唐船商人的住宿及贸易中介业务，作为回报他们愿将中介费的一部分（约为三分之一）交给“宿町”。这样，原来的“船宿”商又获重生，在此后二十余年间他们多称为“小宿”，与“宿町”共同扮演贸易中间商的角色。

1　关于“丝割符”制度的兴衰，可参见中村质《近世长崎贸易史的研究》第三章和太田胜也《锁国时代长崎贸易史的研究》（思文阁，1992年）第二章的整理。

2　关于“宿町制”，中村质《近世长崎贸易史的研究》第五章的叙述较为详尽。

在这一时期，进出口商品的交易方式方面也出现了一些制度变革。前述的“丝割符制”一度废除。其结果，又出现了进口货物供不应求、物价高涨、大量白银流失海外的局面。为此，幕府不得不再次运用“丝割符制”的原理调控贸易，不过这次的统购商品不再限于生丝，而扩大至所有进口商品。以往的五个商业区（长崎、堺、京都、大坂、江户）仍派出代表到长崎，他们的事务所称为“市法会所”（存在于1672—1685年），他们在鉴定货样后，以统一的价格购买所有进口商品。[1]

康熙二十二年（1683），清朝征服了台湾，迫使郑氏投降，随之解除了长年实施的海禁。既有利可逐，漂洋至长崎贸易者自然趋之若鹜。海禁一开，赴长崎贸易的唐船骤增至每年百余艘，大概三倍于从前。而能吸引唐商的日本货物却种类不多，主要是金、银、铜等贵金属类。担心贵金属大量流失的幕府匆忙于贞享二年（1685）出台政策限制每年唐船贸易的总额，三年后又继而开始限制每年贸易唐船的数量。

起初所设船额为每年七十艘，达到此数后，后继入港者均被勒令放弃贸易立即返航。而无法贸易会使唐商蒙受巨大损失，其中也不免倾家荡产者，所以不少唐商选择做走私贸易。作为防止走私贸易的一项举措，幕府在长崎郊外的海边设置了“唐人屋敷”（亦称“唐馆”，面积约3万平方米，规模倍于出岛），要求唐人居住其内，不得擅自出入。[2]

而在17世纪末，作为更为重要的贸易控制政策，幕府设置了长崎会所。长崎会所统一购买唐船兰船舶载而来的进口货物，然后再将其转售于国内商人；同时也经手所有出口货物。这种以长崎会所为中心的贸易经营和管理模式（以下简称“会所体制”）一直延续到19世纪中期幕府与西方欧美国家签订通商条约时为止，长崎会所在此一百五十多年里一直扮演着长崎贸易中最大中间商的角色。[3]

三、会所体制下的“荷漕船”租用与调配

如上所述，在17世纪末为了强化对海外贸易的管控，在幕府指令下，唐馆与长崎会所相继建成。设前者以杜绝中日商民私相交易之弊，设后者以专理海外商务。由此，“宿町”

1 关于“市法会所”及所谓的“市法商卖”制度，太田胜也《锁国时代长崎贸易史的研究》第四章的考察较为详尽。

2 对于“唐人屋敷”的历史，山本纪纲《长崎唐人屋敷》（谦光社，1983年）的记述最为全面。

3 关于“会所体制”运行状况，可参见 Peng Hao（彭浩），*Trade Relations between Qing China and Tokugawa Japan: 1685–1859*, Singapore: Springer, 2019 第二章叙述。

所承办的住宿和商贸中介职能分别为唐馆与长崎会所取代，但该制度并未就此废止，“宿町”仍然承担一些贸易周边的服务性工作，比如雇觅货物搬运工、唐馆的维修护理、唐船的看护等，其中也包括“荷漕船”的租用与调配。

在长崎，“荷漕船”的使用可以设想与港口的开放拥有几乎同样长的历史，但是相关资料罕见。尽管如此，我们还是可以在《犯科账》中找到一些线索。本节将根据笔者从《犯科账》爬梳出的相关记录，做一案例分析。首先选取的是一则宽政七年（1795）的案例，以下为原文摘录。

荷漕船船頭　船津町帳面　本石灰町住居

一、作次郎　卯三十二歳　卯五月廿三日町預　同六月十八日入牢

同七月四日唐紅毛役場構、五十敲、居町へ引渡ス、

其方儀、都て仕役場之儀は追々厳敷申渡有之、殊ニ去ル戌年密買一件ニて百敲・居町払ニ相成上は別て可慎処、当五月廿二日卯弐番船丸荷役之節、本船より海中ニ落候蘇木弐本持帰り候積りニて取揚候段、不届ニ付、唐紅毛役場構・五十敲・居町引渡遣ス、以来可相慎、

荷漕船水主　本石灰町

一、清助　卯三十七歳　卯五月廿三日他参留

同七月四日無構

其方儀、当五月廿日卯弐番船丸荷役之節、荷漕船水主ニ罷出、船頭町内作次郎儀、唐船より海中ニ落候蘇木持帰候積り取揚候節は、其方別船ニて昼食致し罷出、一向不存、申合候筋無之旨申之、作次郎申口符合いたし、疑敷儀も不相聞に付、無構、

荷漕船差配人　江戸町帳面　本下町住居

一、利三郎　卯四十歳　卯五月廿五日他参留

同七月四日急度叱

其方儀、当五月廿二日卯弐番船丸荷役之節、雇入候荷漕船船頭本石灰町作次郎儀は、先年悪事有之、敲・居町払ニ相成候上は、右体之もの仕役場へは雇入間敷処、既ニ此度も蘇木取扱、畢竟とくと人柄不相糺雇入、猶又同月廿五日卯三番船

丸荷役之節、其方雇入候脇繫船之水主伊平儀、唐船方日雇共より砂糖預り置候段は不存候旨申立候得共、役船へ雇入候はゝ別て慎方申付可差出処、無其儀旁不念之至ニ付、急度叱り置、

卯二番船宿　出来鍛冶屋町　日行使
一、利右衛門　　　卯六月廿七日他参留
　　　　　　　　同七月四日叱
其方儀、当五月廿二日卯弐番船丸荷役之節、荷漕船差配いたし候江戸町利三郎へ水主人柄等相糺雇入候様申付置候処、右之もの雇入候本石灰町作次郎儀は、先年悪事有之、居町払ニ相成、既此度も荷漕船ニて不埒有之上は、畢竟利三郎へ申付方不行届不念ニ付叱り置、[1]

该案的罪犯名为佐次郎，户籍在船津町，而实际居住在本石灰町，犯案时的身份为“荷漕船船头”。在江户时代，称“船头”者多是船只使用的负责人。他在当年五月二十二日为“卯二番船”（该年第二艘入港唐船）搬运货物（原文为“荷役”）的过程中，捞起了掉落海中的两根苏木，并准备携带而归。案卷中未点明佐次郎如何被发现，但自第二天开始，即被拘禁，结案后被施以“五十敲”（竹棒鞭打五十）的刑罚，并责令不准出入“唐红毛役场”及与唐船、兰船贸易相关的场所。与佐次郎同船的是名为清助的水手（原文称“水主”），也住在本石灰町。案发时，他正在其他船吃午饭，自称并不知情，这与佐次郎的供词一致，得以免除处罚。

案卷后半部分出现的两位相关者并非直接涉案人。一位是“荷漕船差配人”利三郎，标识其身份的“差配人”一词在江户时代也很常见，更多地称为“支配人”，指某项工作的责任人，或某个店铺的经营者。案卷中提到佐次郎以前就曾因作恶而被处以“敲”刑并被逐出所在街町，此等有前科者本不该雇来从事货物搬运，而利三郎身为“差配人”对其人品不加审别，当然难辞失察之责。另外，在“卯三番船”卸货船只中也出现了犯科之举，涉案人伊平也是由利三郎雇用的水手。两案之过叠加，利三郎被奉行所处以严重警告。[2]

1 《犯科账》刊本第五卷，第128—129页。

2 该段记录中最后出现的“急度叱り”是江户时代的一种处罚方式。受罚之人将被召唤至官府，受到执法官员严厉苛责，并留记录于卷宗之中。

最后一位相关人员是“卯二番船宿出来锻冶屋町日行使”（“日行使”为各街町的下级官员）的利右卫门。划横线部分是他在该案过程中的主要过失，也即本有督促利三郎在雇觅“荷漕船”水手时严加审别之职责，而利三郎所雇之人连连出现犯科之举。对于这种监督不力之过，利右卫门也被给予警告处分。在《犯科账》有关其他货物搬运工犯罪事件的记述中，往往也可以发现各承办“宿町”的日行使被记过之例。换言之，联系“荷漕船差配人”以召集“荷漕船”及雇觅船上劳力主要由各町的日行使来负责。

从该案中可以看出“荷漕船差配人”是召集“荷漕船”事务的关键人物。而同一时期有此称谓者也绝非利三郎一人，从《犯科账》的案例整理中，至少还可以看到另一位东筑町与平次的名字。在长崎，上自町年寄[1]下及各街町的日行使，再加上长崎会所等贸易机构的工作人员，长崎的地方官员（日文的专有名词为“地役人”）多至千人，而像利三郎、与平次这种“荷漕船差配人”却未在其列。[2]换言之，他们应该属于民间商人，从事“荷漕船”的租用业务。当然，国内沿海航运的商船面对同样的港口条件，也会需要小型船只协助卸货。《犯科账》天保十四年（1843）的案例可以为证。该案中出现了一位名为伊三郎的“荷漕船差配人”，他为贩卖进口商品到国内市场的客商长兵卫安排了“荷漕船”。[3]至于“荷漕船”业务是否有外洋与国内航运之区分，尚待今后的资料发掘。

表1整理出《犯科账》中出现的有关“荷漕船差配人”的信息，主要集中在18世纪后期及19世纪前期。这并不意味着之前不存在这种行业，因为现存的《犯科账》并没有保存下所有江户时代的审判记录。但是天明五年（1785）之前一百多年的案卷中几乎看不到其身影，所以不能排除这样一个可能性，也即曾有很长时间“宿町”的官员直接召集“荷漕船”及船上劳动人员，而不经过“荷漕船差配人”这样的民间中介商。

利三郎居住的江户町位置较为特殊，这里有长崎港最重要的埠头，也坐落着称为“西役所”长崎奉行官邸（还有一处更为重要的官邸，在城市的另一侧靠山的位置，称为“立山役所”），荷兰东印度公司的商馆所在的出岛也在该町对面。可以想象这里应该比较容易聚集与航运相关的商家，从表2中也可以看出船头与水手也多居住在该町。

1 町年寄是长崎居民的领袖，原称“头人”，初为四人左右，后增至六人，世袭罔替。他们也是长崎会所的主要负责人，在幕府派遣的长崎奉行指导下共同担当各项市政事务。

2 江户时代与其他地方相同，长崎也有记录“地役人”的资料。一般称作“分限账”或“地役人分限账”。现在长崎历史文化博物馆也保存有几十册此类资料，多为江户时代后期所作。

3 《犯科账》刊本第九卷，第134页。

表 1 《犯科账》中出现的“荷漕船差配人”的相关信息

差配人	时间发生年月	卸货唐船	船头	水手
江户町利三郎	天明五年（1785，巳）	巳一番	江户町喜久助	江户町伊八
江户町利三郎	宽政七年（1795，卯）	卯二番 卯三番	本石灰町作次郎 不明	本石灰町清助 伊平
江户町利三郎	享和元年（1801，酉）六月	不明	船大工町兵次郎 西浜町弥助	木下町种次郎 西浜町政太郎
江户町利三郎	文化十年（1813，酉）二月	申十番	西浜町安兵卫?	西浜町惣右卫门 江户町仪八
东筑町与平次	宽政十二年（1800，申）十一月	申九番	江户町喜久助	本下町繁次郎
东筑町与平次	享和元年（1801，酉）六月	不明	西浜町忠右卫门	西浜町善藏
东筑町与平次	享和二年（1802，戌）十二月	不明	不明	江户町龟太郎 江户町平十郎
东筑町武兵卫	天保七年（1836，申）十二月	申四番	不明	江户町矶吉
东筑町武兵卫 外浦町荣助	天保八年（1837，酉）三月	申四、七、八番	不明	椛岛町直次郎 本五岛町常吉
惠美酒町武兵卫	文化八年（1811，未）八月	未四番	不明	木下町八三郎 江户町熊次郎

表 2 “荷漕船”调配示意图

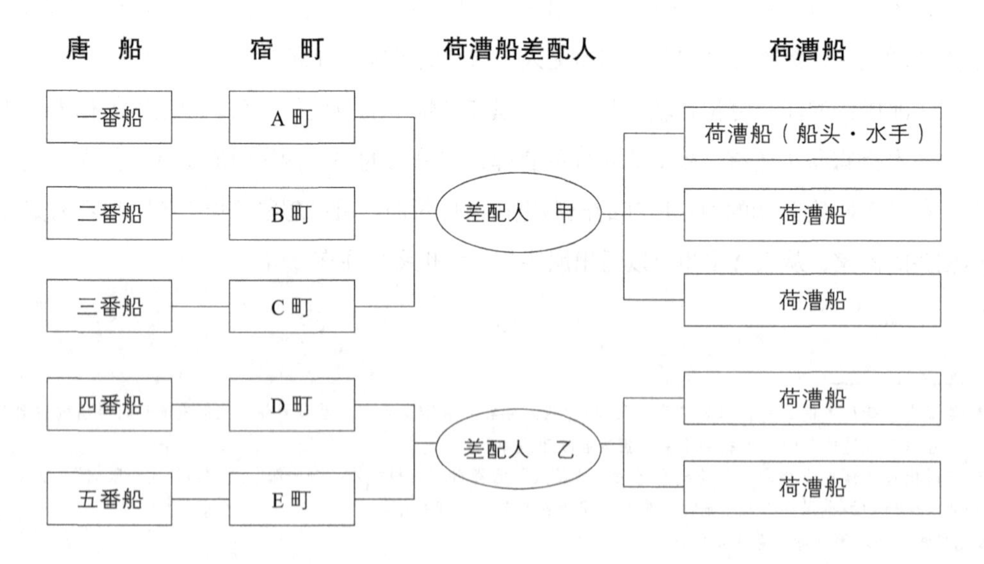

四、兰船贸易的“荷漕船”调配及水手的复合劳动

与唐船贸易不同，荷兰东印度公司长期以来自备船只充作“荷漕船”。而经过18世纪多次英兰战争，特别是在1780—1784年的战争之后，公司的经营逐渐失去活力，业绩每况愈下。为节约开支，长崎出岛商馆的馆长范·里德（Johan Frederick van Reede tot de Parkeler）在1788年提出了对于“荷漕船”改自备为租用的方案。租用案中还提到今后可向管理埠头的官吏（日文原称“波止场役”）诸熊五兵卫那里租借船只以为“荷漕”之用。租用案数年后付诸施行，但是实施情况是否与原案相符，目前还缺乏资料佐证。出岛商馆的“大通词”与“出岛乙名”负责各项与“荷漕船”调动配置的相关事宜。[1]他们在每年六月，兰船抵达长崎之前，开始召集“日雇头”（“日雇”也写作“日用”，为搬运货物的劳力）与“荷漕船船头”布置卸货运货的各项工作，并要求这些港湾劳动者的领头人按照规定提交遵守法规的誓词。[2]

“荷漕船”的水手只是在大船入港装卸货物之际临时雇觅的劳动者，当然只靠“荷漕”帮工一项难以维持生计。《犯科账》天明五年（1785）八月的案例为我们提供了一些线索，可以了解“荷漕船”水手的营生状况。当时正值兰船进港，很多“荷漕船”被动员去协助卸货，其中有一些水手偷藏商品被监督官员发觉。涉案水手有三十名之多，奉行所对他们分别审问，在供词中提及了各自的日常劳作情况。除了在“荷漕船”帮工之外，他们还从事农业、编草席、卖鱼卖菜、贩卖烟草，还会作为“日雇”做些零碎短工。这种复合营生的状况，或许在当时长崎的下层劳动者中普遍存在，也与同时代日本其他城市相似。[3]

---

1 “出岛乙名”乃为管理出岛事务日方官员的头目，出岛兰馆的“大通词”与唐馆的“唐通事”相同，本职原为翻译官，因为可以与外国商人交流，所以也从事与贸易及商馆的管理相关的事务，可谓一种商务官。关于“出岛乙名”和“大通词”的活动，可参见松井洋子《出岛内外的人员》（松方冬子编《解读日兰关系史 上卷：架桥之人》临川书店，2015年）。

2 参见横山伊德《出岛下层劳动力研究序说》（《年报城市史研究》第12号，2004年）、《出岛下层劳动力研究序说——围绕大使用人“マツ”》（横山伊德编《荷兰商馆馆长看到的日本：蒂进往返书翰集》）。

3 塚田孝在对江户时代大坂城市社会的研究中，针对这种下层劳动者从事多种工作以营生的情况，提出了“复合型生业构造”（“生业”在日文中有工作行业之义）的概念。参见塚田孝《大坂民众的近世史》（筑摩书房，2017年）。

表 3　天明五年八月兰船"荷漕船"水手犯案者的日常劳作情况

水手姓名（所在街町名称）	兼职行业
与平次（西中）	编草席、船上帮工
圆次郎（大黑）	卖鱼、船上帮工
太郎次（西中）、源之助（大黑）、重次郎（八百屋）	卖鱼及烟草、农作、船上帮工
甚助（东中）	各种短工、船上帮工
松右卫门、八五郎、松之助、市郎兵卫（大黑）、金藏（西中）	各种短工、卖鱼、农作、船上帮工等
米次郎（西上）	卖鱼、船上帮工
与八、德右卫门（小川）、伴七（下筑后）、源左卫门（胜山）、政平次（船津）	卖鱼及蔬菜、各种短工、农作、船上帮工
又东（东上）	各种短工、船上帮工
善七（西上）、文藏（船津）、惣八、弥十郎、与左卫门、市太郎（下筑后）	各种短工、卖鱼、农作、船上帮工
辰五郎（东中）	各种短工、船上帮工
久平次（船津）	卖鱼及蔬菜、各种短工、农作、船上帮工

资料来源：根据《犯科账》天明五年八月案例整理。[1]

结　语

作为同一时代一国之中最为重要的外贸港口城市，长崎经常成为清代广州的比较对象。虽然近年来在这种比较研究方面有一系列成果出现[2]，但就笔者管见，这种比较研究还未深入城市社会与贸易方式之关系的层面。

广州的城市史远远早于长崎，广州除作为国内首屈一指的通商口岸外，也是华南地区的工商业重镇，对于贸易的依赖程度也要远低于长崎。如上文所述，长崎是因"南蛮贸易"而兴的城市，在整个江户时代主要依托海外贸易而得以维持，城市居民或直接或间接地参与贸

1 《犯科账》刊本第四卷，第 95—99 页。

2 2007 年在广州、2009 年在东京和长崎相继举办了两次"广州与长崎比较研究"的国际会议。与会者的一部分后续研究发表在"Special Issue: Canton and Nagasaki", *Itinerario*, Vol. 37, No. 3, 2013 中。此外，Leonard Blussé（包乐史）, *Visible Cities, Canton, Nagasaki, and Batavia and the Coming of the American*, Cambridge: Harvard University Press, 2008 也包含比较研究的探讨。

易之中。由于这种高度依赖性，城市中逐渐出现了集一城之力以支撑贸易的体制，即所谓的“总町制”（日文写作“惣町”）。以街町为单位分摊各项贸易工作，而后将贸易之利（去除上缴幕府的份额外）均分给居民。

唐船贸易服务业中的“宿町制”就是“总町制”下的一个环节。在此制度下，各街町受命分担“荷役”，即装卸货物的工作，为此需要雇觅劳动者并租用“荷漕船”。而在实际操作过程中，“宿町”的官员又将这一业务转交给民间的服务中介商——“荷漕船差配人”具体承办。可以说在“总町制”外，仍有各种服务中介者存在，以保证贸易的顺利进行。

关于这一点，长崎与广州相似。政府任命或登记注册的通事（也包括“兰通词”）和“卖入人”（相当于广州的买办，在荷兰东印度公司的资料中两者均用“comprador”一词表示）[1] 往往扮演着具体事务承办人的角色。至于本文所关注的货物装卸业务，或许因为相关资料较少，广州方面的情况目前还无从而知。或许广州也存在着“荷漕船差配人”这样的船只租用以及劳务介绍的中介机构，期待今后相关资料的发现，以推动广州与长崎比较研究的进一步发展。

1 关于广州贸易的“买办”，Paul A. Van Dyke, *The Canton Trade: Life and Enterprise on the China Coast, 1700–1845*, Hong Kong: Hong Kong University Press, 2005 第四章有详细的考证。该书 2018 年由江滢河、黄超翻译成中文（[美]范岱克《广州贸易：中国沿海的生活与事业（1700—1845）》社会科学文献出版社）。关于长崎的“卖入人”，可参见彭浩《唐船贸易的统制与卖入人》。

近代大阪的沿海地区开发、工业化与地域社会

——着重于对河川、运河的关系的关注

佐贺 朝*

【内容摘要】本报告将会节选19世纪90年代到20世纪都市大阪沿海地区的工业地带，九条、西九条地区的开发以及安治川和境川运河、渡船的相关事例。在甲午中日战争后造船业的大力推进以及“产业革命”下发展的九条、西九条地区，原本是以近世开凿的安治川两岸的街区为中心成立的地区。近代以后，随着以铁工业、造船业和船具制造业为中心的近代产业的成立与发展，该地区内也形成了全新的街区。

在该地区开发的近代历史中，可以看到19世纪90年代由当地地主实行的开发，即在原有的安治川摆渡基础上于1892年建造的“九条新道”(商店街)，此外当地居民还于1897年自发开始经营渡船的业务。1898年该地区的西南边界处境川运河得到开凿，不仅起到了连接安治川和木津的作用，同时大阪市中心的木材市场也搬迁于此，为该地区添加了新的要素。

本报告在复原大阪西部沿海地区的工业地带的形成以及该地区开发和街区形成的历史的同时，还会尝试描述伴随着河川和运河的全新地域社会的形态。

不仅仅局限于对都市大阪西部的城市内区域的事例展示，本报告还会尝试明确当下JR大阪环状线外围区域呈现的近代化和工业化下形成的近代大阪生活与工业混合的“下町”(街区)特征的历史。

(中文翻译：吴伟华)

* 佐贺 朝(佐賀 朝)，大阪公立大学大学院文学研究科教授。

近代大阪の臨海部開発・工業化と地域社会

——河川・運河や水辺空間との関係に注目して

佐賀 朝

はじめに

本論文では、近代化と資本主義化・都市化に伴って都市大阪の臨海部における地域社会や水辺空間、またその利用のあり方がどのように変化したかについて、九条・西九条地域を事例として概観する。具体的には、拙著（佐賀 2007 年）の成果をベースに、当該地域の工業化の具体的実態を見ながら、それらを河川・運河の利用や水辺空間の変容にも留意して再構成して、新たな意味づけを与えたい。課題を列挙するとすれば、以下のようになる。

第一に、近世 ～ 明治維新期の西大阪の臨海部における開発と河川や運河、水辺空間の概要を紹介する。第二に、西山卯三『安治川物語』（西山 1997 年）に登場する西山鉄工所を素材として、1890 年代以降の安治川周辺（＝九条・西九条地域）における中小の鉄工所（機械製造工場）群の簇生と社会的関係について考察する。第三に、九条・西九条地域における町工場群の形成を軸としながら進んだ、近代の市街地形成の特徴や河川・運河と水辺利用の変化を概観し、その特徴を明らかにする。

一、西大阪の開発史—近世から近代へ

（一）近世大坂の臨海部開発と九条村

本章では、近世から近代にかけての西大阪の臨海部の開発史を概観した上で、九条・西九条地域の来歴にも触れたい。

1624 年、淀川水系河口の六軒屋川・木津川に挟まれた三角州の 1 つが、高西夕雲と池山

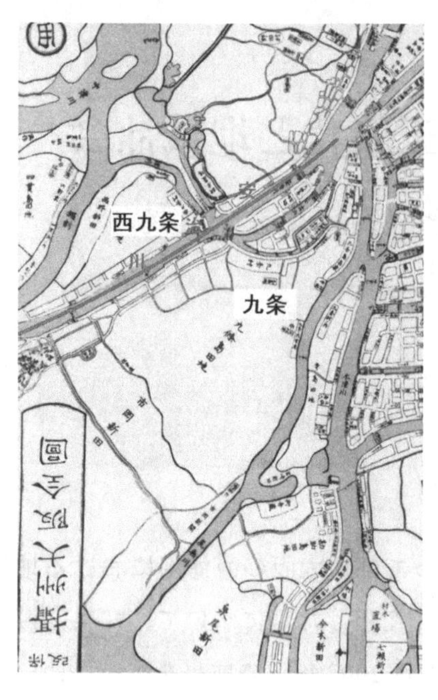

图 1　19 世紀の九条・西九条地域
（「天保新改攝州大阪全圖」1837 年）

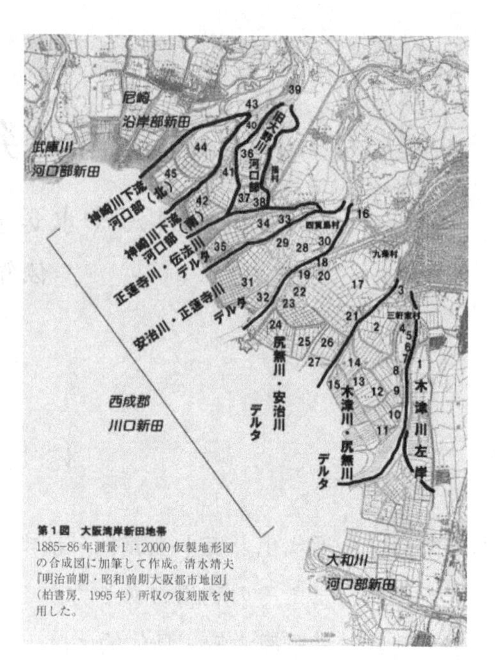

図 2　近世大坂湾岸の新田地帯
（島田 2014 年より）

新兵衛一吉による堤防建設を通じて開発され、「衢壌島」（のち九条島）と命名された。九条村が成立したのも、この時である（図 1）。

さらに、1684 年には、河村瑞賢による治水事業により九条島を貫通する安治川が開削され、1688 年、安治川両岸には安治川新地が、1698 年、古川（新川である安治川に対して旧流路が「古川」と呼ばれた）の両岸には古川新地・富島新地が町立てされ、大坂三郷に属する市街地（塚田論文が触れている堀江新地 33 か町の一部）とされた。

なお、このときに安治川によって分断された北側の逆三角型の三角州が「西九条」と飛ばれるようになった。

九条島の東北端は大坂三郷西端で堂島川と土佐堀川の合流点でもあり、「川口」と呼ばれ、すでに 1620 年には、この川口に幕府の船番所・船手屋敷が置かれ、のちには一橋家の川口役所も置かれるなど、堂島・中之島に展開した大坂の蔵屋敷群の西端部分の要所を構成した。

また九条島の西北や西側、西南側を含む大阪湾岸一帯には多数の新田が、多くは町人請負新田として、17 ～ 19 世紀に開発されたことがよく知られる（図 2、島田 2014 年）。

（二）明治維新に伴う川口周辺開発

明治維新を迎えると、九条村地域のうち、東側の大阪市街地と接する部分で新たな開発が進むことになる。

まず川口居留地の開設（1868）について見よう。1868年、大阪が開港したのに伴い、川口には外国人居留地が開設され、隣接する地域（すでに述べた古川新地や富島新地を含む）には内外人の雑居地も設けられた（西口・堀田1995年）。

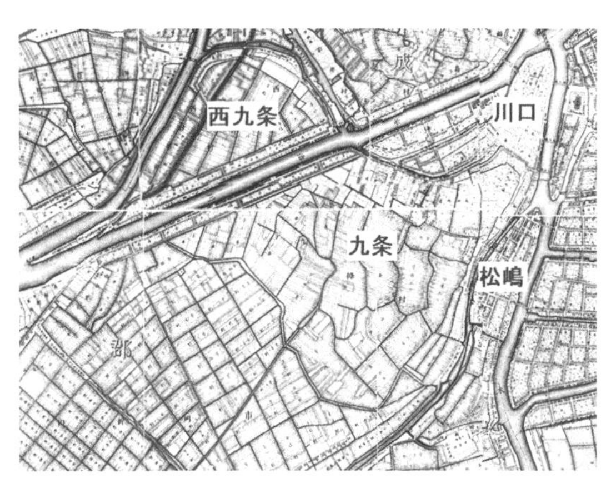

図3　1886年の九条・西九条地域
（「大阪実測図」より）

また、川口居留地の南東側に隣接する形で松嶋遊廓も設置された。まず1868年、川口居留地の南側に隣接する寺島田地の西側が大阪府外国事務局によって収公され、同地は「松嶋町」と改称された。その上で、この地には、川口居留地に付属する外国人向け遊廓として松嶋遊廓が開設されることになり、翌1869年に開業した（佐賀2007年）。

松嶋遊廓が設置された松嶋は、木津川と尻無川に挟まれた島状の土地であり、遊廓開設後、1869～73年には、それまでの渡船を廃止して4つの橋が新設された。その際、松嶋東側の船宿・船大工からは、架橋に反対する運動も見られた（詳細は佐賀2007年を参照）。

松嶋の北側の江之子島には大阪府庁が開設された。大阪府は、1874年、川口居留地のすぐ東側の対岸である江之子島に大阪府庁を建設し、のちには府会議事堂も隣接して開設した（1912年まで府庁はここにあった）。

以上のように、明治維新後、川口地域は大阪の臨海部からの玄関口としての位置を活かして、「近代的」施設が集中し、新たな都市核を構成する地域となった。明治初年のこうした動きは、後述するように、その後進む九条・西九条地域開発の東側の起点になった。

本章で見てきたように、近世の九条・西九条地域は、臨海部の新田地帯を西側に控える一方で、東側の大坂三郷への玄関口でもあった。また、同地域は、大阪市街地の西端に隣接する町続在領でもあり、その一部が大坂三郷の市街地に組み込まれるような位置関係、すなわち大阪湾岸と都心市街地を繋ぐ位置にあった。また、以上を前提に、維新期には近代的空間が形づくられ、新たな地域開発が進む場所ともなったのである。

二、九条・西九条の中小工場群
——『安治川物語』と工場一覧データから

(一)『安治川物語』と西山鉄工所

本章では、西山夘三『安治川物語』(西山 1997 年) に描かれた西山鉄工所を素材として、九条・西九条地域における近代工場の生成とその特徴について見ていこう。

『安治川物語』は、安治川の鉄工職人・西山夘之助のライフヒストリーである。西山家に残された町工場の原史料や、夘之助が晩年に書き残した記録類なども用いながら、息子であり住宅建築学者の西山夘三が、九条・西九条の鉄工所群の生態をつぶさに叙述した作品である。夘之助の経歴を確認すると、1875 年、安治川に生まれ、1887 年 (12 歳) に大阪鉄工所 (イギリス人が経営) に見習工として入職した。その後、1892 年 (17 歳) に修行を終え「渡り職工」となり、数年間の「渡り」修行で腕を磨いたのち、1899 年 (24 歳) に西山鉄工所を設立して独立した。

この夘之助の履歴や独立後の西山鉄工所について、その特徴を整理しておこう。

第一に、「渡り職工」の時期の状況に注目したい。夘之助は、「渡り」時代でめる 1892 ~ 1899 年の 7 年間に、安治川北岸を中心とした比較的狭い範囲の 5 ~ 6 工場を移動している。渡り先へは、当時、形成されつつあった鉄工職人どうしのネットワークをたどりながら移動を繰り返した点も重要である。

第二に、1899 年に創業した西山鉄工所は、当初は家族就業的な小経営の工場 (工場主と数人の職工、坊主・人夫と家族で操業) から出発した。しかし、比較的早期にそうした性格を脱し、頻繁な移転と拡張・設備更新を繰り返しながら成長を続けた点が注目される。

第三に、鉄工所が操業する過程で機能した周囲の工場との関係が重要である。例えば、工場の機械や設備については、廃業町工場からの買い上げや近隣工場の製作による調達があった。また仕事の獲得という面でも、近隣工場とは互いに自工場が請け負った仕事を他工場に紹介し下請けを依頼するなど、相互的な外注関係で結ばれていた。こうして地域に集積した中小工場が多様な関係で相互に結ばれている様子が窺えるのである。

第四に、西山夘之助のような鉄工所経営者がどの程度の普遍性を有したのかについてである。『成功亀鑑』(成功亀鑑編纂所、1907 年) という当時の紳士録に見える石井長次郎という安治川の鉄工職人は、卯之助と同様、外国人が経営する神戸の造船所で汽船製造に従事した人物であった。その後、独立してからは、修繕・下請負仕事から始めて海陸用汽罐製造を担ったという。ここから、西九条には西山や石井のような熟練職人あがりの中小工場主が、相当程度の厚みで存在したことは確実だと言えよう。

以上からは、九条・西九条地域の特徴として、単独では全ての生産工程を担えない中小工場が、集積しつつ競合し、地域での分業を通じて共生する、というあり方が存在したことが指摘できる。その際、仕事の外注関係も一方的な下請け関係ではなく、相互性が見られたことが重要であろう。「共生」と表現したのは、そのためである。また、こうした鉄工職人の世界が展開した安治川周辺は、大阪湾に接して、近世の段階から船大工や船具製造業の蓄積を有し、1880年代以降の工業化によって、鉄工所や造船所が簇生した土地柄であった。当然ながら、安治川や木津川を代表とする河川沿いに、そうした工場が立地、展開したのである。

（二）九条・西九条周辺の鉄工所群—工場一覧データから

以上に見た西山鉄工所の個別事例を、もう少し広く、地域における工場の展開状況から位置づけるため、世紀転換期の工場一覧データを素材に考えてみよう。

大阪府内務部『大阪府下会社組合工場一覧』（1908年刊）という工場一覧データからは、松島・本田・九条・西九条・境川の工場として139工場の抽出が可能である。このうち、最多を占めるのは、造船・鉄工所（諸機械製造など）であり、その数は、72工場にのぼる。

表1-1・2は、その72工場について、2つの観点から整理したものである。まず、72工場の創業時期を見ると（表1-1）、1890～1900年代が工場建設のピークであり、地域ごとにピークが異なることが読み取れる。次に、72工場を職工数ごとに見ると（表1-2）、20人未満の工場が51と多く（71%）、特に10～14人が23工場（32%）に上るなど、中小工場が多数を占めたことが分かる（全体の平均は1000人を越える規模の大阪鉄工所を除くと1工場あたり21.4人になる）。

これを見ると、安治川北岸にあたる西九条・安治川地域には、小工場から大工場まで分布するが、大工場がやや多く、他方で、安治川南岸にあたる九条・本田・松島・境川は、全体として零細であることが分かる。当該地域の機械生産において、安治川北岸地域の方が、より中核的な位置を占めていたことが指摘できよう。

表 1–1　九条・西九条周辺の鉄工所・機械工場 72 工場の創業年分布

区　分	西九条	安治川	境川	九条	本田	松島	合計
1876 年	0	0	0	0	0	0	0
1877 ～ 1886 年	0	2	0	0	2	4	8
1887 ～ 1891 年	0	1	1	1	0	0	3
1892 ～ 1896 年	9	3	1	2	8	0	23
1897 ～ 1901 年	7	1	2	2	7	0	19
1902 ～ 1906 年	1	3	6	1	5	0	16
不　　詳	0	0	0	1	1	1	3
合　　計	17	10	10	7	23	5	72

備考：大阪府内務部『大阪府下会社組合工場一覧』(1908 年刊) より作成。
従業員 5 人以上の工場。

表 1–2　九条・西九条周辺の鉄工所・機械工場 72 工場の職工数分布

職工数	西九条	安治川	境川	九条	本田	松島	合計	(蒸気力)
5 ～ 9 人	2	1*	2	2	3	1	11	1
10 ～ 14 人	2	2	4	2	12	1	23	4
15 ～ 19 人	3	2	2	1	6	3	17	3
20 ～ 24 人	2	1	1	2	0	0	6	2
25 ～ 29 人	1	0	0	0	1	0	2	2
30 ～ 34 人	2	1	0	0	0	0	3	2
35 ～ 49 人	1	0	0	0	0	0	1	1
50 ～ 99 人	4	2	1	0	1	0	8	7
100 人以上	0	1	0	0	0	0	1	1
平均規模	34.2	170	17.5	13.7	15.9	13.6	41.5	98.7
合　　計	17	10	10	7	23	5	72	23

備考：大阪府内務部『大阪府下会社組合工場一覧』(1908 年刊) より作成。
従業員 5 人以上の工場。* 安治川に含まれる南方機械製造所は従業員 4 名となっているが、ひとまず 5 ～ 9 人に入れた。

また、表には挙げなかったが、工場経営者に占める地主の割合を見ると（『大阪地籍地図第三編』1912 年との照合による。詳細は佐賀 2007 を参照）、西九条 12%、安治川 80%、境川 20%、九条 0%、本田 57%、松島 80% となる。この数字は、市街地としての開発時期が早い地域（安治川は近世の開発、本田は近世九条村の集落を含む、松島は明治初年の開発など）ほど、機械工場経営者の地主である率が高いことが分かる。また、そうした地主である工場経営者の中には、5 ～ 6 か所以上の土地を所有する地主資産家層が工場経営に参画する事例が少なからず見られる点もひじょうに重要である。

そこで、こうしたケースの具体例を挙げよう。上記の工場一覧データにも見える中島三工所の二代にわたる経営者であった中島一治・中島政二郎のケースについては、大正初年の紳士録である『大阪現代人名辞書』(文明社、1913 年)に次のような履歴の記載がある。

●史料 1　中島三工所の経営者の履歴(1913)

中島一治君(鉄工業)

君は大阪市の人なり。天保九年六月一日を以て西区九條通一丁目の居宅に生る。市右衛門の長男にして、家は世々九條村の豪家なり。君、安政五年歯二十一にして蚤くも厳父の喪に遭ひ、家督を継ぎしが、幾許もなくして九條村年寄役に挙げられ村政に干與せり。

文久三年、天候適順ならずして偶々米穀実らず、農民窮迫し、貢米を免れ且救助米を得んとして村内の鎮守たる茨住吉神社に蝟集するもの一千余名に及び、喧々囂々将に不穏の挙に出でんとす。時の庄屋池山新平以下、大いに怖れ狼狽爲すところを知らず、群集は刻々勢を加へ、一転して暴民と化せんとするの状あり。君乃ち意を決し少壮の身を以て進んで現場に馳せ到り、諄々として其理否を説き、竟に群集をして無事解散せしむるに到り、大いに村内の信望を蒐めたり。

明治元年今の松島町を割いて市に編入するの事あり、君はよく其事務を引続きて秋毫の失態なく、明治三年一月庄屋役に挙げられ、次で明治五年戸長に抜擢せられたり。明治六年九條小学校を建設するに方り、村民未だ学校の趣旨を弁へず、在来の寺小屋を以て足れりとなし、中には偶々其必要を解するものあるも、他の近村に其設置なきを口実として尚早説を唱へ、議容易に纏らず。而も君の炯眼なる、夙に其必要を達観し、説破して群議を排し、敢然建設を了せり。

越へて明治八年地租改正の際、府下七郡の聯合大会を開き、地位等級に関して協議するところあるや、各自我田引水の説を吐きて纏らず、君また此席に列せしが、衆議の不当を責めて袂を払つて怫然として去れり。其後君の説は各部に容れらるゝに到り、人皆君が見地の高きに服せり。明治十年、警察費に関して接近村落の会合あり、君其席上、比較的自村の負担過重なるの事実を述べて抗争し、終に其主張を貫けり。

明治十八年、府下に大洪水あり、九條村の浸水床上三四尺に及び、尻無川及安治川の堤防も将に欠潰せんとせしかば、村民大いに怖れ、難を避けんとするものあり。乃ち君これを止め且叱咤し且鞭撻し且慰撫し、寝食を忘れて堤防の欠潰を防ぐこと旬日、九條村を濁流氾濫の危地より救ふに至れり。當時君眼疾を患ひしも一身の安危を顧みず、東奔西走の結果、病勢大いに進みしも君は毫も意に介せず、更に洪水後の善後策を講ぜり。

次で明治二十二年、九條村に道路開設の議起れり。九條村は初め衢壌島と称したる新開地にして、既に松島、梅本、本田の各町を割きて市部に編入され、此の方は安治川に接して市部に交はるも依然として旧態を改めず、戸々農を以て業となし、道路らしき道路としては僅に本田町に通ずる一條の不完全なるものあるのみにて、甚しく交通の便を欠き、且恰も大阪築港の計画あり、君茲に於てか身を挺して道路開鑿委員となり、頑迷なる土地所有者を説破して、明治二十四年、始めて松島花園橋より安治川に達する一番道路を開鑿し、引続き二番道路、三番道路を開き、少〔か〕らざる便益を世人に与へたり。

明治二十四年、君時勢の推移に鑑みるところあり、製鋼所を創立し、翌年鉄工機械製作所を開始し、着々として成功の歩運に向ひ、更に明治三十四年造船所を設け、中島三工所なる名の下に盛んに事業に従事し、同年市会議員半数改選に際し候補者に推薦せられ、当選したることあり。長男政二郎あり。（大阪、西、九條通二、電西二三九、四七八番）

（『大阪現代人名辞書』文明社、1913 年より）

＊適宜、改行を入れ、句読点を補うなどした。

これによると、中島家は、何代にもわたる九条村の豪農であり、維新後も同村の戸長などを務め、小学校設立や淀川洪水などでも地域の振興・救済に活躍した。また、後述する九条新道の建設（1892）にも「道路開鑿委員」として参加したことが分かる。そして、1891 年に製鋼所を、1901 年には造船所を設立し、中島三工所へと発展させたこと、さらには同年に中島一治が市会議員にも当選した点が注目される。

つまり、1890 年代以降、資本主義化に伴う造船業の発展を軸に、臨海部である当該地域には鉄工所が簇生したが、こうした動向は、地主資産家層による地域開発の動きとも連動していたこと、中には自ら近代工場経営に参画する地主もいたこと、などが分かるのである。

以上、本章で見たように、1880年代以降に西大阪の臨海部で進展した工業化・資本主義化には、その担い手として、「渡り」修行を経て腕を磨いた熟練職人上がりの工場経営者のほか、地域の地主資産家を出自とする経営者をも含んでいたのである。後者は、工業化の波に乗り、それに棹を差す形で、地域開発と街づくりにも積極的に関わる存在だったのである。

三、九条・西九条地域の開発史と河川・運河・水辺空間

(一) 九条地域

本章では、前章で述べたような近代工場の簇生の時代に、九条・西九条地域の開発や地域社会の変貌が、どのように進んだのか、その過程と特徴について見ていこう。その際、水辺や河川などとの関係にも留意したい。まず本節では、九条地域について述べる。

九条地域の地域変貌の起爆剤となったのは、九条新道の建設(1892)である。1887年、地元九条の土木請負業者であった桝谷清吉と地主有志が発起して、道路建設を計画した。その後、1892年3月に大阪府の許可を得て道路建設工事を起工し同年7月には花園橋と西九条朝日橋を結ぶ形で九条島を横断する道路(延長約1.6 km)を建設した。この新設道路は、その東端とされた花園橋は松島遊廓西南で尻無川を渡る形で架けられた橋であり、同じくその西端とされた「源兵衛渡し」は、安治川を渡る渡船であり、2つの河川を繋ぐ形で設けられた点が注目される。

しかも、九条新道開通式の状況を報じた『大阪朝日新聞』1892年7月16日付けの記事には、式の準備に関わった地元有力者として中谷徳恭・平松徳兵衛・土肥五兵衛の名前が見える点が注目される。このうち、中谷は、近世における春日出新田の支配人を出自としており、西成郡川北村の村長のほか、大阪市会・府会議員、さらには帝国議会議員も務めた西大阪の有力な地主名望家である(島田2015年ほか参照)。

また、平松は、西九条の地主資産家・酒造家であったが、近代になってからは、地域の鉄工所などでの需要を見越してコークス製造業にも参入した人物である。すでに述べた地主資産家層の近代工場経営への参入事例でもあると言えよう。平松は、次の史料に見えるように、1897年に出願された九条と西九条を結ぶ源兵衛渡船の営業発起人にも名を連ねた。

●史料２　源兵衛渡し（渡船）の営業願い（1897）

今般、安治川筋北区安治川通南壱丁目字源兵衛横町ニ於テ明治三十年二月一日ヨリ明治三十五年十一月迄五箇年間、渡船営業仕度、就テハ明治二十四年府令第七拾四号渡船営業規則ヲ確守可致ハ勿論、尚左之条項ヲ誓約シ、決シテ違背不仕ニ付、該当営業御許可相成度、依テ別紙廉書並ニ現場略図相添へ、此段相願候也

一、営業許可期限内ト雖モ官ニ於テ橋梁ヲ加設シ若クハ其ノ架設ヲ許可シ又公費ヲ以テ渡場ヲ開設セラルルモ決シテ異議申間敷候事

一、前項ノ場合ニ於テ仮令損害アルモ決シテ補償等申出間敷事

明治三十年一月廿五日　西成郡川北村大字西九条千五番地

願人　平松徳兵衛　印

同　九条村大字九条六百九十七番邸

同　　足立 義円　印

（願人一九名略）

大阪府知事 内海忠勝 殿

（大阪市立西中学校編・発行『九条のすがた』1961年より）

＊一部、明らかな誤字は訂正した。

「源兵衛渡し」は、九条新道の西端の延長線上にあり、九条と西北の対岸にあたる西九条地域とを繋ぐ重要な交通路であった。つまり、この渡船営業は、九条の開発を、水辺を越えて西九条側に繋ぎ、延長する意味を持つものであった点が重要である。

再度、九条新道の開業式に参加していた人物の紹介に戻ると、土肥五兵衛は、九条村の有力地主で、1911年時点で九条町の市街宅地5か所・畑地2か所のほか、本田町通三丁目の原野1か所を所有していた（『大阪地籍地図第三編』による）。

以上のように、九条新道の建設は、九条町中央部開発の口火となり、この新道に沿って長屋・工場の建設が進んだほか、市場や商店街の形成・発展をも促すものとなった。九条新道の東端の起点である花園橋には九条市場という私設の小売市場もあったことが知られている（『九条のすがた』）。こうして、九条新道は、尻無川と安治川を結ぶ九条地域の中心軸になったと言えよう。

次に、触れたいのは、九条地域を「九条村」から「西区九条町」へと変化させた1897年の大阪市第一次市域拡張である。大阪市の旧市街周辺部への工場・会社の進出や天保山周辺における大阪築港事業の進展に対応して、大阪市は同年、第一次市域拡張を実施した。

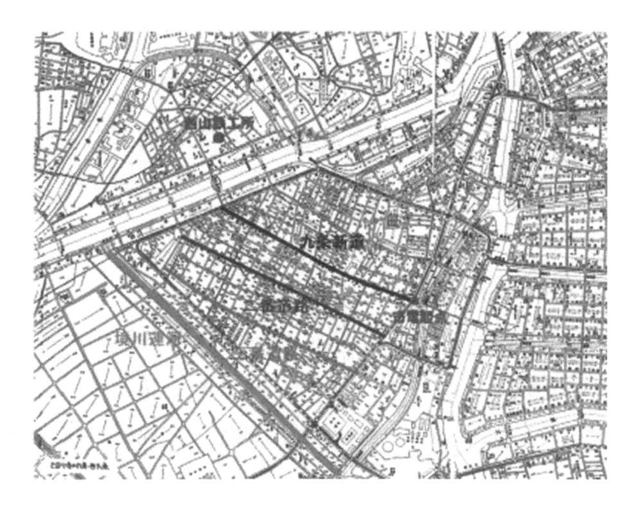

図4　1910年代の九条・西九条地域
（「番地入　最新大阪市街地図」1918年より）

これにより、臨海部は、大阪築港を含む、ほぼ全域が大阪市に編入され、九条周辺の開発はさらに促進された。具体的には、編入後、九条土地改良事務所が設置され、九条新道に平行する形で、二番道路（九条中通）、三番道路（九条南通）が建設された（図4）。このかん、1900年には住居表示も、西区九条町と改称され、宅地化が急速に進展した。

さらに、重要なのは、境川運河の開削（1902）である。第一次市域拡張直後の1897年6月、大阪運河株式会社が設立され、同社は木津川と安治川を繋ぐ運河の開削を計画、用地買収を進め、同年8月に起工、1902年4月に竣工した。運河の総延長は、1.6km、幅36m間で、運河の両岸には奥行27mの土地を配し（中間に幅7.2mの道路）、5つの橋が新たに架設ちわた（用地費・工費は78万5287円余り、なお同社の社長は大阪市会の与党であった「予選派」の領袖である七里清介であった）。運河建設工事が進行中の1900年4月には、境川町が新設され、九条町から分離した。境川運河の両岸には、近世以来、西区西長堀（白髪町付近）にあった材木市場が（塚田孝論文を参照）誘致され、その外側には鉄工所を含む工場の建設が進んだ。こうした境川運河の建設は、近代化に伴う地域開発の一環として、新たな水運と水辺空間を建設したものとしても注目されよう。

最後に、大阪市電第一期線（築港線）の開通（1903）にも触れよう。その起点は、九条新道の東端であり、松島遊廓の西南端でもあった花園橋の西詰めであった。また、終点は、同年に供用を開始した大阪築港（現在の大阪港）であった。1903年、この両地点を結び、九条地域を縦断する大阪市営電気軌道（「市電」）の第一期線（築港線）が開通したのである。大阪市内最初の路面電車の路線として、この地域が選ばれたことになる。

市電開通当初、九条一帯はまだ田園地帯で、この路面電車は「夕涼み電車」とも言われたようであるが、市電の開通は、九条町・境川町より西南の市岡地域の開発へと繋がっていく。また、この大阪市最初の市電の区間も、尻無川に架橋された花園橋と大阪築港という水辺どうしを繋ぐものであった点が注目されよう。

（二）西九条

次に、1880～90年代に進んだ西九条の工場街形成についても見よう。安治川をはさむ両岸地域（安治川上・安治川下）は、もともと17世紀末の堀江新地の開発によって先行的に形成された近世以来の市街地であった。1882年開業の大阪鉄工所（西山夘之助が鉄工職人に入職した工場）は、この安治川新地の最西端に立地した。また、1880年代から開業した中小鉄工所も、多くはこの安治川両岸の市街宅地に立地した（西山1997年）。

この地域の工場立地の特徴について、先述の1908年の工場データから、西九条・西野4か町の工場に注目してみよう。まず、西野地区は、広義の西九条エリアのうち、六軒屋川沿岸（北西部）と逆川周辺（東部）にあたる地域である。この地区では、1880年代に製綿や人造肥料、製紙などの中規模工場が先行立地し、これらの工場で用いられた製造機械などの修理・生産需要を形成したことが想定できる。他方、狭い意味での西九条地区は、上記のような他業種の先行立地を追いかける形で、内陸側の「くぼ地」（西山1978年）と言われた地区に、1890年代になって機械修理・製造業や船舶関係の鉄工所などが長屋街と混在しながら立地していったことが知られる。先述の西山鉄工所もその典型例であった。そこでは、夘之助が当初、鉄工所ではない近隣工場の機械の修理・メンテナンスに関わる仕事を受注するところから工場経営を開始した点も想起される。

次に、西九条についても、大阪市第一次市域拡張とそれに前後する地域開発の動きが重要である。1897年の大阪市第一次市域拡張によって、西九条地域も大阪市に編入され、川北村大字西九条から西区西九条に改称された。また翌1898年には地域の地主資産家や西成郡の有力者たちが協力して設立した西成鉄道が開通、西九条駅が設置された点が重要である。西成鉄道（現在のJR大阪環状線の一部と同ゆめ咲線にあたる）は、大阪築港と国鉄大阪駅とを結び、神戸や京都、さらには東京へと繋がるルートとなった。同線は、築港に陸揚げされた貨物だけでをく西九条、福島など西大阪の工場の製造品を大阪駅に運んだのである（伊神2021年）。

以上のように、西九条地域でも1890年代から市街地形成が加速され、その結果、1902

年には西九条尋常小学校が新設されたほか、商店街の形成に伴い1903年には明治座も開演するなど、世紀転換期には、住・工・商・学・遊が混在する市街地の形成が進展したのである（西山1978年）。しかも、こうした新しい市街地形成は、水辺空間を含む開発やインフラ整備とも連動していた点が重要だと言えよう。

おわりに——近代化・工業化と臨海部の地域社会変容

本論文の内容を、九条・西九条地域の開発と水運・水辺空間という主題に即して3点にまとめておこう。

第一に、九条・西九条地域の開発経過の特徴についてであるが、1890～1900年代に臨海部の新田地域を市街地化する開発が、地元の地主資産家を担い手として進められ、道路建設と宅地化、中小工場と長屋群の建設、商店街・繁華街の形成が進展した点が指摘できる。工業化・資本主義化に伴う中小工場の地域への集積を軸としつつも、複数の水辺を繋ぐ道路の建設や運河の新設など、新たな水運や水辺空間の形成を伴う交通網整備を中心とする地域開発を通じて、西大阪特有の近代地域社会形成が進展したと言えよう。

第二に、こうした開発を推進した主体の性格についてである。九条・西九条地域の開発を進めた主体には、(a) 近世以来の新田支配人を含む地主資産家層、(b) 大阪市会の与党勢力と密接な関係をもつ新興実業家層、(c) 九条村や西成郡役所、大阪市などの都市公共団体などが含まれる。このうち、(b) について補足すると、本論文で触れた中谷徳恭のほか、大阪運河会社の経営に関わった七里清介は、大阪市会の与党勢力として著名な「予選派」の領袖であったことが知られる。

第三に、以上のような開発の地理的条件についてである。当該地域の開発は、近世以来の安治川沿岸部開発を前提としながら、明治維新期の居留地周辺開発（川口・本田・松島地域）を東北端の起点として、さらには、臨海部の西南端で大阪市が近代的な港湾開発事業として1880年代から進めた大阪築港事業の進展をいわば西南端の帰着点として進められた。すなわち、居留地周辺開発と大阪築港事業、また、それらを両極とした新田地帯の面的な開発、という順序でこの地域の開発は進められた。また、その際、①港湾開発、②臨海部における近代造船業の発展、③水運と水辺空間の開発などを不可欠の要素として進展した点にも特徴があったとまとめることができるだろう。

本論文は、既発表の論文をベースに記述したが、シンポジウムでの報告機会をいただけたことで、水運や水辺に注目して、自らがかつて論じた地域社会の特徴について再認識するところがあった。本論文で取り上げた地域においては、20世紀初めに「安治川架橋問題」という重要な問題も発生しており、なお検討が必要であるが、この問題については、他日を期したい。

報告の機会を与えてくれた上海社会科学院の馬学強氏や、シンポジウムに参加した全ての皆さまに感謝の意を述べて、結びとしたい。

参考文献

［1］ 大阪市立西中学校編・発行『九条のすがた』1961年。

［2］ 西山夘三『住み方の記〔増補・新版〕』筑摩書房、1978年。

［3］ 西山夘三（西山文庫編）『安治川物語―鉄工職人夘之助と明治の大阪―』日本経済評論社、1997年。

［4］ 沢井実「機械工業」西川俊作・阿部武司編『日本経済史4　産業化の時代上』岩波書店、1990年

［5］ 鈴木淳『明治の機械工業』ミネルヴァ書房、1996年。

［6］ 西口忠・堀田暁生編『大阪川口居留地の研究』思文閣、1995年。

［7］ 佐賀朝『近代大阪の都市社会構造』日本経済評論社、2007年。

［8］ 島田克彦「近世・近代における大阪湾岸新田地帯分析の基本的視角」『桃山学院大学経済経営論集』55-3号、2014年。

［9］ 島田克彦「大阪湾岸新田地帯の近代―西成郡春日出新田を素材として」『歴史科学』220・221号、2015年。

［10］ 伊神浩志「西成鉄道の発起及び設立と都市地域社会」2020年度大阪公立大学文学部卒業論文、2021年。

大运河沿岸城镇研究

大运河的“功臣”：南宋以来管家湖的景观及其功能变迁

王聪明 *

湖泊是地理环境中的综合实体，是自然资源的重要组成部分，在社会经济发展中发挥多重功能，不仅能“调节河川径流、防洪减灾”，且“可用于灌溉农田、沟通航运”，还可“繁衍水生动物、植物”，并具有良好的观光赏景功能。[1] 不过，由于受到自然环境和人类活动等内外各种因素的影响，湖泊可能经历或扩容、或萎缩乃至消亡的演变过程。因此，对历史时期的湖泊环境、景观与功能等方面的研究，可为当今如何合理开发和利用湖泊资源提供借鉴意义。

淮安是较重要的运河城市之一。历史上，淮安地区出现诸多湖泊，早期的有富陵湖、泥墩湖、万家湖等，晚近最著名的莫过于洪泽湖。管家湖也是淮安历史上较有代表性的湖泊，可能由于淤废已久的原因，管家湖的名声比洪泽湖逊色太多。不过它是较早见于文献详细记载的大湖，而且曾作为清江浦河的重要水源，在运河通航方面发挥关键性的作用，另外河下古镇的兴起与发展，与管家湖的变迁亦有密切的关系。然而，学术界对于管家湖的历史和地理环境关注不多，仅在运河与淮安城市的研究中略述其一二。鉴于此，笔者不揣浅陋，拟对管家湖的历史景观及其兴废过程进行探讨，试图揭示其背后隐含的自然与人文地理要素，并为重新评估其历史定位提供必要的参考。

一、管家湖水域的功能

管家湖位于历史上的山阳城西，南宋时期已经形成。正德《淮安府志》引用嘉定《山阳志》记载：山阳县“东南皆坦夷之地，难于设险。向北一隅，有地不广，而淮河限之。惟向

---

* 王聪明，历史学博士，现任淮阴师范学院历史文化旅游学院副教授，主要从事历史地理学、运河史等领域的研究。

1 王苏民、窦鸿身主编：《中国湖泊志》，北京：科学出版社，1998 年，第 8 页。

西一带湖荡相连，回还甚广，而汇水处止有数里，作一斗门为减水之所，则一望弥漫，而敌人不可向。设使水为盗决，泥淖深远，断不能渡。平居无事，尽可教习舟师缓急之法”[1]。从“湖荡相连”“一望弥漫”等可以看出，南宋时期的管家湖水域面积相当广阔，毫无疑问是淮安地区较早的大湖，曾有“萦回八十余里”的水域范围。[2]鉴于山阳县西部水域广袤的地理环境，楚州知州应纯之将管家湖建设为军事训练场所，并且特地在詹家墩修建水教亭，平日没有战事之时，在此对军士作战方法与能力加以演练和提升。可见，南宋时期，管家湖具有较强的军事功能，是地方官员比较重视的军事训练基地。

此外，管家湖广阔的水域，还为当地民众提供了赖以存续的生计方式。据清人吴锡麒记载：管家湖“往时渚泽平连，居人多以纬萧捕鱼为业”[3]。可见，虽然这一带大多为水域所覆盖，属于河汉纵横、湖荡相连之区，不过其间亦形成了某些乡村聚落，比如正德《淮安府志》之中提及的马家湾、陈文庄等处，便位于管家湖区之内。所谓“纬萧捕鱼”，乃是用蒿草编织的渔具从湖中捕捞鱼类的生产劳动，这种对管家湖的资源利用，构成了当地民众家庭生活的食物及经济来源。

这种以纬萧捕鱼为生计方式的居民，应该不在少数。明代，淮安曾有“淮阴八景”的称誉。其中，“西湖烟艇”描述的正是管家湖渔民的捕鱼活动。这一富有生活气息的景观，吸引了诸多文人雅士流连于此，诚所谓“烟艇渔榔，可骋游目”[4]，尤其成为地方乡贤驻足游览的胜地，诸如齐昭、顾达、杨谷、胡琏等人均曾光临于此。游览之余，他们纷纷赋诗吟咏，以彰显其胜概。这些诗作之中多见渔人形象，如“海翁横楫泛湖潮，湖里烟浓午未消。杨柳渡迷人语暗，杏花村暝酒旗遥。漫牵渔网归前浦，忽载菱歌出小桥”[5]。可见，管家湖渔民恬淡自得的生活画面，经过地方乡贤的刻画与摹状，形成了更加浓烈的艺术感染力。

二、运河通航与筑堤对管家湖产生的环境效应

明初，管家湖仍然呈现烟波浩渺的状态，不过此后管家湖水体逐渐出现萎缩的现象，运

1 正德《淮安府志》卷三《风土一·山川》，北京：方志出版社，2009年，第16—17页。

2 （明）王琼撰，姚汉源、谭徐明点校：《漕河图志》卷一《漕河》，北京：水利电力出版社，1990年，第53页。

3 王光伯原辑，程景韩增订，荀德麟等点校：《淮安河下志》，北京：方志出版社，2006年，第61页。

4 （明）马麟修，（清）杜琳等重修，（清）李如枚等续修，荀德麟等点校：《续纂淮关统志》卷十二《古迹》，“西湖故迹”条，北京：方志出版社，2006年，第369页。

5 正德《淮安府志》卷十六《词翰》，北京：方志出版社，2009年，第535页。

河的开凿与贯通是其主要原因之一。《明太宗实录》卷一百六十四，“永乐十三年（1415）五月乙丑”条记载：

开清江浦河道。凡漕运北京舟，至淮安过坝度淮，以达清江口，挽运者不胜劳。平江伯陈瑄时总漕运，故老为瑄言，淮安城西有管家湖，自湖至淮河鸭陈口仅二十里，与清和（注：河）口相直，宜凿河引湖水入淮，以通漕舟。瑄以闻，遂发军民开河。

北宋时期，淮河至楚州境内形成山阳湾，其水势迅急常致舟船沉溺损毁，乔维岳开凿沙河以避这一险段。时至明初，沙河水道淤塞已久，陈瑄在淮安故老的建议，依循沙河故道疏凿清江浦河（即运河），并以管家湖作为“水柜”，承担清江浦河通航的供水功能。既然运河的通航需要管家湖不断补给水量，则导致管家湖水体开始萎缩。

当然，管家湖作为运河“水柜”的措施，并不能完全保证运河的通航。因此，除在清江浦河上设置清江等闸外，还通过在管家湖筑堤的方式，更加有效地转输漕粮。需要说明的是，南宋时期，管家湖中已经筑堤，乃前文所述应纯之所筑。史载：

为战守之计，续申所筑管家湖岸。初来相视，欲于旧运河相际浅水之处，用桩帮筑。今参之众论见得，水内筑岸工役难施，不能经久，合别开新河，与运河相接。取土筑垒圩岸，却使旧河与湖通连，益使水面深阔，遂开一河于湖岸之北。筑垒湖岸，底阔四丈，高及一丈，以限湖水。又自马家湾西至陈文庄，就湖滩岸二百七十余丈。[1]

此处“运河”指老鹳河。周显德五年（958），周世宗南下伐唐，至楚州境被阻于北神堰，于是调发当地民众疏凿鹳水，遂成老鹳河。南宋时期，应纯之为了增强作战攻守能力，着意修筑管家湖堤岸，可能以此作为训练士兵水战的指挥场地，最终采取开凿新河并从河中取土加以垒筑成堤的方式。又据胡应恩所言，应纯之所开凿的新河，即明永乐年间的清江浦河。可见，所谓清江浦河依循沙河故道开凿，其间可能会存在南宋时期的“新河”，即沙河（北宋）—新河（南宋）—清江浦河（明代）的承继与演替过程。陈瑄不仅承继了应

1 （明）胡应恩：《淮南水利考》卷下，《续修四库全书》史部政书类第851册，上海：上海古籍出版社，2002年，第295页。

纯之开凿的新河，也沿用了管家湖堤，诚所谓："堤自宋应纯之始，我朝平江伯修之。"[1]应纯之所筑之堤位于管家湖的北岸，陈瑄所筑之堤亦位于此，曰："明永乐初，平江伯于湖东北畔界水筑堤，砌石自西门抵板闸，以便漕运，名谓新路。"[2]所筑之地遂被称为新路堤。陈瑄筑堤的目的在于济运转漕，而且确实也达到了。因为管家湖堤不仅可以防御湖水对运道的冲击，而且可以约束运河的水势，使水量维持在特定的区域内，为漕粮运输提供相对充足的水量，即便是水量不足的时候，也可以任用民力行走于堤上牵挽漕船前行，所谓湖堤就是纤道。

需要指出的是，陈瑄所筑的湖堤，是在管家湖中心区域进行的，这就人为地将管家湖分割开来，这一变化加速了湖体萎缩的进程。究其原因，在于湖堤的修筑保障了运河东岸，成为能够供人安居的生存空间。在运河交通的带动之下，不少外地人口迁居此地，使得西湖嘴地方得到开发和利用，逐渐成为人烟稠集之地。这从罗家沟、杨家沟等地变迁可见一斑。从江西吉水迁入的罗氏曾修浚罗家沟、建造罗家桥，杨氏亦曾兴修杨家沟与杨家桥。乾隆《山阳县志》载"杨家沟"曰："运河成后，沟迹仅存，今居人稠密。"[3]由于运河筑堤后来水不丰，致使"沟迹仅存"。杨家沟上建杨家桥，位于罗家桥西，以便行旅。这些家族势力的迁入与定居，加快了西湖嘴由湖荡之区向宜居之所转变的进程。

三、此消彼长：黄河夺淮背景下的管家湖与河下镇

管家湖位于运河西岸或山阳城西，故又俗称为西湖。由于管家湖作为运河"水柜"导致其水量减少，遂在其东侧一端逐渐淤涨成陆，诚如吴锡麒所说"沙嘴一支独出"而形成西湖嘴。历史地理类辞典对"沙嘴"的解释，是指一端与岸相连，另一端伸向海中的砂质镰刀状堆积体，通常发育在河口、湾口及凸岸处，由泥沙纵向搬运堆积而成。可见，西湖嘴的形成与开发，跟管家湖东侧水体环境的变迁颇有关系，其泥沙正源自管家湖东侧水流减少淤涨而成。

运河贯通以后，淮安成为全国漕运管理中心，包括漕粮转运、漕船修造、榷关征税等，

1 （明）胡应恩：《淮南水利考》卷下，《续修四库全书》史部政书类第851册，第295页。

2 （清）傅泽洪：《行水金鉴》卷一百五十《运河水》，《影印文渊阁四库全书》史部地理类第582册，台北：台湾商务印书馆，1986年，第375—376页。

3 乾隆《山阳县志》卷六《疆域志・山川》，乾隆十四年（1749）刻本。

促进了淮安城市经济的发展与繁荣，西湖嘴（亦即河下镇）的商业街区规模随之逐渐扩大。殷自芳为程锺《河下廿景诗》作序说："沙河五坝为民商转搬之所，而船厂抽分复萃于是，钉铁绳篷，百货骈集。"西湖嘴渐趋成为商贾辐辏、民居稠密之地，丘濬曾盛赞其商业街景曰："十里朱楼两岸舟，夜深歌舞几曾休。扬州千载繁华景，移在西湖嘴上头。"这是对西湖嘴繁华街景的极好诠释。明代中期以后，山陕、徽州盐商的麇集定居，更加促进了河下镇商业街区的大规模拓展。

与西湖嘴商业街区拓展相对照的是，管家湖水体萎缩的程度逐渐加深，这是由多方面因素共同造成的，除了前文所述管家湖运河"水柜"功能的发挥，当地居民活动的展开也使得管家湖呈现萎缩、消退的趋向。然而，南宋以后黄河南下侵夺淮河水道，其泥沙对管家湖水体的影响更大。可以设想，陈瑄之所以能引管家湖水进入运河，说明湖底地势应高于运河，这种较高地势当与黄淮水道的侵袭有关。以淮河而论，虽然它是一条相对温驯的河道，不过诚如前文所述，至楚州境内淮河形成山阳湾道，不仅不利于船只的航行，可能也容易造成水灾泛滥，再加上黄河侵夺淮河水道的作用，水灾泛滥的频次逐渐增加。而汹涌洪水裹挟大量的泥沙逐渐沉积，对淮安地区河道、湖泊环境的变迁影响更大，这种影响可能从宋代即已开始，从而抬升了管家湖底的地势，进而造成其水域萎缩的结果。

明代中叶以后，黄河夺淮的路线基本固定下来，更加严重地影响管家湖周边的地理环境，这从民众对于湖泊的利用，即其生计方式的变化——从渔业为主向以农业为主转变，可以大致了解管家湖地理环境变迁的过程。潘季驯曾记载说：数十年来，黄淮洪水"使淮安城外楼台烟火之地，半为川源，桑麻禾稻之区尽成沮荡"[1]。此时的管家湖一带的居民种植桑麻与水稻等农作物，只是时常受到洪涝灾害的影响，管家湖西的"民田水不得出，终岁淹没"，造成严重的社会问题，因此天启年间山阳知县孙肇兴开凿伏龙洞以泄积水。[2]然而，这并没有根本解决山阳西部田地常被淹没的问题。乾隆甲午大水使得管家湖彻底淤废，其后逐渐转变为可以耕种的土地，光绪《淮安府志》记载："西南湖荡泥淖之地，多变而为田。"[3]这些土地的淤涨和拓展，不仅为民众从事耕作提供充足的基础，也促进了前文所述河下镇商业的兴盛与繁荣。

---

1 （明）潘季驯：《河防一览》卷十三《条陈河工补益疏》，《景印文渊阁四库全书》史部地理类第576册，台北：台湾商务印书馆，1986年，第455页。

2 乾隆《山阳县志》卷十一《水利》，乾隆十四年（1749）刻本。

3 光绪《淮安府志》卷二《疆域·形势》，光绪十年（1884）刻本。

四、管家湖景观的营造与递嬗

一般来说，湖泊自然风光旖旎秀美，能够吸引众多游客观赏，管家湖便是如此。当然，管家湖不仅是富族子弟、地方乡贤观光赏景的地方，他们还纷纷在管家湖区内营造园亭建筑，使之成为当时城市文化活动的中心地带。明代前期这种现象已较普遍。据吴承恩《西湖十园》记载：

> 摹写金、张、韦、顾诸园之胜，金牛、石桥、锣鼓墩诸处，征车游舫，络络缤纷。清明社火，夏至秧歌，尤令过者忘倦。[1]

可见，管家湖一带不仅“有金牛、石桥、锣鼓墩诸景”[2]，而且既然说“西湖十园”，当时应该已经形成多处颇具观赏价值的园亭建筑。诚如正德《淮安府志》所言：管家湖乃“风气磅礴，秀丽所钟，郡地盖最胜处”[3]。对于金、张、韦、顾诸园主的名讳，吴玉搢并未言明，然而根据明代前期淮安地方名贤的相关记载，我们容易联想起金铣、韦斌、张素、顾达等人。这些致仕官员归乡之后，为了结交宾朋、诗酒娱目，于是纷纷修筑园亭景观，“西湖十园”正是在这一社会背景下兴建起来的。

当然，这并非完全臆测出来的观点，尚有其他材料可以佐证这些乡绅修筑园亭的事实。比如，成化戊戌科（1478）进士顾达，曾歌咏西湖烟艇景观曰：“清颍风光真可并，古杭时景未能过。醉归不用喧丝竹，自有渔人送棹歌。”据此，我们似可描绘出一幅诗酒唱酬、乘兴而归、听赏渔曲的画景。蔡昂同样也有西湖烟艇诗作，曰：“三年京国纷尘鞅，十里西湖劳梦想。披图一见已欣然，况复移家对箫爽。”此处管家湖成为蔡昂魂牵梦挂的理想之地。值得注意的是，虽然“西湖十园”中没有谈及蔡昂，不过从“移家”可以勘察他曾定居管家湖，其《西湖房落成》诗亦可为证：“朝回解带花前坐，尚有炉香满袖携。”[4]蔡昂致仕以后在管家湖择地建房，此处的西湖房舍应该是他晚年与同乡好友征歌觞咏、愉悦心境的地方，亦可看出是一处符合文人雅士情怀的自由空间。通过作为顾达后辈的蔡昂的例子，结合吴承恩《西湖十园》的记载，我们可以进一步判断顾达当在管家湖修筑园亭。

---

1 （清）吴玉搢：《山阳志遗》卷一《遗迹》，民国十一年（1922）刻本。

2 （清）范以煦：《淮壖小记》卷二《淮郡古迹》，咸丰五年（1855）刻本。

3 正德《淮安府志》卷三《风土一·山川》，第 17 页。

4 （清）丁晏原辑，周桂峰校点：《山阳诗征》卷七《明》，“蔡昂”条，西安：陕西人民出版社，2009 年，第 194 页。

明代中期，管家湖周边仍不失为山阳城士绅的游赏胜处，如嘉靖十四年（1535）武进士周于德《泛舟西湖》诗曰：“野阔风多夏亦凉，湖阴避客懒衣裳。一双白鸟不飞去，无数红蕖相对香。”[1]隆庆、万历时期，陈文烛、邵元哲等人莅任时，管家湖更加成为文士雅集、赋诗啸咏的活动中心。隆庆四年（1570），陈文烛任淮安知府，他与焦山道士郭次甫的关系非常密切，任职期间特地在管家湖畔修建招隐亭，来接待郭次甫，陈文烛自叙其事曰：

> 淮城西门外有西湖，其垂杨烟水，盖胜概云。稍三里许，地脉坟起，钵池山寺僧圆智募居士许结庵舍茶于上，五游山人郭次甫往来东岱特居，然后隐焦山不来。余招之始来，遂以真形图一、杖一、衲一、瓢一、锄一、觚一悬焉。参知潘公题曰隐庵，后为一亭。[2]

陈文烛认为，管家湖一带风景清幽，是接待五游山人郭次甫的绝佳胜地。于是专门修建招隐亭，同时建有庵舍，即招隐庵。由材料可知，招隐庵、亭在管家湖西三里处，毗邻钵池山，建成后陈文烛在政务闲暇之余，与郭次甫、吴承恩等人在招隐亭交相唱和、坐而论道。万历二年（1574），继陈文烛任淮安知府的是邵元哲，他也爱好风雅，再次邀请郭次甫等人集饮于招隐庵，吴承恩诗曰：“水环幽树绿渐渐，暖日从游二妙兼。秋社欲催元鸟去，晴沙喜见白鸥添。”[3]可见，此时管家湖仍是淮安城西重要的文化交往场所。

前文已述，随着黄淮水患渐趋严重，大量泥沙停积于管家湖一带，导致管家湖的水域面积更加趋向萎缩。城西湖泊环境的变化，也改变了园亭、庵舍等人文地理景观。于是，陈文烛等人修建的招隐亭日渐倾圮，仅仅徒具其名而已。清顺治初年，吏部观政、地方名士张新标重新葺治招隐亭，且“与胡从中、程涞诸人赋诗纪胜”[4]。可见即便受泥沙堆积等的作用，管家湖水的淤垫与消退也必然经历逐渐变化的过程，至张新标重修招隐亭的时候，管家湖可能并未完全湮废。在张新标等人的努力之下，管家湖的自然与人文景观，得到了暂时性的恢复。康熙年间，黄淮水患更加严重、剧烈。康熙十五年，受到黄河水流的迅猛冲击，管家湖处则“烟墩堤倒，淤一丈八尺深，始为平陆”[5]。此后的管家湖景，多给人以衰败凄清之感，

1 （清）丁晏原辑，周桂峰校点：《山阳诗征》卷七《明》，“周于德”条，第209页。

2 （明）陈文烛：《二酉园文集》卷九《招隐亭记》，《四库全书存目丛书》集部别集类第139册，济南：齐鲁书社，1997年，第116—117页。

3 （明）吴承恩撰，刘修业辑校，刘怀玉笺校：《吴承恩诗文集笺校》卷一《七言律诗》，《邵郡公邀同郭山人饮招隐庵》，上海：上海古籍出版社，1991年。

4 同治《重修山阳县志》卷十九《古迹》，同治十二年（1873）刻本。

5 （清）丁晏原辑，周桂峰校点：《山阳诗征》卷七《明》，“吴承恩”条，第222页。

如邱象随诗曰："太息五游去，风流事事残。一林疏雨细，半壁夕阳寒。烽燧留筇杖，烟波倚石栏。凄凉词赋客，未许弔刘安。"[1] 由邱象随所咏叹之招隐亭的情况，亦可反观出管家湖逐渐退变为人迹稀落之地。

结　论

管家湖水及其景观早已消逝，与它们有关的记忆亦寥寥无几，作为实体与记忆的管家湖，均被湮没在历史的洪流之中。当我们拂去历史的尘埃，则再次看到别样的管家湖自然与人文景观。研究发现，南宋时期，管家湖是一个烟波浩渺的大湖，遂被楚州知州应纯之设定为训练水兵的场所。直至元末明初，管家湖水域仍较广阔。不过，管家湖淤积的现象也逐渐严重。由于淮河水灾的侵袭，管家湖接受了一定的泥沙。南宋以后，黄河南徙夺淮使得管家湖中的泥沙愈趋增多，管家湖水体萎缩的现象随之出现。明永乐年间，平江伯陈瑄疏凿清江浦河，以管家湖作为运河通航的水源地，即所谓"水柜"。为了更有效地发挥运河的通航能力，陈瑄在应纯之所筑管家湖堤的基础上重加修筑，在保障运道安全的同时，便于任用民力牵挽漕船。无论是管家湖水被运河的借用，还是管家湖堤的修筑，均使管家湖水域萎缩的趋向逐渐加重。当然，黄河夺淮是管家湖水域萎缩更为关键的原因。

在管家湖水域从广阔趋向萎缩的过程中，它的功能也在发生变化。起初，管家湖除了发挥教习水战的军事功能外，也促使当地民众形成了纬萧捕鱼的生计方式，这种生计方式被地方乡贤反复吟咏，使"西湖烟艇"被列入"淮阴八景"之一，在成为淮安城著名游览胜地的同时，也使管家湖增添了文化意义和功能。有明一代，管家湖的文化功能基本存续，尤其在陈文烛等人的倡建与推动下，明代后期管家湖一带成为淮安城文化活动的中心。

随着泥沙的不断沉积，管家湖水域面积逐渐萎缩，且形成了不少淤涨而成的土地。这一方面，促成当地民众的生计方式开始从捕鱼向农耕过渡；另一方面，在管家湖的东端形成西湖嘴，运河通航与管家湖堤的修筑，为西湖嘴的发展提供强劲的动力，即促进了河下镇的兴起与繁荣。同时，清代，随着筑堤束水等治河方略的实施，淮安地区的水环境仍然没有得到根本性的改善，相反还造成了愈趋严重的水涝灾害，乾隆三十九年的特大洪灾便是典型的案例，管家湖则在洪水倒灌的作用下彻底淤为平陆，经过重建的招隐亭等文化景观亦不复存在。

---

1 （清）邱象随：《西轩诗集》卷三《过招隐亭和程娄东》，稿本。

总之，从与大运河的关系来说，没有管家湖的水源供应，大运河到了淮安这一段是很难顺畅通行的。可以说，管家湖是大运河的“功臣”，有效保障了国家漕运的正常运作。再从管家湖与河下镇的关系来说。起初，河下镇的前身西湖嘴的兴起，正是得益于管家湖东侧淤涨成陆，使得河下镇获得了空间拓展的基础，成为运河沿线的重要市镇之一。当然，河下镇可能也会遭受黄淮水患的威胁和侵害，但是更多的泥沙灌进管家湖之中，直接导致它的水域趋向淤废，而此时的河下镇蒸蒸日上，两者之间是一种此消彼长的关系。就此而言，我们在颂扬河下镇繁华的同时，不应忽视随沙土而逝的管家湖。对管家湖景观及其功能变迁的分析，不仅有助于树立它在运河发展史中的地位，即大运河的“功臣”，而且深刻反映出黄河、淮河、运河对管家湖生态环境的强大塑造作用。

滨湖空间：20 世纪初杭州新市场区域的建构与变迁

张卫良　王　刚 *

现在杭州湖滨一带，是清代杭州旗营的所在地。1911 年辛亥革命后，清朝廷被推翻，旗营一带的城墙都被拆除，形成了一个新的滨湖空间，西湖开始融入杭州城市之中。对于一个历史悠久的城市来说，如何利用这样的空间成为一个重大问题。事实上，浙省当局将旗营的城墙和房屋拆除干净后，经过商议，决定将旗营旧址规划并建设为一片新城区，命名为“新市场”。从规划角度看，滨湖一带开启了城湖一体化的时代，将西湖景色与城市融为一体。[1] 从杭州城市发展的角度看，新市场的规划和建设是杭州向现代旅游城市转型的开端，新市场改变了杭州传统的商业格局，成为新的商业中心。[2] 但也有学者加以质疑，认为民国时期新市场的商业并不繁荣，只是休闲商业的聚集地而已，难以称得上是杭州的新商业中心。[3] 而从中国新城发展史的宏观视角来看，杭州新市场也有重要的意义。新市场不仅“规模宏远，布置美丽，使其成为江南最佳的名都”，而且“尤为难得的，是不借外力，不借外款，不用外人而全部由国人自行建设的新都市”。[4] 由此，杭州新市场区域在近代中国城市史中有一定的开创意义。以往的研究常常忽视了杭州新市场区域作为城市新区的重要价值，且其叙事逻辑存在简单化和程式化的倾向，对新市场区域从规划到建设的曲折性和复杂性鲜有深入探讨。本文尝试对新市场滨水空间的形塑过程做进一步的考察，以此揭示中国现代城市新区的新特性。

---

* 张卫良，杭州师范大学人文学院教授、杭州城市国际化研究院院长；王刚，江苏师范大学历史文化与旅游学院讲师。

1 傅舒兰、[日]西村幸夫：《论杭州城湖一体城市形态的形成——从近代初期湖滨地区建设新市场计画相关的历史研究展开》，《城市规划》2014 年第 12 期，第 15—22 页；傅舒兰：《杭州风景城市的形成史：西湖与城市的形态关系演进过程研究》，南京：东南大学出版社，2015 年，第 64—81 页；傅岚：《杭州主城区滨水公共空间演化研究》，南京：东南大学出版社，2020 年，第 83—93 页。

2 参见汪利平：《杭州旅游业和城市空间变迁（1911—1927）》，朱余刚、侯勤梅译，《史林》2005 年第 5 期，第 97—106 页；潘雅芳：《民国时期杭州旅馆业的转型及其社会根源探析》，《史林》2016 年第 6 期，第 22—28 页。

3 张卫良、王刚：《民国杭州的新市场与商业中心的转移》，《城市史研究》第 39 辑，北京：社会科学文献出版社，2018 年，第 174—188 页。

4 阮毅成：《三句不离本杭》，杭州：杭州出版社，2001 年，第 48 页。

一、新市场区域的构想、规划和建设

"新市场"一词，大致在20世纪初开始在中国出现与流行，各地方主政者在旧城区附近规划和建设新城。这些名为"新市场"的新城不同于自发形成后加以改建的城区，如19世纪末上海南市黄浦江沿岸的外马路一带，而是模仿当时西方新城建设，先规划后建设，由此在城市形态上与中国的传统城市有很大区别，马路笔直宽阔，公共设施齐全，建筑规整，更接近于现代城市的形象。清末民初，与杭州建设新市场的倡议大致同时，全国各地先后出现了类似的计划，但各地的新市场规划和建设，往往存在着各种问题，使得其实际成效大打折扣。一些城市的新市场未能付诸实施，如湖北省城武昌，时任湖广总督张之洞在1907年之前便计划在"省垣东南隅新辟市场"，但因为经费短缺的问题，不得不中途停止，"两旁商店仅造成数十间"，其余空地也被低价出售给民众，任其自行建造房屋。[1]一些所谓的新市场面积狭小，难以称为新城区，如1912年前后重庆通远门外新建的新市场，仅添设几处商业建筑而已。[2]1913年前后，上海县城内九亩地一带新辟的街区也存在类似的问题，该街区占地面积仅9亩左右（约5500平方米），虽然也新修了马路等公共设施[3]，但规模毕竟过小，难有代表性意义。然而，同时期出现的杭州新市场却不存在上述新市场面临的问题，其占地面积达1600亩（约98万平方米）[4]，俨然一座新都市的规模，且由于其临近西湖的优越区位，使得当时的社会各界均对之持有极大的期望，浙省当局也极为重视。故而，虽然新市场的规划和建设过程面临着各方面的困难，但并未中途废弃，基本得以顺利进行。可以说，杭州新市场是中国人自行规划和建设现代城市的早期尝试，因而在近代中国城市史上具有某种程度的开创性意义。

清代杭州旗营占据着杭州城内临近西湖的大片土地，并建有封闭的城墙与杭州城的其他区域隔绝开来。旗营仅限旗人居住的特殊性质，使得旗营内居民稀少，据阮毅成的估计，清末杭州旗营的人口不足4000人，稀少的人口使得旗营内的建筑也较分散，这与人口密集、建筑拥挤的杭州城其他区域形成了鲜明对比，旗营及居住其中的旗人甚至由此招致杭州城居民的怨愤。[5]旗营虽然占据了杭州城临湖的重要位置，但由于特殊的八旗体制，身居

1 《新市场招商承修》，《时报》1907年9月27日，第3版。

2 《重庆建新市场》，《时事新报》1912年9月27日，第3张第1版。

3 《九亩地将为热闹场》，《时报》1912年11月13日，第5版。

4 《浙省变买旗营之计划》，《新闻报》1914年3月1日，第2张第1版。

5 阮毅成：《三句不离本杭》，第45页。

其中的普通旗人并没有由此享受到任何实际的经济利益。且至清末，由于八旗制度日趋瓦解，朝廷的经费拨款常常难以落实，甚至连普通旗人的生计也“久为困难之问题”[1]。因此，杭州旗营虽然临近西湖，但由于特殊的八旗制度，旗营与西湖并无直接联系，旗营及旗人面临的困境也长期得不到妥善解决，以致清末的一些杭州旗人开始思考如何自谋出路。1909年沪杭铁路通车后，以熊文、裕祥为首的杭州旗人看到了解决旗人生计问题和振兴杭州商务的可行办法，并在1909年浙江咨议局第一届常年会议上，提交了名为《拟就旗营空地兴辟市场》的草案。[2]

熊文和裕祥的草案是民国时期新市场计划的雏形，两人提出将旗营临近西湖的长荡头一带并附近的空地划为“市场基地”，认为自沪杭铁路通车以来，西湖和杭州的商业均面临难得的发展机遇，在旗营内设立市场既可以抓住这一发展机遇，又可以解决杭州旗人的生计问题。具体办法是将这片划定的土地租给商人建筑房屋，经营商业。另外，两人甚至设想在这片市场中“划出数十亩”土地，兴建一处公园。该地城墙阻隔的状况也须加以改变，草案提议在附近添设城门，修筑马路、船埠，以改善该地的交通条件，尤其是加强与西湖的联系。市政管理方面，两人提议在该市场设巡警局一所，负责维持治安和日常行政事务，工程建设事务和地租征收则由新设的工程局“经理一切”。至于建设市场的经费、巡警局的经费由省城巡警局直接拨款，工程局的经费则主要来自地租，其他各项开支，包括收买土地和马路建设等的费用，则计划从“通省行政经费内提拨”[3]。该计划只是一些初步的构想，且规模也较小，仅涉及旗营内的一小部分土地。但在旗营体制继续存在的前提下，就算是这样小规模的改建计划，要真正落实，仍面临巨大的阻力。该草案虽然在浙江咨议局获得通过，但由于驻防将军等旗营中有影响力的人士并不赞同，改建计划不得不中止。[4]

1911年辛亥革命后，清朝的统治被推翻，杭州旗营作为清朝统治的象征，无法继续存在。1911年12月前后，新成立的浙江省军政府已经在考虑解散旗营的办法。[5]至1912年初，经过一番商讨后，浙省当局决议将旗营彻底拆除。至于原因，首先是拆除旗营在政治上的重要意义，即“旗营存在一日，即可谓驻防不消灭一日”；其次则是财政方面的考虑，新成立

1　杭州文史研究会、民国浙江史研究中心、浙江图书馆编：《辛亥革命杭州史料辑刊》第6册，北京：国家图书馆出版社，2011年，第258页。

2　同上，第257页。

3　同上，第257—263页。

4　阮性宜：《浙省年来路政之进行谈》，《浙江道路杂志》1923年10月第1期，“论说”，第9页。

5　《解散驻防旗营之办法》，《新闻报》1911年12月14日，第2张第1版。

的浙江省军政府财政十分紧张，且旗营又处于杭州城临近西湖的中心位置，将该地的大片土地变卖，以补助财政经费，“未始非筹款之一法”。[1]浙省当局也拟订了变卖旗营土地的几项具体办法：

（甲）由财政部设局清理，定局名为变卖旗营营产局。

（乙）旗营周围营墙招工承拆，其拆下砖石除抵充工价外，余均逐段叠藏，由局估价拍卖。

（丙）旗营内旧有公署及八家营房，由变卖旗营营产局调查明白后，用投票方法招人承购。

（丁）营内所有私人房屋，限一月内悉数拆迁，逾限不迁，房屋充公。

（戊）旗营地亩由局派员清丈，划分三等。一，地属繁盛之区，可备现在扩充市场用者，为上等；二，不能备扩充现在市场之用，而其地仅能预备将来开辟市场，为中等；三，地僻一隅，不在将来市场计划中者，为下等。

……

（辛）酌留旗营地若干亩为公有地，以备将来建造公园及各种营造物之用。并自南达北，由公家筑马路一条，以助市场之发达。

……

（癸）变卖旗地所得之代价分供三种费用：一，充军用；二，供遣散旗民费用；三，建筑旗营马路一切营造物之用。[2]

可以看出，该计划除了关注变卖旗营土地以筹集财政经费的目标之外，也继承了清末在旗营设立市场的构想，并在该地初步规划了马路、公园等公共设施。值得注意的是，对于旗营内归属旗人的私人房产，浙省当局在初拟的规划中，基本采取了直接没收的办法，即“所有私人房屋，限一月内悉数拆迁，逾限不迁，房屋充公”[3]。这一强硬政策引起许多旗人的反对，在1912年6月前后，一些旗人向北京国务院状告浙省当局“驱迁旗人出城”，浙省当局只得出面否认，称旗营内的私人房产“仍归本人所有，准其照常居住，出营时招卖招押，悉听自便”，但当局继续坚持旗营的土地属公有，“设官家规划营地，因公建筑之障碍，收回

1 《浙省消灭旗营之计划》，《申报》1912年1月4日，第1张后幅第2版。

2 同上。

3 同上。

土地时，所建房屋当然迁让”。[1] 在实际执行过程中，若是原有房产与马路等公共工程没有冲突，则主要由购买土地的地主与房主互相协商，在 1913 年 11 月前后公布的《购卖旗营土地规则》中也有进一步的解释：

> 地上私房如房主愿卖与地主，地主情愿承买，所有价格应照官厅预估之额给付，不得抑勒。其地主愿将基地租与房主，或房主愿将该屋撤去，悉听其便。[2]

浙省当局通过土地公有政策与事实上的强制拆迁办法，逐渐将大部分旗营土地夷为平地，新城区的详细规划也很快提上了日程。先是在 1912 年 4 月，浙江民政司呈请都督“规划旗营”，起因是旗营土地收归公有后，包括共和法校、杭县公署和官产经理局等行政机关皆准备将官署移驻该地，并任意侵占旗营的地亩，民政司认为这些行径“于将来旗营开放办法颇多窒碍，而于通盘规划上亦生无穷之故障”，故而请求浙江都督规范官署移驻旗营的程序，须经过民政司批准后方可拨给相应的土地。不久后，都督便回复“如呈办理”。[3] 至于新城区的命名，在旗营着手拆除之初，尚未有统一的名称，有“旗营”[4]、“旧旗营”[5]、“旗营市场”[6] 等说法。到 1915 年之后，“新市场”的提法才开始占据主流，到了 1916 年初，阮性存给兴武将军朱瑞的呈文中，已经只使用“新市场”的称呼。[7] 据此可以推测，新城区被正式命名为“新市场”的时间应大致在 1915 年前后。

至 1913 年 9 月前后，新市场的规划已经基本完成，并开始对外出售土地。[8] 浙省当局对新市场的规划颇为重视，专门设立规划工程事务所，并由曾留学日本学习铁道建设的阮性宜直接负责规划方案的制订。由于经过拆迁后，新市场几乎全部是空地，阮性宜的规划方案得以无视原有房屋建筑的位置。除了西湖及河流对道路走向的限制之外，新市场的规划遵循了西方流行的分区规划原则，划分土地利用性质，道路基本按照网格状布局，与上海

---

1 《浙江都督咨复国务院饬查杭州驱迁旗民出城案全系传闻之误，兹将与旗营代表议定善后办法、契约抄录咨送，请查照备案文》，《政府公报》1912 年 7 月第 73 期，“公文”，第 6—8 页。

2 《订定购卖旗营土地规则》，《时报》1913 年 11 月 11 日，第 5 版。

3 《民政司呈请都督规划旗营文》，《浙江军政府公报》1912 年 4 月第 70 期，“文牍”，第 4—5 页。

4 同上。

5 《专电》，《时事新报》1913 年 8 月 27 日，第 1 张第 2 版。

6 《振兴旗营市场新策》，《时事新报》1914 年 7 月 3 日，第 3 张第 1 版。

7 《将军行署咨浙江巡按使为据阮性存等禀为西湖新市场寥落乞予维持由》，《浙江公报》1916 年 2 月第 29 期，“咨”，第 14—15 页。

8 《浙江行政公署招买旧旗营地广告》，《申报》1913 年 9 月 15 日，第 1 版。

外国租界的道路规划颇为相似。而且，新市场马路的笔直和宽阔，又更甚于上海租界，如规划的沿湖一带马路，甚至比“上海英大马路”还要宽三分之一。[1] 新市场规划的马路按照宽度分为一、二两个等级。一等路设计宽度60尺，左右的人行道各10尺，总宽度达80尺。新市场内的一等路共四条，包括沿湖的湖滨路，南北走向的延龄路，东西走向的迎紫路和平海路，总长度共计12564尺。二等路的设计宽度则为30尺，左右人行道各6尺，共计23条，总长度达37157尺。除了普通的弹石路面外，还规划了15座连接马路的孔桥。[2] 当局也在新市场内规划并预留了几处公共用地，包括西湖沿岸的湖滨公园、杭县政府和将军署等（图1）。公共用地的面积共计约200亩[4]，占比约12.5%。

图1　1913年前后杭州新市场规划示意图（作者绘制）[3]

1913年10月底开始，新市场的马路工程已经陆续动工，先期动工的马路包括迎紫、延龄、平海和拱宸四条路线。[5] 按照浙省当局原本的计划，建筑马路的费用从售卖新市场土地的收入中提取一部分即可。新市场内供出售的土地共计约1000亩，划分为200片待售地块，并按照土地的位置分为四等，其中特等地每亩1500元，一等每亩1000元，二等每亩600元，三等每亩300元。[6] 当局由此估计能从这1000亩土地中获得50万元的收入，提取出其中的15万元作为马路等工程的建设费用即可，其余的35万元则充作“公家临时收入”，以补贴财政经费，尤其是用于偿还即将到期的“礼和借款”。[7] 但该计划高估了新市场土地的受欢迎程度，土地的定价过于高昂，且许多杭州商民对新市场还存在观望态度，以致土地开售之初便出现少人问津的局面，当时主管该事的杭县知事一度考虑降低土地售价，以此筹集修筑马路急需的经费。[8] 浙江省行政公署接禀后，认为“旗营商场绝非一时可能组织”，而且冒然降价

1 《专电》，《时事新报》1913年8月27日，第1张第2版。

2 阮性宜：《浙省年来路政之进行谈》，《浙江道路杂志》1923年10月第1期，“论说”，第2—3页。

3 作者根据《最新实测杭州市街图（1930年）》（杭州市档案馆编：《杭州古旧地图集》，杭州：浙江古籍出版社，2006年，第178—179页）为底图绘制。

4 《浙省变买旗营之计划》，《新闻报》1914年3月1日，第2张第1版。

5 《旗营马路之建筑》，《神州日报》1913年10月28日，第5版。

6 《订定购卖旗营土地规则》，《时报》1913年11月11日，第5版。

7 《浙省变买旗营之计划》，《新闻报》1914年3月1日，第2张第1版。

8 《变更旗营标卖办法》，《时报》1913年11月14日，第9版。

更容易“惹起人民之观望”，故而否决了降价出售土地的提议。[1] 至于马路工程的费用，所收的售地收入远远不够，只得从杭县和浙江省的其他款项内挪借钱款。[2]

二、新市场滨湖空间的开发与整合

在新市场街区规划建设的同时，滨湖空间作为新市场区域的一个重要组成部分也在同时推进。民国初年，浙省当局在新市场开始规划时，便对滨水空间的处理做了规划，计划在新市场街区与西湖之间的狭长空地上建设一批西式的公园，“以离湖岸起20公尺之地辟为公园，平草设栏，内杂植花卉，设置座椅，供游人休憩，是曰湖滨公园”[3]。湖滨公园的布局与新市场整体空间布局一致，形成与穿越湖滨路的四条街道平海路、仁和路、邮电路、学士路平行，依次将湖滨公园分为五段，分别称湖滨第一、第二、第三、第四和第五公园。因此，滨水空间与新市场街区融合，由城墙外的自然山水风貌转变为西洋风的公共滨水空间[4]，呈现出一个崭新的城市滨湖新区。

在新的滨湖空间中，1912年由浙江军政府政事部主持拆除钱塘门至涌金门的城墙和旗营城垣，最初动工的是湖滨路，建成碎石路面的马路。与此同时，开始建设湖滨公园。由南部的公众运动场起，往北一里许。至1914年8月，湖滨规划的三个公园已经建设完工，准备于当月对外开放，公园内“搭设篷厂”，“备有清茶、报纸”，以供游客栖息，设有西式音乐亭和弹子房的湖滨第一公园也即将动工兴建。[5]

伴随湖滨公园的修建，市政当局也开始将西湖的游船码头集中至湖滨公园一带。在五个湖滨公园内，分别建立了相应的船埠，亦依次而分一埠、二埠、三埠、四埠、五埠，也即第一、第二、第三、第四、第五游船码头，这些码头逐渐取代了涌金门码头的地位，聚集了大量的游客与市民，成为连接新市场与西湖各景点的纽带。[6] 当时经过湖滨游船码头游览西湖的游客络绎不绝，一些游客更是对湖滨游船码头称赞不已，认为“西湖名胜甲于全国，年来游客日繁，为中外人士荟萃之所。凡百设施渐臻完善，即湖滨所泊游艇，亦能日求清洁载客

1 《变更旗营标卖之不准》，《时报》1913年11月19日，第9版。
2 《旧旗营商场经费问题》，《时事新报》1914年5月26日，第3张第1版。
3 张光钊：《杭州市指南》，杭州：《杭州市指南》编辑部，1934年，第273页。
4 傅舒兰：《杭州风景城市的形成史：西湖与城市的形态关系演进过程研究》，第79页。
5 《湖滨公园定期开幕》，《时报》1914年8月5日，第10版。
6 参见杭州市档案馆编：《杭州古旧地图集》，第194页。

图2　规划前后滨湖空间的格局变化[1]

遨游，颇足点缀风景”[2]。

在20世纪10年代，滨湖空间的五个公园相继建成，市政当局继续对湖滨公园的环境进行了一系列的维护和整治。如1917年7月前后，由于天气炎热，公园内出现许多赤膊乘凉的市民，“太不雅观”[3]；另外，公园内还有许多乞丐、小贩混迹其中，“殊多滋扰”。湖滨公园出现的各类问题，很快引起当局的重视，出台相应措施，力求使公园内秩序井然。针对有乞丐、小贩入园的情况，市政当局将各区公园两端的园路进行拦截，加高公园砖礅，游园之人只可由公园大门出入，“由该署酌派岗警常川看守，不使一般乞丐、小贩及疯汉、酒徒发生滋扰”；对于游人破坏公物等不文明行为，则明令予以禁止，“取缔游人攀折花木，逾越藩篱，损坏公物及俯卧凳椅种种情弊”。[4]这些管理措施的出台和执行，不难看出市政当局对湖滨公园的重视和极力维持。

1927年，杭州市政府成立，确立了杭州作为“风景都市”的定位。市政府下设工务局专责市政规划建设，聘请德国人舒巴德为顾问，并在他的指导下编制了《杭州市分区计划》，将西湖划为“风景区”，自此，滨湖空间有了很多的变化。一方面，湖滨五个公园随着游客数量的增加，原有的各项设施已渐趋陈旧，公园面积狭小，人多拥挤，园内建筑年久失修，无法满足市民和游客的需要。在盛夏季节，湖滨公园为避暑消夏之所，《杭州民国日报》中

1　图片转引自杭州市档案馆编：《杭州古旧地图集》，第278—283页。作者做了图片拼接。

2　《呈请迁移西湖江北船每船每名给费两元由》，《市政月刊》（杭州）1928年9月第1卷第10期，第88页。

3　《湖滨公园之新牺牲》，《之江日报》1917年7月3日，第3版。

4　《加派岗警取缔公园》，《之江日报》1917年7月12日，第3版。

的《外人目中之湖滨纳凉客》一文记载："前日天气酷热，入夜风影全无，居民纷纷到湖滨纳凉，有苦力及贫民多人，分睡于湖滨公园之各草坪上，赤足裸身，状极可观。在某外人适过其地，见各草坪上横出卧者，如是之外，疑其中暑晕倒，不禁操其土音自言曰：'此中暑之夜行症耶？胡为乎利？若此？然面中国人，亦太无同情心矣，病者如是之多，而徘徊其侧者尚安然自得，一无所觉。'盖湖滨公园病在游人太多，夏日披襟当风，虽有烟波在望之乐，然红男绿女以及贩夫苦力，穿梭来去，气味熏蒸，令人不耐。"[1] 另一方面，市政府也认识到湖滨公园对促进西湖旅游业发展的重要作用，认为"我们杭州开市之初，在西湖胜景当中，建设公园，应当借地他山，详加考虑，庶使处者，游者都觉审美，原在添趣娱乐，亦为涵养，则其公园攸关保健旨趣"[2]。于是，市政府又对湖滨五个公园进行了扩建，设置水泥灯柱与铁链护栏，铺设园路与花坛，栽植芝草花木，加设座椅。在第三公园，整理滨湖栏杆，改建人行道，整修卵石路，添设电灯柱及电灯，铺种草坪，使原有公园面貌一新。

随着新市场商业业态和湖滨公园设施的逐步完善，滨湖空间人气旺盛，休闲需求不断增加，湖滨第六公园的建设很快便提上日程。1928年杭州市政府委员会会议决议在第五公园以北添建第六公园："将湖滨公园长生路口盛姓空地收归湖滨公园，计实际收用土地一万另一百八十四又百分之六十六平方公尺，每平方公尺以五角计算，共需洋五千九十二元三角三分，此外毗连该处尚有警察二区分署派出所一所，拟一并收用。"[3] 市政府在长生路以北、旧钱塘门外沿湖之地，即圣塘路附近辟地20亩，将疏浚西湖后留下的淤泥加以重新利用，扩建公园，称为湖滨第六公园。公园内仿照当时先进的巴黎公园建筑式样，设置喷泉音乐亭、凉亭、花房等各类先进设施，这些设施都直接效仿当时的巴黎而建设，花费也相当高昂。[4] 湖滨第六公园采用最新式的公园设计理念，极大提高了新市场滨湖空间的整体美感。在时任市长蔡增基将杭州建成"东方之瑞士、中华之乐园"理念的影响之下，湖滨第六公园内的建筑华美异常，"水泥的电灯柱，楠木的茅亭，大和小的两对雕刻极精的石狮子，红漆的铁椅，铁链的栏杆，配着一对古气盎然的石翁仲，真是上下古今珠联璧合了"[5]。至1929年，湖滨第六公园基本建成。

除了湖滨公园之外，20世纪20年代开始规划和建设的环西湖马路，使得新市场与西湖的

---

1 石克士：《新杭州导游》，杭州：新新印制公司，1934年，第73页。
2 《赴日考察报告》，《市政月刊》(杭州)1928年5月第1卷第5—6期，第3页。
3 《奉省府指令推广湖滨公园，收回长生路口空地指拨经费由》，《市政月刊》(杭州)1929年1月第2卷第1期，第61页。
4 《第六公园仿巴黎式，先踏土方》，《杭州民国日报》1929年10月24日，第3张第4版。
5 《杭州礼赞之二：第六公园》，《杭州民国日报》1933年6月3日，第3版。

联系更为紧密，新市场的滨水空间得以进一步拓展至西湖南北两岸。西湖环湖马路的计划，最早始于 1920 年浙江省省长齐耀珊提出的“建筑环湖马路之计画”，其认为建筑环湖马路不仅便利游客游览西湖，也与新市场的商业前景息息相关，即所谓“浙省改革后，仅筑湖滨一路，而环湖各处荒芜如故。观瞻所系，缺陷滋多，自非从建筑环湖马路入手，不足以振兴商业，经画市场”。齐耀珊修筑环湖马路的计划中也对道路建设做了分期和预算，预计分“北山、南山、西山三路”，建设大小马路 12 条，总计长 47.7 里。为了确保资金的运转，第一期建设 7 条主要的道路，剩下 5 条分期施行。[1] 1922 年前后，环湖马路已开始动工兴建。马路工程由浙江省警察厅的工务处直接负责，先期动工的环湖马路集中在西湖北岸，包括“白公、岳坟、灵隐三路”[2]。到 20 世纪 30 年代，环湖马路陆续完工[3]，西湖得以和新市场乃至整个杭州城市融为一体。

伴随着新市场滨湖空间的营建，新市场的休闲商业得到持续的发展，依托西湖的游客流量，重点发展旅馆、餐饮、娱乐等休闲服务业。一方面，湖滨公园饮茶业快速发展，茶馆数量不断增加，湖边茶馆特别有名，如西园茶馆在品茗时既能观赏西湖全景，又可“弈棋打弹”。围绕滨湖空间，出现了大量的餐馆、饭店、菜馆、茶馆等，在新开辟的湖滨路主干道上便出现了天然饭店、西湖饭店、环湖旅馆、天真清闲西菜馆、杭州饭店等。至 1915 年 3 月，新市场一带已经颇为繁华，时人盛赞该地“茶馆、饮食店栉比鳞列，五色之旗飘扬街衢，每至下午摩肩接毂，纷沓而至”[4]。由此，这一区域的商业地位不断上升，成为仅次于羊坝头区域的杭州城商业次中心。另一方面，到 1929 年前后，新市场区域的休闲业取得了突出的地位。1932 年，杭州旅客局成立。旅客局既是市政府的旅游管理机构，又是接待中外游客的经营服务单位，专门办理国外游人来杭事宜，编印中英文游览宣传册分寄欧美各地，开展旅游宣传和接待工作。从 1932 年 1 月到 1934 年 3 月两年多的时间里，旅客局共接待外国游客 12700 余人。在休闲娱乐方面，新市场一带模仿上海十里洋场风格，开设了一系列的名店，如新新百货、健华西药店、陈永泰西木器店、陈沅昌文具店、云飞自行车行、二我轩照相馆、活佛照相馆、华胜镜店等，张小泉剪刀等“五杭”名产（杭剪、杭烟、杭粉、杭线、杭纺）也纷纷来新市场开设分店，一时间各种国货、洋货应有尽有；还有不少的旅馆、饭店、茶楼及各种文化娱乐场所，如西湖饭店、西泠饭店、大华饭店、新新饭店、蝶来饭店、湖滨旅馆、瀛洲旅馆、沧州旅馆、知味观、天香楼、奎元馆、素香斋、雅园茶楼、大世界游

1　胡详翰：《西湖新志补遗》，王国平主编：《西湖文献集成》第 10 册，杭州：杭州出版社，2004 年，第 205 页。

2 《环湖马路进行纪要》，《道路月刊》1922 年 7 月第 2 卷第 2 期，“文牍”，第 19 页。

3　参见杭州市档案馆编：《杭州古旧地图集》，第 186—187 页。

4 《西湖之初春》，《申报》1915 年 3 月 11 日，第 6 版。

艺场、新新游乐场、圣亚美术馆、西湖美术馆、国货陈列馆等。据《申报》记载，夏季杭州苦热，“故湖滨公园，每晚来纳凉者，几有人满之患，于是一般营投机事业者，争开冰店，湖滨一带，满目皆冰，几如置身冰天雪海中，而有人苦热，咸往饮冰，故莫不利市十倍”[1]。另外，湖滨的公众运动场、仁和路的“西湖大世界游乐场”也吸引了大量的市民和游客，汇聚了很多的景区人流。

新市场区域的旅馆业、菜馆业、茶馆业和游艺业（电影院、剧院、游乐场等）获得的发展也可以从杭州城各区的旅馆捐、菜馆捐、茶馆捐与游艺捐总数反映出来。1929 年 2 月至 1930 年 1 月间，有一组各城区休闲商业的发展状况统计数据，其中，新市场与杭州城另外两个主要商业区，清河坊、羊坝头一带，城站一带，其旅馆捐、菜馆捐、茶馆捐与游艺捐的总额相较，所得结果如下：

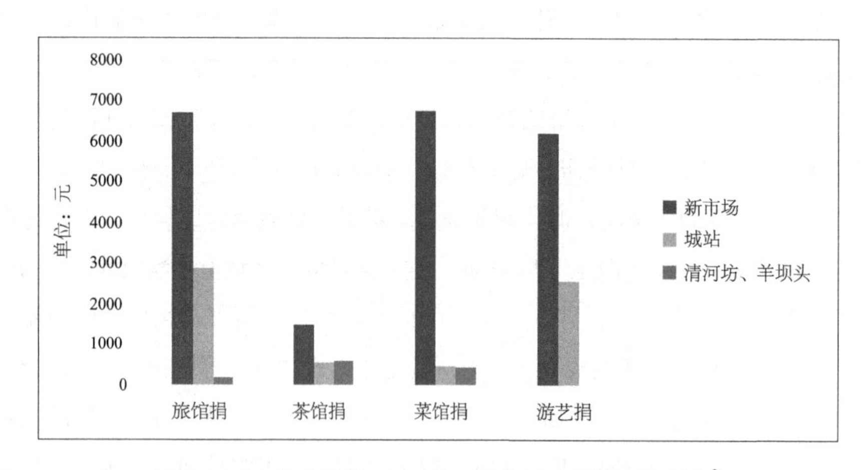

图 3　1929 年 2 月至 1930 年 1 月各区署税捐总额统计[2]

1　樊蝶厂：《湖边碎记》，《申报》1927 年 8 月 3 日，第 16 版。

2　清河坊、羊坝头一带的游艺捐总额为零。资料来源：《杭州市政府财政局实征二月份税捐银数分区列报表》，《市政月刊》（杭州）1929 年 4 月第 2 卷第 4 期；《杭州市政府财政局十八年三月份实征税捐分区列报表》，《市政月刊》（杭州）1929 年 5 月第 2 卷第 5 期；《杭州市政府财政局十八年四月份实征税捐银数分区表》，《市政月刊》（杭州）1929 年 6 月第 2 卷第 6 期；《杭州市政府财政局十八年五月份实征税捐银数分区列报表》，《市政月刊》（杭州）1929 年 7 月第 2 卷第 7 期；《杭州市政府财政局实征税捐银数分区列报表》，《市政月刊》（杭州）1929 年 8 月第 2 卷第 8 期；《杭州市政府财政局十八年七月份实征税捐银数分区列报表》，《市政月刊》（杭州）1929 年 9 月第 2 卷第 9 期；《杭州市政府财政局十八年八月份实征税捐银数分区列报表》，《市政月刊》（杭州）1929 年 10 月第 2 卷第 10 期；《杭州市政府财政局十八年九月份实征税捐银数分区列报表》，《市政月刊》（杭州）1929 年 11 月第 2 卷第 11 期；《杭州市政府财政局十八年十月份实征税捐银数分区列报表》，《市政月刊》（杭州）1929 年 12 月第 2 卷第 12 期；《杭州市政府财政局十八年十一月份实征税捐银数分区列报表》，《市政月刊》（杭州）1930 年 1 月第 3 卷第 1 期；《杭州市政府财政局十二月份实征税捐银数分区列报表》，《市政月刊》（杭州）1930 年 2 月第 3 卷第 2 期；《杭州市政府财政局十九年一月份实征税捐分区列报表》，《市政月刊》（杭州）1930 年 3 月第 3 卷 3 期。

从图3中可见，新市场的上述各项税捐额均数倍于其他两个较发达的商业区，新市场的税捐总额达21246元，远高于城站地区的6535元，清河坊、羊坝头一带虽然是杭州的传统商业中心，但其税捐总额仅有1264元。不难看出，通过滨湖新城区的建构，新市场得以依托西湖的游客经济，因地制宜地发展休闲商业，取得了一定程度的繁荣和成功，在1929年之前已经成为杭州的旅馆、菜馆、茶馆、游乐场等休闲商业的聚集地和市民日常生活的休闲地。

三、新市场区域的现代性及其问题

20世纪初，杭州地方主政者大多具有海外留学背景，对现代城市建设充满梦想。例如，周象贤1910年考取庚款留美，先后就读于美东麻省理工学院和美西加州大学伯克利分校，1928、1934和1945年三度出任杭州市市长。1930年7月至12月担任杭州市市长的蔡增基出生于美国檀香山，毕业于美国哥伦比亚大学。直接负责新市场规划方案的阮性宜曾经留学日本，学习铁道建设。在那个时代，杭州地方政府虽然缺少新城规划与建设的经验，缺少建设经费，但这些筑梦者苦心筹划与经营，得益于新市场区域环湖滨水的优越地理位置，杭州新市场区域的规划和建设在不到二十年的时间内依然取得了令人瞩目的成就。

从滨湖空间格局来看，杭州新市场区域已经彻底改变了原本旗营对西湖与杭州城之间的阻隔，将南北贯通的马路直接修至西湖沿岸，并在湖滨修建了西式的公园等公共设施，打造城湖一体的滨湖新空间，方便了市民和游客经新市场前往西湖游览，正如阮毅成所言，旗营改建新市场“使西湖与杭州，重新合而为一”[1]。浙省当局对新市场的重视，也不仅仅停留在西湖沿岸，湖滨之外的新市场区域也得到了主政者的注意，马路、建筑和各类公共设施先后建成并进一步完善，新市场得以逐渐形成“规模宏远”“布置美丽”的现代都市景观。

浙省当局对滨湖新市场区域的形象建构和景观维护可谓不遗余力。新市场的马路命名便经过主政者的一番深思熟虑，以达到“即寓怀古之思，复省记忆之力”的效果，并在各条马路的路口设置路牌，标示该条马路的中西文名称，以此达到“邮便、交通寰球无碍”，实现与国际接轨的目标。[2]新市场主要马路两边也模仿西式街道，大批栽种了行道树。1916年6月前后，当时主管新市场的杭县知事发现延龄路两边原先栽种的冬青、松柏等树大多枯死，

1　阮毅成：《三句不离本杭》，第48页。

2　《新市场马路名称》，《新闻报》1915年4月4日，第2张第1版。

"殊不雅观"，便立即拨款采购新的梧桐、杨柳等树种1000株，并在栽种完毕后请相关部门加以悉心照料。[1]浙省当局的苦心经营，也换来社会大众对新市场的认可乃至赞叹。1920年6月，一位自上海来杭州的游客，直接将杭州新市场与上海南市进行比较，认为新市场的街道在环境卫生、交通便利上远优于上海南市的街道，并发问既然上海南市的工程费和警察费"不见得比杭州少"，为什么上海南市的街道远不如杭州新市场的街道，甚至南市的警察也不如新市场的警察尽职。[2]在1920年前后，杭州新市场区域呈现了现代都市的滨水风貌，符合时人对于现代都市的想象，或许比之上海南市也更胜一筹。

新市场区域的异军突起与滨湖空间有着紧密的联系，旅馆、菜馆、游乐场等休闲产业汇聚于新市场，形成了西湖游客经济的特色。如前文所述，到了1929年前后，新市场区域已经成为杭州休闲商业的主要聚集地。但是，追溯浙省当局规划和建设新市场区域的初衷，并未仅将新市场限定于主要容纳休闲商业，还希望新市场能进一步承载更广泛的商业业态，曾经担任浙江省司法厅厅长的阮性存便直言："自新市场开办以来……本冀市场日臻兴盛，裨地方与个人均获其益。"[3]另外，1919年开业的浙江商品陈列馆，经过浙省当局的多方提倡，最终选址于新市场[4]，也能进一步看出主政者对新市场商业前景的期许。但新市场的商业种类和规模并未如当局预期的一样，得到大幅的扩展。

1927年，杭州市政当局曾经对杭州城区的商业进行了大规模的调查，留下了丰富而可靠的商业数据，尤其值得重视的是1932年建设委员会调查浙江经济所编写的《杭州市经济调查（上、下）》报告。该调查的商业部分统计了1931年前后杭州市100多个行业的经营状况，包括零售业、批发业、服务业、金融业及半工半商性质的店铺，调查内容包括各行业的营业总额、店铺数量，及主要店铺的地址、资本额和营业额等。[5]

杭州休闲商业包括了菜馆业、茶馆业、旅店业、游艺业、古玩业、照相业等，总营业总额仅有3107585元，而同期的布业一项则达5800450元。休闲商业的营业总额仅占当时杭州商业总营业额的3.08%，与较大的商业部门如布业等相比显得相形见绌。可以看出，在民国时期的杭州，休闲商业还只是一个很小的商业部门，其对新市场商业地位的提升所能产生的

---

1 《补栽新市场之堤树》,《时报》1916年6月3日，第2张第4版。

2 《两日间街道的比较》,《申报》1920年6月19日，第18版。

3 《将军行署咨浙江巡按使为据阮性存等禀为西湖新市场寥落乞予维持由》,《浙江公报》1916年2月第29期，"咨"，第14—15页。

4 《浙江创设商品陈列馆消息》,《时事新报》1919年5月9日，第3张第2版。

5 参见杭州师范大学民国浙江史研究中心选编:《民国浙江史料辑刊·第一辑》第6—7册，北京：国家图书馆出版社，2008年。

影响是非常有限的。另外，从各商业区大店铺的经营情况看，1931 年前后新市场和清河坊、羊坝头一带等商业区，统计营业额在 10 万元以上（包括 10 万元）的各业店铺数量[1]、营业总额[2]，结果如下：

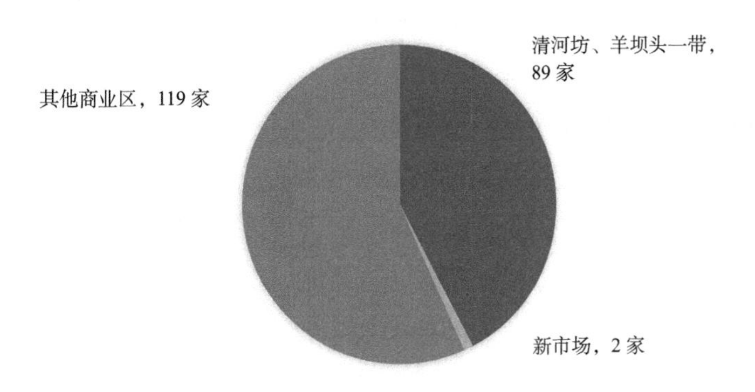

图 4　1931 年前后营业额 10 万元以上店铺的占比情况

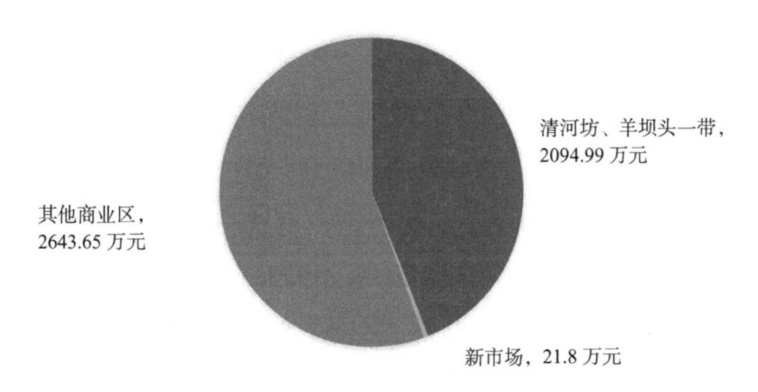

图 5　1931 年前后各商业区大店铺的营业总额占比

如图 4 与图 5 所示，1931 年前后，杭州营业额在 10 万元以上的大店铺主要集中在清河坊、羊坝头一带，该地仍是杭州的商业中心[3]。包括 26 个行业的 89 家店铺，门售绸庄、布业、金银珠宝首饰业、茶庄、中西药业等行业的大店铺都聚集在该地，较知名的大店铺有位于羊坝头的高义泰布庄，经营棉布零售和批发，年营业额达 116 万元，是当时清河坊、羊坝

1　当时杭州各业的营业规模差异较大，该调查详于各业中经营数额较大的店铺，而经营数额较小的店铺资料缺乏，无法准确统计，为统一标准和减小偏差起见，以营业额 10 万元为下限。

2　即各商业区 10 万元以上店铺的营业总额。

3　事实上，近代杭州的商业中心一直位于清河坊、羊坝头一带，参见张卫良、王刚：《民国杭州的新市场与商业中心的转移》，《城市史研究》第 39 辑，第 174—188 页。

头一带营业额最大的店铺；此外，保佑坊的商务印书馆杭州分馆、大井巷的胡庆余堂等店铺的营业额也相当可观。清河坊、羊坝头一带营业额在10万元以上的店铺数量占杭州市同规模店铺总数的42.38%，该商业区大店铺的总营业额也占杭州大店铺总营业额的44.01%。反观新市场，同等营业规模的店铺只有大世界游艺场及聚丰园菜馆两家，两家店铺的总营业额仅有21.8万元，占比仅0.46%，新市场的其他较发达行业，如旅馆、茶馆等都没有营业额超过10万元的店铺。新市场繁盛的休闲商业中能称得上大店铺的只有两家，相比清河坊、羊坝头一带云集的大店铺，差距非常明显。

图6　1927年前杭州城区已修筑马路分布（作者绘制）[1]

新市场区域的新城建设也存在一定程度上的缺憾，不仅存在商业业态单一的问题，若是将考察范围延展至整个近代杭州城，也不难发现作为新城的新市场与杭州原有城区之间，在市政建设方面存在较为严重的脱节现象。浙省当局对新市场一带的市政建设颇为重视，市政设施的建设和维护甚至优于上海南市，但新市场之外的其他城区则处于被忽视的尴尬境地。从杭州城区新式马路修筑的进度上，便能很明显地看出这种区别。如图6所示，1927年前杭州城区已修筑的马路在地理分布上呈现出严重的不平衡性，新市场一带的马路网络最为集中和完善，主要道路和次要道路纵横交错。新市场区域之外，城站火车站一带尚有较小规模的马路网络分布，其他城区的马路则大都是新市场马路网络的外延，甚至距离新市场较远的城北和城南一带未有任何马路建成。

杭州城市政建设分配不均，使得当时似乎有两个截然不同的城市，一个是从新市场延伸至城站火车站的现代都市，马路笔直宽阔，市政设施和城市管理完善；另一个则是新市场—城站一线之外的旧城区，马路建设滞后，各项市政设施和管理也难以令人满意。这种市政建设投资极不平衡的状况，进一步造成了其他不利的影响，如杭州城南的鼓楼，近代以来原有的报时等功能被废弃不用，加上主政者的长期忽视，使得鼓楼到20世纪20年代末已变成被人遗忘的角落，建筑年久失修，残破不堪，时人描绘当时的鼓楼“上仅覆瓦，下徒四壁，牖

1　作者根据《最新实测杭州市街图（1930年）》（杭州市档案馆编：《杭州古旧地图集》，第178—179页），以此作底图，以《杭州市现有马路统计表》（《市政月刊》[杭州]1929年2月第2卷第2期）和《杭州市马路长度统计表》（《市政月刊》[杭州]1931年8月第4卷第8期）的马路数据分布绘制。

尽空穴，楼剩栏杆，乞丐栖息乎内，宵小匿迹其中，便溺狼藉，恶臭四溢”[1]。在国民政府时期，杭州市政当局尽管也开始重视新市场区域之外的市政建设，但是时局动荡变化，特别是日本帝国主义的侵略，使杭州新旧城市之间的割裂现象无法获得解决。

结　语

近代杭州滨湖空间的建设是近代中国人规划和建设现代都市的较早尝试，也有模仿西方在华租界城市的印记。杭州新市场区域的规划摈弃了旧旗营的封闭格局，通过拆除城墙、设置湖滨公园和修建马路等方式，形成了城湖融合的新城格局，并将新市场一带打造成新式的滨湖城市空间。滨湖空间的建构在当时中国城市还是较为少见的，杭州新市场区域的规划和建设具有一定程度的开创意义。浙省当局对新市场区域的市政建设颇为重视，大力推进基础设施建设，这一带马路宽阔、整洁，路边遍栽行道树，加上公园、运动场等公共设施，令人倍感舒适，既成为杭州的休闲商业中心，也成为杭州西湖景区最为重要的空间节点，从而实现了城湖一体化。但是，作为一个现代新城区的开发，新市场区域的建设存在明显的缺憾。现代城市是一个有机体，任何单个区块的发展离不开城市的一体化建构；一个区域虽然可以优先发展，但如若没有整体的规划与建设，即使现代休闲商业获得超常规的发展，单一区域也难以获得可持续的动力。杭州新市场区域的快速兴起得益于现代城市梦想的追逐，也得益于城湖融合的天然优势，但那个时期与其他城区的割裂最终制约了其稳定发展，进而无法实现原初筑梦者们的预期。

参考文献

[1] 石克士：《新杭州导游》，杭州：新新印制公司，1934 年。

[2] 张光钊：《杭州市指南》，杭州：《杭州市指南》编辑部，1934 年。

[3] 阮毅成：《三句不离本杭》，杭州：杭州出版社，2001 年。

[4] 王国平主编：《西湖文献集成》第 10 册，杭州：杭州出版社，2004 年。

[5] 杭州市档案馆编：《杭州古旧地图集》，杭州：浙江古籍出版社，2006 年。

[6] 杭州师范大学民国浙江史研究中心选编：《民国浙江史料辑刊·第一辑》，北京：国家图书馆出版社，2008 年。

1 《九年的浙江流通图书馆》，《中国出版月刊》1934 年第 3 卷第 1、2 期，第 9 页。

[7] 杭州文史研究会、民国浙江史研究中心、浙江图书馆编：《辛亥革命杭州史料辑刊》第6册，北京：国家图书馆出版社，2011年。

[8] 傅舒兰：《杭州风景城市的形成史：西湖与城市的形态关系演进过程研究》，南京：东南大学出版社，2015年。

[9] 傅岚：《杭州主城区滨水公共空间演化研究》，南京：东南大学出版社，2020年。

[10] 汪利平：《杭州旅游业和城市空间变迁（1911—1927）》，朱余刚、侯勤梅译，《史林》2005年第5期，第97—106页。

[11] 傅舒兰、[日]西村幸夫：《论杭州城湖一体城市形态的形成——从近代初期湖滨地区建设新市场计画相关的历史研究展开》，《城市规划》2014年第12期，第15—22页。

[12] Shulan Fu, “Shan-shui Myth and History: The Locally Planned Process of Combining the Ancient City and West Lake in Hangzhou, 1896–1927”, *Planning Perspectives*, Vol. 31, No. 3 (2016), pp. 363–390.

[13] 潘雅芳：《民国时期杭州旅馆业的转型及其社会根源探析》，《史林》2016年第6期，第22—28页。

[14] 张卫良、王刚：《民国杭州的新市场与商业中心的转移》，《城市史研究》第39辑，北京：社会科学文献出版社，2018年，第174—188页。

[15] 报刊类：《政府公报》、《道路月刊》、《浙江公报》、《浙江军政府公报》、《浙江道路杂志》、《市政月刊》(杭州)、《中国出版月刊》、《申报》、《时报》、《新闻报》、《时事新报》、《神州日报》、《杭州民国日报》、《之江日报》。

京杭大运河沿岸城市的近代化变迁

——无锡个案研究

张秀莉*

无锡位于长三角太湖平原，北临长江，南濒太湖，京杭大运河贯穿全境，河网密布，连接了苏州、常州、上海、镇江、南京。传统时代，无锡得地势之利，江南漕粮的转运，长江下游常熟、江阴等地土布的集散，使它成为米市和布码头，取得较多的商业利益。随着1843年上海开埠成为通商口岸，无锡因蚕茧贸易更多地融入了海外市场。19世纪末20世纪初，以机器生产为标志的近代工业在无锡兴起，先后在运河沿岸形成了缫丝业、面粉业、棉纺织业三大产业。近代机器工业的引入，将无锡原有的传统农业纳入全国乃至全球化的市场体系，改变了原有的生产消费模式，进而推动了近代化的过程，交通、市政、商业、金融业也逐步发展起来。

一、缫丝工业的兴起与兴盛

（一）蚕桑业普及与蚕茧的商品化

太湖流域是中国蚕桑业最发达的地区，但无锡蚕桑业起步较晚。据《无锡开化乡志》记载："丝茧始于清初，其源肇自滨湖一带。盖太湖之南即浙江湖州，素以丝茧世其业。开化居太湖之北，占风气者，宜习蚕桑之术，在清中叶不过十之一二。洎通商互市后，开化全区几无户不知育蚕矣。"[1] 太平天国运动时期，无锡的农业受到很大破坏，土地抛荒严重。为了解决这一问题，官方奖励蚕桑，整顿农村，无锡一带的养蚕业才发展起来。据《无锡金匮

---

* 张秀莉，上海社会科学院历史研究所研究员。

1 （清）王抱承纂:《无锡开化乡志》，民国五年（1916）印本。

县志》记载："丝，旧惟开化乡有之。自同治初，经乱田荒，人多植桑饲蚕，辄获奇羡，其风始盛，延及于各乡。"[1] 当时植桑养蚕利润丰厚，可三倍于他田，因此农户多从事此业。据《申报》记载："向年无锡金匮两县饲蚕之家不多，自经兵燹以来，该处荒田隙地尽栽桑树，由是饲蚕者日多一日，而出丝者亦年盛一年。近来苏地新丝转不如金锡之多，而丝之销场亦不如金锡之旺，故日来苏地丝价虽互有涨落，而价已尚无定准云。"[2] 到 20 世纪初，"每村或三十户至五十户，家家育蚕，不问男女，皆从此业"[3]。据江苏省实业厅 1913 年的统计，无锡养蚕户占总户数的 85.44%，占农业户数的 99.91%。[4] 蚕茧的价格远高于粮食，促使农民大量养蚕，到 1930 年，无锡桑地约占耕地总面积的 30%，养蚕业收入约占农业生产总值的 70%。[5] 由此可见，蚕桑业已成为无锡农村的主要副业。

无锡桑蚕业作为新开之地，是伴随着上海缫丝工业的兴起而发展起来的，正是与近代工业生产的结合，使得它发展迅速，后来居上。从江苏省境来看，原来只有毗邻嘉兴和湖州的吴江和吴县部分地区蚕桑业很兴盛，到 19 世纪 80 年代初，无锡的蚕丝生产和外销已超过吴县和吴江，一跃而冠于全省。而在太湖南岸的苏州、湖州、嘉兴等传统桑蚕区，蚕茧生产本来就是生丝生产过程的一部分，农民大都自己养蚕制丝，而且技术高超，因而这一带并没有转变成原料茧的供给地，而是生丝的供给地，当地农民习惯于出卖生丝而不是蚕茧。而在无锡新兴蚕区，养蚕农家直接将蚕茧卖给茧行，蚕茧的商品化程度相当高。详见表 1。

无锡蚕桑业的发展与上海缫丝工业的发展有直接关系。19 世纪中后期上海缫丝工业兴起后，对原料茧的需求不断扩大，无锡因其自身特点很快成为上海缫丝厂重要的蚕茧供应地。据记载，1888 年上海缫丝厂用无锡茧缫成的生丝，比内地用土法缫制的丝每担价格高 200 两。随着上海缫丝厂激增，无锡所供给的原料茧亦日增，在 1882 年至少约有 3000 担干茧流入上海，而到 1897 年上海缫丝厂从无锡直接购入和间接自茧商买进的干茧量高达 15000 担，1907 年以后更突增。[6] 详见表 2。

---

1 （清）秦缃业：《无锡金匮县志》卷三十一《物产》，光绪七年（1881）刊本。

2 《无锡丝盛》，《申报》1880 年 6 月 21 日，第 2 版。

3 李文治：《中国近代农业史资料》第一辑，北京：生活 · 读书 · 新知三联书店，1957 年，第 579 页。

4 高景嶽、严学熙编：《近代无锡蚕丝业资料选辑》，南京：江苏人民出版社，1987 年，第 7 页。

5 章有义编：《中国近代农业史资料（1912—1927）》第二辑，北京：生活 · 读书 · 新知三联书店，1957 年，第 151 页。

6 陈慈玉：《清末无锡地区的蚕桑生产与流通》，《大陆杂志》（台湾）1984 年第 69 卷第 5 期。

表1　1926年江浙蚕茧用途比较表

单位：担

省别	地区	用于机器缫丝的干茧	农家自织或土丝
江苏	无锡	55000	—
	常州	30000	—
	苏州	15000	3000
	苏北	11000	2000
	全省合计	111000	5000
浙江	杭州、嘉兴	30000	20000
	辑里	10000	35000
	绍兴	25000	5000
	全省合计	65000	60000

资料来源：章有义编：《中国近代农业史资料（1912—1927）》第二辑，第222—223页。

表2　上海市场中的江苏干茧量供应

单位：担

产区	1908年	1909年	1910年
无锡	49000	60000	48000
常州	12000	10000	7000
江阴	12000	10000	8000
苏州	—	3000	2100
其他	—	1000	800
全省合计	73000	84000	65900

资料来源：陈慈玉：《清末无锡地区的蚕桑生产与流通》，《大陆杂志》（台湾）1984年第69卷第5期。

（二）缫丝厂的兴起

无锡桑蚕业的发达与高度商品化并未同时伴随着近代缫丝工业的发展，而是以蚕茧贸易为主。无锡茧行翘楚薛南溟与周舜卿合资创办的第一家机器缫丝厂设在上海。直到1904年，周舜卿在无锡创办了第一家机器缫丝厂——裕昌缫丝厂，比上海的机器缫丝厂晚了四十余年。然而，无锡缫丝工业的发展稳定而快速。第一次世界大战结束后，国际生丝市场需求量猛增，我国生丝年出口量均在10万担以上，尤其以1928、1929年两年皆达18万担以上，打破历年来生丝出口最高纪录，经营丝业之商人、养蚕农户、贩茧商民等与生丝贸易有直接间接关系之人皆从中获利。无锡缫丝工业就在这一国际环境下获得快速发展。1919年，无锡境内有11家丝厂。1928年，无锡已有丝厂37家，占江苏全省的97.37%，丝车数占全省的97.58%。[1] 1930年全县丝厂已有45家，总计拥有丝车15108部。无锡历年缫丝工业的发展情况详见表3。

由表3可见无锡缫丝工业的发展速度。但是20世纪30年代爆发的全球经济危机对于华丝出口影响巨大，无锡缫丝工业受到沉重打击。1932年春节后，全城50家丝厂，除规模较大的3家外，全部停工。面对经济危机，无锡民族企业家一方面积极争取政府支持，一方面加大了对企业经营管理、人才技术等多个层面的改革力度，最终在全国最早摆脱危机，创造了近代工业发展史上的奇迹。1933年无锡工业逐渐恢复，1935年开始复兴，抗战全面爆发前达到顶峰，开办缫丝厂数量占江苏省的94%，丝车占全省总数的95%，缫丝工业赫然成为雄冠全省的轻工行业，无锡被誉为世界“丝都”。1933年，无锡缫丝厂的规模和丝车数量已经超过了上海，成为全国最大的缫丝工业基地。到1936年，无锡缫丝厂51家，丝车15832部，丝车数量比上海多4000多部，丝厂数量约为浙江全省总数的1.3倍，丝车数量为浙江全省的1.5倍。这一年，中国输出生丝47204担，无锡输出的生丝约25793担，约占上海生丝输出总

表3　无锡缫丝厂历年创办情形

年份	创立厂数（家）	增加丝车数量（部）	年份	创立厂数（家）	增加丝车数量（部）
1904	1	332	1920	3	824
1909	2	732	1922	5	1884
1910	2	792	1925	1	120
1913	1	256	1926	4	1208
1914	2	576	1927	1	264
1916	1	232	1928	12	2744
1918	1	256	1929	8	1996
1919	1	480	总计	45	12696

资料来源：薛明剑：《改进无锡实业计划》，《无锡杂志》1930年9月第16期。

1 《统计月报》1930年第2卷第11期，根据“统计资料”第61—62页计算。

量的 85.2%，占全国厂丝输出总量的 54.6%，为全国之冠。[1]

无锡何以能后来居上，在三十年的时间里成为全国最大的缫丝工业基地?

首要原因是无锡地近原料产地，原料供应成本大大降低，因而减轻了经营者的负担。无锡在普通年岁的产茧额约 20 万担，烘干茧 62000 多担，其中约 20%—30% 出售到上海。[2] 无锡还是苏浙皖三省茧行、茧栈最多的地区，是蚕茧的集散地。本地缫丝厂所用蚕茧虽然以本地所产者最多，但仍不过供其半数，不足之数主要从常州、江阴、金坛、宜兴、溧阳、常熟等周边地区购买。到 20 世纪 30 年代无锡缫丝厂鼎盛时期，本地蚕茧供不应求，还需从外省输入部分干茧。茧行和茧栈业的发展为本地区缫丝工业提供了稳定而充足的原料，是本地缫丝厂快速发展的必要条件。

其次，无锡便利的交通运输成为缫丝厂快速发展的另一条件。从水路来看，无锡处于江南运河中段交汇点，运河、漕河、梁溪河分流境内，其他密布的港汊宛如蛛网之纬线，沟通了太湖水系和长江间的运输。近代以来，随着无锡工商业的发达，航运因之日益发达，由民船、快船而改用汽船，为数不下百余艘，从 20 世纪 30 年代四通八达的汽船航线设置可见一斑。

由表 4 可以看出无锡发达的水运交通。开往各地的轮船穿梭在江南运河里，远达丹阳、溧水、句容、江都等地，把各产茧地密切联系起来。即使在沪宁铁路开通以后，货物运输、消息传递大都仍以船舶转运为主。轮船招商局、老公茂总公司均设在无锡北门外竹场巷内，另设分局于光复门外通运桥，中华轮船局及利澄轮船局设于通运桥下。

从陆路来看，近代以来的铁路和公路建设，使无锡获得了较传统时代更为独特的优势。1907 年沪宁铁路开通，在无锡设有大站，此外还有周泾港、南门旗站、石塘湾、洛社四个小站，大大缩短了无锡通达上海的时间。而且，无锡周边还先后修筑了锡沪、锡澄、东高、广动、通惠、开原、惠山、扬名等公路，使远至镇江、南京及浙西和安徽的主要蚕区均可通达。

因此，无锡“交通之便，不惟为邻县冠，且为苏省内地各县冠”[3]。江阴、宜兴、靖江、武进、丹徒、金坛、丹阳、江都、扬中、句容、江宁、溧阳等地的蚕茧，通过纵横的水道集

1 钱耀兴:《无锡市丝绸工业志》，上海：上海人民出版社，1990 年，第 422 页。

2 实业部国际贸易局编:《中国实业志（江苏省）》，“工业”，1933 年，第 120 页。

3 高景嶽、严学熙编:《近代无锡蚕丝业资料选辑》，第 109 页。

表 4　20 世纪 30 年代无锡汽船航线

路线	沿途停泊地
无锡溧阳线	洛社、戴溪桥、华渡桥、运村和桥、宜兴、溧阳
无锡湖州线	大渲、西山、大钱、湖州
无锡华墅线	张泾桥、陈家桥、晃山桥、东新桥、习礼桥、北涸、南新桥、华桥
无锡北涸线	张泾桥、陈家桥、晃山桥、北涸
无锡周庄线	张泾桥、陈家桥、晃山桥、长泾、陆家桥、瓠岱桥、周庄
无锡东莱镇线	三坝桥、张泾桥、陈家桥、晃山桥、东新桥、习礼桥、陈墅、顾山
无锡八士桥线	祝塘、塘石燕、西洋桥、白埯桥、龙聚桥、方村桥、八士桥
无锡羊尖线	张泾桥、东湖塘、北窑、严家桥、羊尖
无锡周铁桥线	钱桥、藕塘桥、植塘桥、张舍、胡埭、雪堰桥、周桥、潘家桥、分水墩、周铁桥
无锡漕桥线	藕塘桥、陆区桥、新渎桥、戴溪桥、漕桥
无锡河塘桥线	黄土塘、八士桥、方村桥、黄姑桥、白埯桥、西洋桥、门村、河湘桥、河塘桥
无锡云亭线	张塘桥、胡家渡、堰桥、博渚、璜塘、长寿、茂桥、云桥
无锡玉祁线	洛社、五牧、葑庄、礼社、玉祁
无锡吴塘门线	北桥、中桥、南桥、石塘桥、新桥、许舍、横山桥、烧香滨、南方泉、吴塘门
无锡江阴线	石塘、青旸、月桥、南闸、江阴
无锡苏州上海线	望亭、苏州、昆山、巴场、黄渡、上海

资料来源：实业部国际贸易局编：《中国实业志（江苏省）》，“商埠及都会”，1933 年，第 19—20 页。

中到无锡销售。更有远至镇江、南京、安徽之产茧地带经沪宁铁路，吴江、平望、盛泽及浙西主要蚕区经苏嘉铁路，均可通达无锡。据 1925 年上海万国生丝检验所的调查：“蚕茧上市季节，无锡是个繁忙的城市，火车站附近的大运河里停满航船和汽船，沿岸分布上海各缫丝厂经理人员的临时办事处，旅馆里住满了老主顾。”[1] 无锡因优越的交通条件，成为江浙地区蚕茧集散中心和最大的干茧市场。

此外，缫丝厂生产需要大量用水，无锡缫丝厂的水多来源于太湖，不仅水资源丰富，水质纯清，而且硬度和黄浊程度也远低于上海，适合缫丝之用，无锡的丝厂基本沿运河沿岸分布，详见表 5。

1　周德华：《华中蚕丝业调查（2）》，《丝绸》1999 年第 11 期。

表 5　1930 年无锡县城缫丝厂的空间分布

县城方位	厂址	工厂数量（家）
西门外	仓浜、迎龙桥、龙船浜	3
东门外	亭子桥（5 家）、小桥、东亭镇	7
北门外	黄埠墩、梨花庄、工运桥、惠工桥	4
南门外	清名桥（2 家）、跨塘桥、金钩桥、塔塘下、南水仙庙、羊腰湾（3 家）、日晖桥、铁树桥、张元庵、通扬桥	13
光复门外	通运桥、冶坊场（2 家）	3

资料来源：薛明剑：《改进无锡实业计划》,《无锡杂志》1930 年 9 月第 16 期。

除以上有利于生产的外部条件，无锡的地价与工人的成本也大大低于曾长期作为缫丝工业中心的上海。由此在应对经济危机的背景之下，无锡与上海的缫丝工业地位发生逆转。1929—1933 年间，上海共拆毁丝厂 27 家、丝车 9797 部，约占上海缫丝工业最盛时期的 40%。其中一部分丝厂的资本、设备，即转移到无锡。1927 年创办的民丰丝厂，1928 年在无锡创办的南昌丝厂、新纶丝厂，1929 年创办的锦泰丝厂等均由上海资本创办。[1] 1930 年上海瑞纶丝厂厂主将其在上海经营的缫丝厂拆毁，并把厂基出售后，开始全力经营无锡的新纶丝厂。而无锡商人薛南溟和周舜卿于 1896 年合资在上海创办的永泰丝厂，也于 1926 年租赁期满后整体搬迁至无锡南门外日晖桥，对此后无锡缫丝业的发展产生了至关重要的影响。

二、棉纺织工业的兴起

土布生产曾是传统时代无锡的主要手工业之一。明代中期，土布成为全县大宗产品，到清末土布年产量达 300 万匹（约 3000 万米），仅次于常熟、松江，居全国第三位。[2] 无锡第一家以机器生产为标志的近代工厂，就产生于棉纺织业。1895 年 10 月，杨宗濂、杨宗瀚兄弟创办了无锡第一家近代工业企业——业勤纱厂，开无锡近代工业之先河。业勤纱厂位于无锡东门外兴隆桥，厂址占地面积约 40 亩，厂房建筑为砖木结构，二层，有烟囱和水塔，机器设备均从英国进口。

1　高景嶽、严学熙编：《近代无锡蚕丝业资料选辑》，第 56—58 页。

2　《无锡县志》编纂委员会编：《无锡县志》，上海：上海社会科学院出版社，1994 年，第 311 页。

1906年，荣宗敬、荣德生、荣瑞馨等合资创设振新纱厂，厂址在无锡西门外太保墩，厂地面积约50亩，资本125万元。1913年添购纱锭，1932年购办织机。1932年盈10余万元，1933年亏5000元，历年公积金共计2万元。工厂有男工326名、女工1324名、童工160名，共计1810名。[1]

第一次世界大战期间，中国民族资本获得了快速发展的空间，得益于市场需求旺盛、利润可观，无锡纺织业日益发展。据时人调查，1919年无锡的振新纱厂、广勤纱厂、业勤纱厂，每家盈余都在百数十万元，其他盈利少的也有数十万元，这样的盈利状况自实业发轫以来所未有。因此，许多企业家开始投资或增加新的投资。仅1919年无锡又增加了3家纱厂：（1）豫康纱厂。沪商贝润生、薛醴泉及锡绅薛南溟等合资，在梨花庄购地建筑，资本70余万元，纱锭14000余枚。（2）申新三厂。荣宗敬、荣德生兄弟在茂新纱厂附近觅得田地多亩，建筑申新三厂，资本100万元，纱锭3万枚。（3）庆丰纱厂。无锡商会副会长蔡缄三联合绅商薛南溟、孙鹤卿、唐晋斋等，在火车站北面广勤路周三浜购地数十亩，定名庆丰纺纱公司，资本80万元，定购纱锭14800枚、织平布机150张、织斜纹机100张。[2]

1932年无锡棉纺织业概况详见表6。

无锡棉纺织业的发展同样表现出与外部市场的密切关系（表7）。申新三厂所有机器，

表6　1932无锡纺织厂一览表

厂名	成立时间[3]	厂址	纱锭数（枚）	职工人数（人）
业勤纱厂	1895	东门外兴隆桥	18836	1100
振新纱厂	1905	西门外太保墩	30278	2400
广勤纱厂	1917	广勤路长源桥	19968	1597
申新三厂	1919	西门外迎龙桥	67000	3515
豫康纱厂	1921	广勤路梨花庄	17600	1440
庆丰纱厂	1921	北门外周山浜	26400	1855
丽新纺织染厂	1921	北门外吴桥	16000纱 6000线	1931

资料来源：《无锡纺织厂概况》,《无锡杂志》1932年10月第19期。

1 《无锡纺织业工厂概况：乙、振新纺织厂》,《江苏建设》1935年第2卷第5期，第61—62页。

2 《无锡纺织业之勃兴》,《江苏实业月志》1920年第11期，第22—24页。

3 成立时间在不同文献中略有差异，有的是筹建时间，有的是建成投产时间。

表 7　1935 年无锡纺织业的对外业务关系

厂名	机器设备	原料	产品
申新三厂	英国、瑞士、美国、德国	国外以印度及美属各地，国内以本省江北及河南、山东、陕西等处为多	销售于华北、陕西、甘肃、香港、广东及南洋等处
庆丰纱厂	美国、英国、德国、瑞士均有		销售于上海与西南各省及本省长江一带
广勤纱厂	英国、德国	国内则以河南、徐州、江北等处为多，外棉亦有购用	销售于本省江南各县外，其余则销往上海、山东、华北等处
豫康纱厂	英国	国产棉花为主要	销售于沿津浦线一带为多，其次本省各县
业勤纱厂	英国		本省江南各县，如宜兴、溧阳等县，外省安徽及长江一带
振新纱厂	英国		除运上海外，大部销售于本省江北各县及川溪各地
丽新纺织染厂			国内各省、南洋等埠

资料来源：《无锡纺织业现状》,《中行月刊》1935 年第 11 卷第 2 期，第 111—114 页。

均来自英国、瑞士、美国、德国；每年用棉约 8 万担强，原料国外以印度及美属各地，国内以本省江北及河南、山东、陕西等处为多；所产纱布，销售于华北、陕西、甘肃、香港、广东及南洋等处。[1] 庆丰纱厂所用机件，美国、英国、德国、瑞士均有；生产品销售于上海与西南各省及本省长江一带。广勤纱厂机械为英国与德国出品；原料来源，国内则以河南、徐州、江北等处为多，外棉亦有购用；生产品销售于本省江南各县外，其余则销往上海、山东、华北等处。豫康纱厂的机械均为英国产；以用国产棉花为主要；生产品则销售于沿津浦线一带为多，其次本省各县。业勤纱厂所有机械出自英国；所有生产品，销路最旺区域在本省江南各县，如宜兴、溧阳等县，外省安徽及长江一带。振新纱厂机械来自英国；所有生产品，除运上海外，大部销售于本省江北各县及川溪各地。丽新纱厂生产品销售于国内各省外，对于南洋等埠亦有大宗去路。

由于与海外市场的关联性增强，20 世纪 30 年代初期的世界经济危机给无锡棉纺织业以

1 《无锡纺织业现状》,《中行月刊》1935 年第 11 卷第 2 期，第 111—114 页。

巨大影响。据当时所做调查，豫康纱厂1931年盈10余万元，1932年亏6万余元，1933年亏5万余元，历年公积金共计10余万元。[1] 申新三厂1931年盈50万元，1932年盈40万元，1933年盈亏未详，历年公积金约11万元。[2] 1935年中国银行所做的无锡纺织业调查记载了无锡工商业的衰落状况：

> 频年国难当前，日甚一日，加以天灾人祸，相继而来，农村破产，工业衰落，社会金融枯竭，商号倒闭，停业者时有所闻。无锡一邑，虽处内地，因有交通之便利，赖河水天然之清洁，以故工厂林立，繁华甲于全省，素有小上海之称。惟近年则不然，人民之奢侈不下于上海，实则外强中干，商市一落千丈，大有排山倒海不可挽回之势，蚕丝已陷于山穷水尽之境，而纺织事业，更有困难重重之感。查内地纺织厂当推无锡为最发达，计有业勤（即复兴）、振新、广勤、裕康[3]、庆丰、申新、丽新等七家。各厂实力虽足，无如风浪频至，营业不振，出品销路呆滞，存搁甚多，周转困难，应付不易，影响所及，岌岌可危。[4]

至1936年，随着市场需求好转，无锡纱布业获利丰厚。荣德生记载：1936年"纱、粉销场均佳，价格步涨，二十支棉纱至每件二百四十元。我处从改进以后，开支省，出品好，销路广，因此货无存积。申新一、三、五厂，且已客等货矣。各厂余利颇优，惟以陆续添机，支用亦大"[5]。1937年初各厂无不积极扩充，也有新开设的工厂。丽新纺织染厂添设纱锭3万枚。赓裕布厂决定添设纺纱厂，购置纱锭2万枚从事纺纱。其他如申新、庆丰及豫康等三厂，于1937年2月间亦添购纱锭从事扩充。夏铁樵则集资50万元，在长源桥附近开创维新染织厂，预备购布机250台、纱锭1万枚，并将办理印花及漂染等事项。[6]

但棉纺织业恢复向好的局面被日本的侵略战争彻底摧毁。1937年11月25日，侵华日军侵占无锡，江阴巷、北塘、北大街、崇安寺、中山路等最繁华的商业区被日军付之一炬，损

1 《无锡纺织业工厂概况：丙、豫康纱厂》,《江苏建设》1935年第2卷第5期，第62—63页。
2 《无锡纺织业工厂概况：甲、申新纺织第三厂》,《江苏建设》1935年第2卷第5期，第60—61页。
3 应为豫康纱厂。
4 《无锡纺织业现状》,《中行月刊》1935年第11卷第2期，第111—114页。
5 荣德生：《荣德生文集》，上海：上海古籍出版社，2002年，第129页。
6 《外省棉讯：江苏：无锡纺织业近况》,《河北棉产汇报》1937年第22期，第26页。

失惨重。业勤纱厂、广勤纱厂被焚毁殆尽，振新、申新、庆丰等纱厂被日军侵占。无锡经济受到严重破坏，生产能力不到战前的一半。

三、从传统米市到机制面粉业

明朝万历以后，无锡已成为著名的产米区和粮食集散地；至清朝光绪年间，无锡成为江苏、浙江两省的办漕中心，每年承办漕粮130万石以上，成为全国四大米市之一。清末，无锡米市成交额曾达600万石。无锡作为米粮集散地的优势，亦为近代机制面粉业的发展提供了必要条件。

1900年荣宗敬、荣德生兄弟创办保兴面粉厂，1902年正式投产，1903年更名为茂新面粉厂，这是荣氏兄弟创办最早也是最为成功的企业。茂新面粉厂位于西门外太保墩，最初建有厂房、公事房、街场、驳岸等。荣氏兄弟的面粉业从无锡扩展到上海。1912—1921年的十年间，荣氏兄弟投资开办的机器面粉厂共有12家，即茂新一厂、二厂、三厂3家在无锡，茂新四厂在济南，福新一至八厂在上海（7家在上海，1家在汉口），分布于大江南北的4个大城市里。12家面粉厂拥有进口粉磨301部，日产面粉能力9.3万包。荣氏兄弟在十年间将面粉生产能力提高了24倍，占当时全国机制面粉生产能力的31.4%，所拥有的资本额占到当时全国私营面粉厂总资本的30.5%，荣氏兄弟也因此获得了“面粉大王”的桂冠。

荣氏兄弟经营面粉厂一贯重视产品质量，注重采用优质小麦作原料，不断改进加工工艺，创造出脍炙人口的优良品牌。茂新面粉厂生产的“兵船牌”面粉以色泽白、韧性强、口感好著称，甚至在面粉市场销售疲软时也能做到“各厂皆滞，唯我独俏”，还成为外销出口的主要品牌。1926年“兵船牌”面粉在美国费城召开的万国博览会上获奖，还在上海面粉交易市场上被公认为交易的标准粉。福新各厂开办后，一度也多使用“兵船牌”作为商标。

“兵船牌”商标始创于1910年，最初为茂新面粉厂专用的面粉商标，福新面粉一厂成立时，亦使用“兵船牌”商标，因此产品很快打开销路。“兵船牌”分为绿、红、蓝、黑四种颜色，以绿色为最好，用于顶级面粉的商标，其余按面粉品质依次分用红、蓝、黑三种。此外，还有福新一厂的“宝星牌”“牡丹牌”和福新二厂的“红蓝福寿”商标等。1923年，北洋政府颁布《商标法》并正式成立农商部商标局。“兵船牌”商标依法定程序申请注册，成为我国商标注册史上的第一号注册商标，具体时间为1923年8月29日，由北洋政府农商部商标局局长秦瑞签发的《商标局商标诠册证》也是第一号。

四、工业化与无锡的近代化

无锡工业化的历史进程，开始于缫丝、面粉、棉纺等，并成为三大支柱工业。这三大产业的发展也推动了其他门类的工业部门以及金融、商业、运输、堆栈等行业的全面发展，详见表8。

1927年，《纺织时报》的记者赴无锡考察纺织业，描述了当时的工业概况：

> 该处工商业颇盛，就纺织业一项而论：纱厂六所，共十五万三千零六十八锭；织布厂十七家，有布机二千七百八十四台；制丝厂廿四处，有丝车六千七百余架。此为其稍具规模者，其余个人经营者，恐尚不在少数。以一县之大，而工商业有如斯之盛，宜其称为江苏之模范县也。该县有铁路通火车，有运河便舟楫，深水港纵横交错于城内，周围环绕于城外，与运河相连接，与太湖相流通，匪特交通称便，水亦清洁，可直接供给

表8　1929年无锡12种主要工业投资额和营业额对照表（1930年2月统计）

工厂类别	投资额		营业额	
	投资额（元）	占总金额比例（%）	营业额（元）	占总金额比例（%）
纱厂	6169000	52.33	18313000	18.53
缫丝厂	2388000	20.29	54084000	54.73
面粉厂	1680000	14.27	10976500	11.10
染织厂	768500	6.53	7930000	8.02
翻砂厂	224540	1.91	3370000	3.41
织袜厂	184000	1.56	2203000	2.23
油厂	183000	1.56	867100	0.88
碾米厂	73500	0.63	760410	0.77
皂碱厂	48000	0.41	239500	0.24
制镁厂	30000	0.26	30000	0.03
造纸厂	21900	0.17	27000	0.03
织绸厂	10006	0.08	26500	0.03
合计	11780446	100	98827010	100

说明：本表投资额指“营业”资本，不包括厂房厂基等“实业”资本。

资料来源：高景嶽、严学熙编：《近代无锡蚕丝业资料选辑》，第86页。

锅炉及漂染之用。大气湿度复得其调节，于冬夏无过于干燥不便工作之弊。有以上种种长处，该县纺织业前途尚有无限之希望也。[1]

1933 年，无锡已有近代工业企业 315 家，形成了纺织、缫丝和面粉三大优势行业。工人总数达 7 万多人，仅次于上海，居全国第二位；工业产值净值达 7726 万元，在全国六大工业城市中，仅次于上海、广州，居第三位。无锡工商业和金融事业的繁荣，综合经济实力，在全国主要城市中，居第五位，因而被誉为“小上海”。[2]

工业的发展需要巨额流动资金，非向银行、钱庄贷款不可。因此，无锡工业发展促进了金融业的发展。1927 年后，中国、交通、江苏、上海等银行在无锡设立支行，多数钱庄亦陆续开业，金融呈发达之势，详见表 9。金融业的发展又反过来促进了工业的扩张，厂商可以栈单向金融业抵押，获得大量运营资金。很难想象，没有活跃的金融市场，无锡工业能够有那么迅速的发展。

表 9　1930 年无锡银行、钱庄统计

行、庄名称	地址	行、庄名称	地址
中国银行无锡分行	北门布行弄	瑞裕钱庄	北塘
江苏银行无锡分行	北门竹场巷	宝康润钱庄	北塘
中央银行无锡分行	北门竹场巷	源丰钱庄	北塘
交通银行无锡分行	北大街	德丰钱庄	北塘
上海商业储蓄银行无锡分行	北大街	福裕钱庄	北塘
农民银行无锡筹备处	西门外仓浜里	允裕钱庄	北塘
复元钱庄	大桥下北塘	大昌永钱庄	北塘
瑞昶润钱庄	北塘	永甡钱庄	北塘
元昌钱庄	北塘	天成钱庄	笆斗弄
福昌盛钱庄	北塘	谦裕钱庄	大桥下
永吉润钱庄	北塘	再丰钱庄	大桥下
信元钱庄	北塘	久余钱庄	三里桥
慎余钱庄	北塘	万源钱庄	盛巷桥
德昌钱庄	北塘	洽昌钱庄	财神弄
永恒丰钱庄	北塘		

资料来源：无锡县政府、无锡市政筹备处编：《无锡年鉴》第一回，华丰印刷，1930 年。

1 《无锡纺织业考察记》，《纺织时报》1927 年第 458 期，第 236 页。
2 《无锡县志》编纂委员会编：《无锡县志》，“概述”，第 4 页。

无锡近代工业的发展，使它不仅具有比较先进的生产力，而且在内部经济结构上具备了较高的集中和综合的能力，在外部联系上具备了较强的吸引力和辐射力。蚕茧和粮食的集散成为全部商业活动的两根台柱，茧栈主要集中于通运桥东沿河，靠近火车站一带；粮栈则集中在北塘附近的蓉湖庄。这两条街道便成为无锡商业活动的中心。蚕茧和粮食都是通过木船运输，无论是无锡去上海的回程船只，还是外地来无锡的船只，回程时总要带回一批货品，无锡自然地发展成为江苏南部商业活动最发达的城市、苏南经济区的中心。

无锡工业在学习和改善企业管理水平的过程中，也相应推进了城市化的发展。

缫丝厂为了提高生丝的质量，主动推进蚕桑改良，成立私营蚕种制造场。从1929年起，薛寿萱在永泰丝厂蚕事部下于镇江、无锡先后创办了3个制种厂，推广改良蚕种。由于蚕茧的优劣与饲育关系很大，因此对农民进行技术指导十分重要。1930年，薛寿萱以政府名义成立蚕桑模范区，分设指导所于各乡镇，指导农民改良育蚕。在永泰丝厂的带动下，无锡其他一些实力较强的丝厂纷纷仿效，推进蚕种改良。如乾甡丝厂在创办大有蚕种场的基础上，开办蚕业技术员养成所。在各方努力下，无锡蚕种改良成效显著，20世纪30年代初，无锡成为蚕种改良的中心，共有公私蚕桑改良指导机构5个、蚕种制造场33个，占江苏全省总数的30.3%，年生产销售改良蚕种100—150张，约占江苏全省的一半。[1]

申新三厂的管理堪称当时各厂的模范，待遇方面颇属完善，如有工人储蓄、劳动保险等福利与劳工自治区宿舍、医院、工人子弟学校、俱乐部、运动场等设施。特辟劳工自治区，所有职工晨夜校、女工作员养成所、女工寄宿舍、消费合作社、职工医院、娱乐场、园圃等劳工设施，均附设在内。职工晨夜校，即借用劳工子弟学校授课，分晨夜两班，每日上课2小时，工人补习者约300名。劳工子弟学校经费每月120元，学生100余人。女工分娩假期，并无规定，亦不给资。关于津贴及抚恤，因公伤害者，视伤害之轻重，酌给津贴；因公死者之抚恤，以工资为标准，约自100元至500元。有食堂、寄宿生、浴室、盥洗室、哺乳室。[2]

丽新纺纱染织厂，染织工厂内之设施如女工哺乳室、夜学课堂、娱乐室、警卫室、药剂室、食堂等，均甚完善。纺织工厂内设女工宿舍、夜学、浴室、盥洗室、疗养室种种之设置。宿舍即建在工厂附近，仅仅隔数十步之遥，中有回廊通达工厂。宿舍是一二层楼洋房，建筑非常精美，宛如上海的大旅舍，闲静幽雅，整顿清洁，实不多得。寝室共计有40余间，每间置铁床12架，宿舍有女主任1人、日夜班女管理员1人、女医生1人。全工厂之组织，

1　王赓唐、汤可可主编：《无锡近代经济史》，北京：学苑出版社，1993年，第73页。

2　《无锡纺织业工厂概况：甲、申新纺织第三厂》，《江苏建设》1935年第2卷第5期，第60—61页。

有试验室、训练室、选棉室、试验机，甚为完备。训练室中之布置一如各学校教室，四壁高悬各作业标准图解，室隅置有一机，陈列不依作业标准而制出之各种不良破损物品，及易损坏之机械部分，一一附以说明仿单，使工人明了改良与保全。工人一入工厂，最初须经过一切训练，除作业方法之外，并授以场内各种常识，了解保守秩序，如遇工人发生过失，照例呼至训练室加以训导，使其改正。各种工资之支付，均分有等级，其等级之标准，以各人之工作能力与工作日数、勤惰清洁适当及入厂时间之长短等而决定。深入本厂之各种设备，实为中国之模范工厂。[1]

由于无锡工业的发展需要大量工人，大量外地人的涌入，使得无锡成为一个移民城市。仅以工人群体而言，无锡本城人占全数20%；近乡人占全数55%；来自江北及宜兴、溧阳、常熟、江阴等处的外籍人占全数25%。[2]因此，无锡工厂的训练与生活方式，又会影响或改变这些工人的观念。

无锡工业的发展，也推动着文化事业的发展和社会的进步。仅以曾被誉为“面粉大王”和“棉纱大王”的荣家代表人物荣德生为例，来看企业家对家乡教育文化事业的贡献。对于投资兴学的宗旨，荣德生认为：“教育贵在实学，若虚有其名，无裨实用，不如无学。早就人才，如良玉美璞，必细加琢磨，方能成器。”[3] 1906—1915年间，荣德生先后创办4所公益小学和4所竞化女子小学。1919年创办公益工商中学，招收高小毕业生，先读1年预科，然后分工、商二科，学制3年，并设有实习工厂、实习商店和小银行，是无锡早期的一所中等职业学校，1927年停办。1929年，又创建公益中学，先设初中部，后设高中部，延续至今。1947年秋，荣德生创办了私立江南大学。此外，荣家企业还创办了梅园豁然洞读书处、申新女工养成所、机工养成所、职员养成所和训练班、申新工人夜校、职工子弟学校、开源机器厂艺训班等职业技术教育机构。1916年，荣家还在荣巷建造大公图书馆，藏书最多时近20万卷（册），以中国古代文化典籍、地方志和本地乡贤著作为主。荣德生所办学校，从小学、中学、大学、职业教育，还有图书馆供自学进修，构成了一个颇为完备的近代教育体系。荣家所办的学校，在将近半个世纪里，培养了数以万计的各类人才。据记载，1923年在公益小学、竞化小学和公益工商中学就读的学生共1138人。全面抗战爆发前夕，在申新三厂劳工自治区工人夜校学习的超过1000人。[4]而从1906年至1929年间，在荣家所办的各类学校和养成所学习

---

1 《无锡丽新纺纱染织厂参观记》,《中行月刊》1932年第5卷第6期，第138—140页。

2 《无锡劳工概况调查》,《无锡杂志》1934年11月第21期。

3 荣德生:《荣德生文集》，第211页。

4 《申新劳工自治区毕业生典礼》,《新无锡》1936年7月6日。

过的人数有几万人。[1] 对于办学的成就，荣德生曾做过如此总结："余历年所办学校，以工商中学得人为盛，次则梅园读书专修班造就亦多。工商毕业生都能学得实用技术，今日各工厂、各企业任技术员、工程师、厂长者不少，尤以纺织界为最多。豁然洞人才大多精研学理，品德优良，从事社会事业，或自创企业，颇不乏崭然露头角者，虽非纯粹技术，亦能有裨实用。其余公益、竞化诸校，所出人才亦不少，绝鲜走入异途，或作非分之事，及成为社会渣滓者。推其原因，皆为'实学实做'而已！"[2] 这不仅为荣家企业和无锡地方输送了一批批有知识技能的实业人才，更培养出一批教育、科学、文化、教育、外交领域的栋梁之材。

荣家企业助力教育事业对无锡的影响只是其中一个部分，其他诸如市政、地方自治等领域都多有推动。而且，无锡近代工业发展过程中，逐步形成了荣氏（荣宗敬、荣德生）、薛氏（薛南溟、薛寿萱）、周氏（周舜卿）、杨氏（杨艺芳、杨藕芳、杨翰西）、唐氏（唐保谦、唐骧廷、唐星海）等民族资本集团。他们都各自为无锡近代化做出很大贡献。正如南通企业家张謇曾对无锡所做的评价："南通以个人之力致是，基础不坚。若无锡则人自为战，胜南通远矣。"[3] 正是无锡工业的发展，使得它在短短几十年中一跃成为一座近代化的工商业城市。民族工业的崛起和发展，正是无锡城市近代化最突出的标志。

1　薛明剑：《实业家荣氏昆仲创业史》，《无锡杂志》第 13 号，第 32 页。

2　荣德生：《荣德生文集》，第 212 页。

3　张謇：《复侯鸿鉴书》（1923 年 12 月），《海门文史资料》第 8 辑，第 99 页。

迎秀聚气无出其右：运河与清代常州城市发展

叶　舟*

古代的城市，一般都建立在河道两岸，或河流的汇合处，尤其在水网地区，有城就有河。常州建城之初，也是依河而立，且“城河之水皆源于运河”[1]。清代常州达到了极盛的时期，一方面经济继续保持繁荣，成为输送赋税的中心；另一方面，由于漕运的发达，又是重赋承受地，常州成为重要的南北物资交流的转输中心。而这一时期常州城市的发展与运河有着密切的联系。

一、清代常州城市水道体系

宋代的运河河道即前河，向南呈一弧形，基本走向是与新城东南濠相一致。根据李孝聪的观点，很有可能是外子城开凿时利用了以前运河的南城濠作为护城河，即后来的子城河，原有运河便移至了后来的前河。根据《咸淳毗陵志》所载桥梁的建设时间，河道南移的时间可以确定为不晚于唐代。[2] 到了明代，筑文成坝，将运河迁出城外，即今天的穿城运河，前河便成为城内水系。

护城河在明代新城建立以前，分成两个部分：一是城河，即前述外子城的护城河，也就是后来的子城河，经白云渡北至北水关而出；一是关河，即罗城的护城河，明代新城建立之后关河便已经在城外了。道光《武阳合志》对此河道的描述如下：“其自水门桥历永安桥（俗名小东门桥）、太平桥至罗武坝为旧城之东北濠。其自卧龙桥北行，经河路湾（旧罗城

* 叶舟，上海社会科学院历史研究所副研究员。

1 道光《武阳合志》卷三《舆地志・水利》。

2 李孝聪：《中国封建社会城市城址选择与城市形态的演化：以江南运河城市为例的城市历史地理学方案研究》，《九州》第1辑，北京：中国环境科学出版社，1997年。

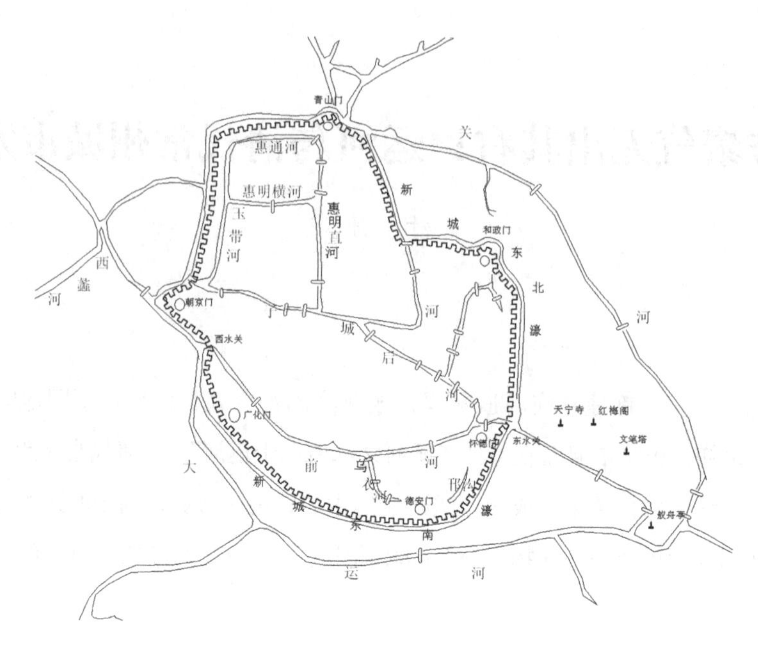

图 1　常州河道图

西濠也，竹木交翠，溪水滢回，有天然之致）东流合所桥河，至红桥折而东北，入新城西北濠，则旧城西北隅，通子城濠者。”[1]

城内的主要河流有子城的惠明河和玉带河，以及子城外横穿城市的前河和后河（图 1）。

惠明河、玉带河和后河所引的都是荆溪之水。宋代邹补之《重开后河记》云：“毗陵郡城大抵西仰而东倾，漕渠贯其中，故水悉东下。独南水门受荆溪之流、注之惠明河，道舜宜桥、并卧龙街，抵迎秋门酾为二股：一自月斜桥以达于金斗桥；一自迎秋水门入，经状元桥、略州仓后、接于县桥，与金斗水汇，地格势禁，不可前往。”

南水门在今锁桥处，即今南运河（古称西蠡河）入大运河之口的对面岸上。宋常州城高立于大运河北岸，大运河即其护城河，西蠡河与运河交汇处为石龙嘴，其对岸即宋州城之南水门。西蠡河通宜兴荆溪水，故云“南水门受荆溪之流”。惠明河由罗城南水门引西蠡河、荆溪之水入城，北流入外子城，经舜宜桥（今邮电路中段）沿内子城南垣东流，入化洞河，又南与后河合流，复东流入运河。相当于今天西横街至化龙巷口转向南，沿化龙巷达延陵西路，延陵西路即古之金斗水（也就是古外子城的南壕），洞子门是惠明河出外子城的水门所在，显然就是化龙巷与延陵路的交会处。

1　道光《武阳合志》卷三《舆地志·水利》。

后河亦自宋南水门，经西水关入城，与惠明河分流，环外子城，经金斗桥（一名甘棠桥，今市中心十字桥），东流入运河。本来这条水是“地格势禁，不可前往”，宋代知州李余庆打通了顾塘河，“经大市益引惠明水东注之漕渠。郡人既以漕渠为前河，遂指顾塘河为‘后河’，以其在互市间，故亦曰‘市河’云”[1]。运河为西来之水，经丹阳黄土丘陵之后，水浑浊难为饮。西蠡河所通宜兴荆溪水，是山间溪水，其色清绿，引荆溪水入城，不仅提高了城内水系的水质，改善了周边环境，从此后河更成为一郡秀异所钟、人文荟萃之地。

到了明代，城内的水系再次发生了变化，主要就是万历时知府施观民对玉带河的开凿以及对内外子城水系的重新疏通和整理。施观民开通玉带河之后，内外子城水系从西门小水关进入开始，便分为两段。一往东行，即原来的惠民河。一往北行，经过府学西边惠通桥，折而往东，绕过府学，即为惠通河。万历时期知府施观民接通此河，凿而向东，再折往南，过小玉带桥，至玉带桥，与惠明河相连，这便是玉带河。从惠通河经状元桥引而东行，过府学桥、永安桥，至玉带桥者为惠明横河。其自玉带桥引而南行，经仁育桥，出小浮桥，最后与子城濠相合的便称为惠明直河。

本来根据《咸淳毗陵志》的记载，城内旧有两条水沟，均称邗沟。一是自太平桥西（太平寺门前的桥，文笔塔门外，跨江南运河），环绕城南，首尾俱枕运河，为南脉。一自通吴门内，南枕运河，沿关城（即罗城），历太平寺后，出晋陵县治前（今小东门路西段北侧），入新巷永福寺南，汇归斜桥，至虹霓桥后（今中山路中段），与后河合流，为北脉。不过当时便是“南派仅通有流，北派多湮塞”[2]，到清代，“北邗沟仅自虹霓桥（滕公桥，在显子桥东北岸），达杨园数十丈耳。南邗沟仅有红杏、乌衣二浜数丈耳。与水道无关矣”[3]。李孝聪认为，汤和因常州罗城地大难守而收缩东、西、南三面改筑新城，可能就是以邗沟南、北脉分别作为南城墙和东城墙的护城濠。[4]这个推测应该是可靠的，因《吴中水利全书》便称“新城东南濠，即古之邗沟”[5]，道光《武阳合志》也曾提及“即南北邗沟以筑新城而淤泥”[6]。

《吴中水利全书》曾称常州城内水系“各河天成滢结，江左郡邑，城中流水迎秀聚气无

1 （宋）邹补之：《重开后河记》，《咸淳毗陵志》卷二〇《词翰》。

2 《咸淳毗陵志》卷一五《山水》。

3 道光《武阳合志》卷三《舆地志·水利》。

4 李孝聪：《中国封建社会城市城址选择与城市形态的演化：以江南运河城市为例的城市历史地理学方案研究》，《九洲》第1辑。

5 （明）张国维：《吴中水利全书》卷一《常州府城内水道图说》，《文渊阁四库全书》本。

6 道光《武阳合志》卷三《舆地志·水利》。

出其右者"[1]。从宋代开始，常州便形成了"外有文成坝障水于下流，内有八字桥锁水于东隅，又有玉带河环通府治，再有漕河贯穿其间"[2]的城河网，纵横交错，四面环流，连接四乡，脉络畅通。这样的四通八达的水道，对常州城市诸方面都起到了非常巨大的作用。阳湖知县程明愫便云："河流以清，人得其养。我泉既好，我民既保。"[3]

城市水道最主要的功能是促进贸易和交通，常州城内最主要的商业区和手工业区，无论是西瀛里还是青山门都紧挨着城河，众多商船都依靠城市水道来实现农副产品和手工业商品的运输和交流。水道还影响着城市居民的生活。陈玉璂曾云："夫市河，则城市之民所仰以谋生，亦乡村之民所由以粪田者。"[4]水道是城市居民饮水的最主要来源。另外在没有现代环卫系统的古代，农村的粪船经水道运输城市的粪便，既保障了城市环境整洁，又保证了农村肥料的来源。此外为城市提供燃料、载满柴草的柴船也必须从城河经过。而且水道还是城市消防防火设施的重要一环，《浚河录》中便指出，一旦城河淤塞，"不特大小船只不能畅行，即柴船、粪船亦多不能进城，而日用所需，更形污浊，易生疫病，偶有火警，汲救尤艰。若不赶紧开挑，有碍民生，实非浅鲜"[5]。

在传统社会，河流对城市更重要的影响却是文化方面。当初宋代李余庆开凿后河时，便有"自此文风浸盛，士人相继高科，三十年当有魁天下者，尔之子孙咸有望焉"的说法，明清两代更有"后河利于科第，玉带河利于迁擢"[6]的说法。杨兆鲁在《疏浚城河议》则把"科名寥寂，民不聊生，贤士大夫二十年间参罚诖误"[7]都归咎于城河的淤塞。虽然风水之说的可信度有待存疑，李余庆当初的说法可能只是为了"诱率上户共成此河"[8]，且陈玉璂也有"形家之说岂有验有不验抑，官之迁与谪本不系乎此耶"的疑问[9]，但后河一带自从开凿之后，便是"斯文气脉"[10]、"东南文明之地"[11]，却是不可否认的事实。更重要的是不论有利迁擢、有利科第，还是有利民生，整治城河的重要性都是不言而喻的。

---

1 《吴中水利全书》卷一《常州府城内水道图说》。

2 （清）杨兆鲁：《遂初堂文集》卷一《疏浚城河议》。

3 （清）程明愫：《培丰阁铭》，道光《武阳合志》卷五《营建志・官廨》。

4 （清）陈玉璂：《毗陵水记》，《学文堂文集・记二》，《四库全书存目丛书》本。

5 《光绪十一年十一月武阳两县呈稿》，《浚河录》，光绪木活字本。

6 道光《武阳合志》卷三《舆地志・水利》。

7 （清）杨兆鲁：《遂初堂文集》卷一《疏浚城河议》。

8 （宋）邹浩：《开后河遗事》，《咸淳毗陵志》卷二〇《词翰》。

9 （清）陈玉璂：《浚玉带河记》，《学文堂文集・记二》。

10 （宋）王应麟：《咸淳重浚后河记》，《咸淳毗陵志》卷二〇《词翰》。

11 （宋）陆游：《常州开河记》，《渭南文集》卷一八，《陆放翁全集》；《咸淳毗陵志》卷二〇《词翰》。

在明代常州水系基本完善以后，运河的整治工程重点便不再是开掘，而是清淤。为什么运河容易淤塞呢？这当然有人为的原因，如周边居民忽视保护水道环境。早在宋代，邹补之在《重开后河记》中便指出，后河的淤塞是由于“继居者多冶铁家子，顽矿余滓，日月增益，故其地转坚悍”；庄存与在《浚河记》中也指出“伐石层舍，颓墙委圭，矿冶所屑，箕帚所拼，侵寻胶加，相视而弗止”是城河淤塞的主要原因。杨兆鲁则把河流淤塞的责任归结到了淘沙和乱扔垃圾两个具体症结上：“内河之塞一系淘沙之人，乘其近便，今日淘数肩，明日又淘数肩，不一月而数十百肩之泥礫尽置之河中，积久必至于塞。一系岸边及水阁居民逐日扫积狼藉，街上无处可堆，随手势掷河岸，以为此无主之地，纵横渠盈满，与彼无涉也。”

不过，导致常州运河淤塞最重要的原因仍然是自然环境的因素。根据著名历史地理学家、复旦大学邹逸麟教授的研究，常州河段不畅的原因有三。一是江岸束狭，河口淤塞。自唐宋始，从镇江开始的江面便从最阔时的四十余里缩减到现在的二三里，江潮势头随之减弱，影响到了运河的水源。二是从常州往西，呈西高东低的地势，河道势陡，导致“水势不能停蓄，常患枯竭”，所以《明史·河渠志·运河下》便说：“常州以西，地渐高仰，水浅易泄，盈涸不恒，时浚时壅。”三是运河水源主要取给于江潮，而江潮来速去缓，泥沙易于停滞，导致运河中泥沙沉淀，以常州城内运河而言，有所谓“江潮入城，浑浊之水，去路不畅，易于停淤”之说。泥沙沉积，导致河身日高，再加上本身地势较高，使得外河之水，不能引进城中，所以久而久之，河床越抬越高，而水量却越来越少，一旦遇到干旱少雨的季节，城河会陷入“深处水不及尺，浅处几至见底”的困境。

明清两代常州运河共进行了六七十次的清理整治，这些疏浚工程主要由两方面组成，即城内河道的疏浚和周边水系的清理。仅清代有记载的城河疏浚便有17次之多。基本上每过二三十年便有一次大规模的疏浚。

二、十八坊厢扩展城市格局

中国历史上城市的发展的标志便是里坊制的终结与厢坊制的诞生。根据对史料的考察，厢官和厢制在宋代的常州便已存在。宋代所设的四厢是以前河为界。由于前河以北开发较早，人员较为集中，面积也较大，因此分三厢；前河以南则只设河南厢。北边三厢，子城由于是城市的行政中心，官员集中，故单设一厢，余下的是分为左厢和右厢。到了明代，常州坊厢从四厢变成了七厢，常州城市的内部空间格局也基本确定。和宋代相比，河南厢和子城厢依旧没变，右厢则分为东右、中右和西右，证明了从宋元开始，子城河、后河以南，前河以北这一区域得到了充分的开发。雍正四年（1726），分武进置阳湖，城内子城一图、城二图、西右厢、河南厢，城外西直厢（怀南厢、怀北厢附）、北直厢（北半厢附）属武进县；城内左厢、东右厢、中右厢，城外东直厢（东半厢、东二厢附）属阳湖县。而清代除了城内七厢外，还有城外三厢，表明常州城的范围已经逐渐突破城墙的限制，直到城外。随着手工业和贸易的发达，常州城在整个清代继续向城外扩展，将近郊的怀南乡等地划入城中。城内外分为十八厢。其中武进县辖城一图、城二图、西右厢、河南厢、北直厢、北半厢、西直厢、西仓厢、大怀南厢、小怀南厢；阳湖县辖西左厢、东左厢、东右厢、中右厢、东直厢、夹城厢、东二厢、东半厢。因此常州城便有十八坊厢之称。

清代城内七坊厢基本上都是以河流为界，外子城便是子城厢，城一图和城二图以玉带河和惠明直河为界。城一图又分两部分，内子城是府衙所在地，其余的部分是城二图，二者以内子城墙和惠明横河为界。外子城以外，后河以北的一部分则是左厢。左厢和子城厢构成城市的北半部分。河南厢既包括所有前河以南到城墙和新城东南濠的部分，又包括府南直街以西、朝京门以东的一部分，形成一个狭长的地段。西右厢、中右厢和东右厢则处于后河以南、前河以北的大部分地区。从常州城垣平面图也可以看出这样的特点。子城在城市的东北角，是一个被河流封闭的近似方形的城区，城内街道十字相交。这是按坊市制度规划修建的子城，集中了由官府控制的代表中国传统社会城市军事、行政功能的建筑，例如内子城从宋开始就一直是地方行政职能中心，也是常州城市最早起源的地段，清代仍然是府一级行政衙门所在地，包括府衙、府学设于此。武进县和阳湖县行政机构则分设在城一图的南部和城二图，府城隍庙在城一图，龙城书院在城二图。可以说子城厢内的城一图和城二图构成了常州的行政中心区。

如果说子城是一个传统意义上的四方形旧城，罗城和后来的新城则是一个在旧城外成长出来的新城区。

其中子城厢以东的左厢（东左厢与西左厢合称）和东右厢及城外的东直厢是常州的风景名胜区、文化区和宗教区。除了有县学的设立外，左厢沿后河从白云渡到顾塘桥、葛仙桥一带，以及东右厢临前河的青果巷一带是常州文人的聚居区。这两个地方都临河，交通方便，同时风景优美，环境清幽，成为士绅的首选居住区。从宋代开始，众多的文人便已经居住于此。清代几乎所有著名的常州文人都购屋定居于此，许多城市园林如杨廷鉴的东皋园、庄同生的乾元地等都设在此处。同时这一区域布满了庙宇、寺院和风景区，如阳湖城隍庙、营田

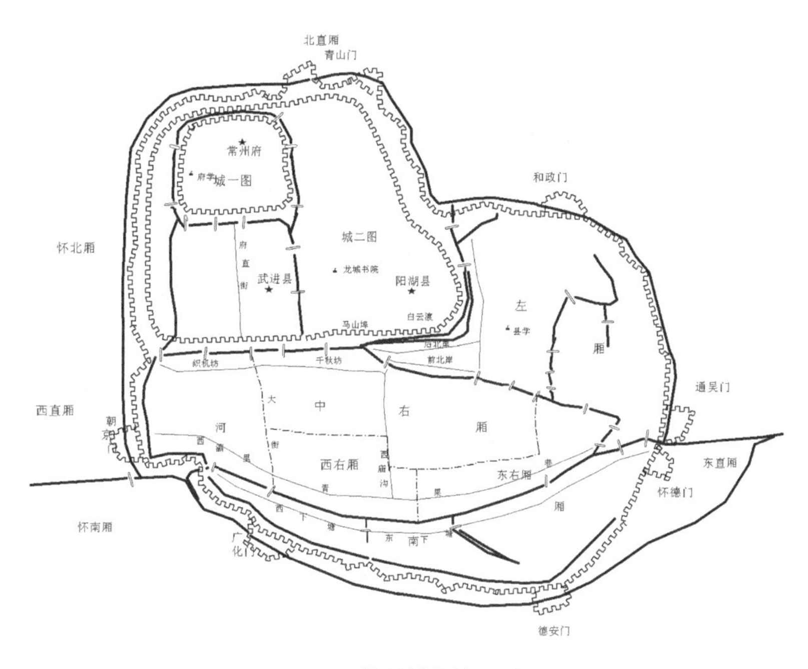

图 2　常州城市坊厢图

庙、东岳庙、天宁寺、玄妙观、万寿亭等，再加上迎神赛会和龙舟竞渡的众多节庆娱乐，有“勾人最是城东地”[1]、“惟城东为最胜焉”[2]的美称（图 2）。

子城厢以南，东右厢、左厢以西历来便是商业繁盛之区。早在宋代，新兴的商业街便是在子城南墙外，沿前河两岸发展，并以运河为轴，不断向两端延伸，成为城市新的核心。在宋代各级主管专卖的场务和接待四方行旅的驿馆都集中排列在天禧桥至新坊桥之间，也就是西右厢和河南厢的两岸，从西瀛里[3]到青果巷一带，临水建屋。同时，由于西蠡河自朝京门外分支，一支入滆湖通宜兴，一支入太湖通长兴、湖州，居停的匠户、商人较多，在朝京门周围逐渐形成新的手工业作坊和店铺聚集区，明清时期尤以生产宫梳名篦闻名，并以匠户行业命名坊巷，如篦箕巷、织机坊、打索巷、铁市巷、鲜鱼巷等。河南厢和中右厢交界的大街以及河南厢的西瀛里则是全市商铺最集中、最为繁华的地方，所以吕光宸在《晋陵竹枝词》中便有“常城分十八坊厢，以河南厢为最盛”[4]之说。

1 （清）赵怀玉：《亦有生斋集诗》卷一二《九月红梅阁登高并游城东诸寺观作》。

2 （清）汤成彦：《听云仙馆骈俪文集》卷二《游城东记》，同治八年（1869）刻本。

3 西瀛里，原为驻军之地，称西营里，后改现名。

4 （清）吕光宸：《留我相庵诗草》卷一，民国二年（1913）刻本。《中华竹枝词》称其为元代人，误，吕光宸为晚清人。

常州城郊早就有市场的出现,《咸淳毗陵志》便有“诸关城外皆有小市”[1]的记录。随着城市经济的发展,城郊各坊厢也经历了明显的发展。如紧临河南厢的城外西直厢,包括大小怀南厢和怀北厢也受到了城内坊厢规划布局的影响,成为商业和手工业的集中区,到了清末则成为全市主要的粮食贸易中心,米市和豆市异常繁盛。城北的青山门外的北直厢,因有水道东北通江阴入长江,慢慢地也形成市廛,到了清代后期逐渐成为全国有影响的木材市场。

在对各主要坊厢的人口、街道和店铺数量进行统计分析之后,我们可以发现常州的坊厢布局有以下几个特点。

首先,根据清光绪中《浚河录》所载商铺字号的统计,河南厢、西右厢和中右厢的商铺字号数占了全城总数的63.78%,左厢和东右厢只占据了全城总数11.44%,再次证明了前者的商业和手工业中心的地位。而在成规模的大商铺中,以河南厢为中心的商业和手工业区占据了绝对的优势,占了总数的70%以上。文化区的左厢和东右厢没有一家大商铺列入其中。

其次,从人口排列来看,河南厢、左厢、城一图分居前三位。河南厢拥有全城最多的商户,还有大量的小手工业者、脚夫、商贩等,因此该厢的人口居全城第一。左厢是全城最密集的住宅区,拥有全城最多的街道,说明该厢的土地得到最充分的开发。城一图是全城开发最早的地区,街道密集,同时由于有大量的官衙和政府机构,集中大量的官员、士兵、幕僚等公职人员,人口仅次于河南厢和左厢。同时此地由于近邻官府,有着大量的市场需求,因此商户数的排序位也位于前列。而东右厢人口、街道和商户数量都在城内各坊厢中名列最后。

最后,城郊各坊厢由于临近运河,有优越的地理位置,因此商业和手工业也颇具规模,占了总数的一半还多,已经可以和城内分庭抗礼。其中如商业云集的北直厢、西直厢、怀南厢和寺庙云集的东直厢等坊厢的街道数量已经接近于城内,可见已经得到了充分的开发。

在古代,兼具交通和物资集散双重功能的河流是促使城市化的基本条件。当经济活动沿着河流这条干线轴集中起来发挥功能之际,就自然而然出现了商业中心区。这也是常州商业和手工业区形成的原因。同时在中国传统城市中,城墙虽然可以说是比较明确的城乡分界线的标识,但并不等于说城墙外的土地利用是一张白纸,或者全无聚落,反而随着商业和交通的发展,城市会向周边地区迅速地发展,常州城郊商业和手工业的集聚也证明了这一点。

1 《咸淳毗陵志》卷三《坊市》。

三、漕运经济奠定城市繁荣

一个区域市场网络的形成和发展往往是由交通运输决定的，常州的市场体系则与运河密切相关，“吾邑商市，向恃河道为命脉”[1]。运河的最主要功能便是航运。正是这一根本功能，促进了其沿岸地带的经济发展、商业繁盛、城市兴起、思想交流和文化发达。直到20世纪80年代，虽有发达的铁路和公路，运河在常州依然肩负运输的重任，“论运输量，在常州它数第一”[2]。因水而兴运，缘运而聚商，倚商而成市，随市而显貌，貌以时迁，随时而变。运河这一人工航道的形成，既决定了常州城市的基本形成，也成为常州城市兴起和发展的最根本的决定因素。常州从宋代起便开始担负起重赋承受地和物资转运中心的双重职能，所以清人曾称常州地处“自姑苏水行而北道者”，由于交通方便，故“百货不滞”。[3]依靠运河及本地区作为转运中心的功能，常州的商业日益繁盛，市场体系日益完备，“毗陵尤南国之通津，绂冕云兴，接闬列宅，帆樯川骛，芥聚绳縻”，“为衣冠之都会”。[4]

由于常州城市特殊的转运功能，城市中最主要的商品市场便是与水运密切相关的粮食市场。清代由于商品经济的发展，常州不仅成为粮食的输出区，也成为粮食的输入区，有着大量粮食进入市场。当时本地粮食流入、流出量在二千万斤左右，流入一千多万斤，流出七八百万斤。随着粮食贸易的发展，常州城内逐渐形成米市和豆市两大粮食市场。粮行和米店主要集中在小市河，后便改称为米市河。豆市则集中在了西市河，故又称为豆市河。豆市河和米市河两岸店铺云集，成为常州粮食贸易的中心。

在漕运经济的推动下，常州城市的商品经济越来越发达。清代常州城内已经形成了一个完整的商业体系，各个行业均自成一体。根据光绪间的《浚河录》，城市中交行业捐的有盐公栈、典业、钱业、南货业、洋药业、纸货业、药材业、绸缎业、旱水烟业、茶漆业、京广货业、领帽鞋业、粮食业、烛业、锡铁业、桐豆油麻业、棉花业、兜袜业、衣庄业、染坊业、糟坊酱园小榨业、变蛋业、红坊头绳业、鞭炮业、沙笋栈业、颜料业、席业、铜锡业、首饰业、织布业、葛裘业、丝行业、布线洋货业、嫁妆业、窑货业等30多个主要行业，而如笔墨业、装裱业、豆腐业等，以及街头小贩还不包括在内。而其中有同业公所记载的就有钱业、典业、豆业、油麻业、木业、纸业、绸缎业、葛裘业、制衣业、

---

1 （清）于定一：《知非集》卷一《武进塘市经常浚河商榷书》，华北印书馆，民国十四年（1925）本。

2 中央电视台编：《话说运河》，北京：中国青年出版社，1987年，第76页。

3 （明）宋徵舆：《林屋文稿》卷一三《江南风俗志》，《四库全书存目丛书》本。

4 （清）郑虎文：《吞松阁集》卷二八《徽州司马王君敬亭母太安人七十寿序》，《四库未收书辑刊》本。

丝绵业、京广货业、药材业、米业、煤铁业、烛业、南货颜料业、布业、茧业、变蛋业、金银业、酒酱业、旅栈业、羽革业、梳篦业、茶叶业、印染业、扇骨业等27个行业。

城市商业的分布，主要集中在河南厢、西右厢等地，所以有“金河南，银西直”之称。其中尤以西瀛里、大街、千秋坊为闹市区，并有不少老店、名店，洪亮吉便称“吾乡西瀛里中为百货丛集之所”。如布庄、糖栈、纸栈、药行等批发行业及钱庄集中于西瀛里；绸缎、棉布、华洋百货、梳篦、衣庄等零售商店及银楼多集中于府直街；纸烛店、鸡鸭店、肉店、菜馆、炒货店、水果店、药店、灯笼店、鞭炮店遍布千秋坊；织机坊（西大街）以嫁妆店、木器店居多；双桂坊以饮食行业居多，有饭菜馆、汤团店、点心店、茶食店、茶店；鲜鱼巷、千秋坊、青果巷、表场等处集市贸易也相当兴旺。同时书肆、花市、酒店、茶馆也遍布全城，如金武祥便曾回忆甘棠桥“为郡城适中之地，卖花船多泊于小浮桥”，而千秋坊巷“多书肆，剞劂氏亦集焉”。[1]常州的餐饮业也非常发达，所谓“茶楼酒馆，耗费金钱，消磨岁月之处难以枚举”[2]。陆继辂便曾称嘉庆间美食有“段鸡陆鸭汤羊肉，蒋腐程蹄盛夹茄”，而神仙馆则是全城最为有名的饭馆，“馆中布数十席，到稍迟，辄无坐处，往往待至日晡。成果亭抚部过，听吾乡神仙馆烹饪之佳，持节浙中时不及一餐而去，深以为怅”。[3]白云溪边的黄公垆则是洪亮吉、黄景仁、陆继辂等人少年时经常光顾的酒楼。此外，还有众多丰富的小吃，“云溪倪婆制糕、葛仙桥汪三制饼皆旧有名，近厨人龚玉魁制粉丸亦精”[4]。“吾乡水面饼最有名，馅皆菜肉，其形圆如月，与中秋时乾月饼迥异，另有乌米粉、荞麦粉可制各种糍团。”[5]茶馆业则更是发达，清末便依靠茶馆捐作为浚河经费，“每碗加钱一文，计每月可得钱一百二十余串，每年计一千四百余串”[6]。可见当时茶楼的消费兴旺。

更重要的是房地产业、金融业都有相当的发展。清代中叶以后，随着人口增加，商业贸易扩大，江南城乡置产之风盛行，土地买卖、租赁现象日益频繁，引发了地权的快速转移。常州也是如此。由于城内的房地产业发达，大部分的善堂善会、会馆公所以及宗祠都有自己的房产出租，即所谓的市房。这些市房都属于店面房，它们将其出租获利，作为日常的活动经费。当时城市中疏浚河道，往往以收取房捐作为经费。笔者根据光绪十二年（1886）疏浚

1 （清）金武祥：《续忆补咏》。

2 张澹庵编：《武进指南》,《吉凶习惯》，武进建设协会，1948年，第69页。

3 （清）陆继辂：《崇百药斋文集》卷一二《平梁岁晚寄怀乡里之作》,《续修四库全书》本。

4 （清）洪亮吉：《卷施阁诗集》卷十《里中十二月词》。

5 （清）金武祥：《陶庐七忆》，粟香室丛书本。

6 《武阳两县呈稿》,《浚河录》，光绪木活字本。

河道时收取房租的情况，对当时常州房屋租赁的实态做一分析。经过统计，发现租房经营的商铺占了总数的近一半，同时在小本经营者中，自有房产占总数的93%以上，而大商号中的租赁房屋经营则占75%左右。这不仅表明城市房产交易十分频繁，同时也说明房产交易规模颇为可观。

一个城市商业发展对于资金融通有着特殊的需要。常州商业的繁荣，加速了金融的流通，金属货币的流通和支付功能越来越得到强化，金融业随之成为城市经济生活中不可或缺的行业，钱庄和典当这两个传统社会金融业的支柱在常州四大业中占据二席，所谓"试一涉足街衢，银行钱庄，触目皆是，城周不及十里，当铺林立"，也就证明了常州金融市场的活跃。常州在明代便有典当铺的记载，据乾隆《武进县志》和《阳湖县志》记载，乾隆初年，武进和阳湖城乡分别有典当行30户和25户，到道光年间，则分别增长到32户和29户，总数为61户。其中济和典老板、清末进士汪赞纶更于民国三年（1914）当选为江苏全省典业公会会长。常州城内的典行基本都集中在主要的商业区，如河南厢、西右厢、中右厢、北直厢等地。当时几乎城内所有官方及民间的机构都将经费存放在典当行中生息，这样一方面免去了机构对金钱的监管烦恼，同时也保证了日常的收入。根据方志统计，常州善堂经费记载有存典生息的占总数的一半以上，存典生息也是各个机构赖以维系的重要经济来源。而一切公共工程如浚河、救灾等所筹款项，也一律存典生息。

光绪初年，常州城郊就有了大生、义大、恒泰、德生等12家钱庄，光绪后期钱庄增至20家，不仅取代了原来的米业，更居钱、典、豆、木四大业之首。《浚河录》中所记载的8家钱庄全部聚集于常州的商业中心区。光绪十四年（1888），大生等12家钱庄成立了钱业公所准直堂。根据工业家查秉初的说法，常州对钱庄有着其他地方无法比拟的需求，即是所谓的"放账码头"。常州的商业惯例，门市店之日常售货交易，大都是半现半欠。常州的诸牙行，如布行等大部分都没有门市零售行为，除了收取中介费用之外，主要业务就是向城内各布号放账。豆行、米行和木行都属于这种类型。所以常州的牙行往往需要比其他地方的同业们拥有更多的资本，为了确保资金充足，就必须找钱庄放款。以布业为例，布行先用自有资金，购纱运回，放账欠于各布庄，给以周转，再向常州各钱庄，借入巨数货款，放账向各布庄，作为借款。这正是常州钱庄业发达的重要原因（图3）。

随着城内远距离贸易的发展和商品经济的繁荣，商人彼此之间的交往与竞争机会愈来愈多，商人群体逐步开始出现整合，商人组织——会馆和公所也由此应运而生，所谓"凡商务繁盛之区，商旅辐凑之地，会馆公所莫不林立"。很多在常州的外地商帮，如徽商、西商（即江西木商）、闽商、甬商等在常州都建有会馆，当时在常州的会馆有11家，其中徽商的

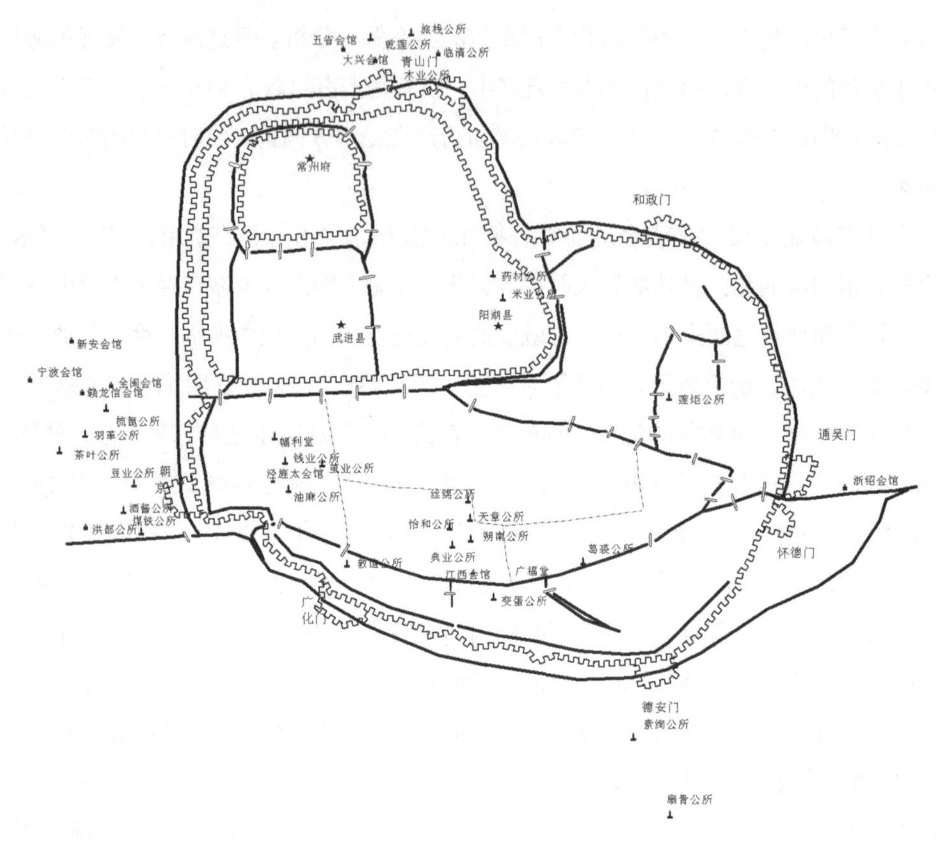

图 3　常州城市会馆公所分布图

新安会馆早在明代便已建成。而有据可考建于清代的同业公所则有 10 家左右，民国时城内的同业公所达到了 26 家。这些会馆基本上也建在运河沿线。

四、市镇发展推动城乡市场体系形成

著名学者王家范曾言：“船是基本的运输工具，河流是交通大动脉。”[1] 这两大因素成了构筑江南也包括常州市镇基本格局的决定性的要素。

首先，常州基本上所有市镇都临近水网河道。“吾邑东南新塘乡滨太湖，其市镇曰雪堰，

1　王家范：《百年颠沛与千年往复》，上海：上海远东出版社，2001 年，第 214 页。

贸居贾舶集焉。”[1]“寨桥跨南运河之上，北距郡城五十里而遥，南距宜兴界十里而近，蔚然为市集。”[2]河流往往决定了市镇的形状。常州市镇大多濒临河道，街面房屋横向而筑。奔牛街一字形，号称“三里长街”。横林两岸有街，隔河相望，有“上塘”“下塘”之称。东安街随河而弯，似游蛇形。小河以万善、宝善两桥沟通南北，成井字形。焦垫、魏村、雪堰、卜弋、夏溪、湟里等街，呈丁字形。郑陆沿北塘河，鸣凰依兴隆河，沿河商店，多建水阁，阁下流水，阁上住人。阳湖漕桥与宜兴南漕仅一河之隔，有桥相连，实为一镇。最重要的是河道的分布密度决定了市镇分布的密度。常州属于宁镇丘陵与太湖平原的过渡地带，王铭西在《常州武阳水利书》中便云：“苏淞地平，与江水齐低，低于常州五六丈，而常州又低于镇江丹徒二三丈。”[3]城市西北十里的新闸镇，即5米等高线的上下结合部，愈向西北，地势愈高，而新闸恰恰临近武进和阳湖的分界线。所以董潮便称：“武邑壤高而土厚，无论大有、旌孝各乡陂塘易竭，恒虞亢旱，即滨孟渎德胜诸区，川波澶漫，有承亦有泄，无停蓄泛滥患。阳邑吸江汇湖，群水奔趋，淫雨连旬，遂成巨浸。”[4]由于武进地势较高，其水网在密集程度上远不及阳湖，但武进却又滨近大江，境内最重要的河流主要都流经武进，其中流入长江的孟河、澡港、得胜三河不仅是漕粮要道，也是商家来往必经之路。因此武进和阳湖的市镇分布格局也就受到了各自地理环境的制约。阳湖由于支港众多，塘浦纵横，其市镇便呈兴起晚、密度高、规模小的特征分布。在前述未列入道光的《武阳合志》的13个市镇中，阳湖就占了7个。阳湖号称“烟火万家，诚巨镇云”[5]的焦垫镇也是因为位于常州与江阴交界之处，地理位置优越而得到了发展。武进由于河网密集程度不及阳湖，同时又地处交通要道，所以其市镇分布呈规模大、密度小的状态。在常州手工业得到充分发展之前，常州规模最大的市镇如奔牛、阜通、湟里、孟河等都集中在武进，主要分布在运河一线与沿江一带的交通要道。这些市镇大部分都依靠漕运和交通得到了发展，因此清中叶以前，有“武进田颇腴，民多富，阳湖地稍瘠”[6]的说法。随着时间的推移，阳湖地区以蚕桑和纺织为中心的商品经济迅速发展，以湖塘桥、马杭、戚墅堰等市镇为中心依托的手工业开始崛起，带动了整个阳湖的经济繁荣，使得阳湖的富裕程度超过了武进。而武进除奔牛在晚清借助铁路继续保持兴盛之外，其余都出现了缓慢增长态势。查秉初便称：“本市东南乡农村，比西北乡农村生活富裕者，即因

1 （清）陆鼎翰：《洋移庙记》，《武阳志余》卷四之一《祠庙下》。

2 （清）蒋彤：《丹稜文钞》卷三《新建豸桥碑亭记》，《丛书集成续编》本。

3 （清）王铭西：《筹复水利书》，《常州武阳水利书》。

4 乾隆《武进县志》卷三《营建志・水利》，《稀见中国地方志汇刊》本。

5 （明）薛寀：《惠济禅院记》，道光《武阳合志》卷一四《坛庙志二・祠庙下》。

6 道光《武阳合志》卷三《舆地志・风俗》。

有织布副业收入，即论育蚕成绩，西北乡亦不如东南乡之丰盛优美耳。”[1] 直到中华人民共和国成立以后，仍保持了这样一种格局，即常州境内东南部以砖瓦房为主，西北部土坯草房多。[2]

水乡交通非船不行，船成为沟通城市和市镇、市镇与乡村来往的重要工具。[3] 常州现代编纂的有关志书称班船最早起源于光绪三十年（1904）左右，其实不然。[4] 常州班船很早便在河道中航行，估计不会晚于明末，到清乾嘉时已经是非常普遍。清代常州本地往来于各个水道之间的班船有个非常特殊的名字，叫蒲鞋（鞻）头。[5] 金武祥有诗称：“花开陌上畅襟怀，缓缓言归处处佳。何事争先无锡快，平头艇子有蒲鞋。”[6] 其下小注云：“吾乡船有蒲鞋之名，以其形似也，若无锡船则船首少窄，驶行较捷，名无锡快。”蒲鞋头是当时常州主要的船型，其航行范围并不局限于本地，其航行方式既有定期的航班，也可以随时雇用。常州城内和各乡镇大部分都有班船，据民国四年（1915）《武进报》载：“东南各乡自铁道通后，光绪三十四年各乡镇均设班船，以便商人。”仅以城中为例，清末民初班船停靠的主要码头有表场、篦箕巷、米市河、灰弄、卧龙桥、锁桥、普济桥、西圈门、江阴码头、殷家桥、大北门、吊桥、油街码头、水门桥、蛤蜊滩、东仓桥、尚书码头、大水关、东下塘等19处，班船总数达两百多艘，前往的乡镇共有131处，遍及当时县境内的所有市镇，此外还有出县到苏州、常熟、宜兴、溧阳、金坛、丹阳、扬中、江阴、无锡等县及有关市镇以及出省到长兴的班船，而各市镇也有自己的班船航线。班船不仅可以用于运客，更承担着运输货物的职能，无论是城市还是市镇都依赖班船，使得城乡货流得以畅达。如前述布业，最早江阴棉花就是通过班船运抵城北青山门，后来各市镇布号织成的布也是通过班船运抵城内。同时班船对乡镇的作用也非常重要。如南宅镇开往无锡、常州两地批货的班船有四条，每天有船来往，每月运货五百吨。[7] 遥观镇上的店户均靠本镇的定期班船到常州批发商处进货。[8] 正是四通八达的河道和班船成为城市与乡镇物流运输的桥梁。

---

1 查秉初：《从清代末季至今常州工商业略述》，常州市纺织工业局编志办公室：《常州纺织史料》第二辑，1982年，第92页。

2 武进县城乡建设局、龚达年编：《武进县城乡建设志》，1989年，第19页。

3 关于船只对沟通城乡市场体系的作用，可参见［日］松浦章：《清代内河的水运》，《清史研究》2001年第1期；吴滔：《流动的空间：清代江南的市镇与农村关系研究》，复旦大学2003年博士学位论文等。

4 参见常州市交通局编志办公室：《常州交通志》（初稿），1982年；武进县交通局：《武进交通志》，1992年。

5 所谓蒲鞋是在江浙非常盛行的鞋子，制法是采摘夏季开的芦花，待晒干后，搓成花绳，再嵌于鞋底，衬有棉花，厚实大方，防寒保暖，尤为舒服。

6 （清）金武祥：《陶庐五忆》，粟香室丛书本。

7 南宅乡编史修志领导小组：《南宅乡志》，1984年，第203页。

8 遥观乡编史修志领导小组：《遥观乡志》，1986年，第163页。

余　语

常州运河因漕运转输而兴，但也因漕政的改变而衰。道光五年应时任两江总督的琦善和江苏巡抚的陶澍奏请，苏、松、常、镇、太四府一州的漕粮开始实行海运。太平天国的战事推动了漕粮海运的实施。咸丰五年（1855），海运漕粮由江苏、浙江先期试行，后虽然几经周折，但到同治时漕粮海运最终变成定例。光绪十四年（1888），无锡成为江苏各县的漕粮转运中心。直到光绪二十七年（1901），由于《辛丑条约》的大额赔款，国家财源枯竭，漕政因改征折色而停止，航行于大运河上近千年的漕粮船终于消失，而常州运河的漕运转输功能也随之终结。但是常州运河并不像淮安、临清、扬州那样就此冷清衰落，相反漕运的终结为本地商业和手工业的发展提供了更大的空间，运河上呈现出一片别样的风景。比如光绪二十七年常州主要通江水道孟河、德胜河、澡江河大浚，来自安徽和江西的木商相继捐垫巨资，拓宽浚深了小河口，官府随之解除了西运河停泊木排的禁令，木排运输畅通，促进了常州木业的飞跃发展。光绪二十八年（1902）盛宣怀内亲投资常州西门表场内河招商局，首开“常州—溧阳”煤机轮船客货航运；光绪三十四年（1908）三月沪宁铁路建成通车，铁路依托江南运河，全线平行于运河北侧，古老的河岸上传来了现代文明的汽笛声。近代之后，随着常州工业化的发展，运河沿线崛起一家家现代化工厂，到了中华人民共和国成立前，常州80%的工厂都设在运河沿岸，大成、民生等著名民族工业企业都将运河作为其发展的摇篮，运河开始焕发新的生机。

结　论

很多人在研究江南时，都认为相对苏、松、嘉、湖而言，常州商品经济相对落后。但是经过本文的研究，可以发现其实并不尽然。我们也必须承认，由于地理环境和城市的功能定位的差异，常州和苏、松、嘉、湖等地在手工业和商业发展上存在着一定的差距。由于常州地处苏、宁之间，其地质介于丘陵及平原之间，水网条件和地理环境不及苏、松，限制了其手工业和商业的发展。明代周忱围湖造田以后，常州水系逐渐以湖水为主变成了以江水为主，导致运河干道和孟河等重要支流水源不丰，水土流失，交通阻滞，影响了经济的发展。同时，漕运虽造就了常州在清前期粮食转运中心的地位，但也制约了本地手工业和商品经济的发展。如随着本地粮食业的发展，粮行在漕船依靠的地方聚集，其他的商铺也相继出现，

“生齿日繁，市廛日广”，可为了保护漕粮的正常通行，官府下令此处永远不得添设行栈，这样就阻碍了常州粮食业的发展。又比如常州的运河水质非常适合木排停放，但当时常州河道既狭又浅，为确保官舫漕运的畅通，经常禁止木排停泊，这样就影响了本地木材市场的发展。也是由于漕运的因素，常州的市镇中位于交通要道的奔牛等率先得到发展，这些市镇强调的是其转运功能，而非影响周边农村的产业集聚。常州城内的商业繁荣也主要依赖于物资转运。传统社会中常州的城市经济以转运经济为主，典当、钱庄异常繁荣，赊销和高利贷成为重要特色，固然促进了资金周转，但也增加了浓厚的投机色彩。

但必须指出，常州也出现了和江南其他地区一样的人口增长、农业结构变化、商品农业发展，乡村手工业出现与农业分离的趋向，工商业市镇的兴起等相类似的发展变化。如果有更为合适的机遇和条件，这种发展和变化还会加剧。太平天国战争之后，常州商品农业迅速发展，手工业市镇崛起，木业、豆业市场取得长足的发展，便是这种发展的必然结果。也正是以这些因素为基础，使得常州在近代漕运功能丧失之后，仍然能够依靠其腹地农村兴旺发达的家庭纺织业走出了一条与众不同的工业化道路，多次取得经济上奇迹般的腾飞。从某些方面来讲，常州这种较少外力推动的自生性内在发展模式在整个江南经济史中可能更有典型意义和实践意义。

同样，正是由于明清以来江南城市化、商业化进程的加快，在常州这样的江南城市，社会生活面貌发生了重要的变化，城市不再是一个封闭的空间。在宗族社会方面，城乡分化开始加剧，乡居宗族中的成功者开始迁居城市，以期获得更大的成功，迁居城市的分支会取得超常规的发展，并逐渐主导原本以乡村为中心的宗族社会。在民间信仰方面，世俗化和平民化倾向越来越占据主导地位。原有的地方神崇拜中的政治意味慢慢淡化，娱乐因素逐渐增强，而且城市的民间信仰越来越具有融合城市各阶层的普遍象征意义。在城市管理方面，也随着城市化、商业化的发展，和江南其他城市一样，常州城市的自我管理和控制能力不断增强，并在体系化和社区化方面有着更多的尝试。一方面随着经济的发展，居民间交往增加，社会关系日益复杂，民间组织日益多样化，逐步可以跨越血缘、地缘和业缘，体制更加完备，功能更加发达。另一方面，民间组织又不断加强社区的认同感，通过解决社区存在的实际问题，来保证自己生命力的延续，这既是官方的控制力和影响力日益减小的结果，也是城市社会自我发展的结果。以士绅为主导力量的水利、灾荒、慈善、治安等民间组织和民间活动的日益完善，是保证江南城市即使在太平天国政权控制力量减弱的情况下，也能保持内在协调和有效控制的重要原因。

而清代常州在学术上的繁荣，也与其城市的发展密切相关。由于城市商业发达，经济繁荣，区域内的平均收入水平高于其他地区，常州这样的江南城市在占有文化资源方面有着得天独厚的优势，再加上发达的宗族组织的支撑及本地尊师重教的传统，使常州一地在清代科举方面取得非常耀眼的成功。常州在清代，尤其是乾嘉之时，学术文化兴盛、学者辈出的原因也同样在于此。可以说，清代常州的学术文化基本上是城市文化，清代常州文化精英基本上是城市文化精英，这些文化精英又由于血缘、地缘、学缘的关系组成精英活动圈，通过各种方式凝聚在一起，形成了一种强烈的自豪感和认同感，这种强烈的地域观念和群体意识表现在学术文化上，使得常州城市学术文化有着鲜明的个性色彩。因此对常州清代学术文化的研究和理解也应该是建立在对常州清代城市研究的基础之上的。更重要的是常州学术中兼容并包、创新求变、注重实用的精神也正是常州城市文化的精神，正是这种精神推动常州在近代以来创造一个又一个奇迹。

当然我们毋庸讳言，常州这样的江南城市在明清之际的城市化和商业化进程并没有脱离传统中国的内在逻辑，上述变化也并没有彻底造成社会的分化和城乡的分离，而是在流动性和乡土性之间形成属于自身的独特发展轨迹，构建了一种复杂而又多元的互动关系。它只是提供了常州走向近代化的一个契机，而非必然。城市在经济上依赖于乡村的供应，食物、燃料到粪便处理都依靠乡村。文人虽然聚集于城市，但仍然追求着山林的隐居生活，有着强烈的乡土情结。城市文人精英的交往圈仍是以本地为中心，甚至以家族为中心的，其学术研究的焦点也始终不会超越中国传统文化的局限。这就是为什么常州清代诸学如公羊经学和阳湖文派看似有敢为天下先的气势，但终究最多只是为未来的某个特定时机提供一个变革的契机，而无独立变革的可能的原因所在。然而只要兼容并包、创新求变、注重实用的常州文化精神始终坚持，那么一旦等到时机的到来，这个城市就将充分发挥其优势，显露出全新的活力。近代以来，常州之所以能够在漫长的历史时期始终走在时代的前列，积极进取、创新求变正是其生生不息的力量源泉。无论是“大成奇迹”还是20世纪六七十年代的崛起，无论是“工业明星城市”还是“新苏南模式”，常州正是依靠不断地创新进取，创造了中国经济发展史中的无数奇迹。

宋元以来运河市镇王江泾的商业、移民与地方信仰

王　健*

前　言

近世以来，江南市镇发展与地方信仰变迁之间有着非常密切的关系。关于这一点，近年来已逐渐成为学界的共识，有不少研究成果可资参考。其中，以滨岛敦俊为代表的学者认为江南市镇商品经济的发展必然会在信仰方面有所反映，其中较为典型的便是明清时期镇城隍在江南地区的兴起。[1] 万志英（Richard von Glahn）主要以濮院镇为例，探讨了历史上太湖盆地的地方信仰，认为当地的神灵可以分为家祭神、地方保护神和主宰神，对后两者的祭祀形塑了乡镇的社会共同意识，同时亦是"村庄从属城镇等级制的缩影"[2]。樊树志也认为晚明以来江南民间信仰中存在的奢侈风尚是经济发展的直观反映。[3]

而另外一些学者则对此提出质疑，认为信仰与市镇发展之间并不存在必然的联系，比如吴滔就曾经针对滨岛敦俊的研究指出，一些神灵的影响力及相关信仰圈的形成往往与神灵本身具有的"灵力"有关，滨岛敦俊的研究过于强调了经济发展背景下中心地对周边乡村的支配作用。[4] 笔者在一项研究中亦曾指出镇城隍与其他土地神之间并非天然地具有地位上的隶属关系。[5] 在另一项关于嘉兴南翔镇的研究中，吴滔进一步对传统意义上的"因寺成镇"观念提出了新的解释，认为寺庙并非市场发育的主导"驱动力"，市镇的形成及成长，乃是空间、制度、商贸、文化等多条脉络交互作用下的产物。[6]

---

*　王健，上海社会科学院世界中国学所研究员。

1　[日]滨岛敦俊：《明清江南农村社会与民间信仰》，朱海滨译，厦门：厦门大学出版社，2008 年，第 208—221 页。

2　万志英（Richard von Glahn）：《太湖盆地民间宗教的社会学研究》，李伯重、周生春主编：《江南的城市工业与地方文化》，北京：清华大学出版社，2004 年，第 297—322 页。

3　樊树志：《江南市镇的民间信仰与奢侈风尚》，《复旦学报（社会科学版）》2004 年第 5 期，第 107—113 页。

4　吴滔：《清代苏州地区的村庙和镇庙：从民间信仰透视城乡关系》，《中国农史》2004 年第 2 期，第 98—101 页。

5　王健：《明清以来江南民间信仰中的庙界：以苏、松为中心》，《史林》2008 年第 6 期，第 124 页。

6　吴滔：《从"因寺名镇"到"因寺成镇"：南翔镇"三大古刹"的布局与聚落历史》，《历史研究》2012 年第 1 期，第 69—70 页。

笔者以为，在目前关于江南市镇地方信仰的研究中，一方面应该继续就商品经济发展与信仰变迁的互动关系做更为深入、动态的分析；另一方面更应该重视经济之外的其他因素对地方信仰的影响，诸如市镇的地理区位、地方家族的介入、历史上移民的迁徙以及战争的影响等，由此或许可以更为立体地描摹出江南地方信仰的变迁历程。

本文要考察的王江泾镇位于浙北地区，又称闻川，濒临大运河，北面是明清时期的江南巨镇盛泽。其开发历史以及市镇形成的时间，可远溯至宋代，甚或更早的唐末五代，正如晚清《闻川志稿》所言："钱氏开国，闻人氏始居之，入宋以后，簪缨弗绝，而闻川之名以著。厥后王氏、江氏萃族而处，遂以谥其泾。"[1] 镇市至明清而极盛，成为可以和盛泽相埒的江南丝织业大镇之一。

王江泾镇由于地处江浙两省交界之处，一方面其地理位置十分显要，是"自来兵事所必争"之地，据说春秋时期的槜李城便位于王江泾区域内，明代中期倭乱期间由张经、俞大猷指挥的"王江泾大捷"也发生于该地，太平天国后更由于受到战争的影响而导致镇市逐渐走向衰落；另一方面，宋元以来，浙北平原不断有移民进入，其中较大的两次移民浪潮分别发生在北宋末年和太平天国战争前后[2]，而随着明清以来社会经济的发展，亦有不少工商业移民扎根当地。此外，在浙北平原内部，也常态化地存在有不同府县之间的人员流动现象。这些都对王江泾地方历史的发展进程产生了显著的影响。

宋元以来，王江泾地方信仰的变迁与以上这些因素交织在一起，在每一个历史阶段，往往呈现出不同的形态，对此加以考察，或将有利于我们更深入地理解宋元以来江南地方信仰变迁的动力机制。

一、明代以前王江泾地区的佛道信仰与地方家族

据清末《闻川志稿》记载，王江泾地区最早的佛寺应为镇东北十八里合路南秋圩的保安讲寺，据说该寺始建于东晋时期，由"里人卜本常舍地，僧雪巢创建，萧梁时赐额"，唐至德年间改为保安禅院，会昌五年（845）废毁，唐宣宗大中元年（847）重建，宋孝宗乾道七年（1171），僧普诚重修，请额升为讲寺，"元末遭兵燹，断碑尚存，僧性成复建，明洪武初仍旧

1 《闻川志稿》，沈云桂序，第567页。

2 关于嘉兴地区在这两次移民潮中的概况，可分别参见吴松弟：《中国移民史》第4卷，福州：福建人民出版社，1997年，第288页；曹树基：《中国移民史》第6卷，福州：福建人民出版社，1997年，第438—441页。

额，天顺六年（1462）重建，成宏间僧中悦重建，唐陆宣公、宋张魏公尝至寺，有记”。[1]

《闻川志稿》中同时收录了据说为唐人陆贽所撰的《保安禅院记》和宋人张浚的《重建保安寺记》。其中陆贽《保安禅院记》起首便提及“圣皇御极，深悯阖黎一教之湮微，常侍宣恩，大复会昌五年之厘革”云云，似乎是为大中元年重建寺庙所作，但查陆贽本人卒于永贞元年（805），所以根本不可能见及大中元年之事。另一篇南宋张浚的《重建保安寺记》则是为乾道七年保安寺重建而作，文中首次点明该寺为东晋卜本常舍地而建，至宋乾道七年“普诚法师以大罗心发圆觉神照，鸠善信而重拓”寺庙，并“具请于朝，升为保安讲寺”。不过同样地，张浚本人卒于隆兴二年（1164），亦无可能见及乾道七年之事。所以两篇记文实际上都存在作伪之嫌。

值得注意的是，在与保安讲寺相邻的田禾浜一带（王江泾镇北稍东十二里）有卜家牌楼，“元季有名官三者自河南获嘉县迁嘉兴思贤乡”，从此子姓聚居于此。明代嘉靖年间有卜大同、卜大顺、卜大有三兄弟同成进士，遂为秀水望族，万历间又有卜万祺成进士。[2]卜万祺于万历间预修《秀水县志》，而上文所提及的陆贽、张浚的两篇伪作最早恰恰是收录于万历《秀水县志》中。[3]所以笔者推测，田禾浜卜氏家族与保安讲寺之间或许存在某种关系，可能的图景是卜氏利用元末兵燹的时机重塑了寺庙历史，从而加强了自身与寺庙的联系，此后又利用参修县志等机会进一步加以坐实。

唐代王江泾地区见于文献记载的佛寺有两座，一为趺隐寺，一为流福寺。但其具体历史已不可详考。只知其中前者位于运河以西，“相传地周千亩，寺碑湮没民家屋底”，明万历时居民筑墙，“掘出断碣，始知为唐贞观间建”；而后者亦为唐时建，清末已不详遗迹所在了。[4]

宋代是两浙地区佛教的兴盛期，如时人所言，宋真宗天僖年间，合天下僧尼“几四十万，闽浙占籍过半”[5]。在王江泾，始建于北宋而绵延至近现代的佛寺主要有两座。其中运河东南十里许有栖真寺，据载该寺为宋太祖开宝二年（969）僧宝月所建，元末被毁，洪武初年重修，此后代有修建。[6]栖真寺周边因寺成市，元至元《嘉禾志》便载当时嘉兴县劝善乡管里

1 《闻川志稿》卷二《建置志·祠庙》，第579页。

2 《闻川志稿》卷一《地理志·村市》，第572页；《闻湖诗三抄》卷一，第2页。

3 万历《秀水县志》，艺文卷之九，第671、675页。

4 《闻川志稿》卷二《建置志·祠庙》，第578页。

5 至元《嘉禾志》卷二十六《崇福田记》，第217页。

6 《闻川志稿》卷二《建置志·祠庙》，第579页。该寺在中华人民共和国成立初期尚存，占地约32亩，1952年改建为国家粮仓，参见嘉兴市地名普查工作领导小组编：《浙江省嘉兴市地名志》，1983年，第152页。1994年政府落实宗教政策得以重建。

四，其中之一便是栖真里[1]，可见当时寺庙周边应该已有居民阛居。而《闻川志稿》中也说栖真寺周边有市，“市以寺名，寺建宋，又有圣堂庵，有龙庙”[2]。

另有东禅寺，旧名延福寺，始建于北宋哲宗元祐年间，位于运河西南十里许，明洪武初年重修，此后一直到中华人民共和国成立前都陆续有所修建，直至1953年被拆毁。东禅寺内有修竹轩，据说苏轼曾题留于此。《闻川志稿》将东禅寺归入村市，可见周边或亦有市集。

进至元代，又有寿生寺建于至正年间，在大中结字圩，该地至明清时期邻近王江泾镇市，因此与地方士绅等互动最为频繁，其发展亦多得益于此，容后再述。

值得注意的是，在元代，王江泾地区开始有地方家族将佛寺与家庙结合在一起。据元代岑士贵《税暑亭记》载，南宋初，有朱张氏随宋帝南迁，始居杭州，至南宋末其族内有进义校尉朱张恂者“随驾厓山，尽忠溺海”。后其子朱张穹寿（字梅趣）奉母徙居闻湖之滨，至元二十五年（1288），“以旧居舍僧居，牒于官，建额曰报恩”，“于院之东百余步间卜为宅兆，奉其父进义校尉及祖母之骨殖厝焉”，同时“置神主于院，院之僧旦夕洒扫焚香以及之”，而穹寿“或于朔望之日，或由家务之暇，常往省焉”，“可谓事之如生而无忘亲之心也”。[3]

在捐宅为寺的同时，朱张穹寿“复割田以赡僧徒，不惟俾院有所主，亦欲是久而弗替”。我们知道，元代统治者对于佛道二教特别优待，至元年间更规定“凡土田之隶于僧者，咸蠲其租”[4]。所以当时不少捐田于寺者其实都有规避租赋的动机，朱张氏应该也不会例外。而且，当时他为了便于前往佛寺祭扫，更曾大动干戈，于闻湖之“束处填一区约数亩，区之左右筑塘以连东西”，塘之两腋各建一石梁，“于塘与区周甃石岸以防湖涛”。[5]一族而能兴起如此大工，可见当时的朱张氏为地方豪族无疑，因此，他所捐献给报恩寺的田土一定也不在少数。

后来朱张穹寿无后，以当地盛氏之子盛辕为赘婿，盛氏遂承朱张之业，所谓报恩寺亦成为盛氏家庙，“二姓并奉祀于祠”，直至清末，每年春秋二分，盛氏远近族众尚前往致祭。[6]

与佛寺相比，王江泾地区的道观建设似乎要稍晚一些。明代以前，主要的两所道观为纯真观和洞真宫。其中洞真宫建于南宋孝宗淳熙二年（1175），在运河西北程林村。

比较引人注目的是纯真观，该道观位于明清时期王江泾镇济阳桥北，宋末陶氏族人陶菊隐

1 至元《嘉禾志》卷三，第20页。

2 《闻川志稿》卷一《建置志·沿革》，第572页。

3 （元）岑士贵:《税暑亭记》，万历《秀水县志》，艺文卷之九，第679页。

4 至顺《镇江志》卷九，第643—644页。

5 （元）岑士贵:《税暑亭记》，万历《秀水县志》，艺文卷之九，第679页。

6 《闻湖盛氏家乘》，不分卷，第102页。

舍宅建。[1]作为明清时期王江泾大族，与朱张氏类似，陶氏家族亦随宋南渡而来，最初定居于王江泾之南的金桥一带，据永乐间人言，开始数世“以力田务本勤俭起家”[2]。据说直至宋德祐末，元将伯颜率兵南下，族人陶菊隐“散家财，练乡壮”，拒战于金桥一带，战败后退而隐居杭州洛山一带，“与其子弟披榛斩棘，艺山田甚广”，直至其孙允中、宜中方才偕归嘉兴永乐里王江泾雁湖一带，其后“文采润饰，遂与为衣冠之族”。[3]

宋元之际的陶氏家族应该是比较虔敬的道教信徒，从史料可见，第四世七十一将仕公之女淳正、第五世陶菊隐之女安道以及第六世君畴公之女明真等相继为女冠于德清计酬山之崇福宫[4]，而君畴公之长子靖公亦弃家隐于武当山天柱峰[5]。或许正因为如此，宋末陶氏徙雁湖后，才会舍宅为道观。另外，从陶菊隐偕子弟“艺山田甚广”的记载来看，当时的陶氏家族经过垦殖，应该也已经拥有了不少田产。所以，与朱张氏类似，其捐修道院或许也有着利用元廷政策，规避租赋的目的。

而据清人陶越在《过庭纪余》中所言，该道观同时亦为陶氏家祠，祠基大门为“灵官殿，中堂为真武殿，供北极元天上帝，后楼为弥罗宝阁，供玉皇上帝，又有关壮缪祠及文昌阁”，右屋三间，则供奉陶氏先祖塑像及神主。[6]

二、明至清中期王江泾镇的繁荣与地方信仰

（一）王江泾镇市的开发及其内部经济布局

由于地理条件的差异，王江泾地区自宋元以来有一个渐次开发的过程。[7]大致而言，运河以东地区的开发似乎要稍早一些。[8]比如上文提及的因寺成市的栖真寺就位于运河以东，

1 《闻川志稿》卷一《地理志·沿革》，第570页。

2 《谱成愚懒公自序》,《雁湖陶氏家谱摘遗》，无页码。

3 《雁湖陶氏修复洛山墓田碑记》,《雁湖陶氏家谱》，第108页。

4 《雁湖陶氏家谱》，第26页。

5 《雁湖陶氏家谱摘遗》，无页码。

6 （清）陶越:《过庭纪余》卷下，第309页。

7 关于明清时期王江泾镇的发展，陈学文先生曾经撰有专文讨论（陈学文:《明清江南巨镇王江泾镇的社会经济结构》,《浙江学刊》2008年第5期，第101—106页），但关于该镇在明代中期以前的发展情况以及镇区内部经济发展的差异性仍有一定的论述空间。

8 与东岸相比，运河以西的自然条件似乎稍差，直到明代万历年间，运河以西的永乐乡、复礼乡一带仍然是“十九苦涝，十一苦旱”,“素号患区，力能充役之家百无二三”。（明）吴弘济:《秀水县新建四镇常平仓碑记》，康熙《秀水县志》卷十《碑记》，第1064—1065页;《伏礼乡义仓略》，万历《秀水县志》卷二《建置志·仓廒》，第568页。

而传说中王江泾最早成市也是在这一地区，嘉靖《嘉兴府图志》云："闻川市，亦名王江泾市，旧在官塘东，宋徙置塘西。"天顺《明一统志》也说旧闻川市在"（秀水）县北漕渠以东，以王、江二姓居此而名，亦名闻川，宋闻人氏家此"。至于具体的位置，据后人追述，则是在靠近运河的莫家村、接战港一带。[1] 这自然也是符合常理的，因为市镇的发展离不开运河水路。

宋代，王江泾市由运河以东迁往运河以西，至于迁徙的具体原因和最初的情形，我们已很难做出具体的考证。不过，移徙后的市集最初主要应该还是在沿运河一带，只是由东岸转向西岸，所以后人才说作为自塘入市第一桥的闻家桥附近为"古闻人氏列肆处"[2]。

元代王江泾始设巡检司，是嘉兴境内所设六个巡检司之一。[3] 不过，至元《嘉禾志》中所列市镇分别为魏塘镇、白牛镇、陶庄市和新城市[4]，王江泾并未与列，可见当时王江泾市集还没有取得很大的发展。但是由于地处孔道，受惠于交通条件的便利，一般的商业贸易大约还是较为繁盛的。元末张士诚意欲南下时，元兵先锋"吕才以七千众屯王江泾"，结果导致"商旅不行，川途严肃"。[5]

入明以后，由于受到战乱的影响，再加上朱元璋着意打击江南富户的政策[6]，王江泾的发展曾有所停滞。不过，与整个江南社会经济的恢复同步，大约到了成化、弘治年间，王江泾的镇市经济逐渐获得了比较大的发展，当时住邻王江泾的吴江史家村人史鉴（1434—1496）在一篇文章中就已经提及王江泾闻店桥内为市，居民已有千余家，"盖秀水、吴江之民杂居焉"[7]。而至万历年间，当地居民进一步增加至七千余家，不务耕绩，"多织紬，收丝缟之利"[8]。

晚明小说《石点头》中的一段文字颇可见当时王江泾镇的繁华程度：

1 《闻川志稿》卷三《古迹一・名胜》，第 584 页。

2 （清）唐佩金：《闻川缀旧诗》卷二，第 4 页。

3 至元《嘉禾志》卷七，第 62 页。另外五个巡检司为新坊、陶庄、魏塘、风泾白牛、新城。

4 同上卷三，第 26 页。

5 （元）姚桐寿：《乐郊私语》，第 398 页。

6 在这方面后来成为王江泾巨族的雁湖陶氏家族的经历是最富典型性的。元末，寓居王江泾镇西南张村，"豪富与沈万三濮乐间"的元海沙场提举张霆发"为张士诚所劫，卒以败亡"，而张氏本为陶氏第八世孟生公之妻族（《闻川志稿》卷四《古迹二・第宅》，第 587 页）。明初洪武间陶氏孟生公又为万石长，"会江南七郡粮米进京仓者皆（水邑）腐"，被逮金陵，"竟客死焉"，其子贵诚公"触禁扶梓归"，亦被谪戍辽东，至老方归（《雁湖陶氏家谱》，不分卷，第 35 页）。

7 （明）史鉴：《西村集》卷六《运河志上》，第 830 页。

8 万历《秀水县志》，舆地卷之二《市镇》，第 561 页。

> 话说嘉兴府去城三十里外，有个村镇，唤作王江泾。这地方北通苏、松、厂、镇，南通杭、绍、金、衢、宁、台、温处，西南即福建、两广。南北往来，无有不从此经过，近镇村坊，都种桑养蚕织绸为业，四方商贾，俱至此收货，所以镇上做买做卖的挨挤不开，十分热闹。镇南小港去处，有一人姓瞿号滨吾，原在丝绸机户中经纪，做起千金家事，一向贩绸走汴梁生理。[1]

可见，当时王江泾镇主要是一个以丝、绸生产和贸易为主的市镇。[2]而根据《闻川志稿》等史料分析，明清时期丝绸贸易的中心则是位于镇北西结字圩以及隔水相望的河北埭（新杭里）一带。比如丝行街就在镇北浔阳桥北及定中桥一带，“业丝者皆贸易于此”；浔阳桥又名浔庄桥，“明万历初为陶侍御家建，桥近居人多贩缣楚北汉口镇”。[3]

王江泾的绸市也一直是位于镇北。乾隆以前，绸市主要位于河北埭，当时贾绸者携秤至新杭里澄溪桥旁借苇渡庵桌凳，买卖盛川东南之绸，“不无几而获利独厚”；到乾隆时，改设绸庄于麻溪以南会源桥东北东结字圩之高家埭，称老绸庄；嘉道以后，又转至西结字圩南廊下一带，“河北市声遂阒寂矣”，不过，大量来自句容、江宁等地从事染绸业的雇工仍然主要居住于河北埭；至咸丰八年，为了镇压太平军，筹措军费，江浙分抽绸厘，于是绸商又纷纷返回新杭里。[4]不久后太平军占领嘉兴，至清末，一切鞠为茂草。

（二）经济中心与信仰中心的叠合

明清时期王江泾镇地方信仰的发展是与地方镇市的变迁相适应的。从图1可见，当时王江泾镇区主要分布于东结字圩和西结字圩，大部分庙宇以及设立于庙宇中的会馆、公所等都位于镇北的西结字圩，体现了经济中心与信仰中心的合一。

其中有几点是特别值得注意的。首先，王江泾镇有所谓北社庙、西社庙和东社庙。其中北社庙实际上位于吴江县新杭里圣堂浜石界兜，所供神灵为吴江县城隍神李明，即“永镇

---

1 （明）天然痴叟：《石点头》第四回《瞿凤奴情愆死盖》，第81页。

2 当然，由于交通地理位置的方便，米谷贩运应该也是当地商业之一种，如《石点头》中的另一个主人公孙瑾便“家住市中，专以贩卖米谷为业，家赀巨万”。而下文亦将提及王江泾镇上也设有米业公所。

3 （清）唐佩金：《闻川缀旧诗》卷二，第3页。陶氏家族本身应该亦有从事丝绸贸易者，其二十二世文陶文德甚至因此迁居汉口，从此陶氏又有汉口支（《雁湖陶氏家谱摘遗》，不分卷，无页码）。至乾嘉年间，王江泾陶氏成为著名的江南豪富之族，可与洞庭席氏相埒，两姓之间并通婚媾，参见（清）金安清、（清）欧阳兆熊：《水窗春呓》卷下《豪富二则》，第42—43页。这毫无疑问应该是与其从事丝绸贸易相关的。

4 佚名：《闻川志旧诗》卷二，第29页；卷三，第1页。

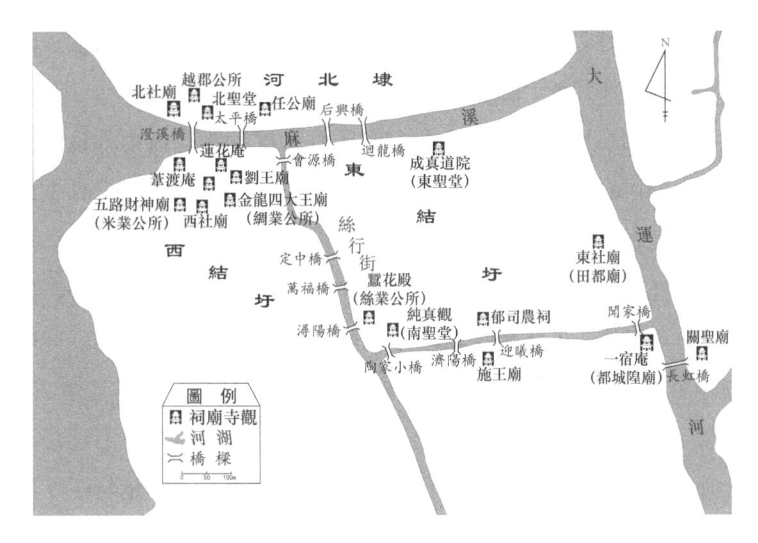

图 1　王江泾镇主要庙宇分布情况（陈涛博士绘制）

松陵神”。[1] 这十分鲜明地体现出了王江泾地理位置的特殊性，即所谓“吴江、秀水之民杂居焉”。西社庙在王江泾市河以西北廊下，祀土地神及夫人；东社庙则位于市河之东，祀所谓紫薇侯朱六郎，又名田都庙，当亦为土谷神之属。[2]

在这三座庙宇中，供奉李明的北社庙应该是作为镇城隍庙存在的，具有统辖镇内各神的地位，比如在太平桥北堍有任公庙，所祀神灵同样是嘉靖间御倭有功的苏州兵备参政任环，据说“道光初年有秦姓无赖，以所祝不遂，醉批神颊，神往诉北社庙，城隍神大怒，立拘秦魂，责其无礼，鞭扑□下，秦卧于床，臀腿皆青，里邻人夜闻锒铛声”[3]。

每年清明日、七月十五日、十月朔日为北社庙神“致祭厉坛之期，神循例出庙，坛设回龙桥东，香灯鼓乐，执事前导，谓之祭坛会”[4]。在此值得注意的是回龙桥同样位于王江泾北部，在太平桥之东，横跨麻溪，桥北即为吴江新杭市。作为镇城隍的北社庙神，一方面其庙址位于镇北；另一方面出巡时亦将祭坛设立于镇北，事实上也就确认了这一带作为王江泾镇中心区域的地位，而北社庙则承担着整合镇域的功能。

另外，据说北社庙中亦多灵异，夜间往往闻有“钢叉锁链声”，而“冥中司事执役者多

1　（清）唐佩金：《闻川志旧诗》卷三，第 36 页；《闻川缀旧诗》卷一，第 19 页。李明作为城隍神，或许还与当地民众的历史记忆相关，据说，在嘉靖三十四年（1555）剿灭倭寇的王江泾战役中，吴江县令曾经数次祷告于吴江县城隍神李明，结果才能够连获大捷，神明因此得到加封页。（明）沈启：《重修城隍庙记》，《松陵文集三编》卷一，第 35 页。

2　《闻川志稿》卷二《建置志祠庙》，第 578 页。

3　佚名：《闻川志旧诗》卷三，第 19 页。

4　同上，第 36 页。

里中已故姓氏，病人家往往言之”。[1]浙北一带历来都有死后报城隍的做法，因此这一传闻实际上也进一步反映了在王江泾镇，北社庙作为城隍庙的中心庙宇地位。

除了北社庙神具有镇抚厉鬼的功能，同样处于西北部的莲花庵中亦设两大橱，收纳“里中无后之木主”，每年中元节举行盂兰盆会，以赈济孤魂，庙内并有所谓“阴册”。[2]而位于江浙交界处的太平桥上在七月间亦会点燃七层塔灯以烛幽明。[3]

值得注意的是，在王江泾镇南面长虹桥西堍的一宿庵中亦供有城隍神，据说神明为明末吴县人周顺昌，号称都城隍。[4]直至今日，一宿庵中尚有“天下城皇殿”。一般而言，在江南市镇中，如果同一个市镇存在两个或以上的城隍神则往往会有一定的竞争关系。[5]一宿庵城隍之名“都城隍”“天下城皇”，恐怕也是与这种竞争态势有关系的。不过，笔者以为，在明清时期的大部分时间内，北社庙的城隍应该是占据上风的，这当然是与王江泾镇的中心区域偏北有关系的。

其次，明代中后期以降，随着王江泾镇商业经济的不断发展，来自各地的商人群体（如徽商、晋商等）云集于此，其地位也越来越得到突显，这同样反映在地方信仰领域。

比如镇北莲花墩有莲花庵，初供佛，“明季改为关侯庙”，鼎革之际庵庙圮毁，至“顺治中，山西商人捐资重新”。[6]而山西商人之所以重修该庙，恐怕也是与其供奉关羽有很大关系的。再如澄溪桥西堍有苇渡庵，奉韦陀造像，明万历时有“休宁大贾李元逊独力重建前殿”[7]。

在西社庙东又有金龙四大王庙，“庙后塑蚕神像，设吹台，为绸业公所”[8]。绸业每年二月初“择吉日交易，曰开庄，四更后烛光如昼，爆竹连云，人语喧嚣，肩摩成市。千总外委骑马弹压，是日演剧，清晨开场，先演六出，绸业公所斩牲祀神，值年者衣冠拜跪如仪”[9]。

在北社庙东北又有越郡公所，即绍兴会馆，由客居王江泾，以“踏绸为业”的绍兴人金孝昭于道光二年创建。会馆“中塑张老相公像”，旁塑葛仙，有住持僧供香火。[10]所谓张老相公，实则原为清代绍兴萧山一带神灵，所以被供奉于越郡公所亦非偶然。

---

1 佚名:《闻川志旧诗》卷三，第36页。

2 《闻川志稿》卷二《建置志·祠庙》，第578页；佚名:《闻川志旧诗》卷二，第30页。

3 同上《建置志·桥梁》，第583页。

4 同上《建置志·祠庙》，第579页。

5 王健:《明清以来江南民间信仰中的庙界：以苏、松为中心》，《史林》2008年第6期，第118—134页。

6 《闻川志稿》卷二《建置志·祠庙》，第578页。

7 同上，第580页。

8 同上，第578页。

9 佚名:《闻川志旧诗》卷二，第29页。

10 同上卷三，第37页。

在纯真观之西，则有蚕花殿，为丝业公所所在。殿内祀蚕神，每遇小满日，“业丝者刲牲奏曲以飨神”。

在西社庙西，又有五路财神庙，为米业公所，“米商每年在此较准米斛”[1]。

（三）佛道信仰的入世与出世

随着商品经济的发展，王江泾镇的佛道信仰也日益世俗化，与民间俗信经常交织在一起，而与地方家族的关系则有弱化的趋势。

比较典型的如上文提及的一宿庵。据说该庵本来所祀为唐代国一禅师法钦，因其“自金陵牛首山来往径山，过此一宿”，所以主庵者肖像祀之，也就是说，它本来应该是比较纯粹的佛教寺院，不过后来却供奉起了都城隍，正所谓鸠占鹊巢。[2]直至今日，一宿庵虽已改名为长虹禅寺，但所谓都城隍却仍旧供奉于偏殿。

这种民间神灵同时祀奉于佛寺的情形应该是比较普遍的。比如新开河东有兴福庵，为僧觉新所建，其旁旧有兴福庙，“嘉庆中渐圮，所奉之神并入庵中”[3]。西方庵在西北结字圩，“庵中神灵素著灵异，时有旋风往来”[4]。而澄溪桥东的万寿庵又名神仙庙，有吕仙祠，香火极盛，每年四月十四日为神灵诞辰，“士女进香，游人杂坐，谓之轧神仙”，同时庵中僧人又善于解签，语多奇中。[5]

同样地，一些道观也比较深地介入了普通民众的日常生活中。比如在北社庙东有隐真道院，又名北圣堂，清嘉道间，观中便与道士金增光，“作法事甚虔，里人雅信之”[6]。

本来曾为陶氏家庙的纯真观在清代又有玉枢阁，“乡人新年必登三层以娱胜景”，“正月初九，道家称玉皇诞期，进香尤多”。[7]

此外，部分僧道也经常热心于市镇建设，对于明清时期王江泾镇的发展与有功焉。比如万历间议筑长虹桥时，据说便有僧某因幼时与申时行同学，所以劝其助此大功，桥成后，再以其架木修寿生庵。[8]再如王江泾西南雁湖向为巨浸，但却是“居民入市问津，道所必经”，每遇狂风怒涛，船只有倾覆之虞，雍正间有僧如鉴梆募数十载，在湖上“加土为堤，构木为梁”。[9]

---

1 《闻川志稿》卷二《建置志·祠庙》，第581页。
2 同上，第579页。
3 同上，第580页。
4 同上，第580页。
5 佚名：《闻川志旧诗》卷三，第33页。
6 同上，第36页。
7 《闻川志稿》卷二《建置志·祠庙》，第581页。
8 同上，第578页。
9 同上卷一《地理志·水道》，第575页。

乾隆间，寿生寺僧“职梵每日四更起撞钟念佛，后见泾北七里湾水底多怪石，常坏行舟，土人谬传石船为祟，职公悯之，己卯春募资雇工三十余人，入水捞石，月余工竣，自是舟行无碍，绘图记事，里人多为题咏”[1]。

道光二十四年（1844），又有寿生寺僧慧高募建万安桥，在长虹桥南。同年，闻店桥重修，他又为撰募疏，此外，他还在张字圩创办义冢，“地三亩八分六厘，冢上立石塔三，以别男妇僧道之骨”[2]。

与地处镇市中心的佛寺、道观相比，市镇周边的一些地方寺庙似乎更多地保持了自身传统，并且与地方士人的关系比较密切。比如嘉靖、隆庆年间，当时著名的佛教居士平湖人陆光祖主持刻印《五灯会元》《华严合论》等，便在东禅寺殿左增建法云堂五楹，以藏经版，并且敦请月亭禅师居之。[3]

同是在晚明时期，著名僧人憨山德清曾因先大师云谷和尚塔在栖真寺而过访之，并为撰《置长生田引》。[4]直至清代中期，该寺仍然是“地旷清幽，俗迹罕至”，只有“文人墨客往往拏舟过之”。[5]清末时，栖真寺亦经常为地方士人文会之所。[6]

作为道教宫观，位于小宸洲北程林村的洞真宫似乎有全真道的传统，“明全真苏蓬头修炼于此”[7]。可能因为较少从事民间法事活动，所以至万历间宫中“羽士香火无所需”，以致地方士人出面为其捐置义田十二亩，更劝诫其中道士“毋徒冠黄冠，衣紫衣，作步虚声而曰：我名在丹台石室，不预凡尘事也”。[8]

在地方士人的影响下，明清王江泾地区还出现了一批精于文事的僧道。比如晚明时有匡山僧智明寓居寿生院，“有空响集，蒋之翘称其诗”；又有天耳和尚海湛，“擅书画，见知于王百谷，继与赵凡夫、陈眉公善”，“万天间来寓王江泾”，终于静峰庵。[9]再如乾嘉间，寿生寺又有僧达鉴，喜“敲诗读画”，与当地士人宋景和相唱和。成真道院道士曹志道亦“能诗善书，飘然与出尘之姿”，并且经常与当地文士会文于道院之中。[10]

---

1 （清）唐佩金：《闻川缀旧诗》卷一，第11页。

2 同上卷二，第21页。

3 《闻川志稿》卷二《建置志·祠庙》，第579页。

4 同上。

5 （清）曹庭栋：《重修栖真寺记》（乾隆四十三年），《嘉兴历代碑刻集》，第287页。

6 （清）许景澄：《栖真寺文会记》（光绪二十二年九月），《嘉兴历代碑刻集》，第329页。

7 （清）宋景龢：《闻川泛棹集》，无页码。

8 《闻川志稿》卷二《建置志·祠庙》，第580页。

9 （清）沈季友辑：《槜李诗系》卷三十二，第20页。

10 孟彬辑：《闻湖诗抄》卷六，第7页。

三、太平天国战争后王江泾地方信仰的延续与变迁

（一）战后地方庙宇的重建及其意义

王江泾镇由于地当要冲，因此其发展很容易受到外部因素的作用，特别是战争的影响，比如嘉靖倭乱、明清鼎革等，但都是“小有残损，尚无大害”。清代的王江泾镇在乾嘉时期达到发展的顶峰，形成了“烟户万家”的局面。不过不久后太平天国战争的爆发，对当地产生了毁灭性的影响，数百年的发展，经“咸丰兵燹，尽付一炬”。在同治初年，有当地故老“殚力招徕”，不过至清末仍然“不及盛时二十分之一”[1]，成为秀州“北鄙小市”，“居民不足四百家，骚人估客，征帆暂憩，人人以为贫瘠之区”。[2]

王江泾镇“古迹、寺观、居第等类”，亦“什九毁于兵火，俱成陈迹”，直到太平天国运动被平息后的同治初年，镇域内的部分寺观才被逐渐地重建起来。

表 1　同治间王江泾镇寺庙重建情形

寺庙名称	坐落	重建时间	重建情形
北社庙	新杭里圣堂浜前（镇西北）	同治初	里人重建，正殿甚隆
一宿庵（都天城隍庙）	长虹桥西（镇东）	同治初、光绪十九年	光绪间重建山门，增筑五桂轩、晚霞阁等
莲花庵	莲花墩（镇西北）	同治中	里人重建数椽
关圣庙	长虹桥东（镇东）	同治初	
东社庙	新开河西南（镇东）	同治初	里人重建大殿
纯真道院	济阳桥北（镇东）	同治五年	里人重建关帝殿及大殿山门，内借设兴仁善堂
郁司农祠	迎曦桥北堍（镇东）	同治初	
寿生寺	大中结字圩（镇西南）	同治初、光绪中	僧清辉重建观音殿，仍供大士像

资料来源：《闻川志稿》卷二《建置志·祠庙》。

以上这些寺庙之所以会在战后较快得以重建，其背后的原因值得加以讨论。

首先，正如上文所言，北社庙是太平天国战乱以前王江泾镇的镇城隍庙，具有统辖镇域

1 《闻川志稿》卷一《地理志·沿革》，第 570 页。

2 （清）唐佩金：《闻川缀旧诗》，陶葆廉序，第 1 页。

神灵、镇抚地方亡魂的功能，这样的庙宇对于地方社会具有重要的功能，所以迅速得以重建，且“正殿甚隆”，亦在情理之中。而莲花庵的重建恐怕也和它收存“里中无后之木主”，并且每年举行盂兰盆会超度亡灵有关。

其次，如上文所分析的，战前王江泾的商业中心位于镇北部，特别是与吴江新杭里交界处，这一态势的形成与当地繁盛的丝绸贸易密切相关。但是经过太平天国战争，无论是吴江地区，还是王江泾本身，丝绸业均一蹶不振，战后王江泾绸庄一度改设于浔阳桥西的陶家浜，但并没有维持多长时间，到清末时早已不存。[1] 值得注意的是当时清廷在王江泾的榷厘处，也是设在东部运河边的一宿庵内，而镇市之规复者主要也只有紧靠运河沿岸的“一里街及丝行街之少半”[2]，所以，我们可以很明显地看到，从整体而言，战后王江泾镇的中心是在向运河的东部转移。这也是为什么大部分被重建的寺庙都位于镇东的原因所在。

再次，在重建的庙宇中，值得注意的是一宿庵，该庙于同治初年曾经重建三椽。至光绪十九年（1893），负责司榷于王江泾的无锡人邹寿祺据说梦见作为城隍的周顺昌降灵于家中，要求重建庙宇，于是邹氏谋于王江泾人沈景修，“率里人鸠工庀材，不半载大殿两厢成”，并请里人李道悠撰碑记以录其事。[3] 笔者以为，此次城隍庙的重建实际上也是太平天国战后王江泾镇东部日益发展，而西部越来越衰落在信仰上的表现。[4]

而且，由于庚申之后，原居住于王江泾镇之士商星散，邻近的盛泽镇则因地理之便成为避难的首选地，所谓“同时避乱迁盛者无虑数百家”[5]，即使是碑记中提及的本为王江泾里人的沈景修和李道悠在战乱后也早已迁居盛泽。因此，光绪年间都城隍庙的这次重修，其主持者为无锡人邹寿祺，经营其间者则分别是“溧水端木琳、无锡顾凤起、海宁查人英”，均非本地人士，从中亦可见太平天国战事后当地人口结构的变动，事实上也就表明了神明的信仰基础正在发生变化。

---

1 （清）唐佩金：《闻川缀旧诗》卷一，第6页。根据《嘉兴新志》记载，王江泾绸市自太平天国后，直至20世纪20年代末都一直未能恢复，“仅存一里街，有市集，余均荒落”，参见《嘉兴新志》编纂委员会编：《嘉兴新志》，第一章“地理”，嘉兴：建设委员会，1929年，第60页。

2 （清）唐佩金：《闻川缀旧诗》，陶葆廉序，第1页。

3 《闻川志稿》卷二《建置志·祠庙》，第1页。《志稿》未录碑记题名，原碑原嵌于一宿庵东墙内侧，题名为《重建王江泾都天城隍庙碑记》，后收入《嘉兴历代碑刻集》，第586—589页。

4 西部衰落的趋势此后得以延续，到民国十八年，根据《嘉兴新志》的统计，当时原王江泾镇区东部的东北结字圩有人口400户，而西部的西北结字圩则只有38户，荒落不堪，参见《嘉兴新志》编纂委员会编：《嘉兴新志》，第二章“人口”，第168页。

5 《盛湖志》，陶葆廉序，第443页。

（二）以连泗荡为中心的网船会的兴起

这种因战争导致人口移徙，进而促进信仰变迁的情形同样反映在晚清王江泾网船会的兴起这一历史性事件上。运河以东的连泗荡刘王庙是网船会的中心，它的崛起是战后王江泾地区信仰版图最大的变化。1882年《点石斋画报》对于晚清时连泗荡网船会的记载颇为人知：

> 嘉兴北乡连泗荡普佑上天王刘猛将庙，为网船帮香火主，亦犹泛海者之崇奉天后也，浮家泛宅之流，平日烧香许愿往来如梭，以故该庙香火独盛，八月十三日为刘王诞期，远近赴会者扁舟巨舰，不下四五千艘，自王江泾长虹桥至庙前十余里内排泊如鳞，是日奉神舟挨荡巡行，午后回宫。[1]

根据《闻川志稿》的记载，清代在王江泾地区主要有三座供奉刘猛将的庙宇。第一座是地处镇西北区域的刘王庙，原来在西方庵侧，后于乾隆中迁至瑞华庵之西北，太平天国战乱中被毁，从此没有重建。第二座是正阳殿，位于运河东岸珍字圩，俗称"石桥头"，离开镇区约二里许，庙中所祀亦为刘王，"素着灵应，庭中一古柏大数抱，病人祈祷者辄以柏枝煎服"。第三座则是位于连泗荡东北滨的刘王庙，也就是网船会所集之处。[2]

在这三座刘王庙中，位于镇西北者或许是最早建立的。乾隆间王江泾人宋景和撰《闻川泛棹集》，其中一首云："五月人家齐插秧，六月七月田工忙，社鼓争迎刘猛将，溪毛不荐海都堂。"[3]可见，当时的刘猛将主要还是以田家保护神的形象出现的。而从第一座刘王庙所处的地理位置来看，离运河及大的河荡都有一定距离，无法大规模停泊舟船，因此大概也很难成为渔民信仰的中心。

尽管王江泾地区河荡纵横，颇多渔民[4]，当亦有其自身的信仰，但大规模的网船会的兴起无疑是较为晚近的事情。根据王水的调查，正是在太平天国前后，受到大运河淤塞和战乱的影响，漕粮改为海运，由此导致大批原来从事漕运的水手失业，其中一部分人便加入了江南渔民的队伍，至今在太湖流域渔民中仍然残存着关于漕运生活的记忆，这批人的加入是推动连泗荡刘王庙香火兴盛的重要原因。[5]

---

1 《点石斋画报》，初集辛集，第48页。

2 佚名：《闻川志旧诗》卷二，第8页。

3 （清）宋景龢：《闻川泛棹集》，无页码。

4 据尹玲玲估算，明代时整个嘉兴府便有渔民总数近十万人，约占总人口的6%，参见尹玲玲：《明清长江中下游渔业经济研究》，济南：齐鲁书社，2004年，第215页。

5 王水：《从田神到水神转变的刘猛将：嘉兴连泗荡刘王庙调查》，《中国民间文化：民间稻作文化研究》，上海：学林出版社，1993年，第124页。

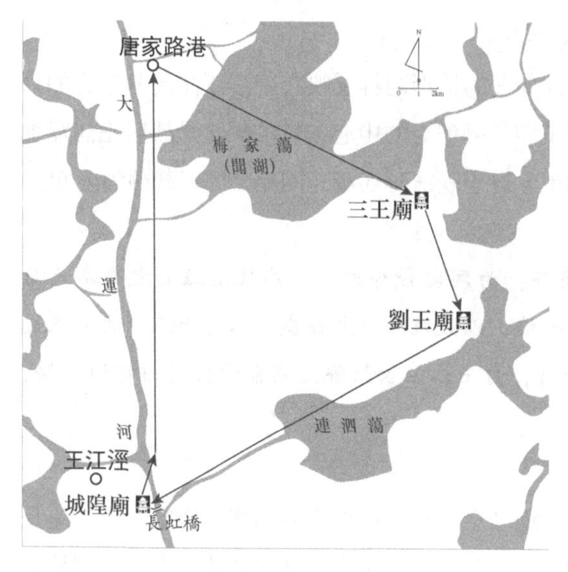

图 2　刘王出巡路线（陈涛博士绘制）

这样的分析是很有道理的，事实上，连泗荡本身也是随着清末网船会的兴起而变得有名起来的。而在此以前，它并未出现在任何一部郡县旧志中，只是与连三荡统称为思贤荡而已。[1]

至于石桥头正阳殿中供奉刘王始于何时，已无可考。但后来无疑是被整合进了以连泗荡刘王庙为中心的渔民信仰系统。《闻川志稿》就说清末该庙于网船会前后亦会赛会三日。[2] 而根据现代人的回忆，当年网船会期间，连泗荡刘王老爷出巡的第一站便是石桥头的正阳庙。[3]

根据王金生的调查，刘王老爷的出巡路线大致如下：第一天先是在本村坊绕行一圈，然后由东向西行进，经过石桥头正阳庙后，越过长虹桥，觐见城隍神；第二天，从城隍庙出发，返回运河东岸，由南向北巡视，经过荷月庵、井前庙至唐家路港，过万福庵，再向东渡过梅家荡，至三王庙过夜；第三天返回刘王庙（参见图 2）。

这一出会路线大致限定于连泗荡、梅家荡、唐家路港和运河围合的区域。根据民国年间的调查，连泗荡和梅家荡是嘉兴县境内面积最大的两个湖荡，水域面积分别为 5400 亩和 5060 亩，其周边历来应为渔民聚居之地。[4] 因此，作为渔民保护神，刘王老爷巡行路线的形成是有其历史合理性的。另外，它第一天便跨过长虹桥前往觐见王江泾镇上的城隍神，应该是曲折地表达了其对王江泾城隍地位的认同，亦是明清时期王江泾镇统合周边地区的表征。

众所周知，江南地区比较大规模的开发始于唐五代，正如《闻川志稿》所言：“秀州古泽国，水浮于土十之二，唐及五代后人烟渐增，濒水辟涂，始成渔池，继成稻畦，久之为桑圃村墅。”在王江泾地区，随着经济的初步发展和外来移民的进入，佛道信仰逐渐在当地生

1 《闻川志稿》卷一《地理志·水道》，第 575 页。
2 佚名：《闻川志旧诗》卷二，第 20 页。
3 王金生：《流淌着的运河民俗江南网船会》，参见 https://www.sohu.com/a/229457231_785183。
4 《嘉兴新志》编纂委员会编：《嘉兴新志》，第一章“地理”，第 16 页。

根，并有部分家族利用佛寺、道观营造自身家祠，借以规避租赋。总体而言，当时各类佛寺、道观的分布是比较分散的。

进至明清，王江泾镇骎骎而起，成为区域内的经济中心，地方信仰也越来越受到商品经济发展的影响，在镇区出现了信仰中心与经济中心叠合的现象，佛道信仰也越来越世俗化，家族对信仰的影响则逐渐弱化。与此同时，在镇区周边，栖真寺、东禅寺、洞真宫等地虽然被纳入了王江泾“乡脚”范围[1]，但一些佛寺、道观相对保持了自身的信仰传统，而与王江泾镇市中心有所差别，这可能也和经济发展的差异性相关。

太平天国战争后，王江泾镇一蹶不振，特别是西部镇区逐渐退化为乡村，这同样在地方信仰的变迁上得到了反映。与此同时，由于战争的影响，江南人口结构发生巨大变化，导致该地区一些神明的信仰基础随之产生变动，而网船会在运河以东的兴起实际上正是这一变动最为显著的结果。

1　明清时期随着王江泾镇作为江浙间巨镇的崛起，其对于周边地区形成了巨大的统摄力，正所谓“闻川左右周围二三十里内各乡里悉统于泾镇，自明以来相仍数百年”。《闻川志稿》的作者在描述王江泾地域范围时特别提到了栖真寺、东禅寺、洞真宫等地，所谓“东南踰北官荡至栖真寺十二里，沿运河北至合路港西北之大收圩十七里，西南至东禅寺八里，西北至尘字圩洞真宫三里”等，可见这些地方已被纳入了王江泾镇“乡脚”的范围。参见《闻川志稿》卷二《建置志·祠庙》，第571页。

明清时期京杭大运河航道上的驿传体系对运河沿线城镇的影响

李家涛*

引 言

驿传体系是传统时期国家与社会信息传递的重要途径和工具，具有传递文报、接待官员、运输物资三大核心功能，事关传统时期国家治理，因而历代统治者皆极为重视驿传体系建设。明清时期是我国传统时期驿传体系发展完善的阶段，驿传机构较为多样，驿路网络遍及全国；助力驿传体系在国家治理体系中扮演与军政相表里的角色，服务于明清时期国家治理。京杭大运河是明清时期沟通国家政治中心与经济中心的纽带和交通主动脉，运河沿线更是遍设驿传机构。运河沿线驿传机构成为串联运河沿线区域的交通节点和中转场所，对运河沿线区域互动与区域社会发展发挥着重要作用。随着京杭大运河成功申遗，运河沿线人文遗产研究成为学界及运河沿线政府的关注点，运河沿线驿站遗产也随之进入人们的视野，由此推动了运河沿线传统驿传研究进程。

明清时期运河沿线驿站研究从历史学、建筑学及规划学等不同学科多视角考察运河沿线驿站设置情况、驿站选址、组织构成、人员结构、运河沿线驿站功能、驿丞群体、驿站建筑形态、运河沿线驿站个案解析以及运河沿线驿站与边疆驿站的比较研究；基本梳理了运河沿线驿站分布情况、驿站运行实态及运河沿线驿站功能。既有研究认为京杭大运河沿线驿站作为运河不可或缺的部分，依靠运河驿道而存在，其设置依赖运河河道的畅通或改道与否；运河沿线驿站一如传统时期驿传体系具有转递文报、接送官员、转运物资的功能，其选址注重区位尤其是交通条件畅通与否以及与商市、风景名胜的结合，边疆驿站更多地表现出军事服务职能，选址上更注重防御与屯守，建筑规制上则更为规范和统一；驿署沿袭了官方署衙的

* 李家涛，上海社会科学院经济研究所助理研究员。

建筑格局与形态；基于运河沿线人文遗产研究、开发与利用的视角，提出运河沿线驿站人文遗产的保护倡议与方案探讨。[1]

京杭大运河作为沟通国家政治中心与经济中心的纽带，运河沿线驿传体系除自有特色外，更重要的是在于与沿线城镇关系如何，即运河沿线驿传体系对沿线城镇社会发展影响何在。这一问题，使得运河沿线驿传体系研究留有尚资探讨的空间。基于此，笔者将明清时期运河沿线驿传体系与运河本身视为明清时期国家基础设施建设的一部分，在梳理运河沿线驿传体系的基础上，从传统时期国家基础设施建设的视角，尝试探讨运河沿线驿传体系对运河沿线城镇的影响。

一、明清时期大运河沿线的驿传体系

京杭大运河沿线出现驿站较为可靠的时间为唐代。镇江府通吴驿即始建于唐[2]，宋沿用，至元废；吴江驿亦建于唐[3]，后废，至明仅见记录于文献中，地址已无可考。明清以前大运河沿线驿站大多与通吴驿相类，多在元时废毁。明代元后，于洪武年间大规模改元代之站赤为驿，京杭大运河沿线驿站亦多于此阶段新设或更名为驿，并广设递运所、急递铺。清代运河沿线驿传体系在几乎完全沿用明制的基础上，又于各驿添设驿船，建立水驿，形成较为完善的运河沿线驿传体系。

1　王越：《明代大运河沿线驿站选址初探》，《小城镇建设》2007年第3期；《明代大运河沿线和与九边地区驿站对比研究》，中国建筑设计研究院2007年硕士学位论文；岳广燕：《明代运河沿线的水马驿站》，《聊城大学学报（社会科学版）》2010年第2期；王春花：《明清京杭运河沿线之驿丞》，《聊城大学学报（社会科学版）》2011年第2期；《京杭运河沿线驿站与运河关系初探——以地方志资料为中心的考察》，《中国地方志》2016年第3期；吕嘉伦：《基于大运河邮驿文化下淮扬段驿站建筑研究》，南京艺术学院2014年硕士学位论文；彭成、汤晓敏：《明代江南运河沿岸驿站选址特征》，《上海交通大学学报（农业科学版）》2016年第2期；曹继林：《大运河遗产保护与发展规划策略初探——以京杭运河桐乡段综合保护和旅游开发规划项目为例》，《智能城市》2016年第7期；张可辉：《清代京杭运河水马驿考证札记》，《中国水运》2021年第9期；朱年志：《明清山东运河小城镇渡口驿的历史考察——以地方志资料为中心》，《运河学研究》2021年第1期。

2　至顺《镇江志》卷十三。

3　弘治《吴江志》卷四。

（一）运河长江以北段驿站

1. 扬州府属各驿

广陵驿在扬州府南门外[1]，也即江都县安江门外[2]。邵伯驿本属江都县[3]，因雍正年间析置甘泉县，又属于甘泉县[4]，故江都、甘泉均记载其在县西北四十五里邵伯镇官河东岸。仪征县建安驿在城外拖板桥东运河侧，迎銮驿在县南二里，仪征水驿在县东南一里。高邮州境内有盂城驿、界首驿两处驿，其中盂城驿在南门外，界首驿城北六十里。[5]宝应县小官驿在县治西北，今废；安平驿在北门外。[6]

2. 淮安府属各驿

淮安府所辖属县因行政区划变动原因，境内驿站行政区划变动前后也不尽相同。淮阴驿在运河东岸，明天顺中移建运河西岸。[7]清口驿在县治东五里，洪武四年（1371）建弘治间在县治西□里，嘉靖初在县治东一里。洪泽驿在县治东南六十里。金城驿在县治北六十里。[8]郑家驿在县西南六十里。新店驿在县西南一百二十里。[9]桃源驿在县西南二里。[10]除上述各驿外，明代淮安府尚有崇河、满浦以及清河县金城等驿被裁革。[11]

3. 徐州府属各驿

徐州府境内运河沿线各驿有利国驿在府北八十里。夹沟水驿在城北九十里。[12]泗亭驿在沛县县治东南一里。[13]下邳驿在邳州旧州城南隄上。[14]钟吾驿旧在旧宿迁县西南，万历四年知

1 嘉庆《扬州府志》卷十八《公署志》。
2 民国《续修江都县志》卷二《建置考·第二上》。
3 万历《江都县志》卷七《建置志·第二》。
4 光绪《增修甘泉县志》卷四《军政志》。
5 嘉庆《扬州府志》卷十八《公署志》。
6 道光《重修宝应县志》卷三《公署》。
7 同治《重修山阳县志》卷二《建置》。
8 光绪《清河县志》卷三《建置》。
9 （明）申时行撰:《大明会典》卷一百四十五。
10 光绪《桃源县志》卷二《营建志》。
11 （明）申时行撰:《大明会典》卷一百四十五。
12 同治《徐州府志》卷十七《兵防考》。
13 嘉靖《沛县志》卷二《建置》。
14 同治《徐州府志》卷十七《兵防考》。

县喻文伟改建于新城南水次仓西。[1] 除驿站外，徐州府尚有位于两驿居中之腰站，计有单家集腰站、峒峿腰站。单家集腰站设于乾隆十二年（1747），由利国驿、东岸驿抽调马匹及驿夫充实。[2] 峒峿腰站在宿迁县北六十里桥北镇，原为峒峿驿，雍正八年（1730）改站归并钟吾驿兼管。[3]

4. 兖州府属各驿

兖州府境内驿分水驿、陆驿。陆驿计有临城马驿、滕阳马驿、界河马驿、�城马驿、昌平马驿、新嘉马驿、新桥马驿等七驿，为江南、江西、福建、两广等南方省份陆路朝贡京师官道；水驿计有万家庄水驿、河桥水驿、南城水驿、开河水驿、荆门水驿等五驿，为江南、浙江、江西、湖广、福建、两广等南方省份水路朝贡京师官道。滕县临城马驿在山东与江南两省交界处，界河马驿在邹县介薛沙诸水之间，万家庄水驿因设于峄县万家庄得名，鱼台县河桥水驿自谷亭镇移建南阳镇，南城水驿在济宁州城南门外，开河水驿在汶上县西南三十里，荆门水驿在阳谷县东五十里安平镇运河西岸。[4]

5. 泰安府属各驿

泰安府境内运河沿岸驿站仅有东原驿、安山水驿、旧县驿等。东原驿在东平州治西南。安山水驿在东平州西南十五里安山。[5] 旧县驿在东阿县城内龙溪西岸。[6]

6. 东昌府属各驿

东昌府运河沿线驿站有崇武驿在府东门外河西岸，清阳水驿在清平县魏家湾。[7]

7. 临清州属各驿

临清州境内有清源水马驿、渡口水驿、清泉水驿、甲马营水驿。清源水马驿在中洲北向。

1　万历《宿迁县志》卷二《建置志》。
2　咸丰《邳州志》卷八《军政》。
3　民国《宿迁县志》卷十《兵防上》。
4　乾隆《兖州府志》卷十六《兵防志》。
5　乾隆《泰安府志》卷六《建置志》。
6　道光《东阿县志》卷五。
7　嘉庆《东昌府志》卷六《建置二》。

渡口水驿在州北五十里。清泉水驿在州南五十里。[1] 甲马营水驿在武城县城北三十里。[2]

8. 德州属各驿

安德马驿在州城南门外。太平马驿在州城南六十五里，成化二十一年（1485）归恩县管理。安德水驿在州城西门外。梁庄水驿原在州城南，今在故城县河南梁家庄。良店水驿原在州城北，今坐落柘园镇。[3]

9. 河间府属各驿

新中驿在新中镇。新桥驿在肃宁县城东五十里，俗名泊头驿。乾宁驿在兴济县治西濒卫河。奉新驿在静海县城外。东光驿在景州治西南。[4] 流河驿在青县东北卫河西岸。连窝驿明代在吴桥县东五十里安陵乡卫河西南[5]，清代在县治西北四十里连窝镇运河西岸。[6] 砖河水驿在沧州州治南二十里。[7]

10. 天津府属各驿

砖河驿在州南十八里卫河东岸。[8] 奉新驿在静海县治南。杨青驿在静海县北天津卫城外。[9] 流河驿明初建于青县东北卫河西岸。[10]

11. 顺天府属各驿

潞河水马驿在旧城东关外潞河西岸，康熙三十四年（1695）裁并和合驿。和合驿向在州东南三十五里，旧名合河驿，以白、榆、浑三河合流而名，明永乐中置，万历四年（1576）移置张家湾改今名。[11]

1 康熙《临清州志》卷一《公署》。
2 乾隆《武城县志》卷六。
3 乾隆《德州志》卷五《建置》。
4 嘉靖《河间府志》卷四《宫室志》。
5 万历《河间府志》卷三《宫室志》。
6 光绪《吴桥县志》卷四《建置下》。
7 万历《河间府志》卷三《宫室志》。
8 乾隆《沧州志》卷二《建置》。
9 康熙《静海县志》卷一。
10 康熙《青县志》卷一《建置》。
11 康熙《通州志》卷二《建置志》。

（二）运河长江以南段驿站

1. 镇江府属各驿

镇江府及辖属各县驿站有京口驿、炭渚驿、云阳驿、吕城驿。京口驿、炭渚驿，元代已经设立。京口驿原设于京口闸内临河，万历七年知府钟庚阳改建西城临河社稷坛左。炭渚驿在城西五十里。[1] 云阳驿、吕城驿，均创建于至元十八年（1281）。[2] 云阳驿初在城内临河，后以官舫不时至驿，水关夜不得扃，城中因以失事，改迁南门外，今仍旧。吕城驿在吕城镇。[3]

2. 常州府属各驿

毗陵驿在天禧桥东枕漕渠以通荆溪故名，建造年代不晚于南唐[4]，元置水马站，洪武元年（1368）改为武进站，徙置朝京门，六年复改站为毗陵驿[5]，天顺五年（1461）知府王恺改建于朝京门内，正德间知府王教徙今地，清朝因之。[6] 锡山驿，在县南门外，锡山驿址宋以前有太平、南门、北门等三驿，元置洛社、新安水马站各一所，洪武初站废，置无锡驿于今地，洪武九年改今名[7]，清代移至皇华亭右。[8]

3. 苏州府属各驿

姑苏驿在胥门外，成化九年（1473）建。松陵驿旧在吴江县治南，洪武元年移建儒学之左。平望驿在吴江县南四十五里，天顺八年重建。[9] 吴江驿，唐时建，在县南一里半。[10] 宁海驿，先在太仓大西门外吴塘桥东，洪武十七年（1384）设，宣德六年县移置昆山县半山桥西，景泰间知县吴昭重建，弘治六年（1493）革，今为公馆。[11] 南北驿旧在北门外，绍兴十八年（1148）奉圣旨建，今废。吴江水站、吴江马站，平望水站、平望马站，均建于元，至明弘治年间皆革。[12]

1　乾隆《镇江府志》卷十六。
2　至顺《镇江志》卷十三。
3　乾隆《镇江府志》卷十六。
4　咸淳《重修毗陵志》卷五。
5　成化《重修毗陵志》卷六。
6　乾隆《武进县志》卷二《营建志·驿站》。
7　成化《重修毗陵志》卷六。
8　光绪《无锡金匮县志》卷六《廨署·驿递》。
9　正德《姑苏志》卷二十六。
10　洪武《苏州府志》卷九。
11　正德《姑苏志》卷二十六。
12　弘治《吴江志》卷四。

4. 嘉兴府属各驿

西水驿在府治西三里通越门外，元初置，至正末毁于兵，明洪武初改建，万历七年裁并，康熙年间由知府重新修缮，使用至清末。[1] 皂林驿，宋在皂林镇，元有马驿、水驿，嘉靖十五年自桐乡县改隶崇德县。石门驿在玉溪镇，唐始置。[2]

5. 湖州府属各驿

苕溪驿旧在定安门外，明嘉靖三十一年（1552）移门内，康熙十八年（1679）裁并乌程县。[3] 南浔馆驿在南浔镇，洪武二年置，十年革。[4] 湖州府属县驿尚有乌程县驿、归安县驿。[5]

6. 杭州府属各驿

浙江驿在县南十里濒江、龙山闸左，明洪武中建。武林驿在芝松二图，明吴元年（1366）建武林门外，洪武七年徙今处。[6] 吴山驿在城北武林门外，洪武七年建，曰杭州驿，九年改吴山驿。[7] 会江驿，宋嘉定中令徙建于通济桥，明洪武三年徙今处，按古驿在县西，后梁贞明间立。高风驿，在永宁寺后宋时建，今废。[8] 长安驿，许志唐贞观五年（631）置桑亭驿，八年改义亭驿；《咸淳志》在县西北二十五里，西接临平驿，北接石门驿，宋因之；元设水、马二站，至元间改为水驿。[9] 赋亭驿，唐开元中柳遵立，元至元间归并长安，明裁废。[10] 南驿，《七修稿》名樟亭，今跨浦桥南江岸，裁并。都亭驿，《七修稿》今泥路西管伴外国使处，裁并。苕溪驿，成化《杭州府志》在县南，今革。岑山驿，成化《杭州府志》洪武二年建，后革。安丰驿，成化《杭州府志》在县南三十步，今裁。昌化县双溪驿，成化《杭州府志》在县南一百步，今裁。[11]

1 雍正《浙江通志》卷八十八。
2 嘉庆《石门县志》卷二《建置志·邮驿》。
3 乾隆《乌程县志》卷一。
4 成化《湖州府志》卷十三。
5 《大清会典事例》卷六百五十六《兵部·邮政置驿二》。
6 康熙《钱塘县志》卷五《公署》。
7 雍正《浙江通志》卷八十八。
8 乾隆《杭州府志》卷十二《公署》。
9 乾隆《海宁州志》卷四《邮传》。
10 乾隆《海宁州志》卷四《邮传》。
11 雍正《浙江通志》卷八十八。

（三）递运所

递运所，置于明初。洪武九年，明太祖鉴于军囚多以卫所戍守军士传送，妨碍卫所戍守军士正常武艺操练，于是命兵部增置各处递运所以便递送军囚；后因运输粮草物资需要，递运所发展成为掌管运输粮食物资的机构。明制每一递运所设“大使一人，副使一人，掌运递粮物；验夫多寡设百夫长以领之，后汰副使，革百夫长”[1]。清前期沿用递运所之制，乾隆时期递运所归并于驿，仅有甘肃一带予以保留，“各设牛车专司运载，亦隶所在厅州县”[2]。递运所与驿相类，所内设有各类车船、夫役，船上配有随船用具及铺陈。

京杭大运河沿线递运所由南至北有杭州府杭州递运所[3]；嘉兴府嘉禾递运所[4]；常州府奔牛递运所[5]；镇江府通津递运所[6]；仪征递运所，在仪征水驿东；高邮州界首递运所[7]；淮阴驿递运所[8]；沛县递运所，在河东岸[9]；沙河递运所；谷亭递运所；济宁递运所；鲁桥递运所[10]；临清清泉递运所[11]；吴桥连窝驿递运所[12]；鄚城递运所[13]；砖河递运所，在□□西□□[14]；潞河递运所，在潞河驿西[15]。

京杭大运河沿线递运所位置多在水陆交冲、商旅辏集之处，有些递运所多临近驿站，如潞河递运所在潞河驿西，仪征递运所在仪征水驿东；有些递运所在运河沿线商埠及沿途大镇，如谷亭递运所在谷亭镇，连窝驿递运所在连窝镇连窝驿北；也有些递运所位于桥闸附近，如临清清泉递运所在卫河广济桥。京杭大运河沿线递运所，万历年间多裁革或归并于驿，如通津递运所并于京口驿，嘉禾递运所并于西水驿，奔牛递运所并于毗陵驿，仅有龙江递运所于乾隆年间归并龙江水马驿。潞河递运所，至清代已废置。

1 《明史》卷七十五《志第五十一·职官》。
2 《清朝续文献通考》卷三百七十四《邮传考十五·邮政·驿站》。
3 乾隆《杭州府志》卷十二《公署》。
4 雍正《浙江通志》卷八十八《驿传》。
5 康熙《常州府志》卷十二《公署》。
6 乾隆《镇江府志》卷九《赋役四》。
7 嘉庆《扬州府志》卷十八《公署志》。
8 光绪《淮安府志》卷三《城池·驿铺》。
9 嘉靖《沛县志》卷二《建置》。
10 乾隆《兖州府志》卷十六《兵防志》。
11 康熙《临清州志》卷一《公署》。
12 康熙《吴桥县志》卷二《官室志》。
13 嘉靖《河间府志》卷四《官室志》。
14 乾隆《沧州志》卷二《建置》。
15 康熙《通州志》卷二《建置志》。

（四）急递铺

递铺，又称急递铺，是专司递送公文的机构。急递铺初设于宋代，经元明两代发展，至清代“各省腹地、厅、州、县皆设铺司，由京至各省者亦曰京塘；各以铺夫、铺兵走递公文”[1]。急递铺一般十五里置铺一所[2]，清中期以后，实际上两铺之间距离一般在几里至几十里不等，散设于州县及辖属乡村地区。运河沿线各府除驿、所外，遍设铺，以递公文。

京杭大运河沿线府州县皆有急递铺设置，铺舍分布，或以四至为准，即某一府县铺舍分为东南西北四个方向，各方向路线上有哪些铺舍，每铺置设铺兵几名；或以距离府县里程为准；或仅以铺舍名称、冲要与否、司兵设置情况为准。各铺之间以铺路方向为准，如峄县“总铺在县署前，城东为东关铺、十里铺、二十里铺，达沂州府兰山县；城西为十里铺、寨子铺、陈郝铺、西暨铺，达滕县；西南系通京要道，为拖犂沟铺，北达滕县沙沟铺；西南为葛墟铺、韩庄铺，达江南铜山县”[3]。各铺之间以距离为准，如宝应县属各铺，“总铺在县治前，白马铺在县北十里，黄浦铺在县北二十里，白田铺在县南十里，槐楼铺在县南二十里，瓦甸铺在县南三十里，汜水铺在县南四十里，杠桥铺在县南五十里，子婴铺在县南六十里”[4]，各铺之间距离县城里程清晰，由此也可大致明了各铺之间相对里程。以铺舍名称、冲要与否及司兵设置情况为准，如钱塘县计有铺舍十七处，其中位于冲要之地八处、偏僻之地九处，各处铺舍配置司兵三至六名不等。[5]镇江府各县仅有铺名及铺兵情况。[6]

京杭大运河沿线各府县，每府有府总铺，每县有县前铺或县总铺，作为各府县铺舍之统领机关或铺舍起点，为各府县铺司递送公文汇聚之所。缘于地理位置和过往公文多寡不同，急递铺设置又有等级之分，分冲要、次冲及偏僻三等，各等急递铺所设铺司、铺兵亦有所差异。急递铺除偏僻铺外，一般设有铺司管理铺务；各铺置有铺兵步行递送公文，一铺铺兵，少则一名，多则几名至十几名。一般情况下，冲要铺司兵设置要多于偏僻铺。

京杭大运河沿线地区皆有驿设立，急递铺又遍设于各县，随着各处递运所裁并于驿，最终形成驿铺并行的驿务格局。当然运河沿线各府县设驿数目远较急递铺为少，但各驿位置大都地处冲要，或处于交通干线沿线，或处于河流交汇之处。这些位处冲要的驿站要么位于府

---

1 《清朝续文献通考》卷三百七十四《邮传考十五·邮政·驿站》。
2 《大清律例》卷二十二《兵律·邮驿》。
3 乾隆《兖州府志》卷十六《兵防志》。
4 道光《重修宝应县志》卷一《铺舍》。
5 雍正《浙江通志》卷八十八《驿传》。
6 乾隆《镇江府志》卷八《赋役三》。

州县及重要市镇大埠，要么设于渡口，少有例外。急递铺贯穿于府州厅县及县域内部乡村地区。驿铺并行的运河沿线驿传体系与区域交通环境相适应，勾连运河沿线区域。畅通发达的水陆驿路肇建于水陆交通之地，又促进了水陆交通条件的改善。

二、明清时期大运河沿线驿传体系定位

明清时期运河沿线驿传体系作为国家重大基础设施建设工程，设立初衷便在于承担国家治理任务，以各项功能服务于国家治理的需要。明清两代通过驿路交通建设、驿传体系布局的调整、驿传体系的维护，来保障这一大型国家基础设施建设的正常运行。

（一）以驿传体系为代表的大型国家基础设施建设

驿传体系由官方创建、维护、使用。驿传体系的运转除有赖于驿传制度外，更基于设驿之处的水陆交通条件。传统时期交通条件的改善，绝非一人一地所能胜任，只有依赖国家整体力量进行擘画，方有可能功成事遂。明清时期京杭大运河沿线驿传体系的建设，即是如此。

1. 水陆交通建设，即水陆驿路建设

驿传体系的运行，依赖便捷的水陆交通。明清时期京师至各处驿路明确了各地至京师路线及所经驿站。清代京师皇华驿至浙江省城水路，共三千五百三十一里。[1]京师至浙江省城杭州路线主要沿大运河沿线驿站蜿蜒南下，当然沿途府县沿此线路即可北达京师。而南下顺京师皇华驿至福建省城水路[2]，经浙江省南部便入福建省境甚至远赴琉球。运河沿线驿站依凭驿路和清王朝的驿路体系，建立了以运河为主动脉，遍及运河沿线的交通网络。围绕运河的交通网络，既服务于国家治理的需要，又便利商旅通行、货物交流。

2. 驿传体系的布局调整

明清时期运河沿线驿传体系的调整，主要表现为驿传机构的裁、改、废。鱼台县河桥水驿便是由旧设沙河、鲁桥二水驿合并而来，隆庆五年改设南阳仍名河桥驿。广陵驿、盂城驿

1 《大清会典事例》卷六百八十八《兵部・邮政・驿程》。
2 同上。

在嘉庆年间地方志书的记载已经是今裁。[1]旧县驿旧在城南十里，明成化二十二年（1492）移于县治西北隅，至清道光年间志书记载已废。[2]驿传机构中裁撤最多的当属递运所。京杭大运河沿线递运所位置多临近驿站，且与驿站功能多有重复，万历年间多裁革或归并于驿。至于急递铺裁、废，各府县志书皆有记载。明清时期驿传机构的裁、改、废，均属于驿传机构的调整。驿传机构调整，或因原先位置不够优化，须予以调整，如河桥水驿；或因运河淤塞，一些驿传机构失去设置时的功能预期，如清中后期大运河淤塞，致使沿线某些驿传机构逐渐被废弃；也有由新式通信方式邮政、电报的传入所致。新式交通通信方式的传入，使得驿传体系的功能与效率均受到了致命性的打击。传统驿传体系被裁撤或废弃，既是新式交通通信方式比较劣势所致，也是由传统向现代转型的必经之路。

3. 运河航道上驿传体系的维护

大运河作为明清时期的漕运通道和沟通国家政治中心与经济中心的枢纽渠道，维持其畅通便是重中之重。京杭大运河沿线驿传体系的高效运转，便是维持大运河畅通的政治保障与重要的交通动力。京杭大运河沿线驿传体系的运行除遵循国家设立的驿传制度外，尚有巡检、浅铺、民壮等进行维护。巡检主缉捕盗贼、盘诘奸伪事宜。“凡在外各府州县关津要害处俱设，俾率徭役、弓兵，警备不虞。”[3]巡检司设于关津要害位置重要之处，配备徭役、弓兵，用于执行缉捕盗贼、盘诘奸伪。乾隆年间大规模裁撤驿丞，巡检往往兼驿丞，署理驿传事务，将驿务与治安合二为一，给驿传体系的正常运转提供了安全保障。浅铺是专门用以解决运河航道淤浅问题的机构。运河沿岸多设浅铺、置铺夫“捞浅疏通粮运”[4]。浅铺的设置为运河沿线水驿及运河航道的运行提供了通行保障。水驿以船为递运工具，其运行的前提在于有可资通航的航道。此外，民壮也是巡查运河沿线驿传运行的重要存在。民壮“分查驿路，每名每夜给发灯烛；冬夜上班者各酌给皮棉衣服；虽费用不充，按日捐添；而匪徒闻风得以敛戢，无形之益固非浅尠也”[5]。民壮多由巡河哨官统领[6]，按班巡查驿路是否通顺畅行。

---

1 嘉庆《扬州府志》卷十八《公署志》。
2 道光《东阿县志》卷五。
3 《明史》卷七十五《志第五十一》。
4 宣统《重修恩县志》卷三《营建志》。
5 道光《武城县志续编》卷六。
6 乾隆《武进县志》卷二《营建》。

（二）与军政相表里的国家治理工具

传统时期驿站主要功能如《明会典》所记在于“递送使客、转运军需、飞报军情”[1]，以为传统时期国家治理发挥功用。清代驿站功能随着驿传体系建设得更加完善，功能亦得以扩增。驿传为有清一代“实与军政相表里”的国家大政[2]，清王朝“岁耗银三百余万两”维持全国驿传的正常运转[3]。郑观应认为邮传自古迄今未尝废止的原因，在于“其为用也，大率供皇华之使臣，朝贡之方国，赍奏之员弁，与夫文武之咨禀，寮采之关移”[4]。驿传体系发挥着其应有的功用，是其得以长时段存在并为统治当局所重视的原因所在。

其一，传递文报。文报的传递就国家层面言，在传统时代无外乎“达羽檄”，“文武之咨禀”，即朝廷政令的传达与地方信息的下情上达。运河沿线驿传机构设立的目的在于“奏牍、公文俱归递送，欲使之从速而不至失误也”[5]。江苏、浙江两省本就是运河主要航道所在，沿线驿传体系更承担传递文报之责。

其二，递送公务人员与外使朝贡。“夫驿传之设有冲有僻，所以供皇华之使臣，朝贡之方国，赍奏之员役者，谓之驿站。”[6]清制规定由外省入京“一品官衔在外起升赴京者，进表赴任者，以礼予告致仕，给假守制者，俱给勘合。夫六十名，马十六匹，水路船二只”[7]，由京去外省者“奉命起升赴任者，以礼回籍者，正一真人朝贺，马十五匹，水路船二只”，外省之间流动者如“府佐教职等官应聘隔省考试者，均给勘合，水路船一只”。[8]清王朝遣使去外国册封亦由水路，如嘉庆年间赴琉球国册封使李鼎元在其所著《使琉球记》中详细记录了从京师出发沿京师皇华驿至福建省城水驿驿路的情形，运河沿线多处驿站尤其是长江以南的京口驿、云阳驿、毗陵驿、锡山驿、姑苏驿、平望驿、西水驿、皂林驿、吴山驿、武林驿、浙江驿、会江驿等驿皆有记述[9]，且各驿亦为使臣停泊休息之所。

其三，调防军队。清代驿政，尤为注重对军队的调防。驿船无疑是运输军队的首要选择，尤其是调防军队至江宁、镇江、杭州等地区。嘉庆二十四年（1819）奏定“出征官兵及

---

1 （明）申时行撰：《大明会典》卷一百四十五《兵部二十八》。

2 乾隆《江南通志》卷九十七《武备志·驿传》。

3 《清朝续文献统考》卷三百七十五《邮传考·邮政·驿站》。

4 （清）陈忠倚：《皇朝经世文编三编》卷五十五《兵政·邮政·驿站》。

5 《清朝续文献统考》卷三百七十五《邮传考·邮政·驿站》。

6 （清）薛福成：《振兴中国三大纲》，（清）贺长龄编：《皇朝经世文统编》卷一百零三《通论部四》，光绪十二年（1886）思补楼重校本。

7 《大清会典事例》卷六百九十八《兵部·邮政·给驿》。

8 同上。

9 （清）李鼎元：《使琉球记》，西安：陕西师范大学出版社，1992年，第36—43页。

驻防外省官兵，由水路前往者，按人数拨给船只。头号船坐五十人，二号船坐四十人，三号船坐三十人，小船酌量人数拨给。其出征官兵，上水，头号船给纤夫十五名，二号船给纤夫十二名，三号船给纤夫九名，小船给纤夫不过五六名；下水，头号船给纤夫八名，二号船给纤夫六名，三号船给纤夫四名，小船给纤夫不过二三名。驻防官兵，下水，不给纤夫；上水，头号船给纤夫八名，二号船给纤夫六名，三号船给纤夫四名。坐十五人以上之船，给纤夫三名；坐十五人以下之船，给纤夫二名。若应付驻防杭州、江宁、京口官兵，无船时照陆路给予车辆。如自愿雇船行水路者，每车一辆，准给纤夫四名”[1]。直至嘉庆年间调防军队至杭州、江宁、京口等地，由水路乘驿一直是首选。

其四，运输饷银。江南为明清时期财赋重镇，江南地区饷银对维护明清王朝统治关系重大，在饷银运输过程中运河沿线驿站扮演着极为重要的角色。乾隆时期浙江巡抚王亶望奏称：“水驿船只拨装京协各饷，及年额修造等项，应由总理衙门分别详办也。查浙省杭、嘉、湖、金、衢、严各府，额设站船俱系停泊省会上下两河码头应差。乾隆三十一年（1766），经部覆准，仿照民间式样，改造沙飞、太平及江山、明堂等船，以适差用等因。业经分别改式造成，拨装浙闽二省，一切京协各饷，以及南北海关税饷在案。”[2]浙闽两省京协各饷皆由水驿船只拨装，清朝统治者对此亦有清醒的认识。乾隆二十八年议准“两淮盐课银两向遇解京以及协拨各省，俱动支脚费。委员带领人役，自雇骡头船只管解。嗣后两淮盐课拨解各项，俱准其填给抬夫船只，由驿运送。但毋庸给予驿马”，实为水陆两运共存。乾隆皇帝在比较“浙省司道各库及南北新关、海关饷银”水运与陆运的便捷性与成本之后，认为“水路视陆路解京便捷，水脚人夫均可节省，委员兵役防范更为周密”，覆准“嗣后浙省饷银解京，概填水路勘合”。尔后又覆准“江苏省司道及浒墅、淮扬、西新等关拨解一切京饷银两，嗣后照浙省之例，俱填水路勘合解京”。[3]运河沿线各驿不仅提供驿船装解漕粮、盐课等税饷，沿途更是提供委员兵役进行周密防范，有效地保证了漕粮、赋税源源不断地通过运河由江南运往京师，对巩固京畿地区稳定和维护明清王朝统治具有无可替代的作用。

其五，维护地方治安。驿站维护地方治安方面的功能出现较晚，大体可追溯至清初完善驿传系统及调整驿丞功能。清初于江南地区添设水驿时，即明确指出京口以下各水乡驿站添

1 《大清会典事例》卷六百九十五《兵部·邮政·驿车驿船》。

2 《宫中档案乾隆朝奏折》第四十七辑，第257页，转引自仇润喜、刘广生主编：《中国邮驿史料》，北京：北京航空航天大学出版社，1999年，第196页。

3 《大清会典事例》卷六百九十八《兵部·邮政·给驿》。

设驿船“利于邮传，兼可追剿湖寇”[1]。缉捕湖盗，赋予了驿站维护内河水运安全的重任。此外，清代主管一线驿务的驿丞往往兼职巡检衔，在主理驿务时兼理地方治安事宜。此举在乾隆年间大规模裁汰驿丞后更为普遍，所有未裁驿丞几乎均兼巡检衔，将驿务与地方治安合二为一。

其六，收管徒犯。清制“徒犯到配，以驿丞为专管，州县为兼辖；无驿丞者，同系知县为专管者，即照本管官例核议，无庸以知府隶州及丞倅等官为兼辖”[2]。此即解释了无论文献记载中还是现存驿站遗存中驿馆内均有监狱存在的原因。据光绪《丹徒县志》记载，京口驿有“徒犯房三间”[3]。高邮盂城驿博物馆内亦有徒犯房存在。武进县总铺也曾作为常州府“羁禁轻犯之所”[4]。

明清时期京杭大运河沿线驿传体系具有传递文报、递送公务人员与外使朝贡、调防军队、运输饷银、治安及管理流犯等功能。运河沿线驿传体系的上述功能皆属明清时期国家治理的既定功能预期，在多个层面推动驿传体系扮演着与军政相表里的国家治理工具的角色，服务于彼时国家治理需要。

三、大运河驿传体系对沿线城镇发展的影响

京杭大运河沿线驿传体系是沟通运河沿线自然市场体系、运河工程建设与运河沿线城镇的重要渠道。京杭大运河本就属于由国家投资的且带有公共产品性质的基础设施建设，既服务于国家治理需要，也惠及沿线城镇发展。

（一）推动沿线城镇基础设施建设

京杭大运河是明清时期重大国家基建工程，驿传体系是这一基建工程的重要节点。京杭大运河沿线遍布府州县及市镇，据不完全统计仅运河航道上，即有十七座府城、三十七座州县城及八十一处市镇。运河沿线驿传体系尤其水驿，以驿船为工具，驿船行驶于运河之上，串联各府州县城及设有驿市镇。驿传体系及驿路交通既能实现国家设置驿传体系在政治、经

1 （清）韩世琦：《抚吴疏草》卷九，康熙五年（1666）刻本，第228页。

2 （清）薛允升：《读例存疑》卷四十七《刑律捕亡之三》，光绪刊本，第1035页。

3 光绪《丹徒县志》卷二十《武备志·兵制·驿传》。

4 乾隆《武进县志》卷二《营建》。

济、军事、治安、司法等方面的功能预期，也形成了有效沟通运河沿线各府州县的交通网络。运河所经府州县城及市镇，本就设有码头，有些城镇因运河穿城而过甚至设有多座码头；加之运河沿线各府州县又多设有马驿，马驿即陆驿，通马驿处即表明陆路交通基建的成效；何况有些驿站又是船马兼设的水马驿，水陆均可通行；如此运河沿线设驿之处，大多实现水陆联运，极大地提升了运河航道所经各级城镇的基建层级。无论驿传体系中何种驿传机构，其本身均是驿路上的中转站点。这些驿路中转站点，又是国家基建的重要节点，也代表着明清时期国家基建的重点，无疑给运河沿线城镇发展带来了巨大的机遇。

（二）促进沿线城镇经济的发展

驿传体系中驿站与递运所均设于区位条件优越之处，此点在运河沿线更是如此。运河穿过之府州县城皆设有驿站，有些城镇还设置递运所。这些驿站与递运所不乏设于各级城镇城门外水陆交汇之处，如东昌府崇武驿在府东门外河西岸[1]；京口驿原设于京口闸内临河，万历七年改建西城临河社稷坛左。[2]驿传机构设置之处，给各级城镇提供了便捷的水陆交通条件与中转站点。便捷的水陆交通条件，即是各级城镇进行物资转运的通道。拥有水陆交通优势的城镇自然成为物资交汇平台。

运河驿传体系对地域经济发展产生了有利的影响。运河沿线驿传机构地理位置重要，为水陆交冲，舟船往来十分便利，为区域内货物互通有无提供了相当有利的交流平台与贸易场所。如“镇江府京口为舟车络绎之冲，四方商贾群萃而错处转移百物以通有无”[3]。清律本就允许运军漕船“每船准带土宜一百石，回空漕船准带梨枣六十石”[4]。驿站所设之处又多为舟船停泊转运之所，更加便利货物的交换。再者驿站所用船只，皆有修造年限。如宣楼船的修造年限为“江南三年小修、六年中修、九年大修，十二年拆造。浙江三年小修、六年大修，十年拆造，内有四十二只每年岁修，十年拆造”[5]。驿船的修造便是送到附近的船坞进行的，如苏州船坞、镇江船坞。无论三年小修也好，抑或六年中修，还是九年大修，甚至十二年拆造，所用木材物料也多采取就近取材原则，故而对本地木材业发展有一定的促进作用。修造驿船的船厂又是当时工艺最高水平的代表，其对船厂所在地相关行业的发展必然具有带动效

1 嘉庆《东昌府志》卷六《建置二》。
2 乾隆《镇江府志》卷十六。
3 乾隆《江南通志》卷十九《风俗》。
4 《大清会典事例》卷七百七十八《刑部·兵律·邮驿》。
5 《清会典》卷五十一《车驾清吏司二》。

应。何况修造驿船的船厂作为官方手工业，对熟练工人的培养，也造就了一批相对高技艺的产业工人。运河沿线多以船只为出行工具，无疑对推动造船业发展大有裨益。

驿马的喂养及驿用物资的长期稳定采备，均能对当地经济发展产生一定的促进作用。运河沿线驿站所设驿马一般在几十匹至一百多匹不等，每匹驿马每日所需草料银在四分上下，且驿马喂养又须添设专门驿夫，也需日给工食银；驿船什物多达三十九样，覆盖刀、炊、食、饮、浴等日常生活各方面，驿船修造花费额定银两；驿轿内配备有茶褐绢伞、青绢伞、雨伞、绢雨衣、轿围、坐褥、皮坐褥、簟席、皮轿扣、红帽、黄罩甲、扇子等各类用品，耗银亦不算少。驿内上等铺陈每副合用银十两九钱二分，中等铺陈每副合用银七两三分，下等铺陈每副合用银一两八钱九分[1]，亦为固定消支出。凡此种种皆须常川采购备用，或是常川支出。对于设驿城镇尤其是市镇而言，这无疑是一种长期稳定的消费来源。

促进就业是驿传体系对城镇经济发展的又一贡献。明清时期各驿设有大量驿夫，用于开展驿务。驿夫种类较多，依照各类夫役在驿服务项目划分，有递夫、差夫、抬扛、探夫、报夫、水夫、运夫、肩舆夫、渡夫、坝夫、水驿夫等。此外，“有水驿之处，有水手、水夫、纤夫”[2]。京口驿“雇旱轿夫八十三名，馆夫八名，买办夫并役占夫一名，站座船水手五十七名、水夫一百五十名，飞捷快船十只水手六十名，长养水夫九十名，扣留水夫一百三十五名、马夫五十名”[3]，所用各类驿夫前后多达六百三十四名。运河沿线府县皆有驿站设置，每驿又皆用驿夫，各驿所用驿夫总量极为庞大。驿夫多为无家无业在外乞食的游民。[4] 各驿驿内建有伙房，听任驿夫在内栖止做活，驿夫每日可得工食银四分上下。如此，在解决大量无业游民的就业问题的同时，还可减少社会不稳定因素。

结　语

京杭大运河是明清时期国家重大基建工程，运河沿线驿传体系是这一国家重大基建工程的重要节点与中转站点。运河沿线驿传体系中的各类驿传机构，遍设于运河沿线府州县等各级城镇及一些市镇大埠，在畅通发达的驿路交通网络串联下，形成了以大运河为主动脉，遍

1　乾隆《镇江府志》卷九《赋役四·驿传》。
2　《清朝文献通考》卷二十三《职役考二》。
3　光绪《丹徒县志》卷二十《武备志·兵制·驿传》。
4　（清）陈宏谋：《弭盗议详八条录二》，（清）徐栋辑：《牧令书辑要》卷九，同治七年（1867）江苏书局刻本，第 274 页。

及沿线城镇的道路交通网络，推动了运河沿线各级城镇的道路交通建设，提升了运河沿线城镇的建设设施能级。

运河沿线驿传体系功能定位，在于以肇建于大运河航道上的驿传体系这一大型国家基建工程，将官方力量通过驿传体系建设与运河沿线城镇市场体系相结合注入沿线各级城镇，以期形成推动运河沿线城镇发展的合力。驿传体系、运河工程建设、沿线城镇以及沿线城镇自然市场的结合，在推动实现驿传体系各项功能预期为国家治理服务的同时，通过运河沿线驿传体系这一基础设施建设，改善运河沿线城镇交通条件和城镇基础设施，实现传统时期运河沿线人流、物流的高效流通，促进运河沿线城镇发展，客观上推动了运河城镇带的形成。便捷发达的交通条件串联并促进了运河城镇带的形成，因之运河沿线城镇深受其益。

当然我们也应看到，运河沿线城镇发展对运河畅通与否依赖性极强。当运河沿线基建颇有成效，运河畅通时，对沿线城镇发展大有裨益；当运河通行受阻或淤塞未被疏浚，则沿线城镇发展便会受到巨大冲击，对运河依赖性强的城镇甚至会极速衰落。

杭州塘栖镇：明清时期大运河沿岸江南市镇的案例分析

陈思月　盛　芳*

明清时期江南市镇史的研究一直是学界关注的重点，相关研究成果可谓丰硕。一般认为江南市镇起源于宋元，鼎盛于明清。过往的江南史研究中，关注的重点也集中于明清时期，仔细梳理江南市镇的演变脉络、自明代到清代的发展变迁，探究其内在的动力。也有一些研究会把时间段向前延伸，对明清以前尚未成型的市镇进行溯源。这主要是因为市镇研究所采用的史料大多为明清时期的方志。清末民初，传统江南市镇的经济社会发展开始走上近代化、工业化的道路，在从传统到近代的过程中是否存在连贯的线索，能够展现市镇在持续的长时间段里发生的变化呢？

杭州塘栖镇，是明清时期大运河沿岸的一大繁华市镇，素来是明清时期江南市镇研究的热门对象，以往的研究多是将塘栖镇作为某一区域内或某种类型的专业市镇，将其置于其他同类的市镇之中进行整体的分析，对塘栖镇的个案分析较少，在研究时段上也是以明清时期为主。塘栖镇自传统至近代转型的过程中，大运河始终扮演着重要的角色，是推动塘栖镇发展变迁的重要动力。正因如此，塘栖镇的发展历程可以从时间尺度对应到空间范围。

本文以大运河沿岸的塘栖镇为考察对象，从区位条件、镇区空间形态、主要产业的发展与空间分布入手，对明清时期的塘栖镇进行复原，同时把研究时段适当延长至近代，考察近代交通、近代工业等因素对塘栖镇的影响与塑造，对自明代到清末民初期间塘栖镇从小到大、从鼎盛到转型的过程进行较为连贯的系统研究。本文试图以塘栖镇为案例，探讨大运河沿岸江南市镇的发展脉络、空间形态演变，以及从农耕时代到工业化时代的结构、功能转变。

* 陈思月，上海社会科学院历史研究所硕士研究生；盛芳，嘉兴市文物保护所研究人员。

一、从大运河沿岸市镇变迁的视野解读塘栖镇

作为明清时期最重要的南北水路交通大动脉，大运河对其沿岸区域的影响深远。彼时的大运河是国家漕运的主要载体，江南的漕粮沿着大运河源源不断地输往北方，同时还伴有其他的货物，以满足封建王朝的各种需求。封建王朝为维护漕运的畅通，花费巨大的人力、物力、财力来维护大运河、疏浚河道、建造舟船、修建仓库等，不断完善漕粮征收与解运的方式。[1] 也有学者认为，漕运并非以商业价值为目的，但在漕运基建和漕粮的征收、运输和仓储过程中却活跃着多种商业活动，也正是这些商业活动推动了运河两端及沿岸区域的贸易繁荣，处于运河要冲之地的城镇与商业市镇由此蔚然兴起。[2]

大运河带来的商业活动是促使沿岸市镇兴起与发展的主要原因。傅崇兰在《中国运河城市发展史》中指出，明清时期南北大运河畅通，大运河发挥着空前的经济作用，再加上商品经济的发展，促使大运河沿岸经济繁荣发展，运河城市位置选择正是基于这种历史条件。虽然他论述的对象是运河沿岸城市，但在书中城市周围市镇的经济发展被看作城市经济发展的重要组成部分，以此来对城市的经济发展状况进行判断。[3] 钱建国、钟永山在分析明清时期嘉湖地区运河与沿岸市镇发展的关系时提到，从流通领域来观察，明清嘉湖地区运河沿岸市镇商业的繁荣多半取决于流通领域中的商人。[4] 2003 年范金民发表《明清地域商人与江南市镇经济》一文，从商人的角度出发，剖析商业发展和商人活动如何推动江南市镇的兴起与发展，甚至还制约着市镇的盛衰。他指出，商人活动地点的转移和商人实力的下降都会影响市镇的兴衰，对于流通型市镇而言这种影响更为明显；沿运河和处于交通要道的市镇，由于交通通畅便利，商人接踵而至，因此即使遭受过战火的冲击，也还是能够衰而复盛。[5]

大运河沿岸江南市镇的分类也是学界研究的重点内容。台湾学者刘石吉认为，农业区域分工和生产分工，造成了生产的专业化、商品化，在这种趋势下，各种专业性市镇应运而生，比如蚕桑丝织市镇、棉织市镇、米粮市镇。[6] 这一观点得到了广泛的认同，对不同类型的专业市镇的研究以及具有代表性的个案研究也纷纷展开。樊树志指出“市镇是商品经济发展的产物，也是农业经济商品化程度提高的产物”，并梳理了明清时期长江三角洲的市镇网

1　樊树志：《明清漕运述略》，《学术月刊》1962 年第 10 期。

2　赵全鹏：《明代漕运中的商业活动》，《史林》1996 年第 1 期。

3　傅崇兰：《中国运河城市发展史》，成都：四川人民出版社，1985 年。

4　钱建国、钟永山：《试论明清时期嘉兴湖州运河沿岸市镇经济的发展及其性质》，《浙江财经学院学报》1991 年第 3 期。

5　范金民：《明清地域商人与江南市镇经济》，《中国社会经济史研究》2003 年第 4 期。

6　刘石吉：《明清时代江南市镇研究》，北京：中国社会科学出版社，1987 年。

络，认为该区域丝业、绸业、棉业、布业市镇的数量最多、规模最大、营业额最可观。[1]他还对长江三角洲的粮食业市镇进行了探究，以运河沿岸的四个典型粮食业市镇——枫桥、平望、长安、硖石为例，探究其兴衰的条件和原因。[2]陈学文考察了明清时期杭嘉湖地区的蚕桑业发展，认为贯通杭嘉的运河是蚕桑业蓬勃发展的重要原因。[3]学者们从经济的角度出发，往往更侧重于解释经济发展的原因与逻辑，但也都高度肯定了大运河为沿岸江南市镇大量兴起与繁荣发展起到的推动作用。

从大运河沿岸江南市镇个案选择来看，乌镇、震泽、盛泽等市镇因史料丰富等原因被学者们反复研究。对塘栖镇的个案研究则相对有限。学者们常常将塘栖镇的某些特点（如市镇地理位置、空间形态、商业活动、社会结构等）作为证据来佐证相关论点。樊树志在其论著中将明清时期的塘栖镇作为个案进行研究，但大体上仍是对地方志书中的相关史料进行整理，并简要分析了市镇结构与经济活力。[4]就研究时段而言，目前对明清时期大运河沿岸市镇的研究较多，近代以来的相关研究则相对较少。包伟民对“江南市镇有否或在多大程度上被纳入了中国社会近代转轨过程”这一问题进行了详细的剖析，从市镇形制、近代交通、产业变迁、社会变迁等多个角度复原和论述了江南市镇近代转轨的过程。[5]董建波考察了20世纪塘栖镇的工业发展历程，认为从15世纪开始，生产过程的专业化与农村经济的市场化相互推动，构成塘栖镇经济成长的动力，到19世纪末，近代工业生产方式通过上海、杭州扩散至塘栖镇，经济领域的工业化发展引起社会、经济、文化变迁之间的相互作用，使得塘栖镇的社会演进机制发生变革，使传统的自我复制机制更迭成为社会演进的自我创新机制。[6]

明清时期，塘栖镇因大运河带来的便利交通条件，发展成为颇具规模的商业市镇。及至清末民初，在社会环境的影响与各种因素的制约下，南北大运河的地位受到冲击，但塘栖镇却并没有因此走向衰落，反而在通商口岸的带动下，以及在新的交通运输体系影响下继续得以发展。我们通过深入的细部研究，将塘栖镇的演变与明清至近代大运河沿岸江南市镇的发展变迁结合起来，提供了一些新的观察视角，赋予了新的研究意义。

---

1 樊树志：《明清长江三角洲的市镇网络》，《复旦学报（社会科学版）》1987年第2期。

2 樊树志：《明清长江三角洲的粮食业市镇与米市》，《学术月刊》1990年第12期。

3 陈学文：《明清时期杭嘉湖地区的蚕桑业》，《中国经济史研究》1991年第4期。

4 樊树志：《明清江南市镇探微》，上海：复旦大学出版社，1990年；《江南市镇：传统的变革》，上海：复旦大学出版社，2005年。

5 包伟民：《江南市镇及其近代命运：1840—1919》，北京：知识出版社，1998年。

6 董建波：《塘栖——一个江南市镇的社会经济变迁》，上海：华东师范大学出版社，2014年。

二、传统时代大运河市镇兴起的背景与条件

（一）塘栖镇的区位条件分析

塘栖镇位于杭嘉湖平原南部。杭嘉湖平原以太湖为中心，大体上是东、南较高而西、北较低的浅碟形洼地，区域内水网密布、塘荡众多。塘栖镇地处杭州府仁和县与湖州府德清县交界，京杭大运河穿镇而过，沿运河向东北而行，即入嘉兴崇德境内。可以说搪栖镇既是仁和、德清、崇德三县交会，也是杭州、湖州、嘉兴三府交会之处（图 1）。

自然环境与地理位置的优势是塘栖镇得以发展的重要条件，最终推动塘栖成镇和繁荣发展的关键则是运河的贯通。杭州城内水道出清湖闸、德胜桥后分为两脉，一脉向东北方向过东新桥至长安坝，是上塘河；另一脉向西北方向，过江涨桥，出北新关，即为塘栖镇所处的下塘河。[1] 宋元以前，自北方往来杭州的船只大多自上塘河、下塘河出入杭州，首选为上塘河，下塘河由于河道窄而浅，不便于大量舟楫通行。南宋淳祐七年（1247），由于干旱，上

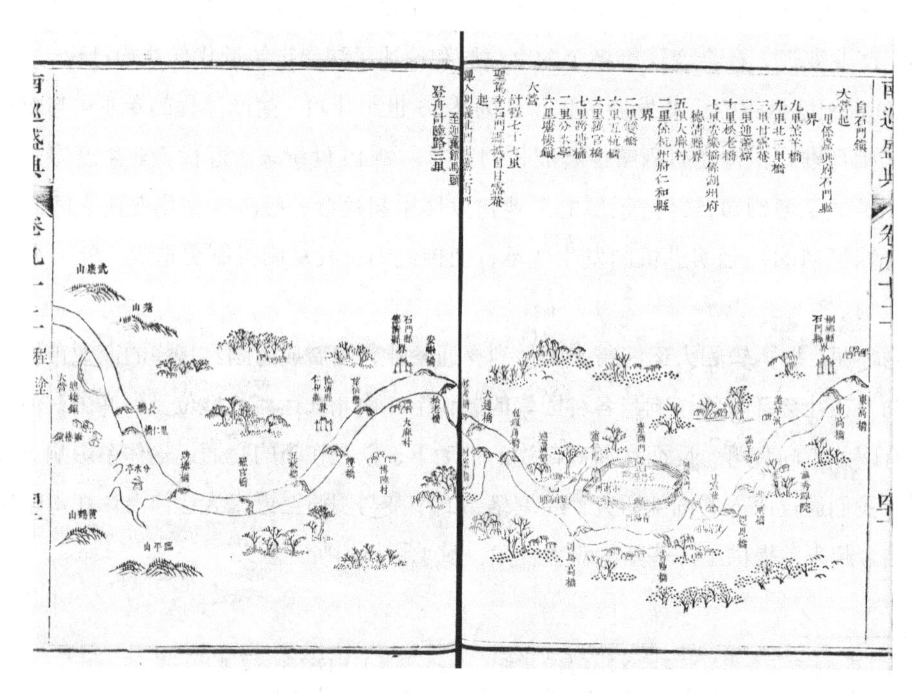

图 1 《南巡盛典》中的塘栖镇 [2]

1 嘉靖《仁和县志》卷六《水利》，光绪十九年（1893）刻本。

2 （清）高晋等纂：《南巡盛典》卷一百二十，乾隆三十六年（1771）序刊本，北京故宫博物院藏。

塘河干涸，下塘河部分河段出现断流，地方官员视察后组织安排分段开掘断流河道，将失修的塘路加以维修，这项工程使北新桥以北的河道拓宽三丈、加深四尺，下塘河的通航能力得到改善。元末，至正末年，张士诚据杭州，军船往来苏杭之间，鉴于下塘河河道狭窄不便通行，将伍林港至北新桥之间的河道再次拓宽，此次工程后河道宽二十余丈、深达九尺，这一段河道被称为“新开河”。新开河北通苏、松、常、秀、润等河，逐渐成为苏州、湖州、镇江等府往来杭州的主要通道。

观察塘栖镇在区域水网中的位置（图2），可以发现，运河的浚通为塘栖镇的发展创造了绝佳的契机。京杭大运河南端端点即为杭州，新开河浚通后，塘栖镇成为杭州城的北大门。从杭州到苏州、无锡、常州、松江等地，可直接出北新关，经由塘栖镇直接进入江南运河，无须由临平取道长安再由崇德转入江南运河。去往杭州的船只往往选择塘栖镇作为抵达杭州前的最后一站，自塘栖镇沿运河南下，过北新关、江涨桥直抵杭州，仅有五十里路程。

自塘栖镇向北，出武林头便可抵达德清。沿运河向东北五十四里左右，即为崇德。过石塘湾，水路又分为二：一条向东北过桐乡、嘉兴，为江南运河航道，自嘉兴向东北过嘉善、枫泾、朱泾、松江可抵达上海，向北则可沿江南运河一路北上，过平望、吴江，抵达苏州、无锡；另一条则继续向北，经乌镇，由平望进入江南运河。

得益于通达的水路交通条件，塘栖镇不仅是四乡村落的经济中心，也成为区域市场和全国市场中的一部分。

（二）塘栖镇的早期发展

乾隆《杭州府志》中记述塘栖镇“宋时所无，而今为市镇之甲”，在《咸淳临安志》中也的确未见关于塘栖镇的记载，只有永泰里、葛墅里、仲墅里等几个村落，属仁和县大云乡所辖。[1]地方志中关于塘栖市镇的记载最早见于成化十年（1474）《杭州府志》，正统七年（1442）周忱主持筑塘堤、修道路、建桥梁，塘栖镇由此越发人烟稠密。由此可推测，塘栖成镇的时间约在正统七年至

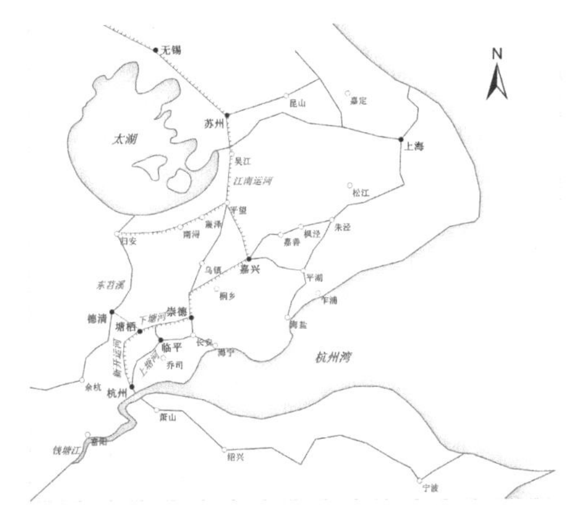

图2　塘栖镇在区域水网中的位置（作者绘制）

1 （宋）潜说友纂：《咸淳临安志》卷二十《疆域五》，道光十年（1830）钱塘汪氏振绮堂刻本。

成化十年之间。[1]但成镇并不是塘栖镇发展的起点，在市镇成型之前，又该如何考察塘栖镇从无到有的发展过程。关于市镇的起源，学界较为主流的观点是“因水成市”和“因寺成镇”。

根据光绪《唐栖志》的记载，塘栖镇的由来有多种说法，因读音相似写法不同，“塘栖”也写作“唐栖”“塘西”。《卓氏家乘·唐栖考》和清代何琪所撰《唐栖志略》中提出“唐栖者，唐隐士所栖也”[2]，认为塘栖镇得名于唐代隐居于此的隐士唐珏。清代张之鼒在所撰《唐栖古今沿革考证中》认为“塘栖”即为“塘西”，是相对于崇德的塘东、天开河塘南而言，下塘之西即为“塘西”，并援引苏东坡“明朝归路下塘西”诗句为证。明代胡元敬撰写的《栖溪风土记》中则认为运河开浚以来，沿岸“居民初集，负塘而居，因名塘栖”[3]。《唐栖志》的作者王同则认为，唐人隐居一说属于文人附会之说，而“下塘西”则属于对诗句的误读，塘栖镇应该得名于宋代的唐栖寺。这种观点看似与“因寺成镇”相合，但存在一个关键的问题，“因寺成镇”的原理应为“随着佛寺的兴建，宗教活动吸引了人口的聚集，从而促进了商品交换的发展”[4]，但根据王同的记叙，唐栖寺当时只是一个名不见经传的乡村的小小佛庐，直到运河拓宽后，人烟聚集，人们才想到以寺名为镇命名，唐栖寺或许吸引了周边乡村的居民进行宗教活动，却远远没有达到能够促进人口聚集的程度。因此，“因寺成镇”一说并不能完全解释塘栖成镇之前的发展过程。

塘栖镇是典型的“因水成市”的市镇。在新开河拓宽以前，塘栖镇的自然河流栖溪，发源于天目山，流经塘栖镇后一分为二，一支由濑溪流入太湖，一支则向东北流经嘉兴最终入海。[5]栖溪虽然浅狭，对于水乡人家日常所使用的小船来说已经足够，其支河港汊脉络交错的通达度则更为重要。宋元时期，塘栖镇居民稀少，是否已经形成村落已不可考，但在塘栖镇附近已经有颇有规模的市集形成。比如位于塘栖镇北三里处的库桥集市，因在库桥之东，也被称为“东市”，以这一带普遍使用的小划船为例，自塘栖镇至库桥集市，只需要大约二十分钟的时间。在稍远一点五福桥外的仲墅也有集市，相传南宋时商人仲氏兄弟开市于此，渐

---

1 正统七年与运河平行的陆上官道建成，塘栖很有可能在正统七年至正统十四年间就已经完成了建镇。参见樊树志：《江南市镇：传统的变革》，第747页。

2 《卓氏家乘·塘栖考》，光绪《唐栖志》卷一《图说》，《中国地方志集成·乡镇志专辑》第18册，上海：上海书店出版社，1992年，第33页。

3 （明）胡元敬：《耋朽遗言·栖溪风土记》，光绪《唐栖志》卷一《图说》，第34页。

4 魏嵩山：《太湖流域开发探源》，南昌：江西教育出版社，1993年，第224页。

5 光绪《唐栖志》卷二《山水》，第52页。

渐贸易成集。相比于运河串联的区域范围乃至全国范围的市场网络，塘栖镇的自然水网主要是满足小范围内的商品流通。

以地方官员为代表的政府力量对塘栖镇形成和发展起到了重要的推动作用。塘栖成镇以前，下塘地区有巡检司，主管缉盗，司署位于青坡村，属湖州府德清县。新开河拓宽后，自塘栖镇至北新关的水路畅通，沿途的盗贼水匪日渐猖獗，为祸一方，始终没有得到有效的镇压。嘉靖三十四年（1555），倭寇进犯，“自塘栖至北关直抵武林门，掳掠殆尽，沿途放火，四方分劫，乡村市镇燔毁一空”[1]，塘栖镇遭受重创。次年督抚胡宗宪、巡按御史周斯盛请奏设置水利通判厅，主管捕盗事宜。嘉靖四十年（1561），水利通判厅署址移至塘栖镇，由于署址较为偏僻，缉盗效果有限。隆庆二年（1568），通判罗星赴任，专门考察了塘栖镇匪患的情况，并立即组织侦探缉捕，有效地遏制了匪患，维护了塘栖镇的治安。罗星向上级申明后，又将水利通判厅署址向西迁移了半里，使其不再“与民居悬隔”[2]。水利通判厅的设置为塘栖镇的发展提供了坚实的保障，水道上治安条件的改善有利于各产业与商业的发展，也是对倭寇进犯事件的反思，增强了塘栖镇巩卫杭州的功能。

在水利通判厅设置与迁移的过程中，塘栖镇的居民积极参与响应。光禄大夫卓明卿、举人沈佩积极向通判罗星提出迁移署址的建议，并得到了采纳；新署营建时，千百伍长各司其职；乡里对此事高度关注与支持，乡宦、举人、监生、生员、吏员、乡长、乡老等百余人联名为此事立碑留念。以士绅为首的地方居民的凝聚力可见一斑。

三、农耕经济结构中的塘栖市镇景观与格局演变

明清时期，塘栖镇发展成为“浙西巨镇”，所谓“市帘沽旌，辉映溪泽。丝缕粟米，于此为盛”[3]，所描绘的正是塘栖镇富裕繁华的景象。剖析明清时期塘栖市镇的景观与格局，可以先从塘栖镇的交通网络入手。运河既是水道也是商路，以运河为核心的水网构成了市镇镇区形态的骨干。同时，以运河为核心的商道为塘栖市镇带来了经济活力，促进了镇内各种产业空间布局的形成。

1　万历《杭州府志》卷七《国朝郡事纪下》，香港：成文出版社，1983年影印本，第533页。

2　同上，第537页。

3　光绪《唐栖志》卷一《图说》，第28页。

（一）塘栖镇区的交通网络

1. 水道商路

塘栖镇因水运而兴盛，因此以运河为核心的水网构成了镇区形态的骨干。梳理塘栖镇区的基本格局，首先要理清塘栖镇内的主要水道。镇区内水道纵横交错（图 3），故有土语形容塘栖镇地形“如出水荷花”[1]。

镇中最主要的水道，即为官塘运河。官塘运河大致为东北—西南走向，横贯镇区，将镇区划分为水北、水南两部分。沿运河水路向西南抵达武林头，再转向南，即可直达杭州；沿运河向东北则可出里仁桥、跨塘桥，经过落瓜、伍杭、博陆等村落。其次为市河，市河“自运河逆进市门”[2]，与运河水道垂直相交。镇西南丁山湖、镇南圣堂漾（即横潭）之水，由市河汇入运河。塘栖镇最核心的商业街市沿运河与市河展开，构成了典型的丁字形布局。

镇区内主要河流还有西小河、北小河、东小河。其中，西小河、北小河位于市河西侧，皆源自横潭。西小河自西向东汇入市河，出马家桥，汇入东河漾；北小河自西南向东北汇入市河，出马家桥，汇入东河漾。东小河位于市河东侧，源自镇南丁山湖、石目港，入横潭后，“一由马家桥，一由八字桥，并注于东小河漾，从翠紫湖会合运河巨泽”[3]。

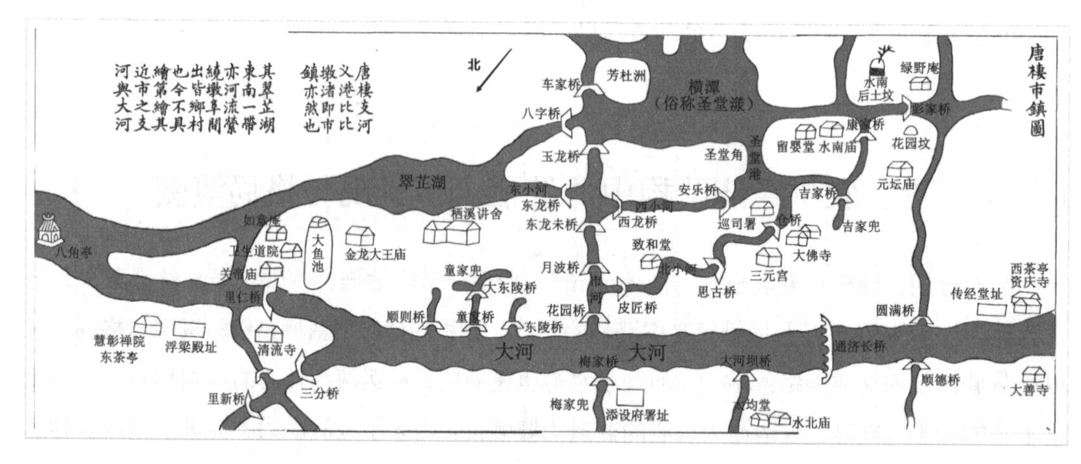

图 3　塘栖镇区水道示意图[4]

1　光绪《唐栖志》卷三《桥梁》，第 66 页。

2　光绪《唐栖志》卷二《山水》，第 50 页。

3　同上。

4　选自光绪《唐栖志》，原图中手写标注已改用印刷字体表示。

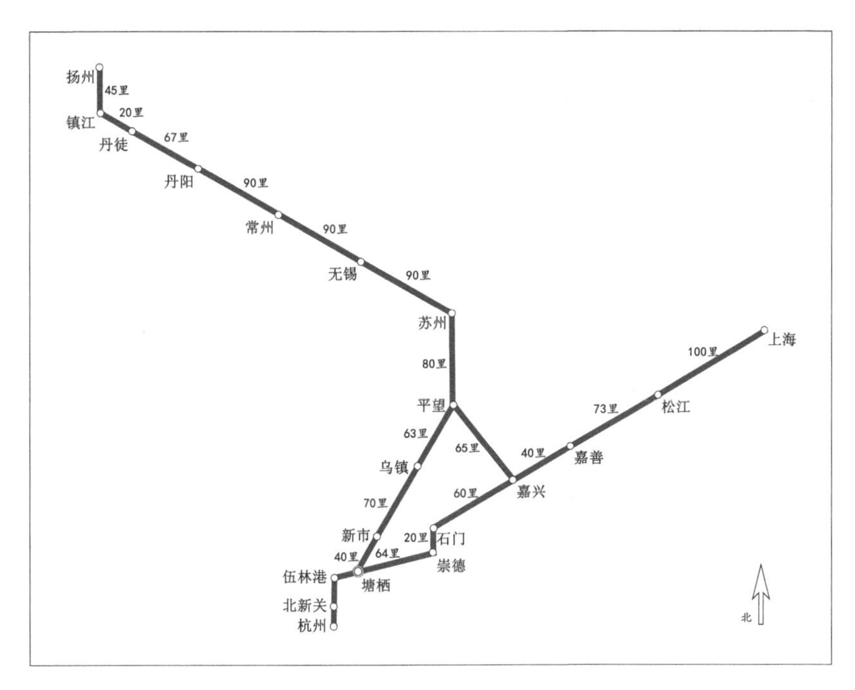

图 4　明代塘栖镇水路航线示意图（作者绘制）[1]

对于塘栖镇而言，水道亦是商品流动的通道（图 4）。明代，经由塘栖镇的水道商路已经形成。据明代商人黄汴记载，“御史朱实昌，瑞州府人，嘉靖七年奏定门摊客货不税，苏、松、常、镇四府皆然，于是商贾益居于苏州，而杭州次之”[2]，此时江南运河航道上商业最繁华的城市当属苏州，而杭州稍逊之。康熙年间，杭州知府马如龙叙述北新关之重要性时提到，“杭当南北往来之冲，舟车商贾，水陆之所毕至”[3]。可见北新关之外的水路对杭州发展的重要性，塘栖镇恰好处于这条重要的水道上。

水道之上船只往来，为塘栖镇输送源源不断的生命力。明清时期，塘栖镇水道上的船只按照功能可分为客运与货运，大多为木船。客运最主要的船只是当地的“小划船”，小船只需一到两人划楫行驶，是镇上居民出行的主要交通工具，几乎家家户户都备有。货运船只主要为航船、帆船。航船的通行距离比小船更远，一般定期定时往返。航船船型狭长，船身长度小于四丈的用作短途运输，一般情况船身长度在四丈以上，其中有一种绍兴船在塘栖镇应

1　图示航线仅作参考示意，嘉兴至上海段路线与里程参考明代黄汴所撰《一统路程图记》，其余部分参考明代程春宇所撰《士商类要》，两篇均载于杨正泰：《明代驿站考》，上海：上海古籍出版社，1994 年。

2　（明）黄汴：《一统路程图记》，杨正泰：《明代驿站考》，“附录”，第 203 页。

3　《马如龙刻北关新志纪略序》，康熙《杭州府志》卷三十九《艺文下》，康熙二十五年（1686）刻本。

用较多，船两头窄，中间宽，载重稍强于短路小航船。帆船装载量更大，是塘栖镇驶向苏南、上海、嘉兴等地的主要货运船舶。塘栖镇还有一种硬棚船，货舱大且吃水浅，一般用于装运时令水果、土特产。此外，还有用于装运木柴、山货的竹筏。[1] 货运的内容以米、土丝、木柴、毛竹、水果、鱼鲜等为大宗。

2. 街巷格局

塘栖镇的发展与陆路交通的完善密切相关。原下塘河没有塘岸遮护，沿途的三里港、十二里港等处常有盗贼盘踞，劫掳往来船只。新开河拓宽后仍然没有塘岸，盗贼的问题也没有得到解决。直到正统七年，巡抚侍郎周忱组织自北新桥至崇德县境修建一万三千二百七十二丈四尺长的堤岸以及七十二座桥梁，完善了北新桥至崇德县界的陆路交通。至此，塘栖镇水陆交通的核心部分成型，原本取道临平往来杭州的漕船商旅，逐渐选择更为宽广平顺的新开河，“唐栖始为南北往来之孔道。于是驰驿者舍临平由唐栖，而唐栖之人烟以聚，风气以开”[2]。

塘栖镇区的主要街道基本都是沿河而设。运河两岸分别是水北街与西石塘街，市河两岸为西市街与东市街，东小河、西小河河岸也设街道。所谓“沿河成市”，塘栖镇河道、街道与店铺之间的布局仍处于“单一街区”[3] 的模式，即街道的一侧为河道，另一侧为房屋店铺（图 5），街道上有廊檐遮蔽，可为行人遮阳遮雨。每逢早市，四乡农民带着自家产品赶赴镇上，揽舟于桥埠河岸，将农副产品沿街摆设售卖，形成热闹的临时市场。[4] 这种自水路而来，在临水的街道进行交易的灵活形式是塘栖镇经济活力的一种体现。

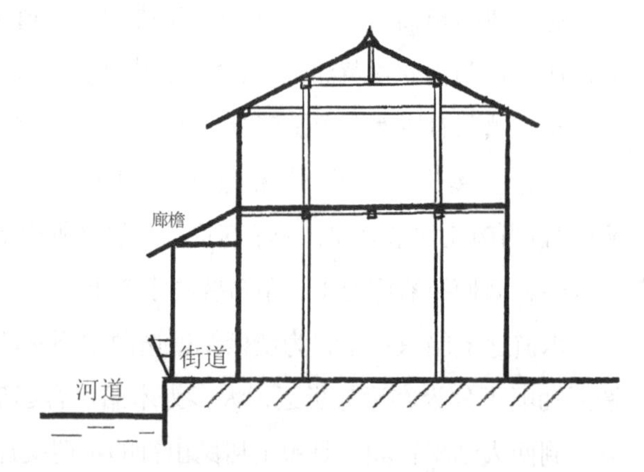

图 5　塘栖镇沿河街市建筑示意图（作者绘制）

巷弄是塘栖镇道路网络的另一重要组

1　余杭市交通局编：《余杭市交通志》，杭州：杭州出版社，1997 年，第 313 页。
2　光绪《唐栖志》卷一《图说》，第 29 页。
3　参见包伟民：《江南市镇及其近代命运：1840—1919》，第 99 页。
4　参见《塘栖镇志》，上海：上海书店出版社，1991 年，第 84 页。

成部分，弄是“小街屋傍穿径之道”[1]，塘栖镇素有“七十二条半”弄之说。通常人们在建房时，会在深宅之侧留出一条小道，即成为“弄”。弄一般狭窄深长，与街垂直相交，主要供镇上居民日常生活通行之用。

3. 桥梁分布

河道宽度与桥梁是影响市镇内部联结紧密程度的重要因素。运河拓宽后，河道宽达二十丈，水南、水北隔河相望，水北居民到水南颇费周折，“晨驰夕骛，肩摩迹累，溪渡则艰，徒涉则危”[2]。直到弘治年间，宁波府鄞县商人陈守清倾尽家财买山采石，又号召当地善士募捐，甚至剪发出家、游走四方以筹集资金修建桥梁，终于建成横跨运河的通济桥（也称广济桥、长桥）。通济桥的建成，将运河南北塘岸的官道连通，也将塘栖镇的水南与水北两个部分联结，塘栖镇由此成为更为紧密的整体（图 6）。

除运河外，塘栖镇的其他河道大多比较狭窄，上面的桥梁也远不如通济桥规模宏大，但

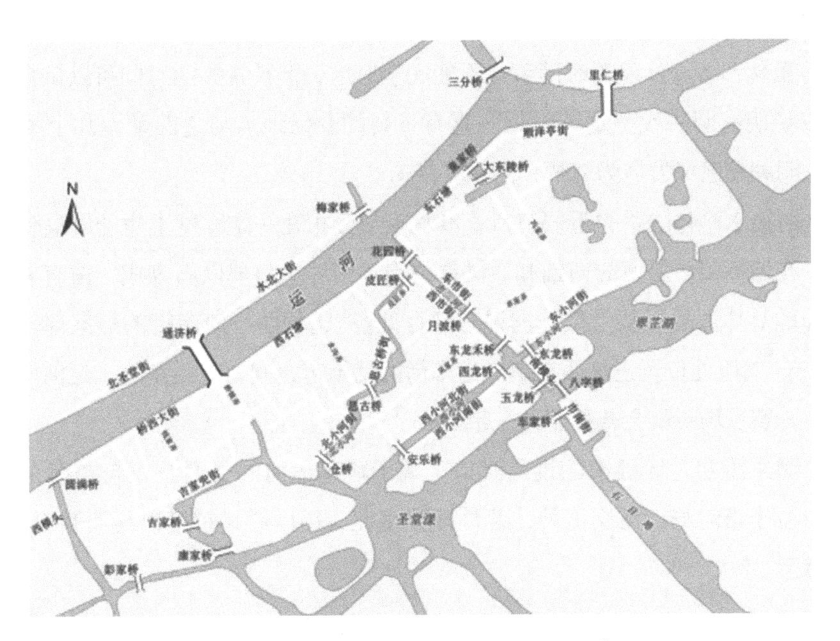

图 6　塘栖镇街巷、桥梁分布示意图[3]

1　光绪《唐栖志》卷四《街巷》，第 66 页。

2　（明）陈霆：《唐栖镇通济桥碑记》，光绪《唐栖志》卷三《桥梁》，第 54 页。

3　作者改绘自杭州市档案馆编：《杭州都图地图集（1931—1934）》（杭州：浙江古籍出版社，2008 年）中的地图《杭县第九都第四十一图一览图（塘栖市东市西镇）》，由于方志中所绘明清时期塘栖镇区图较简略，在镇区主要水道基本没有变化的条件下，参考此图对光绪《唐栖志》中塘栖镇的街道、巷弄、桥梁的大体位置进行定位。

桥梁的分布比较密集，这样的布局有利于将原本被河道分隔的街市连缀起来，以便于人们日常生活和展开商业活动。比如，市河西侧的西市街中间有通市桥（又称皮匠桥）衔接，横跨市河的月波桥“桥在市心”，东龙禾桥更是“桥跨市河极闹市处”。[1]

可以说，由街、巷、桥梁组成的陆上交通网络不仅满足了镇上居民生活的需求，更让塘栖镇区联结成为紧密的整体，为商业活动的繁荣发展提供了依托。

4. 沿岸码头

关于明清时期塘栖镇的港口与码头，地方志中的记载十分有限，只能根据其他相关的记述和近代港口码头建设的资料进行大致推测。

《唐栖志》中明确提到的位于镇区内的港是圣堂港。圣堂港位于北小河与圣堂漾交汇处，为十字形港。圣堂港以北，旧为仁和预备仓所在之地。永乐三年仁和县重建四所预备仓，其中北仓即位于塘栖镇。[2]而据曹菽园的记述：“明初，令天下州县乡都各里置仓，则耆老一人主之，故名（老人仓）。正统间，户部奏遣郎中刘广冲巡行两浙，劝立预备，遂改老人仓为预备仓。”[3]虽然预备仓修建的时间节点不能完全对应，但其荒废的时间可以确定在明清鼎革之际，至少说明有明一代圣堂港附近一直有重要的仓储地点与之匹配，加上圣堂港水面宽阔，应该在明朝就已经发展为塘栖镇的重要港口。

河埠是衔接水路与陆路的重要节点，其规模与分布在一定程度上也能够反映周边区域的繁华程度。在塘栖镇，沿河的商铺和居民往往自设河埠。河埠以石砌成，凿有象鼻眼以便于停船。河埠的具体数目无从考证，据说有几百处。[4]比如西小河南街的蔡家埠，是“各路客船聚泊处”[5]，其所处位置正是西市街与南市街两处街市之间，在兵荒时，运河两岸的店铺不能正常营业，贸易场所就会转移至这一带。

此外，明末清初时塘栖镇已设有渡口，属于跨越运河的交通渡，起初有东、西两个渡口，西渡口位于市河与运河交汇处，北岸即为水北大街中心，东渡口与西渡口相隔三百米，皆以木船渡运。[6]

---

1 光绪《唐栖志》卷三《桥梁》，第57页。

2 嘉靖《仁和县志》卷七《恤政》，光绪十九年（1893）刻本。

3 光绪《唐栖志》卷十八《事纪》，第255页。

4 余杭市交通局编：《余杭市交通志》，第284页。

5 光绪《唐栖志》卷四《街巷》，第68页。

6 余杭市交通局编：《余杭市交通志》，第293页。

（二）主要产业的空间布局

塘栖镇因交通条件的改变而兴盛，运河使塘栖镇具备不俗的交通运输与商品转销能力，令其逐渐超越原来的地处上塘河的临平镇。探究塘栖镇相较于临平的优势，首先就是因为运河，塘栖镇所处的下塘河地势更低，周围河流港汊密集，因而新开河不仅路程更短，通航能力也比上塘河更强也更稳定，大宗商品如米粮便于在此集散转运；其次，塘栖镇周围乡村的商品生产能力更强，所产水果、土丝、水产等于塘栖镇集散，这使塘栖镇经济的基础得到夯实，即使运河的地位有所下降，也不至于令塘栖镇受创以致一蹶不振。正因如此，"徽杭大贾视为利之渊薮，开典、顿米、贸丝、开车者，骈臻辐辏"[1]，活跃的商人们给塘栖镇带来了繁盛的商品贸易。在塘栖镇，土丝业、水果业和粮食业构成了市镇支柱产业。

1. 土丝业

塘栖镇气候适宜、水源充足、土壤条件优越，适宜种植桑树，"遍地宜桑，春夏间一片绿云，几无隙地。剪声梯影，无村不然"[2]。在塘栖镇四乡之内，桑树的大范围种植为蚕丝业的发展创造了基础。蚕丝的生产还有赖于水质的好坏，水质好则缫出的丝质量也好，塘栖镇水质莹洁，因而所产蚕丝也十分优质。[3]

塘栖镇田地较少，百姓仅靠粮食种植无法应对赋税带来的沉重负担，甚至可能难以维持生计。对于普通人家来讲，养蚕缫丝是一项时间短、收益高的副业，因此家家户户几乎都置有丝车，一度形成了"水乡一片月，万户织机声"[4]的盛况。成化年间，仁和县已出现纺织工场，"有饶于财者率居工以织"[5]。

丝行是塘栖镇土丝业经营的核心。乡民所产出之土丝由丝行买进，再进行转销，小部分销售给本地机户，大部分销售至杭州、苏州、上海、南京、绍兴等地。[6]据塘栖镇卓氏卓轶常回忆："祖父在丝行弄内开了一爿叫'庆丰祥'的丝行，专营土丝生意，收购当地农户自己生产的土蚕丝，然后贩运到湖州、绍兴等地供织造厂织造绸缎之用。"[7]其一方面印证了塘

---

1 （明）胡元敬：《栖溪风土记》，光绪《唐栖志》卷十八《事纪》，第256页。

2 光绪《唐栖志》卷十八《事纪》，第258页。

3 参见陈学文：《明清时期杭嘉湖地区的蚕桑业》，《中国经济史研究》1991年第4期。

4 《塘栖镇志》，第14页。

5 嘉靖《仁和县志》卷十四《纪遗》，光绪十九年（1893）刻本。

6 参见实业部国际贸易局编：《中国实业志（浙江省）》第2编，1933年，第87页；樊树志：《江南市镇：传统的变革》，第248页。

7 卓介庚主编：《塘栖卓氏宗谱续编》，2008年，浙江省图书馆藏。

栖镇丝行的功能与土丝销售的方向，另一方面也可见丝行生意在塘栖镇颇具规模，在镇上已经有以丝行生意命名的“丝行弄”。

2. 水果业

塘栖镇周边的农村盛产各类果品，所产枇杷、蜜橘、桃、梅、樱桃等水果质优味美，其中尤以枇杷最为著名，“四五月时，金弹累累，各村皆是，�千百……岭南荔支无以过之矣”[1]。

值得一提的是，塘栖镇周边的水果产区如超山、独山、丁山湖等地，生产水果已经不仅是为了满足自给的需求，还出现了为商业而进行生产的趋势。比如丁山湖周围的居民“以树蓺网罟为利，一丘一水，往往坐致百金。桔柚枇杷，菱芡之属，岁入不赀”[2]。为了提高收益，果树的栽培也更为精细，枇杷的种植“培植极工，旁无杂树，一亩之地，值可百金”[3]。在这种情况下，水果的生产已经进入商品生产的范畴，这些商品性的水果不仅供给塘栖镇的四乡，还满足着杭州的鲜果需求，甚至沿运河运至苏州、上海乃至北方地区贩售。

3. 粮食业

由于气候、水利等条件优越，塘栖镇本地亦有粮食产出，所谓“外利舟楫，内溉田场”[4]。但塘栖镇的粮食业发展的核心并不是粮食生产，而是粮食的运输与转销。明代以来，全国粮食生产的格局从“苏湖熟，天下足”转变为“湖广熟，天下足”，苏湖地区由于商品经济快速发展，大量土地改种桑、棉、麻等经济作物，加上人口增长迅速，逐渐从粮仓变成了粮食紧缺的地区。湖广地区所产米粮经由长江转入运河，输送到长江三角洲。杭州人烟稠密，对商品粮的需求旺盛，但城内空间有限，因此粮食供应主要依靠附近的米粮业市镇，如湖墅、长安、硖石。塘栖镇因地理位置的优越与运河的便利，成为颇具规模的米市。

沿运河运输到塘栖镇的米粮，一小部分供应本镇及四乡居民，大部分用于供应杭州。除了前文提到的官方建设的粮仓，塘栖镇上还有不少豪富人家存储粮食的仓房，“塘栖四面水乡，各省米豆货物辐辏彼处，缙绅及富厚之家皆于此置造栈房，或自积盈利，或召贮取租，

1　光绪《唐栖志》卷十八《事纪》，第258页。
2　光绪《唐栖志》卷二《山水》，第45页。
3　光绪《唐栖志》卷十八《事纪》，第258页。
4　《唐栖修堤募引》，光绪《唐栖志》卷十八《事纪》，第256页。

其来久矣”[1]，“夫杭人米囤于塘栖，每岁数十万石”[2]，在东小河街里侧“多米栈、仓房，为巨室积储之地”[3]。

除以上三种主要产业外，塘栖镇区还有南北货栈、绸布庄、酒酱店、茶楼、酒馆、药店等商业店铺。南北货栈主要分布于运河与市河沿岸，如花园桥堍的汇昌南北货栈，西石塘的复昌、华昌等南北货栈；茶楼、酒馆主要分布于东、西、北小河一带风景优美处，如“面山临湖，花柳争妍，有湖山之盛”[4]的东小河街；药店数量不多，分布较为分散，以北小河街的姚致和堂、市西街的翁长春、市东街的沈万春、西石塘的德生堂和丁河的保生堂较为闻名。

塘栖镇各项产业的发展深受来自各地的外籍商人推动。明清时期塘栖镇的外籍客商以徽商、甬商、杭商、越商、闽商为主。出于联络乡谊、奉祀神祇的目的，商人们在塘栖镇创设会馆，以加强同乡之间联络。会馆主要是地域性的社会团体，不能完全以行业进行划分，因此需要单独说明。以塘栖镇徽商为例，道光年间，徽商在镇上就建有新安义所（即徽州会馆）：

> 在大善寺西为新安人厝棺之会馆。前听屋五间，中堂曰：“敬止，供奉关帝岁时祭祀，并集同乡散胙饮福，以联梓谊。”后建平屋二十余间，为殡舍，缭以围墙。新安人旅居病故，一时未能扶柩回籍者，皆暂厝焉。若厝久无主舁归者，并买南山冢地，先期布告，择日埋葬，以免暴露。有堂屋以联乡情，有殡舍以蔽风雨，有义葬以安旅魂，洵善举也。[5]

镇上的徽商在会馆里供奉关帝、联络乡谊，还会以共同体的身份行善举，同时也会在会馆“利用集体的力量，切磋经营之道，商讨经营方针，互通贸易信息，采取联合行动”[6]。一方面，这种地域性的团体通过互持互助增强在商业活动中的竞争力；另一方面，这种竞争也能够推动塘栖镇商品经济的发展，为塘栖镇的整体发展提供了动力。新安义所有房屋二三十间，颇具规模，位于水北大善寺之西，已算是镇区的边缘地带。除徽商外，塘栖镇上还有宁波商人所建的“四明会馆”以及绍兴商人会馆。四明会馆位于咸丰兵燹后的三元宫旧址，绍兴会馆位于里仁桥北堍。

---

1 （清）陈宏谋：《学仕遗规》补编卷一，武汉：武汉大学出版社，2019 年。

2 万历《杭州府志》卷一《城池》，第 2491 页。

3 光绪《唐栖志》卷四《街巷》，第 68 页。

4 同上。

5 《栖乘类编》，光绪《唐栖志》卷十八《事纪》，第 262 页。

6 范金民：《清代江南会馆公所的功能性质》，《清史研究》1999 年第 2 期。

纵观塘栖镇区，以运河和市河形成的丁字形区域为商业核心，街市店铺尤以此区域最为繁华富饶。运河是塘栖镇与外地沟通的通道，是大宗货物流通转运的主干道。市河与运河垂直相交，其支流东、西、北小河连通镇区内外的水域，形成区域内的水上交通网络，联结了塘栖镇的内外市场，塘栖镇及周边乡村所产的农业、手工业产品由此进入运河，进入更高一级的区域市场。镇区内主要产业的分布具有专业化的趋向，主要表现为同一产业在空间上聚集，比如丝行弄中以丝行为主；南横头以棉花市集为主；圣堂角因近圣堂港，方便米粮运输与搬运，故多米行，临近的东小河街也多有米栈、仓房。应当注意到，无论是农业或手工业商品，其生产主要是在四乡范围或临县乡村完成，市镇主要的功能更倾向于集散而非生产。

四、近代化进程中的塘栖镇

自元末运河拓宽以来，塘栖从空旷荒凉的偏僻之地，发展成繁盛的市镇，到清代已经成为这一区域的“市镇之甲”。便利的水陆交通是商业繁荣的基本条件，在塘栖镇长达五百多年的发展历程中，大运河扮演了重要的角色。大宗的商品经由运河进入塘栖镇，并由此转销至航路所达的更大范围的市场，同时也满足了对塘栖镇及四乡的供给。塘栖镇及其“乡脚”范围内所产出的农产品与手工业产品在塘栖镇汇集，再流通至其他地区。可以说，塘栖镇的繁荣是由其商业职能决定的，并且它的商业是为农村经济而服务的。[1]

在传统向近代的转变中，塘栖镇经历了一个较为复杂的过程。首先，遭受到了太平军的冲击与毁坏。太平军攻占南京时，杭州戒严，塘栖镇运河塘岸的塘石被拆卸用以筑垒防御。咸丰十年（1860），太平军自石门攻入塘栖镇，烧杀抢掠，“梵宫琳宇，尽付劫灰，巨室旧家，半成瓦砾”[2]。据记载：“塘栖自庚申七月，遭贼蹂躏，无固守者，遂为粤匪来往之所。”[3]经此一劫，塘栖镇的基础设施严重毁坏，基本丧失了往日的经济活力。而此时，对江南一带来说，更有冲击性的是上海等通商口岸的崛起，使得原有的以南北大运河为主要流通渠道的体系发生根本性变革。鸦片战争爆发后，西方列强以武力打开中国大门，迫使清政府开埠通

1 参见包伟民：《江南市镇及其近代命运：1840—1919》，第38—39页。

2 光绪《唐栖志》卷四《街巷》，第69页。

3 （明）黄鸣俊：《武林纪略捕盗事宜》，光绪《唐栖志》卷二十《杂记》，第295页。

商，在西方工业化浪潮的冲击下，传统的农村经济受到了挑战。开埠后的上海迅猛发展，对外贸易带来新鲜而巨大的活力。由上海向内地辐射，将江南市镇带入了工业化、近代化的轨道。在这样的环境之中，塘栖镇也走上了转型之路。

（一）近代交通条件的改变

1. 新的轮船业冲击

自 1843 年上海开埠以来，传统的大运河沿岸江南市镇所依赖的内河航运受到轮船海运的冲击与刺激。在轮船被引入之前，塘栖镇的航运主要依靠以人力或风帆驱动的木船，航行速度、客货载量都十分有限。直到同治年间（1862—1874），杭州拱宸桥大同街设官营“内河招商局”，船只行驶于上海、杭州之间，中设塘栖、崇德、嘉兴三站，客货兼营，是浙江境内出现轮船客运之始，也是塘栖出现轮船客运之始。[1] 1896 年，苏州、杭州开埠，内河航运开放，清政府对内河航运事业的限制放宽，轮船公司纷纷建立起来，到民国二十一年（1932）时，余杭县境内已有九家轮船公司的轮船航行，其航线可参考表 1。

表 1　1932 年余杭县轮船公司概况

公司名称	创建时间	航线起讫	县境内停泊站点
宁绍轮船局	—	杭州—湖州	塘栖
振兴轮船公司	1915 年	杭州—湖州	塘栖
长安轮船公司	1919 年	杭州—湖州	塘栖
和记轮局	1923 年	杭州—新市	塘栖
源通轮船局杭州分局	1927 年	杭州—苏州	塘栖
顺兴轮船局	1928 年	杭州—塘栖	王家庄、武林头、塘栖
翔安轮船公司	1928 年	杭州—湖州	塘栖
浙江建设厅内河轮船营业事务所	1930 年	杭州—苏州	塘栖
源通轮船局	1931 年	杭州—震泽	塘栖

资料来源：参见余杭市交通局编：《余杭市交通志》，第四编《航道运输》。

1　余杭市交通局编：《余杭市交通志》，第 13 页。

表 2 1921 年杭州—湖州航线及停靠站点

线路	始发 / 终点站	停靠站	终点 / 始发站
1	杭州	菱湖	湖州
2	杭州	塘栖、菱湖、荻罡、袁家汇	湖州
3	杭州	塘栖、新市、双菱、菱湖、荻罡、袁家汇	湖州

资料来源：根据丁贤勇、陈浩译编：《1921 年浙江社会经济调查》，北京：北京图书馆出版社，2008 年，第 232 页整理。

通过轮船公司站点的设置可以发现，塘栖镇在轮船航运中仍然是杭州与其他地区联系的重要中转站，“水道有汽船通杭州之拱宸桥、吴兴、崇德、嘉兴、上海等处”[1]。在轮船航运的条件下，以上海为中心的航线开始构建，主要包括上海—苏州、上海—杭州、苏州—杭州、上海—湖州、上海—松江、上海—无锡、上海—嘉兴等十三条航线，其中“以上海至苏州及上海至杭州为最重要，所谓三角航路者是也”[2]。对于塘栖镇而言，水道交通的路线并没有发生太大的变化，它仍然处于杭州—湖州、杭州—苏州、杭州—上海的几条重要航线上。

在杭州—湖州航线上有三条线路，停靠站点有所不同，如表 2 所示。

杭州—苏州航线主要包括两条线路。一条“起于杭州市，经过崇德、桐乡、嘉兴而入江苏之吴江县、吴县等处……为杭州联络吴县或其他各县之重要河道，对于江浙两省之货运方面，极多贡献。在杭州境内一段……沿岸经过之重要地点，有博陆、五杭、塘栖等镇，通行轮船及航船，每月轮船来往约四百次……运货方面输出者，以茶为大宗，输入者以南货、粮食、布匹等为大宗”[3]；另一条则自杭州出发，经雷甸、菱湖由湖州转向南浔、震泽、平望后经兆泽、吴江抵达苏州。[4]

从杭州至上海的航路主要有两条，一是经由塘栖、石门、嘉兴抵达上海，一是经由乌镇、平望、嘉善进入黄浦江再抵上海。第一条线路是以往民船习惯往来的线路，轮船航行的时间和开到时间大致遵循了以往的时间，见表 3。

对于轮船而言，运河河道比较狭小，据 1920 年的调查结果，“杭嘉运河……上下游地势平衍、河道深泓，河面之宽均在二百尺内外，沿河居民架屋筑埠致河面仅存四五十尺不

1 《本行塘栖农贷所实况》，《农友》1935 年第 3 卷第 8 期，第 38 页。
2 交通铁道部交通史编纂委员会编：《交通史航政编》第 4 册，1931 年，第 1642 页。
3 实业部国际贸易局编：《中国实业志（浙江省）》第 10 编，1933 年，第 54 页。
4 丁贤勇、陈浩译编：《1921 年浙江社会经济调查》，第 233 页。

表 3　1921 年杭州—上海小轮船航线、船票票价及靠泊时间

	与杭州的距离（华里）	距离杭州的船票价格（元）			靠泊时间	
		上等	中等	下等	杭州开往上海方向	上海开往杭州方向
杭州	—	—	—	—	下午 5 时出发	次日晚上 8 时
塘栖	45	0.80	0.30	0.20	晚上 7 时半	次日下午 5 时
石门	99	1.60	0.60	0.40	晚上 10 时半	次日下午 2 时
石门湾	117	1.60	0.60	0.40	晚上 11 时半	次日下午 1 时
嘉兴	153	1.60	0.60	0.40	次日凌晨 2 时半	次日上午 11 时
上海	432	2.00	0.80	0.50	次日晚上 8 时	下午 5 时出发

资料来源：丁贤勇、陈浩译编：《1921 年浙江社会经济调查》，第 228 页。

等”[1]，因此在运河上行驶的轮船“均为小型的客船兼拖船，拖带一艘或两艘客船，或拖带联结在一起的货船”[2]。

在通往上海的航线上，小轮船既可载人也可运货，从杭州到上海主要输出的货物有蚕茧、生丝、绸缎、烟草、棉花、纸、扇子等。以蚕茧为例，可以观察到杭州与上海之间的密切关系。在 1927—1936 年的十年中，“浙江蚕种生产量由一万三千张增产到八十四万九千张，而推广改良蚕种二百三十三万余张”[3]，这些蚕茧供应给上海、苏州、杭州等地作为缫丝业的原材料。上海对浙西地区供应的蚕茧也有着强烈的需求，比如 1938 年上海市丝厂业同业公会向浙江省建设厅发出了关于收购蚕茧的求助：“上海丝厂业因缺乏原料蚕茧迭经代电声请救济，在案各厂商对于浙西春茧仍拟不避艰险计划往收。”[4]

从杭州流向上海的货品不能完全用于参考塘栖镇与上海之间的往来，由塘栖镇外运的商品附带着塘栖镇自身农业、手工业生产的特点。20 世纪 30 年代，塘栖镇东石塘的轮船码头“年外运土丝一百吨左右，四时水果十万担，每天运往上海的鱼虾类均千斤以上”[5]。除却转运的临近县、城市的特产，塘栖镇生产、外销的商品与其明清时期就已经形成的农业结构[6]相一致。

1　交通铁道部交通史编纂委员会编：《交通史航政编》第 4 册，1931 年，第 2016 页。

2　丁贤勇、陈浩译编：《1921 年浙江社会经济调查》，第 228 页。

3　《浙江经济年鉴》，1948 年刊印，第 368 页。

4　《蚕丝（有关春茧收购、筹办丝厂、生丝推销等文件）》，1938 年，浙江省档案馆，L033-002-0664。

5　《塘栖镇志》，第 22 页。

6　董建波指出，在明清时代塘栖镇已经形成蚕桑业、林果业并重的农业结构，近代城市发展之后对农副产品的需求增长，还刺激了养殖渔业的发展，由此形成了蚕桑业、林果业和渔业三足鼎立的农业结构。董建波：《塘栖——一个江南市镇的社会经济变迁》，第 23 页。

轮船提高了运输效率，但并没有完全取代民船，在杭州以北的运河运输中，仍有一些货物由民船运输，比如运至杭州的米、煤炭、生丝、棉花等，一般大宗货物则会委托小轮船，数量较少的货物都委托快船和夜航船运输。再如塘栖镇的枇杷上市时，仍会以民船运输：

（1927年）5月时节，正是塘栖枇杷上市的时候，枇杷摘下后装上船，就要先摇到厘捐局交好税，然后方能运出去。所以我们到的时候，厘捐局门口停着许多满载枇杷的小船。[1]

航运方式的改变对应着镇上码头的调整。清末民初，镇上的客运码头有三个，是较为简易的木质结构，均在东石塘。货运方面，高吨位货轮在水北街设有专卸埠头，大宗物资装卸的码头较以往则变化不大。[2]

明清时期，塘栖镇交通的重心在苏杭之间的航道。随着上海城市的发展，以上海为中心的交通网络开始构建，轮船的引入提高了水路运输的效率，航运的重心明显开始向沪杭之间的航线倾斜。[3]“杭州出口货物以丝绸为最多，还有绸缎、茶叶、棉衣等，运销京沪各埠。”[4]经由塘栖镇中转的货物，不再仅仅供应国内市场，而是通过以上海为主的口岸城市流入国际市场。并且，与上海、杭州之间密切的往来使塘栖镇近代化的步伐加快了。

2. 铁路与公路的兴起

1907年沪杭甬铁路沪杭段建成通车，于钱塘、仁和县境内有笕桥站、拱宸站、临平站、南星站、闸口站，但并未经过塘栖镇。[5] 1927年，杭塘段公路建成，“起杭州，经过乔司、汤家、临平、小林、超山至塘栖镇，全线45.4公里”[6]。到1947年，杭塘段公路有管理站一座、营业站七座。[7]杭塘公路连接了塘栖镇与杭州，其临塘支线也使塘栖镇与临平相连，塘栖镇的货物可由公路以汽车运至临平火车站，经由沪杭铁路向外转运。

1 王个簃：《记吴昌硕先生在塘栖的趣事》，《杭州文史丛编·文化艺术卷》第4册，杭州：杭州出版社，2022年，第131页。

2 《塘栖镇志》，第33页。

3 董建波：《塘栖——一个江南市镇的社会经济变迁》，第117页。

4 实业部国际贸易局编：《中国实业志（浙江省）》第2编，1933年，第86页。

5 《杭县志稿·交通》第13册，1987年影印本，第18页。

6 同上，第25页。

7 《浙江经济年鉴》，1948年刊印，第269页。

表 4　1931 年杭州市公路概况表

路名	管理机关	职工数（人）	车辆数（辆）	营业数（元）
拱三公路	省公路局	78	16	223.72
杭长公路	省公路局	99	43	287.25
杭平公路	省公路局	56	15	78.41
杭富公路	省公路局	21	—	5.06
杭余公路	余杭省道汽车股份有限公司	86	20	138.81
杭塘公路	杭海县道汽车股份有限公司	53	5	36.80
市内	永华汽车公司	64	15	82.00
合计		543	114	852.05

资料来源：建设委员会调查浙江经济所编：《杭州市经济调查》，1932 年刊印，第 158 页。

铁路与公路的建设对塘栖镇的近代化发展起到了推动的作用，根据杭州市民国二十年（1931）所统计的公路概况（表 4），杭塘公路是唯一一条连接杭州与县级以下的市镇的公路。一方面，塘栖镇的水路运输功能因轮船的引入而得到强化，巩固加强了塘栖镇商品集散中心的地位，客货运输量增加使塘栖镇对公路的需求上升；另一方面，公路专线的修建又进一步完善了塘栖镇的交通网络，塘栖汽车站位于镇南八字桥之南，“每天有汽车通行五六次”[1]，可见塘栖镇经由公路的人员与物资流动之频繁。

至 1947 年，民国时期铁路与公路的建设还不够完善，只是大致构建了近代交通网络，对传统运输结构的冲击有限。[2]塘栖镇的客运受公路影响较大，郁达夫在《超山的梅花》中提到：“从前去游超山，是要从湖墅或拱宸桥下船，向东向北向西向南，曲折回环，冲破菱荇水藻而去的；现在汽车路已经开通，自清泰门向东直驶，至乔司站落北更向西，抄过临平镇，由临平山西北，再驰十余里，就可以到了……坐船和坐汽车的时间的比例，却有五与一的大差。”[3]但塘栖镇的货运却仍然以船运为主，“铁路交通主要是运输那些贵重物品或交货时间较紧的货物，而农产品的运输则比较多地依靠低廉的水运”[4]，这主要是因为轮

1 《本行塘栖农贷所实况》，《农友》1935 年第 3 卷第 8 期，第 38 页。
2 包伟民：《江南市镇及其近代命运：1840—1919》，第 125 页。
3 郁达夫：《超山的梅花》，《塘栖镇志》，第 232 页。
4 丁贤勇、陈浩译编：《1921 年浙江社会经济调查》，第 250 页。

船运输是在本区域传统的水运体系的基础上发展的，它前期发展要比公路运输更快，效率也更高。

（二）塘栖镇的近代工业

明清时期的塘栖镇因运河的交通运输功能而发展兴盛。清末民初，近代交通的发展使塘栖镇与杭州、上海、苏州等城市的联系更加紧密，塘栖镇因此被纳入了世界发展变化的格局中，紧接着，近代工业在塘栖镇出现，随之而来的还有具有城市公共性质的邮局、教堂、电气厂、银行、医院等设施，可以说，近代交通的发展加速了塘栖市镇的发展。[1]

塘栖镇的近代工业开端于19世纪末。1896年，南浔富商庞元济与杭州富商丁丙合资，在镇东里新桥创办大纶制丝厂，该厂是当时浙江全省仅有的三家机械缫丝厂之一，也是塘栖镇近代第一家缫丝工业企业[2]；1898年，塘栖镇商人劳祖华于水北创办波华织绸厂，是塘栖镇近代织绸工业之始[3]；1918年，塘栖镇商人张克昌购置三十六匹柴油机一台，在水北开设张太丰春米坊，此为塘栖镇乃至杭县第一家粮食加工场[4]；1919年，新明电气公司开设于南横头[5]，以劳少麟为董事长；这一时期，塘栖镇还出现了棉纺织业的义大布厂、化工业的五洲皂烛厂等。[6]

塘栖镇的近代工业以缫丝业为开端，也以缫丝业发展得最为繁荣。大纶、崇裕、华纶、祥纶为规模较大的几家丝厂，其大致规模可参考表5，其中尤以大纶丝厂规模最大，“以技工之娴熟、条分之匀整驰名欧美，其仙鹤牌久为诸厂冠”[7]。

20世纪30年代之前，塘栖镇近代工业发展经历了一个繁荣的时代，但持续的时间并不长。根据大纶丝厂1936年所填报的成本信息：“每鲜茧二千二百斤，可缫丝一担，二十年份价无九百六十两，加捐税工资及一切开支元二百八十两，预算成本每丝一担计元一千二百四十两，起初丝价在一千三百两左右，尚有微利可图，后来跌落至七百两左右，遂至亏折。”事实上大纶丝厂已在五年前停闭，“本厂因丝市惨落于主年份停闭，所有资本已遭亏耗，前列种种均系二十年份情形，于现在未能符合也”。[8]到抗日战争胜利后，塘栖镇的缫

1 叶志锋、王昕、吴琳：《浅析运河商业因素对塘栖城镇发展的影响》，《城市规划》2010年第34卷。
2 《塘栖镇志》，第46页。
3 同上，第49页。
4 同上，第52页。
5 同上，第19页。
6 《杭县志稿·实业》第12册，1987年影印本，第16页。
7 同上，第15页。
8 《杭县呈报工厂登记》，1936年，浙江省档案馆，L033-004-0145.1。

表 5　塘栖镇主要缫丝厂规模一览

厂名		华纶丝厂	大纶丝厂	崇裕丝厂
厂址		王家漾	里新桥	石灰桥
资本金额（国币元）		3 万	21 万	国币 89600
制品（生丝）	年产量（担）	600	600	600
	年价值（国币元）	30 余万	不足 50 万	42 万
原料（茧）	产地	杭县、吴兴	杭县、德清、安吉、海宁、嘉兴	杭嘉湖各属
	年需用量（担）	3500	4000	3000
引擎	种类	汽引擎	汽引擎	发动引擎
	产地	意大利	英国	德国
	马力（匹）	14	25	12、2
	座数（座）	2	2	2
	价值（国币元）	1000	2000	4000
缫丝车数量（辆）		240	468	492
厂址面积（亩）		11	20	42
厂屋间数（间）		84	120	99
职员数目（人）		43	83	27
工人数目（人）		760	1500	1026

资料来源：根据《杭县呈报工厂登记》，1936 年，浙江省档案馆，L033－004－0145.1 整理。

丝工业企业仅剩崇裕丝厂硕果仅存。

近代工业的兴起改变了塘栖镇的空间布局。首先，交通运输业的发展使塘栖镇与杭州、与周边农村的联系更加紧密，农业的专业化和商品化发展增加了商品总量，也使人们的日常生活更加依赖于市场，因此镇区的空间整体上是扩大的。[1] 其次，在太平天国战争中被毁坏而荒芜废置的空地与屋舍旧址为镇区的重新布局创造了条件，新的住宅与工厂建立起来，镇区仍是以运河与市河两岸为核心的商业区，而镇区的外围纷纷建立了工厂，出于交通方便和生产用水的需求，工厂往往沿河岸分布，这就使镇区的范围沿着河道而扩张。

1　董建波在解释 20 世纪 30 年代初塘栖镇区的变化时，指出现代交通运输业的发展使农民倾向于去更高的市场中心地进行交易，从而使市镇经济衰落、镇区萎缩的结论并不适用于塘栖镇，认为塘栖镇与周边农村的经济关系反而扩大和增强了。参见董建波：《塘栖——一个江南市镇的社会经济变迁》，第 200 页。

结 语

塘栖镇地处大运河沿岸、三县交界，据守杭州的北大门，自明清至近代，独特的地理位置和便利的水陆交通条件始终在其发展变迁的过程中起到举足轻重的作用。大运河将江南区域与北方贯通，塑造了一个以运河为中心的庞大的全国市场，江南市镇由此进入了更大范围的市场网络，塘栖镇正是因此成为农村与城市、区域与全国之间商品流通的中转站。明代以来江南地区农业、手工业生产的商品化与专业化加速了商品流通，也扩大了商品在区域间流通的规模。塘栖镇农村蚕桑业与水果业的发展，使塘栖镇成为区域内土丝、水果的集散中心；交通的通达与便利又使塘栖镇发展了粮食业市场。在镇区内部，各种产业的布局出现了专业化的特征。尽管明清时期塘栖镇的农村经济已经高度专业化和市场化，但并没有实现质的突破。到了近代，随着新式交通体系的构建，尤其是轮船的引入对塘栖镇发展影响最大，运河水道继续发挥作用，不过其主要航线已从以南北运河为骨架的运输体系，逐渐转向以通商口岸上海为中心。在塘栖镇，杭州—苏州航线、杭州—上海航线非常活跃，继而与更广阔的海内外市场相联系。在上海、杭州城市发展的影响下，塘栖镇这个传统市镇的工业化进程也开启了，首先发生在缫丝业，电力、食品加工等领域的工业相继兴起，使塘栖镇在近代化的过程中继续保持活力。在这一过程中，塘栖镇区范围有所扩大，具有近代城镇特征的工厂、邮局、电报、教堂、医院等设施也渐次出现。考察塘栖镇的变迁过程，在其社会经济变迁的背后有着复杂多样的历史因素。本文仅对塘栖镇明清时期的发展脉络进行梳理，旨在展现这一时期里塘栖镇的形制形态，以及从农耕时代到工业化时代其功能与结构的转变。尚有不少未详细探讨的问题，比如明清时期塘栖镇发展中的主导力量是什么，在近代转型过程中市镇变革的力量又有哪些变化，这些都还有待进一步研究，容另撰文考察。

上海“一江一河”专题研究

被"填筑"的上海滩：黄浦江滨岸空间形成的历史过程分析

牟振宇　张　蝶　付钰鋆*

"一江一河"，即黄浦江和苏州河，是上海的母亲河，对上海港的诞生以及城市发展起到极为重要的作用。在一江一河中，作为后起之秀的黄浦江对于上海的意义显然更大。学界对于黄浦江的研究颇多，目前，已经出版的黄浦江论著，主要是关注历史时期的河道变迁（满志敏、傅林祥等）、近代以来的港口发展与演变（茅伯科等）、水利（堤防、水闸）与水资源、滨岸景观规划、滨岸综合开发等方面。[1]这些研究对于黄浦江的河道变迁有了基本的认识，对于黄浦江沿岸的码头和港区的变化也有了基本的理解。但是对于黄浦江滨岸是如何形成的，这个问题还没有系统的研究。以往的研究认为，滩地就是自然生成的，上海开埠后外国人抢占滩地并兴筑码头后，形成今黄浦江滨岸。实则不然，黄浦江滩地，大部分是人工填筑出来的。笔者曾在《上海市志·黄浦江分志（1978—2010）》中对相关材料和数据予以记录，但限于体例，未能展开。本文主要根据上海浚浦局档案资料，对黄浦江滨岸形成的历史过程进行复原，并对其背后的驱动机制进行分析。

* 牟振宇，上海社会科学院历史研究所副研究员；张蝶，上海社会科学院历史研究所硕士研究生；付钰鋆，上海社会科学院历史研究所硕士研究生。

1 关于黄浦江的研究主要有：满志敏：《黄浦江水系形成原因述要》，《复旦学报（社会科学版）》1997年第6期；《黄浦江水系：形成和原因——上海经济可持续发展基础研究之一》，《历史地理》第15辑，上海：上海人民出版社，1999年，第132—143页；《上海水乡河流主道的嬗变——从吴淞江到黄浦江》，上海市社会科学界联合会编：《江河归海——多维视野下的上海城市文明》，上海：上海人民出版社，2016年，第185—212页；傅林祥：《浪奔浪涌：黄浦江》，上海：学林出版社，2019年；茅伯科主编：《上海港史（古、近代部分）》，北京：人民交通出版社，1990年；《上海港志》编纂委员会编：《上海港志》，上海：上海社会科学院出版社，2001年；上海市地方志编纂委员会编：《上海市志·交通运输分志·港口卷（1978—2010）》，上海：上海交通大学出版社，2017年；上海市地方志编纂委员会编：《上海市志·黄浦江分志（1978—2010）》，上海：上海古籍出版社，2021年；等等。

一、黄浦江整治工程之前的滨岸状态

黄浦江滨岸的形成与上海浚浦局实施的黄浦江整治工程有着密切的关系。黄浦江最早见于《宋会要辑稿》，原是一条名不见经传的河流。后经南宋、元代，逐步发展壮大，最终与上海浦相接，成为吴淞江南岸的一条大浦。由于吴淞江下游河道自宋代开始逐步淤塞，同时受到宋代海平面上升和元代海平面下降的影响，吴淞江下游排泄不畅的问题更加突出。明永乐元年，江南发生大水，夏原吉奉命治水。经实地考察，夏原吉放弃了疏浚吴淞江的传统治水方案，而是将黄浦江改道范家浜，由吴淞口直达入海，形成了今黄浦江的基本格局。经此次疏浚，黄浦江取代吴淞江，成为太湖流域最大的下泄河道。之后黄浦江经过了很长时间的安流，一直到1906年黄浦江整治工程实施之前，未发生大的河道变迁。

1906年黄浦江整治工程之前，黄浦江滨岸是怎样的？到底有多宽？据明弘治《上海志》记载，黄浦"在县东，大海之喉吭也。潮汐悍甚，润及数百里。前《志》至元大德间，浦面尽一矢力"[1]。这里说元代黄浦江的宽度"尽一矢力"，学界对此有不同的看法，一般认为射一箭的距离大约为100米，但傅林祥认为这是元代的弓，应是300米左右。但无论如何，元代黄浦江的河流宽度已超过上海普通河流宽度，则是不争的事实。明夏原吉疏浚后，黄浦江在原水系的基础上，又接纳了吴淞江水系来水，水量大增，宽度自然变宽。下游，原范家浜段，"叶宗行上言疏浚通海，引流直接黄浦，阔三十余丈，遂以浦名"[2]。三十余丈，按照明代的营造尺（31.793厘米）计算[3]，一丈等于十尺，即3.179米，三十丈约100米，可见初浚时的黄浦江下游仅100米。后随着水量增多，至清代，河流更宽，"今愈东则愈阔矣"[4]。

明清时期黄浦江下游河道明显比1906年黄浦江整治之前河道宽阔得多。从明代开始，两岸居民为防止黄浦江潮汐入侵，于黄浦江岸边修筑土塘。据乾隆《上海县志》记载："万历二十六年，知县许汝魁筑捍浦塘，邑人副使王体仁有记。"[5]又据嘉庆《上海县志》记载，"天启元年，吕浚……又修筑浦塘"，"崇祯二年，巡抚都御史曹文衡檄同知钱永澄濬俞塘等河万余丈，修筑黄浦塘岸二千余丈"。[6]这里的"黄浦塘岸"和"捍浦塘"，主要指黄浦江上海县城以下河段，具体位置不详。清代以来，又多次修筑黄浦江两岸江堤。

1 明弘治《上海志》卷二《山川志》。

2 同上。

3 丘光明、邱隆、杨平：《中国科学技术史：度量衡卷》，北京：科学出版社，2001年，第407页。

4 嘉庆《上海县志》卷二《水利》。

5 乾隆《上海县志》卷二《水利》。

6 嘉庆《上海县志》卷二《水利》。

浦西岸最重要的是衣周塘，据民国《宝山县续志》记载：“在浦江之西岸，全塘占殷行乡衣、周字各图，故名。自吴淞口蕰藻浜河南岸起，至虬江口上海县界止，计长十七里。以景、行、惟、贤、克、念、作、圣、德、建、名、立十二个段。”该土塘自雍正年间开始修筑，后历经多朝修筑。美国国会图书馆收藏了一幅《江南海塘图》[1]，绘制时间约为1750—1753年。在地图上，绘制了黄浦江自吴淞口至上海县城之间的下游河段。从图上看，浦西岸修筑了土塘，图上还有文字标注：“乾隆十三年动帑加筑民挑土圩，自虬江起至胡巷口南岸止，长三千二百九十余丈。”这一段正是衣周塘的范围。1918年，护军使卢永祥派第十师军队令湖北工巡捐局在衣周塘塘基上建军工路，“南自上宝分界虬江桥起，迤北经衣周塘至张华浜折西入吴淞界，转北至蕰藻河止，长三千零四十七丈，宽四丈。煤屑面”[2]。该土塘从现在的地图上看，军工路距黄浦江约100—1000米，说明军工路至黄浦江的这片土地，是清代后期经自然淤浅和人工填方才成陆的。

黄浦江东岸的土塘，有三段，均在清代修筑。据嘉庆《上海县志》记载：“土塘有三，皆沿黄浦东岸。一在二十二保，据士民凌英泰、卢启丰言，地近吴淞海口，常年秋潮为患，请就各图田亩起夫，北从上宝界浜口起，南至西新塘二十四保界止，沿浦挑筑，长二千九百二丈，知县于方柱勘准，乾隆二十九年工竣。一在二十三保，士民蔡于忠、黄希年等请筑，如前议，北从上宝交界之虬江起，南至虹口止，长三千三百三十丈，所生茅草听塘长收获，以抵工食，知县李希舜勘准，乾隆十八年工竣。一在二十四保，士民顾其仁十九筑，北从二十二保土塘工尾起，南至张家浜口止，长二千四百丈，知县史尚确勘准，乾隆四十二年工竣。”文献记载：“自筑土塘，潮水逼而西溢，吾邑城治及迤南各图，沿浦九十余里，每遇潮汛泛滥堪虞，浦西各路士民亦宜仿浦东之法，其为兴筑土塘，协力公举云云。数十年来，浦岸西涨东坍。”乾隆二十九年（1764）和四十二年（1777），在黄浦江东岸筑成淞浦东南岸土塘。

黄浦江岸修筑土塘后，对于防海潮、发展农业效果显著，据嘉庆《上海县志》记载：

> 旧志云，浦东一带，地逼江海，近年秋潮较昔增长，田庐淹浸，岁屡不登。自三保士民各筑土塘自卫，计长八千六百三十二丈，设立塘长，以时修葺。现在岁获丰稔，永资利赖，实为良策。惟是自筑土塘之后，捍遏潮势逼而西溢，吾邑城治及迤南各图，沿浦九十余里，每遇潮汛，泛溢堪虞，城中亦受其患，浦西一带，田亩虽遇丰年，偏灾不

1 《江南海塘图》，长152厘米，宽28厘米，纸本彩绘，比例尺为1:140000，绘制时间：1750—1753年，原图藏美国国会图书馆。

2 民国《上海县续志》卷五《礼俗》。

免。图全之策，惟浦西各路士民亦仿浦东之法，共为兴筑土塘，协力举，可以转歉岁为稔年。吏斯土者，留心民瘼，筹及于此，而为之仿举诚吾邑之幸也。

总之，在黄浦江整治工程之前，黄浦江的滨岸为原始滩地。明清两代，当地政府在黄浦江下游自上海县城至吴淞口的黄浦江两岸修筑了土塘，以防黄浦江潮水漫溢，损毁农田和房屋。

黄浦江的跨度，就是两土塘之间的距离，实际上已远超过黄浦江整治之前的宽度。河道过宽，极易造成淤浅。1843 年在伦敦出版的《霍斯伯勒东印度指南》(*The India Directory*) 是鸦片战争以前传教士及东印度公司对华调查各种报告的集大成者，其中包括了对黄浦江的调查。该报告进一步证实了吴淞外沙的存在，而且对吴淞口到上海县城的黄浦江航道做了详细描述，内容摘录如下：

位于北纬 31° 26′、东经 120° 48′ 的吴淞村，在同个名字的河口内侧，也叫上海——上海这个伟大的商业城市位于河道口以上 6 里格左右的左岸，是帝国最活跃的贸易城市之一。通常在码头附近停泊有数百个舢板，或停泊在对岸，河流深度为 6 至 8 英寻，近半英里宽，但吃水深的大型船只无法进入城市。在河流入口处有一个要塞，距离吴淞村下方约 1.5 英里，沙洲在要塞北部之外，低水位时大概 4 英寻深，距离大约四分之一英里远，其上的通道是由浅滩组成。船长 REES 称想要安全通过，必须在 W. 26° S 方向绕过要塞，掌舵直行。靠近河的北岸，接近要塞，水将会从 4—6 英寻加深到 10—11 英寻，在浅滩处降至 7 英寻，并且在吴淞村附近再次下降到 6 英寻。[1]

由此可见，当时的黄浦江下游航道十分凶险，遍布浅滩。1842 年，英国在入侵上海的鸦片战争中，派英国海道局成员测量了黄浦江，日后由上海海道局绘制了目前所见最早的黄浦江实测地图。该地图显示，黄浦江下游河道较浅，尤其是自今复兴岛南段至蕰藻浜一带，黄浦江甚宽，河床上浅滩、暗沙密布，还有一个露出水面的江心洲——高桥沙。吴淞口内外航道，分布着多个暗沙。外来的船只想要进港，必须等候升潮时，且必须有导航员才敢进港。由此催生了一个热门行业——导航员。

1842—1906 年之间，黄浦江下游浅滩和沙洲，呈日渐增长态势。[2] 1905 年浚浦局成立后，

1 James Horsburgh, *The India Directory*, Vol. II, London, 1843, pp. 454–455. Woosung Inner Bar, Kelly & Walsh, Shanghai, 1894, p. 1.

2 孙致远：《黄浦江下游河道变迁及其对上海港的影响》，上海社会科学院 2018 年硕士学位论文。

对黄浦江下游航道进行了测绘，编制了《浚浦总局一九零六年浦江之状况》图。由图可见，从江南造船厂至吴淞口的黄浦江下游两岸，大部分存在河边滩地，尤其以周家嘴至北港嘴的浅滩最多，包括最大的江心洲——高桥沙。从吴淞口至江南造船厂之间的这段航道，是上海港出海最重要的航道。浅滩、暗沙和江心洲的存在，对上海港航运产生了严重影响，并危及了上海港的地位。

二、黄浦江疏浚整治工程

黄浦江整治工程自1906年开始，至1937年抗战前结束，历经荷兰工程师奈格（Johannis de Rijke）、瑞典工程师海德生（H. von Heidenstam）和英国工程师查得利（Herbert Chatley）三任总工程师，前赴后继，持续三十余年的河道整治，才基本完成疏浚预设目标。其治河的基本方略，与中国古代的束水攻沙有异曲同工之妙，即通过制定浚浦线，确定河道的宽度，并通过疏浚挖掘出的泥土，对两岸的滩地进行填方，从而形成黄浦江新的滨岸。由此可见，黄浦江疏浚整治工程的过程，也是黄浦江滨岸形成的过程，二者密不可分。

（一）奈格任职期间的整治工程

光绪三十二年（1906），浚浦局聘荷兰籍工程师奈格为总工程师，主持黄浦江整治工程。奈格首先在自河口段至上游约19英里内，通过实测制定了导治线（Normal Line），亦称浚浦线，即划定河面宽度的岸线。据当时《申报》报道："浚浦总工程师奈格君前日同宝山县王大令（宝山县令王得庚）乘船至吴淞口张华浜察勘高桥沙及老鼠沙等岸……已绘就草图八纸呈请总局核夺。"奈格认为，若干年来，上海县城以下的黄浦江河道，以陈家嘴航道最为稳定，故导治线宽度以陈家嘴河段为标准。自白莲泾稍下开始，宽度为372米，逐步向下游放宽，在往下至苏州河口5.8千米的距离中，放大率是11‰，到苏州河口的宽度为436米；在苏州河口加宽18米，从苏州河往下至洋泾港5.5千米的河段中，放大率为9‰，到洋泾港的宽度是503米；自此往下直到河口25千米的距离中，放大率为10‰，到吴淞口的宽度为753米，从而使航道为一漏斗形，有利于增加进潮量。导治方法为使黄浦江河宽符合浚浦线。浚浦线向岸约50英尺为驳岸，驳岸线至浚浦线之间，只能造桩架式或浮码头，不能造实体建筑。浚浦线外，禁造任何建筑。据此总体规划，河身宽阔之处必须收缩，狭窄之处必须放宽。

以上海道台为代表的中方，对施工方案、预算开支等与奈格商讨后，最后确定了奈格提交的工程表，内容摘录如下。

第一段工程自吴淞外滩起至北港嘴止。

第一项　招人投标承办吴淞外滩收狭河道工程（第一条合同所载）；

第二项　浦江右岸，即浦东岸收狭河道工程，此项工程应俟吴淞口流水已为长堤引向外滩而流出之后，方能绘图；北港嘴挖泥工程（观挖泥工程节略可知），使相对此嘴之深塘成为浅滩，其工程亦与此项工程相关，应俟已用挖泥之法将此嘴移去后，方能绘图。

第二段工程自北港嘴起至周家嘴止。

浦江右岸至高桥港止所有工程：

第一项　北港嘴之上收狭河道工程；

第二项　高桥沙下游之沙滩至民船道右岸河道界线之间收狭河道工程（此项大工自西二月开工现仍陆续举办）；

第三项　高桥沙直堤（现已开工建筑）；

第四项　洋船道横闸，此项工程应俟洋船道河流业经设法阻止后，方能绘图；

第五项　收狭河道阻止河流工程，此项工程最关重要，俟已知民船道挖泥开工之日，即可举办；

第六项　此项工程应俟船只往来已改行民船道而不由洋船道后，方能举办；

第七项　此项工程应俟挖泥机器业经办到后，方能举办。

浦江右岸至围塘止所有工程：

第八项　将来保卫各处江岸工程；

及第十项　沉放竹笼于水中，以为此种水闸堤埂之基址不日即行举办，或西五月即可开工。

第三段工程自周家嘴起至制造局以上止。

此项工程所有已办之事，不过已定河道界线而已，查此段河岸一带地产可贵，凡有筑修码头、保卫江岸工程，必皆为各该业户出资办理，但此段亦有挖泥工程须本局自办者如下：

（一）引翔港船厂对面沿浦江左岸一带；

（二）陈家嘴挖泥工程及该处岸旁深塘使之淤浅；

（三）开浚上海县城以上沿黄浦滩岸之泥滩。

工程始于1907年1月。根据奈格的整治计划，工程实施步骤按照现状的轻重缓急而定，吴淞内外沙因水深过浅阻碍大船进港，因此被列为最先实施的整治工程。

1. 吴淞导堤工程

又称“吴淞外沙修治工程”，于1907年9月19日开工。包括构筑一条长导堤及一条连接海岸的石堤。导堤位于吴淞北侧、黄浦江口左岸，其作用是堵拒长江上流来水，清除外沙障碍，发挥导流水势、增深航道的作用。防波堤后面是一片滩地，实施浅滩筑港工程。以上工程由荷兰利济公司承包，总预算约200万两银子。导堤堤身自吴淞王子码头（今海军码头）起，向东北伸展，全长1395米，堤身呈微弧形，半径2400米，里端向岸边延伸与岸连接。

1910年初，在吴淞口右岸沿浚浦线筑顺坝一道，形成右导堤，长1500米，呈曲线形，建筑形式与左导堤相似；至1910年11月，该导堤工程量完成近半而停止，并于1911年4月继续施工，直至同年10月竣工。以后又发现该导堤长度、高度均不够，于是从1934年起续建，导堤延长至1737米，加高至半潮位，全部工程于1936年结束。

2. 封闭轮船航道工程

实施此工程在于封塞轮船航道（老航道），使潮流全部汇入帆船航道（新航道），通过冲刷形成新航道。1907年春，先征购高桥沙上下端滩地607亩作为导治工程基地。从第二季度起，在沙之北端，以柴排做基础，沿浚浦线筑堤，自高桥沙伸向北港嘴，长49381620米；从北港嘴上游筑第二导堤，长375米，两导堤之间留1280420米。两导堤筑成对引导潮流进入新航道起了很大作用。

在高桥沙西岸上端筑一长导堤，沿浚浦线斜越在航道上端，长1530米，沿沙之西侧，与高桥沙土堤相接，长270米。堤用柴排堆石，工程自沙之上端向上游逐渐升至高水位，长960米；又向上游筑至低水位，长240米，其余长330米，筑至低水位3.05米，以便在老航道未堵塞前通行船舶。在靠近老航道上端，建两道横堤，横越航道，以利于堵塞老航道时减弱水势，使导堤基础棉遭冲刷，此项工程实际没有完成即停工。

在高桥港口筑有排流丁坝三座至浚浦线，并以顺坝一道，长411.5米，仍以叠排铺垫，低水位之上铺以块石。在高桥新航道两岸，如北港嘴、老白港嘴、闸北电厂附近及军工路等处，还筑有其他丁坝工程，共沉放柴排58万平方米，抛石32万吨。至1910年9月，高桥新航道整治工程竣工。

3. 挖深高桥新航道

按照整治方案，采用挖泥船疏浚，开辟高桥新航道。1907年11月，由荷兰利济公司承包疏浚。该公司调派链斗式挖泥船“科隆尼亚”（Colonia）号和“罗迈尼亚”（Romania）号，以及吹泥船“沙可罗”（Cyclaop）号，先后在1907年11月和12月进点施工。1908年6月，又增派链斗式挖泥船、吹泥船各一艘进入工地施工。

三艘挖泥船开挖新航道，经过一年多施工，按合同规定挖泥量510万立方米，总计耗银200万两。后因利济公司虚报挖泥量而被罚，加挖了38万立方米。挖起的泥土大部分被吹填在高桥沙上下端滩地，小部分在堤坝闸间被抛掉。1909年5月5日，吃水达7米的英国巡洋舰“阿司托雷”（Astroied）号首次乘潮通过新航道，所以高桥新航道曾被称为“公平女神”（Astraea Channel）航道。同年9月15日，新航道航标设置就绪，宣布通航，可通航水深接近4米，老航道（原轮船航道）于12月起被堵塞。至1910年3月，新航道已增深到5.18米，航道最狭处也有91米宽。

奈格主持的整治工程，自1907年起连续施工四年，共沉柴排54335捆，沉柴排58万平方米，整平用的薄板4.2万立方米，块石32万吨，完成吴淞左导堤（1910年10月）、丁坝等总长度18288米，这是黄浦江有史以来第一项大规模的整治工程。到1911年，外沙航道宽达122米，水深在最低潮位下为6.3米，高桥新航道过渡浅滩水深为5.7—6.3米，改善了吴淞口通航状况。与原计划相比，仍有如北港嘴、陆家嘴、杨树浦电厂、南市弯道拓宽、陈家嘴至江南船厂航道等工程未实施，因为工程进展到1909年底，整治费用已用了6425571两，约占预算费7208765两的90%。

1909年11月11日，外商公会派安德生（Frederick Anderson）赴伦敦古德一麦修司工程公司签订检验合同。清朝南洋大臣张人骏也奉旨到上海勘察黄浦江工程，同江海关道蔡乃煌一起，并雇用了工程师，对工程勘验达两月之久。总体上感到满意，认为“次第考验完竣，已办各工均属坚固合式”，“各国官商乘轮试验，皆赞美不置，此次另雇工程师亦考验称善，是已成效昭著”。随后他们在奏报中又提出：“工程款项拨足，全工告竣自当取消专约，撤销浚浦局……凡岁修养工经费，无论多寡，系出诸范围以外，将改订善后章程。”

经过四年整治，黄浦江口门和下游航道水深明显改观：吴淞外沙水深由1906年治理前的4.5米，到1912年已增深至6.4米；堵塞老航道，使水流改走新航道，再经挖泥船疏浚，吴淞内沙基本消除，新航道水深由原来0.6—0.9米，增深至5.8米，并受到自然冲淤而增深。

（二）海德生任职期间的疏浚工程

1910年末，清廷所拨治河款即将用完，可是只完成黄浦江治理工程项目的一半。仅筑吴淞导堤和开辟高桥新航道两大工程，就耗费682.1万两，另加特别补助款30万两，合计约720万两，清廷原计划二十年的工程款，仅仅四年就用尽。还有较多工程急需进行，但这些工程费用超过预算300万两的一倍以上，因此高桥新航道后续疏浚只得停工。同时，于同年11月中旬在北港嘴下方浦东沿岸开工的修治工程也停止，奈格计划中的大部分工程项目就此停顿。奈格也于1910年11月任职期满后回国。清廷于1910年底撤销浚浦局，改设善后养工局，聘瑞典人海德生继任总工程师，任职至1928年。1912年1月国民政府成立后，撤销善后养工局，成立开浚黄浦河道局，简称浚浦局，继续承担治理黄浦江的任务。

1911年，海德生制订“黄浦江继续整治计划”，工程预算600万两，为期十年。海德生执行和完成奈格原来的计划，主要目标是“为了航行上的便利，建立一个足够深、宽和稳定的航道”，使航道平均水深在最低潮位下，由5.8米增深至7.3米，宽度为183米。为达到此目标，继续采取筑堤导流的治理原则：增加宽度，切除凸岸，增深航道，并加疏浚。

根据“黄浦江继续整治计划”，自1911年起至1921年，海德生总工程师在继续进行整治的基础上，加强航道疏浚，使水深在最低潮下保持5.48—6.7米之间。期内工程分为三项。

其一，堤坝工程：周家嘴以下弧形之顺坝，浦东其昌栈一带之堤工，高昌庙对口之丁坝等。

工程项目包括：在河道中段（高桥上游右岸）筑堤；自周家嘴至虬江口筑堤，堤内形成复兴岛雏形；在江南制造局对岸筑堤；在汇山码头浅滩修筑堤坝，校直滩线；在北港嘴和万国船坞对岸，对两处疏浚后的堤岸进行整治；继续疏浚高桥新航道上游凹处、浦东和南市的滩弯处，在江南制造局对面河岸筑堤及疏浚航道。以上工程合计疏浚土方600多万立方米，全部吹填到岸上。通过整治和疏浚，黄浦江船舶航行条件大为改善。

从高桥港向上至龙华嘴的护岸及导堤工程，其间比较复杂的一段为陈家嘴—虬江口—周家嘴。这段河面骤宽，水势较为分散，而且涨落潮水流向不一，在右岸形成范围较大的浅滩。因此在浅滩筑弧形长堤收缩江面，凹岸处加筑平行护岸堤坝。陆家嘴以下河面过宽，水势泛滥，航道中有一浅段——汇山暗沙，水深6.71米，施工中将驳岸推进至导治线后，浅段水深得到增深。在高昌庙一带，江面从南市狭窄河身，忽又骤宽，而水势又趋向浦东，为了护岸防坍，民国七年（1918）在浦东周家渡筑深水丁坝三条（后增筑一条），护岸终止。到1921年，黄浦江陆家嘴、龙华嘴等处筑堤导流工程基本完成，周家嘴开始抛石筑堤，同时疏浚吴淞外沙和高桥新航道。

其二，圈围滩地：利用黄浦江疏浚泥土，在沿江两岸吹填滩地，为港口发展留出陆域空间。

为改善陈家嘴航道状况，对周家嘴进行整治。周家嘴整治工程是继吴淞导堤和内外沙疏浚之后又一重大工程。1913 年 4 月 30 日起沉放柴排，在周家嘴的浅滩筑起弧形大堤，至 1916 年，围堤内逐渐淤高，为以后吹填该岛奠定了基础。

其三，疏浚工程：浚挖所有沙咀。

1910 年末，浚浦局首任总工程师奈格离职时，大部分导堤及丁坝工程已完工。因此在海德生任内，实施疏浚工程是重点，1912—1921 年共疏浚土方 709 立方米，其中外商承包 394 立方米，其余均由为浚浦局挖泥船完成。

第一个航道工程计划经费共为 600 万两，实际使用不足 550 万两，同时增加了固定资产，如从 1915 年起，建造部分船舶及一些工场，约计 55 万两。1912—1921 年，海德生提出的十年计划主要目标基本实现。正如海德生所说："在我的 1918 年 12 月止黄浦江的改善"报告中曾述及，"所采用的方法是完全成功的，现在几乎从江南造船所起，直至吴淞口止，已有一条在最低水位时，深 24 英尺（约 7.3 米），宽 600 英尺（约 183 米）的航道"，"航运方面对水深与货物装卸等等的要求，已有长足的增加"。

浚浦局在 1919 年 1 月 22 日第 222 次会议上做出决议："根据顾问局 1919 年 1 月 8 来信的请求和授权：对于进一步发展上海成为一个第一等港口所有技术上的因素及可能性负责做一个彻底的和具有决定意义的调查。"该调查指出，当时巴拿马运河水深已在 40 英尺（约 12.19 米）以上，北太平洋沿海主要港口（如旧金山、西雅图、温哥华）的进口水道，也有同样深的吃水。苏黎士运河可容纳 30 英尺（约 9.14 米）吃水，并将在三五年内容纳 36 英尺（约 10.97 米）吃水，但要容纳 40 英尺以上吃水，恐在数十年内还不能成为事实。以亚洲海岸商港而言，自苏伊士起至横滨止，能适应 33 英尺（约 10.06 米）以上吃水船只的为数甚少。英国自治领委员会 1917 年曾主张 33 英尺吃水船只，应在苏伊士运河航线上通行无阻。行驶太平洋上满载船只的吃水并未超过 31 英尺 8 英寸（约 9.65 米）。考虑到往来上海港（包括吴淞）的船只，实际吃水高于 30 英尺 6 英寸（约 9.3 米）的为数极少。故该调查认为，上海港应做好接纳 30 英尺吃水船只，近期做好容纳 33 英尺吃水船只的准备，在 30 年内使港口发展适用 40 英尺的吃水船只。

1921 年，海德生提出 1921—1931 年"黄浦江维持改善的工作计划"，该计划治理原则与奈格一脉相承。

1. 主要目标及工程内容

第二期自 1921 年至 1930 年，主要目标是增加黄浦江航道深度与宽度，使吃水 30 英尺的海洋巨轮直达上海港。经过疏浚使航道水深在最低潮水位时达到28英尺（约8.53米）。为此，在吴淞左右岸筑顺坝再行束窄，结合疏浚措施，以取得一条最大宽600英尺（约182.88米）、深32英尺（约9.75米）的航道。高桥新航道浅段，水下筑平行潜坝再束窄，并辅以疏浚，将水深由24英尺增至30英尺。陈家嘴河段、汇山河段实施疏浚工程。

2. 疏浚航道与挖削凸嘴

自1922年起，黄浦江整治主要采用疏浚方法，重点挖削凸岸，如北港嘴、老白港、陈家嘴、周家嘴及以上地区；陆家嘴、南市嘴等处以挖泥为主，以维持浚浦线宽度。1922—1931年，共挖泥2348万立方码（约1795万立方米），实际年均疏浚量为235万立方码（约180万立方米），超过年均计划疏浚量65万立方码（约50万立方米），十年间共超计划疏浚量648万立方码（约495万立方米）。

3. 继续整治周家嘴

1925年开始，在虬江口至周家嘴间大片浅滩上围堤吹填。工程首先从上游三角区开始，抛卸沉排块石，围筑土堤，先后分两次吹灌填高至18英尺（约5.5米），面积160亩，并于1926年7月成陆。1928年3月至1930年10月，又在岛中部和下游围堰吹填，筑高至设计标高20—21英尺（约6.1—6.4米）。该岛下游段围堰935亩，至1934年底完成，历时四年余，吹填标高为20英尺。

4. 辟小运河及造定海桥

周家嘴岛吹填成陆后，在岛北端临驳岸不远处，开挖了一条宽150英尺（约45.7米）、深6英尺（近2米）的通航运河，为小型船舶进出与停泊港。工程自1925年开始，先在上端沉排筑堤，后在下游浚深航槽，共挖泥160余万立方码（约120万立方米），历时3年，至1927年底完成。1927年6月起在运河上建造定海桥，由浚浦局自行设计和施工，系钢筋混凝土结构，主引桥长100英尺（约30.5米），两端引桥各90英尺（约27.5米）与115英尺（约35.5米），设计净空30英尺，至1927年底竣工通车，使定海岛通过定海桥与上海市区连接。

5. 深潭填底

陆家嘴有一弯道深潭，为黄浦江下游最深处。1930年测得水深在低水位下93英尺（约28.3米），其中超过85英尺（约26米）深度范围日益扩大。为防止深度继续发展，影响航行安全和凹岸巩固，采取抛石抛泥以填高深潭的措施。1931 年 2 月起，先在深于 80 英尺（约 24.38 米）水域内进行，施工范围长约 950 英尺（近 290 米），平均宽度 210 英尺（约 64 米），至 1933 年 1 月，共抛石 145031 吨；之后在深于 60 英尺（约 18.3 米）水域内施工，至 1934 年末，共抛泥 54 万立方码（近 41 万立方米）。工程结束后，测得深潭水深一般在 60 英尺，较原深度填高 30 英尺以上。

黄浦江航道经过第二个十年（1921—1931）治理，航道水深进一步改善，沿岸突出障碍基本切除，潮流畅通，两岸码头临水池地段均已取得显著效果。全线航道已由原最低水位下统深 24 英尺增深到 26 英尺（约 7.92 米）。查得利指出："目前工程计划的主要目标也已完成。吃水 30 英尺的船只经常驶入港内，可上驶至制造局。黄浦江吴淞口外沙，现在水深在最低水位时达 30 英尺以上，其他过渡航道，在最低水位时均保持不小于 26 英尺的最低水深，但是这些航道还需经常挖泥来保持它们自然平衡以外所需水深。"

（三）查得利任职期间的疏浚工程

1928 年，海德生助手、英国人查得利继任浚浦局总工程师，1932 年，他制订了 1932—1941 年"黄浦江维持改善第三个十年计划"。

该计划主要内容为："在今后十年中要从吴淞口到张家塘（在龙华水泥厂上游附近，原当时港区的上界）拟采取疏浚的措施来改善航道。维持此一条航道，其河床宽度约为 500 英尺（约 152.4 米），其深度在最低水位时，以越近 30 英尺越好，使在平均水位下能有 36 英尺的深度。"

为使浚浦线保持相当深度与阔度，特别强调要挖除凸岸（北港嘴、老白港嘴、陆家嘴、南市嘴及龙华嘴）。疏浚工程内容：采用挖泥方法保持航道浅滩水深接近 9.1 米，宽 150 米，方便吃水 11 米大船在半潮位通行，经常挖凸岸岸滩以保持潮量。每年约需挖泥 153 万立方米，连同承包码头挖泥 38 万立方米，共 190 余万立方米。陆家嘴锐弯虽然经常挖凸岸，但深潭依然继续加深，河道变窄，改用碎石和开底泥驳抛泥垫底。挖泥量逐年加增，至 1934 年达 3202542 立方米，1935 年达 3041521 立方米，超过计划甚多。1936 年航道浅滩水深仍仅维持 7.8 米（陈家嘴），多数挖泥量放在挖凸岸岸滩，但北港嘴宽度仍不能保持，远未达到浅滩增深、保持设计宽度的计划目标。

查得利计划实施的疏浚工程到 1937 年，因抗日战争爆发而停止。查得利也于 1936 年卸任归国，浚浦局总工程师职务首次由中国人薛卓斌担任。查得利在任六年间，共挖泥 2137 万立方码（约 1634 万立方米），年均挖泥量 356 万立方码（约 272 万立方米），超过原计划年均

图 1　1934 年的小运河与定海路桥[1]

图 2　1924 年“海龙”号挖泥船[2]

200 万立方码（约 152 万立方米）78.1%，较之前十年（1922—1931）年均挖泥量 235 万立方码（约 179 万立方米），增长了 51.7%。其中 1934 年及 1935 年，挖泥量均高达 420 万立方码（约 321 万立方米）以上，超过原计划一倍有余。至 1936 年，除吴淞外沙、高桥新航道两处水深达到 30 英尺外，陈家嘴、汇山航道水深仅达到 26 英尺和 28 英尺（约 8.54 米），仍未达到统深 30 英尺的目标。此外自 1932 年起，投入较多力量挖凸岸岸滩，但北港嘴浅滩并未达到增深和保持宽度的计划目标。

1　Whangpoo Conservancy Board, *The Port of Shanghai*, Shanghai: Oriental Press, 1934.

2　Whangpoo Conservancy Board, *The Port of Shanghai*, Shanghai: Oriental Press, 1924.

表 1　1906—1936 年黄浦江航道状况统计表

单位：英尺

时间＼地点	黄浦江中最浅滩处可以通航之最小深度		
	吴淞外沙	吴淞以上之内沙	高桥新航道
1906 年疏浚时	15	10	8
1912 年	21	完全移去	19
1923 年	29.5		25.6
1927 年	30.5		28
1931 年	30		27
1933 年	31		26
1936 年	31.5		30

资料来源：上海航道局局史编写组编：《上海航道局局史》，上海：文汇出版社，2010 年，第 48 页。

总之，黄浦江航道经过近三十年治理，从一条极不整齐、日趋险恶的航道，改造成一条国际优良航道。在非常低潮时，至少有 26 英尺通航深度。1937 年，黄浦江航道南市以下的四处浅水段，吴淞外沙增至 9.61 米、高桥新航道 9.14 米、陈家嘴航道 7.93 米、汇山航道 8.54 米。

航道增深，促进了航运、港口发展。在第一个十年工程结束时，进出港船舶总吨数增加 72%。1921 年，黄浦江低潮时已有 24 英尺水深，能够适应大吨位船舶进出港需要。当年 4 万吨级的美国邮轮“温那楚”（Wenatchel）号顺利进港，靠泊招商局华栈码头。在第二个十年工程结束时，进出港船舶总吨数又增加近 40%。第三个十年计划执行到抗日战争前夕，上海港最低水位统深为 26 英尺，加上涨潮水 6 英尺，因此涨潮时水深可达 32 英尺。当时，苏伊士运河水深 30 英尺，横渡太平洋巨型邮轮吃水也在 30 英尺上下，可见当时上海港航道水深符合世界大港要求，能够接纳世界最大吨位船舶乘潮进港。上海港在 20 世纪 20 年代后期，已经在世界大港中崭露头角，从 1928 年世界各港口注册的进口净吨来看，上海港名列世界第十四位。据 1931 年《中国贸易报告》显示，当年进入上海港的船舶总吨位 2100 万吨，名列中国第一、世界第七。1936 年 3 月，长 733.3 英尺（约 223.51 米）、宽 97.8 英尺（约 29.81 米）、总吨位 4.23 万吨、吃水 30 英尺的“不列颠皇后”号驶达上海港，这是近代史上驶抵上海港的最大轮船。1936 年，进出上海港船舶总吨位达到 3765 万吨。

三、黄浦江滨岸的初步形成

黄浦江吹泥造地始于光绪三十三年（1907）整治高桥新航道时。1907年7月，参与黄浦江整治工程的荷兰利济公司调用3艘挖泥船疏浚高桥新航道，并用2艘吹泥船将500余万立方米疏浚土吹填在高桥沙上下端滩地上。

1916年，浚浦局建立疏浚船队，在购置挖泥船及配套船舶时，添置了吹泥船。浚浦局还设立建筑科负责吹填工程，在高桥沙、周家嘴、陆家嘴等处备有打桩、起重、货驳、潜水等工程设施和施工队伍。

表2　1907—1957年疏浚挖泥量统计表

单位：方（立方米）

年份	挖泥量	年份	挖泥量	年份	挖泥量
1907—1911	6860.692	1929	2218.320	1947	2208.911
1912	695.136	1930	2223.140	1948	2461.611
1913	1838.811	1931	2036.985	1949	512.687
1914	859.514	1932	2002.565	1950	769.569
1915	549.560	1933	2640.930	1951	3034.911
1916	140.400	1934	3101.542	1952	3312.615
1917	418.062	1935	3041.521	1953	3481.376
1918	501.750	1936	2677.901	1954	4356.345
1919	661.821	1937	1717.640	1955	2633.677
1920	582.183	1938	—	1956	2024.722
1921	852.264	1939	—	1957	2325.000（预计）
1922	770.961	1940	336.533		
1923	918.514	1941	814.728		
1924	1725.607	1942	406.446		
1925	2389.793	1943	449.254		
1926	2085.152	1944	490.736		
1927	1628.043	1945	171.681		
1928	1733.532	1946	1163.949		

资料来源：上海市地方志编纂委员会编：《上海市志·黄浦江分志（1978—2010）》。

1905—1935 年，黄浦江整治工程所吹填的滩地，主要集中在高桥沙、周家嘴等下游地区。高桥沙原是江中一个沙洲，1907 年整治工程后逐步并岸。至 1920 年，高桥沙老航道逐步被吹填成陆，高桥沙并岸后面积增大至 2122 亩。之后在高桥沙上建造贮油工业区，德士古、美孚、光华油厂相继迁来，逐步成为上海最大贮油区。

周家嘴岛（现称复兴岛）全部工程历时十年，吹填成陆面积 1700 亩，吹填泥方量 1050 余万立方码（约 803 万立方米），岛呈弓形，长 9600 英尺（约 2926 米），最宽处在中部为 1676 英尺（约 550 米）。该岛完成吹填后，开展平整土地和建筑道路，全岛南北曾设置两条主干道，命名为浚浦东路（现已废除）和浚浦西路（现称共青路），贯通定海路桥直至该岛下端，并设置若干交叉支路。该岛除少数地亩外，大部分土地均为浚浦局产业。当时除自用周家嘴工厂和员工俱乐部花园（现为复兴岛公园），其余均租给工矿企业。1941 年 12 月，太平洋战争爆发后，日本侵略者曾霸占该岛作为军械储存地，并改名为定海岛。抗日战争胜利后，国民政府将定海岛更名为复兴岛，并在岛上设立海军学校。

复兴岛原是大片滩地，浚浦局早在 1914 年开始在虬江口至周家嘴之间围堤，后历经十年，先从上游围埝土堤并吹填增高。1923 年时“经查得外黄浦杨树浦之北、自周家嘴至虬江，有滩地一千数百亩”[1]。1926 年冬，“浚浦局曾向省政府购买沪江大学左近周家嘴官有滩地一千五百五十余亩，共计价银四十万两，由财政部颁发执照，经省厅道县等加盖关防，交浚浦局执管使用”；1927 年 2 月，“南京孙总司令徐省长，为郑重起见，特令行上海县知事徐韦曼，迅予前往，将浚浦局承买之周家嘴滩地四周，竖立界石，并丈量无误，绘图说贴”。[2]

至 1926 年 7 月，复兴岛逐步成陆；后在下游围埝吹填，至 1934 年竣工，历时 10 年吹填陆地面积 1620 余亩，吹填土方量 803 万立方米；岛成弓形，长 2826 米，最宽处中部为 550 米。吹填成陆后，浚浦局以 40 万两银子买下该岛，建了疏浚设备修理厂及其他设施。经实地勘测，实际约 2000 亩。“自本星期一经县委马洪范会同浚浦局洋员爱特、华员夏瑞福，交涉公署代表胡振庭，会勘得该滩地丈见共有二千亩之谱。惟其中间有洋商租用之沙地，共有五百亩之谱，致将该滩地截为南端。除绘说贴竖界外，闻浚涌局对于该洋商租用之沙地，亦需应用。惟洋商鉴于沪埠之将来发展，无可限量，故绝不愿让授云。”[3]

---

1 《吴淞江水利工程局之报告（续）》,《申报》1923 年 4 月 8 日，第 14 版。

2 《浚浦局承买周家嘴滩地将立界石》,《申报》1927 年 2 月 9 日，第 13 版。

3 《浚浦局承买周家嘴滩地消息》,《申报》1927 年 2 月 18 日，第 14 版。

1928年，上海浚浦局曾对黄浦江两岸填筑的滩地做了简要统计，主要有以下几个方面。

（甲）虬港下首在浦江与围塘之间约七百亩芦滩，为需作存贮泥土及将来公共码头之发展；

（乙）在高桥北沙本局新购地亩之邻近及该地与浦江之间有滩地约五百亩（已经种植），须留为本局地亩出浦之需及储泥之用；

（丙）高桥南沙，所有本局填高之地产，除从前购置而执有业契者外，约一千二百五十亩，须留为公共管理油栈之需；

（丁）吴淞一九零五年之老岸及与炮台湾石硬之间，现在进行填泥之地约二百七十亩，须留为海旗站及其他港务之需；

（戊）在丁项地以上沿浦约二百十亩之需，统备将来公共邮船码头之用；

（己）在周家嘴所余之地，未为民国十六年所发部照管有者约五百五十亩，须留作寻常港务之需；

（庚）在北港嘴目前进行填泥之面积，约二百六十五亩。[1]

据以上统计，黄浦江两岸填筑的滩地共约3750亩。另外该统计中的周家嘴的面积，实际上不包括上海浚浦局以40万两白银购买的土地，即1565亩，故总计填筑的滩地5300余亩。

抗日战争胜利后，1948年共吹填土方586万立方米，吹填区域大分别在军工路、虬江口和龙华嘴滩地上。据统计，至1950年4月，黄浦江两岸因整治河道而增加陆域面积19028亩，其中吹填成陆15675亩，吹填面积在600亩以上的有：共青苗圃（森林公园）、虬江码头、复兴岛和沪江大学（今上海理工大学）附近。这些新生土地，拓展了上海港发展空间。

20世纪50年代，将疏浚土向农村低洼农田吹填，变成可耕种农田，总面积达2998亩。同时，在浦西从黄浦江下游向上游吹填的滩地依次有：上港十区军工路码头、共青苗圃、东海船厂、海运局油库、上海制酸厂、上海水产局中转站、上海第八棉纺厂、上海划船俱乐部、上海木材公司关港基地、上海永星肥皂厂等，共计4062亩。

1 《浚浦局管辖黄浦滩地简报》,《申报》1928年12月12日，第15版。

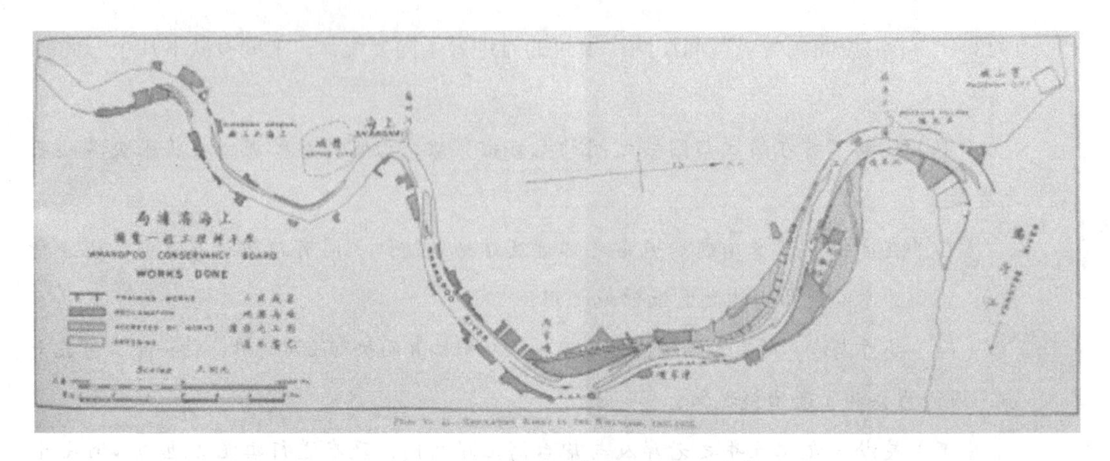

图 3　1905—1935 年填筑的滩地分布[1]

浦东沿江而上吹填的滩地有：浦 00 ～ 02 号泥塘、上海港务局修建队、上海物资局建材站、三航局基地、长江航运局吴淞船厂基地、长江航运局锚地码头、上海海运局航站、上海河道工程局草镇船厂及船厂船排场地、上海炼油厂、三航局高桥预制厂、朱家浜基地，以及鳗鲤嘴沿江滩地，总计 4311 亩。到 1957 年，沿黄浦江 1500 米以内的滩地基本用罄，浚浦局在征得当地政府和农民同意的情况下，将两岸低洼地改造成泥塘，储存疏浚泥土。从 1949 年至 1957 年，共建了 17 个泥塘，吹填滩地面积达 5824 亩。

1960 年，为响应政府号召，港务局提出"向滩要地、与水争粮"的要求，向黄浦江岸滩争取土地，以便"大办农业、大办粮食"，自力更生。20 世纪 60 年代，黄浦江每年疏浚土量约 500 万立方米。这些疏浚泥土，大部分用于吹填两岸的滩地。据 1961 年的调查，黄浦江两岸有 18 处泥场，共 4681 亩土地，容泥量达 1267 万方。这些泥场大部分建于 20 世纪 50 年代末 60 年代初。从表 3 可见，大部分泥塘是沿岸低洼地，因地低倒灌、影响生产而要求吹填，也有少数是砖瓦厂生产而形成的水垢洼地。对这些泥场吹填，既可解决疏浚泥土出路问题，又增加了陆域，用于工农业生产。至 20 世纪 60 年代，黄浦江两岸已无滩地可填，趋向饱和。从 1963 年开始，出于防汛安全需要，按市城建局颁布的标准（"六三标准"），沿黄浦江两岸建造防汛墙，市区段防汛墙基本封闭，至此黄浦江滨岸最终形成。

1　Whangpoo Conservancy Board, *The Port of Shanghai*, ninth edition, Shanghai: Oriental Press, 1936.

表 3　1949—1958 年黄浦江填泥工程汇总统计表

单位：立方米

年份 / 位置	（老名称）	1949	1950	1951	1952	1953	1954	1955	1956	1957	汇总
上—15	上—95					122774		188765			311539
上—16	上—94	85416	361128	431020	196359						1073923
上—22	上—91				445219	1103062	1084170	534919	634987		3802357
上—25	上—90					504093	1060439	780055			2344587
上—27										437559	437559
上—28	上—87			950390	900441						1850831
上—67	上—02			258687	57733						316420
上—70	上—11								218227	4502	222729
上—76	上—026				141696	462616					604312
上—77	上—028				195601		189942				385543
上—80	上—030							132419	38702		171121
浦—21										188035	188035
浦—29										824719	824719
浦—31										207725	207725
浦—33	浦—76 ～ 78				224694		46682	397545	448686		1117607
浦—39	浦—66						90418	3166			93584
浦—67				178530	103762				171254	42173	495719
浦—69 ～ 71	浦—060708	271750									271750
浦—73										376662	376662
浦—76	浦—023			315071	147995						463066
总计		357166	361128	2133698	2413500	2192545	2471651	2036869	1511856	2081375	15559788

资料来源：上海市河道工程局研究所据施工数据整理，上海航道局提供。

结　语

由此可见，黄浦江滨岸的形成，主要是1905年黄浦江整治工程的结果。这一过程从1905年至1963年，前后持续了近60年时间。据统计，仅1905—1950年，因整治河道而增加的陆域面积19028亩，其中吹填成陆15675亩，吹填面积在600亩以上的有：共青苗圃、虬江码头、复兴岛和沪江大学附近等等。可以说，上海港是吹填出来的，没有黄浦江河道整治，没有吹填的滩地，就没有足够的地方适合建造码头，也就无法形成港区，这说明，黄浦江滨岸形成，极大拓展了上海港的发展空间，这是上海港成为国际大港的重要基础。

20世纪20年代上海港内私有浮标收购背后的列强博弈

——基于日本馆藏档案的考察

朱　虹　陈静立*

作为通商口岸的上海，其发展与港口的关系密不可分。鸦片战争后，《南京条约》的签订迫使上海对外开埠。在日军侵占上海和控制上海港以前，近代上海港口的管理权被外国势力所瓜分，外国领事也经常出面干涉相关事宜，各国之间既相互勾结，又相互争夺。该情况在20世纪20年代的私有浮标[1]收购问题中表现突出，不啻为外国势力争相掠夺在华权益的一个缩影。

虽然国内学界围绕上海港的研究成果颇丰，对于上海港的历史地理环境、码头、黄浦江航道、管理机构、外贸、港城关系等诸方面皆有涉猎，但论及港湾设施方面的研究[2]却并不多见，特别是私有浮标收购问题仅在《上海港史》和《上海港志》这类专门史、专门志中略有提及，且少有论著尝试以上海港为切入点展现列强博弈图景的研究路径。有鉴于此，从20世纪20年代上海港内私有浮标的公有化问题出发，对在上海的中国、英国、日本、美国、法国等国的利益交织、势力消长的情况展开探讨极具史学价值。

本文将以日本亚洲历史资料中心所藏的《黄浦口改修问题》《上海浮标相关件》等档案文献为主体资料，再辅以近代上海报刊、上海地方志、海关档案等史料作为参考，通过解读"上海港筑港计划"与"上海港内交通整顿计划"，厘清20世纪20年代上海港内私有浮标收购的原委，从而清晰勾画出日本与英国、美国、法国等列强围绕上海港所展开的权益博弈的历史图景。

---

* 朱虹，上海大学文学院历史系副教授；陈静立，上海大学世界史学科硕士研究生。

1　本文关注的浮标并非用以标示航道方向、界限与碍航物的水面助航标志，而是用以系泊船只代替锚泊的停船设备。既有史料中，中文一般使用"浮筒"或"浮标"，英文通常使用"mooring"或"buoy"，日文则使用"浮標"或"ブイ"来表示，本文一律采用"浮标"来指代。私有浮标是上海开埠以来，各国企业如日本邮船会社、大阪商船会社、法兰西货轮公司、大英轮船公司等在黄浦江内自设的用以系泊船只的浮标。

2　例如陈云莲、［日］大场修：《近代上海港における日本郵船会社による港湾施設建設過程》，《日本建築学会計画系論文集》2009年9月第74卷第643号，第2125—2131页；［日］加藤雄三：《升科、Shengko、Shenkoing——上海フランス租界における黄浦江沿岸埋立地の取得問題》，《東洋文化研究所紀要》2015年第167册，第348—399页等。

一、近代上海港内私有浮标的诞生背景与管理乱象

近代开埠后的上海港因独特的地理优势吸引外国航运势力竞相以其作为航运基地。笔者试从外国资本对航运的垄断以及外国势力对上海港管理机构建立的干涉两个维度，阐明近代以来英国、日本、美国、法国等外国势力对上海港的入侵轨迹以及私有浮标滥设现象的由来。

（一）外国势力对上海航运的渗透与侵入

1843 年上海开埠后，以英国为首的外国航运势力纷纷涌入上海，并依据《上海土地章程》第三条[1]获得了上海道台对其在黄浦江两岸建立港湾设施的允许，并利用清政府的认知盲区，即未在任何土地章程中加入水面的使用规定，从而自由地在自身拥有的沿岸土地前的水面设置栈桥等水上设施。[2]

《天津条约》与《北京条约》的相继签订不仅使外国商船获得了北至渤海湾、南达海南岛的航行权，还能深入长江各口岸，因此处于长江和沿海航线枢纽位置的上海被外国在华航运势力作为基地。众多建立于上海的外国航运公司在长江航运和远洋航运上竞相发展，逐渐控制了中国国内航线的主要航路并垄断了上海的远洋航运。1895 年，《马关条约》的签订使外国势力进一步深入中国内港，中外各航运企业之间的竞争亦愈演愈烈。大中型的中国民族资本航运企业以及日本、俄国、美国、法国、德国等国的航运企业都不断发展，尤其是原本在上海势力微弱的日本航运势力在其政府的大力支持下开始大举侵入上海，以上海港为基地向长江流域和沿海各口岸急速扩张。20 世纪前后，英国凭借太古和怡和两家轮船公司在上海港长期活动的坚实基础和强劲的实力长期雄踞霸主之位。但“一战”的爆发使英国大批商船被征用，而日本则采取措施间接补助航海事业，使得日本邮船会社、大阪商船会社等大型日本航运公司借机开辟了更多的远洋航线。至 1918 年，日本轮船进出上海港的吨位数超过英国占据首位。[3]不过，英国轮船公司在“一战”结束后立即恢复私人经营，在华势力亦很快得到恢复，而美国轮船公司也不断添置大型轮船，发展与中国之间的远洋航运，在上海港的势力有着极其迅猛的发展。另一方面，作为战败国的德国则在“一战”中失去了在上海港的势力。可见，列强围绕上海港的势力争夺虽呈现出此消彼长的态势，但依然牢牢掌握着上海

---

1 即“其出浦之处，在滩地公修码头，各与本路相等，以便上下”，《1845 年〈上海土地章程〉》，《档案与史学》1995 年第 1 期，第 4 页。

2 陈云莲：《近代上海の都市形成史——国際競争下の租界開発》，东京：风响社，2018 年，第 133 页。

3 茅伯科主编：《上海港史（古、近代部分）》，北京：人民交通出版社，1990 年，第 221—224 页。

港的航运主导权，且随着上海港航运业务量的猛增，各国航运企业竞相在黄浦江内私自滥设私有浮标，以应对码头泊位无法满足轮船停泊需求的情况。

（二）上海港管理机构的建立

中国被迫开埠后，各通商口岸的港口主权迅速旁落。最初外国领事直接干涉港口管理，而后随着上海港对外贸易的发展，出于对港口管理的新需求，港务长、港警组织、水利总局、浚浦局等职务和机构相继设立，分管不同事务。而后，机构虽有所变迁，但上海港仍呈现出机构分管、受外国势力控制、没有统一管理体制等特征。

上海在1843年开埠前由道台管辖。然而，外国领事和外商的纷至沓来极大地破坏了上海道台管理港口的职权。英国、美国、法国等国为建立与鸦片战争前不同的贸易方式，通过《南京条约》《虎门条约》《望厦条约》及《黄埔条约》的签订实现了5%的关税及外商的自由贸易。为保证这种贸易的顺利进行，各国领事对清朝海关的监督亦被写入条约款项之内。[1] 英国领事还凭借《中英五口通商章程》的条款夺走中国官员对英国船只进出中国港口的批准权，美国、法国等国亦竞相效仿，规定凡外国船货通过清朝海关，每个环节都由当事国领事监督。

1854年7月，外国领事推荐英国驻上海副领事李泰国（Horatia Nelson Lay）出任江海关税务司，开始施行外籍税务司制度。海关税务司通过港务长来管辖港政及航政事务。开埠初期外国船舶归各国领事监督，导致港口管理混乱不堪。1851年，在众外商洋行的要求下，英国、美国、法国等国总领事联名在《北华捷报》上发表通告宣布上海道台任命美国人贝莱士（Nicholas Baylies）为上海港的第一任港务长。然而，围绕着港务长的利益斗争使其翌年即被废除。1862年再设，管理上海港的港口、助航设施及引航事务。[2] 自1863年英国人赫德（Robert Hart）继任总税务司后，税务司的职权被不断扩大，港务长亦由本口岸海关税务司管辖。江海关内设置港务科，负责港务管理，此后港务长的统辖事务随着上海港的发展而增多，码头管理、港警指挥、黄浦江岸线航道测量、船只丈量及航道故障排除等在19世纪70年代后均逐步被纳入港务长的职权之内，形成了港口管理从属于税收机构的管理特征。

由于黄浦江有着泥沙淤积导致航道变浅的结构性问题，日积月累之下航道淤浅问题渐趋阻碍上海港作为国际贸易港的持续发展。19世纪80年代，许多轮船必须等待黄浦江涨潮才能入港，大型轮船则需要使用驳船运输轮上货物，大大增加了运输成本。为此，各国公使应

1　陈诗启：《中国近代海关史》，北京：人民出版社，2002年，第7—8页。

2　王晓鹰：《近代上海水上安全管理的理船厅、港务长、航政局》，《中国海事》2017年第8期，第73—74页。

外商及各驻沪领事的要求向清政府提出尽快改善黄浦江航道状况，但一方面清政府无力负担疏浚经费，另一方面清朝官员们将淤沙形成的沙洲视为抵挡外国军舰的天堑，因此几乎无所作为。[1] 辛亥革命后的1912年，列强趁中国国内政治局势动荡，与新成立的国民政府签订《办理浚浦局暂行章程》，成立了开浚黄浦河道局（简称“浚浦局”）。该机构由中国政府授权开展工作，不受地方当局的管辖，局长由上海通商交涉使[2]（1920年后改由交通部派专员充任）、江海关税务司和上海理船厅三人兼任，其经费主要来源于海关附收的浚浦税。另设浚浦顾问局为最高决策机构，对该局的行政、财务及技术事务做最后决定，掌握实权。顾问局设六名委员，由上海总商会及进出上海港船舶吨位数最多的五国驻沪总领事各派一名代表充任。由于顾问局的局长和委员均为兼任，因此实际事务由总工程师负责。瑞典人海德生（H. von Heidenstam）是浚浦局的第一任总工程师。他改变了浚浦局的前身黄浦河道局时期纯工程技术机构的性质，根据《办理浚浦局暂行章程》不断扩张权力，使浚浦局成为有施工能力的浦江职能管理机构。在海德生的主导下，浚浦局出台了关于黄浦江航道改进的“上海港筑港计划”，日本与英国、法国、美国等列强围绕浮标收购问题的竞合也由此浮上台面。

二、“上海港筑港计划”：私有浮标收购的审议与搁置

进入20世纪以后，上海港飞速发展，货运吞吐量逐步增大。一方面，虽然码头、仓库等设施被大规模扩建，但港口堵塞状况仍未得到实际改善；另一方面，大型轮船进港困难，对长江口水道的疏浚以及航道深度的要求日益增加。[3] 黄浦江的淤浅问题开始愈发妨碍上海港的发展，海德生认为黄浦江急需多方面的改进才能适应造船技术和港口贸易的发展，“上海港筑港计划”由此应运而生。

（一）“上海港筑港计划”的提出

1916年，浚浦局责成总工程师海德生向斯德哥尔摩的著名工程顾问事务所征询改进黄浦

---

1 ［日］武上真理子：《「太平洋の時代」における上海港—孫文「東方大港」計画をめぐって—》，森时彦编：《長江流域社会の歴史景観》，京都大学人文科学研究所，2013年，第26—28页。

2 通商交涉使，民国时期政府设于上海的直属外交部的地方外交机构，即交涉分署的长官，负责上海的外交行政事务。1929年交涉分署被裁撤后该职位退出历史舞台。

3 徐雪筠等译编，张仲礼校订：《上海近代社会经济发展概况（1882—1931）：〈海关十年报告〉译编》，上海：上海社会科学院出版社，1985年，第175—180页。

江航道的意见并制订相关计划。经过实地调查和研究，关注上海航运利益的英国、美国、法国、日本、荷兰及中国的6国工程师组成上海港口顾问技术委员会于1921年召开会议商讨未来方针，并在会后发表了《上海港口顾问技术委员会报告书》(以下简称《报告书》)，提出了一个系统而复杂的“上海港筑港计划”。[1]该计划主要涵括四个方面，分别为水道的疏浚、港口设施的管理与建设、相关工程的财政计划以及浚浦局的改组。首先，依据未来远洋轮船的吃水深度而建议疏浚从长江口到南水道的整段水道，使吃水33英尺[2]的船舶在涨潮时能入港和通行。其次，为适应未来上海国际贸易的发展及巨型船舶的普及，建设公共港湾设施。再者，根据前两项内容，建议将浚浦税从关税的3%增加到10%。最后，提出扩大浚浦局的权限，将其改组为集疏浚、建设、管理等诸多功能于一体的港务局以进行更好的港口管理和计划实施。[3]私有浮标的收购规定在《报告书》中为公共港湾设施部分中的一条：“收购现有浮标，按需增设。”[4]

浚浦局于1921年12月2日将《报告书》交由时任交涉使的许沅，由其转呈北洋政府，并向外交部发出照会，以上海未来发展为着眼点，并就财政，尤其是主权方面进行了施压，提出港口拥堵造成的列国利益受损可能会催生更不符合中国主权要求的代替方案。[5]但中国政府并未对此做出回应。[6]浚浦局焦虑于中国的不予回复，于1922年1月9日召开顾问局委员会会议，决定根据1912年《办理浚浦局暂行章程》[7]，先将《报告书》交由领事团委员会审

1 徐雪筠等译编，张仲礼校订：《上海近代社会经济发展概况（1882—1931）：〈海关十年报告〉译编》，第195—196页。

2 1英尺＝0.3048米。

3 《上海港改修国際顧問技師会議ニ関シ報告ノ件》，1921年12月20日，《中国港湾修築関係雑件／黄浦口改修問題（上海築港及同港設備関係ヲ含ム）附 浅野総一郎ノ呉淞築港計画 第一巻》(日本外務省外交史料館)，日本国立公文書館アジア歴史資料センター，B04121052100，第7—10页。

4 *REPORT BY THE COMMITTEE OF CONSULTING ENGINEERS. SHANGHAI HARBOUR INVESTIGATION, 1921*，1921年11月30日，同上，B04121052100，第25页。

5 *RE. SHANGHAI HARBOUR INVESTIGATION*，1921年12月2日，同上，B04121052100，第41页。

6 中国政府的不回应并不意味着其轻视此问题。上海总商会曾要求浚浦局允许他们派代表列席港口顾问技术委员会的会议，但被“在扬子江流域的水路拥有15年以上经验的才有资格列席”为由婉拒，引起了相当的不满。当“上海港筑港计划”在当地报纸发表后，上海总商会、吴淞商埠局、省议会等团体机关，上海、江苏、浙江的绅商都认为改组浚浦局是对中国主权的侵害，希望北洋政府务必坚决反对该计划，更有甚者提出了取消《办理浚浦局暂行章程》的意见。收回港口主权的呼声早在20世纪初就已出现，此次他们借机再度向政府提出该要求。而“上海港筑港计划”的范围之大、所需时间之长，也确实令政府感到担忧。1922年9月，中国外交部召集农商部、交通部等相关部门在北京召开港务会议，于13日通过了《淞沪港务局暂行章程》，计划组织独立的港务机构，之后该章程陆续刊于各报刊。

7 即第十条第三项“如顾问局指询之件以为浚浦局未曾十分注意，因而本口商务利益致有妨碍者，顾问局即可告知领事会，该会即系第十条所开之五国领事，如领事会仍不能与浚浦局商妥，即可详报五国驻京大臣，以便交涉”，参见庄志龄：《收回浚浦局主权案史料》，《档案与史学》1999年第1期，第20页。

议及修改，再转呈北京外交团进一步审议与修改后同中国政府谈判。[1]在外交团的决议程序中，首席驻华公使并不具备指挥地方领事的权力，外交团的讨论结果仅以通知的形式传达给首席领事，而领事团并无义务遵从。[2]但“上海港筑港计划”的讨论顺序则是从地方到北京，最后借外交团之名向中国政府施压，可见列强极欲顺利实行此计划。

（二）上海领事团的审议与议案呈报

1922 年 2 月 7 日的领事会议决定“即刻由首席领事向和明商会[3]，而各国总领事向其国家驻沪商会征询对于港务局提案的组织构成有何意见”。[4]同时，英国、美国、日本、法国和荷兰五国总领事组成小委员会，由美国总领事克宁翰（Edwin Sheldon Cunningham）担任议长，讨论相关事宜，为呈交至外交团制订一份各国意见一致的议案。

日本非常重视“上海港筑港计划”，早在上海港口顾问技术委员会会议伊始，便组织了以驻沪日本商会为核心的特别委员会（官员代表有北冈春雄海军少佐、冈本海事官[5]、内山清副领事）作为日方代表工程师广井勇博士的咨询机构。然而，鉴于会议的议事过程保密，该委员会直到《报告书》公开发表后才开始展开讨论。[6]日本商会从自身利益出发，对公共码头、仓库等设施的新建，浚浦税的增收，私有浮标的收购，将浚浦局重组为港务局等内容表达了反对意见。[7]该委员会经十数次会议后终于通过了正式决议。2 月，领事团开始征集各国商会的意见。日本认为外国商人有推动计划的强烈意向，因此决定先发制人，为使日本商人的意见尽可能地得到各国领事的理解，将特别委员会的决议稍做修改并制成正式文件于 3 月 3 日向首席领事提出。[8]

---

1 *CONSULTATIVE BOARD RE. SHANGHAI HARBOUR INVESTIGATION*，1922 年 1 月，《中国港湾修築関係雑件 / 黄浦口改修問題（上海築港及同港設備関係ヲ含ム）附 浅野総一郎ノ呉淞築港計画 第一巻》，B04121052100，第 40 页。

2 黄文德：《北京外交团的发展及其以条约利益为主体的运作》，《历史研究》2005 年第 3 期，第 97—114 页。

3 和明商会（Shanghai General Chamber of Commerce），亦有“上海洋商总会”“上海西商总会”“上海外国人商会”“上海外商总会”“万国商会”等多种译名。其前身为 1847 年组建的英商工会，后于 1863 年改组成吸收上海各国商人的和明商会，其成员大多是影响较大的外国商行，以保护商业的总体利益为宗旨，处理中外、政商各方面关系，通过外国领事与中国方面交涉以维护外商利益。该会活动下限大约在 1940 年或 1941 年。参见胡宝芳：《“和明”商会考略》，《现代工商》2011 年第 10 期，第 80—85 页。

4 *6. Whangpoo Conservancy*，1922 年 2 月 15 日，《中国港湾修築関係雑件 / 黄浦口改修問題（上海築港及同港設備関係ヲ含ム）附 浅野総一郎ノ呉淞築港計画 第一巻》，B04121052100，第 91 页。

5 史料中显示该委员会最初成立时，冈本海事官为其中一员，但之后的会议决议中，其位置由大河原雄吉海事官顶替。

6 《上海港改修国際顧問技師会議ニ関シ報告ノ件》，1921 年 12 月 20 日；《上海港築港問題ニ関スル件》，1922 年 1 月 18 日；《中国港湾修築関係雑件 / 黄浦口改修問題（上海築港及同港設備関係ヲ含ム）附 浅野総一郎ノ呉淞築港計画 第一巻》，B04121052100，第 7、37—39 页。

7 《上海港築港問題ニ関スル件》，1922 年 2 月 10 日，同上，B04121052100，第 49—50 页。

8 《上海港築港問題ニ関スル件》，1922 年 3 月 6 日，同上，B04121052100，第 85—86 页。

日本反对疏浚、新建设施、增税的理由在于此计划对日本航运从业者徒增负担，而浚浦局的组织构成公平，即使需要扩大权限也不必重组；反对收购私有浮标的原因则在于“现存浮标的位置相对其所属公司是最合适的，若被收购则会造成很大不便”[1]。除此之外，内部审议还认为港口的公共设施建设对于在上海港几乎没有私有设施的美国来说最为有利，而日本作为进出上海港吨位巨大的国家，交税帮助上海港建设“宛如出钱援助自己的竞争者一样”，虽然考虑到上海港自身发展，此乃不得已之举，但一方面《报告书》中的相关税种及税率与日本的商人和航运企业有着密切的利害关系；另一方面公共码头和仓库的建设涉及土地征用，与在黄浦江沿岸拥有私有地皮的日本钟渊纺织会社、日本邮船会社等公司亦有着密切的利害关系。[2] 与日本相比，英国在上海港及其他长江沿岸港口早已投资了大量航运、纺织、面粉等企业，它们的有机结合使英国在长江流域形成了难以动摇的势力范围。[3] 因此对晚于英国进入中国市场的日本而言，放弃私有土地等同于放弃能够推进多维经营的机会，而重组后的港务局的大部分委员又都由英国人担任。[4]

和明商会以及日本、英国、美国、荷兰、法国、挪威、意大利的驻沪商会均被征求“上海港筑港计划”中有关“疏浚东沙与黄浦江”“新建公共码头（600英尺）”“新建大型码头（2500英尺）及各设施”“收购私有浮标”“浚浦局重组为港务局及其委员代表构成”“赋予港务局征收土地权”“浚浦税增至关税的10%”“征收货物转运税”“征收吨税”等提案的意见。各国商会的意见汇集完毕后，于5月15日由美国总领事在美国总领事馆制成《摘要》（*Digest*），其中尤以在上海航运利益最大的日本和英国的反对意见最为突出。[5]

经过多次会议及协商，各国都进行了一定的让步和妥协。对此，日本认识到坚持反对并非良策。日本商会于8月22日召开董事会议，讨论可退让的提案，对浚浦局的重组、新建码头、增加浚浦税等三件提案稍做让步，但仍坚持反对赋予浚浦局土地征用权和收购私有浮标。修订意见交由日本总领事船津辰一郎，并向领事团小委员会议长克宁翰通报。9月27日，克宁翰于美国总领事馆再次制定并分发《摘要》，在以一定条件同意新建公共码头、反对征

1 *With reference to your Circular No. B1-V1*，1922年3月3日，《中国港湾修築関係雑件／黄浦口改修問題（上海築港及同港設備関係ヲ含ム）附 浅野総一郎ノ呉淞築港計画 第一巻》，B04121052100，第94页。

2 《上海港築港問題ニ関スル件》，1922年1月18日，同上，B04121052100，第38—39页。

3 ［日］吉井文美：《日中戦争下における揚子江航行問題：日本の華中支配と対英米協調路線の蹉跌》，《史学雑誌》第127期第3号，2018年3月，第286页。

4 《上海築港会議各国技術委員聯合報告ニ対スル特別委員会決議》，1922年，《中国港湾修築関係雑件／黄浦口改修問題（上海築港及同港設備関係ヲ含ム）附 浅野総一郎ノ呉淞築港計画 第一巻》，B04121052100，第90页。

5 *Digest*，1922年5月15日，同上，B04121052200，第114—119页。

收货物转运税和吨税两方面，各国达成一致，但有关港务局重组、增收浚浦税、赋予浚浦局土地征收权方面，仍旧意见不一。[1]在收购私有浮标问题上，日本、英国联合了意大利、挪威表示“不赞成对现有浮标的收购，但不反对浚浦局想要增设浮标”，而美国、法国、荷兰及和明商会都赞同将私有浮标公有化，但同时表示如果浚浦局新设并管理新浮标，则可以同意不收购现存私有浮标。[2]

如此，各国意见出现了趋于统一的形势，但日本仍持有最多样的意见。为应对来自美国总领事整合统一方案可不拘泥于商业团体的意见，日本商会就可退让的提案再开讨论，制作计算书[3]以证明浚浦税提升至关税的5%足以承担浚渫工程等的费用。[4] 10月18日领事团小委员会召开，会上就浚浦税问题，决定当该税增至关税的5%时，由浚浦局向领事团提出申请即可；而5%以上则需通过领事团的承认。土地征收权方面，议长克宁翰提议通过建立仲裁委员会（由一名浚浦局代表、一名土地所有者所属国的领事选定的商业人员、一名首席领事选定的与土地所有者国籍不同的商业人员组成）来解决实际土地征收问题。日本驻沪总领事照会了日本商会后，将赞同意见转达给克宁翰。至此，各国有关“上海港筑港计划”的意见基本有了一致的意见。

上海领事团的审议进入了最终阶段，11月3日的会议上，对于重组浚浦局为港务局及其代表组成问题，最终决定“交由外交团全权负责”，但同时也提到为与中国顺利谈判[5]，以维持浚浦局原本的组织形式为宜。会议结束后，日本驻沪总领事代理田中庄太郎向驻华特命全权公使小幡酉吉发送报告，指出为“避免让日本方面背负上阻碍筑港计划进展的责任而不得已让步的点有不少”[6]，意见完全被接纳的只有反对私有浮标的收购，领事团认同“现有浮标保持私有状态，除非自愿出售，但未来所有新设浮标均为公有”[7]，其他日本持有异议的提案均有所让步。

1 《上海港築港問題ニ関スル件》，1922年10月18日，《中国港湾修築関係雑件 / 黄浦口改修問題（上海築港及同港設備関係ヲ含ム）附 浅野総一郎ノ呉淞築港計画 第一巻》，B04121052200，第103—104页。

2 *Digest*，1922年9月27日，同上，B04121052200，第137页。

3 *Eatimates for Immediate Requirements*，同上，B04121052200，第147页。

4 《上海港築港問題ニ関スル件》，1922年10月18日，同上，B04121052200，第105—106页。

5 “All parts of the report by the Committee of Consulting Engineers be approved without modification except...”，同上，B04121052200，第149页。

6 《上海港築港問題ニ関スル件》，1922年11月10日，同上，B04121052200，第155页。

7 “All parts of the report by the Committee of Consulting Engineers be approved without modification except...”，同上，B04121052200，第149页。

（三）北京外交团的审议与计划搁置

1922年12月，上海领事团小委员会制作的“上海港筑港计划”报告书呈交北京外交团的首席公使——葡萄牙驻华公使符礼德（José Batalha de Freitas）。随后，其委托日本的田村书记官起草传阅文件，收集外交团内部与该计划利益相关的英国、美国、法国、荷兰和日本的各驻华公使的意见。

美国驻华公使雪曼（Jacob Gould Shurman）和英国驻华代办克莱夫（R. H. Clive）均认为“上海港筑港计划”应尽快提交中国外交部进行协商谈判。[1] 而日本驻华公使小幡酉吉在日本外务大臣内田康哉的训示下，于1923年2月14日向符礼德就赋予浚浦局土地征收权和增收浚浦税两问题提出具体提案，符礼德将日本的意见制成外交文书，于3月20日发放给相关各国驻华公使。[2] 对此，雪曼代表美国政府回复意见，称应从中国整体贸易发展的角度来考虑上海港的发展问题，建议召开外交团会议具体讨论，并表示美国更倾向赞成《上海港口顾问技术委员会报告书》中的建议。[3] 6月5日，雪曼再次向符礼德转达美国政府的意见，强调《上海港口顾问技术委员会报告书》更有利于上海港未来的发展，并一一列举理由。例如浮标问题，美国政府认为“目前江中浮标大多为私有，因此非所有者对浮标的使用取决于所有者的善意。现有的浮标占据了所有位置优越的抛锚区，即使之后需要新的浮标，它们也会因此而被设置在距离仓库和商业中心相对不利的位置”，最后强烈建议尽快打破目前多个方案并存而以达成统一的局面。[4] 符礼德将其制成外交文书发放给各驻华公使，表示近期将在外交团的定期会议中讨论“上海港筑港计划”相关事宜。由于外交团讲求“团结一致”以展现共同对华的形象，若外交团会议上与会国代表无法达成一致，则外交团无法以团体名义向中国发出照会，因此会议时常需要耗费大量时间以化解分歧。[5] 而围绕“上海港筑港计划”会议正体现了这一点，在会议延时的过程中，意见不同的各国通过联合对抗使讨论走向了一个又一个的转折点。

7月3日，外交团会议上，出于对“上海港筑港计划”众多方案难以被归纳的统一认识，组成了特别委员会讨论具体的筑港方案。荷兰驻华公使欧登科（W. J. Oudendijk）被任命为委

1　*OBSERVATIONS ON CIRCULAR No. 308*，1923年，《中国港湾修築関係雑件／黄浦口改修問題（上海築港及同港設備関係ヲ含ム）附 浅野総一郎ノ呉淞築港計画 第一巻》，B04121052200，第179—180页。

2　*CIRCULAR No. 61*，1923年3月20日，同上，B04121052200，第185—186页。

3　*OBSERVATIONS ON CIRCULAR No. 61*，1923年3月22日，同上，B04121052200，第184—185页。

4　*LEGATION OF THE UNITED STATES OF AMERICA*，1923年6月5日，同上，B04121052200，第199—200页。

5　黄文德：《北京外交团的发展及其以条约利益为主体的运作》，《历史研究》2005年第3期，第111页。

员长，日本、美国、英国各国代表或其代理人为委员。[1] 7月6日、12日、17日先后举行三次会议，欧登科、英国福克斯（Fox）参事官、美国贝尔（Edward Bell）参事官、日本田村书记官出席会议。福克斯参事官提出既然领事团委员会的计划“基于利益关系最大的当地各国商会意见整理而成，且得到领事团的一致承认”，那么最应该得到承认。他希望日本、美国能在尊重领事团提案的基础上进行讨论。[2] 第三次会议上最终制成了呈递给中国政府的报告草案（表1）。

表1　外交团特别委员会对“上海港筑港计划”的讨论事项与最终意见（1923年7月）

序号	讨论事项	最终意见
1	浚浦局对外国人所有地的公用征收权	日本坚持通过仲裁的办法收购外国人的所有土地；英美等国认为1905年《黄浦河道章程》中规定了浚浦局拥有对土地和私人港湾设备的征收权
		双方意见均被记入草案
2	浚浦税的最高税率	由于关税上涨，日本坚持浚浦税的最高税率应调整为关税的7%；英美等国反对，坚持关税的10%
		双方意见均被记入草案
3	浚浦局重组	维持目前的组织形式，增加1名局长，由上海道台担任，以便与当地势力交涉
4	私有浮标收购	虽然同意领事团的提案，但建议将私有浮标全部收购，进行统一管理

资料来源：《中国港湾修築関係雑件／黄浦口改修問題（上海築港及同港設備関係ヲ含ム）附 浅野総一郎ノ呉淞築港計画 第一巻》，B04121052400，第308—311、394—398页；B04121052300，第222—229页。

由表1可知，日本对前两项的诉求在一定程度上被纳入草案，但在私有浮标收购的问题上，虽然田村书记官在会议中坚持反对意见，福克斯参事官也对收购私有浮标的低可能性进行了说明，但草案仍采纳了贝尔参事官的意见，即“委员会虽然不反对领事团的建议，即现有浮标维持私有状态，除非自愿出售，而未来所有新设浮标均为公有，但仍然认为外交团记录以下意见是明智的，即随着上海港的发展，一旦条件允许立即将所有浮标置于公共管理之下有利于公共利益的保障”[3]。田村书记官事后向日本代理公使吉田伊三郎报告时表示，附上美国的意见是碍于其大国的颜面，并非实际的解决方案。[4] 直至8月，为将草案制成正式文

---

1 《上海拡張築港案ニ関スル件》，1923年7月7日，《中国港湾修築関係雑件／黄浦口改修問題（上海築港及同港設備関係ヲ含ム）附 浅野総一郎ノ呉淞築港計画 第一巻》，B04121052200，第203—204页。

2 《上海築港問題外交団委員会経過ニ関スル件》，1923年7月26日，同上，B04121052400，第394页。

3 *TO THE DEAN OF THE DIPLOMATIC BODY*，1923年7月19日，同上，B04121052300，第229页。

4 《上海築港問題外交団委員会経過ニ関スル件》，1923年7月26日，同上，B04121052400，第398页。

件而再开的外交团特别委员会会议中，私有浮标收购问题和表1中尚未意见一致的前两项问题一起被纳入讨论范围，且成为每次会议中必会讨论的重要议题。

8月2日，特别委员会会议中，福克斯参事官、贝尔参事官与欧登科就1901年《辛丑条约》与1905年《黄浦河道章程》对浮标的规定仍旧有效达成一致。[1]英国、美国、荷兰一致赞同以贝尔参事官的提议为基础，根据1901年《辛丑条约》第十一款[2]及1905年《黄浦河道章程》第六条[3]的规定，修改草案为"委员会虽然赞同领事团的建议，即现有浮标维持私有状态，除非自愿出售，但今后所有新设浮标均为公有，并想指出1901年《辛丑条约》和1905年《黄浦河道章程》赋予了浚浦局征收的权力，并且未曾失效。因此认为外交团记录以下意见是明智的，即随着上海港的发展，将所有浮标置于公共管理之下有利于公共利益的保障，并建议浚浦局，当情况允许时行使该权力"[4]。对此，日本于8月11日提出修正意见，重复了一直以来针对浚浦局的征用权、浚浦税税率等内容的主张，而对于私有浮标收购问题则更进一步，要求保留浮标私设权。[5]几乎同时，美国提出望浚浦局能尽快实行私有浮标的公用征收，而非在情况允许时行使征收私有浮标权力。[6]

8月18日，日本整理出内部备忘录，结合相关条约内容、目前的局势及"上海港筑港计划"的整体性质，认为根据1901年《辛丑条约》附件十七的第二条[7]以及1905年《黄浦河道

1 《上海築港問題外交団委員会報告草案ニ対スル米国修正案竝委員会経過（其二）ニ関スル件》，1923年8月20日，《中国港湾修築関係雑件／黄浦口改修問題（上海築港及同港設備関係ヲ含ム）附 浅野総一郎ノ呉淞築港計画 第二巻》（日本外務省外交史料館），日本国立公文書館アジア歴史資料センター，B04121052600，第43—44页。

2 "大清国国家允定将通商行船各条约内，诸国视为应行商改之处，及有关通商各他事宜，均行议商，以期妥善简易。按照第六款赔偿事宜，约定中国国家应允襄办改善北河黄浦两水路，其襄办各节如左：（一）北河改善河道，在1898年会同中国国家所兴各工，尽由诸国派员兴修。一俟治理天津事务交还之后，即可由中国国家派员与诸国所派之员会办，中国国家应付海关银每年六万以养其工。（二）现设立黄浦河道局经管整理改善水道各工所，派该局各员，均代中国及诸国保守在沪所有通商之利益。预估后二十年，该局各工及经管各费应每年支用海关银四十六万两，此数平分，半由中国国家付给，半由外国各干涉者出资。该局员差并权责进款之详细各节，皆于后附文件内列明（附件十七）"，参见庄志龄：《收回浚浦局主权案史料》，《档案与史学》1999年第1期，第17—19页。

3 "凡已设泊船处所器具，江海关道暨税务司均有取舍之权，并有权设立公共泊船之处"，同上，第19页。

4 *Paragraph in the Report of the Diplomatic Body Concerning the Subject of Private Moorings*，1923年8月，《中国港湾修築関係雑件／黄浦口改修問題（上海築港及同港設備関係ヲ含ム）附 浅野総一郎ノ呉淞築港計画 第二巻》，B04121052600，第45页。

5 《上海大築港計画ニ関スル件》，1923年，《中国港湾修築関係雑件／黄浦口改修問題（上海築港及同港設備関係ヲ含ム）附 浅野総一郎ノ呉淞築港計画 第一巻》，B04121052400，第322页。

6 《上海築港問題外交団委員会経過（其三）ニ関スル件》，1923年8月22日，《中国港湾修築関係雑件／黄浦口改修問題（上海築港及同港設備関係ヲ含ム）附 浅野総一郎ノ呉淞築港計画 第二巻》，B04121052600，第70页。

7 即"该局责任有二：（一）系举办整理改善河道之工；（二）系经管河道"，参见庄志龄：《收回浚浦局主权案史料》，《档案与史学》1999年第1期，第17页。

章程》第一条[1]的规定，“上海港筑港计划”在浚浦局权限之外，想要扩大权限必须先得到中国政府的承认，而中国正处于社会混乱的状态且对该计划基本持反对意见，但既然各国委员都希望筑港计划能够实行，日本亦不能强行反对。[2]

8月21日的特别委员会会议前，雪曼向欧登科建议停止特别委员会，改由各国公使及原委员共同出席讨论，并希望法国驻华公使也出席会议。8月21日，欧登科、雪曼、麻克类（Ronald Macleay，福克斯参事官随行）、法国驻华公使傅乐猷（Aimé Joseph de Fleuriau）、吉田参事官（田村书记官随行）出席会议，美日双方就私有浮标收购问题陈述了各自的提案，然而日本的主张没有得到认可。而英美达成了折中的统一，提议将草案修改为“委员会虽然顾及领事团的建议，即现有浮标应维持私有状态，而所有新设浮标均为公有，并想指出1901年《辛丑条约》和1905年《黄浦河道章程》赋予了浚浦局征收的权力，并且未曾失效。但他们认为，外交团记录以下意见是明智的，即随着上海港的发展，将所有浮标置于公共管理之下有利于公共利益的保障，并建议浚浦局，当情况允许时行使该权力，公共设施的扩建必须保证所有的私有浮标可以同时被接管”[3]。

8月24日召开了草案修改的最后一次会议。数次会议中讨论的提案和最终意见（表2）中第2、3项无法达成一致意见，决定将多数和少数意见都向外交团报告。关于私有浮标收购问题，英国、美国、荷兰在前次会议草案的基础上，略微调整字句，将“支持领事团建议”修改为“委员会虽然建议现有浮标暂时继续保持私有”，其意见愈发向美国方面的意见靠拢，而日本则表示难以赞同。[4]

扭转局面的契机源于法国的态度突然转变。8月28日，吉田参事官应傅乐猷之请求进行了会谈。傅乐猷出于黄浦江沿岸的法租界会同伦敦港等国际贸易港口一样，沿岸设施都被归为公有的担忧，产生了反对新约定的想法，并向欧登科发送电报陈述了法国方面的新意见。借这次会谈，日本、法国迅速达成了土地征收、私有浮标收购方面的统一意见。根据芳泽谦吉会谈后向山本权兵卫内务大臣的汇报，他认为法国提出反对筑港计划的根本原因在于筑港计划的疏浚

---

1 即“所有改变及保全黄浦河道并吴淞内外沙滩各工统由江海关暨税务司管理，其黄浦江面之巡捕及卫生验疫、灯塔、浮标、引水等事仍照旧章办理”，参见庄志龄:《收回浚浦局主权案史料》，《档案与史学》1999年第1期，第19页。

2 《上海大築港計画ニ関スル件》，1923年，《中国港湾修築関係雑件 / 黄浦口改修問題（上海築港及同港設備関係ヲ含ム）附 浅野総一郎ノ呉淞築港計画 第一巻》，B04121052400，第314—322页。

3 *WHANGPOO CONSERVANCY, SUB-COMMITTEE' S REPORT TO DEPLOMATIC BODY*，1923年8月22日，《中国港湾修築関係雑件 / 黄浦口改修問題（上海築港及同港設備関係ヲ含ム）附 浅野総一郎ノ呉淞築港計画 第二巻》，B04121052600，第75页。

4 《上海築港外交団委員会経過（其四）ニ関スル件》，1923年8月28日，同上，B04121052600，第102页。

工程会使贸易向黄浦江下游移动，可能夺走法租界的繁荣。[1]不论如何，在日本单独反对的两项提案中，孤立无援的日本得到了法国的支持，对之后外交团正式的决议产生了一定的影响。

表2　外交团会议制订“上海港筑港计划”草案时的讨论事项与最终意见（1923年8月）

序号	讨论事项	最终意见
1	浚浦税的最高税率	同意日本提案，即关税的7%
2	浚浦局对外国人土地的征收权	日本：与当事人协商收购
		英国、美国、荷兰：支持原案
3	私有浮标收购	日本：保留浮标私有制
		英国、美国、荷兰：对原案进行字句修正后，达成一致

资料来源：《中国港湾修築関係雑件／黄浦口改修問題（上海築港及同港設備関係ヲ含ム）附 浅野総一郎ノ呉淞築港計画 第二卷》，B04121052600，第94—95页。

11月16日，上海日本商会会长发送电报至外务大臣伊集院彦吉，希望日本代表能坚持商会意见进行筑港计划的交涉，并附送了商会的相关意见。[2]其中提到上海的英国商会是反对收购现存浮标提案的。[3]可见，英国商会与英国公使所代表的英国政府的意见并不一致，不难推测前者从自身的商贸利益出发，而后者以英国在上海的势力范围为基础考量该问题。

11月27日下午，葡萄牙公使馆召开外交团会议，商讨“上海港筑港计划”的最终方案。会上，为实现外交团以统一的意见与中国交涉，麻克类和欧登科都转向赞成保留日本的意见，直接将公用征收权和浮标两项都删除，贝尔参事官面对这样的形势，只能选择妥协。[4]12月11日，接下首席公使职务的欧登科将最终的公文送至中国外交部，催促其尽快审议，却并未收到任何答复。欧登科送至中国外交部的“上海港筑港计划”虽遭到搁置，但1922年在北京召开的港务会议移师上海于1924年1月再度召开，继续讨论浚浦局的重组问题，并将原章程即《淞沪港务局暂行章程》修改后呈报北洋政府。《章程》于2月25日刊登于《申报》，但并未立即付诸实践。当时中国内部正处政治动荡和南北混战时期，可以推测北洋政府既无过多精力在列强压力下支持地方组织独立的港务机构施行筑港计划，亦无法在地方的抗议下审议外交团送交的公文。1927年7月，上海特别市政府成立。在各界要求下，

1 《往電第七六六號及其後屡次ノ公信ニ関シ》，1923年9月7日，《中国港湾修築関係雑件／黄浦口改修問題（上海築港及同港設備関係ヲ含ム）附 浅野総一郎ノ呉淞築港計画 第二卷》，B04121052700，第119—120页。

2 《上海築港問題ニ関シ請願ノ件》，1923年11月16日，同上，B04121052700，第160页。

3 《上海築港問題ニ関スル上海日本商業会議所意見》，1923年11月14日，同上，B04121052700，第163页。

4 《上海築港問題ニ関スル外交団決議ノ件》，1923年12月1日，同上，B04121052700，第192页。

"上海港务局"于翌年正式设立。港务局虽因江海关及各国商会的抵制、租界条约的限制等而无法真正履行港务职责，短短两年即被撤销，但其建立亦是20世纪20年代中国收回利权运动中的重要组成部分。

"上海港筑港计划"提出的公共港湾体系建设中，私有设备、土地的征收与公有化是美国与其他已在上海港站稳脚跟的国家之间展开竞争的最佳途径，因此其极力支持该计划的实行。日本对于私有土地的征收、私有浮标的收购两问题的重视实则源于其对私有制的重视，私有制的留存是日本持续在上海港获取利益的最重要保障。日本通过与法国的协同，成功得以在外交团会议上贯彻本国主张。而对于英国来说，"扩张和改善上海港"与"维护浚浦章程"是其基本诉求，在筑港计划的讨论中，始终处于摇摆不定的状态，一方面要考虑本国商会在上海的利益，另一方面则需顾及美国崛起所带来的压力。可见，不同的利益诉求使得列强在"上海港筑港计划"中做出了不同的抉择。

三、"上海港内交通整顿计划"：私有浮标收购问题的交涉与落实

如上文所述，私有浮标的收购经过列强的讨论，最终如日本所愿未被纳入"上海港筑港计划"的方案中，且计划本身也不了了之。但黄浦江的拥堵程度仍不断升级，港务长赫称（A. Hotson）由此提出了"上海港内交通整顿计划"，即转移黄浦江中的浮标，并设置大型轮船可转体的锚位以改善航道。

（一）"上海港内交通整顿计划"的出台

鉴于出入上海港的船舶吨数持续增加，改善航道的急迫性依然是横亘在列强面前的一道难题。"上海港筑港计划"问题在1925年2月5日浚浦局的顾问局会议上再次被提出。随后，与会顾问向首席领事——美国总领事克宁翰发送电报，指出上海港不断发展，"1921年以来，港口的吨位以大约每年200万吨的速度持续增加"，希望领事团能在下次例行会议上讨论该问题。[1] 3月，领事团召开例行会议后决定将筑港问题呈交外交团，请其督促中国政府答复。[2]

---

1 *Subject: Whangpoo Conservancy*，1924年2月25日，《中国港湾修築関係雑件 / 黄浦口改修問題（上海築港及同港設備関係ヲ含ム）附 浅野総一郎ノ呉淞築港計画 第三巻》（日本外務省外交史料館），日本国立公文書館アジア歴史資料センター，B04121053200，第189页。

2 《上海築港問題ニ関スル件》，1924年4月2日，同上，B04121053200，第185—186页。

此后，列强还将上海港筑港问题与上海会审公廨收回问题相关联，数次试图引起外交部对筑港计划的关注，却未见成效。[1]

随着“不列颠皇后”号、“柯立芝总统”号等大型轮船出于商业战略的考虑冒险进入上海港内后，因港内的狭窄，这类船舶转体时，与其他航行船只的碰撞、触礁等事故时有发生。受到加奈陀太平洋汽船会社的委托，江海关港务长赫称为了整顿港内交通，制订了“上海港内交通整顿计划”，意图设置让大型船舶能够在港内回转船体的锚位并扩大船舶航行的航道。其提议从日本总领事馆附近，即花园桥（今外白渡桥）至上游（此区域内有日本、英国、美国、法国四国的海军浮标）保持现状，转移从日本总领事馆前方至下游的13个私有浮标及4个海关浮标（表3）。由于这些浮标目前都处于河流较为中心的位置，需要将其向左岸或右岸转移，同时在从黄浦码头附近到自来水厂附近的区域内设置长度约2900英尺的锚位供大型船舶回转船体，并禁止船舶在其中停泊，相关费用由各所有者承担，1个浮标的转移费用预计约3000两。[2]

表3　日本总领事馆前至黄浦江下流的浮标详情（1925年）

单位：个

国家	所属	数量	合计
英国	老船坞	1	7
	怡和轮船公司	1	
	公和祥码头有限公司	1	
	大英轮船公司	2	
	蓝烟囱轮船公司	2	
日本	日本邮船会社	3	4
	大阪商船会社	1	
法国	法兰西火轮公司	1	1
中国	轮船招商局	1	5
	江海关	4	

资料来源：《中国港湾修築関係雑件／黄浦口改修問題（上海築港及同港設備関係ヲ含ム）附 浅野総一郎ノ呉淞築港計画 第三巻》，B04121053300，第234页。

1 《上海大築港計画ニ関スル件》，1926年12月，《第52回帝国議会説明参考資料》（日本外務省外交史料館），日本国立公文書館アジア歴史資料センター，B13081512100，第61页。

2 《上海港内浮標移転及「スウイングバース」新設案ニ関スル件》，1925年12月9日，《中国港湾修築関係雑件／黄浦口改修問題（上海築港及同港設備関係ヲ含ム）附 浅野総一郎ノ呉淞築港計画 第三巻》，B04121053300，第233—234页。

1925年12月5日，赫称访问日本总领事矢田七太郎，寻求日方的理解与支持。矢田认为“提出本计划是出于改善上海港的目的，对我国相关从业者不会产生过多的负担，付出一定的牺牲也是不得已的”，向赫称表示没有异议。

（二）私有浮标收购的提案

然而，“上海港内交通整顿计划”却因英国商人突然提出的收购方案而趋向复杂化。12月7日，英国太古洋行的经理布朗（N. S. Brown）拜访了日本邮船会社上海支店店长山崎，提议“将私有浮标全部卖给中国政府更方便”，希望日本能够同意。对此，被山崎征求意见的矢田认为英国有这样的提议，日本也不得不顺应大势。[1] 当天，矢田向日本外务大臣币原喜重郎汇报此事时，虽惊讶于“3年前反对私有浮标收购案的英国人一改其旧有方针”，但基于彼时的中英关系，他分析认为这“是上海事件（即五卅惨案）以来，英国对中国方面突然让步的开始”；此外，矢田认为如果反对收购私有浮标的话，那么“没有浮标的美国可能会从背后教唆中国当局”。[2] 矢田的看法不无道理。当时正值五卅惨案发生后中外交涉的尾声，在这场全然不对等的谈判中，坚持对华强硬措施的英国政府作为公共租界工部局的坚固后盾，消解了北京公使团中与其不同的意见，为工部局成功脱罪，可谓是中方的惨败。但是随之而起的爱国主义运动展现出了中国强大的民族力量。[3] 国人试图通过抵货运动以实现经济绝交。在作为事发地和国际港口都市的上海，英国的航运业和对华贸易均受到了强烈冲击。6月之后，原先抵制英国及日本的运动变为单独对英，使英国损失更甚。[4] 而美国从“上海港筑港计划”的讨论中就积极推动港口设施的公有化，为能够实现私有浮标的收购亦煞费苦心，对于英国的此次提案，更是不会错失良机。

12月7日下午，上海港航运业代表会议召开，商讨赫称提出的“上海港内交通整顿计划”。会议由和明商会代表肖（T. H. R. Shaw）主持，各外国商会、轮船公司、仓库公司等代表约30人出席会议。会议对计划所需的收购、转移私有浮标以及设置新浮标的成本进行了预估，大约需要1013000两（表4）。会上全体代表认同赫称提出的交通整顿计划的目的，但最终表决时，28名与会人士中却有4人主张将整条黄浦江都纳入其中。经过讨论，会议决

1 《上海港内浮標移転及「スウイングバース」新設案ニ関スル件》，1925年12月9日，《中国港湾修築関係雑件／黄浦口改修問題（上海築港及同港設備関係ヲ含ム）附 浅野総一郎ノ呉淞築港計画 第三巻》，B04121053300，第234—235页。

2 《第四五二號》，1925年12月7日，同上，B04121053300，第231—232页。

3 张丽：《有关五卅惨案的中外交涉——以外方为中心的考察》，《近代史研究》2013年第5期，第33页。

4 李建民：《五卅惨案后的反英运动》，台北："中研院"近代史研究所，1986年，第116—118页。

表4　上海港航运业代表会议对“上海港内交通整顿计划”的预算估计（1925年12月7日）

序号	项目	费用（两）
1	收购私有浮标设备	437000
2	将上述浮标转移到预备处	76000
3	额外设置13个大型、11个小型浮标	500000

资料来源：《中国港湾修築関係雑件／黄浦口改修問題（上海築港及同港設備関係ヲ含ム）附 浅野総一郎ノ呉淞築港計画 第四巻》（日本外務省外交史料館），日本国立公文書館アジア歴史資料センター，B04121053700，第62页。

定将赫称提议的交通整顿范围定为第一次计划，花园桥至上游的交通整顿定为第二次计划。[1]大阪商船会社的代表则提出了对浮标位置安排更为细致的要求。

12月16日、24日分别召开了各团体代表会议，包括领事团、海关、和明商会、上海总商会、浚浦局、上海引水协会等代表参与“上海港内交通整顿计划”的讨论并通过了一份决议。与会人士同意目前进行上海港全港的浮标迁移和重设以缓解航道的拥堵状况，还主张由港务科制订具体计划和财政方案提交海关。该会议“希望它们（私有浮标）由海关管理，直至由上海港口顾问技术委员会提出、由浚浦局向中国政府建议的新港务局成立为止；未来禁止任何私有浮标的设置”。会上，中国的商会代表还建议将各国海军浮标也纳入上海港内交通整顿的范围之内。[2]可见，针对“上海港内交通整顿计划”，与会各国首度达成一致意见。鉴于该计划将收购私有浮标与改善航道交通挂钩，各航运公司在与海关交涉时若反对收购必会陷入理屈词穷的境地，但根据“上海港筑港计划”出台时的讨论情况，集体会议上顺应大势的日本定会在个别交涉时尽可能地实现自身对于私有制的诉求。此外，外国势力并未放弃建立港务局的想法，因此不难预见未来港务局建立后所面临的困境。

（三）私有浮标的迁移与收购

12月24日的决议由克宁翰制成文书，于1926年1月在领事团内部传阅并征求各国总领事的赞同意见。田岛昶认为需要确认日本相关人员意向，于1月8日后召集交通整顿计划相关的部门和公司，即日本海军、日本邮船会社、大阪商船会社及相关联的三井商船会社、日

1　*Minutes of a Meeting of Representative of Shipping Interest in the Port of Shanghai*，1925年12月7日，《中国港湾修築関係雑件／黄浦口改修問題（上海築港及同港設備関係ヲ含ム）附 浅野総一郎ノ呉淞築港計画 第四巻》，B04121053700，第62—63页。

2　*Resolution Submitted by Mr. F. E. H. Groenman*，1925年12月28日，同上，B04121053700，第66页。

清轮船公司的各代表者及海事官等至日本总领事馆听取意见。大阪商船会社的代表表示坚决反对收购私有浮标，并列出四项理由："第一，现在本社所有浮标位于港内最好的位置，在公司经营上非常便利；第二，改善港内航路状况只需转移浮标即可，强行收购并无必要；第三，本社的浮标是通过海军和递信两省的帮助才获得的，因此需要确认两省的态度；第四，若被收购，鉴于港务科完全被英国人所掌控，想要再享受此前的便利想必会非常困难。"海军驻上海武官及海事官也表示，浮标收购对于日本来说极为不利。日本邮船会社的代表则提出三个脱离日本立场考虑私有浮标的收购会遇到的棘手问题，即首先日本能否在英国赞成的局面下坚持反对意见；其次未来征收水面面积使用费用的可能性；再者若不收购，则未来新增的私有浮标很可能导致航道再次拥堵。[1]可谓将私有浮标公有化的必然趋势观察得十分透彻。日本驻沪武官向其上级及海军次官、军令部次长汇报时也提及了放弃私有浮标会面临的不利状况，认为"中国方面会将收回利权的想法与英国的态度相关联，或利用反日宣传达到目的……响应收购可能反而会是良策"[2]。

1月14日，币原喜重郎向驻沪总领事代理田岛昶做出训示，有关浮标转移和浮标收购问题，"目前正在与相关省进行商讨，因此在得出一定结论前，对于实行本件不要表现出绝对的赞成"[3]。日本注意到针对该计划中私有浮标的收购问题，英美引导了赞同的大趋势，而法国却持反对意见。[4]港务科的态度表现得积极且强硬，一边劝说日本同意收购私有浮标，一边已经着手开始制订包括上游在内的港内整顿方案，但出于各方考虑，并未触及各国的海军浮标。[5]同浮标转移与收购相关的海军省和递信省也都各自进行了内部商讨。海军省并未采纳驻沪武官的意见，提出尽量避免收购，鉴于"该科（港务科）的实权掌握在英国人手中，在被收购后的浮标使用权及其他方面，本国与英国处于不同的立场"[6]。失去私有浮标后，日本需要和其他国家一起竞争有限的浮标使用权，必将蒙受对华贸易的损失。最重要的是，目前的计划"很有可能成为海军浮标收购的诱因"。考虑到不得不顺应情势的情况，

---

1 《上海港浮標移転問題ニ関スル件》，1926年1月15日，《中国港湾修築関係雑件／黄浦口改修問題（上海築港及同港設備関係ヲ含ム）附 浅野総一郎ノ呉淞築港計画 第四巻》，B04121053700，第57—61页。

2 《機密第一一一番電》，1926年1月13日，同上，B04121053700，第56页。

3 《客年貴電第四五二号ニ関シ》，1926年1月14日，同上，B04121053700，第55页。

4 《上海港内私有浮標買収問題ニ関スル件》（日本外務省外交史料館），日本国立公文書館アジア歴史資料センター，B13081512200，第63页。

5 《機密第一一二番電》，1926年1月16日，《中国港湾修築関係雑件／黄浦口改修問題（上海築港及同港設備関係ヲ含ム）附 浅野総一郎ノ呉淞築港計画 第四巻》，B04121053700，第67页。

6 《上海港内浮標移転及「スウイングバース」新設案ニ関スル件》，1926年2月5日，同上，B04121053700，第79页。

海军省提出要慎重考虑响应私有浮标收购案的条件。[1] 日本递信省的意见与海军省基本相仿，尤其认同英国即使在浮标公有化后也掌握其使用权限。其次，他们认为各会社的浮标都处在便于搬运轮船货物的位置，今后要仰仗海关行事，对于日本航运业的发展会产生不利影响。此外还提出既然是为公共利益而进行的工程，则所需费用由浮标所有者承担并不合理。根据海军省和递信省的反对意见，以及大多数国家都赞成私有浮标收购的情势，币原喜重郎再度向田岛昶做出训示，要求其采取迂回策略，“不从正面反对私有浮标的收购，尽量避免提及该问题”[2]。

为了不拖延上海港内的交通整顿进度，驻沪各国商会及港务长决定分别研究“上海港内交通整顿计划”和私有浮标收购问题，并于2月12日和24日召集代表开会商讨。会上，赫称向与会者强调“为了港内汽船行驶环境的改善，私有浮标收购是绝对必要的”，因为港务科经常收到投诉，称私有浮标的所有者只顾自身利益而使其使用率处于很低的状态。[3] 此外，他还宣布海关已经准备好立即施行相关计划，并向担心在商业活动中可能蒙受不利的公司代表人保证“将始终考虑浮标分配所涉及的特殊利益，为了各方利益，船舶的泊位应使其代理人和所有人都满意，以便不延误船舶的启运”。与日本保留对私有浮标收购的意见相仿，法兰西火轮公司的代表最终也未明确同意转卖浮标。[4] 由于同步实施浮标的收购和转移较难达成，会议决定先从转移浮标开始实施，同时对响应浮标收购的所有人分别进行收购。根据会议结果，日本相关从业者认为既然私有浮标收购问题已经过了讨论目的是否合理的阶段，则应该考虑交涉条件的制订。[5] 4月，日本因其长期保留意见，受到海关总税务司梅乐和（F. W. Maze）与港务长赫称的关注，矢田向币原喜重郎汇报称日本的态度会“给他们留下日本独力阻止改善上海港的不良印象，对日本来说反而不利”，建议加快日本内部的讨论进度。[6]

4月下旬，递信省和海军省内部经过讨论，列出不得不响应私有浮标收购时的条件。递信局管船局长提出的条件有二。首先“浮标的原所有人支付租借费可以专用被收购的浮标。若港内船只过于密集，不得已的情况下根据浚浦局局长的指示供其他船只系留”。其次“以

1 《上海港内浮標移転及「スウイングバース」新設案ニ関スル件》，1926年2月18日，《中国港湾修築関係雑件／黄浦口改修問題（上海築港及同港設備関係ヲ含ム）附 浅野総一郎ノ呉淞築港計画 第四巻》，B04121053700，第81页。

2 《上海港内浮標移転及「スウイングバース」新設案ニ関スル件》，1926年2月26日，同上，B04121053700，第90—91页。

3 《第三六號ノ一（二）》，1926年2月27日，同上，B04121053700，第94—95页。

4 *Shanghai Harbour Improvement*，1926年3月1日，同上，B04121053700，第120页。

5 《第三六號ノ二（二）》，1926年2月27日，同上，B04121053700，第94—97页。

6 《浮標移転及「スウイングバース」新設ノ件》，1926年4月17日，同上，B04121053700，第126页。

委员组织形式设置港务科，船舶利益相关者参与港务……该部门的干部职员中要录用相当数量的日本人来执行港务”，理由在于日本作为进出上海港的船舶数量巨大的国家应该有介入港务行政的权利。[1]

海军次官提出拒绝海军浮标的收购是不能退让的底线。日本的海军专用浮标经过驻沪日本海军军官与港务长约三年的协商，于1922年设置完成，是炮舰专用浮标，具有很高的军事价值。[2]日本私有浮标收购不可避免时，条件同样有二。首先“出于对日本人居住区位置的考虑，有着警备任务的帝国海军舰船一直以来都享有随时使用私有浮标的便利，鉴于此，除海军固有浮标之外，保留汇山码头[3]附近（第八、九区）的浮标使用优先权”（黄浦江停泊区域划分详见图1）；其次“应该公正地对港章进行修改并施行，希望港务官选用日本人并增加日本引水员的录用率”。[4]可见，两省都希望以放弃浮标的私有权换取日本对上海港务的深入参与，谋求更长远的利益。

然而，提出交换条件在日本看来依旧是下下策，既然无法正面反对收购私有浮标的提案，便决定与同样持保留意见的法兰西火轮公司联手，就如同“上海港筑港计划”时一样，币原相信“只要与对方保持适当的联系，应该能避免收购案的实现”[5]。接到训示的矢田与法国总领事那齐（Paul Emile Naggiar）商谈后，在领事团的相关传阅文件添上意见，表示其虽然赞成拟订交通整顿计划以缓解目前航道和岸线拥挤的状况，但尚无法充分理解征收所有私有浮标的原因，如若不对征收浮标后的管理条例进行充分说明，将令他难以说服航运利益集团放弃浮标。[6]而那齐也向主席领事提出了相似意见。

计划延宕至7月。7月20日，赫称应领事团要求，在领事团会议上就私有浮标收购问题进行了深入说明，包括收购私有浮标的必要性、收购后的分配、未来的增设等八项内容，并

---

1 《上海港浮標移転問題ニ関スル件》，1926年4月24日，《中国港湾修築関係雑件／黄浦口改修問題（上海築港及同港設備関係ヲ含ム）附 浅野総一郎ノ呉淞築港計画 第四巻》，B04121053700，第130—132页。

2 具体协商过程参见《上海浮標に関する件（1）》，《公文備考 Q卷2通信・交通・気象（時）海軍大臣官房記録昭和6（1919年—1922年）》（日本防衛省防衛研究所），日本国立公文書館アジア歴史資料センター，C05021867000。

3 汇山码头当时属日本邮船会社所有，1903年从英商麦边洋行处购买获得。该码头是水泥固定码头，且水位深、岸线长，是日商在上海港最好的码头。参见茅伯科主编：《上海港史（古、近代部分）》，第455页。

4 《上海港内浮標移転及「スウイングバース」新設案ニ関スル件》，1926年4月27日，《中国港湾修築関係雑件／黄浦口改修問題（上海築港及同港設備関係ヲ含ム）附 浅野総一郎ノ呉淞築港計画 第四巻》，B04121053700，第133—135页。

5 《上海港内浮標移転及「スウイングバース」新設案ニ関スル件》，1926年4月30日，同上，B04121053700，第137—138页。

6 *Mr. Yada's Observation on the Circular of the Consular Body No. 1/26 20 XVI*，1926年6月28日，同上，B04121053700，第146页。

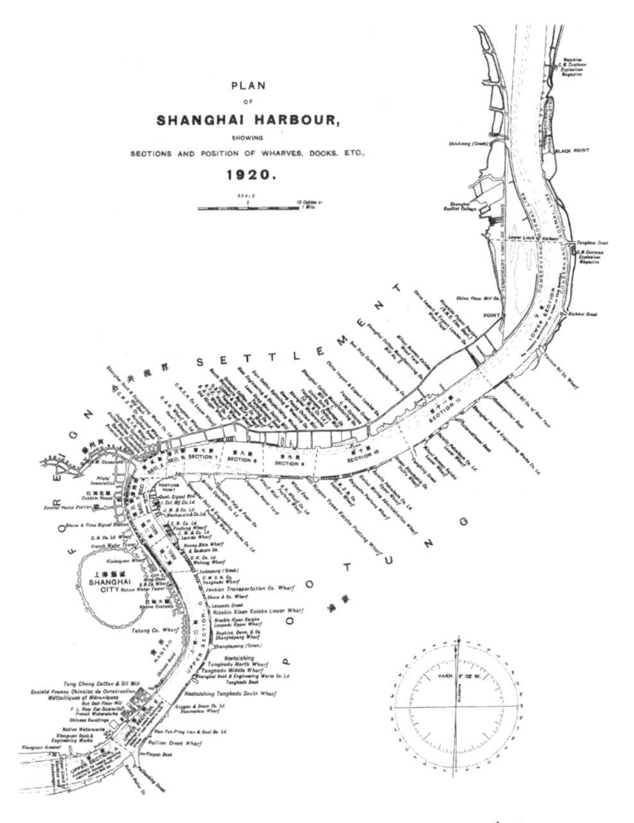

图1　黄浦江停泊区域划分（1920）[1]

于会后以书面形式追加报告。其中，对于日本和法国关切的问题，即收购私有浮标的必要性和收购后的分配，赫称首先统计了5、6月私有浮标的使用天数（表5），以证明现行制度下浮标无法得到充分的使用。私有浮标闲置，而其他不持有私有浮标的轮船公司苦于没有浮标系留。其次，赫称保证海关会考虑从业者的利益，使运载上岸货物的船只尽可能系留在距离仓库或船东码头较近处。最后，赫称指出虽然海关还未发布任何有关私有浮标转移的通告，但根据港章《上海理船厅章程》第35条[2]，其有权直接启动转移工程。[3]

1 《外国港湾関係雑件 / 規則関係 / 中国ノ部》(日本外務省外交史料館)，日本国立公文書館アジア歴史資料センター，B04121047000，第460页。

2 “凡浮标须归理船厅长管理，若所设之地位妨碍船只之通行，或多占泊船地位，理船厅长可随时令其迁移。设该标主不遵照理船厅所指定之地位迁移，或有耽延等情，理船厅长即可径行代其迁移，所有迁移费用，仍规该标主照缴”，具体参见1913年制定的《上海理船厅章程》。

3 《上海港内浮標移転及「スウイングバース」新設案ニ関スル件》，1926年7月26日，《中国港湾修築関係雑件 / 黄浦口改修問題（上海築港及同港設備関係ヲ含ム）附 浅野総一郎ノ呉淞築港計画 第四巻》，B04121053700，第147—149页。

表 5　上海港的私有浮标每月使用天数（1926 年 5—6 月）

锚地号	所属	5 月使用天数（天）	6 月使用天数（天）
1	耶松船厂	13	8
2	怡和轮船公司	18	19
3	公和祥码头有限公司	25	5
4	大英轮船公司	13	16
5	英国海洋轮运公司	19	4
6	轮船招商局	24	24
7	日本邮船会社	15	10
8	日本邮船会社 & 大阪商船会社	15	11
9	大阪商船会社	13	15
10	法兰西火轮公司	14	9
12	英国海洋轮运公司	16	17
13	日本邮船会社	8	4
14	大英轮船公司	18	15
总天数		211	157

资料来源：《中国港湾修築関係雑件／黄浦口改修問題（上海築港及同港設備関係ヲ含ム）附 浅野総一郎ノ呉淞築港計画 第四巻》，B04121053700，第 153 页。

7 月 31 日，日本航运业派出代表荒木重义就“上海港内交通整顿计划”与赫称进行了会谈。赫称告知荒木相关采购工作早已开始，新浮标、锚、锁链等物已经从上海和英国订购完成。他强硬地表示，“要改变计划是绝对不可能的”，最后对于日方仍在犹豫的私有浮标收购，明确说会考虑日本所担心的码头和浮标的位置关系，例如港务科会尽可能让日本邮船会社的船只使用该会社码头前的浮标系泊，并再次提出希望日本能赞成收购。[1] 事实上，赫称并未等领事团统一赞成私有浮标收购后再开始交通整顿。他也许从会议和会谈中窥见了日本和法国的态度，以预定的材料已经送达为由要求立即开始浮标的转移。10 月 12 日，赫称向第十一区和下区（lower section）的浮标所有者（日本邮船会社、大英轮船公司、法兰西火轮公司）提出照会，要求其在一两个月内进行浮标位置的变更，若不响应收购，则自行承担费用。日本和法国确实未被赫称说服，10 月 20 日的上海各航运公司代表会上，法兰西火轮公司代表人和日本邮船会社代表人都表明希望维持浮标的私有制。10 月 29 日的领事团例行

1 《上海港内浮標移転及スウイングバース新設案ニ関スル件》，1926 年 8 月 6 日，《中国港湾修築関係雑件／黄浦口改修問題（上海築港及同港設備関係ヲ含ム）附 浅野総一郎ノ呉淞築港計画 第四巻》，B04121053800，第 155—156 页。

会议中，对交通整顿计划进行讨论时，日本提出浮标系船率的低下不能完全归咎于浮标私有制，称“改善港内交通应该是依靠现存浮标的转移、浮标的新设以及私有浮标的充分利用来达成的，因此私有浮标的收购是否是其必要条件值得怀疑”，可以再等一两年考虑。法国表示赞同，并进一步提议，法国的航运公司愿意在浮标空闲时通过港务科出租。对此，日本也表示同意。相关反对理由和建议案在会议结束后被送至赫称处，但他并未立即回复。[1]

12月，私有浮标收购问题的胶着状态终于有了突破。赫称以航运公司设置浮标时海关与公司代表人签订的契约条款为依据，向所有人要求归还浮标所有权，且所有人不得拒绝。条款中规定“若海关或河道管理机构进行了公共系泊计划，则受到此要求的浮标所有人将交出浮标、系泊设备、锁链等资产，估价按照一位职业估价师的估价或相关各方的估价师达成一致的价格”[2]。英国的轮船公司和法兰西火轮公司都表示了同意，且赫称向矢田表示会给予日本邮船会社充分的便利。1926年末至1927年初，黄浦江最下游地区的英国、法国、日本的私有浮标转移工程先后启动，但这一阶段并不涉及收购问题，因此矢田向币原报告时认为这“是港务当局暂缓收购问题的证明”[3]。1927年3月，赫称宣布计划先收购下游第九区以下的法兰西火轮公司、大英轮船公司、英国海洋轮运公司以及日本邮船会社的私有浮标及其与海关共有的浮标共5个，再计划收购第六、七、八区的剩余10个浮标，声明其最终目的是将港内所有浮标都置于港务科的管理之下。4月26日，赫称开始与日本邮船会社协商收购价格。[4]

日本邮船会社面对同一停泊区的英国所有浮标已经同意让渡，且港务长提出强制征收要求的情况，就浮标的让渡价格、使用优先权和使用费用提出了三项让渡条件并向递信省请示。[5]随后该会社与赫称展开交涉。交涉持续到了1928年末，新任港务长郎瓦士（R. Longworth）同意日本邮船会社提出的浮标使用优先权和使用费用方面的要求，保证接到日本邮船会社的定期船入港的预报后，预留其泊位，且其他公司的船舶需要系留时也会由港务科事先询问方便与否，此外还承诺未来收支平衡时将会下调使用费，但日本邮船会社提出的让渡价格被明确拒绝。[6]郎瓦士提议估价方式与其他轮船公司相同，由专业估价师估价。因为

---

1 《上海港内浮標移転及「スウイングバース」新設案ニ関スル件》，1926年11月18日，《中国港湾修築関係雑件／黄浦口改修問題（上海築港及同港設備関係ヲ含ム）附 浅野総一郎ノ呉淞築港計画 第四巻》，B04121053800，第213—216页。

2 *Hean-and-stern Moorings*，1917年12月10日，同上，B04121053700，第103页。

3 《往電第三八八號ニ関シ》，1927年1月12日，同上，B04121053800，第232页。

4 《上海港内浮標移転及スウイングバース新設案ニ関スル件》，1927年5月11日，同上，B04121053800，第238页。

5 《上海浮標買収問題ニ就テ上申》，1927年6月10日，《4. 中国／1）上海港内浮標ニ関スル件》（日本外務省外交史料館），日本国立公文書館アジア歴史資料センター，B09030258600，第20—22页。

6 *No. 305. Moorings*，1929年1月17日，同上，B09030258600，第37页。

已经得到了港务长对优先使用权和未来不会上涨使用费的保证，在让渡价格上日本邮船会社并未多做纠缠。[1]

港务长通过实行浮标转移、与各公司分别交涉收购来推动“上海港内交通整顿计划”，然而由于日本、法国总领事的意见保留，领事团尚未正式承认港务长提出的该交通整顿计划。1927 年 12 月，日本、法国趁此机会分别提出同意浮标转移和收购的条件，由主席领事——美国总领事克宁翰转交赫称。矢田根据海军省和通信省两省分别商讨得出的条件，提出赞同条件有二，分别是“对前浮标所有者，为其船舶能在仓库附近的浮标系留提供便利”和“对海军舰船，给予其使用第八、九区（汇山码头）的浮标的优先权”。而两省都提及的条件，即在港务科和引水协会增加日本人，由于“港务科职员是海关官员的一部分，其采用属于总税务司的职责，而引水员的推荐属于上海引水协会”，因此矢田认为并不适合作为正式交换条件提出，但“可以借此机会公开表示我方的希望”。法国总领事那齐也就商用浮标和军用浮标分别提出条件，首先希望收购私有浮标时，定下收购期限并在此期间将所有浮标一齐收购完成，目前已经被转移的法国浮标在事实上就如同被征收一样，希望对法国的邮船给予靠近上海中心的浮标使用优先权。此外，法国认为军舰系留对商船航行造成的妨碍并不多，且水上与租界安全需要军舰保障，提出不将海军浮标纳入计划。面对日本、法国的条件，赫称申明其目的在于领事团“是否承认已经发生的事实，因此希望这次不要附加条件地表示赞同”。对于日本希望增加港务科和引水协会的日本人成员，赫称表示万分理解并承诺自己一定会为此竭尽全力，但希望日本能通过其他方式提出该问题。矢田认为交涉“目的基本达成”。此时，领事团除了那齐外均承认了港务长的交通整顿计划。[2] 此后，赫称亦与那齐进行了私下交涉，使其承认该计划。最终，港务长通过与各私有浮标的持有公司分别进行交涉，将所有私有浮标都收归公管。

结　语

私有浮标收购问题从被提出到海关最终完成收购，经历了性质完全不同的“上海港筑港计划”和“上海港内交通整顿计划”的一系列审议、讨论，既是上海港相关利益国之间的对

1 《上海社有下流浮標譲渡ニ関スル件》，1928 年 12 月 24 日，《4. 中国 / 1）上海港内浮標ニ関スル件》，B09030258600，第 35—36 页。

2 《上海港内浮標移転及「スウイングバース」新設案ニ関スル件》，1928 年 2 月 6 日，同上，B09030258600，第 25—28 页。

抗与竞争的缩影，又反映了上海港作为国际贸易港口的必然发展趋势。

私有浮标的收购与统一管理在“上海港筑港计划”中就一再被浚浦局强调，在被列强各国瓜分的上海港虽然难以像伦敦港那样实现公共的港湾建设，但迫于港口贸易的发展和大型轮船的增多，浮标的统一管理成为必然的趋势，在港务长以海关与公司签订的协约为依据的强硬要求下，所有私有浮标最终被海关收购。

围绕“上海港筑港计划”的制订，日本、英国、美国、法国等国均以自身利益为优先展开协商。日本虽然抢占先机率先言明自身的诉求，但在具体讨论时迫于其他国家趋于统一的意见也时而不得不做出退让。即便如此，一旦涉及最重要的私有浮标的收购和私有土地的征收，其仍会适时把握合纵连横的机会，据理力争，寸步不让。日本以《马关条约》的签订为契机大举拓展了在华势力，并借“一战”时期欧美放松对东亚的控制，大肆攫取在华利权。与最早进入中国市场的英国不同，日本虽然占据上海对外贸易较大份额，但拥有的港口资源并不多，想要维护其在上海港的核心利益，坚持私有制是必要的手段之一。而因美西战争晚进入中国市场的美国，为扩大其在华市场的份额提出了“门户开放”政策，倡导“利益均沾”，这也是20世纪20年代美国对华政策的核心思想。在“上海港筑港计划”的讨论过程中，美国迫切希望取消私有，实现公有，如此才能与已经在上海港建立根基的其他国家进行更有效的竞争。不同于日本、美国鲜明的立场，英国既顾及本国在上海港的利益，亦不欲与美国产生过度冲突，态度始终摇摆不定。但最终，日本、法国对于私有制的维护在该阶段的讨论中得到了贯彻。另一方面，社会舆论在彼时的中国对政府起着重要的推动作用，是其处理外交事务的监督手段。[1]北京外交部受上海及周边地区商人官绅的舆论压力，发起了争取港务利权的行动，以期给北京外交团造成压力，而外交团亦向北洋政府施压，试图制止其独立管理港务的尝试，双方互相牵制。作为需要驻沪各国商会、上海领事团、北京外交团与中国政府都达成一致的前提下才能实行的大型筑港计划，其最终的结果必然是不了了之。

“上海港内交通整顿计划”则建立在中外航运企业对黄浦江急需改善的认知之上，较之“上海港筑港计划”更为紧迫和必要，且计划内容仅涉及转移江内所有浮标并重新排列，为地方层面的计划。深受抵货运动影响的英国商人一改此前对浮标私有制的维护态度，提议由中国政府收购并统一管理浮标，以更利于航道的改善。深以为然的港务长赫称与日本、法国的轮船公司协商时，即使日本、法国双方均希望保持浮标私有制的存续，也无法反对该计划

1　金光耀、郭秋香：《“北洋时期的中国外交”国际学术讨论会综述》，《近代史研究》2005年第1期，第305—311页。

的宗旨。对此，日本虽然清晰预见其在华商业利益所将遭受的损失，也必须考虑交换条件以应对不得不同意收购的状况。此外，基于中方意愿所牵涉的外国海军的浮标，日本国内的海军省、递信省以及私有浮标的所有人都各自就私有浮标收购问题进行了讨论，提出交换条件。最终，日本虽然无法同此前一样保留浮标的私有制，但在最大程度上减小了私有浮标被收购后的不利影响，与港务长赫称成功达成浮标的使用优先权等协议，保障了日本通过对华贸易所获取的利益，亦成功以私有浮标的让渡换取了日本深入参与上海港务的机会，20 世纪 30 年代日本全面夺取江海关控制权的意图在此初见端倪。而列强围绕上海港内浮标收购问题的博弈也远未就此结束，进入 20 世纪 30 年代以后，针对海军浮标的转移和统一管理问题再度发酵，引发新一轮的权益争夺战。日本亦在这一轮轮的权益博弈中渐趋扩张侵略的野心，加速侵略的步伐。

20世纪二三十年代围绕黄浦江利权的交涉与博弈

——以招商局码头货栈问题为中心

张智慧 *

众所周知，1872年创立的轮船招商局是晚清洋务运动的重要硕果，其发展历经了几番辉煌与挫折，是中国近现代化进程的真实写照。学界从洋务运动史、企业发展史，特别是政企关系的视角已积累了诸多的研究成果[1]，这些研究探讨了招商局在中国近现代进程中的重要意义和地位，梳理了招商局从最初的官督商办发展为完全商办，以及南京国民政府成立后被逐渐国有化的历史进程。同时也涉及对招商局内部的经营体制、组织变迁、相关重要人物等方面的学术研究。

此外近年来，如《国民政府清查整理招商局委员会报告书》《〈申报〉招商局史料选辑》等关涉招商局的一批档案资料陆续出版[2]，为招商局历史的研究提供了重要史料支撑。本文并非为招商局的专题研究，而是通过对日本外务省外交史料馆所藏《上海招商局码头问题》[3]四卷日文档案资料的梳理和分析，同时参考以往的研究成果，聚焦于20世纪二三十年代日本、美国、英国、法国等国围绕黄浦江利权的激烈竞争，为攫取黄浦江利权日本内部各相关方的协作状况，国民政府的对招商局政策以及革命外交等重要问题。

---

* 张智慧，上海大学文学院历史系副教授。

1 李玉：《从几个节点看1920—1930年代招商局政企关系演变》，《社会科学辑刊》2022年第1期；马腾、李英全：《1932年轮船招商局收归国营案研究》，《中国社会经济史研究》2022年第2期；熊辛格：《轮船招商局与近代中国码头货栈业的产生》，《求索》2020年第4期。

2 陈玉庆整理：《国民政府清查整理招商局委员会报告书》，北京：社会科学文献出版社，2013年；李玉主编：《〈申报〉招商局史料选辑》民国卷（共三卷），北京：社会科学文献出版社，2021年。

3 《上海招商局码头问题》，1926年6月—1930年10月，四大卷共368页，《中国ニ於ケル碼頭及躉船（ハルク）関係雑件 / 上海招商局碼頭問題》(日本外務省外交史料館)，JACAR（アジア歴史資料センター），B09030121100—B09030121400。

一、问题的缘起及日方的高度关切

招商局在经历了“一战”期间的短暂辉煌，进入20世纪20年代后，中国国内的军阀混战以及招商局内部的经营不善、腐败丛生等原因，使招商局每年的负债金额不断增加，企业经营陷入了恶性循环之中。1926年汇丰银行要求招商局如期还款，为了应对此危机，招商局高层极欲出售位于黄浦江上的三处码头货栈：中栈（Central Wharf）、北栈（Lower Wharf）和华栈（Eastern Wharf）。三处码头货栈特别是其中的中栈和北栈位于上海港的核心位置，引起了英国、美国、日本、法国等国的高度关注。特别是日本方面对此尤为关切。

1926年6月15日，上海日本总领事矢田七太郎发电报向外务大臣币原喜重郎汇报[1]，提到招商局内部已召开秘密会议，为偿还汇丰银行的800万两借款，有出售三处码头的意向。总领事矢田认为这些码头关涉“帝国永远的利益”，而且“美国的大来轮船公司以及法国的M. M. 公司、英国方面的轮船公司都在暗自操作”，强调“为在此等竞争中脱颖而出，成功收购三码头，日本政府的后援是非常必要的”。总领事矢田迫切希望得到日本政府的大力支持，打败美国、英国、法国等竞争对手，成功收购招商局的三处码头。

之后总领事矢田频繁向日本外务省报告与招商局方面交涉的最新进展，而日本外务省通商局根据在外领事馆与日本外务省的往返电报，于1927年1月编撰了《招商局的上海码头出售问题》[2]小册子，并在上面标注了“极秘”字眼。小册子包括五项内容：（一）招商局决定出售码头的经纬；（二）日方收购码头的必要性和利益；（三）码头收购的价格评估（总计8277338两）；（四）外国方面运作的情况；（五）结论。

其中第一项“招商局决定出售码头的经纬”中，提到已通过日清轮船公司的买办王一亭向招商局的董事傅祓庵确认，得到的答案为情况属实，而且提到英国及美国的轮船公司也颇为关注，傅祓庵提到招商局方面希望日方收购。对此总领事矢田、日本邮船会社上海分社社长斋藤、日清轮船会社上海分社社长米里三人通过观察而得出的结论为：（1）在招商局共84000股的总股份中，占有32000股的盛氏一族也希望出售三码头，与以往相比，招商局内部的反对势力较少，本次的出售更具现实性。（2）美国的大来轮船公司无意购买华栈，只愿意以600万两购买北栈和中栈，但招商局方面主张800万两。日方有意出700万两购买北栈

1 《矢田総領事から幣原大臣宛電報》，1926年6月15日，《中国ニ於ケル碼頭及躉船（ハルク）関係雑件 / 上海招商局碼頭問題》，B09030121100。

2 《招商局ノ上海ニ於ケル埠頭売却問題》，1927年1月，同上，B09030121100。

和中栈。（3）日本外务省担心该交涉会引起上海的抗日宣传，矢田总领事提到鉴于孙传芳及工部局对抗日代表人物的镇压，认为不会发生抗日运动，是收购码头的合适时机。但矢田同时也指出对国民政府的动态有所担忧，认为要充分调查和慎重考究。

第二项“日方收购码头的必要性和利益”中，强调“毋庸置疑，上海港与本邦的海运及贸易有重要关联。近来英美各国的大型轮船进出增加，与此同时国际竞争渐趋激烈。在上海港获取优越的地位才能确保帝国永远的利益”，指出在黄浦江左岸（外滩一侧）拥有水深 28 尺以上的码头共长 4500 英尺，其中英国方面拥有 2280 英尺，招商局的北栈和中栈共 1320 英尺，日本的轮船公司仅有 900 英尺。提到如果能成功收购北栈和中栈，那么日方拥有的码头将增为 2220 英尺，“这样就可以和凌驾于日本的英国形成抗衡之势”。同时强调招商局在法租界的 1800 英尺码头和对岸浦东的 1000 英尺码头已足够使用，虽然码头不足时，之前北栈、中栈和华栈也对日本的轮船公司开放，但如果北栈和中栈落入美国公司手里，将不会让他国公司自由使用，“不仅会使本邦轮船公司陷入严重困境，也会在海运及贸易的国际竞争越演越烈之际，对本邦造成巨大的威胁”。

第三项“码头收购的价格评估”中，日方根据专家的意见以及上海公共租界工部局的土地评估价格，对三处码头的土地及其附属设备、建筑等做了综合评估。如表 1 所示，日方的评估总额为 8277338 两，日方表示招商局码头的价值远不止如此，但是希望能以 700 万两来进行交涉。

表 1　对招商局三处码头货栈的资产评估

资产种类	中栈	北栈	华栈
土地规模及估价	29.284 亩 2243391 两	74.775 亩 3925687 两	104.187 亩 833496 两
浮筒及附属物估价	30000 两	50000 两	80000 两
仓库规模及估价	10 栋 281040 两	26 栋 304285 两	23 栋 230221 两
事务所及住宅估价	5770 两	41175 两	18013 两
护岸费用	8700 两	82000 两	16300 两
“升科”土地规模及估价			31.815 亩 127260 两
估价合计	2568901 两	4403147 两	1305290 两
估价总计	8277338 两		

资料来源：《招商局ノ上海ニ於ケル埠頭売却問題》，1927 年 1 月，《中国ニ於ケル碼頭及躉船（ハルク）関係雑件／上海招商局碼頭問題》，B09030121100。

第四项“外国方面运作的情况”中，日本对各国的参与动态颇为关注，认为法国的M. M. 公司在上海没有码头不足为惧。而且鉴于当时上海对英国感情恶化，招商局方面也不会考虑英国。所以最大的竞争对手为美国的大来轮船公司。该公司已在和招商局方面进行交涉，只是因为价格问题出现分歧，不能保证今后招商局方面不会妥协。所以日方认为无论如何要把握好这一良机。

最后在第五项“结论”中强调“鉴于上海港的特殊性质，此三个码头是其他码头无法取代的，将来在国际航运及贸易竞争方面是最为重要的”，认为在诸国势力虎视眈眈之际，日本方面不应该拘泥于是否合算的问题，而是无论如何要获取三个码头。

特别值得关注的是小册子后面还附加了参考资料和相关统计表[1]，其中第一号参考资料为“中国的对外贸易和上海港的关系”，第二号参考资料为“日本在上海的地位”。此外相关统计表中包括：表 1 为最近五年（1920—1924）中国全国和上海港贸易比较表；表 2 为中国主要港口对外贸易比较（1922—1924）；表 3 为最近三年（1922—1924）上海港对外贸易主要国别表；表 4 为最近三年（1922—1924）中国海关进出主要国家船舶表；表 5 为最近三年（1922—1924）上海海关进出主要国家船舶表；表 6 为上海港区栈桥所有者国别表。以上的参考资料和相关统计表力证了上海港在中国对外贸易中的决定性地位，以及上海港对于日本的重要性。同时也用资料和数据再次突出了收购招商局码头的必要性。

关于日本外务省通商局编撰该小册子的缘由，可以说和外务大臣的指示直接关联。1926年 6 月 17 日，外务大臣币原在给总领事矢田的回电中，要求“提供向相关部门说明政府一定要支持收购码头的材料”。正是基于外务大臣的指示，外务省通商局编撰了《招商局的上海码头出售问题》小册子。而且在四卷档案资料中，不难发现其内容被多次重复收集，可以看出日本政府各部门间以此小册子的内容为基础，进行了多番的内部商讨和意见沟通。另外，小册子后面附加的参考资料和相关统计表也为我们了解中国贸易中上海港的重要地位，以及围绕黄浦江权益展开的英国、美国、日本等列强间的激烈竞争提供了重要史料依据。

二、关于招商局码头货栈的具体交涉

从档案资料的分析中可以看出，有关招商局三处码头货栈的具体交涉经历了以下三个阶

1 《招商局ノ上海ニ於ケル埠頭売却問題》，1927 年 1 月，《中国ニ於ケル碼頭及躉船（ハルク）関係雑件 / 上海招商局碼頭問題》，B09030121100。

段：第一阶段为日方与招商局高层的直接收购交涉；第二阶段为日方与汇丰银行关于购买抵押物（三处码头货栈）的交涉；第三阶段为日方与招商局高层的码头货栈抵押贷款交涉。三个阶段交涉的结果最后都以失败而告终，从整个交涉过程中，不仅可以了解日方、招商局以及汇丰银行等交涉主体的利益关切以及背后列强势力的博弈，同时也可以透视出这一时期国民政府对招商局政策的变迁以及日方对国民政府动态的关注。

第一阶段：日方与招商局高层的直接收购交涉。

从1926年6月，日方得知招商局方面有出售三处码头的意向开始，便与招商局高层展开了积极交涉，其间多次达成了某种协议。1927年12月30日，在上海日本总领事矢田发给外务大臣田中义一的电报[1]中，详细汇报了日本邮船会社上海分社斋藤社长（斋藤武夫）于12月23日与招商局“李社长”（总办李伟侯）之间交涉的结果。提到两者之间已达成了以下协议：中栈和北栈两码头成交价为银600万两；支付国民政府、招商局主要干部、大股东之间的分赃款100万两；买方负责中介费用，为成交价的二分五厘；码头货栈的交付期限为1928年3月31日等。

尽管日本方面与招商局的直接交涉曾多次达成某种协议，但最后都以失败而终。究其原因不能不说与当时中国民众的舆论有一定关联。当交涉的动向被一些报刊曝光后，会遭到舆论的反对和抨击，招商局的股东们不得不在报纸上特意发表声明，进行辩解。与此同时，这一时期南京国民政府的动态也不容忽视。1927年国民政府在成立之初就力图监管招商局，并于4月底，组成了“国民政府清查整理招商局委员会”[2]，指派张静江等11人任委员，对招商局进行了全面清查整理。清查整理招商局委员会在当年9月末解散后，将整理招商局的职责移交国民政府交通部。11月7日国民政府发布了《招商局监督章程》，任命交通部部长王伯群为监督，同部航政主任赵铁桥为总办，并于招商局设立监督办公处，11月20日开始正式执行任务。可以说国民政府迈开了掌控招商局的重要一步，在上海以及在南京的日本领事馆对此都极为关注。

第二阶段：日方与汇丰银行关于购买抵押物（三处码头货栈）的交涉。

1928年3月31日为汇丰银行规定的招商局还款期限，汇丰银行方面指出如期限前未收到还款，将有权处置招商局借款的抵押物，也包括上述三处码头。日本邮船会社上海分社积极开展了与汇丰银行之间的交涉。早在2月，日本方面就对招商局与汇丰银行之间的借款经

1 《総領事矢田七太郎から外務大臣田中義一宛電報》，1927年12月30日，《中国ニ於ケル碼頭及躉船（ハルク）関係雑件／上海招商局碼頭問題》，B09030121200。

2 陈玉庆整理：《国民政府清查整理招商局委员会报告书》。

纬进行了详细调查，并确认了与汇丰银行直接进行交涉的可行性。日本邮船会社上海分社还制订了与汇丰银行交涉的具体方案。[1] 如针对招商局北栈的收购，确定了价格控制在银 400 万两以下；收购日期定为 1928 年 4 月 1 日以后；中介费用为成交价格的二分五厘；向国民政府或者招商局干部支付的“权利金”应包括在交易金额内等方针。然而日方与汇丰银行的直接交涉最后也以失败而告终。1928 年 7 月 31 日，日本邮船会社方面在总结的报告中，梳理了“招商局码头问题的后续进展”，提到关于三个码头的收购问题，虽然是“银行方面先与我公司联络，之后也经历了反复交涉。然而银行方面突然以招商局已还利息为借口，态度骤变。据说是听从了英国某些商社的劝告，或许对于英国商社来说，北栈落入日本人手中是无法接受的”。

从以上日本邮船会社的报告中不难看出，与汇丰银行交涉失败的原因，不仅与招商局方面担心银行自行处理码头，筹措资金已归还部分款项有关，值得注意的是汇丰银行背后有英国商社在运作，从中阻碍日本收购码头。另外这一时期国民政府开展的革命外交也成为导致交涉失败的缘由之一。1928 年 3 月 24 日，国民政府外交部照会日本领事馆（外交部节略京字第 47 号）[2]，提到“案查中国轮船招商局股份有限公司前因该局股东中有拟将局产押与外商情事，曾由本部于民国元年十二月间照会”，“贵国商民勿得承借，自招损失在案，现在中国时局不靖，深恐有人于此时将该局抵押借款或售卖情事，事关中国国家航业，万难承认。兹特再行郑重声明应请”。从上述国民政府的照会中可知，国民政府外交部强调的“万难承认”不能不说对招商局码头的交涉起到了牵制作用。与此同时，需要注意的是主管招商局的主要是交通部，从档案资料中不难看出，国民政府交通部内部也存在整顿改革招商局之际很难避开借款这条道路的想法。

第三阶段：日方与招商局高层的码头货栈抵押贷款交涉。

在汇丰银行态度发生转变之后，招商局内反对处理财产的呼声高涨，码头出售被暂时搁置。招商局内部出现了用长期租赁码头来筹措 500 万两以上借款，解除汇丰银行抵押财产的动向。对此，美系中国营业公司积极回应，并希望转手再租赁给日本邮船会社。日本方面，特别是日本邮船、日清轮船、大阪商船三公司共同商讨对策，同时也参考了律师冈本乙一的意见[3]，认为从中国营业公司手中租赁存在种种弊端，还是希望能与招商局进行直

---

1 《招商局碼頭問題其後ノ成行》，1928 年 7 月 31 日，《中国ニ於ケル碼頭及躉船（ハルク）関係雑件 / 上海招商局碼頭問題》，B09030121400。

2 《特命全権公使芳澤謙吉から外務大臣田中義一宛電報》，1928 年 3 月 29 日，同上，B09030121300。

3 《意見書》，1928 年 6 月 4 日，同上，B09030121300。

接交涉。但中国营业公司方面提出济南惨案发生后，中日关系恶化，恐怕招商局很难与日方直接交涉。[1]

1928 年 11 月 8 日，根据日本邮船会社上海分社社长斋藤武夫向总公司的报告[2]，提到中国营业公司最近在推动招商局和美国大来轮船公司的交涉，日本邮船会社方面应该出手阻碍招商局和大来轮船公司的交涉。并提到已通过在南京的冈本一策总领事和国民政府的王伯群交通部部长交换过意见，王伯群回应说："目前招商局的根本问题还未解决，在此之前很难商谈借款问题。如果需要借款之际，一定优先和冈本君商量。"从史料中可知日方听到此话，大为安心。

而这里提到的招商局根本问题，关涉国民政府推进的招商局国有化政策。1928 年 8 月国民政府召开全国交通会议，确定了招商局国有化原则，但决定暂时采取官民合办的形式。1929 年 6 月，国民党大会上把招商局从交通部的管辖下改为国民政府直接管理，并成立了"招商局整理委员会"。最后于 1930 年 10 月对招商局实行了国有化政策，把招商局置于国民政府的直接管理和控制之下。可以说国民政府的一系列举措成为阻碍招商局与列强交涉、出卖权益的重要因素。

三、交涉背后的列强博弈和局势变迁

从 1926 年 6 月开始，一直到 20 世纪 30 年代初期，有关招商局三处码头货栈的具体交涉，不仅突显了围绕黄浦江利权，日、美、英等列强间的对立和博弈，同时日本内部各权益相关方的积极协作也不容忽视。此外这一时期与南京国民政府的成立以及中国的革命形势息息相关，交涉过程也突显了国民政府对招商局政策的变化以及中国民众反帝爱国意识的觉醒。

（一）围绕黄浦江利权的列强博弈

前述 1927 年 1 月日本外务省通商局编撰的小册子的第四项内容，总结了"外国方面运作的情况"[3]，同时小册子的参考资料与统计数据也颇为重要。其中表 2 为 1922—1924 年上海港

---

1 《招商局碼頭問題其後ノ成行》，1928 年 7 月 31 日，《中国ニ於ケル碼頭及躉船（ハルク）関係雑件 / 上海招商局碼頭問題》，B09030121400。

2 《上海支店長斎藤武夫から社長御中宛電報》，1928 年 11 月 8 日，同上，B09030121400。

3 《招商局ノ上海ニ於ケル埠頭売却問題》，1927 年 1 月，同上，B09030121100。

表 2　1922—1924 年上海港对外贸易情况统计

单位：千海关两

	1922 年	1923 年	1924 年
香港	41403	44589	46067
新加坡	15074	15869	18474
英属印度	72946	33290	27893
英国	139274	128463	121595
澳大利亚及新西兰	2027	3665	7720
加拿大	6618	9426	12708
小计	277342	235302	234457
美国	161347	184676	180571
菲律宾	3266	3471	5204
小计	164613	188147	185775
日本	108536	119266	131053
朝鲜	1200	787	2025
小计	109736	120053	133078

资料来源：《招商局ノ上海ニ於ケル埠頭売却問題》，1927 年 1 月，《中国ニ於ケル碼頭及躉船（ハルク）関係雑件／上海招商局碼頭問題》，B09030121100。

的对外贸易情况统计。从表中可知，与英国方面出现下降趋势相比，日本和美国，特别是日本，其三年间出现了明显的增长趋势，从中不难看出 20 世纪 20 年代上半期，虽然英国依旧保持着在上海的绝对优势，但日本和美国的发展势头已不容小觑。

此外在小册子中，日方认为法国的 M. M. 公司在上海没有码头不足为惧。而且鉴于当时上海对英国感情恶化，招商局方面也不会考虑英国。1925 年五卅惨案后，上海的民众运动提出了打倒帝国主义的政治要求，并把反帝的矛头指向了英国。虽然招商局方面顾及民众的爱国意识觉醒，没有与英国直接进行交涉，但是也要注意到 1928 年 2 月开始的日方与汇丰银行的直接交涉中，背后也有英国商社的运作和阻挠。日方认为最大的竞争对手是美国，特别是美国的大来轮船公司。而且招商局方面最早是和大来轮船公司进行的交涉，因大来轮船公司提出只打算购买招商局中栈和北栈，且仅出价 600 万两，而使交涉中断。日方认为该公司已和招商局方面进行过交涉，只是因为价格问题出现分歧，不能保证今后招商局方面不会妥协。所以日方认为要随时关注大来轮船公司的动态，把握购买码头的大好良机。

表 3　上海港区栈桥所有者国别表（出自港务司报告）

单位：英尺

国名	上海方面	浦东方面	小计
美国	0	2000	2000
法国	450	0	450
英国	3960	5780	9740
中国（私有）	4270	5560	9830
日本	3770	4723	8493
其他	1830	0	1830
合计	14280	18063	32343

资料来源：《招商局ノ上海ニ於ケル埠頭売却問題》，1927 年 1 月，《中国ニ於ケル碼頭及躉船（ハルク）関係雑件 / 上海招商局碼頭問題》，B09030121100。

从表 3 的统计数据中可知，美国在上海港拥有的栈桥为 2000 英尺，远远短于英国的 9740 英尺以及日本的 8493 英尺，这也成为美国积极收购招商局码头的重要原因。

从 1926 年开始的整个交涉过程中，不难看出招商局方面时而与日方进行交涉，时而与美方交涉；甚至出现了招商局内部的亲日派与亲美派，同时与日美双方进行交涉的局面。1928 年日方与汇丰银行的直接交涉受挫之后，招商局通过美系中国营业公司又重启与大来轮船公司之间的交涉，对此日本邮船会社方面也是想方设法阻碍两者的交涉。进入 20 世纪 30 年代，即使在国民政府实行招商局国有化政策之后，也出现了招商局向大来轮船公司借款的动向。招商局的总支配人李国杰（李鸿章之孙，即前文李伟侯）与当时的交通部次长陈孚木共同推进和美国大来轮船公司的交涉，并缔结了契约，后因国民政府的不承认而遭挫，日方对此动态也颇为关注。[1]

（二）日本内部各利益方的共同关切

1926 年开启的与招商局的交涉，可以看出日本内部各利益方的协作，聚集了日本多方的共同关切。不仅在上海的日本总领事频繁向日本外务省汇报最新动态，在南京的日本领事冈本一策也不断向日本外务省报告国民政府的动态。而直接参与交涉的则为和上海港贸易有紧

1　《総领事石射猪太郎から外務大臣内田康哉宛電報》，1932 年 11 月 21 日，《外国ノ対中国借款及投資関係雑件 / 米国ノ部　第一巻》（日本外務省外交史料館），JACAR（アジア歴史資料センター），B08061043100。

密关联的日本邮船会社，此外日清轮船、大阪商船等日本轮船会社也积极参与其中。

特别值得关注的是在上海不断进行地产投资的东亚兴业株式会社[1]也参与其中，并企划在收购招商局的码头货栈后，再于适当的时机转让给日本的轮船公司。东亚兴业株式会社为谋求日本政府的财政支持，于1927年2月总结了有关“招商局码头收购交涉经纬”[2]的汇报材料。日本外务省通商局表示材料内容与该局制定的小册子大同小异。但需要注意的是该汇报的第二项谈及了“邮船会社推进的收购交涉经纬”，提到日本邮船会社很早就关注到“招商局事业的有利”，“早在20年前，就与革命政府的首脑黄兴交涉，策划通过向招商局借款1000万元后，伺机获取该局经营的所有航路及附属设施。而该计划不幸因英国方面的阻挠及黄兴的失势而遭挫；而后我政府想通过东亚兴业购买该局的股票同样未果。其后大正二年（1913）、大正三年（1914）该局增资之际，我邦朝野上下积极运作，想要通过日清轮船会社来收购或者租赁中栈及北栈，但由于背后有英国支持的一部分股东的反对而失败”。不难看出日方从辛亥革命时期开始，就曾多次觊觎招商局的利权，而且多次受到英国方面的阻挠，也突显了招商局权益背后的日英博弈。

不仅与招商局权益息息相关的日本邮船会社等利益方积极参与交涉，在日本政府内部，外务省，此外主管财政的大藏省、主管交通的递信省也相互沟通，特别是海军省也极力强调确保黄浦江利权的重要性。1928年1月，日本海军省发电外务省通商局局长，阐述了关于希望实现招商局码头收购的意见[3]，指出招商局中栈和北栈是“上海五个最优良码头中的两个，今日极力希望将其纳入手中，不仅是缘于其可以促进我国对支通商航海的发展，从海军本身来讲，上海为各国船舶停留之地，海军舰船经常苦于停泊难的困境，去年春季上海发生骚乱等紧急之际，我海军警备舰的一部分不得已停留在远处的吴淞地区，在遂行任务上颇为寒心。而且眼下借口要整理上海港内私有浮标，出现了要把所有浮标纳入港务局统管之下的动态。鉴于今日的绝好时机，把此等码头迅速收入帝国的有实力的公司手中，从警备及通商保护上看都是极为必要的”。日本海军省的意见不仅是出于对上海港经济利益的关注，更多地是对其军事利益的考虑。从以上的论述中不难看到日本内部的各相关利益方虽然存在意见分歧，但在攫取黄浦江利权上却表现出高度的协作合力。

1　参见张智慧：《20世纪初期日本在上海的不动产投资与日侨社区的形成》，《史林》2019年第4期。东亚兴业株式会社作为日本的国策公司，成立于1909年。其依赖日本政府的大量融资，在上海不断进行地产投资，扩大在中国的各种权益。

2　《招商局碼頭買収交渉経緯》，1927年2月，《中国ニ於ケル碼頭及躉船（ハルク）関係雑件 / 上海招商局碼頭問題》，B09030121200。

3　《上海招商局碼頭買収ニ関スル意見》，1928年1月6日，同上，B09030121200。

（三）国民政府对招商局政策的变化及中国民众的觉醒

1926年开始的围绕招商局码头货栈的交涉，不仅折射出交涉背后的列强权益博弈，特别是美日两国之间的竞争，而且也可以看到日本内部各利益相关方之间的通力合作。与此同时整个交涉过程又受制于中国革命形势的进展，特别是1927年4月南京国民政府成立后，积极参与对招商局的整治，推行招商局国有化政策，力图把招商局控制于伞下。对此，驻上海、南京的日本总领事馆密切关注国民政府的一举一动，并详细反馈到日本内部。国民政府力图控制招商局，将其国有化的进程有力阻止了列强攫取黄浦江利权的企图。然而需要注意的是，无论是招商局内部还是国民政府交通部内部都存在倾向与日本交涉的“日本派”和倾向与美国交涉的“美国派”。两派借口重振招商局而向列强借款，不惜出卖码头利权，突显了交涉过程中的种种复杂面相。

与此同时，本论文所利用的四卷日文档案中，大量的电报被标注了“极秘”字眼。这是笔者以往阅读其他日文档案所未曾见的现象。档案资料中频繁出现的“极秘”二字，突显了日本对中国民族主义高涨以及民众舆论的警惕，事实上，在交涉过程中也曾出现被某些报纸捕捉了交涉动态、公布于众的情况。面对民众舆论的批判，招商局方面不得不登报发表声明，进行辩解，而交涉也会因此沉寂一段时间。可以说，民众的舆论以及反帝意识觉醒，已成为阻止招商局出卖权益的重要因素。

综上所述，从20世纪20年代中期开始，围绕招商局上海码头货栈权益的交涉，不仅突显了美、日、英、法等列强对黄浦江利权的高度关切，而且从中可以透视出各列强国，特别是日、美之间展开的竞争和博弈。另外列强国内各利益相关方的相互协调和合作也不容忽视。与此同时，南京国民政府从1927年4月宣布成立清查整理招商局委员会伊始，不断加强对招商局的控制，反对其出卖利权。这不仅彰显了国民政府成立后收回利权的决心，更是出于对招商局具有经济和军事利用价值的考量。1926年开始的交涉过程，虽然其间曾多次达成某种协议，但最后都以失败而终。究其原因，不能不说与国民政府对招商局实行国有化政策以及当时中国的革命形势密切相关。同时，列强之间的相互阻挠也起到了重要作用。此外，日文档案中频繁出现的“极秘”字眼，可以看出日本对上海民众掀起反帝浪潮的警戒。这一时期中国舆论和民众的力量也成为阻止列强攫取黄浦江利权的关键因素。

河滨大楼：滨水公寓与上海北外滩空间变迁

彭晓亮*

本文考察的滨水公寓，是坐落在上海市虹口区北外滩区域，位于苏州河北岸、河南路桥北堍，南靠北苏州路，北依天潼路，西临河南北路，东至江西北路的庞大建筑体，名叫河滨大楼，是20世纪三四十年代上海最大的一座公寓楼，由近代上海犹太裔房地产巨商维克多·沙逊投资建造，属于英商新沙逊洋行（E. D. Sassoon & Co., Ltd.）的产业，有"远东第一公寓"之称。

一、未有大楼之时

在河滨大楼建造之前，在其地块上，曾有日本旅馆东和洋行、近代买办徐润地产、犹太富商哈同住宅，以及房地产巨头沙逊家族所建的宝泰里、宝康里。

（一）日本旅馆东和洋行

据上海日侨史学者陈祖恩考证，1886年开业的东和洋行，位于铁马路（今河南北路）、北苏州路交叉口，由日本侨民吉岛德三夫妇创设，是上海最早的日本旅馆。[1]

东和洋行原址，即后来的河滨大楼西面靠近河南路桥的一端。笔者目前所见提及东和洋行的英文记载，以1888年1月出版的《字林西报行名录》（*The North China Desk Hong List*）为最早，当时的门牌号为北苏州路42号。提及东和洋行的中文史料，以《申报》为最早。1888年11月，日本画师入泽鼓洲到上海卖画，寓居东和洋行内，在《申报》连续五天发布广告称："日本入泽鼓洲先生素精丹青，能长南北画宗。近日乘槎豪游沪上，安砚铁马路桥天后宫对门东和洋行内，润资格外从廉，赏鉴诸君盍一试之。"[2] 另据1889年1月出版的《字

* 彭晓亮，上海市档案馆副研究馆员。

1 陈祖恩：《东和洋行：上海最早的日本旅馆》，上海市虹口区档案馆编：《往事·城市文化会客厅专刊》2020年第1期。

2 《东瀛画师》，《申报》1888年11月16日至20日。

林西报行名录》记载，日本画师入泽鼓洲住在北苏州路42号，与《申报》广告正好互为印证。1894年6月，日本女西医丸桥到上海行医，也住在东和洋行，每天上午在东和洋行坐诊，下午在四马路西胡家宅百花祠中外大药局坐诊。自8月31日起，丸桥医生登报声明，从东和洋行搬到天津路石库门房子中继续施诊。[1]

住过东和洋行的名人为数不少，如孙中山、黄兴、船津辰一郎、头山满、内田良平、土肥原、大阪每日新闻社社长本山彦一、东京帝国大学教授吉村讃次、日本数理哲学馆馆长本田苏泉，都曾在此下榻。1894年3月，东和洋行发生了朝鲜开化党首领金玉均被洪钟宇枪杀事件，轰动一时，为日本发动甲午战争提供了口实，东和洋行也因此更加声名大噪。[2]

1916年2月，日本著名的古籍书店文求堂主人田中庆太郎（1880—1951）为收购古籍字画，特地来到上海，住在东和洋行，6日至12日在《申报》连登七天收买旧书字画广告："鄙人现来沪，欲收买旧板精印书籍、旧拓法帖及明清学者字画，欲售者请携带来寓，当面议值。每天由午后一时至午后四时为止，过期不候。上海铁大桥东和洋行寓田中庆太郎启。"[3]

1920年，日本作家大谷是空曾在上海游历三个月，寓居东和洋行，一度在虹口六三园、月迺家花园等处与吴昌硕、王一亭、宗方小太郎等友人以诗酒唱和。因住在东和洋行，在一个雨天里，大谷是空有感而发，留下了"铁马桥边车马绝，听时江畔夜乌啼"的诗句。[4]"铁马桥"，即指当年的铁马路木桥，即四川路桥（图1），也因此被写入了日本作家的诗中。

图1　20世纪初叶的四川路桥与苏州河

1922年2月5日，北洋政府司法部法律编纂馆顾问、日本人岩田一郎到上海调查监狱情形，住在东和洋行。巧的是，2月6日陪同岩田一郎走访的日本驻上海总领事，正是1889年就曾住过东和洋行的船津辰一郎。[5]

1《申报》1894年6月20日至26日，7月2日，8月31日，9月3日、5日。
2　陈祖恩：《东和洋行：上海最早的日本旅馆》，上海市虹口区档案馆编：《往事·城市文化会客厅专刊》2020年第1期。
3《收买旧书字画》，《申报》1916年2月6日至12日。
4　陈祖恩：《东和洋行：上海最早的日本旅馆》，上海市虹口区档案馆编：《往事·城市文化会客厅专刊》2020年第1期。
5《日顾问调查监狱及看守所》，《申报》1922年2月7日。

1930年，因新沙逊洋行要在该处建造河滨大楼，经营了44年的东和洋行建筑遂被拆除，先后迁至文监师路（今塘沽路）、北四川路（今四川北路）继续营业。[1]

在河滨大楼建造之前，东和洋行曾是河南路桥北堍苏州河畔的一道风景线，客来客往，络绎不绝，一直持续了40多年。建筑虽早已不存，却留下了可供后人稽考追溯的史迹印痕。

（二）近代买办徐润地产

徐润（1838—1911），名以璋，字润立，又名润，号雨之，别号愚斋，广东香山人。据徐润在《徐愚斋自叙年谱》中记载，光绪十三年（1887），“上海原有唐氏谦益地产公司，是年西友拟将该公司地产承受，再购地推广，立业广房产公司。余在唐山洋友金美氏带图来见，要买珊家园及虹桥滨、西海宁路之南三段，约地三百亩，出价二百两至四百五十两，拟造平房兼花园云云。斯时债累不轻，银钱尤紧，思想一夕，遂照还价每亩加银五十两，转契交银让出。以目下论之，何只二三十倍。然久欠亦有碍名誉，傥来之物，无足轻重耳”[2]。

由徐润的自叙年谱可知，包括河滨大楼所在的大部分地块，在1887年以前是属于徐润所有的。当时他一度债台高筑，恰在此际，仁记洋行、元芳洋行、兆丰洋行、公平洋行联合发起的英商业广地产公司刚成立，在租界大举购置地产，看中此地，便要出资把这地块购买下来。300亩的土地，价值可不是小数目，所以缺钱周转、遭遇难关的徐润，足足考虑了整整一夜，最后决定忍痛割爱，把土地出让了。后来，该地块自然是水涨船高，身价陡增，与1887年之前不可同日而语。到晚年回顾自己的一生时，徐润对自己50岁时所做的决定，依然印象深刻，但并无悔意，因为在他看来，名誉第一位，信用才是立身之本。“久欠亦有碍名誉，傥来之物，无足轻重耳”，这恰恰反映出徐润立身处世的名利观。

（三）哈同、罗迦陵住宅

这一地块上，还曾有近代著名犹太富商、一生颇具传奇色彩的哈同夫妇住宅。据著名报人徐铸成的《哈同外传》记载，哈同与妻子罗迦陵的住宅早年原在江西路桥（亦称自来水桥，图2）北堍，其原址即今河滨大楼东端，面积三四亩，除主楼外，也有附属建筑，还布置了一个景致不错的小花园；而且这房子濒临苏州河，地段极佳，离英国领事馆和哈同洋行都不远。后来，因罗迦陵要搬走的主意已定，哈同只好忍痛割爱，将这座住宅出让给他人，

1　陈祖恩：《东和洋行：上海最早的日本旅馆》，上海市虹口区档案馆编：《往事·城市文化会客厅专刊》2020年第1期。

2　（清）徐润：《徐愚斋自叙年谱》，民国十六年（1927）香山徐氏校印本。

当然也得了一笔比较可观的收入。[1]

抗战期间的 1942 年，江西路桥被日伪拆除。1947 年 1 月，上海市参议会曾制订一份《“沟通苏州河南北两岸交通”工程计划书》，其中就极力主张重建江西路桥：“该桥又名自来水桥，在抗战期间被敌伪拆除，行人车辆均绕道四川路桥或河南路桥而行，致两桥交通益形拥挤。如将该桥重建后，该段车旅交通可获莫大之改善。”[2] 因当时社会环境所限，该计划未能实现。时至今日，如果在苏州河南岸，要到达河滨大楼，仍必须跨越河南路桥或者四川路桥才能如愿。

图 2　早期的江西路桥，亦称自来水桥

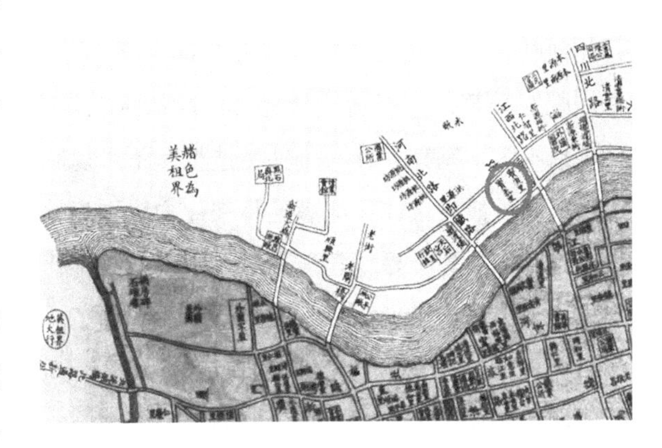

图 3　1884 年《上海县城厢租界全图》之局部

（四）宝泰里、宝康里

1877 年，维克多·沙逊的祖父伊利亚斯·沙逊花 8 万两白银，买下了原属美商琼记洋行的南京路外滩产业 11 亩多（包括今和平饭店北楼地块），开启了在上海的不动产投资。同年，维克多·沙逊的父亲和叔叔以 9.5 万两白银低价购入了天潼路以南、河南北路以东的四块土地，共 28 亩多。[3]

据 1884 年点石斋绘制的《上海县城厢租界全图》标识，当年苏州河畔北河南路与北江西路之间这一地块上，在靠近北江西路的一面，有两个石库门里弄，一个叫宝泰里，一个叫宝康里（图 3）。据笔者查阅《申报》记载，关于宝泰里的报道，始自 1890 年，终于 1913 年，其中 1898 年还有一位名叫徐玉山的医生在宝泰里行医。关于宝康里的报道，则始自 1895 年，终于 1928 年 11 月。宝康里是维克多·沙逊为建造河滨大楼而拆除的。

1　徐铸成：《哈同外传》，北京：生活·读书·新知三联书店，2018 年。

2　《上海市参议会为送工二字第一号决议案请预决算委员会请查核办函》，1947 年 1 月 20 日，上海市档案馆，Q109-1-665。

3　张仲礼、陈曾年：《新沙逊洋行的创立和发展概况——沙逊集团研究之一》，《上海经济研究》1984 年第 1 期；徐葆润：《旧上海大房地产商——新沙逊集团》，《上海房地》1997 年第 10 期。

二、大楼建造

任何一幢现代建筑，从最初的想法到画在图纸上，再到付诸施工建设，都是设计先行。河滨大楼设计是由著名的英商公和洋行（Palmer & Turner Architects）担纲。公和洋行在上海以专门设计银行建筑起家，横滨正金银行、麦加利银行、有利银行都是其早期作品。此前，公和洋行已设计了上海多座有名的雄伟建筑，如汇丰银行大楼、江海关大厦、沙逊大厦等。这些建筑林立外滩，精彩纷呈，使得公和洋行在上海滩声誉日隆，此后上海的大型建筑设计多数出自其手。在此前设计沙逊大厦的密切合作中，公和洋行得到沙逊的赏识，因此沙逊想象中的"远东第一大公寓"的设计，仍请公和洋行继续承担。

此前设计的刷新上海高度的沙逊大厦刚刚建成，公和洋行设计师又要从黄浦江边转移到苏州河畔，对于这块总面积将近7000平方米、形状颇不规则的土地，如何最大限度地有效利用呢？又怎样才能达成沙逊心中超级大公寓的愿望？见多识广的公和洋行设计师灵机一动，何不因地制宜设计一个独特造型、不可复制的大公寓！既可以使业主的土地利用率大大提高，利益最大化，又能满足将来住户对于高档公寓的需求，如果做到了，完全可以再创造一个世界经典。于是，建筑平面采用条状设计，建筑造型依地势而顺其自然用S形，在设计师的脑海中浮现出来，接下来就是画成图样了。果然，公和洋行的建筑设计师不负厚望，很快就拿出了新大楼的设计图纸。应当说，这设计甚合沙逊的心意。特别是整幢建筑的S造型，取了Sassoon的首字母，这独具匠心的创意，让沙逊心花怒放，欣然同意。

关于具体是公和洋行哪位建筑师承担了河滨大楼的设计，历来少有史料记载。据赖德霖主编的《近代哲匠录——中国近代重要建筑师、建筑事务所名录》一书梳理，著名华人建筑师奚福泉是参加河滨大楼设计者："1930—1931（上海）英商公和洋行建筑师，参加都城饭店（现新城饭店）、河滨大厦（七层）设计。"[1]

说起河滨大楼的名称，1949年后迄今70多年来，大家耳熟能详的就是"河滨大楼"四个字。其实它最早的英文名称有三个，分别是"Embankment Building""Embankment Apartments""Embankment House"，中文名称也有"河滨大厦""河滨公寓""河滨大楼"三个叫法。

河滨大楼何时开始建设，何时竣工，历来众说纷纭，莫衷一是。沿袭已久的说法中，多数人说是1931年动工，有人说是1933年竣工，也有人说是1935年竣工。到底哪种说法更可

1 赖德霖主编：《近代哲匠录——中国近代重要建筑师、建筑事务所名录》，北京：中国水利水电出版社、知识产权出版社，2006年。

图 4　河滨大楼设计效果图（1930 年 6 月 1 日《北华星期新闻增刊》）

靠呢？虽不清楚这些说法最早出自谁人之口，但据笔者最新的考证，以上说法皆不准确，都属于以讹传讹了（图 4）。

早在 1930 年 6 月 1 日，英文《北华星期新闻增刊》（*The North-China Sunday News Magazine Supplement*）就刊登了一张公和洋行设计的河滨大楼整体效果图（图 4），文字说明表述为"河滨大楼：即将矗立在北苏州路的新公寓大楼"[1]。这是河滨大楼的未来完整形象第一次呈现在世人面前，之后的建造施工，即是完全按照设计图进行的，没有做过变动。

据 1931 年 6 月 9 日英文《大陆报》（*The China Press*）报道，河滨大楼的建设合同由新沙逊洋行与新申营造厂在 1930 年签订，计划建八层，到 1931 年 6 月初，已完成第五层，正在紧锣密鼓推进第六层，可望当月即能封顶。《大陆报》称之为"上海最大、最新的住宅建筑"，并特别提到新申营造厂总经理陆南初和他的助理工程师 J. W. Barrow。[2]

新申营造厂，英文名称为"New Shanghai Construction Company"，由陆南初创办于 1922 年，总办事处位于康脑脱路（今康定路）681 号。在当时的同行眼中，新申营造厂和陆南初有口皆碑。1937 年 2 月出版的《建筑月刊》第 4 卷第 11 期做出了这样的评价："上海新申营造厂，创设有年，资力雄厚，声誉久著。经理陆南初君，主持得宜，深具干材，承造大小工程，无不躬亲督视，认真从事，故工作成绩深得建筑师及业主之满意。历年承造价额，不下

1　"Embankment House", the New Block of Flats to be Erected on North Soochow Road, *The North-China Sunday News Magazine Supplement*, June 1, 1930.

2　"Work Now Complete on Five Floors Embankment House", *The China Press*, June 9, 1931.

图 5 从河南路桥上看基本成型的河滨大楼
（J. Arnold 摄，1932 年 1 月 20 日，美国国家档案馆藏）

图 6 从河南路桥上看河滨大楼
（作者摄，2020 年 11 月 12 日）

数百万金。本埠较大工程，如北苏州路河滨大厦、福州路中央捕房、麦特赫司脱公寓、狄司威尔公寓、汉璧礼学校等，均由该厂承造云。”[1]

1932 年 1 月 7 日《大陆报》报道称，河滨大楼将于 3 月完工。[2] 同年 1 月 20 日，路经此地的外侨安诺德（J. Arnold）站在河南路桥上，用随身携带的照相机拍摄了一张河滨大楼照片（图 5、6）。这时的河滨大楼，虽然尚未竣工，脚手架还没有完全拆除，但已基本成型。安诺德与其他路人一起见证了河滨大楼的成长，并且把它永久定格在这张照片中，客观上为后人留存了非常直观的考证依据。

在 1932 年 1 月 28 日《大陆报》报道中，提到河滨大楼是 1930 年底开始动工的，计划于 1932 年 3 月竣工，底楼的商铺和一楼的办公用房将于 4 月开放。该报道特别提到，施工过程中，尽管遇到大雨以及结冰等恶劣天气影响工期，但陆南初率领新申营造厂的工匠们克服重重困难，还是按照既定时间表完成了，成绩显著，值得肯定和赞誉。[3]

滨河大屋、亲水景观、建筑宏阔、宽敞明亮、视野开阔、交通便捷，这些都是河滨大楼的显著优点。如果每天在这样标志性的气派建筑中居住或者办公，不仅令人心旷神怡，居民或职员也将会随之身价倍增。因此，正在建设中的河滨大楼吸引了众多人的目光。它所处的地段、建筑造型和体量，无形中就是最好的广告。大楼还未建成，已有商行迫不及待地前来预订办公室。据 1932 年 1 月出版的《字林西报行名录》记载，从事进出口贸易的昌明行

1 《新申营造厂业务发达》，《建筑月刊》1937 年 2 月第 4 卷第 11 期。

2 “Embankment House Ready End of March”, *The China Press*, January 7, 1932.

3 “3 New Modern Buildings in Shanghai Ready to Open”, *The China Press*, January 28, 1932.

图 7　1932 年刚竣工的河滨大楼

（Sino-Foreign Import & Export Co.）约在 1931 年底之前就已预订了河滨大楼的办公室，应该说是非常有先见之明的。

1932 年 4 月 7 日，《字林西报》（*The North-China Daily News*）发布广告消息："毗邻邮政总局、可以俯瞰苏州河景观的河滨大楼将于 5 月 1 日前后开放。"1932 年 7 月出版的《字林西报行名录》中，第一次出现河滨大楼的记载，地址标记为北河南路北苏州路口。综上，河滨大楼是 1930 年底动工开建，1932 年上半年正式竣工的（图 7）。

1933 年 1 月 1 日出版的《北华星期新闻增刊》刊登广告消息说，米高梅影片公司驻华办事处（Metro-Goldwyn-Mayer of China）已在河滨大楼 138—141 室开始办公。由这条消息可知，米高梅影片公司在 1932 年底前已入驻河滨大楼一楼。

河滨大厦的名称最早见诸中文报纸记载，始自 1932 年 12 月 5 日《申报》，在该报刊登的英商中华机器凿井公司广告中，上海众多建筑的自流泉井都是这家公司开凿的，河滨大厦赫然在列。

1933 年 1 月 1 日《申报》建筑专刊上，一位署名"安"的记者发表题为《河滨大厦》的专题报道，内容如下：

河滨大厦

公和洋行设计　新申营造厂承造

河滨大厦，亦系本埠最大建筑之一，容积计共六百万立方尺。临苏州河之面，前马路约一千四百尺，为向南之最长门面，遥望歇浦，风景入画。此项新屋，设计之特殊优点，厥为内有宽阔广场，足供居户白昼停驻车辆之便。屋高八层，并建塔于其上。新屋全部用途之配置，即以底层作为开设店铺之用，第一层，辟作写字间，其他六层则悉作公寓、住宅，此外并于俯瞰全市之塔上，另辟特别寓所两间，总计全部寓所，都至一百九十四幢。其中有六十二幢，计有起居室一间，寝室两间，浴室、厨房及储藏室俱备。其余一百三十二幢，计有起居室一间，寝室一间，浴室及厨房等概与前同。又凡此诸幢寓所，泰半附有宽敞洋台。新屋全部，均系御火建筑，并设有中央热汽装置，浴水冷热水管兼全。至于室内装修，漆饰均系最新式者。各厨房内一致安放自来火管，以供烹饪之用。载客电梯，计有八座之多，又杂用电梯一座，供房客常川服务，又较高各层楼上，各设有侍役室。更因坐落方向，正面有广约三百五十尺之空场，故虽密迩中区闹市，虽时届夏令，亦倍觉凉爽。再新屋底层，辟有设备完善之游泳池，斯亦至足称述者。该大厦由本埠公和洋行设计，陆南初君创办之新申营造厂承造云。[1]

这篇报道，把河滨大楼的地理位置、建筑体量、房型概况，以及消防、水、电、煤气、电梯、停车场等设施设备，还有极具特色的游泳池，都做了非常全面的介绍，可以说是一篇既如实又扼要的新闻稿，同时也是颇见功力、引发读者兴趣的广告词。

三、商住两用

建成后的河滨大楼，与之前的公和洋行设计毫无二致，共八层，钢筋混凝土结构，现代派风格，占地6916平方米，建筑总面积为39328平方米，东西总长度约160米，最大进深19米，绝对称得上“远东第一公寓”，也有称作“亚洲第一公寓”的，而且创下了上海最早的水景住宅纪录，还有容积率高、通风和朝向均好等优点，该建筑的形状在上海也是绝无仅有。河滨大楼共有11个出入口，并有7处楼梯、9部电梯，且分组设置，使各层居民可分段使用。在每个出入口的门厅地板上，都有醒目的“EB”字样，正是河滨大楼的英文名称“Embankment Building”的首字母。大楼的公寓房分二室套间、三室套间，每套均有卫生间、厨房、储藏室及阳台等，最大的套间有180平方米，最大的房间则有30多平方米，最大的

1 安：《河滨大厦》，《申报》1933年1月1日。

图 8　20 世纪 30 年代的河滨大楼

图 9　北苏州路 400 号门厅
（作者摄，2020 年 8 月 22 日）

阳台也有 20 平方米。[1] 大楼中部转角顶层还建有一座八角形的塔楼，塔楼的上下两层也可居住两户人家。大楼还有暖气设备以及深井泵、消防泵。各种设施一应俱全，随时可以拎包入住。底层庭院中挖了一个游泳池，水深 2.1 米，可供住户游泳健身。

从用途方面来说，河滨大楼整体定位为商住楼，底层租给商号，二层租给公司、洋行、机关作为办公用房，三层以上作为公寓出租。当年在河滨大楼里居住的绝大部分是西方人，其中以英国人、西班牙人、葡萄牙人居多，也有美国人，且多是在上海东北隅经商和供职的商人及高级职员（图 8、9）。

1932 年上半年河滨大楼竣工以后，陆续有多名外侨居住，多家公司、商行迁入办公。如前面介绍的昌明行，是入驻最早的进出口贸易公司；1932 年上半年，美国《纽约时报》驻沪代表安培德（Hallett Abend）入驻办公，是入驻最早的报社代表；1932 年底前搬入的米高梅影片公司驻华办事处、联合电影公司（United Theatres, Inc.）、联利影片有限公司（Puma Films, Ltd.），是入驻最早的三家影片公司；1932 年底前搬入的日华蚕丝株式会社（Nikka Sanshi Kabushiki Kaisha, Ltd.），是入驻最早的日资企业；1932 年底前入驻的谦义公司（Khawja Commercial Agency），在一楼 123—124 室办公，主要经营茶叶和丝绸生意；1933 年 3 月搬入的京沪沪杭甬铁路管理局，是入驻最早的行政机关；1933 年上半年搬入的中国出版社有限公司（China Publications, Ltd.），是入驻最早的出版机构；1933 年上半年搬入，从事进出口贸易的康记公司（Kingshill Trading Co.）；1933 年在楼内设立的救世军办事处，是入驻最早的慈善

1　娄承浩：《河滨大楼》，《住宅科技》2003 年第 3 期。

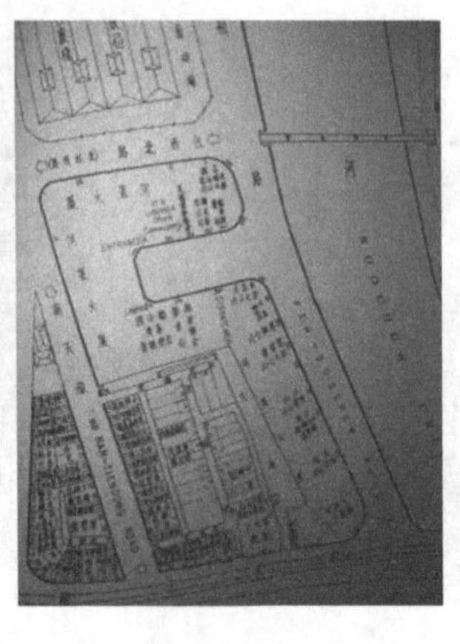

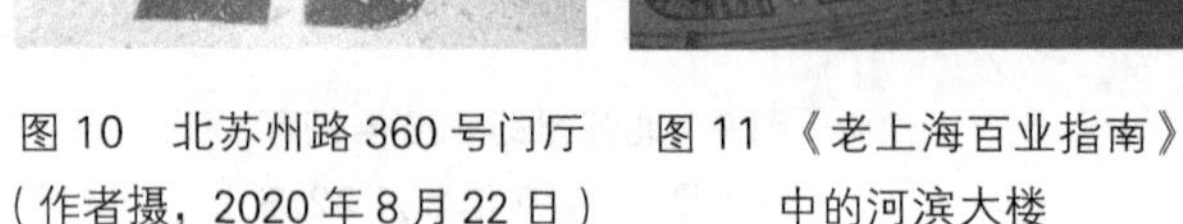
图 10　北苏州路 360 号门厅（作者摄，2020 年 8 月 22 日）　图 11 《老上海百业指南》中的河滨大楼

公益组织；还有 1933 年 10 月搬入的养生贸易公司等（图 10、11）。

1933 年 9 月 24 日、30 日　及 10 月 3 日，专门从事进出口生意的养生贸易公司在《申报》发布迁移通告，内容为："本公司自十月一日起迁移至北苏州路三八四号（即天后宫桥东河滨大厦）照常营业，电话改为四二三四〇。特此通告，诸希公鉴。"该公司主要进口新西兰、澳大利亚生产的罐头食物、新鲜果品、白塔油、牛奶、奶粉、奶酪，以及化学原料、工业原料等，出口主要是四川出产的石棉，销路颇佳，生意大好，原来设在南京路大陆商场，为扩大经营规模而搬到河滨大楼。[1]

1933 年 10 月 25 日、28 日、30 日，有住在河滨大楼 607 室的外侨女教师在《申报》发布广告："兹有外国籍某女教员，经验丰富，刻愿教授儿童课程，可到学生家中授课，学费从廉，请向北苏州路河滨大厦六〇七号接洽可也。"

1933 年 12 月 20 日，在河滨大楼办公的救世军办事处在《申报》发布通告："兹有无名氏施与救世军籼米一批，廉价出售以赈济穷民，无论个人或机关，如愿救济穷苦者，可向本埠天潼路北江西路转角河滨大厦内救世军办事处购买此米，其价只每包洋五元（约计二百十六磅）。"

1947 年 3 月 4 日、23 日，设于河滨大楼的震旦机器铁工厂无限公司总管理处在《申报》发布震旦药沫灭火机、钻石牌油炉广告。

由上可知，建成之初的河滨大楼里，有欧美企业、日本企业、影片公司、机关团体、报社代表、出版机构、公益组织，来自各行各业的租户林林总总，呈现出极为热闹忙碌的景象。因此，对沙逊来说，河滨大楼已成为他的"摇钱树"了。据统计，新沙逊洋行系统的各家房地产公司租金总收入，1938 年有 425 万元，1941 年达 688 万元。[2] 如果把新沙逊洋行的租金总数比作蓄水池的话，其中，河滨大楼就为这个蓄水池注入了不少，而且还是每年每月都源源不断的活水。

---

1 《养生贸易公司迁移》,《申报》1933 年 10 月 3 日。

2 徐葆润:《旧上海大房地产商——新沙逊集团》,《上海房地》1997 年第 10 期。

四、加高三层

上海居大不易。20世纪70年代的上海，由于人口激增，同样面临百姓居住的大难题。为解决职工居住困难，上海市第一商业局经过多方努力，并征得相关部门同意，打算在河滨大楼兴建加层工房，计划加三层。加层得到同意，是个令人无比振奋的消息。1974年11月，为采购建筑材料，上海市纺织品公司就向上海市第一商业局申请费用着手准备。[1]

经过数月努力，筹建工程的各项准备工作大体就绪，即将施工。这时，发现了一个重要问题，即河滨大楼本已属于高层建筑，原有的八层已高达30米，最高处有40米，再加三层，高度要达到50米左右。因此，没有高层塔吊，是绝不可能做到的，可以说是万事俱备只欠东风。怎么办呢？众人四处奔走联系，结果历时数月也没有着落。功夫不负有心人。后来，经上海市第一百货商店与北京市王府井百货大楼接洽，并且征得北京市计划委员会的支持，同意调拨一台50—60米的塔吊给上海。

为此，1976年6月，上海市第一百货商店、上海市第十百货商店、上海市外轮供应公司、上海纺织品采购供应站、上海市纺织品公司五家单位共同向上海市第一商业局请示，拟派人赴北京对接具体事宜。上海市第一商业局负责人在请示中批道："在河滨大楼加层三层，地基如何？要把原来设计图纸请设计院研究。要慎重这个地方地基下沉比其他地面严重。"[2] 建筑加层、扩大居住面积固然是一大好事，毕竟，安全可容不得半点含糊。当时第一商业局负责人有这样的批示，说明是头脑清醒的。没有严谨科学的研究论证，绝不敢贸然施工。

作为1956年入住的老居民，在河滨大楼七楼居住了60多年的徐之河先生，晚年提起当年河滨大楼的加层时，仍记忆犹新："'文革'中有些单位在我们大楼顶上强行加层，居民反对……我家住在最高层，加层中吃尽苦头。屋顶被打得千疮百孔，并且一遇雨天，雨水漏下来积水盈尺，只得由亲人中的小伙子帮忙排水。"[3]

1978年，为充分利用基础潜力进行加层，设计单位根据当年所能找到的部分原始设计资料，进行反复研究。因考虑到大楼濒临苏州河，为防止土壤滑坡，包括加层后管道设置，原计划加建两层居住用房和一个高为3.1米的管道隔层。后来为解决上海用地紧张的问题，多

1　上海市纺织品公司致上海市第一商业局：《为建造河滨大楼工房采购建筑材料请拨福利基金五万元的报告》，1974年11月，上海市档案馆，B123-8-1151。

2　《上海市第一百货商店等五家单位致上海市第一商业局请示》，1976年6月，上海市档案馆，B123-8-1693。

3　徐之河：《百岁回眸：变迁与求索》，上海：上海社会科学院出版社，2016年。

图 12 加层后的河滨大楼塔楼扶梯
（作者摄，2020 年 8 月 22 日）

建一层可增加 5000 平方米的建筑面积，决定撤销管道隔层，改为加建三层，新增建筑面积达 14748 平方米。

加建三层，对于基础承载来说，压力较大，安全风险也随之增大，于是施工过程中，尽可能对新增三层的墙体重量做了最大限度的削减。比如外包墙用空心砖，每户之间的分隔墙用粉煤灰砌块，一户内部的分间用双面板条墙等，以减轻墙体总重量。加建三层每层分隔为 96 组，共 288 组，每组均配有独用的厨房、浴室、厕所，考虑到走廊和住房的采光通风问题，加层设了 48 个内天井，以方便分配和使用。

这一加层工程，是当年上海所有的旧房挖潜接楼加层项目中规模最大的一个，可以说创下了当时最高纪录。工程于 1978 年 9 月完工，土建工程单方造价 102.57 元。竣工两年后，有关部门进行检查，除发现河南北路转角处墙面有局部轻微裂缝外，其余未发现明显变形之处。[1]

河滨大楼加建三层以后，总建筑面积超过 5.4 万平方米，可入住 700 户，约 2000 人（图 12）。当时，多家单位参建了这一加层项目。据《上海海关志》记载，上海海关就曾参建其中两套住房作为宿舍，面积一共 155 平方米。[2]

河滨大楼的加层，是在当时上海市城市居民住房矛盾甚为突出的大背景下，向存量住房挖潜力的办法，叫作“旧房挖潜”。根据城市发展规划许可，对一部分结构尚坚固、承载力强、设备齐全的旧式公寓、大楼、新式里弄、新工房进行加层。据统计，从 20 世纪 60 年代到 80 年底，总共加层了 58 万平方米，其中净增房源 70%—80%，解决了一部分人居住困难的问题，如河滨大楼工程加层就净增房源 1 万余平方米。[3]

当年的旧建筑物增层改造工程，并不限于上海，在全国多个城市都全面铺开。1993 年，时任全国房屋增层改造技术研究委员会会长、北方交通大学教授唐业清曾撰文《我国旧建筑物增层纠偏技术的新进展》。其中，就把河滨大楼的加层作为一个范例，他指出：“上海北苏州路河滨大楼，由 8 层增至 11 层，建筑面积由 39328m^2 增至 54076m^2，净增面积达

1 《上海河滨大楼加层工程简介》，《房产住宅科技动态》1981 年第 4 期。
2 《上海海关志》编委会编：《上海海关志》，上海：上海社会科学院出版社，1997 年。
3 《上海市千方百计利用旧房挖潜解决居住困难》，《房产住宅科技动态》1981 年第 4 期。

38%，是全国最大面积的增层工程。”[1]

1982 年，中央新闻纪录电影制片厂摄制专题片《愿得广厦千万间》，专门拍摄了河滨大楼在楼顶加建三层，解决了 280 户住房需求的故事。该片反映了当时上海住房极度紧张的问题，记录了用加层形式增加居住面积来缓解住房紧张的方式。

20 世纪 80 年代初，苏州河上的航运船只穿梭往来，络绎不绝，汽笛轰鸣，噪声每天困扰着苏州河两岸的人们。河滨大楼的 600 多户居民日常生活受到严重影响，不堪其扰，终于到了忍无可忍的地步，他们联名向市里反映噪声污染问题。与此同时，有部分市人大代表提出呼吁，就连新华社内参也发表了此项消息。1982 年 5 月，上海市环境保护局致函上海市机电一局，请在声屏障研究方面已有成熟经验的上海机电设计研究院安排科研试验，提出治理方案，调研测试费用由环保局承担。[2]

结　语

河滨大楼作为上海苏州河畔的一幢公寓建筑，其在建造之前、建造过程之中、建成之后、后来加建三层各个不同时期的演变形态，独特的个性，与其他滨水建筑的共性，以及与毗邻建筑、桥梁、马路等标志性市政设施的相互关联，包括与之相关的人与事，共同刻画了上海北外滩空间变迁的演进图景和人文记忆的多元历史建构，值得继续探索和深入研究。

1　唐业清：《我国旧建筑物增层纠偏技术的新进展》，《建筑结构》1993 年第 6 期。

2　《上海市环境保护局致上海市机电一局函》，1982 年 5 月，上海市档案馆，B323-1-77-33。

治所城市形态演变与空间释放：以清末上海城墙城濠改造为例

刘雅媛 *

传统观点认为城墙是中国古代城市的主要特征，“在帝制时代，中国绝大部分城市人口集中在有城墙的城市中，无城墙型的城市中心至少在某种意义上不算正统的城市”[1]。虽然类似观点在最近受到成一农、鲁西奇等几位学者的质疑，但是不可否认的是，城墙至少对于清代治所城市来说，是非常重要的一个形态特征。对于城墙的研究已经有学者做过学术史的回顾，分别是成一农《中国古代城市城墙史研究综述》和孙兵《在广阔的视野中日渐丰满的城墙面相——中国古代城市城墙史研究综述》。[2] 两篇文章分别将城墙史的研究分为几个方面展开总结，前者有城墙起源、建筑与考古学、军事史、城墙发展史、子城等五个方面，后者将之分为考古学与建筑史、城市历史地理、军事史与政治史、经济史与社会史四个角度。成文认为城墙所具有的划分居民的功能、总结性的筑城史研究以及子城的研究都是今后城墙史应当加强的几个方面。孙文在成文的基础上，除了囊括了新的研究成果以及加入了社会经济史和文化史的城墙研究成果以外，又提出了城墙的防洪功能也应当予以重视这一观点。通过这两篇研究综述的总结，城墙史的研究现状已经比较清晰，但是也可以明显地发现，两篇文章总结筑城活动相关研究的同时，虽然都一致提出古代筑城活动缺乏总结性研究，却忽视了城墙史的另一个十分重要的角度，那就是拆城活动的研究。对拆城的忽视可能源于上文提到的古代史与近代史之间的断裂，研究城墙拆除的学术成果比较少，做综述的学者也没有意识到要把这个角度纳入城墙史的研究范围，而是自动地认为城墙研究的对象是“古代城市城墙”。但是如果能破除这样的习惯思维，就可以发现拆城运动不仅关

---

* 刘雅媛，上海社会科学院历史研究所助理研究员。

1 章声道：《城治的形态与结构研究》，[美] 施坚雅主编：《中华帝国晚期的城市》，叶光庭等译，北京：中华书局，2000 年，第 84 页。

2 成一农：《中国古代城市城墙史研究综述》，《中国史研究动态》2007 年第 1 期；孙兵：《在广阔的视野中日渐丰满的城墙面相——中国古代城市城墙史研究综述》，《史林》2010 年第 3 期。

乎城墙史，同时也是传统城市近代演变的一个重要方面。

周锡瑞在《华北城市的近代化——对近年来国外研究的思考》一文中曾经指出："中国城市近代化演变的一个显著的方面是城市改革的方案非常的一致。城市空间从根本上重构。如果说传统中国城市是以四面环绕的城墙定义的话，那么近代中国城市则是以拆毁城墙为开端。"[1] 这一表述虽然不是那么准确，但确实将城墙拆除的重要性提到了一个高度。[2] 一些学者已经意识到清末民初存在这样的一种拆城运动，但是相关的成果数量比较少，而且几乎都是个案的研究，主要集中在上海与北京。唯一的总结性研究成果是刘石吉《筑城与拆城：中国城市成长扩张的历史透视》，作者在分别回顾了上海、天津、武汉、重庆、广州几座城市从筑城到拆城的过程之后，认为上海的例子由于涉及"拆城派"与"保城派"之间的激烈争论，所以最为特殊，在上海的拆城事件中，民族主义、城市民主的诉求以及市民自治意识的觉醒都清楚地表现出来。虽然作者也意识到了拆城运动同城市空间改造、地方自治运动思潮相契合，但在研究的深度和广度上来讲仍旧有拓宽与挖掘的空间。[3]

相对来说，个案的研究中，上海的成果最丰富，上海拆城的研究从1934年蒋慎吾《上海县在民国时代》一文开始，该文认为上海市政厅成立后，拆城是最关紧要的一件事，清季拆城之议只是"宣传建议"，上海光复之后才终于进入"实际实施的途径"。[4] 1979年以后，有关上海拆城的专门性论述开始出现，包括陈梅龙、郑祖安、杜正贞、徐茂明与陈媛媛的文章以及胡倩倩的学位论文。[5] 一般认为，开埠后随着城市的发展，上海城墙逐渐失去其军事防御的价值，成为城市发展的障碍。[6] 这不仅是现代人的看法，更是当时拆城派的主要观点，早期几篇介绍上海拆城的文章均强调了这种看法。上述研究均聚焦城墙拆保之争，对于工程的实施以及城市更新工程完成后的结果缺乏关注，本文即着眼于此，以期对早期城市更新的研究有所推进。

---

1 ［美］周锡瑞：《华北城市的近代化——对近年来国外研究的思考》，孟宪科译，天津社会科学院历史研究所、天津市城市科学研究会编：《城市史研究第21辑（特刊）》，天津：天津社会科学院出版社，2002年，第2页。

2 正如前文所提到的"中国城市是以四面环绕的城墙定义"这一表述已经受到一些学者有力的批驳。

3 参见刘石吉：《筑城与拆城：中国城市成长扩张的历史透视》，"多元视野中的中国历史国际研讨会"论文，北京，清华大学历史系2004年8月。

4 蒋慎吾：《上海县在民国时代》，上海通志馆编：《上海通志馆期刊》第2卷第3期，沈云龙主编：《近代中国史料丛刊第二辑》(389)，台北：文海出版社，1977年影印版，第777页。

5 陈梅龙：《上海城墙的兴废》，《上海师范大学学报》1979年第4期；郑祖安：《上海旧县城》，《上海史研究》，上海：学林出版社，1984年；杜正贞：《上海城墙的兴废：一个功能与象征的表达》，《历史研究》2004年第6期；徐茂明、陈媛媛：《清末民初上海地方精英内部的权势转移——以上海拆城案为中心》，《史学月刊》2010年第5期；胡倩倩：《观念、利益、权力——上海拆城研究》，华东师范大学2009年硕士学位论文。

6 张仲礼、熊月之、潘君祥、宋一雷：《近代上海城市的发展、特点和研究理论》，《近代史研究》1991年第4期。

一、城墙城濠改造工程的前期规划

上海长期所处在上海县、公共租界、法租界三方分治的政治格局下，故从总体上来看，受制于这种政治格局，地方政府的权力受到某种制约、削弱。而西方式以私有财产为基础的市政制度形式渐具雏形，市民参与城市行政与专门机构管理市政的方式为上海人提供了另一种城市管理模式的选择。[1] 在这种情况下，租界市政以一种理性的方式所呈现，这正是华界城市最缺乏的。租界的规划的原则也为自治运动领导们所效仿，而他们所构筑的正是以租界为范本的城市秩序。

租界城市发展的根本驱动力是房地产业。学界对于公共租界与法租界的研究均显示了这一趋势。公共租界工部局的前身道路码头委员会所执行的决议由租地人大会讨论决定，即从一开始就决定了公共租界的市政机构服务的对象是私人地产商。法租界城市建设虽然较公共租界存在更强的规划成分，但是其土地由农业用地向城市用地转化的驱动力也是筑路与洋商租地。[2]

上海拆城筑路以振兴市面为主要目的之一。“倘以新老北门及小东门各地段衡之，距租界实属不远，乃城内房屋租借者终属寥寥，亦以一城之隔，出入诸多不便，且一至夜晚，街道难行，故人多不愿住于城中耳。”[3]

城濠事务所对于城根城濠地块有统一的规划，《北半城城濠筑路余地办法》即陈述得十分清楚：

> 一、北半城原有城濠基地四十亩有奇，现益以城基除去干路里圈及支路口二十五处外，丈见净地六十亩有奇，按照形势取建筑上之便利，划分若干段，每段若干号，详见地图。
>
> 二、前条城濠余地内余二十亩左右，分别留作公共建筑基址，并另行召变外，仍留出地四十亩有奇，先尽旧租户缴价承买，并按旧租户从前之间数、地段、亩分、丈尺，依现定之地形，酌量支配，假定间数。其有旧屋，因碍路线拆除者，亦一律就近支配，地点俾昭公道，详见地图。
>
> 三、拟设揭示场三处、广告场三处、公园一处、公共电话三处、公共消防所三处、

1　张仲礼主编:《近代上海城市研究》，上海：上海人民出版社，1990 年，第 753 页。

2　牟振宇:《近代上海法租界空间扩展及其驱动力分析》,《中国历史地理论丛》2008 年第 4 期。

3 《议毁上海城垣说》,《申报》1906 年 3 月 29 日，第 2 版。

菜场一处、堆积物料场二处、公厕若干处，均在前项留出公地之内尽先提出。

四、拆城、填濠、筑沟、造路后，城内外交通既便，市面亦复毗连，因按照内外市面繁简，邀同明白建筑情形之员，酌中公估地价，分等支配，详见另表。

五、旧租户按照现定地点，如愿承买者，依地价表所定价格，净缴百分之八十，以昭优待。旧租户如不愿缴价，即另行召变，仍于地价内提出百分之十五以作补偿旧屋之价。

六、将来翻造房屋，应取坚固整齐，势不能如从前之凹凸参差，位置自以幢数较多者为合算，如有零星之户欲与人合造或归并无从接洽者，本事务所内设立介绍所，特派专员代为绍介，以免旷废而期两便。

七、凡缴价管业之户，给以印谕地图，立即过户注册承粮。

八、向来城厢以内并无洋商租契，此项缴价管业之户，应以华人为限。

九、通告旧租户自阳历十二月十一号起，除星期外，每日上午十点钟起，下午四点中止，可到事务所阅看地图、价表等以定办法。以一个月为期，如逾期不来接洽或不愿缴价，即照第五条第二项办理。

十、为振兴市面起见，此项城濠基地房主、房客应缴房捐暂缓一年起征。

十一、南半城办法应俟路成后另行规定。[1]

根据规划，城根城濠地块首先划为若干段，每段若干号，按号售卖。在地块中划出20亩左右作为公共设施用地，包括揭示场、广告场、公园、公共电话、公共消防处、菜场、堆积物料场、公厕等的预留地。道路筑成后，路旁房屋也将改变原有凹凸参差的状况，将路线扯直。路旁房屋及新腾出的地块将按等定价，优先原业主租户以八折价格承领，剩余地亩再行公开发售。

道路与沟井工程经费以及日后养路费用是城濠地价高昂的原因。城濠路工预算高达银28万余元，是上海县兴办自治以来所需经费最大的一项工程。"系专指拆城、填濠、造沟、筑路而言，全路完工后，尚有不可少之附属品，如自来水管、电灯、公园、菜场、揭示场、堆积物料之敞屋、公厕、栽种树木等亦须稍稍布置，而尤以预筹养路为大宗，则居家铺户方有来归之望，否则饮无水，夜无灯，管理不善，则垢秽依然，修缮不勤则崎岖立见。"[2]巨额经费不仅需要自治机构全力承办、就地取材，其经费筹措也来自此处地块地价。

---

1 《北半城城濠筑路余地办法》,《上海拆城案报告》，上海市档案馆，Y12-1-130-23～24。

2 《吴前知事致洪知事节略》,《上海拆城案报告》，上海市档案馆，Y12-1-130-43。

二、工程图复原与城市空间的释放

拆城、填濠、筑沟、造路、售地是城濠事务所的工程及善后计划。其工程的实施在《城濠沟井路线图》(图 1) 中有充分的反映。该图收入《上海拆城案报告》中，由城濠事务所工程科总工程师潘克恭绘制于 1913 年 5 月。此图展现了北半城城根城濠地块的原貌与工程规划，所描绘地段自西门起至小东门止，比例尺为 1:1000，由四幅分图组成，并各有题注，分别解释该分图与实际施工情况的差距。其中第一分图自西门至宁波会馆，第二分图自宁波会馆至吉祥街，第三分图自吉祥街至新开河，第四分图自新开河至小东门。

《城濠沟井路线图》中包含了丰富的信息，但是在图中，新旧信息混杂，很难分辨，如果要将城根城濠地块原貌及改造后的面貌进行复原，需要将新旧信息互相剥离。根据图中所绘“城内及法租界屋”“城根屋”“城墙城泥”“濠岸线”可以复原出清末上海县北半城改造前的原始状态。可以看到，城根已经筑有大量房屋，应为晚清提右营出租。这些城根屋大量紧贴城墙建造，房屋坐落无规律可言，应当多数为私建。城根业主们“或为慈善计，建屋设赊材会者有之；或为公益计，建屋立公所者有之；或以棲身无地，盖矮屋以蔽风霜者亦有之；舍此之外，大半挟巨资而来，建屋招租以权子母”[1]。城内房屋大多数距离城墙一段距离，房屋与城墙之间形成天然的土路。城濠另一侧为法租界，已筑成环绕城濠的一条完整的马路，其马路外侧有路缘侧平石，应当为狭窄的人行道。

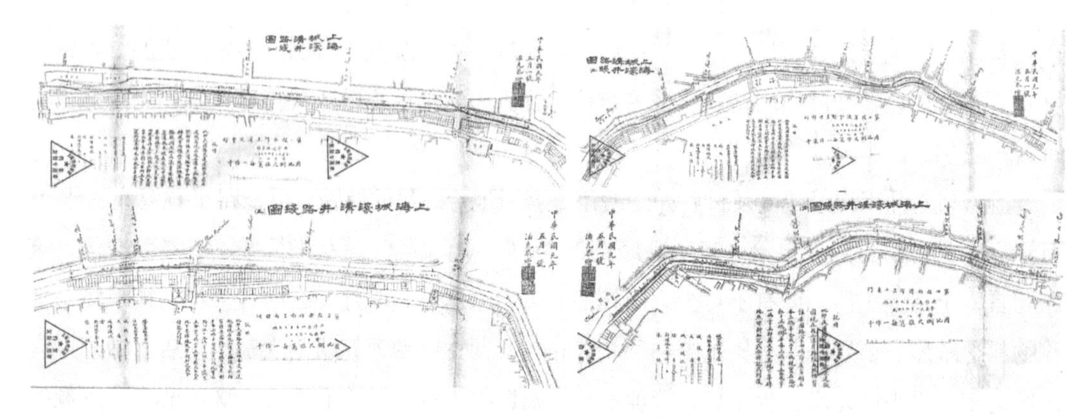

图 1　城濠沟井路线图 [2]

---

1 《苏松太道蔡照会据城根业户何琛等禀组织保产公会饬自治各董议复文》，《上海市自治志公牍乙编》，台北：成文出版社，1974 年，第 20 页。

2 《上海拆城案报告》，上海市档案馆，Y12-1-130。

北半城改造工程规划后，城濠地块的土地利用发生了巨大的变化（图2）。“不同时代的社会、经济和文化的影响下，土地利用方式与建筑肌理的变化程度差别明显。”[1]最突出的应当是将原有城墙、城濠岸及城根房屋组成的地块改造为新的地块并统一规划其用途。这些新地块中，可供城濠事务所出售的有70余亩，其中公用地按照规划包括第一区救火会、第二区救火会、第三区救火会、揭示场、公厕、堆积物料处、广告场、公园、垃圾卸载处、菜场等。新地块由于其从城濠城墙地改造而来，故呈现弧形，在民国初年的上海城市地图中，可以非常清楚地辨认出。

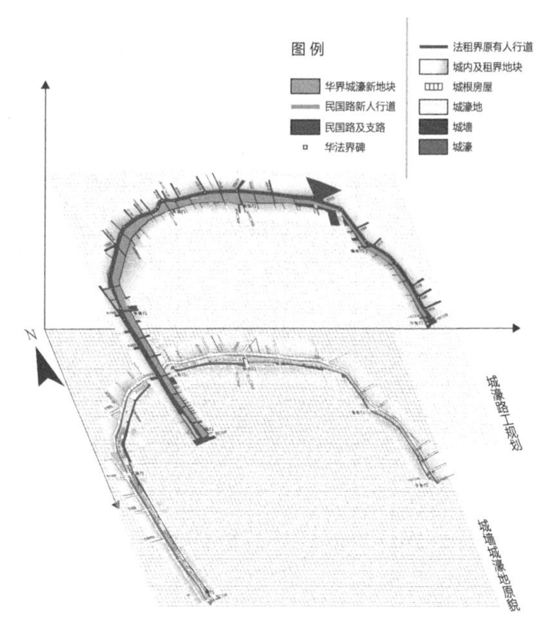

图2　城墙城濠改造工程前后对比图[2]

民国路基本由城濠改造而成。华界填筑城濠形成的马路以及华界与法租界接壤的道路共同构成北半城环城的民国路。民国路两侧的华界与法租界均新修或增修了侧平石供行人通行。大量城内原有断头路与环城道路接通。民国路自小东门起，迤西至方浜桥（即方浜路）止，与法租界毗连，由华法双方议定路名为民国路。中华路自方浜桥起，迤南并转北至小东门止，纯系华界。中华路与民国路共同构成了环绕上海县城的一条干路，并与城内数十条由于城墙阻隔形成的断头路连通。上海县建城以来，由最初的六座城门，到咸丰十年增筑新北门障川门，再到自治公所时期增筑三门，即新东门福佑门、小北门拱辰门、小西门尚文门，并改造了三座老城门，加高老北门晏海门，扩张小东门宝带门以及小南门朝阳门。清末沟通上海县城内外的城门增至十座，其闭门时间也最终统一为晚12点。至自治停办之时，县城内外至少有24条道路已经连通，大大方便了南市的交通。此后，随着南半城路工的渐次完成，至1918年，与中华路接通的城内道路至少增至22条。[3]但是由于华界与法租界道路被城墙城濠阻隔，故改造后的道路除了原城门处马路及九亩地一带马路外，华界与法租界马路大部分均无法直通（表1）。

1　［英］康泽恩：《城镇平面格局分析：诺森伯兰郡安尼克案例研究》，宋峰等译，北京：中国建筑工业出版社，2011年，第6页。

2　《城濠沟井路线图》，《上海拆城案报告》，上海市档案馆，Y12-1-130。

3　“Map of Shanghai”, *The North-China Daily News*, 1918.

表 1　城濠干路支路名称界址保图清单

干路名	支路名	界址	保	图
民国路	宝带路	宝带门，俗名小东门	二十五保	七图
	出浦路	直出浦滩直接福建路		七图
	大生路	接城内大生巷		七图
	福佑路	福佑门		七图止，六图起
	丹凤路	丹凤楼左近		六图
	观云路	观音阁左近		六图
	达布路	俗名踏布坊		六图
	安仁路	通安仁桥		六图
	罗家路	通罗家巷		六图
	障川路	障川门，俗名新北门		六图止，五图起
	积善路	积善寺左近		五图
	潘家路	通城门潘家路		五图
	萨珠路	俗名杀猪巷		五图
	晏海路	晏海门，俗名老北门		五图
	旧仓路	接城内旧仓路		旧仓路以西新地 62 号五图止，63 号四图起
	清盈路	已废		四图
	露香园路	接城内露香园路		四图
	青莲路	青莲庵左近		四图
	三角路	宁波会馆三岔口		四图
	大境路	接城内大境路		四图
	万竹路	接城内万竹路		四图
	同庆路	同庆里左近		四图
	方浜路	方浜桥		四图止，九图起
中华路	金家牌楼路	接城内金家牌楼		九图
	翁家路	接城内翁家巷		九图止，十图起
	仪凤路	仪凤门，俗名老西门		十图

资料来源：《城濠干路支路名称界址保图清单》，《上海拆城案报告》，上海市档案馆，Y12-1-130-83 ～ 86。

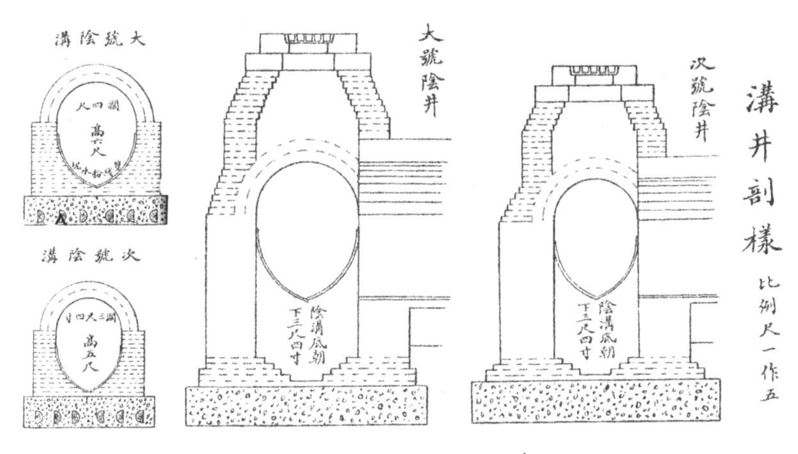

图 3　阴沟井剖样图[1]

关于道路排水，环城阴沟的资料丰富，可以展现一个完整的、西方化的道路排水系统的面貌。城濠填筑后，路面下埋设由阴井、阴沟组成的排水系统（图 3）。阴沟的砌筑就地取材，由拆卸下的城砖砌成，并由水泥埋砌，内部粉光。北半城阴沟铺设从宝带路口（即原小东门）开始至仪凤路口（即原老西门）处止，共 850 丈。其中自障川路口（即新北门）至观云路（即新开河）有大号阴沟，高 6 尺，宽 4 尺；此外全程又有次号阴沟铺设，高 5 尺，宽 3.4 尺。民国路阴沟与法租界及华界其他阴沟分四处接通排水，一处为大境路口以西；一处为大境路口以东至丹凤路，接法租界新开河总沟出黄浦；一处为福佑路口向北至新开河总沟出黄浦；一处为福佑路口向南接南半城由方浜出黄浦。阴沟每隔 30 丈设阴井一座，共 29 处，阴井有泥斗用于沉淀储泥，每隔三个月挖泥一次，可以大大方便疏通阴沟的工作。阴井分为大小两种，大号泥斗容积 48 立方尺，小号泥斗 32 立方尺。[2]

根据计划，城根新地块形成后，势必需要将这些新产生的地块划归各区管理。城根地段按照自治各区域划定所属，自拱辰门迤北而东至小东门止归入中区，小东门迤南至小南门止归入东区，小南门至尚文门止归入南区，尚文门至拱辰门止归入西区，以上均以民国路为界。[3]

以往的研究认为，华界城市扩展与租界不同，体现出强烈的公益性，其驱动力不是经济发展而是维护主权与改善城市面貌。[4] 然而本文通过对城濠余地分配过程的研究，就可以看

1 《沟井剖样》，《上海拆城案报告》，上海市档案馆，Y12-1-130。

2 同上。

3 《议事会按季呈报议决事件案》，《上海市自治志公牍丙编》，台北：成文出版社，1974 年，第 101 页。

4 吴俊范：《从水乡到都市：近代上海城市道路系统演变与环境（1843—1949）》，复旦大学 2008 年博士学位论文，第 122—151 页。

到提高华界地价、通过售地盈利，才是推动拆城填濠砌沟筑路工程的根本动力。清季城墙问题的核心在于城濠地所属权问题，城濠地所属权关乎土地租金，拆城使提右营失去土地租金而自治机构又无法补偿，这是清季拆城案无法推进的根本原因。而民国初年城墙问题的核心是筹款，由此引出了地价银补偿工程费的善后方案，归根结底正是看到了改造城濠地可能带来的地价飞涨，这才是自治机构不懈地推动拆城筑路工程的根本动力。

结　语

城墙城濠公地改造是清末民初上海县城规模最大的公共工程。清末县城内外城根日渐壅积砖泥，城门低矮不堪，门下又有石栏，几乎无法通车马，一到潮大之时，北门、南门涌水严重，行人无法通行。[1] 城濠淤塞秽臭，城墙与城濠之间的地块实为棚户区，官方虽然对于此处“道路污秽，护河淤塞，整顿无日”的糟糕状况十分头疼[2]，但直到市政机构成立，才在县城西北角、西南角及东北角开辟三座新城门，继而于辛亥上海光复后将城墙拆除并统一规划。城濠基址上铺设大型阴沟与阴沟井，修筑了由中华路与民国路组成的环城马路并铺设轨道通行电车。城墙城濠地 140 余亩，市政机构将地块划为若干段，每段若干号，按号售卖，并从地块中划出公共设施用地，预留为揭示场、广告场、公园、公共电话、公共消防处、菜场、堆积物料场、公厕等用途。[3] 这一大型工程改变了县城地带由城濠城墙环绕的相对封闭的城市形态。至 1918 年，城内通向城外的路口至少已增至 43 处，远远多于清末十座城门的数量，交通便利性大大提高。[4]

城墙城濠改造后，华界城市空间打破了城墙的束缚，得到释放的同时，秩序也得到重构。城根城濠地与城墙所占用的空间被改造为块状街区以及行驶电车的环城马路，城内外数十条街道得以连通，路面以下铺设了新式的瓦筒沟以及阴沟井。但另一方面，城墙城濠城门虽然消失，但是环城路延续了城濠作为华法界限的功能，城门地名也保留了下来，甚至从改造后城濠地块的肌理也可以清楚地看到城墙曾经存在的痕迹。

20 世纪初开始的上海县城的城市变革具有普遍性意义。专门化的市政机构的出现，道

1　民国《上海县续志》卷二《建置上 · 城池》，第 1 页。

2 《上海城自治公所大事记》，《上海市自治志》，台北：成文出版社，1974 年，第 187 页。

3 《北半城城濠筑路余地办法》，《上海拆城案报告》，上海市档案馆，Y12-1-130，第 23—24 页。

4　参见 “Map of Shanghai”, *The North-China Daily News*, 1918。

路、排水、河道、桥梁等基础设置的改建与新修，城市地块的重新开发，包括城墙的拆除与修建环城马路，这些改良并非上海独有。除了上文提到的北京、成都、广州以外，在城市工商业的繁荣以及西方城市经验尤其是租界的影响下，天津、济南、苏州等城市也纷纷开始了类似的改造，其遵循相似的模式，改造的范围并不仅限于空间层面，而包括“交通运输、商业、建筑风格、公共空间、媒体、政治管理和控制结构、公共关系，甚至社会关系和文化习俗领域”[1]。

传统的城市格局虽发生变化，但一些明显的因素被保留下来。道路一旦形成则很难发生改变，道路网络形态的完全性改变则更加困难。观察当今城市的卫星图片，经常可以根据道路网络很容易地辨识出治所城市以往的框架，城内道路较城外的道路而言，依旧狭窄曲折。同时，由城墙城濠改建的环城马路也往往维持了与城墙相似的走向。另一方面，大量城市地名被保留了下来，北京城墙拆去后，城门地名大多数留存了下来；上海尽管拆城时间比较早，依旧保存了诸如老西门、小南门等地名。城市地名志的编纂更对这些地名的保存起到了促进的作用。

1 ［美］周锡瑞：《中国现代城市的普遍性与特殊性》，郭大松译，郭大松、刘溪主编：《开放与城市现代化：中国近现代城市开放国际学术研讨会论集》，济南：山东人民出版社，2011 年，第 402 页。

附　录

原来，上海的“一江一河”有这么多故事和这么大的影响*

李东鹏**

上海的“一江一河”是如何形成的？和长三角的水网有着怎样的关系？又怎样影响了日本等海外地区？

近日，上海社会科学院历史研究所、上海音像资料馆、上海社会科学院“城市滨水地带跨学科研究”创新团队共同主办了滨水城市空间形态与历史文化演进国际学术研讨会，聚焦了这些有趣的话题。

一江一河，上海现代故事的开始

“上海的发展首先得益于其跨江据海的优越地理位置。通过黄浦江及苏州河，上海以明清时期中国最富庶的长江三角洲地区作为其经济腹地；而借助长江，上海拥有了更广阔的长江中下游平原这一经济腹地。而这样的经济区位优势，恰恰是别的开埠港口城市所不具备的。”在探讨“一江一河”对上海城市空间形成的作用时，复旦大学历史地理研究所张晓虹所长以开埠初期北外滩滨江地带城市空间的形成原因及过程为例，说明上海是如何一改中国传统城市只依河流一侧形成单岸城市的特点，发展为跨苏州河两岸的“双岸城市”的。

上海社会科学院历史研究所马学强研究员以位于黄浦江、苏州河畔两个街区（徐汇滨江、苏州河北站）的发展为案例，着重解析了这些滨水区域的形成路径与演变肌理，认为滨水区的发展见证了上海的生长历史，它的发展演变关乎上海综合实力的兴衰。“滨水地带是滨水城市的核心区域，滨水地带的空间形态、功能变化、文化发展对于一座城市的性质和定

---

* 本文选自《上观新闻》2022年12月2日。

** 李东鹏，历史学博士，上海音像资料馆副研究馆员。

图 1　20 世纪 10 年代的苏州河

图 2　黄浦江两岸的生态公园

图 3　20 世纪 40 年代末苏州河鸟瞰图

图 4　1995 年黄浦江沿岸（徐汇区段）

位、未来发展战略有着重大影响。”

上海音像资料馆综合编研部汪珉主任通过分析百年来黄浦江、苏州河影像，探讨了“一江一河”在影像空间中的流变，认为影像可以在滨水城市人文遗产保护传承中发挥更多作用。

上海音像资料馆李东鹏副研究馆员以 20 世纪 70—90 年代苏州河畔的石库门影像为材料，分析了苏州河两岸里弄住宅等居住空间的演变，揭示了上海城市空间风貌的塑造过程。他认为，上海开埠以后，城市空间沿着苏州河向内部推进，形成了码头货栈、工业生产和居住生活等几大功能区（图 1 至图 8）。

上海市档案馆彭晓亮副研究馆员则以苏州河畔的河滨大楼为例，分析了苏州河沿岸建筑在各个不同时期的演变形态，其独特个性以及与毗邻建筑、桥梁、马路等标志性市政设施的相互关联，包括与之相关的人与事，认为其共同刻画了上海北外滩空间变迁的演进图景和人文记忆的多元历史建构。

图 5　20 世纪 30 年代的河滨大楼

图 6　1950 年影像中的杨树浦发电厂

图 7　20 世纪 70 年代纪录片中的里弄大扫除

图 8　2019 年苏州河南岸的石库门里弄住宅

江南水乡，上海的前世今生

“一江一河”对上海的影响，还可以往前追溯。

上海师范大学钟翀教授基于江南水乡地区聚落—城镇的形态发生学，借助上海当地特有的近代早期大比例尺实测地图，并通过对特定文献的考察，提出了明嘉靖筑城（1553）前后，上海老城厢的发展就与滨浦岸线、城内水系变迁有很大的关系（图 9）。

而上海所在江南水系对城市发展的影响，也发生于长三角其他城市。

上海社会科学院历史研究所叶舟副研究员研究了漕运对常州的影响。以运河为中心的常州水道对当地居民的经济和生活都产生了重要影响，还承担了文化功能。河南厢拥有全城最多的商户，人口全城第一。典当、钱庄等金融业十分发达。

上海社会科学院历史研究所张秀莉研究员则分析了大运河与无锡工业化的关系，运河令

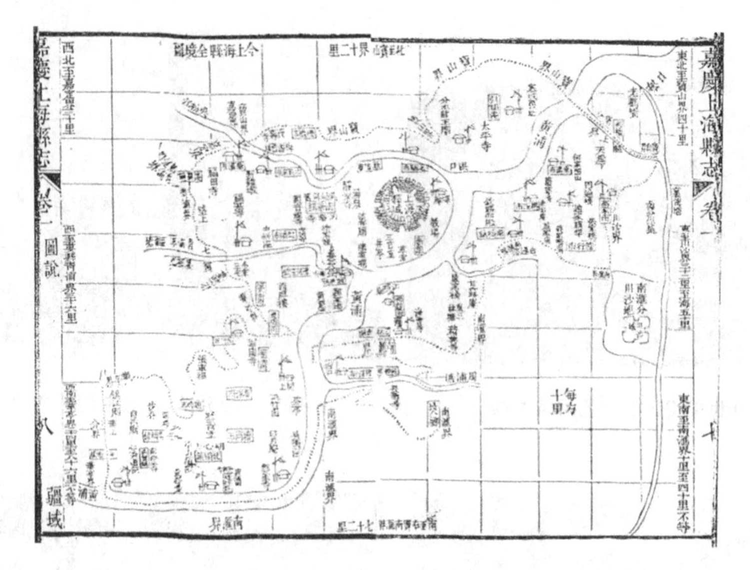

图 9　上海县全境图（清嘉庆《上海县志》）

无锡有江南粮食集散的功能，从 1912 年到 1921 年，无锡面粉生产能力提高了 24 倍，占全国生产能力的 31.4%。而和上海之间的水运联系，也促成了无锡织布业的发达，到了近代后，纺织业成为无锡近代工业的支柱性产业。

在这里影响世界、吸收世界文明

上海交通大学陆少波博士通过对现代环境观和中国水乡风土的观念考察，梳理出一种整体性的环境观。中国的风土观以气的思想为核心，仪式和意义在其中扮演着重要的角色，这影响了日本的文化，还与西方古代的场所、气候、地域、乡土、文化等英文词汇有着丰富的亲缘性。

日本东京大学名誉教授吉田伸之分析了江户的滨水地带与船运的构造性特征：现在的东京湾，发源于"内川"的江户港，随着"廻船问屋"（沿海航运船只的船行）及其附属的"濑取宿"（被称为"濑取船"的小型舢板船的船行）的发展，东京湾逐渐成为海运交通枢纽。

日本法政大学特任教授阵内秀信则分析了被称为"日本道路起源"的日本桥河岸的历史沿革。作为主干运河，"日本桥川"支撑城市的水运物流，同时影响河岸两侧的建设，包括代表"文明开化"（明治维新日本近代化的口号之一）的花形建筑及昭和（年号，1926—1989）初期近代建筑。

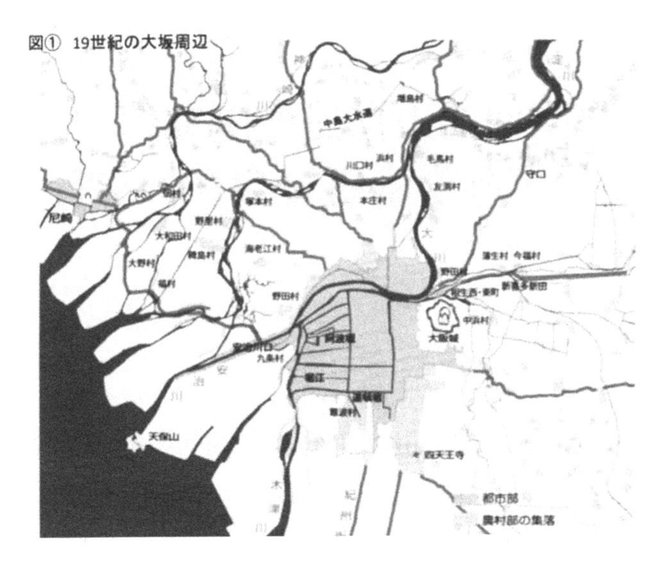

图 10　19 世纪初的大阪与周边（塚田孝教授提供）

大阪公立大学名誉教授塚田孝和佐贺朝则分析了近世大阪堀川（运河、人工河）的开凿与修建都市之间的密切关系，复原了大阪西部沿海地区的工业地带形成以及该地区开发的历史（图 10）。

谈到未来的远景，上海交通大学阮昕教授以威尼斯、悉尼和上海三个滨水城市为案例，延展到“一江一河”和过去生态水网的关系，以及未来生态修复等问题。阮昕教授认为，上海应该吸收和学习更多的国际优秀案例，把“一江一河”打造成世界级的景观，“上海的故事可能才刚刚开始”。

关注滨水空间的人文遗产研究保护与利用，这场国际学术研讨会在沪举行*

单颖文

近日，滨水城市空间形态与历史文化演进国际学术研讨会在上海举行。本次会议以线上线下相结合的方式进行，邀请了来自全国各地及日本的学者与会。

本次论坛议题包括"滨水城市：跨学科背景下的综合研究""城市滨水：大运河沿岸城市、上海的'一江一河'""国际视野：日本学者研究专场"等。学者考察的滨水城市包括上海、广州、杭州、无锡、常州、澳门、香山，以及东京、大阪、长崎、芝加哥、悉尼、威尼斯等，就不同时期、不同类型的滨水地带形态做了深入细致的解读，试图从长时段的角度来考察滨水城市的变迁历史，并通过文字、图像等城市史资料的综合拓展与利用，开展跨学科研究、多部门合作，探究城市史研究新路径、新方法。其中，滨水空间的人文遗产研究、保护与利用引起了多位学者的关注。

在上海社会科学院历史研究所马学强研究员看来，滨水空间，可以说是那些城市发展的起点与重点地带，如纽约、伦敦、巴黎、东京、上海、大阪等，均是依水而生、因水而兴的世界级滨水大城市。他以"滨水城市空间形态演变与内涵挖掘"为题，探讨了位于黄浦江、苏州河畔的徐汇滨江、苏州河北站这两个街区的变迁，着重解析滨水区域的形成路径与演变肌理，突显不同阶段其所呈现的空间形态以及功能变化、结构差异等。由此，他提出，对待历史空间，要注重城市更新中的人文遗产研究、保护与利用，其中最引人注目的就是那些老建筑与历史风貌。从历史到现实，从文化形态到生活方式，这些滨水地带不仅仅是从"工业锈带"到"生活秀带"的转变，而且要有更多、更丰富的内容，如构筑滨水的文化生态系统，塑造宜居的公共开放空间，以新业态、新模式赋能产业发展等，这也是新时代赋予上海滨水空间的新内涵。

---

* 本文选自《文汇报》2022年11月29日。

近两年全面起势的北外滩作为新的滨水空间快速发展区域，也得到了学界关注。复旦大学历史地理研究所张晓虹所长、上海社会科学院历史研究所罗婧助理研究员以“开埠初期北外滩滨江地带城市空间的形成”为题，对苏州河以北的城市化过程进行研究。她们发现，1850—1860年期间，虹口地区的城市化进程是在港口经济驱动下，借由土地价格的浮动实现的。而北外滩的发展，也使上海一改中国传统城市只依河流一侧形成单岸城市的特点，发展为跨苏州河两岸的“双岸城市”。在码头经济的带动下，虹口周边餐饮业和宾馆业兴起，据19世纪60年代的《行名录》，当时总共在册十一家宾馆中有五家在虹口，包括著名的礼查饭店（今中国证券博物馆）。上海市档案馆档案保管部副主任彭晓亮则以“河滨大楼：滨水公寓与上海北外滩空间变迁”为题，考察了这幢蜚声海外的公寓建筑在各个不同时期的形态演变，在探求其独特个性的过程中，也在思考滨水建筑的共性。在他看来，河滨大楼与毗邻建筑、桥梁、马路等标志性市政设施的相互关联，包括与之相关的人与事，共同刻画了上海北外滩空间变迁的演进图景和人文记忆的多元历史建构。

上海音像资料馆综合编研部汪珉主任则结合该馆资料，探讨影像志在滨水城市人文遗产保护传承中的作用。他介绍，目前上海音像资料馆拥有1898年至今上海城市面貌变迁的完整影像记录，其中关于上海的主要河流黄浦江、苏州河以及支流的影像内容非常完整翔实，既有水道两岸建筑风貌的变迁，也有桥梁、大型水利设施的兴建改建以及空中航拍等全方位影像记录。这些素材的记录、典藏，为开展上海黄浦江及苏州河影像志内容的社会化传播与多维度利用奠定了基础，并为社会各界在交流互动中提升影像志在城市人文遗产的保护与传承起到了积极作用。

上海音像资料馆李东鹏副研究馆员结合馆内影像材料，对20世纪70—90年代苏州河两岸住屋影像与城市居住空间形塑展开分析。他认为，上海开埠以后城市快速发展，城市空间沿着苏州河向内部推进，形成了码头货栈、工业生产和居住生活等几大功能区。其中，坐落在苏州河两岸的里弄住宅等形成以住屋为主体的居住空间，伴随着上海城市发展而不断建设，深深嵌入苏州河两岸的上海城市空间风貌塑造中。20世纪70年代以来，来自国内的导演、摄影师将镜头聚焦于居住在其中的居民的日常生活，包括居住人群、居住环境、生活状态等，通过影像手段塑造出上海的城市居住空间及“住屋景观”的概念。而这些“住屋影像”也反映了中华人民共和国成立以来上海住房的演变、时代变迁的轨迹，并最终通过解决住房问题，腾出了空间，将苏州河两岸打造成如今的上海城市景观核心区域。

本次会议由上海社会科学院历史研究所、上海音像资料馆、上海社会科学院“城市滨水地带跨学科研究”创新团队共同主办，日本大阪公立大学大学院文学研究科协办。

滨水城市空间形态与历史文化演进国际学术研讨会综述

牟振宇　李东鹏*

2022年11月26日、27日，上海社会科学院历史研究所、上海音像资料馆、上海社会科学院"城市滨水地带跨学科研究"创新团队与日本大阪公立大学大学院文学研究科共同举办滨水城市空间形态与历史文化演进国际学术研讨会。本次会议邀请了来自全国各地及日本的学者与会。

本次论坛议题包括"滨水城市：跨学科背景下的综合研究""城市滨水：大运河沿岸城市、上海的'一江一河'""国际视野：日本学者研究专场"等。学者考察的滨水城市包括上海、广州、杭州、无锡、常州、澳门、香山，以及东京、大阪、长崎、芝加哥、悉尼、威尼斯等国内外城市，学者就不同时期、不同类型的滨水地带形态做了深入细致的解读。

一、滨水城市：跨学科背景下的综合研究

本议题旨在从历史学、建筑学、历史地理学等不同学科、不同视角对滨水城市综合研究进行多方面探讨。上海交通大学设计学院院长阮昕教授报告的题目"滨水空间三城记：威尼斯、悉尼和上海未完待续"，以世界上著名的滨水城市：威尼斯、悉尼、上海为例，讨论了世界上滨水城市主要是因水而生的历史过程，分析了滨水空间在城市发展中的作用和地位，以及对城市未来发展的重要影响。阮昕教授认为，上海应该吸收和学习更多的国际优秀案例，把"一江一河"打造成世界级的景观，"上海的故事可能才刚刚开始"。

复旦大学历史地理研究所所长张晓虹教授探讨了开埠初期北外滩滨江地带城市空间的形

* 牟振宇，上海社会科学院历史研究所副研究员；李东鹏，历史学博士，上海音像资料馆副研究馆员。

成原因及过程，认为，英租界的角度是通过扩大土地面积以缓和日益紧张的土地供需关系，而美租界通过并入英租界以获得与其相等的城市管理水平，形成安全整洁的空间品质，进而使其土地价格不断攀升，侨民也获得相应的土地投资回报。同时，虹口地区美租界的城市化也为此后上海开始形成以苏州河为交通轴线的双岸城市奠定了基础。

上海师范大学钟翀教授基于江南水乡地区聚落—城镇的形态发生学研究结论，借助上海当地特有的近代早期大比例尺实测地图，并通过对相关特定文献的精查辑考，提出了针对明嘉靖筑城（1553）前后上海老城厢滨浦岸线与城内水系变迁的较高分辨率复原方案，进而尝试对长期以来发生在这座市镇的城市景观升级与微观肌理演替做出若干定性检证。同时，还上溯中古（13世纪以来）考察了该座市镇的城内水系与保、图等基层行政组织的空间关联与早期历史渊源。

上海社会科学院历史研究所马学强研究员以上海城市变迁中的位于黄浦江、苏州河畔的两个街区（徐汇滨江、苏州河北站）发展为案例，着重解析这些滨水区域（地带）的形成路径与演变肌理，突显不同阶段其所呈现的空间形态以及功能变化、结构差异等，从中揭示所蕴含的独特文化内涵。他认为滨水区的发展，见证了一座城市的生长历史，它的发展演变关乎一座城市、一个地区乃至一个国家综合实力的兴衰。滨水地带是滨水城市的核心区域，滨水地带的空间形态、功能变化、文化发展对于一座城市的性质和定位、未来发展战略有着重大影响。

二、历史影像学与城市史研究

历史影像资料，主要是19世纪以来人类发明摄影、摄像技术以来所保存的照片、视频等资料。历史影像本身既是珍贵的城市人文遗产，同时也是保存历史记忆，再现历史场景的重要载体和手段，它蕴含了丰富的城市历史信息，在城市人文研究与保护中具有独特的历史价值、史料价值和媒介价值，可以称得上是推动城市研究进入新论域的一座“富矿”。近年来，随着历史影像资料的逐步公开与发掘，历史影像在历史研究中的地位愈加重要，甚至出现了一种以历史影像资料为核心的研究方法，称历史影像学。

上海音像资料馆作为国内集广播电视媒体内容管理职能与城市历史影像档案采集、收藏、传播功能于一体的专业机构，长期致力于上海城市历史影像的收集、整理与研究。据上海音像资料馆综合编研部汪珉主任介绍，目前上海音像资料馆拥有1898年至今上海城市面貌变迁的完整影像记录，其中关于上海的主要河流黄浦江、苏州河以及支流的影像内容非常完整翔实，既有水道两岸建筑风貌的变迁，也有桥梁、大型水利设施的兴建改建以及空中航拍等全方位影像记录。这些素材的记录、典藏，为开展上海黄浦江及苏州河影像志内容的社会化传播与多维度利用奠定了基础，并为社会各界在交流互动中提升影像志在城市人文遗产的保护与传承起到了积极作用。上海音像资料馆沈小榆副馆长以2021年上海双年展的活动“记忆之流·水文漫步”为例，介绍了其中的历史影像档案的参与，并分析了其独特的价值。她指出，本届双年展的主题是“水体”，即从艺术的角度来观察与反映滨水城市中“水体”与“城市”的关系。上海音像资料馆李东鹏副研究馆员通过分析20世纪70—90年代的苏州河沿岸的住屋影像，讨论其拍摄内容、影像传播与上海城市空间、市民心态与上海住房问题推进之间的关系。他指出，20世纪70年代以来，来自国内的导演、摄影师将镜头聚焦于居住在其中的居民的日常生活，包括居住人群、居住环境、生活状态等，一是通过影像的手段塑造出上海的城市居住空间，正如列斐伏尔认为的“空间生产”；二是通过影像塑造出“住屋景观”的概念，并通过影像将导演的思想感受，包括上海的“住房问题”等传递给社会，并深深地影响着广大社会民众的心理。除了上海，上海音像资料馆还珍藏了中国其他城市的珍稀影像。上海音像资料馆版权采集部翁海勤主任通过展示广州城市的历史影像，特别是疍民的日常生活等，深入广州“水域”形象、应用价值，立体展示水文化遗产、现实价值，结合文脉（史料）、统筹规划，探讨历史影像在广州城市水文化遗产保护和城市更新中的价值。

除了视频资料，历史照片也是一种极为珍贵的历史文献。澳门博物馆陈丽莲研究员利用大量的历史照片和历史地图资料，结合大量的文献资料，复原出“内港”自19世纪以来的变迁过程，并由此总结出“内港”区域长期存在的水患问题，与其从填海造地发展而成的历史相关联。浙江大学城市学院韦飚教授通过梳理山水画、版画、摄影作品和工艺美术作品等图像中有关断桥历史演变的线索，辅以部分文字记载，试图勾勒出断桥形象的演进过程，以及与城市遗产保护之间的内在联系。他认为在遗产保护过程中，应该重视遗产的完整性和原真性，尤其是“修旧如旧”一直作为我国历史文化保护领域内耳熟能详的一条保护原则，在实际工作中也起到了非常大的作用。但是，当面对如西湖断桥这般有着丰富的历史形象的著名景点时，在当今和未来的发展中，哪一个“旧”形象才是应该被遵循的，是一个非常值得深入思考的问题。广东省政府文史研究馆胡波馆员以宋代香山立县后所建筑的县城为主体，从选址造城的理念、县城空间布局、外部环境、功能作用与经济社会发展等方面，进一步说明选址石岐建城的合理性、空间布局的科学性和城市功能作用的放大性，并在总结经验基础上，为未来中山城市建设和发展提供有益的参考和借鉴。上海博物馆陈凌研究馆员以浦江花苑遗址的考古挖掘案例为基础，分析了黄浦江变迁与闵行市镇发展的关系，为我们理解黄浦江流域市镇的发展提供了极为重要的材料。上海交通大学陆少波博士通过对现代环境观和中国的水乡风土的观念考察，重新梳理了一种整体性的环境观。中国的风土观以气的思想为核心，仪式和意义在其中扮演着重要的角色，这不仅影响了日本的文化，还与西方古代的场所、气候、地域、乡土、文化等英文词汇有着丰富的亲缘性。相比于水环境，水乡风土更具有中国传统文化在现代的延续性价值，这是一种内生的共善性。重新建立一种风土视角的环境观迫在眉睫，这是从根本上解决当下环境同质与恶化问题。

三、日本学者关于东京、大阪等都市滨水地带的研究

日本学者关于东京、大阪等滨水城市的研究，在国际上具有重要的地位。在本次会议上，日本东京大学名誉教授吉田伸之分析了江户的滨水地带与船运的构造性特征，首先对江户及内湾（现在的东京湾）的状况做一概观，然后聚焦于被称为“内川”的江户港，谈一谈“廻船问屋”（沿海航运船只的船行）及其附属的“濑取宿”（被称为“濑取船”的小型舢板船的船行）的状况，继而探讨其作为海运交通枢纽的功能，随后将视野转向奥川筋（江户东北部为中心的利根川水系所覆盖的区域）。这里不仅有承担“高濑舟”（一种内河水运船只）水运的“积问屋”（货物运输的船行），还可以看到其下属的两个“艀下”（一种舢板船）团体。由于它们的存在，“江户河岸”也就具备了内河航运枢纽的功能。最后，关注从周边地区运送木材进入江户的木筏和“筏宿”（经营木筏水运的商家），以及被称为“前期港湾”的“浅草御仓”的特征。本报告将通过对于空间和各种船运团体的考察，来探讨江户滨水地带船运业的历史特征。

日本法政大学特任教授阵内秀信认为“日本桥川”的河岸，作为江户物流基地，仓库林立形成了独特的滨水景观。阵内秀信教授针对几个要点进行探讨：位于日本桥一端的“鱼河岸”和江户桥一端的“广小路”的空间构造；近代以后，“日本桥川”如何作为主干运河继续支撑着城市的水运物流；河岸两侧出现的代表“文明开化”（明治维新日本近代化的口号之一）的花形建筑及昭和（年号，1926—1989）初期近代建筑的特征。最后，其报告还将对近年来对于东京滨水地带历史文化“价值再发现”的活动做一简单介绍。

大阪公立大学名誉教授塚田孝分析了近世大坂的堀川（运河、人工河）的开凿与修建与

其“水与都市”的密切关系，并吸取近年来的研究成果，对“大坂与水”的关系进行大致的描述。首先，介绍深入陆地的大阪湾的部分陆地化的过程。在了解了该地理条件之后，整理16世纪末到17世纪初期堀川的开凿与修建的过程，此后，梳理17世纪末以来出现的新地开发的过程。然后，介绍堀川周边以盐鱼商和木材商（问屋和仲买）为中心所展开的商人的分布以及营业情况。最后，在确认利用市内堀川进行船运的上荷船和茶船的船员们形成的以码头（浜）为单位的秩序结构后，介绍同样以码头（浜）为单位集结起来的搬运工的情况，并同时对处于两者之间具有对抗关系的运输手段（人力车）进行介绍。

大阪公立大学佐贺朝教授通过解析19世纪90年代到20世纪都市大阪沿海地区的工业地带，九条、西九条地区的开发以及安治川和境川运河、渡船的相关事例。认为在该地区开发的近代历史中，可以看到19世纪90年代由当地地主实行的开发，即在原有的安治川摆渡基础上于1892年建造的“九条新道”（商店街），此外当地居民还于1897年自发开始经营渡船的业务。1898年该地区的西南边界处境川运河得到开凿，不仅起到了连接安治川和木津的作用，同时大阪市中心的木材市场也搬迁于此，为该地区添加了新的要素。在复原大阪西部沿海地区的工业地带的形成以及该地区开发和街区形成的历史的同时，还会尝试描述伴随着河川和运河的全新地域社会的形态。

大阪公立大学彭浩教授分析了江户时代长崎的唐船、兰船贸易与“荷漕船”，对史料对《犯科账》中的“荷漕船”相关记录，结合其他长崎贸易，特别是荷兰商馆方面的记录进行综合分析，力图最大限度地还原“荷漕船”的调动方式及乘船劳动者的编制情况，并继而探讨贸易港长崎在城市运营和社会构造方面的特点。

四、大运河与沿岸城镇发展

中国大运河不仅为世界上最长的运河，也是世界上开凿最早、规模最大的运河，在中国历史上占有非常重要的地位。因大运河的开凿，沿岸诞生了一大批重要城镇。大运河对于沿岸地区的经济发展、沿岸市镇的诞生与空间布局、沿岸市民生活等产生怎样的影响，具有怎样的意义，是本次大会讨论的另一个重要议题。

杭州师范大学张卫良教授主要讨论了大运河非常重要的一个城市——杭州的滨湖空间建设问题。他认为，杭州新市场区域的规划摈弃了旧旗营的封闭格局，通过拆除城墙、设置公园和修建马路等方式，形成了城湖融合的新城格局。而新市场商业业态与公园休闲旅游产业的发展，使这一区域既成为杭州休闲商业中心，也成为杭州西湖景区最为重要的空间节点。但是，因时局动荡，作为一个现代新城区的建设存在明显的问题，在那个时代无法实现原初筑梦者们的预期。

上海社会科学院历史研究所张秀莉研究员分析了大运河与无锡工业化的关系，首先是无锡工业化的缘起：养蚕业和缫丝业的利润促进了无锡蚕茧业的发展。缫丝工厂基本都在无锡城外，工业工厂的建立留下了工业遗产。无锡有粮食集散的功能，面粉业茁壮发展，1912—1921年，无锡面粉生产能力提高了24倍，占全国生产能力的31.4%。无锡在传统时代的织布业也相当发达，到了近代后，纺织业则成为无锡近代工业的支柱性产业。1919年，荣宗敬、荣德生兄弟在无锡建申新三厂，它是当时全国规模最大、设备最好的棉纺织厂之一。

上海社会科学院历史研究所王健研究员主要讨论了浙北平原的王江泾地区地方信仰的构成及分布与市镇经济发展之间的内在联系。他指出，王江泾地区的地方信仰始于唐五代时期，伴随着移民入驻、地区开发而诞生，但较为分散。至明清时期，以丝绸生产和贸易为主业的王江泾镇兴起，成为区域内的经济中心，对地方信仰的影响是佛道信仰亦日益世俗化，与地方家族的关系也逐渐弱化。太平天国战争后，王江泾镇一蹶不振，导致该地区一些神明的信仰基础随之产生变动，而网船会在运河以东的兴起实际上正是这一变动最为显著的表征。

上海社会科学院历史研究所叶舟副研究员主要分析了运河与清代常州城市发展之间的内在联系。他指出，常州是重要的漕运城市，城内商品的供应必须依靠水道，此外城市的供水与清洁也要通过水道来进行运输，因此以运河为中心的常州水道对当地居民的经济和生活都产生了重要影响。明代常州水系基本完善以后，坊厢与城市格局发生变化，十八坊厢的发展过程集中在城墙以外。河南厢、西右厢和中右厢的商铺字号数占了全城总数的63.78%，说明该厢的土地得到最充分的开发。城市房地产交易可观，典当、钱庄等金融业十分发达。常州运河因漕运转运而兴，但也因漕政的改变而衰。然而，常州也可以乘此机会摆脱单一漕运的束缚，发展现代化。

上海社会科学院经济研究所李家涛助理研究员，主要讨论了明清时期京杭大运河沿线遍设的驿传机构的历史演变。他指出，明清时期，运河沿线逐步形成了驿所铺并行的驿务格局。驿传机构位置较为冲要，多设于运河沿线城镇及交通干线或水陆交汇之处，改善了运河沿线城镇交通条件的同时，提升了运河沿线城镇的基础设施能级。运河沿线驿传体系作为国家投资的且带有公共产品性质的重大基建工程，在实现驿传体系功能预期、服务国家治理的同时，惠及沿线城镇经济与沿线城镇的发展，推动了运河沿线城市带的形成。

五、上海“一江一河”与城市发展

上海因水而生，以港兴市。上海的滨水地带空间发展呈现怎样的特征，对上海城市格局产生怎样的影响，是本次会议的重要议题。本次会议聚焦上海最重要的两条河流：黄浦江和苏州河，即“一江一河”的滨水空间地带的形成过程、空间特征和历史演变，总结历史经验和教训，为当下的“一江一河”滨岸综合开发提供借鉴。

同济大学建筑与城市规划学院李颖春教授，利用工部局档案、历史地图资料，讨论了近代上海外滩滨江草地的空间变迁过程，并分析了每一次关键性变化背后具体的建设者、规划者的作用。研究表明，滨江草地的物质空间变迁大致经历了三个阶段。第一阶段为动议协商期（19世纪50—70年代），初步形成了贯通英租界外滩的滨江草地格局；第二阶段为成熟稳定期（19世纪80年代—20世纪初），滨江草地的数量和品质保持稳定，成为上海最受欢迎的城市公共空间和近代城市文明的象征；第三阶段为蚕食消亡期（20世纪10—30年代），外滩滨江草地的数量逐渐从20世纪初期的十块，减少到九块，并在20世纪30年代初快速减少为三四块，剩余的草地则存在严重的过度和不当使用，先后经历了梅恩的黄浦江滨水空间改造计划（1907—1909），戈弗雷外滩吹填拓宽计划（1919—1921）和哈普的外滩滨江草地改建计划（1930—1932）。

上海社会科学院历史研究所牟振宇副研究员等分析了黄浦江滨岸土地利用与景观变迁，认为黄浦江滨岸的土地利用与景观变迁是上海城市发展史的缩影。研究发现：一是黄浦江滩地开发经历了农耕文明—工业文明—生态文明三个阶段的转变，代表了上海发展的几个历史阶段；二是黄浦江滩地是吹填出来的，这归功于上海浚浦局对黄浦江的整治工程，据统计，1905—1950年，黄浦江两岸因整治河道而增加陆域面积19028亩，其中吹填成陆15675亩，吹填面积在600亩以上的有：共青苗圃、虬江码头、复兴岛和沪江大学附近。这些新生土地，拓展了上海港发展空间。

上海大学文学院朱虹副教授等以日本亚洲历史资料中心所藏的《黄浦口改修问题》《上海浮标相关件》等档案文献为主体资料，再辅以近代上海报刊、上海地方志、海关档案等史料作为参考，通过解读“上海港筑港计划”与“上海港内交通整顿计划”，厘清20世纪20年代上海港内私有浮标收购的原委，从而清晰勾画出日本与英国、美国、法国等列强围绕上海港所展开的权益博弈的历史图景。

上海大学文学院张智慧副教授，以日文档案资料《上海招商局码头问题》四卷为主，同时辅之以《国民政府清查整理招商局委员会报告书》《〈申报〉招商局史料选辑》等中文资料，以招商局码头货栈问题为中心，探讨20世纪二三十年代列强及各利益相关方围绕黄浦江的利权之争。

上海社会科学院历史研究所刘雅媛助理研究员主要以清末上海城墙改造为个案，分析了城墙改造对治所城市形态演变的重要影响。研究发现，民国初年上海县城的城墙城濠改造在近代中国的城市更新案例中具有代表性地位。它是由本土市政机构主持的、自发性的大型城市更新工程。《上海拆城案报告》中详细记录了工程的进程、经费收支以及工程图，根据该图可以完整复原清末民初上海县城北的路网、管线与地块形态，为我们分析早期城市更新提供了生动的素材。城墙城濠改造后，县城空间打破了城墙的束缚，空间得到释放的同时，空间秩序也得到重构。

上海市档案馆彭晓亮副研究馆员则以苏州河畔的河滨大楼为例，分析了这幢苏州河沿岸建筑在各个不同时期的演变形态、独特个性，以及与毗邻建筑、桥梁、马路等标志性市政设施的相互关联，包括与之相关的人与事，认为其共同刻画了上海北外滩空间变迁的演进图景和人文记忆的多元历史建构。

总　结

本次学术会议聚焦中日城市的滨水空间地带的发展演变过程与特点，对于推动城市滨水地带研究具有重要的学术价值。本次会议取得了圆满成功，主要有三个重要特征：一是跨学科多视角讨论。本次会议的主题“城市滨水地带”，本身就是一个跨学科多领域的研究领域。本次会议召集了来自历史学、考古学、建筑学、规划学、社会学、地理学等多个学科的学者和专家，形成了同一议题、不同学科的多方面解读，显然有助于推动滨水地带研究向纵深拓展。二是多地区、多个案比较研究。城市滨水地带受地区差异呈现明显不同的特点，对不同地区的城市滨水地带进行比较研究是非常必要的。本次会议涉及上海、广州、杭州、无锡、常州、澳门、香山，以及东京、大阪、长崎、芝加哥、悉尼、威尼斯等国内外城市，通过对国内外不同城市的个案比较，揭示滨岸城市的基本特征与地域差异。三是多语种多史料，特别是历史影像资料，是本会议的一大亮点。随着人类摄影技术的不断进步以及大量古今影像资料的不断发掘和利用，21世纪进入了影像时代。以地图、照片和视频等形式的影像资料，正在慢慢改变着历史学的研究方向。在本次会议上，上海音像资料馆通过发掘和利用上海和广州等珍贵的视频资料，为城市滨水地带研究提供了更为真实可靠的史料，对于推动城市史发展也具有重要意义。

（责任编辑：陈昉昊）

后　记

城市滨水空间是城市发展的起点，河流、湖泊和海洋等水体，与城市形成、发展、繁荣均有着重要的关系，如纽约、伦敦、巴黎、东京、上海等，均是依河而生、因河繁荣的世界大城市。滨水区的发展，见证了一座城市的历史，它的发展演变关乎城市的兴衰。滨岸空间功能的变化对一座城市的性质和定位、未来发展战略有重大影响。

城市滨水区域（City Waterfront）是城市中一个特定的空间地段，指与河流、湖泊、海洋比邻的土地或建筑，或为城镇临近水体的部分。滨水空间研究肇始于20世纪50年代。Vernon H. Jensen（1958）是较早研究滨水区的西方学者，他对美国纽约滨水区委员会成立及其职责，以及对滨岸劳动力市场的影响进行了探讨。地理学家Forword（1969）发表了一篇关于滨水区土地利用的研究文章，引起了学者们对城市滨水区域的广泛关注。随着美国、加拿大等北美国家城市滨水区再开发的兴起，滨水空间研究引起城市规划、地理学和环境学等不同学科的重视。之后在欧洲、澳大利亚和日本相继掀起滨水区开发热潮。至20世纪80年代中后期，滨水空间研究已蔚为大观，尤其在地理、规划和环境等方面涌现出大量成果。Douglas M. Wrenn（1983）通过探讨滨水区发展面临的机遇与挑战、制度与政策、公众参与等内容，对这一时期的城市滨水区发展进行了归纳总结。1987年英国南安普顿大学首次召开全球滨水区再开发国际研讨会，受到国际社会的广泛关注。但总体而言，这些研究基本上是围绕发达国家城市展开的，且研究内容主要集中在景观设计、环境变迁等方面，极少关注社会和人文方面的内容。

到20世纪90年代中后期，滨水空间研究的范畴有了很大的扩展（P. Hall, D. L. Gordon and B. S. Hoyle）。一方面，研究内容更加丰富，尤其在再开发模式方面，从商住办公、旅游的功能分析，到关注休闲娱乐，再到历史建筑与遗产保护与利用的聚焦（D Pinder, H Smith, 1999），逐层深入；在此基础上，还探讨了再开发规划问题，包括滨城联系及公众可达性、公众参与、规划机构整治环境变化等内容。另一方面，之前缺席的新兴工业化国家和发展中国家或地区的滨水区再开发的内容，进入国际学术界研究者的视野。随着发展中国家滨水区再开发现象的兴起，蒙巴萨、伊斯坦布尔等发展中国家或地区的港口城市滨水区研究，成为世界滨水区研究新热点，受到学界的重视。近年来，滨水空间作为城市中极具活力的经济社会载体和独具吸引力的环境载体，正成为全世界规划设计和城市更新的热点。

上海社会科学院历史研究所长期关注城市文化遗产与社会历史变迁。2015—2020年，成立以马学强为首席专家的“上海社会科学院城市人文遗产研究”创新团队。自2015年以来，该团队聚焦上海的城市人文遗产研究，先后出版了“城市史与人文遗产研究丛书”与“城市更新与人文遗产·上海系列”，在学界产生了一定影响。该创新团队相继举办了多次国际学术研讨会，并由商务印书馆将会议论文选编结集出版。[1]

日本是中国一衣带水的邻邦，中日两国在自然环境、文化传统、建筑形式等方面有很多相似之处。日本的城市化发展水平较高，在城市历史文化遗产保护方面的经验有很多值得中国学习的地方。2018年12月1—3日，我们研究团队与日本大阪公立大学大学院文学研究科联合举办了“中日城市史研究与比较”学术研讨会，来自中日两国的三十余位学者围绕当前中日两国学术界关于城市史研究的理论、方法、视野等相关问题进行深入探讨。这次会议希望通过对话和合作，交流两国城市发展的经验，进一步推进城市史研究水平的提高，促进城市人文遗产基础研究和保护工作的有序推进。会后由商务印书馆出版《中日城市史研究论集》。[2]

2021年，上海社会科学院历史研究所成立了以牟振宇为首席专家的“城市滨水地带跨学科研究”创新团队，成员包括马学强研究员、万勇研究员、刘雅媛助理研究员等。该创新团队聚焦城市滨水地带研究，先后承担了“中国大运河总体史与微观史研究”（杭州市运河集团委托）、中国水利部“中国名水志丛书·黄浦江”（上海市水务局委托）、上海市哲学社会科学专项委托课题——上海市二轮志书《上海市志·黄浦江分志（1978—2010）》等多项重要研究课题。目前已出版《上海市志·黄浦江分志（1978—2010）》[3]、《上海西岸：徐汇滨江图志》[4]、《码头与源头：苏州河畔的北站街区》[5]等多部著作，在社会上产生了一定的影响。

2022年11月26日、27日，“城市滨水地带跨学科研究”创新团队与上海音像资料馆、日本大阪公立大学大学院文学研究科，在上海共同举办滨水城市空间形态与历史文化演进国际学术研讨会。本次会议邀请了来自全国各地及日本的学者与会，分线上、线下举行。本次

1 如马学强、邹怡主编：《跨学科背景下的城市人文遗产研究与保护论集》，北京：商务印书馆，2018年。
2 马学强、[日]塚田孝主编：《中日城市史研究论集》，北京：商务印书馆，2019年。
3 上海市地方志编纂委员会编：《上海市志·黄浦江分志（1978—2010）》，上海：上海古籍出版社，2021年。
4 马学强等：《上海西岸：徐汇滨江图志》，北京：中华书局，2021年。
5 马学强等：《码头与源头：苏州河畔的北站街区》，上海：上海社会科学院出版社，2022年。

论坛议题包括“滨水城市：跨学科背景下的综合研究”“城市滨水：大运河沿岸城市、上海的‘一江一河’”“国际视野：日本学者研究专场”等。学者考察的滨水城市包括上海、广州、杭州、无锡、常州、澳门、香山，以及东京、大阪、长崎、芝加哥、悉尼、威尼斯等国内外城市，就不同时期、不同类型的滨水地带形态做了深入细致的解读。本次会议共收到学术报告及论文三四十篇，从中挑选出28篇学术论文，汇编成《滨水城市空间形态与历史文化演进国际学术研讨会论集》，包括国内学者23篇、日本学者5篇。本次会议论文集经前后多次修改订正，并在表述、规范等方面，与作者进行了充分沟通，最终形成论集。

本次会议作为城市滨水地带研究的一次重要尝试，希望能开拓城市史研究新的方向，引起学界的关注，吸引更多的专家、学者参与到此项研究中来。感谢上海社会科学院、上海音像资料馆、日本大阪公立大学大学院文学研究科、商务印书馆等的大力支持，上海社会科学院“城市滨水地带跨学科研究”创新团队将继续努力，围绕城市滨水地带展开更加深入的理论探讨与实证研究，总结国内外滨水城市发展的经验与教训，为当下中国城市发展政策的制定提供历史借鉴。

编　者

2023年6月26日